本书部分案例

▙ 项目初始化

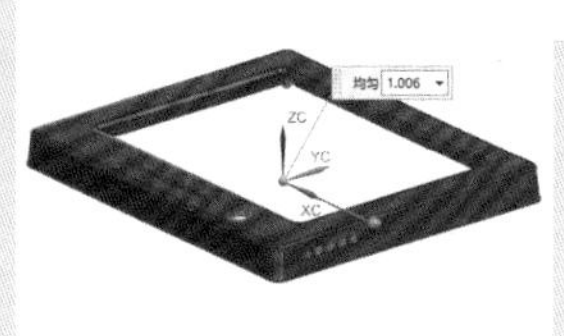

▙ 设定模具坐标系和收缩率

▙ 生成修补面

▙ 生成型芯

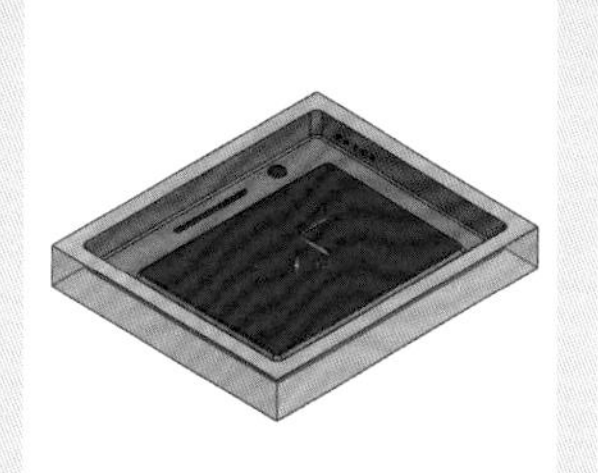

▙ 生成型腔

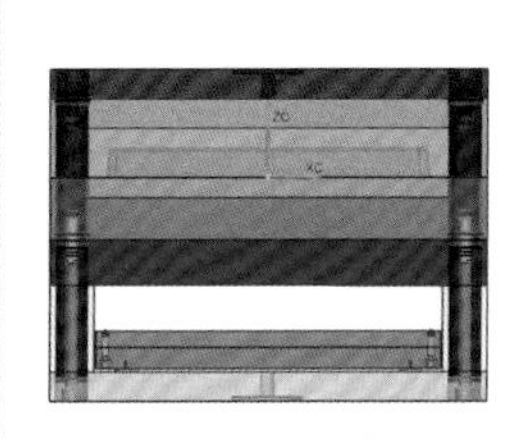

▙ 模架效果图 1

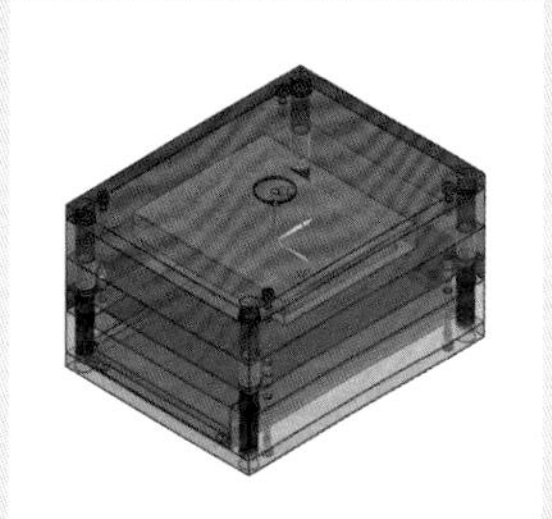

▙ 模架效果图 2

▙ 显示型芯和产品

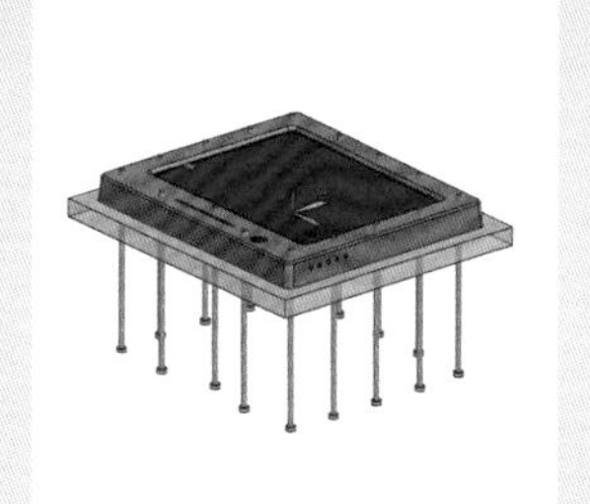

▙ 放置顶杆效果

▙ 顶杆后处理效果

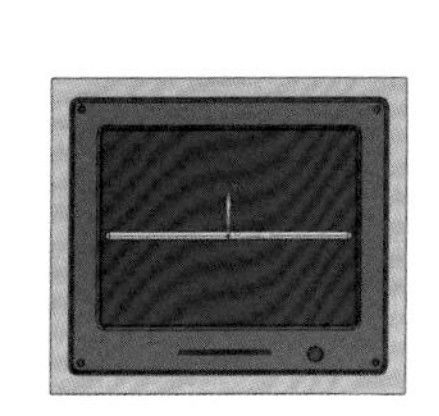

▙ 加入分流道效果图

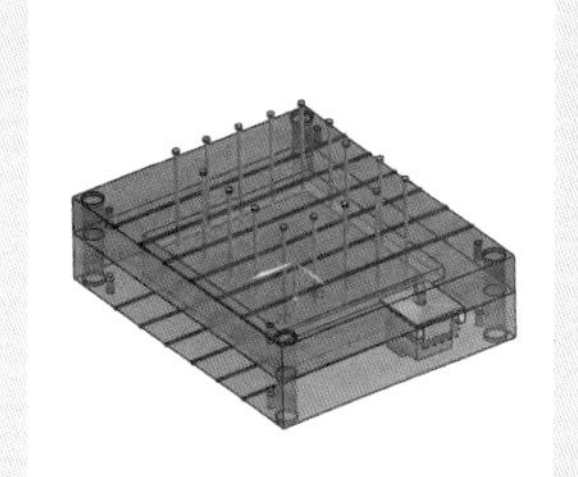

▙ 冷却管道

▙ 建立腔体 2

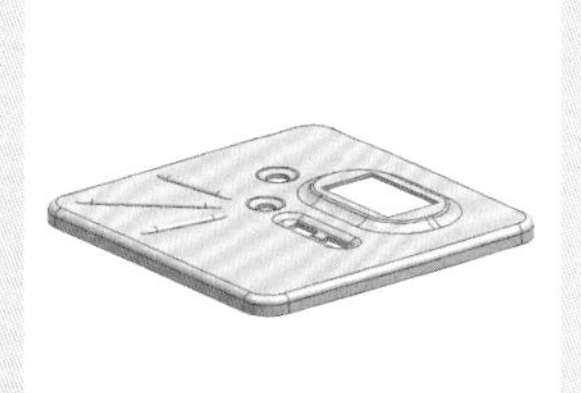

▙ 播放器盖模具设计 1

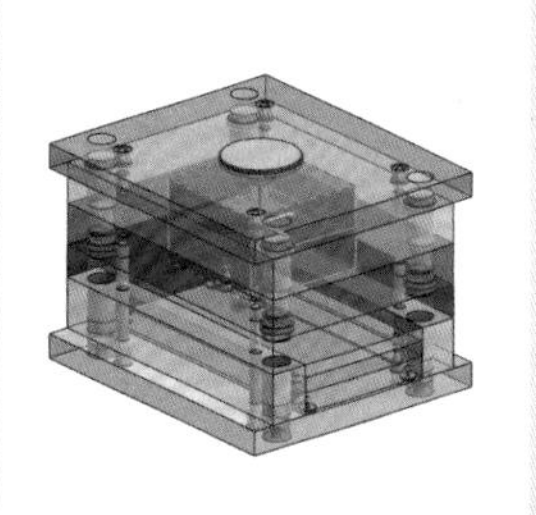

▙ 播放器盖模具设计 2

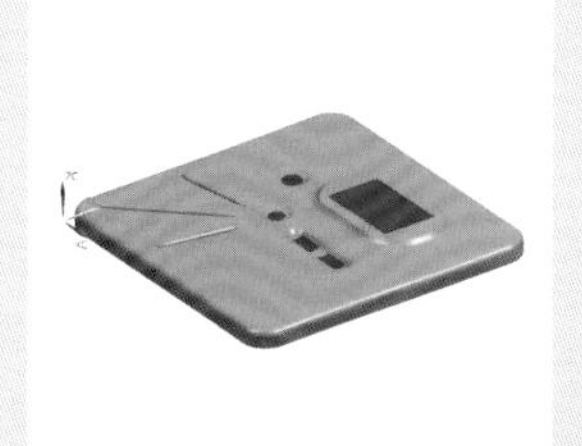

▙ 曲面修补

本书部分案例

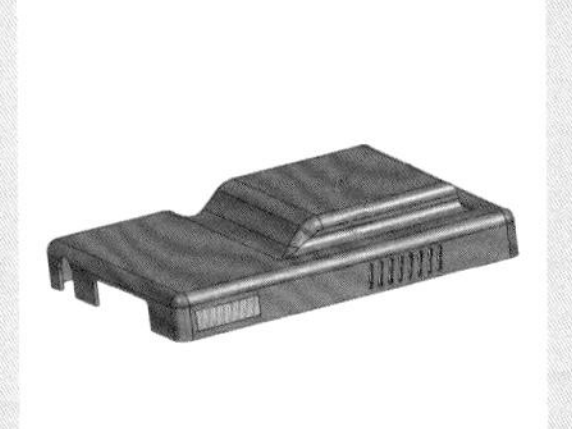
创建包容体 1

创建包容体 2

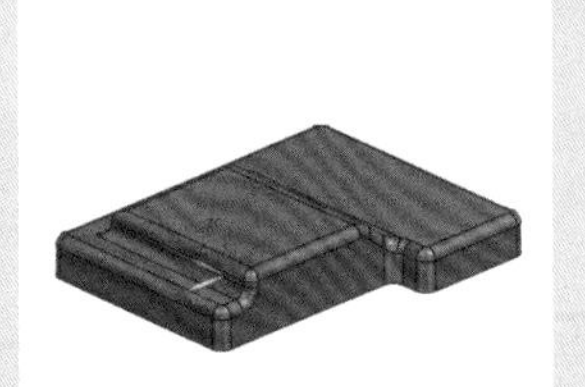
实体补片 1

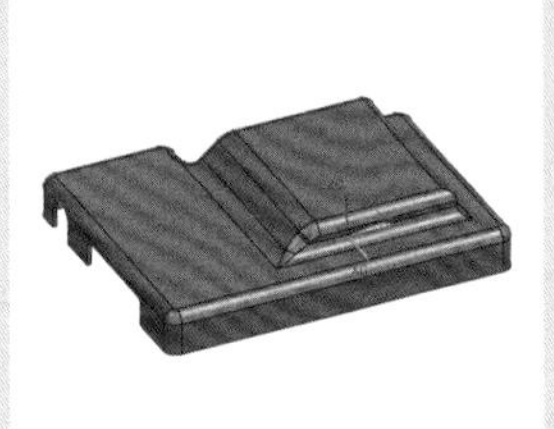
实体补片 2

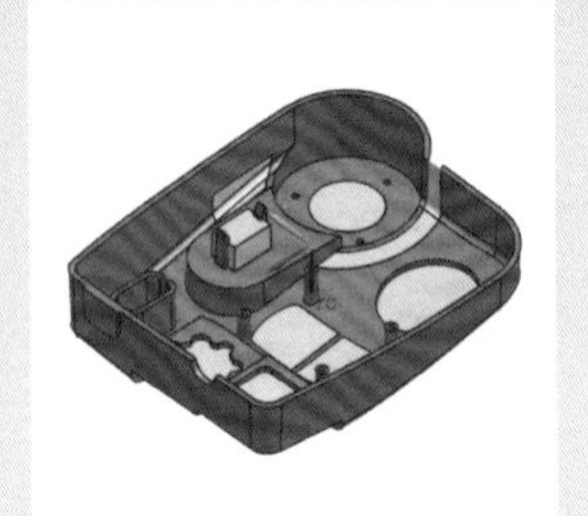
曲面补片结果

片体修补

曲面补片

电器外壳模具设计

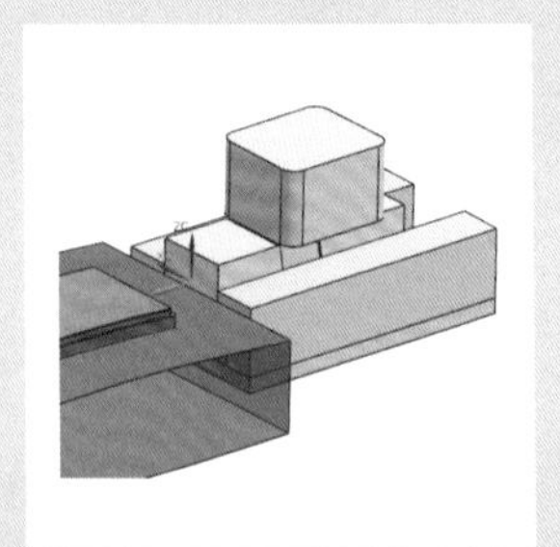
添加滑块

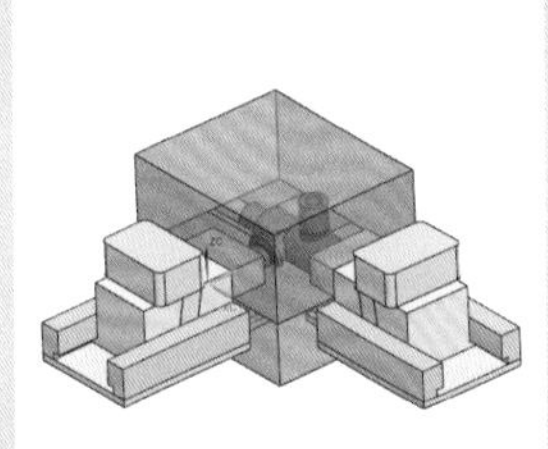
对阀体添加滑块

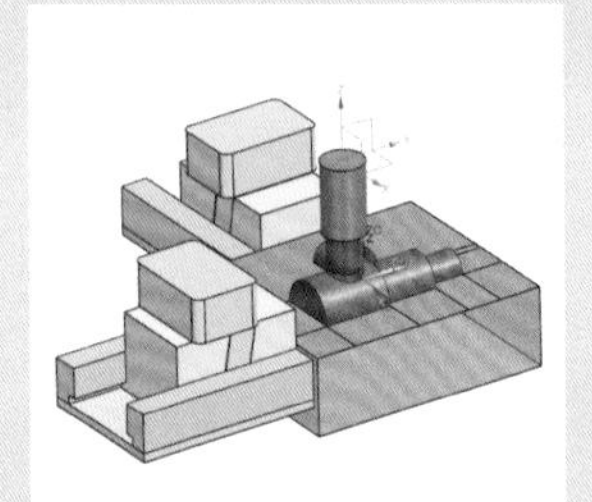
阀体电极设计 1

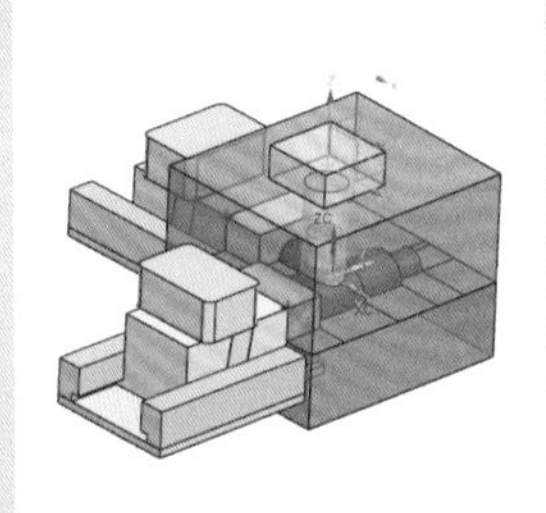
阀体电极设计 2

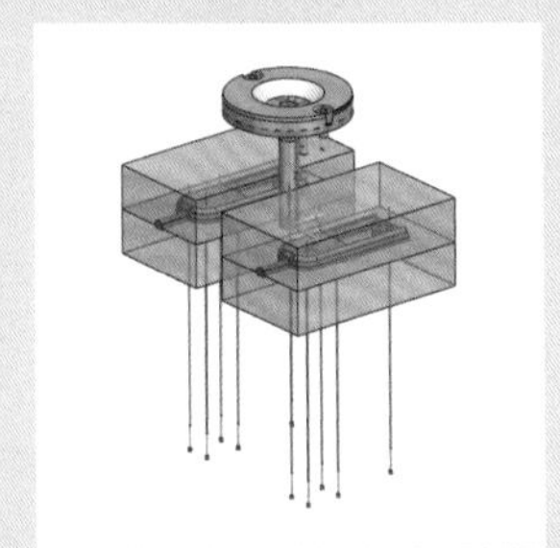
设计顶杆

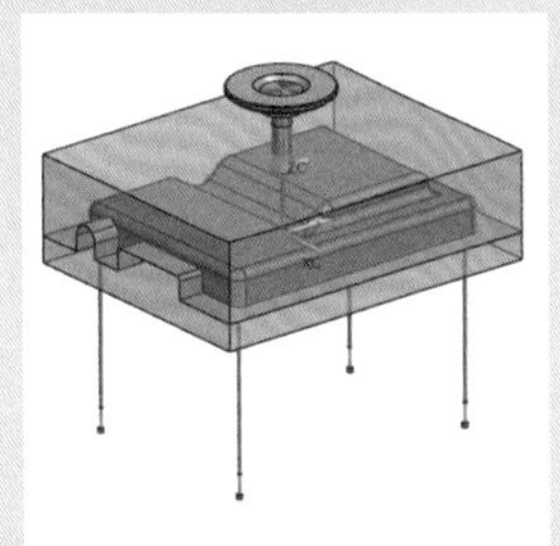
顶杆系统

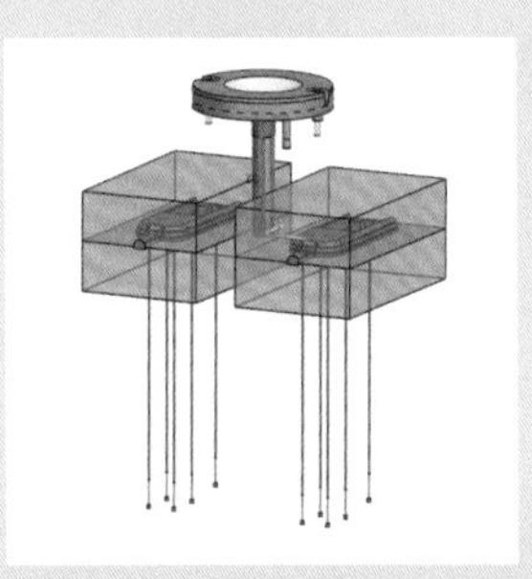
负离子发生器模具的顶杆后处理

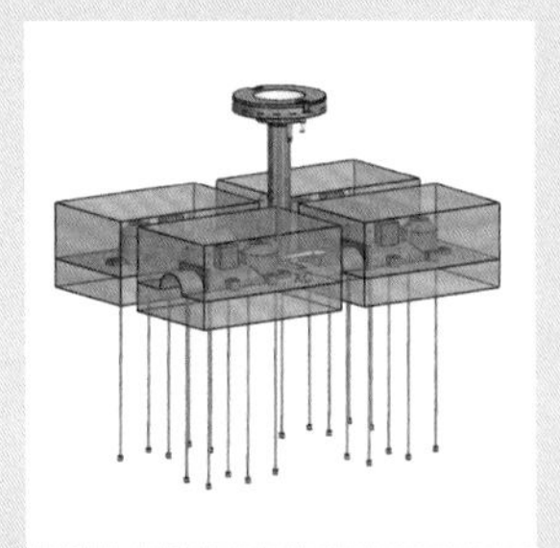
顶杆后处理效果

本书部分案例

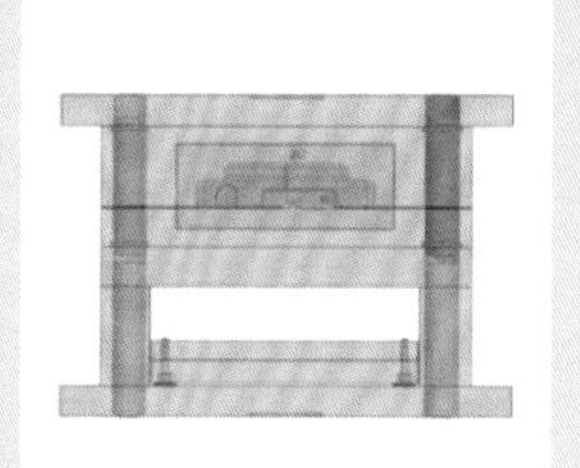
模架

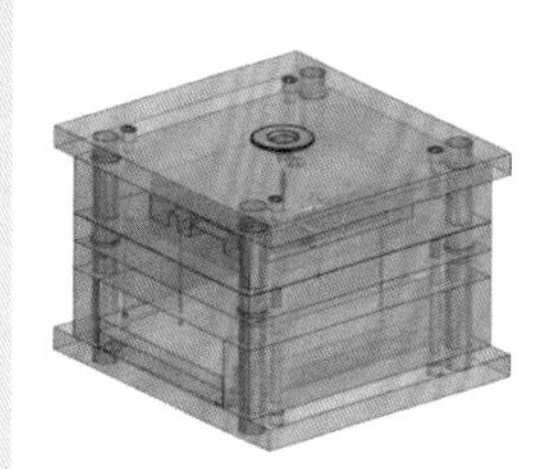
建立腔体

模架效果图 1

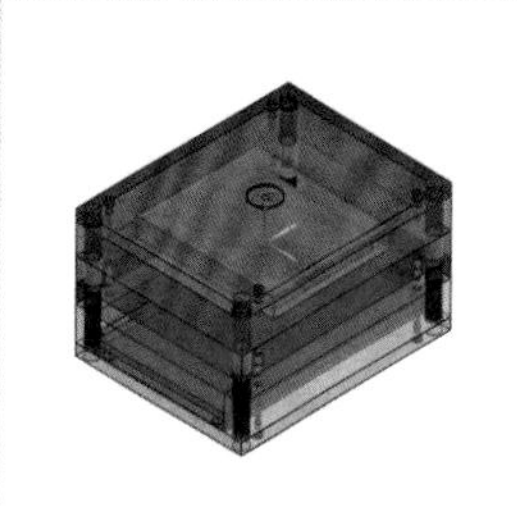
模架效果图 2

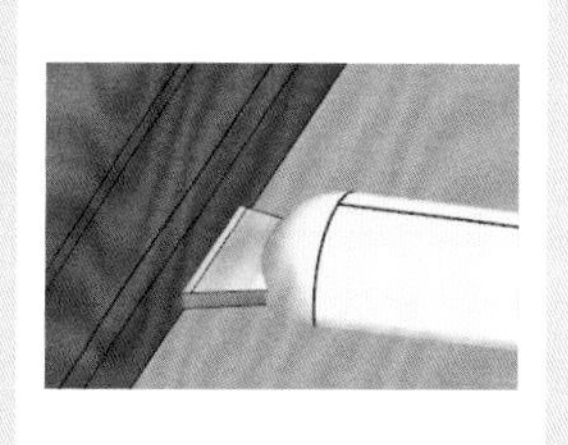
创建浇口 1

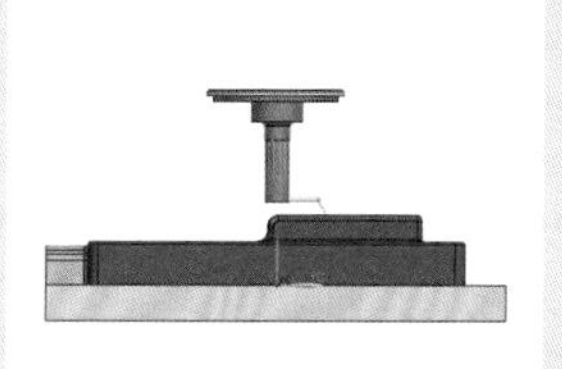
创建浇口 2

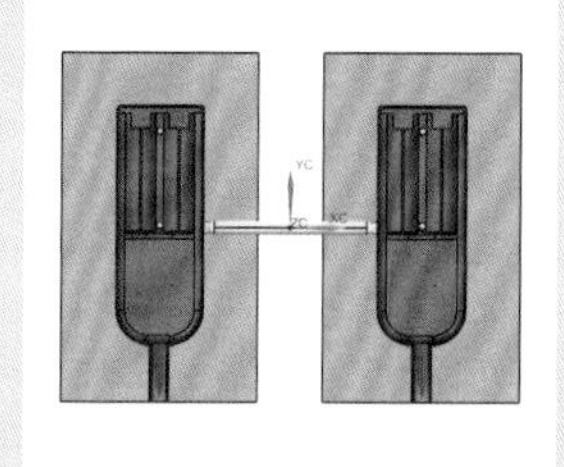
对负离子发生器模具添加浇口

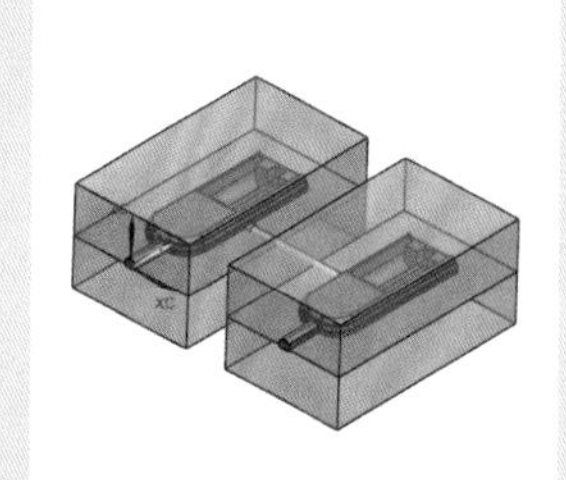
显示部件

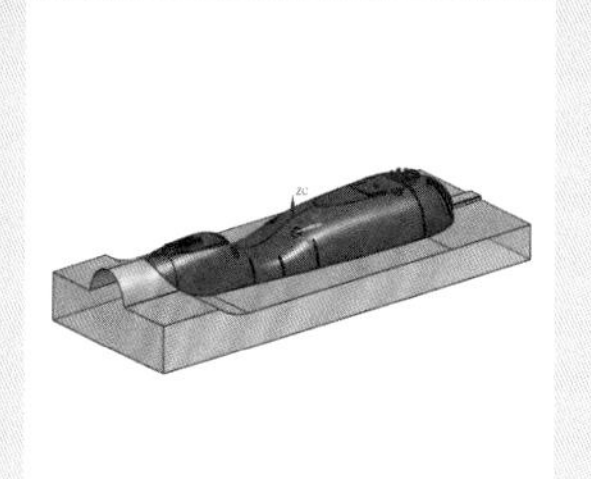
创建 RC 后盖的型芯和型腔 1

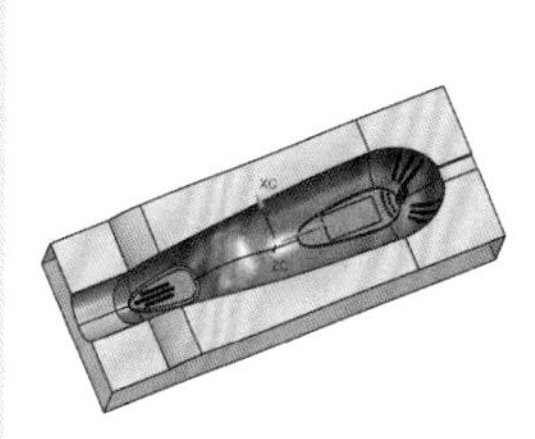
创建 RC 后盖的型芯和型腔 2

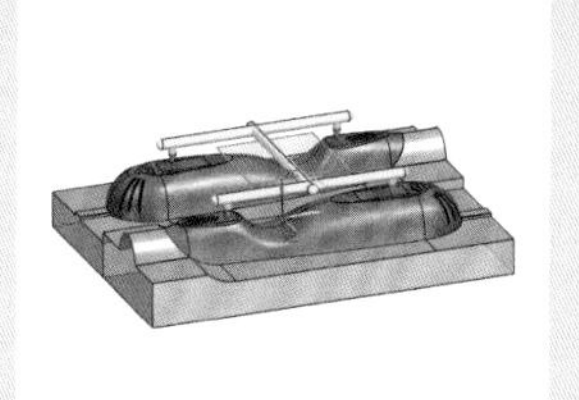
创建 RC 后盖的浇注系统

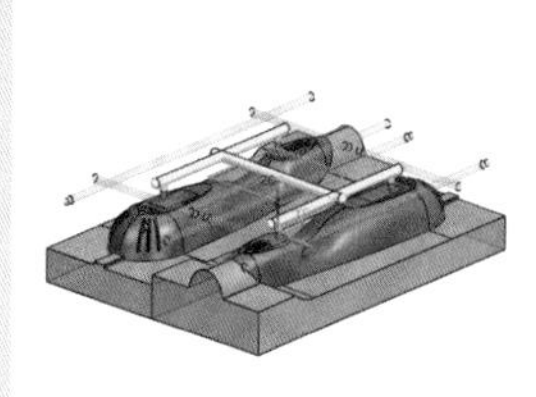
创建 RC 后盖的冷却系统

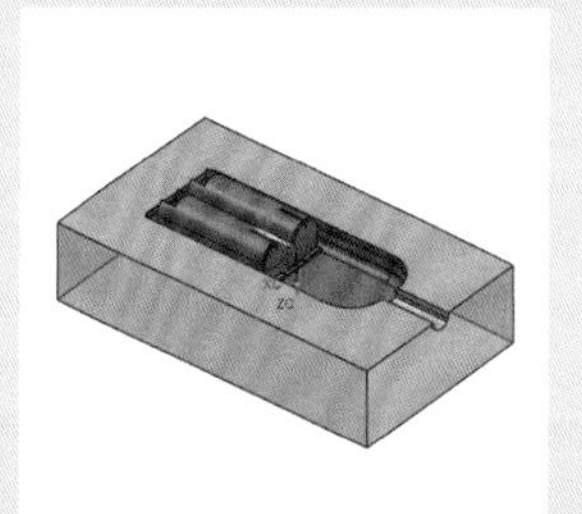
创建负离子发生器的型芯和型腔 1

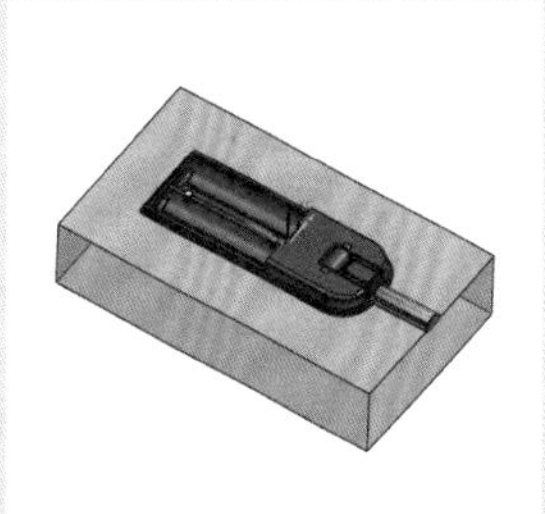
创建负离子发生器的型芯和型腔 2

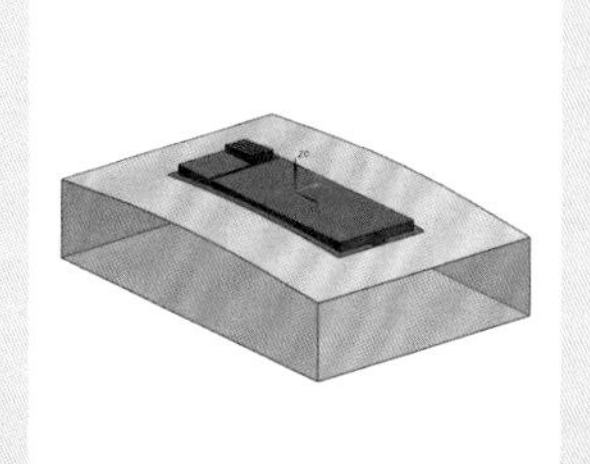
模具型芯

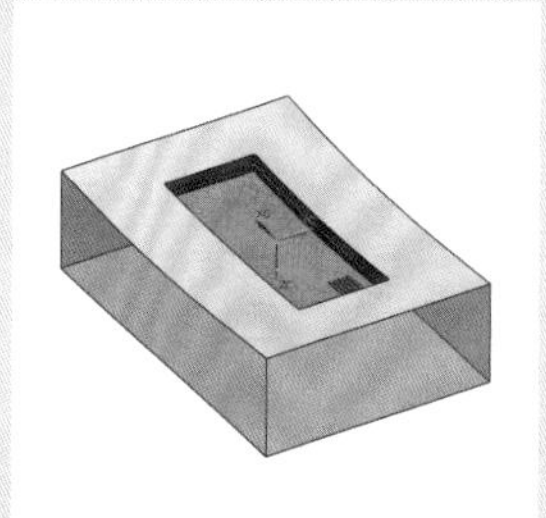
模具型腔

本书部分案例

开瓶器参考模型

创建第一个滑块主体

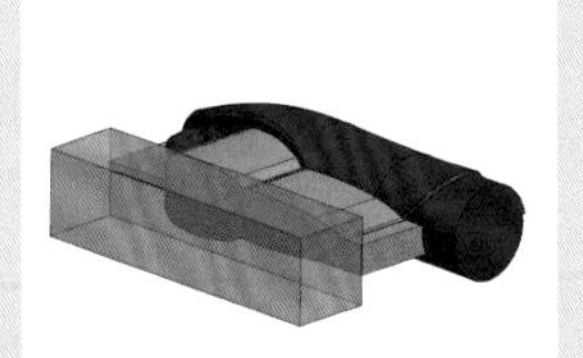

创建包容体 3

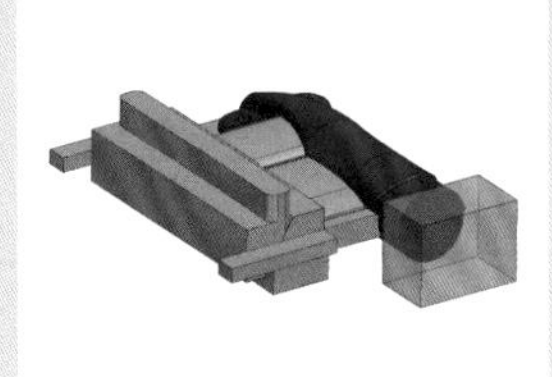

创建包容体 4

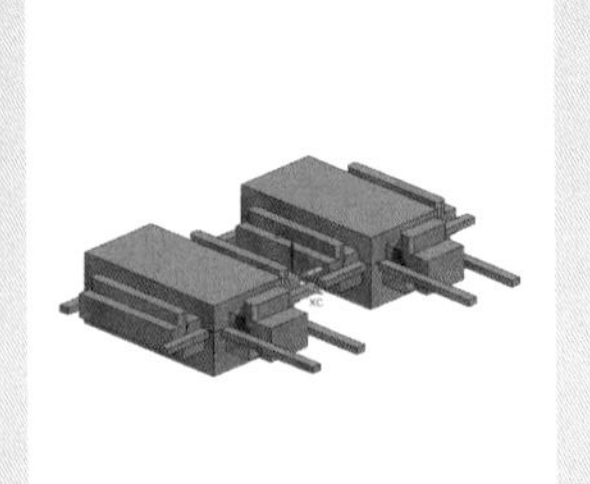

镜像结果

发动机活塞

模具模型

隐藏效果

型腔 1

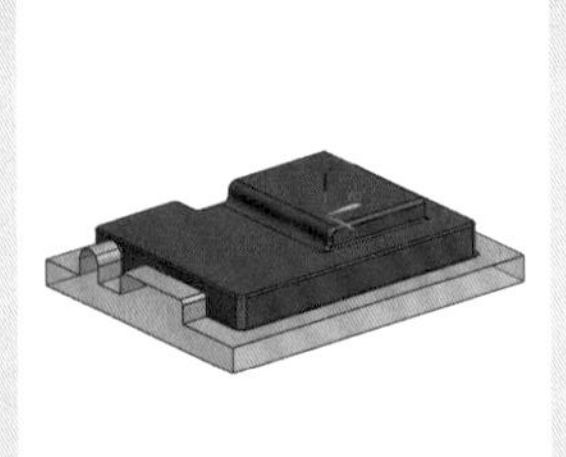

型芯 1

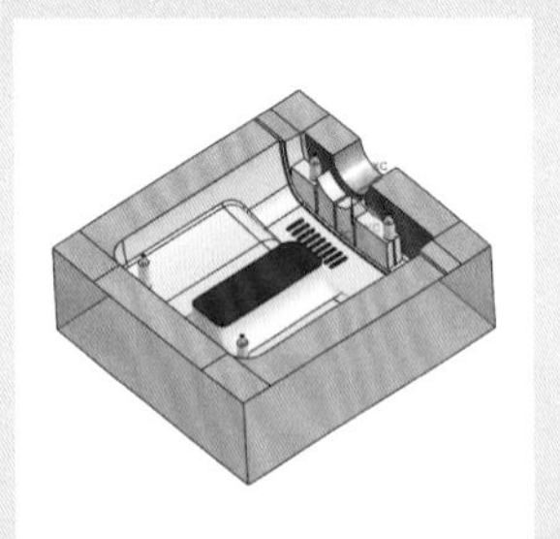

型腔 2

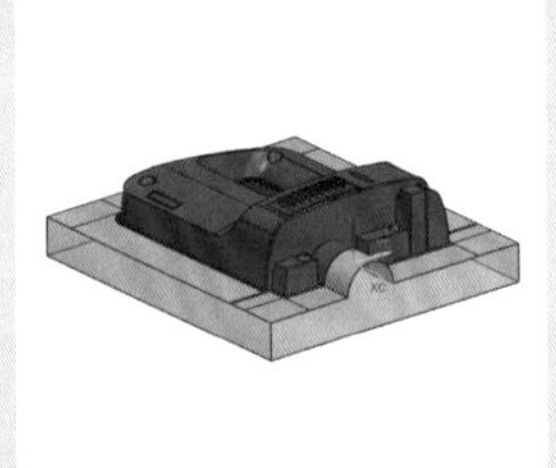

型芯 2

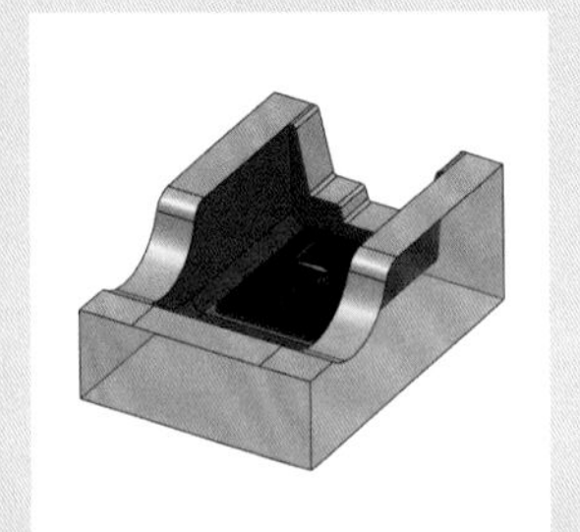

型腔 3

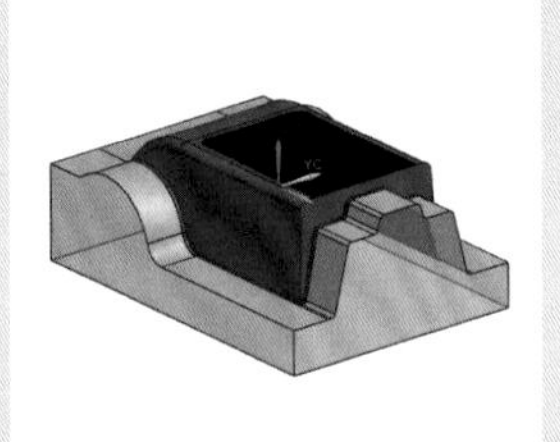

型芯 3

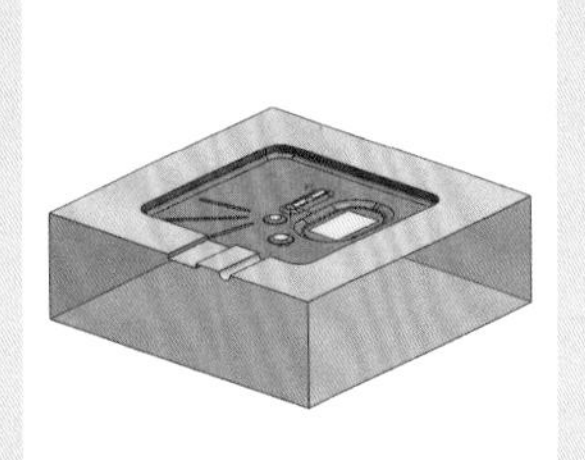

型腔 4

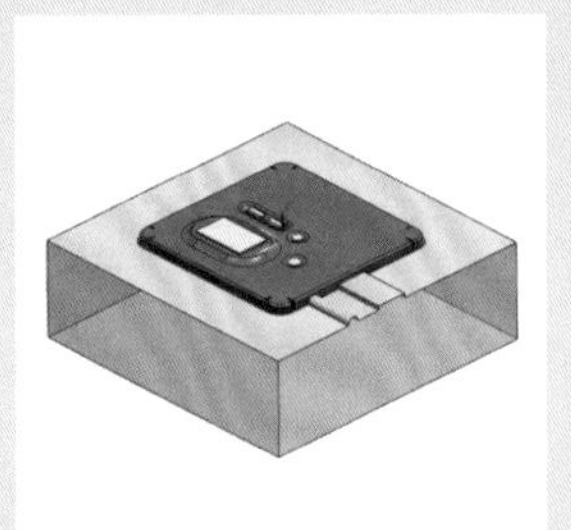

型芯 4

CAD/CAM/CAE/EDA 微视频讲解大系

中文版 UG NX 2306 模具设计从入门到精通

（实战案例版）

846 分钟同步视频教程　57 个实例案例分析

☑模具设计初始化　☑模具修补　☑分型设计　☑模架设计　☑标准件设计　☑浇注系统设计　☑冷却系统设计　☑模具辅助工具设计　☑综合案例实战

天工在线　编著

中国水利水电出版社
www.waterpub.com.cn
·北京·

内 容 提 要

《中文版 UG NX 2306 模具设计从入门到精通（实战案例版）》以 UG NX 2306 版本为基础，对使用 UG NX 进行模具设计的方法和技巧进行了详细介绍，内容安排由浅入深、从易到难，各章节既相对独立又前后关联。

本书分为 12 章，分别介绍了 UG NX 注塑模设计基础、模具设计初始化工具、模具修补、分型设计、模架和标准件、浇注系统和冷却系统、模具设计辅助工具等专业知识，以及零件盖模具设计、仪表前盖模具设计、壳体模具设计、机械零件模具设计、开瓶器模具设计等综合案例。本书基础知识和实例案例相结合，实例案例讲解配有同步教学视频，提供源文件，读者可以边学边练，让知识掌握更容易，让学习更有目的性。

本书适用于 UG NX 2306 软件的初、中级用户，以及有初步使用经验的工程技术人员。它既可作为广大工程技术人员学习 UG NX 模具设计的自学教程和参考书，也可作为大中专院校学生和各类培训学校学员的 CAD/CAM/CAE 课程上课及上机练习的教材。

图书在版编目（CIP）数据

中文版 UG NX 2306 模具设计从入门到精通 ： 实战案例版 / 天工在线编著. -- 北京 ： 中国水利水电出版社, 2024.10. -- (CAD/CAM/CAE/EDA 微视频讲解大系).

ISBN 978-7-5226-2642-0

Ⅰ. TG76-39

中国国家版本馆 CIP 数据核字第 20241XN804 号

丛 书 名	CAD/CAM/CAE/EDA 微视频讲解大系
书　　名	中文版 UG NX 2306 模具设计从入门到精通（实战案例版） ZHONGWENBAN UG NX 2306 MUJU SHEJI CONG RUMEN DAO JINGTONG
作　　者	天工在线　编著
出版发行	中国水利水电出版社 （北京市海淀区玉渊潭南路 1 号 D 座　100038） 网址：www.waterpub.com.cn E-mail：zhiboshangshu@163.com 电话：（010）62572966-2205/2266/2201（营销中心）
经　　售	北京科水图书销售有限公司 电话：（010）68545874、63202643 全国各地新华书店和相关出版物销售网点
排　　版	北京智博尚书文化传媒有限公司
印　　刷	河北文福旺印刷有限公司
规　　格	190mm×235mm　16 开本　21.5 印张　546 千字　2 插页
版　　次	2024 年10月第 1 版　2024 年10月第 1 次印刷
印　　数	0001—3000 册
定　　价	89.80 元

前　　言

Preface

UG（Unigraphics）NX 是 EDS 公司出品的集 CAD/CAM/CAE 于一体的数字化产品开发系统，为用户的产品设计及加工过程提供了数字化造型和验证手段。UG NX 针对用户的虚拟产品设计和工艺设计的需求，提供了经过实践验证的解决方案。

UG NX 自 1990 年进入我国以来，以其强大的功能和工程背景，已经在我国的航空、航天、汽车、模具和家电等领域得到广泛的应用。

模具作为重要的工艺装备，在消费品、电器电子、汽车、飞机制造等工业部门有着举足轻重的地位。随着模具工业的发展，目前世界范围内的模具年产值已达 1000 亿美元左右。日、美等工业发达国家，其模具工业产值已超过机床工业产值。从 1997 年开始，我国模具工业产值也超过了机床工业产值。另外，随着塑料的性能不断提高，各行业的零件以塑代钢、以塑代木的进程进一步加快，使用注塑模的比例日趋增大。并且塑料制品在机械、电子、航空、医药、化工、仪器仪表以及日用品等各个领域的应用也越来越广泛，质量要求也越来越高。

UG NX 软件作为行业领先的集成解决方案，为模具设计提供了强大的技术支持。它结合了先进的设计、分析和制造功能，使工程师能够构建复杂且精细的模具几何形状，并通过模拟实际制造过程来优化模具性能。UG NX 的参数化建模功能允许灵活修改设计以适应不断变化的规格要求，而智能装配和细节管理则确保了设计的高效性和准确性。此外，UG NX 还提供了一系列工具，支持从初始概念到最终产品交付的整个模具开发流程，包括模架设计、冷却系统设计和电极设计等关键方面。

UG NX 2306 是该软件的最新版本，相较于之前的版本，2306 版本的更新使软件更稳定、更快速、更灵活、更易用。在这个版本中，用户可以体验到更多的功能和更多的工具，以实现更高效的工作流程。具体包括：

- 工序导航器中可以直接显示加工线速度。
- 可以使用测量功能测量点与点的距离。
- 刀轨播放和暂停按钮合二为一。
- 刀具显示位置更新。

这些新功能进一步增强了 CAM 模块的强大实力，促进了 UG NX 在模具设计领域更广泛的应用。

本书特点

➘ 内容全面，实例丰富

本书从全面提升 UG NX 模具设计操作能力的角度出发，结合大量的实例来讲解如何利用 UG NX 进行模具设计，让读者了解计算机辅助制造并能够独立地完成各种模具设计。本书有很多实例是实际工程项目，经过作者精心提炼和改编，不仅能够保证读者理解知识点，更重要的是能帮助读者掌握实际的操作技能，同时还能培养工程制造实践能力。

➘ **视频讲解，通俗易懂**

为了提高学习效率，本书中的大部分实例录制了教学视频。视频录制时采用模仿实际授课的形式，在各知识点的关键处给出解释、提醒和需要注意的事项。专业知识和经验的提炼，可让读者在高效学习的同时，体会更多有限元分析的乐趣。

➘ **涵盖面广，普适性强**

本书的写作目的是编写一本对模具设计各个方面具有普适性的基础应用学习书籍，所以对知识点的讲解非常全面，包罗了UG模具设计常用的功能，内容涵盖了UG NX注塑模设计基础、模具设计初始化工具、模具修补、分型设计、模架和标准件、浇注系统和冷却系统等知识。对于每个知识点，读者只要掌握一般工程设计的知识即可。

本书显著特色

➘ **体验好，方便读者随时随地学习**

二维码扫一扫，随时随地看视频。书中大部分实例提供了二维码，读者可以通过手机微信扫一扫，随时随地观看相关的教学视频（若个别手机不能播放，请参考前言中介绍的方式下载视频后在计算机上观看）。

➘ **实例覆盖范围广，用实例学习更高效**

实例覆盖范围广泛，边做边学更快捷。本书实例覆盖多个经典类型，跟着实例去学习，边学边做，在做中学，可以使学习更深入、更高效。

➘ **入门易，全力为初学者着想**

遵循学习规律，入门与实战相结合。本书采用“基础知识+实例”的编写模式，内容由浅入深，循序渐进，入门与实战相结合。

➘ **服务快，让读者学习无后顾之忧**

本书提供了QQ群在线服务，随时随地可交流；提供了公众号、网站下载等多渠道贴心服务。

本书资源下载

本书提供全书实例的源文件、结果文件、教学视频和赠送拓展学习案例，读者使用手机微信扫一扫下面的二维码，或者在微信公众号中搜索“设计指北”，关注后输入UG2642至公众号后台，获取本书的资源下载链接。将该链接复制到计算机浏览器的地址栏中，根据提示进行下载。读者可加入本书的读者交流群659236253，与老师和广大读者在线交流学习。

设计指北公众号

ⓘ 注意

按照本书中的实例进行操作练习，以及使用 UG NX 2306 进行绘图，需要事先在计算机上安装 UG NX 2306 软件。可以登录 UG 官方网站联系购买正版 UG NX 2306 简体中文版安装软件，或者使用其试用版，或者从软件经销商处购买。

关于编者

本书由天工在线组织编写。天工在线是一个专注于 CAD/CAM/CAE/EDA 技术研讨、工程开发、培训咨询和图书创作的工程技术人员协作联盟，包含 40 多位专职和众多兼职的 CAD/CAM/CAE/EDA 工程技术专家。

天工在线的负责人由 Autodesk 中国认证考试管理中心首席专家、技术总监、Autodesk 全球认证讲师担任，全面负责 Autodesk 中国认证考试大纲的制定、题库建设、技术咨询和师资力量的培训工作，成员精通 CAD/CAM/CAE/EDA 系列软件。天工在线创作的很多教材已成为国内具有引导性的旗帜作品，在国内相关专业方向图书创作领域具有举足轻重的地位。

本书具体编写人员有张亭、秦志霞、井晓翠、解江坤、康士廷、毛瑢、王玮、王艳池、王培合、王义发、王玉秋、张红松、王佩楷、陈晓鸽、左昉、张俊生、卢园、杨雪静、孟培、闫聪聪、李兵、甘勤涛、孙立明、李亚莉、王敏、宫鹏涵等，在此对他们的付出表示真诚的感谢。

致谢

本书能够顺利出版，是编者、编辑和所有审校人员共同努力的结果，在此表示深深的感谢。同时，祝福所有读者在通往优秀工程师的道路上一帆风顺。

编 者

目　录

Contents

第 1 章　UG NX 注塑模设计基础 1

1.1　模具设计简介 2

1.1.1　注塑成型工艺 2

1.1.2　注塑件的结构工艺性 3

1.1.3　注塑模概述 4

1.1.4　注塑模设计注意事项 6

1.1.5　注塑模设计 8

1.2　注塑模 CAX 简介 11

1.2.1　CAX 技术 11

1.2.2　注塑模 CAX 应用 12

1.3　UG NX/Mold Wizard 概述 13

1.3.1　UG NX/Mold Wizard 简介 13

1.3.2　UG NX/Mold Wizard 选项功能简介 14

1.3.3　UG NX/Mold Wizard 参数设置 16

1.3.4　UG NX/Mold Wizard 模具设计流程 17

第 2 章　模具设计初始化工具 18

2.1　初始化 18

2.1.1　初始化项目 18

动手学——负离子发生器模具项目初始化 21

2.1.2　模具坐标系 23

动手学——设置负离子发生器模具的坐标系 23

2.1.3　收缩率 25

动手学——设置负离子发生器模具的收缩率 27

动手练——RC 后盖初始化 27

2.2　工件与布局 27

2.2.1　工件 27

动手学——设置负离子发生器模具的工件 28

知识拓展——工件设计 29

2.2.2　型腔布局 37

知识拓展——型腔数量和排列方式 40

动手学——设置负离子发生器模具的布局 41

动手练——设置 RC 后盖的工件和布局 41

第 3 章　模具修补 43

3.1　实体修补 43

3.1.1　创建方块 43

动手学——创建负离子发生器上的包容体 44

3.1.2　分割实体 45

动手学——分割负离子发生器上的包容体 45

3.1.3　实体补片 55

动手学——负离子发生器实体补片 56

3.1.4　修剪实体 56

3.1.5　替换实体 57

动手学——仪表盖实体修补 57

3.2　片体修补 61

3.2.1　曲面补片 61

动手学——负离子发生器曲面补片 63

3.2.2 扩大曲面补片 63

动手学——仪表盖扩大曲面修补 64

3.2.3 修剪区域补片 66

动手学——仪表盖修剪区域补片 66

3.2.4 拆分面 68

动手学——仪表盖曲面修补 68

动手练——RC后盖曲面补片 70

第4章 分型设计 71

4.1 分型导航器 72

4.2 设计分型面 72

知识拓展——分型面 75

动手学——创建负离子发生器的分型面 76

动手练——创建RC后盖分型面 78

4.3 设计区域 79

动手学——检查负离子发生器的分型区域 83

4.4 定义区域 84

4.5 创建型腔和型芯 85

动手学——创建负离子发生器的型腔和型芯 86

动手练——创建RC后盖的型腔和型芯 87

4.6 编辑分型面和曲面补片 88

4.7 交换产品模型 88

第5章 模架和标准件 90

5.1 模架设计 90

知识拓展——支承零件与合模导向装置 94

动手学——为负离子发生器模具添加模架 100

动手练——为RC后盖添加模架 100

5.2 标准件设计 101

动手学——为负离子发生器模具添加标准件 105

动手练——为RC后盖添加标准件 106

5.3 顶杆 107

5.3.1 设计顶杆 107

动手学——为负离子发生器模具添加顶杆 108

5.3.2 顶杆后处理 110

知识拓展——顶出机构 112

动手学——负离子发生器模具的顶杆后处理 115

动手练——为RC后盖添加顶出机构 115

第6章 浇注系统和冷却系统 116

6.1 浇注系统 116

6.1.1 流道 116

动手学——为负离子发生器模具添加流道 118

6.1.2 浇口 119

知识拓展——浇注系统 120

动手学——为负离子发生器模具添加浇口 120

动手练——创建RC后盖的浇注系统 132

6.2 冷却系统 132

6.2.1 使用标准件创建冷却系统 132

动手学——创建负离子发生器模具的冷却系统 133

6.2.2 使用冷却工具创建冷却系统 146

动手学——创建冷却水路系统 151

动手练——创建 RC 后盖的冷却系统......155

第 7 章 模具设计辅助工具......156
7.1 镶块......157
动手学——镶块设计......158
动手练——为 RC 后盖添加镶块......159
7.2 滑块设计......159
知识拓展——侧向抽芯机构......161
动手学——负离子发生器模具的滑块设计......165
动手练——为阀体添加滑块......167
7.3 电极设计......167
7.3.1 初始化电极项目......168
7.3.2 设计毛坯......169
7.3.3 电极装夹......171
7.3.4 复制电极......171
7.3.5 检查电极......172
7.3.6 电极图纸......173
动手学——仪表盖电极设计......174
动手练——阀体电极设计......176
7.4 开腔......176
动手学——为负离子发生器开腔......177
动手练——为 RC 后盖模具开腔......178
7.5 模具材料清单......178
7.6 模具图......180
7.6.1 模具装配图......180
动手学——创建负离子模具装配图......182
7.6.2 组件工程图......185
动手学——创建负离子模具的组件工程图......186
7.6.3 孔表......187
7.7 视图管理......187
7.8 删除文件......187

第 8 章 零件盖模具设计......189
8.1 初始化设置......189
8.1.1 装载产品和初始化......189
8.1.2 设定模具坐标系......190
8.1.3 设置工件和布局......191
8.2 分型设计......192
8.2.1 实体补片和曲面补片......192
8.2.2 创建分型面......197
8.2.3 创建型芯和型腔......199
8.3 辅助系统设计......200
8.3.1 添加模架......200
8.3.2 标准件设计......201
8.3.3 浇注系统......202
8.3.4 顶杆系统......203
8.3.5 建立腔体......204
动手练——电器外壳模具设计......205

第 9 章 仪表前盖模具设计......208
9.1 初始化设置......208
9.1.1 项目初始化......208
9.1.2 设定模具坐标系和收缩率......209
9.1.3 设置工件和布局......210
9.2 分型设计......210
9.2.1 模具修补......210
9.2.2 分型设计......212
9.3 辅助系统设计......214
9.3.1 添加标准件......214
9.3.2 添加滑块......216
9.3.3 顶出系统设计......219
9.3.4 浇注系统设计......220
9.3.5 冷却系统设计......222
9.3.6 建立腔体......224
动手练——播放器盖模具设计......225

第10章 壳体模具设计 228
10.1 初始化设置 228
10.1.1 装载产品和初始化 228
10.1.2 设定模具坐标系 229
10.1.3 设置工件 230
10.1.4 型腔布局 231
10.2 分型设计 231
10.2.1 模型修补 231
10.2.2 创建分型面 232
10.2.3 创建型芯和型腔 236
10.3 辅助系统设计 237
10.3.1 添加模架 237
10.3.2 添加标准件 238
10.3.3 添加浇口 239
10.3.4 创建分流道 240
10.3.5 顶杆系统 241
10.4 冷却系统设计 243
10.4.1 创建管道水路 243
10.4.2 创建管道附件 246
10.5 建立腔体 247
动手练——散热盖模具设计 247

第11章 机械零件模具设计 250
11.1 初始化设置 250
11.1.1 项目初始化 250
11.1.2 设定模具坐标系和收缩率 251
11.1.3 设置工件和布局 252
11.2 分型设计 253
11.2.1 创建实体补片 253
11.2.2 创建曲面补片 258
11.2.3 创建分型面 259
11.2.4 创建型腔和型芯 261
11.3 辅助系统设计 262
11.3.1 添加模架和标准件 262
11.3.2 顶出系统设计 264
11.3.3 滑块设计 265
11.3.4 浇注系统设计 269
11.4 冷却系统设计 271
11.4.1 型腔冷却系统设计 271
11.4.2 型芯冷却系统设计 281
11.5 开腔 282
动手练——电器配件模具设计 283

第12章 开瓶器模具设计 290
12.1 设置参考模型 290
12.2 创建滑块主体 292
12.2.1 创建第一个滑块主体 292
12.2.2 创建第二个滑块主体 302
12.3 创建滑块整体 305
12.3.1 创建第二个滑块整体 306
12.3.2 创建第一个滑块整体 311
12.4 创建型腔和型芯 314
12.5 创建A板和B板 318
12.6 其他功能创建 323
动手练——发动机活塞模具设计 328

第 1 章　UG NX 注塑模设计基础

内容简介

要想成为一名合格的注塑模具工程师，只会简单的 3D 分模是远远不够的，还必须了解和掌握有关模具专业的基础理论知识。

本章主要介绍 UG NX 注塑模设计相关基础知识。

内容要点

- 模具设计简介
- 注塑模 CAX 简介
- UG NX/Mold Wizard 概述

案例效果

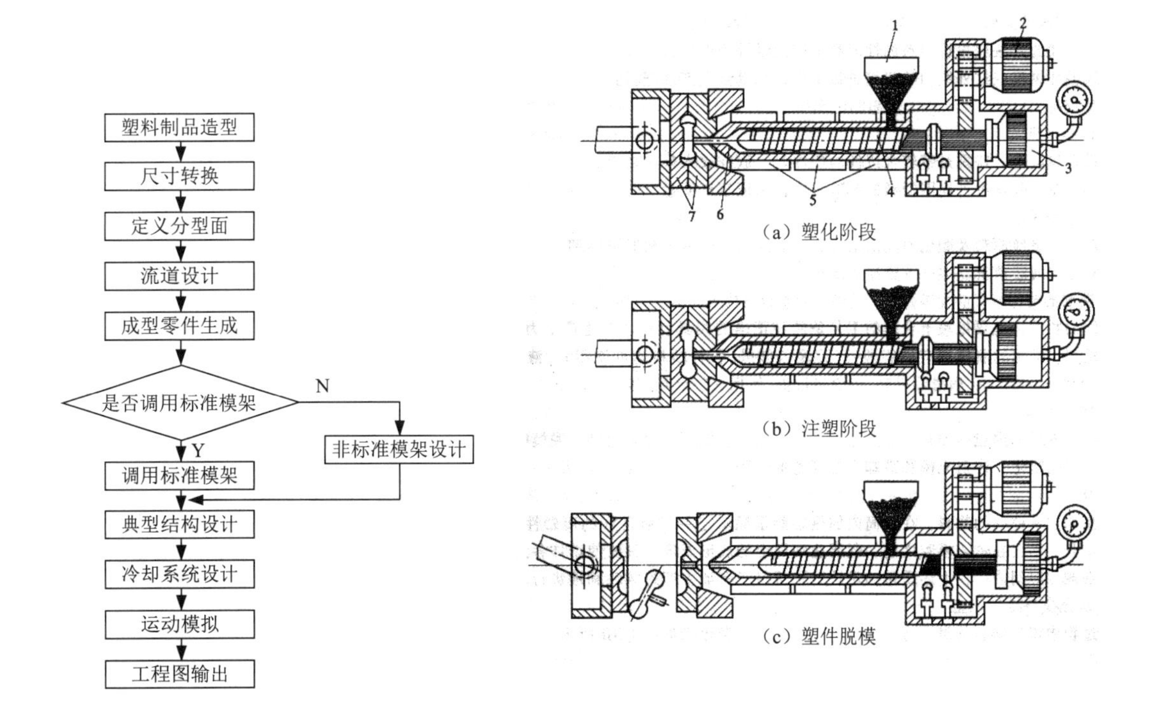

（a）塑化阶段

（b）注塑阶段

（c）塑件脱模

1.1 模具设计简介

本节描述了模具设计的基本知识，包括注塑成型工艺、注塑件的结构工艺性、注塑模结构，以及注塑模设计的依据和步骤等。

1.1.1 注塑成型工艺

注塑成型是热塑性塑料制件的一种主要成型方法。除个别热塑性塑料外，几乎所有的热塑性塑料都可用此工艺成型。近年来，已用注塑成型工艺成功地成型某些热固性塑料制件。

注塑成型可成型各种形状的塑料制件，它的特点是成型周期短，能一次成型外形复杂、尺寸精密、带有嵌件的塑料制件，且生产效率高，易于实现自动化生产，所以广泛用于塑料制件的生产中，但注塑成型的设备及模具制造费用较高，不适合单件及批量较小的塑料制件的生产。

注塑成型所用的设备是注塑机。注塑机的种类有很多，但普遍采用的是柱塞式注塑机和螺杆式注塑机。注塑成型所使用的模具即为注塑模。图 1.1 为注塑成型工艺循环。

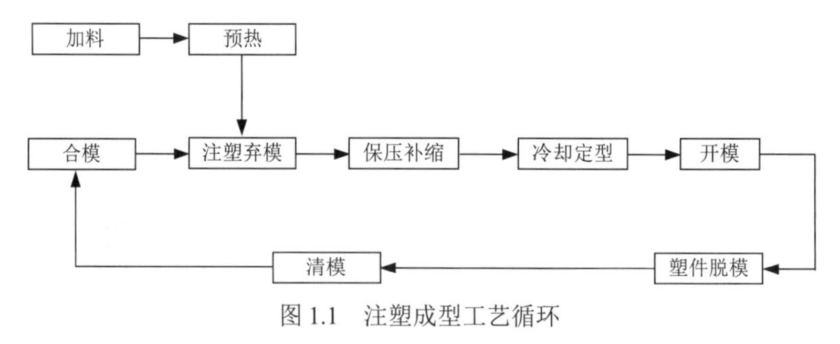

图 1.1 注塑成型工艺循环

1. 注塑成型工艺的原理

注塑成型的原理是将颗粒状或粉状塑料从注塑机的料斗送进加热的料筒中，经过加热熔融塑化成为黏流态熔体，在注塑机柱塞或螺杆的高压推动下，以非常快的流速通过喷嘴注入模具型腔，经一定时间的保压冷却定型后可保持模具型腔所赋予的形状，然后开模分型获得成型塑件。这样就完成了一次注塑成型工艺循环，如图 1.2 所示。

2. 注塑成型过程

注塑过程一般包括加料、塑化、充模、保压、倒流、冷却、脱模等几个过程。

（1）加料：将粒状或粉状塑料原料加入注塑机料斗中，并由柱塞或螺杆带入料筒。

（2）塑化：加入的塑料在料筒中经过加热、压实、混料等过程，使其由松散的原料转变成熔融状态并具有良好的可塑性的均化熔体。

（3）充模：塑化好的熔体被柱塞或螺杆推挤至料筒前端，经过喷嘴、模具浇注系统进入并充满模具型腔。

（4）保压：这一过程是从塑料熔体充满型腔时起，至柱塞或螺杆退回时为止。在这段时间里，模具中的熔体冷却收缩，柱塞或螺杆迫使料筒中的熔料不断补充到模具中，以补充因收缩而流出的空隙，保持模具型腔内的熔体压力仍为最大值。该过程对于提高塑件密度，保证塑件形状完整、质地致密，克服表面缺陷有重要意义。

（5）倒流：保压后，柱塞或螺杆后退，型腔中压力解除，这时型腔中熔料的压力将比浇口前方的高，如果浇口尚未冻结，型腔中的熔料就会通过浇口流向浇注系统，这一过程为倒流。倒流会使塑件产生收缩、变形、质地疏松等缺陷。如果保压结束时浇口已经冻结，就不会存在倒流现象。

（6）冷却：塑件在模具内的冷却是指从浇口处的塑料熔体完全冻结时起，到塑件将从模具型腔内推出为止的全部过程。实际上冷却过程从塑料注入型腔时就开始了，包括从充模完成，即保压开始到脱模前的一段时间。

（7）脱模：塑件冷却到一定的温度即可开模，在推出机构的作用下将塑件推出模外。

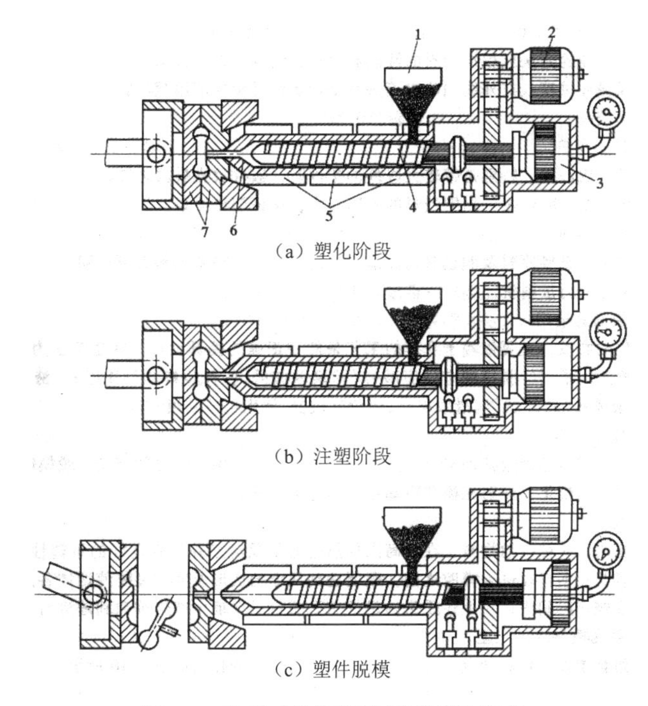

（a）塑化阶段

（b）注塑阶段

（c）塑件脱模

图 1.2　螺杆式注塑机注塑成型的原理

1—料斗；2—螺杆传动装置；3—注塑液压缸；4—螺杆；5—加热器；6—喷嘴；7—模具

1.1.2　注塑件的结构工艺性

注塑件设计不仅要考虑使用要求，而且要考虑塑料的结构工艺性，并且尽可能使模具结构简化。因为这样不但可以使成型工艺稳定，保证塑件的质量，又可使生产成本降低。在进行塑件结构设计时，可遵循以下设计原则。

（1）在保证塑件的使用性能、物理化学性能、电性能和耐热性能的前提下，尽量选用价格低廉和成型性好的塑料，并力求结构简单、壁厚均匀和成型方便。

（2）在设计塑件结构时应考虑模具结构，使模具型腔易于制造，模具抽芯和推出机构简单。

（3）设计塑件应考虑原料的成型工艺性，塑件形状应有利于分型、排气、补缩和冷却。

塑件的内外表面形状应在满足使用要求的情况下尽可能易于成型。由于侧抽芯和瓣合模不但使模具结构复杂、制造成本提高，而且还会在分型面上留下飞边，增加塑件的修整量。因此，在进行塑件设计时可适当改变塑件的结构，尽可能避免侧孔与侧凹，以简化模具的结构。

塑件内的侧凹较浅并允许带有圆角时，可以用整体凸模，采取强制脱模的方法使塑件从凸模上脱下。但此时塑件在脱模温度下应具有足够的弹性，以使塑件在强制脱下时不会变形，如聚乙烯、聚丙烯、聚甲醛等都能适应这种情况。塑件外侧凹凸也可以强制脱模，但多数情况下塑件的侧向凹凸不可以强制脱模，此时应采用侧向分型抽芯结构的模具。

1.1.3　注塑模概述

注塑模的分类方法有很多，按加工塑料的品种可分为热塑性塑料注塑模和热固性塑料注塑模；按注塑机类型可分为卧式、立式和角式注塑机用注塑模，按型腔数目可分为单型腔注塑模和多型腔注塑模。通常是按注塑模的总体结构特征来分，总结如下：

- 单分型面注塑模：只有一个分型面，也叫两板式注塑模。
- 双分型面注塑模：与单分型面注塑模相比，增加了一个用于取浇注系统凝料的分型面。
- 斜导柱侧向分型与抽芯注塑模：当塑件上带有侧孔或侧凹时，在模具中要设置由斜导柱或斜滑块等组成的侧向分型抽芯机构，使侧型芯做横向运动。
- 带有活动成型零部件的注塑模：在脱模时可与塑件一起移出模外，然后与塑件分离。
- 自动卸螺纹注塑：在动模上设置能够转动的螺纹型芯或螺纹型环，利用开模动作或注塑机的旋转机构，或设置专门的传动装置，带动螺纹型芯或螺纹型环转动，从而脱出塑件。
- 热流道注塑模：利用加热或绝热的办法使浇注系统中的塑料始终保持熔融状态，在每次开模时，只需取出塑件而没有浇注系统凝料。

下面以单分型面注塑模为例介绍注塑模的结构、组成和工作过程。

1．单分型面注塑模的结构

单分型面注塑模是注塑模中最简单的一种结构形式，其典型结构如图 1.3 所示。单分型面注塑模根据需要，既可以设计成单型腔注塑模，也可以设计成多型腔注塑模，应用十分广泛。

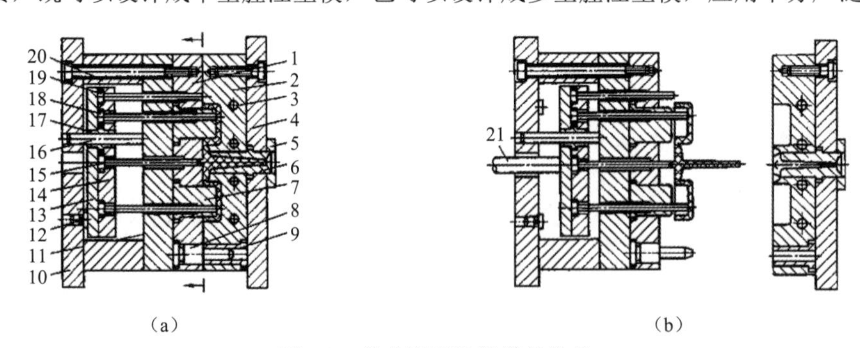

图 1.3　单分型面注塑模的结构

1—动模板；2—定模板；3—冷却水道；4—定模座板；5—定位圈；6—浇口套；7—型芯；8—导柱；9—导套；10—动模座板；11—支承板；12—支承钉；13—推板；14—推杆固定板；15—拉料杆；16—推板导柱；17—推板导套；18—推杆；19—复位杆；20—垫板；21—注塑机顶杆

2．单分型面注塑模的组成

单分型面注塑模主要由成型零部件、浇注系统、导向机构、推出装置、温度调节和排气系统、结构零部件六大部分组成。

（1）成型零部件。模具中用于成型塑料制件的空腔部分称为模腔。构成注塑模模腔的零件统称为成型零部件。由于模腔是直接成型塑料制件的部分，因此模腔的形状应与塑件的形状一致，模腔一般是由型腔零件、型芯组成。图 1.3 所示的模具型腔是由型腔即定模板（零件 2）、型芯（零件 7）、动模板（零件 1）和推杆（零件 18）组成。

- 定模板的作用是开设型腔，成型塑件外形。
- 型芯的作用是用来成型塑件的内表面。
- 动模板的作用是固定型芯和组成模腔。
- 推杆的作用是开模时推出塑件。

（2）浇注系统。将塑料由注塑机喷嘴引向型腔的流道称为浇注系统，浇注系统分主流道、分流道、浇口、冷料穴 4 个部分。图 1.3 所示的模具浇注系统由浇口套（零件 6）、拉料杆（零件 15）和定模板上的流道组成。

- 浇口套的作用是形成浇注系统的主流道。
- 拉料杆的前端作为冷料穴，开模时拉料杆将主流道凝料从浇口套中拉出。

（3）导向机构。为确保动模与定模合模时准确对中而设导向零件，通常有导向柱、导向孔或在动模板和定模上分别设置互相吻合的内外锥面。图 1.3 所示的模具导向系统由导柱（零件 8）和导套（零件 9）组成。

- 导柱的作用是合模时与导套配合，为动模部分和定模部分导向。
- 导套的作用是合模时与导柱配合，为动模部分和定模部分导向。

（4）推出装置。推出装置是在开模过程中，将塑件从模具中推出的装置。有的注塑模的推出装置为避免在顶出过程中推出板歪斜，还设有导向零件，使推板保持水平运动。图 1.3 所示的模具推出装置由推杆（零件 18）、推板（零件 13）、推杆固定板（零件 14）、复位杆（零件 19）、拉料杆（零件 15）、支承钉（零件 12）、推板导柱（零件 16）及推板导套（零件 17）组成。

- 推杆的作用是当开模时推出塑件。
- 推板的作用是当注塑机顶杆推动推板时，推板带动推杆推出塑件。
- 推杆固定板的作用是固定推杆。
- 复位杆的作用是合模时，复位杆带动推出系统后移，使推出系统恢复原始位置。
- 支承钉的作用是使推板与动模座板间形成间隙，以保证平面度，并有利于废料、杂物的去除。
- 拉料杆的作用是用来拉出成型模具内熔料流道中凝固的料柱。
- 推板导套和推板导柱的作用是它们配合为推出系统导向，使其平稳推出塑件，同时起到了保护推杆的作用。

（5）温度调节和排气系统。为了满足注塑工艺对模具温度的要求，模具设有冷却或加热系统。冷却系统一般为在模具内开设的冷却水道，加热系统则为模具内部或周围安装的加热元件，如电加热元件。图 1.3 所示的模具冷却系统由冷却水道（零件 3）和水嘴组成。

在注塑成型过程中，为了将型腔内的气体排出模外，常常需要开设排气系统。常在分型面处开设排气槽，也可以利用推杆或型芯与模具的配合间隙实现排气。

（6）结构零部件。用来安装固定或支承成型零部件及前述的各部分机构的零部件。支承零部件组装在一起，可以构成注塑模的基本框架。图 1.3 所示的模具结构零部件由定模座板（零件 4）、动模座板（零件 10）、垫板（零件 20）和支承板（零件 11）组成。

➢ 定模座板的作用是将定模座板和连接于定模座板的其他定模部分安装在注塑机的定模板上，定模座板比其他模板宽 25～30mm，便于用压板或螺栓固定。
➢ 动模座板的作用是将动模座板和连接于动模座板的其他动模部分安装在注塑机的动模板上。动模座板比其他模板宽 25～30mm，便于用压板或螺栓固定。
➢ 垫板的作用是调节模具闭合高度，形成推出机构所需的推出空间。
➢ 支承板的作用是注塑时用来承受型芯传递过来的注塑压力。

3. 单分型面注塑模的工作过程

单分型面注塑模的一般工作过程为：模具闭合—模具锁紧—注塑—保压—补缩—冷却—开模—推出塑件。下面以图 1.3 为例来讲解单分型面注塑模的工作过程。

在导柱和导套的导向定位下，动模和定模闭合。型腔零件由定模板、动模板和型芯组成，并由注塑机合模系统提供的锁模力锁紧；然后注塑机开始注塑，塑料熔体经定模上的浇注系统进入型腔；待熔体充满型腔并经过保压、补缩和冷却定型后开模，开模时，注塑机合模系统带动动模后退，模具从动模和定模分型面分开，塑件包在型芯上随动模一起后退，同时拉料杆将浇注系统的主流道凝料从浇口套中拉出。当动模移动一定距离后，注塑机的顶杆接触推板，推出机构开始动作，使推杆和拉料杆分别将塑件及浇注系统凝料从型芯和冷料穴中推出，塑件与浇注系统凝料一起从模具中落下，至此完成一次注塑过程。合模时，推出机构靠复位杆复位，并准备下一次注塑。

1.1.4 注塑模设计注意事项

在注塑模设计过程中，模具设计人员不仅要依据客户提供的塑料制品图和实样，还必须对制品图样和实样进行详细的分析，同时在设计模具时逐一核对以下项目。

1. 尺寸精度和相关尺寸的正确性

根据塑料制品在整个产品中的具体要求和功能来确定其外观质量和具体尺寸属于哪一类型。一般有三种情况：一是外观质量要求高、尺寸精度要求低的塑料制品。比如玩具的外形件，其外观必须美观，具体尺寸除装配尺寸外，其余尺寸只要视觉较好、形状逼真即可。二是功能性塑料制品，尺寸要求严格、尺寸公差必须在允许的范围内，否则会影响制品的性能，如塑料齿轮。三是外观与尺寸都有严格要求的塑料制品，如照相机用塑料件、塑料光学透镜等。对于要求严格的尺寸，如果某些尺寸公差已经超出标准要求，就要进行具体分析，并在试模过程中进行调整以达到要求。

2. 脱模斜度是否合理

脱模斜度直接关系到塑料制品在注塑过程中是否能够顺利成型取出，因此要求制品具有足够的脱模斜度。

3. 制品壁厚及其均匀性

制品壁厚应该适当而且均匀，否则会直接影响制品的成型质量和成型后的尺寸。

4. 塑料种类

各种不同的塑料有共性，也有其各自的特性。在设计模具时必须考虑塑料特性对模具的影响和要求，以便采取相应的设计方案，因此必须充分地了解塑料名称、牌号、生产厂家及收缩等情况。例如，在成型含有玻璃纤维增强的塑料时，模具型腔和型芯要有较高的硬度和耐磨性；而在成型阻燃性塑料时，其型腔和型芯必须具有防腐蚀的性能，以防止在注塑过程中挥发的腐蚀性气体腐蚀模具。另外，不同生产厂家的塑料色彩和收缩也不尽相同。

5. 表面要求

塑料制品的表面要求是指塑料制品的表面粗糙度及表面皮纹要求。模具成型表面的粗糙度对于成型透明制品和非透明制品有所不同。成型透明制品要求型腔和型芯的表面粗糙度相同；成型非透明制品时，型腔、型芯的表面粗糙度可以有所不同。成型装饰面的模具部位应具有较高的粗糙度要求。而对于非装饰面，在不影响脱模的情况下，其模具表面可以粗糙一些。

塑料制品表面粗糙度要求应按照制品表面质量要求来确定，可根据《注塑模型腔表面粗糙度样块和塑料样板技术要求及评定方法》（HB 6841—1993）来选定。

塑料制品表面皮纹要求应按专业厂家提供的塑料皮纹样板选择。在设计具有表面皮纹要求的模具时，要特别注意侧面皮纹对制品脱模的影响，其侧面的脱模斜度应为2°～3°。

6. 塑料制品的颜色

在一般情况下，颜色对模具设计没有直接影响，但在制品壁较厚、制品较大的情况下，易出现颜色不匀的情况，而且制品颜色越深，其制品缺陷暴露得越明显。

7. 塑料制品成型后是否有后处理

某些塑料制品在成型后需进行热处理或表面处理。需进行热处理的制品在计算成型尺寸时，要考虑热处理对其尺寸的影响。需进行表面处理的制品，如需表面电镀的制品，若制品较小而批量又很大时，则必须考虑设置辅助流道，将制品连成一体，待电镀工序完成后，再将制品与辅助流道分开。

8. 制品的生产批量

制品的生产批量是设计模具的重要依据之一，因此客户对月批量、年批量、总批量必须提供一个范围，以便在设计模具时，使模具的腔数、大小、材料及寿命等方面能与生产批量相适应。

9. 注塑机规格

在接收客户订货时，客户必须对所用注塑机提出明确的规格，以作为模具设计时的依据。在所提供的注塑机规格中应包括以下内容。

（1）注塑机型号及生产厂家。

（2）注塑机最大注塑容积（最大注塑量）。

（3）注塑机锁模力。

（4）注塑机喷嘴球面半径及喷嘴孔径。

（5）注塑机定位孔直径。

（6）注塑机拉杆内间距。

（7）注塑机容模量（允许的模具最大、最小闭合高度）。

（8）注塑机的顶出方式（液压顶出或机械顶出以及顶出点位置、顶杆直径）。

（9）注塑机开模行程及最大开距。

（10）必要时还要提供注塑机顶出行程及顶出力。

10. 其他要求

客户在提出订货时，除了提供必要的设计依据外，有的客户甚至还对模具提出一些具体要求，如腔数及同一模中成型制品的种类、浇口形式、模具形式（二板模或三板模）、顶出方式及顶出位置、操作方式（手动、半自动、全自动）、型腔和型芯的表面粗糙度等，甚至对型腔和型芯所用钢材的牌号及热处理硬度都会提出具体要求。

以上这些内容，模具设计人员必须认真地进行考虑和核对，以便满足客户的要求。

1.1.5 注塑模设计

UG NX/Mold Wizard 协助人们完成的是注塑模的结构设计，是整个注塑模设计过程的一个重要组成部分。

1. 设计前的准备工作

模具的设计者应以设计任务书为依据设计模具，模具设计任务书通常由塑料制品生产部门提出，任务书包括以下内容。

（1）经过审签的正规塑件图纸，并注明所采用的塑料牌号、透明度等，若塑件图纸是根据样品测绘的，最好能附上样品，因为样品除了比图纸更为形象和直观外，还能给模具设计者提供许多有价值的信息，如样品所采用的浇口位置、顶出位置、分型面等。

（2）塑件说明书及技术要求。

（3）塑件的生产数量及所用注塑机。

（4）注塑模的基本结构、交货期及价格。

在设计模具前，设计者应注意以下几点。

（1）熟悉塑件。

- 熟悉塑件的几何形状：对于没有样品的复杂塑件图纸，要借助于手动绘制轴测图或计算机建模方法，在头脑中建立清晰的塑件三维图像，甚至用橡皮泥等材料制出塑件的模型，以熟悉塑件的几何形状。
- 明确塑件的使用要求：塑件的用途及各部分的作用也是相当重要的，应当密切关注塑件的使用要求。注意为了满足使用要求而设计的塑件尺寸公差和技术要求。
- 注意塑件的原料：塑料具有不同的物理化学性能、工艺特性和成型性能，应注意塑件的塑料原料，并明确所选塑料的各种性能，如材料的收缩率、流动性、结晶性、吸湿性、热敏性、水敏性等。

（2）检查塑件的成型工艺性。通过该操作可以确认塑件的材料、结构、尺寸精度等方面是否符合注塑成型的工艺性条件。

（3）明确注塑机的型号和规格。在设计前要根据产品和工厂的情况，确定采用什么型号和规格的注塑机，这样在模具设计中才能有的放矢，正确处理好注塑模和注塑机的关系。

2. 制定成型工艺卡

将准备工作完成后，就应制定塑件的成型工艺卡，尤其对于批量大的塑件或形状复杂的大型模具，更有必要制定详细的注塑成型工艺卡，以指导模具设计工作和实际的注塑成型加工。

工艺卡一般应包括以下内容。

- 产品的概况，包括简图、质量、壁厚、投影面积、外形尺寸、有无侧凹和嵌件等。
- 产品所用的塑料概况，如品名、出产厂家、颜色、干燥情况等。
- 所选的注塑机的主要技术参数，如注塑机可安装的模具最大尺寸、螺杆类型、额定功率等。
- 压力与行程简图。
- 注塑成型条件，包括加料筒各段温度、注塑温度、模具温度、冷却介质温度、锁模力、螺杆背压、注塑压力、注塑速度、循环周期（注塑、塑化、冷却、开模时间）等。

3. 注塑模结构设计步骤

制定出塑件的成型工艺卡后，应进行注塑模结构设计，其步骤如下。

（1）确定型腔数目。确定型腔的数目条件有最大注塑量、锁模力、产品的精度要求和经济性等。

（2）选择分型面。分型面的选择应以模具结构简单、分型容易，且不破坏已成型的塑件为原则。

（3）确定型腔的布置方案。型腔的布置应采用平衡式排列，以保证各型腔平衡进料。型腔的布置还要注意与冷却管道、推杆布置的协调问题。

（4）确定浇注系统。浇注系统包括主流道、分流道、浇口和冷料穴。浇注系统的设计应根据模具的类型、型腔的数目及布置方式、塑件的原料及尺寸等确定。

（5）确定脱模方式。脱模方式的设计应根据塑件留在模具的部分而不同。由于注塑机的推出顶杆在动模部分，所以脱模推出机构一般都设计在模具的动模部分。设计中，除了将较长的型芯安排在动模部分以外，还常设计拉料杆，强制塑件留在动模部分。但也有些塑件的结构要求塑件在分型时留在定模部分，在定模一侧设计推出装置。推出机构也应根据塑件的结构设计不同的形式，如有推杆、推管和推板结构。

（6）确定调温系统结构。模具的调温系统主要由塑料种类决定。模具的大小、塑件的物理性能、外观和尺寸精度都对模具的调温系统有影响。

（7）确定凹模和型芯的固定方式。当凹模或型芯采用镶块结构时，应合理地划分镶块并同时考虑镶块的强度、可加工性及安装固定方式。

（8）确定排气形式。一般注塑模的排气可以利用模具分型面和推杆与模具的间隙进行；而对于大型和高速成型的注塑模，必须设计相应的排气形式。

（9）确定注塑模的主要尺寸。通过相应的公式计算成型零件的工作尺寸，以及决定模具型腔的侧壁厚度、动模板的厚度、拼块式型腔的型腔板的厚度及注塑模的闭合高度。

（10）选用标准模架。根据设计、计算的注塑模的主要尺寸来选用注塑模的标准模架，并尽量选择标准模具零件。

（11）绘制模具的结构草图。在以上工作的基础上，绘制注塑模完整的结构草图，绘制模具结构图是模具设计中十分重要的一项工作，其步骤为先绘制俯视图（顺序为模架、型腔、冷却管道、支承柱、推出机构），再绘制主视图。

（12）校核模具与注塑机有关尺寸。对所使用注塑机的参数进行校核，包括最大注塑量、注塑压力、锁模力及模具安装部分的尺寸、开模行程和推出机构的校核。

（13）注塑模结构设计的审查。对根据上述有关注塑模结构设计的各项要求设计的注塑模，应进行注塑模结构设计的初步审查并征得用户的同意，同时，也有必要对用户提出的要求加以确认或修改。

（14）绘制模具的装配图。装配图是模具装配的主要依据，应清楚地表明注塑模各个零件的装配关系、必要的尺寸（如外形尺寸、定位圈直径、安装尺寸、活动零件的极限尺寸等）、序号、明细表、标题栏及技术要求。技术要求的内容有以下几项。

➢ 对模具结构的性能要求，如对推出机构、抽芯结构的装配要求。
➢ 对模具装配工艺的要求，如分型面的贴合间隙、模具上下面的平行度。
➢ 模具的使用要求。
➢ 防氧化处理、模具编号、刻字、油封及保管等要求。
➢ 有关试模及检验方面的要求。

如果凹模或型芯的镶块太多，可以绘制动模或定模的部件图，并在部件图的基础上绘制装配图。

（15）绘制模具零件图。由模具装配图或部件图拆绘零件图的顺序为：先内后外，先复杂后简单，先成型零件后结构零件。

（16）复核设计样图。复核设计样图是一个非常重要的环节，主要是对设计图纸进行全面、细致的检查，以确保设计的模具能够满足生产要求和客户需求。

4. 注塑模的审核

注塑模设计的最后审核是注塑模设计的最后把关，应多关注零件的加工、性能。注塑模的最后审核要点如下。

（1）基本结构方面。

➢ 注塑模的机构和基本参数是否与注塑机匹配。
➢ 注塑模是否具有合模导向机构，机构设计是否合理。
➢ 分型面选择是否合理，有无产生飞边的可能，塑件是否滞留在设有顶出脱模机构的动模（或定模）一侧。
➢ 型腔的布置与浇注系统的设计是否合理。浇口是否与塑料原料相适应，浇口位置是否恰当，浇口与流道几何形状及尺寸是否合适，流动比数值是否合理。
➢ 成型零部件设计是否合理。
➢ 顶出脱模机构与侧向分型或抽芯机构是否合理、安全和可靠；它们之间或它们与其他模具零部件之间有无干涉或碰撞的可能。
➢ 是否有排气机构，如果需要，其形式是否合理。

- 是否需要温度调节系统，如果需要，其热源和冷却方式是否合理；温控元件是否足够，精度等级如何；寿命长短如何；加热和冷却介质的循环回路是否合理。
- 支承零部件结构是否合理。
- 外形尺寸能否保证安装；固定方式是否合理可靠；安装用的螺栓孔是否与注塑机动、定模固定板上的螺孔位置一致。

（2）设计图纸方面。

- 在审核装配图时，要注意零部件的装配关系是否明确，配合代号标注是否恰当合理，零件的标注是否齐全，与明细表中的序号是否对应，有关的必要说明是否具有明确的标记，整个注塑模的标准化程度如何。
- 在审核零件图时，要注意零件号、名称、加工数量是否有确切的标注；尺寸公差和形位公差标注是否合理齐全；成型零件容易磨损的部位是否预留了修磨量；哪些零件具有超高精度要求，这种要求是否合理；各个零件的材料选择是否恰当；热处理要求和表面粗糙度要求是否合理。
- 审核制图方法是否正确，是否合乎有关国家标准，图面表达的几何图形与技术要求是否容易理解。

（3）注塑模设计质量。

- 设计注塑模时，是否正确地考虑了塑料原料的工艺特性、成型性能以及注塑机类型可能对成型质量产生的影响。对成型过程中可能产生的缺陷是否在注塑模设计时采取了相应的预防措施。
- 是否考虑了塑件对注塑模导向精度的要求，导向结构设计是否合理。
- 成型零部件的工作尺寸计算是否正确，能否保证产品的精度，其本身是否有足够的强度和刚度。
- 支承零部件能否保证模具具有足够的整体强度和刚度。
- 注塑模在设计时是否考虑了试模和修模要求。

（4）拆装及搬运条件方面。有无便于装拆时用的撬槽、装拆孔、牵引螺钉和起吊装置（如供搬运用的吊环或起重螺栓孔等）；对其是否做了标记。

1.2 注塑模 CAX 简介

CAX 技术是一系列技术的集合，包括从计算机辅助设计（CAD）、计算机辅助工程（CAE）到计算机辅助制造（CAM）等多个方面，涵盖了产品从概念设计到实际生产的全过程。

1.2.1 CAX 技术

应用 CAX 技术从根本上改变了传统的产品开发和模具生产方式，大大提高了产品质量，缩短了产品开发周期，降低了生产成本，强有力地推动了模具行业的发展。

1.2.2 注塑模 CAX 应用

本节主要介绍注塑模 CAX 系统的主要内容，并应用注塑模 CAX 进行模具设计的通用流程。

1. 注塑模 CAX 系统

一个完善的注塑模具 CAD/CAM/CAE 系统应包括注塑制品构造、模具概念设计、CAE 分析、模具评价、模具结构设计和 CAM。

（1）注塑制品构造。将注塑制品的几何信息以及非几何信息输入计算机，在计算机内部建立制品的信息模型，为后续设计提供信息。

（2）模具概念设计。根据注塑制品的信息模型采用基于知识和基于实例的推理方法，得到模具的基本结构形式和初步的注塑工艺条件，为随后的详细设计、CAE 分析、制造性评价奠定基础。

（3）CAE 分析。运用有限元的方法，模拟塑料在模具型腔中流动、保压和冷却的过程，并进行翘曲分析，以得到合适的注塑工艺参数和合理的浇注系统与冷却系统结构。

（4）模具评价。模具评价包括可制造性评价和可装配性评价两部分。注塑件的可制造性评价在概念设计过程中完成，根据概念设计得到的方案进行模具费用估计来实现。模具费用估计可分为模具成本的估计和制造难易估计两种模式。成本估计是直接得到模具的具体费用，而制造难易估计是运用人工神经网络的方法得到注塑件的可制造度，以此判断模具的制造性。可装配性评价是在模具详细设计完成后，对模具进行开启、闭合、勾料、抽芯、工件推出动态模拟，在模拟过程中自动检查零件之间是否干涉，以此来评价模具的可装配性。

（5）模具结构设计。根据制品的信息模型、概念设计和 CAE 分析结果进行模具详细设计，包括成型零部件设计和非成型零部件设计。成型零部件包括型芯、型腔、成型杆和浇注系统，非成型零部件包括脱模机构、导向机构、侧抽芯机构以及其他典型结构的设计。同时提供三维模型向二维工程图转换的功能。

（6）CAM。主要是利用支承系统下挂的 CAM 软件完成成型零件的虚拟加工过程，并自动编制数控加工的 NC 代码。

2. 应用注塑模具 CAX 软件进行模具设计的通用流程

注塑模具 CAX 软件的设计流程如图 1.4 所示。

（1）制品的造型。可直接采用通用的三维造型软件。

（2）根据注塑制品采用专家系统进行模具的概念设计，专家系统包括模具结构设计、模具制造工艺规划、模具价格估计等模块，在专家系统的推理过程中，采用基于知识与基于实例相结合的推理方法，推理的结果是注塑工艺和模具的初步方案。方案设计包括型腔数目与布置、浇口类型、模架类型、脱模方式、抽芯方式等。图 1.5 所示为模具结构详细设计的流程。

（3）在模具初步方案确定后，用 CAE 软件进行流动、保压、冷却和翘曲分析，以确定合适的浇注系统、冷却系统等。如果分析结果不能满足生产要求，可根据用户的要求修改注塑制品的结构或修改模具的设计方案。

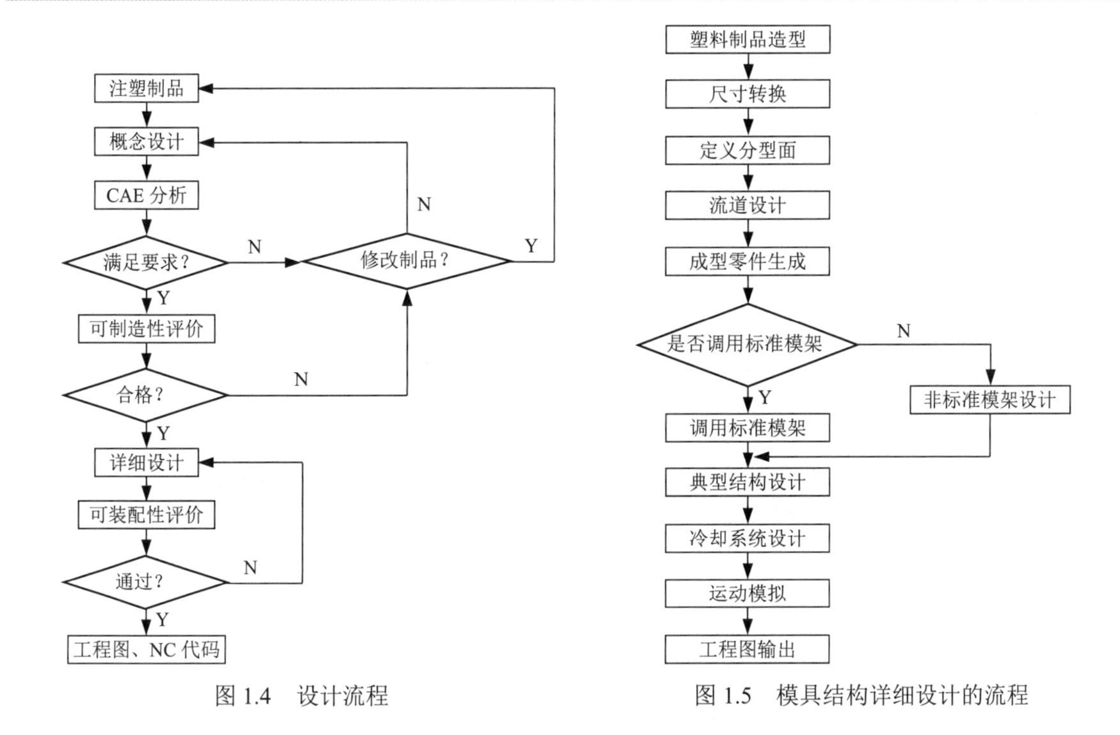

图1.4　设计流程　　　　图1.5　模具结构详细设计的流程

1.3　UG NX/Mold Wizard 概述

UG NX/Mold Wizard（模具向导）是注塑模设计的专用应用模块，是一个功能强大的注塑模软件。

1.3.1　UG NX/Mold Wizard 简介

Mold Wizard 是按照注塑模设计的一般顺序模拟整个设计过程的，只须根据一个产品的三维实体造型，就能建立一套与产品造型参数相关的三维实体模具。Mold Wizard 运用 UG 中知识嵌入的基本理念，根据注塑模设计的一般原理来模拟注塑模设计的全过程，提供了功能全面的计算机模具辅助设计方案，极大地方便了用户进行模具设计。

Mold Wizard 在 UG V 18.0 以前是一个独立的软件模块，先后推出了 1.0、2.0 和 3.0 版，到 UG 8.0 版以后，正式集成到 UG 软件中作为一个专用的应用模块，并随着 UG 软件的升级而不断得到更新。

UG NX/Mold Wizard 模块支持典型的注塑模设计的全过程，即从读取产品模型开始，到如何确定和构造脱模方向、收缩率、分型面、模芯、型腔，再到设计滑块、顶块、模架及其标准零部件，最后到模腔布置、浇注系统、冷却系统、模具零部件清单（BOM）的确定等。同时还可运用 UG/WAVE 技术编辑模具的装配结构、建立几何联结、进行零件间的相关设计。

在 Mold Wizard 中，模具相关的模型（如型芯和型腔、模架库和标准件）是通过利用 UG/WAVE 和 Unigraphics 主模型功能进行整合的。模具设计参数预设置功能允许用户按照自己的标准设置系统变量，如颜色、层、路径等。UG 具备过程自动化、易于使用、完全的相关性等优点。

注意

虽然在 UG NX 中集成了注塑模具设计向导模块，但不能进行模架和标准件设计，所以读者仍需要安装 UG NX/Mold Wizard，并且要安装到 UG NX 2023 目录下才能生效。

1.3.2 UG NX/Mold Wizard 选项功能简介

为方便后面的学习，在本小节，将会把 UG NX/Mold Wizard 模块中所有的菜单选项功能做一个简单的介绍。

安装 Mold Wizard 到 UG NX 2306 目录下后，启动 UG NX 软件，进入如图 1.6 所示的界面。

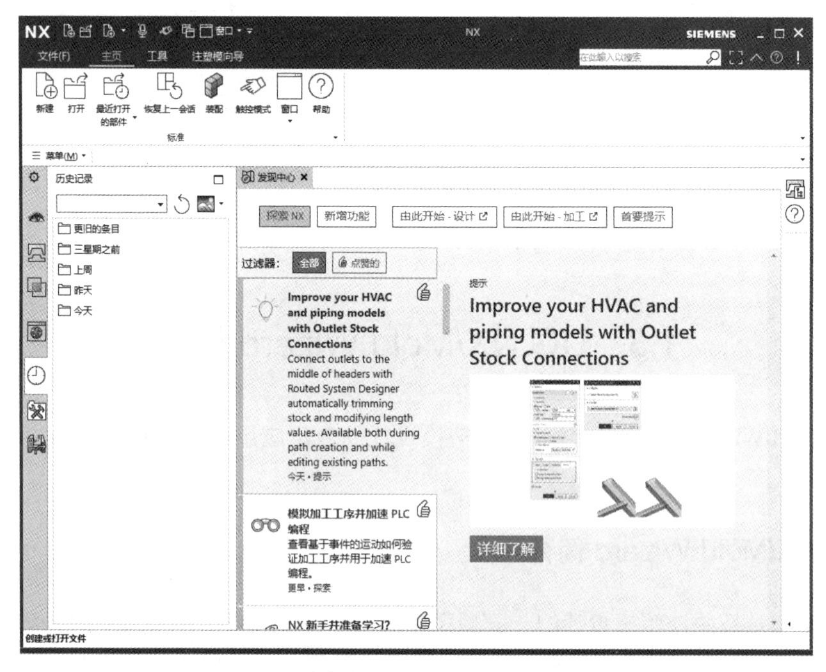

图 1.6　UG NX 界面

切换到【注塑模向导】选项卡，如图 1.7 所示。

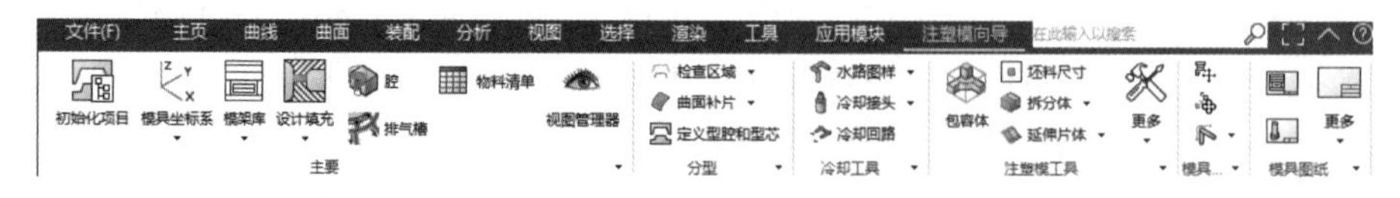

图 1.7　【注塑模向导】选项卡

下面简单介绍以下面板中各选项的功能。

1. “主要”面板

（1）初始化项目：此命令用来导入模具零件，是模具设计的第一步，导入零件后系统将生成用于存放布局、分模图素、型芯和型腔等信息的一系列文件。

（2）多腔模设计：在一个模具里可以生成多个塑料制品的型芯、型腔，此命令适合于一模多腔不同零件的应用。

（3）模具坐标系：UN NX/Mold Wizard 的自动处理功能是根据坐标系的指向进行的。例如，一般规定 ZC 轴的正向为产品的开模方向，电极进给沿 ZC 轴方向，滑块移动沿 YC 轴方向等。

（4）收缩：由于产品在充模时，是由相对温度较高的液态塑料快速冷却，凝固生成固体塑料制品的，会产生一定的收缩。一般情况下，必须把产品的收缩尺寸补偿到模具相应的尺寸中，模具的尺寸应为实际尺寸加上收缩尺寸。

（5）工件：是用来生成模具型芯、型腔的实体，并且与模架相连接。工件的命令及尺寸可使用此命令定义。

（6）型腔布局：用于指定零件成品在毛坯中的位置。在进行注塑模具设计时，如果同一产品进行多腔排布，只需要调入一次产品实体，然后运用该命令即可。

（7）模架库：是塑料注塑成型工业中不可缺少的工具。模库架是型芯和型腔装夹、顶出和分离的机构。在 UG NX/Mold Wizard 中，模库架都是标准的。标准模库架是由结构、形式和尺寸都标准化、系统化，并具有一定互换性的零件成套组合而成的。

（8）标准件库：是把模具的一些常用的附件标准化，便于替换使用。在 UG NX/Mold Wizard 中，标准件库包括螺钉、定位圈和浇口套、推杆、推管、回程管及导向机构等。镶块、电极和冷却系统等都有标准件库可以选择。

（9）顶杆后处理：其实顶杆后处理也是一种标准件，在分模时把成品顶出模腔。该命令的目的是完成顶杆后处理长度的延伸和头部的修剪。

（10）滑块和斜顶杆库：零件上通常有侧向（相对于模具的顶出方向）凸出或凹进的特征，一般正常的开模动作不能顺利地分离这样的零件成品。往往需要在这些部位建立滑块，使滑块在分模之前先沿侧向方向运动离开，然后模具就可以顺利开模分离零件成品。

（11）子镶块库：一般是在考虑加工问题或者模具的强度问题时添加的。模具上常常有一些特征，特别是有简单形状而比较细长的，或者处于难加工位置，为模具的制造增加了很大的难度和成本，这时就需要使用镶块。镶块的创建可以使用标准件，也可以添加实体创建，或者从型芯或型腔毛坯上分割获得实体再创建。

（12）设计填充：设计填充（浇口）是液态塑料从流道进入模腔的入口。浇口的选择和设计直接影响塑件的成型，同时浇口的数目和位置也直接影响塑件的质量和后续加工。要想获得好的塑件质量，就要认真考虑塑料的流动速度、方向，而浇口的设计对此影响很大。

（13）流道：是浇道末端到浇口的流通通道。流道的形式和尺寸往往受到塑料成型特性、塑件大小和形状以及用户要求的影响。

（14）排气槽：注塑在模具部件面上创建路径和排气通道以排出内模机腔内空气。

（15）腔体：腔体（建腔）用于在型芯、型腔上需要安装标准件的区域建立空腔并留出空隙，使用此功能时，所有与之相交的零件部分都会自动切除标准件部分，并且保持尺寸及形状上与标准件的相关性。

（16）物料清单：也称为明细表，是基于模具装配状态产生的与装配信息相关的模具部件列表。创建的材料清单上显示的项目可以由用户选择定制。

（17）视图管理器：用于对视图进行管理。

2.“分型”面板

分型也叫分模，是创建模具的关键步骤之一，目的是把毛坯分割成为型芯和型腔。分模的过程包括创建分型线、分模面，以及生成型腔、型芯。

3.“冷却工具”面板

冷却用于控制模具温度。模具温度明显地影响收缩率、表面光泽、内应力以及注塑周期等，模具温度控制是提高产品质量、提高生产效率的一个有效途径。

4.“注塑模工具”面板

“注塑模工具”面板中包括用于修补零件中的各种孔、槽以及修剪补块的工具，目的是能做出一个分型面，并且此分型面可以被UG识别。此外，这些工具可以简化分模过程，以及改变型芯、型腔的结构。

5.“模具图纸”面板

“模具图纸”面板用于创建模具工程图。与一般的零件或装配体的工程图类似。

1.3.3 UG NX/Mold Wizard 参数设置

与Pro/E软件相似，UG NX/Mold Wizard 4.0以前的版本中也有进行参数设置的文件Mold_defaults.def，该文件存放在UG NX/Mold Wizard安装目录下。在UG NX/Mold Wizard 1847中，这个文件被取消了，参数设置被集中到了【用户默认设置】面板中。

选择【菜单】→【文件】→【实用工具】→【用户默认设置】命令，系统将打开如图1.8所示的【用户默认设置】对话框。

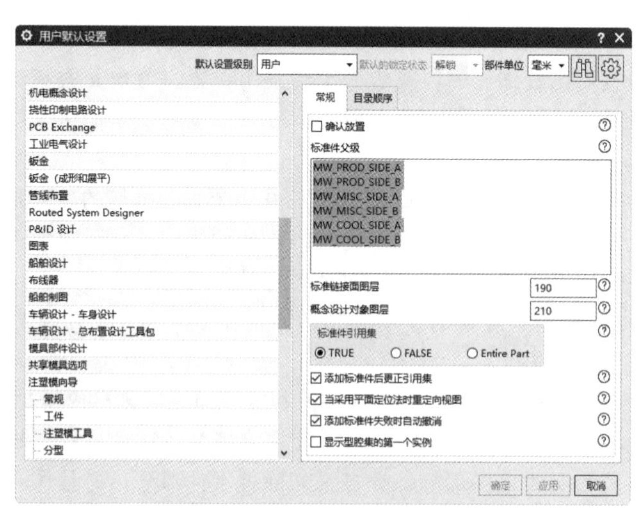

图1.8 【用户默认设置】对话框

用户可以按照控制面板中的说明自行设置，这部分内容就不再详细讲解了。

1.3.4 UG NX/Mold Wizard 模具设计流程

UG NX/Mold Wizard 进行模具设计基于以下的一般流程，可以看到，其先后次序基本上和注塑模向导选项卡从左向右的面板次序相同。本书的编排顺序也大抵如此。读者可以通过该流程体会到各个章节的内容在模具设计过程中所发挥的作用。

（1）调入产品，并进行项目初始化设置，UG NX/Mold Wizard 会自动建立设计项目的装配结构。

（2）定义模具坐标系。

（3）定义收缩率。

（4）选择成型工件功能用于指定型腔/型芯的镶块实体。

（5）定义模具型腔的布局。

（6）创建补片实体/片体封闭区域。

（7）定义模具分型线。

（8）创建模具分型片体。

（9）抽取模具型芯/型腔区域。

（10）创建型芯和型腔。

（11）调入并编辑标准模架。

（12）选择加入标准件并进行部分修改。

（13）为加入的标准件建立腔体。

（14）模具清单导出和模具出图。

第 2 章　模具设计初始化工具

内容简介

利用 UG NX/Mold Wizard 进行模具设计，需要完成模具设计的准备工作，包括装载产品、设置模具坐标系和产品收缩率，以及设置工件和进行模具零件布局。

内容要点

- 初始化
- 工件与布局

案例效果

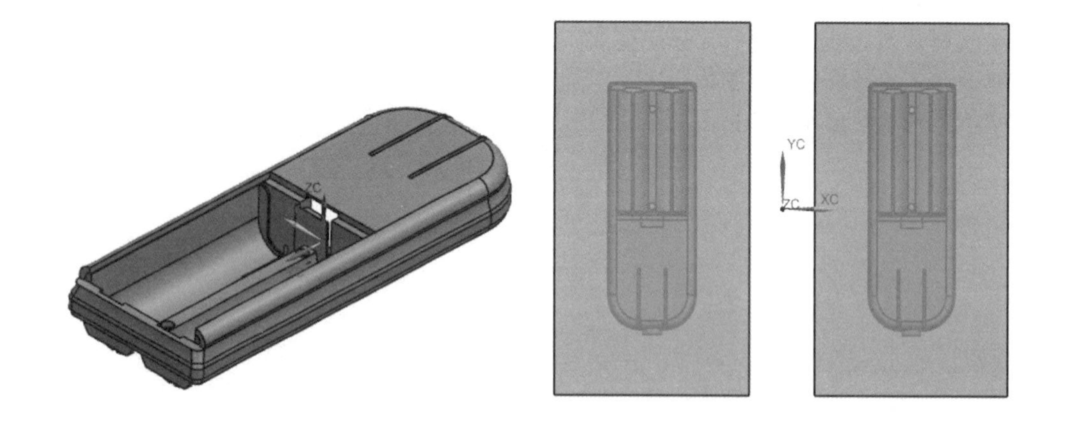

2.1　初　始　化

在进行产品模具设计时，必须要先将产品导入模块中，项目初始化的目的就是装载产品。在 UG NX/Mold Wizard 模块中，系统默认的开模方向是 ZC 方向，设置模具坐标系的目的就是要使新载入产品零件的方向和模具坐标系保持一致。

2.1.1　初始化项目

初始化项目的目的就是把产品零件装载到模具模块中。

单击【注塑模向导】选项卡中的【初始化项目】按钮，弹出图 2.1 所示的【部件名】对话框。

选择需要载入的产品零件后，系统弹出图 2.2 所示的【初始化项目】对话框。

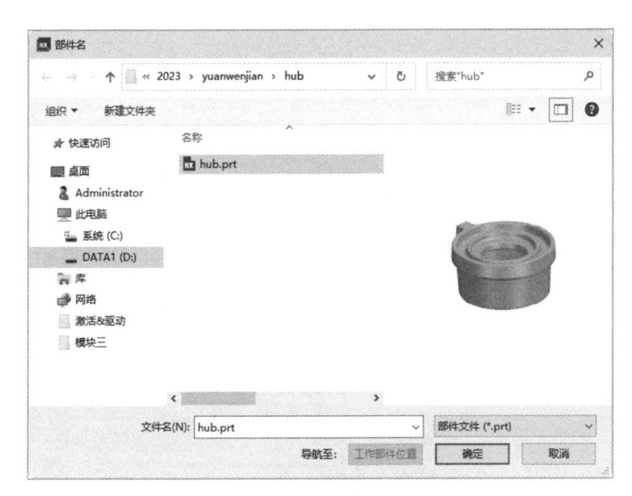

图 2.1　【部件名】对话框

图 2.2　【初始化项目】对话框

1. 产品

产品用于从原始产品文件中选择体和曲线。

2. 项目设置

（1）路径：指定新创建项目的路径。单击【浏览】按钮，系统弹出【打开】对话框，设置产品分模过程中生成文件的存放路径，也可以直接在【路径】文本框中输入。

（2）名称：设置项目名称，根据默认命名规则，项目名称作为模具项目中每个文件的文件名的前缀。默认的项目名称是产品模型的名称。

（3）材料：为要进行分模的产品定义材料，单击后面的▼按钮，弹出如图 2.3 所示的下拉列表，可以从中选择材料名称。

（4）收缩：定义产品的收缩比例。若定义了产品使用的材料，则在文本框中会自动显示相应的收缩率参数，如 ABS 材料的收缩率是 1.0060。也可以自定义所选材料的收缩率。

（5）配置：选择定义模具设计项目的装配结构的模板装配。

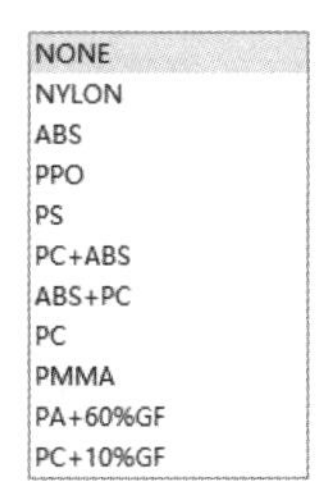

图 2.3　材料下拉列表

3. 属性

在列表框中选择要在初始化期间添加到*_top 装配部件的属性。

4．设置

（1）项目单位：设置模具的单位制，同时也可改变调入产品实体的尺寸单位制，包括毫米和英寸两种单位制，可以根据需要选择不同的单位制。

（2）重命名组件：选中此复选框，单击【确定】按钮，将弹出如图 2.4 所示【部件名管理】对话框，通过该对话框，可以配置组件部件文件名。

（3）编辑材料数据库：单击该按钮后，系统将弹出如图 2.5 所示的材料数据库，前提是所用计算机必须安装 Excel 软件。利用该数据库，可以更改与添加材料名称和收缩率。

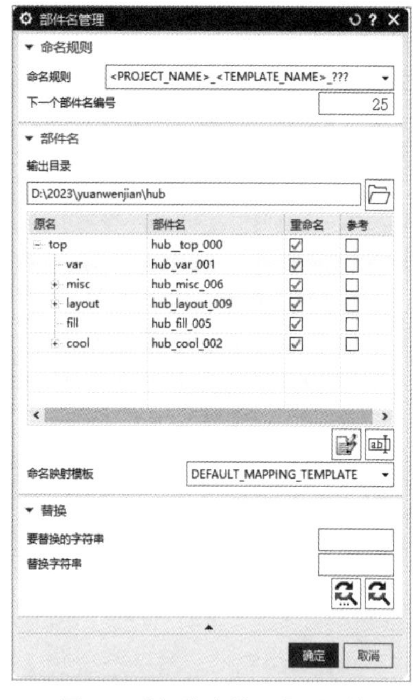

图 2.4 【部件名管理】对话框

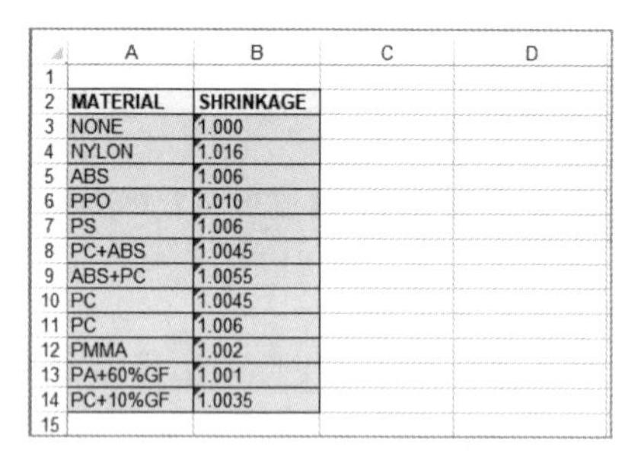

	A	B	C	D
1				
2	MATERIAL	SHRINKAGE		
3	NONE	1.000		
4	NYLON	1.016		
5	ABS	1.006		
6	PPO	1.010		
7	PS	1.006		
8	PC+ABS	1.0045		
9	ABS+PC	1.0055		
10	PC	1.0045		
11	PC	1.006		
12	PMMA	1.002		
13	PA+60%GF	1.001		
14	PC+10%GF	1.0035		
15				

图 2.5 编辑材料数据库

（4）编辑项目配置：单击该按钮后，系统将弹出如图 2.6 所示的项目配置数据库。利用该数据库，可以对项目进行配置。

（5）编辑定制属性：单击该按钮后，系统将弹出如图 2.7 所示的属性数据库。利用该数据库，可以根据需要定制属性。

	A	B	C	D	E	F	G	H
1	##Inch							
2								
3	CONFIG_NAME	PART_SUBDIR	TOP_ASM	PROD_ASM	ACTION	BITMAP	HELP	
4	Mold.V1	\pre_part\english\Mold.V1	top	prod	CLONE			
5	ESI	\pre_part\english\ESI	ESI_Top	NONE	CLONE			
6	Original	\pre_part\english\Orig	top	prod	CLONE			
7								

图 2.6 编辑项目配置数据库

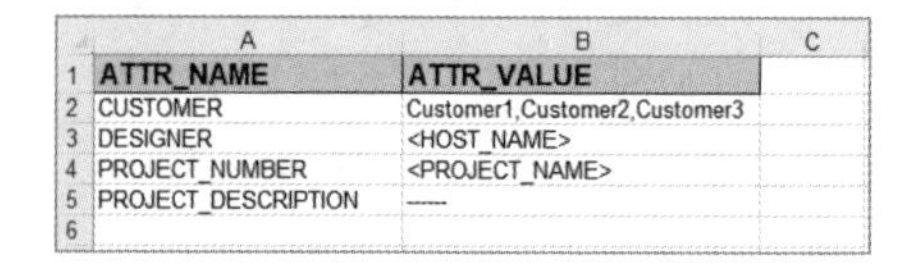

	A	B	C
1	ATTR_NAME	ATTR_VALUE	
2	CUSTOMER	Customer1,Customer2,Customer3	
3	DESIGNER	<HOST_NAME>	
4	PROJECT_NUMBER	<PROJECT_NAME>	
5	PROJECT_DESCRIPTION	-----	
6			

图 2.7 编辑属性数据库

完成设置后，单击【初始化项目】对话框中的【确定】按钮，系统自动载入产品数据，同时自动载入的还有一些装配文件，并都自动保存在项目路径下。单击屏幕右侧装配导航器图标，可以看到如图 2.8 所示的装配结构。

初始化项目的过程实际是复制了两个装配结构，一个是项目装配结构 top，在其下面有 cool、fill、misc、layout 等装配元件；另一个是产品结构装配结构 prod，在其下面有原型文件、cavity、core、shrink、parting、trim、molding 等元件，如图 2.9 所示。

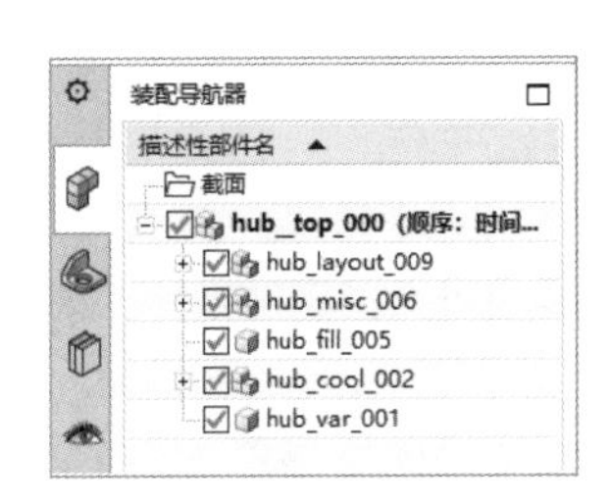

图 2.8　【装配导航器】面板

图 2.9　多重装配结构

5. 项目装配结构

- top：该文件是项目的总文件，包含和控制该项目所有装配部件和定义模具设计所必需的相关数据。
- cool：定义模具中冷却系统的文件。
- fill：定义模具中浇注系统的文件。
- misc：定义通用标准件（如定位圈和定位环）的文件。
- layout：安排产品布局，确定包含型芯和型腔的产品子装配相对于模架的位置。layout 可以包含多个 prod 子集，即一个项目可以包含几个产品模型，用在多腔模具设计中。

6. 产品结构装配结构

- prod：是一个独立的包含产品相关文件和数据的文件，下面包含 shrink、parting、cavity、core 等子装配文件。多型腔模具就是用阵列 prod 文件产生的，也可以通过【复制】和【粘贴】命令来实现多腔模具的制作。
- shrink：包含产品收缩模型的连接体文件。
- parting：包含产品分型片体、修补片体和提取的型芯、型腔侧的面，这些片体用于把隐藏的成型镶件分割成型腔和型芯件。
- cavity：包含型腔镶件的文件。
- core：包含型芯镶件的文件。
- trim：包含用于修剪标准件的几何物体。
- molding：模具模型。

动手学——负离子发生器模具项目初始化

扫一扫，看视频

(1) 启动 UG NX，进入 UG 软件界面，单击【注塑模向导】选项卡中的【初始化项目】按钮，打开【部件名】对话框，❶选择 yuanwenjian\flzfsq\flzfsq.prt 文件，如图 2.10 所示，❷单击【确定】按钮。

图 2.10　【部件名】对话框

（2）系统弹出【初始化项目】对话框，设置❸【材料】为 PS，❹【项目单位】为毫米，其他采用默认设置，如图 2.11 所示，❺单击【确定】按钮，完成初始化，加载的产品模型如图 2.12 所示。

图 2.11　初始化项目

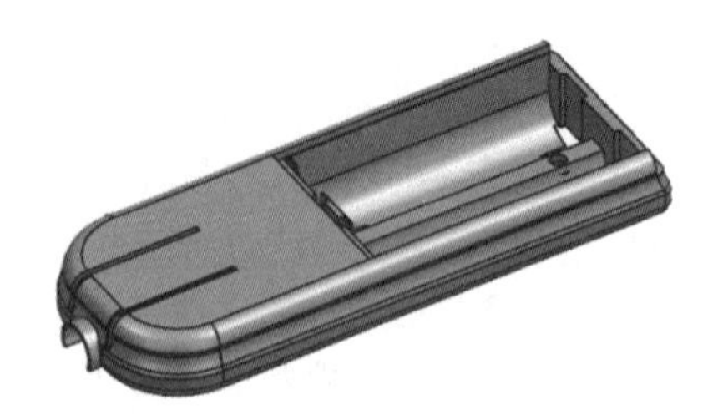

图 2.12　产品模型

（3）检查项目结构。单击【装配导器】按钮，观察刚生成的项目各个节点的状况，如图 2.13 所示。加载后的项目模型如图 2.14 所示。

图 2.13　产品装载

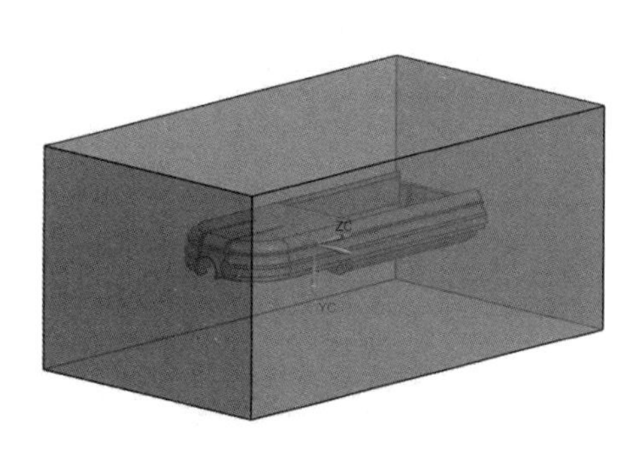

图 2.14　项目模型

（4）选择【文件】→【保存】→【全部保存】命令，保存全部文件。

2.1.2　模具坐标系

使用模具坐标系命令将原始产品组件重新定位到相对于模具装配的正确方向和位置。

单击【注塑模向导】选项卡中的【主要】面板上的【模具坐标系】按钮，系统弹出如图 2.15 所示的【模具坐标系】对话框。

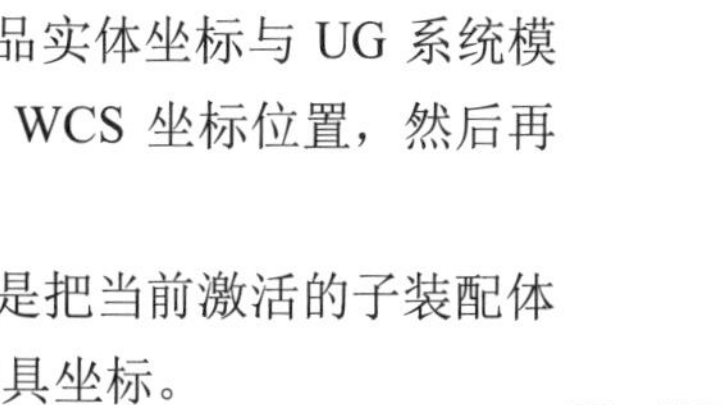

图 2.15　【模具坐标系】对话框

（1）当前 WCS：设置模具坐标系与当前坐标系相匹配。

（2）产品实体中心：设置模具坐标系位于产品实体中心。

（3）选定面的中心：设置模具坐标系位于所选面的中心。

（4）选择坐标系：将产品组件重定位到指定的现有坐标系的中心。

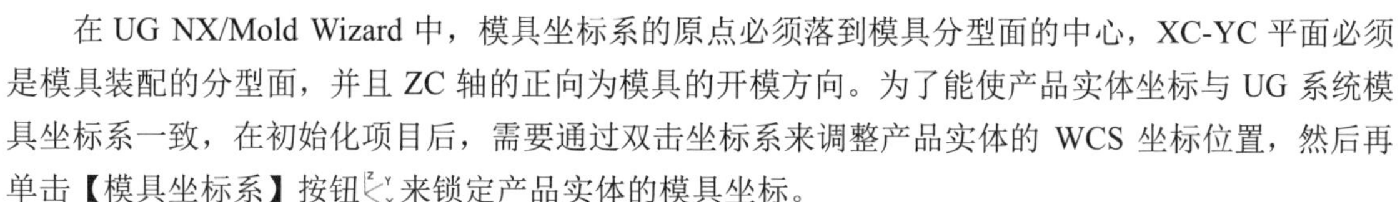

在 UG NX/Mold Wizard 中，模具坐标系的原点必须落到模具分型面的中心，XC-YC 平面必须是模具装配的分型面，并且 ZC 轴的正向为模具的开模方向。为了能使产品实体坐标与 UG 系统模具坐标系一致，在初始化项目后，需要通过双击坐标系来调整产品实体的 WCS 坐标位置，然后再单击【模具坐标系】按钮来锁定产品实体的模具坐标。

事实上，一个模具项目中可能要包含几个产品，这时模具坐标系操作是把当前激活的子装配体平移到合适的位置。任何时候都可以单击【模具坐标系】按钮来编辑模具坐标。

动手学——设置负离子发生器模具的坐标系

扫一扫，看视频

产品实体的当前坐标系中 Z 轴方向并未指向模具的开模方向，需要旋转坐标系，然后再设定模具坐标系。

（1）单击【主页】选项卡中的【标准】面板上的【打开】按钮，弹出【打开】对话框，❶选择 flzfsq 文件夹中的 flzfsq_top_000.prt 文件，如图 2.16 所示，❷单击【确定】按钮，打开 flzfsq_top_000.prt 文件。

图 2.16 【打开】对话框

（2）为方便观察，在视图中选取工件，右击，在弹出的快捷菜单中选择【隐藏】选项，如图 2.17 所示，隐藏工件，显示产品实体，如图 2.18 所示。

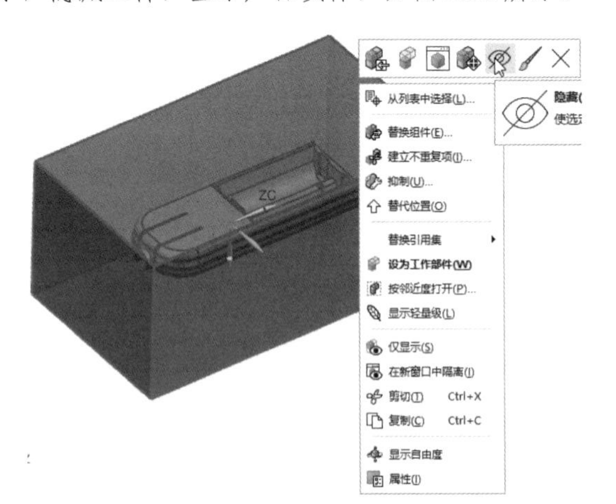

图 2.17 快捷菜单

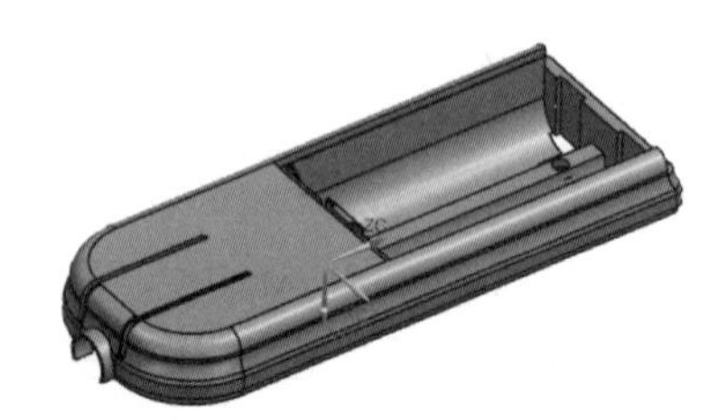

图 2.18 隐藏工件

（3）选择菜单栏中的【格式】→WCS→【旋转】命令，系统弹出【旋转 WCS 绕...】对话框，①选择【+XC 轴：YC-->ZC】选项，②输入旋转角度为 90，如图 2.19 所示，③单击【确定】按钮，结果如图 2.20 所示。

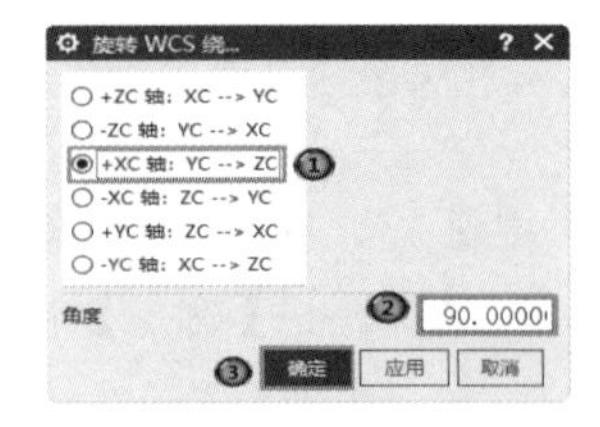

图 2.19 【旋转 WCS 绕...】对话框

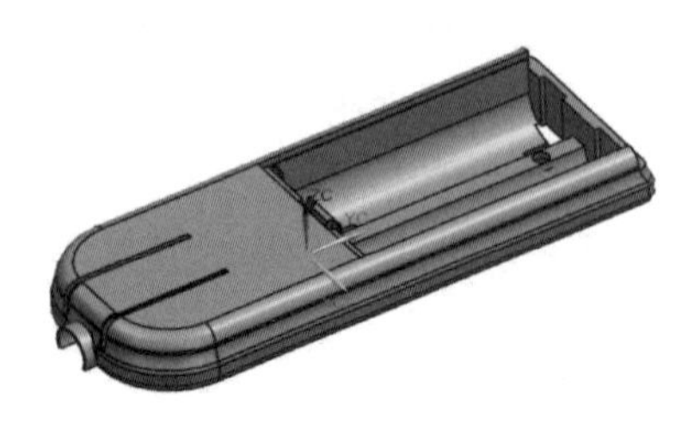

图 2.20 重定义坐标方向

（4）单击【注塑模向导】选项卡中的【主要】面板上的【模具坐标系】按钮，系统弹出【模具坐标系】对话框，①选择【当前 WCS】选项，如图 2.21 所示，②单击【确定】按钮，系统会自动把模具坐标系放在坐标系原点上，如图 2.22 所示。

图 2.21　【模具坐标系】对话框

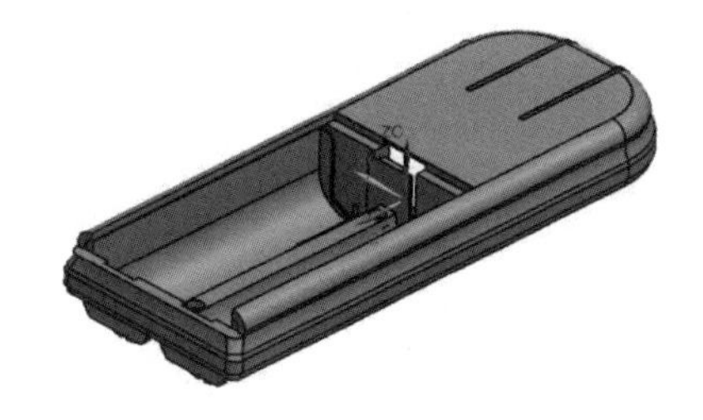

图 2.22　选定模具坐标系

（5）选择【文件】→【保存】→【全部保存】命令，保存全部文件。

2.1.3　收缩率

收缩量就是在高温和高压注塑下，注入模腔的塑料所成型出来的制品比模腔尺寸小的量。所以在设计模具时，必须要考虑制品的收缩量并把它补偿到模具的相应尺寸中，这样才可能得到比较符合实际产品尺寸要求的制品。收缩量取决于材料、制品尺寸、模具设计、成型条件、注塑剂类型等多种情况的影响，要预测一种塑料的准确收缩量是不可能的。一般采用收缩率来表示塑料收缩量的大小。收缩率以 1/1000 为单位，或以百分率（%）来表示。

图 2.23　【缩放体】对话框

单击【注塑模向导】选项卡中的【主要】面板上的【收缩】按钮，弹出如图 2.23 所示的【缩放体】对话框。该对话框包括收缩类型、缩放点、比例因子等选项，可以完成对制品收缩率的设置。

1. 类型

（1）均匀：整个产品实体沿各个轴向均匀收缩。

（2）轴对称：整个产品实体轴向均匀收缩，需要设置沿轴向和其他方向两个比例因子。一般用于柱形产品。

（3）不均匀：需要指定 X、Y、Z 三个轴向的比例系数。

2. 其他参数

（1）选择体：选择需要设置收缩率的实体。当项目中只有一个产品实体可以选择时，则该选项不可选，为灰色；当项目中同时存在几个不同的产品实体时，则该选项可用。

（2）指定点：选择产品实体进行收缩设置的中心点，系统默认的参考点是 WCS 原点，沿各个轴向收缩率一致。当选择的类型为【均匀】或【轴对称】时，该选项可用；当选择【不均匀】类型时，该选项不可用。

（3）指定矢量：选择产品实体进行缩放设置的矢量。当选择的收缩类型为【轴对称】时，该选项可用，如图 2.24 所示。当选择该选项时，系统会在屏幕上方出现提示，选择一个对象来判断矢量，同时在对话框中出现【指定矢量】选项，单击选项右侧的，弹出下拉列表，如图 2.25 所示。用来选择一个对象定义参照轴，系统默认的是 ZC 轴。

图 2.24　选择【轴对称】收缩类型

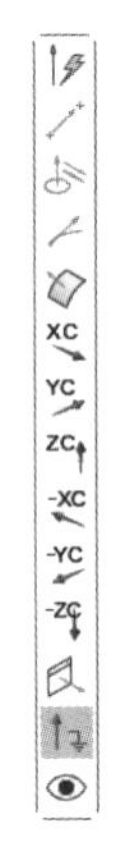

图 2.25　矢量方式下拉列表

（4）指定坐标系：选择产品实体进行缩放设置的参考坐标系。当选择的收缩类型为【不均匀】时，该选项可用，如图 2.26 所示。当选择该选项时，系统会在屏幕上方出现提示，选择 RCS 或使用默认值，同时在对话框中出现【坐标系对话框】按钮，单击按钮，系统弹出【坐标系】对话框，如图 2.27 所示，用于选择参考点或参照轴。

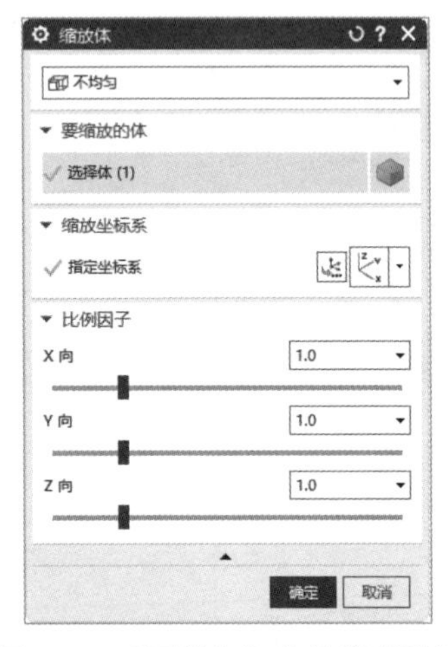

图 2.26　【不均匀】收缩类型设置

图 2.27　【坐标系】对话框

（5）比例因子：该选项用于设置沿各个方向缩放的比例系数。系统定义产品零件尺寸为基值 1，比例因子为基值 1 加上收缩率之和。

动手学——设置负离子发生器模具的收缩率

扫一扫，看视频

设置模具收缩率操作相对比较简单，只要明白和掌握有关收缩设置的基本概念，就不会有太大问题。

（1）单击【主页】选项卡中的【标准】面板上的【打开】按钮，弹出【打开】对话框，选择 flzfsq 文件夹中的 flzfsq_top_000.prt 文件，单击【确定】按钮，打开 flzfsq_top_000.prt 文件。

（2）单击【注塑模向导】选项卡中的【主要】面板上的【收缩】按钮，系统弹出【缩放体】对话框，❶选择【均匀】类型，❷在【比例因子】中设置【均匀】的值为 1.006，其他采用默认设置，如图 2.28 所示，❸单击【确定】按钮，完成收缩率的设置。

图 2.28　选择“均匀”类型

（3）选择【文件】→【保存】→【全部保存】命令，保存全部文件。

动手练——RC 后盖初始化

扫一扫，看视频

（1）利用【初始化项目】命令载入 RChougai.prt 文件，设置【项目单位】为毫米、【材料】为 PC+10%GF、【收缩】为 1.0035。

（2）选择 WCS→【原点】命令，移动坐标系到如图 2.29 所示的位置。然后再沿 XC 轴负方向移动 100，沿 ZC 轴负方向移动 5.5。

（3）选择 WCS→【旋转】命令，将坐标先绕 X 轴旋转 90°，再绕-Z 轴旋转 90°。

（4）利用【模具坐标系】命令把模具坐标系放在坐标系原点上。

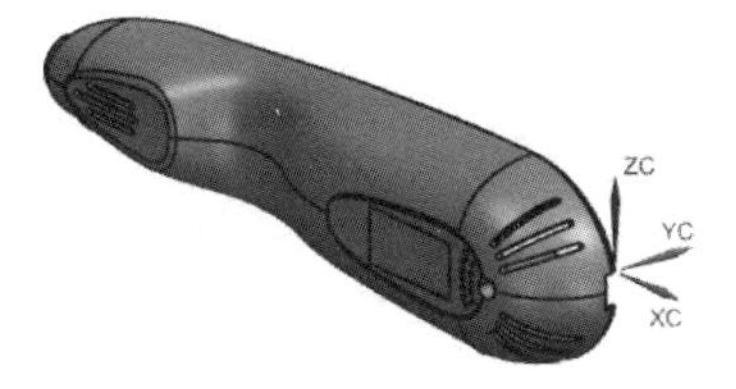

图 2.29　移动坐标系

2.2　工件与布局

2.2.1　工件

工件是用来生成模具的型芯和型腔的实体，所以工件的尺寸就是在零件外形尺寸的基础上各方向都增加一部分尺寸。工件可以选择标准件，也可以自定义工件。工件的类型可以是长方体，也可以是圆柱体，并且可以根据产品的不同形状做出不同类型的工件。

单击【注塑模向导】选项卡中的【主要】面板上的【工件】按钮，弹出图 2.30 所示的【工件】对话框。

（1）产品工件：仅为活动产品模型创建工件，对话框如图 2.30 所示。其中【工件方法】包括【用户定义的块】【型腔-型芯】【仅型腔】和【仅型芯】4 种类型。

1）用户定义的块：在设计工件过程中，有时根据产品实体的形状，需要自定义工件块。选择此方法，可以指定产品包容块周围的材料余量，对话框如图 2.30 所示。其中【定义类型】包括草图和参考点。

➢ 草图：仅在使用 Mold V1 模板时选择了【用户定义的块】可用。

➢ 参考点：用于指定参考点与工件的相应面之间的距离。

2）型腔-型芯/仅型腔/仅型芯：当选择【型腔-型芯】、【仅型腔】和【仅型芯】三个选项中的一种时，对话框如图 2.31 所示。【型腔-型芯】定义工件型腔与型芯形状相同，而【仅型腔】、【仅型芯】是单独创建型腔或型芯，所以其工件形状可以不同。

（2）组合工件：为一个产品的多个实例或两个或多个产品创建工件。

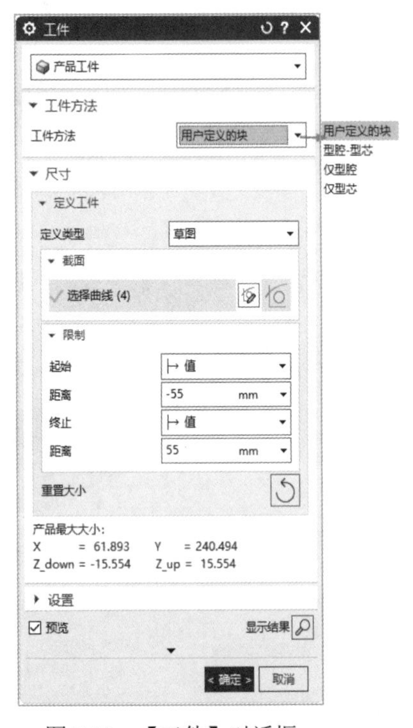

图 2.30 【工件】对话框

图 2.31 选择【型腔-型芯】

扫一扫，看视频

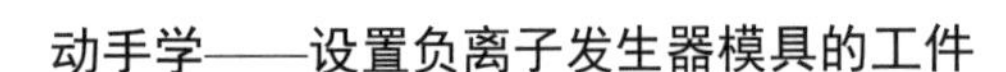

动手学——设置负离子发生器模具的工件

（1）单击【主页】选项卡中的【标准】面板上的【打开】按钮，弹出【打开】对话框，选择 flzfsq 文件夹中的 flzfsq_top_000.prt 文件，单击【确定】按钮，打开 flzfsq_top_000.prt 文件。

（2）单击【注塑模向导】选项卡中的【主要】面板上的【工件】按钮，系统弹出【工件】对话框，❶在【工件方法】下拉列表框中选择【用户定义的块】，❷在【定义类型】下拉列表框中选择【参考点】，❸单击【重置大小】按钮，❹设置 X、Y、Z 的长度尺寸，如图 2.32 所示，❺单击【确定】按钮，视图区加载成型工件，如图 2.33 所示。

（3）选择【文件】→【保存】→【全部保存】命令，保存全部文件。

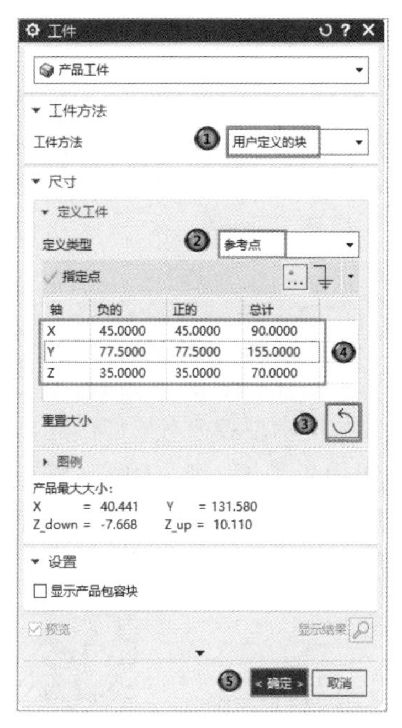

图 2.32　【工件】对话框

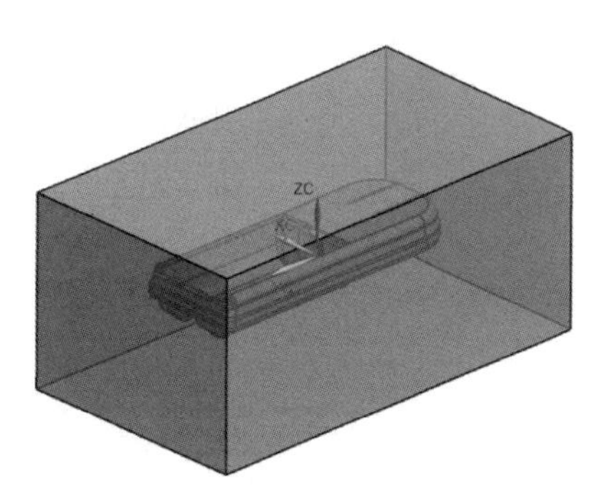

图 2.33　成型工件

知识拓展——工件设计

1. 成型工件设计

（1）型腔的结构设计。型腔零件是成型塑料件外表面的主要零件，按结构不同可分为整体式和组合式两种。

1）整体式型腔结构如图 2.34 所示。整体式型腔是由整块金属加工而成的，其特点是牢固、不易变形，不会使制品产生拼接线痕迹。但是由于整体式型腔加工困难，热处理不方便，所以常用于成型形状简单的中、小型模具。

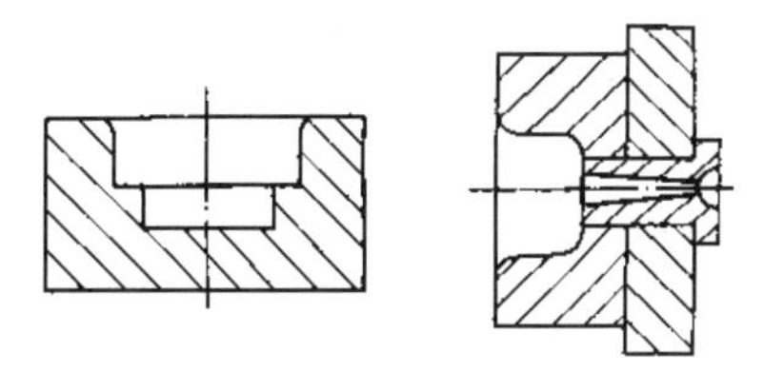

图 2.34　整体式型腔结构

2）组合式型腔结构是指型腔由两个及以上零部件组合而成。按组合方式不同，组合式型腔结构可分为整体嵌入式、局部镶嵌式、底部镶拼或型腔等。

➢ 整体嵌入式型腔结构如图 2.35 所示。它主要用于成型小型制品，而且是多型腔的模具，各单个型腔采用机加工、冷挤压、电加工等方法加工制成，然后压入模板中。这种结构加工效率高，拆装方便，可以保证各个型腔的形状尺寸一致。

图 2.35（a）～图 2.35（c）称为通孔台肩式，即型腔带有台肩，从下面嵌入模板，再用垫板与螺钉紧固。如果型腔嵌件是回转体，而型腔是非回转体，则需要用销钉或键回转定位。其中图 2.35（b）采用销钉定位，结构简单，装拆方便；图 2.35（c）是键定位，接触面积大，止转可靠；图 2.35（d）是通孔无台肩式，型腔嵌入模板内，用螺钉与垫板固定；图 2.35（e）是盲孔式型腔嵌入固定板，直接用螺钉固定，在固定板下部设计有装拆型腔用的工艺通孔，这种结构可以省去垫板。

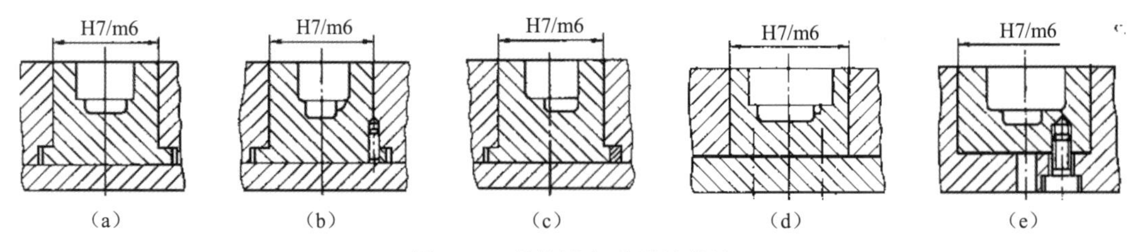

图 2.35　整体嵌入式型腔结构

➢ 局部镶嵌组合式型腔结构如图 2.36 所示，为加工方便或由于型腔的某一部分容易损坏，需经常更换，应采用这种局部镶嵌的办法。图 2.36（a）所示为异形型腔，先钻周围的小孔，再加工大孔，在小孔内嵌入芯棒，组成型腔；图 2.36（b）所示型腔内有局部凸起，可将此凸起部分单独加工，再把加工好的镶块利用圆形槽（也可用 T 型槽、燕尾槽等）镶在圆形型腔内；图 2.36（c）是利用局部镶嵌的办法加工圆形环的凹模；图 2.36（d）是在型腔底部局部镶嵌；图 2.36（e）是利用局部镶嵌来加工长条形型腔。

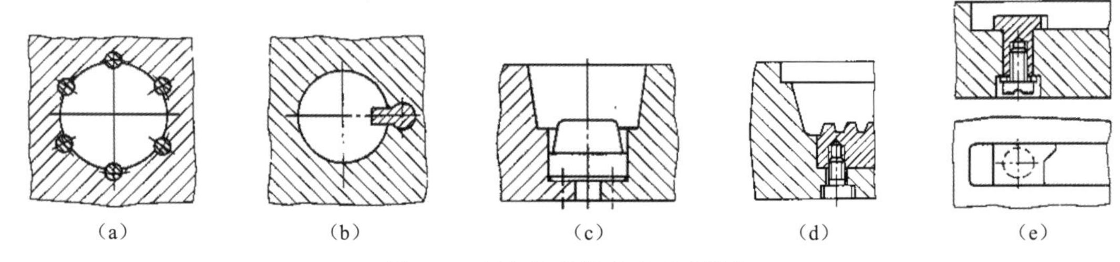

图 2.36　局部镶嵌组合式型腔结构

➢ 底部镶拼式型腔结构如图 2.37 所示。为了机械加工、研磨、抛光、热处理方便，形状复杂的型腔底部可以设计成镶拼式结构。选用这种结构时应注意平磨结合面，抛光时应仔细，以保证结合处锐棱（不能带圆角）不会影响脱模。此外，底板还应有足够的厚度以免变形而进入塑料。

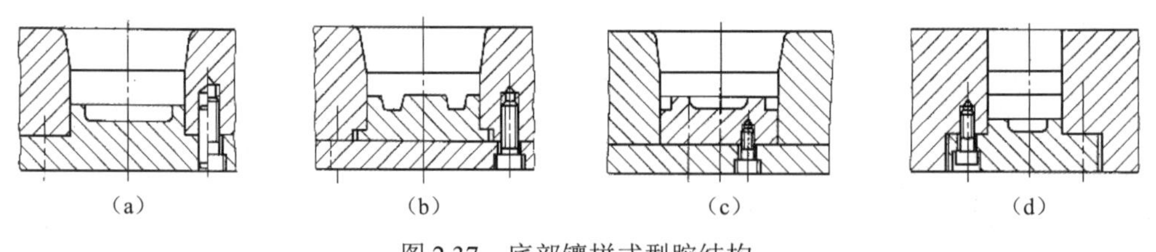

图 2.37　底部镶拼式型腔结构

（2）型芯的结构设计。成型制品内表面的零件称为型芯，主要有主型芯、小型芯等。对于简单的容器，如壳、罩、盖之类的制品，成型其主要部分内表面的零件称主型芯，而将成型其他小孔的型芯称为小型芯或成型杆。

主型芯按结构可分为整体式和组合式两种。

1）整体式结构型芯如图 2.38（a）所示，其结构牢固，但不方便加工，消耗的模具材料多，主要用于工艺实验或小型模具上的简单型芯。

2）组合式主型芯结构如图 2.38（b）～图 2.38（e）所示。为了便于加工，形状复杂的型芯往往采用镶拼组合式结构，这种结构是将型芯单独加工后，再镶入模板中。图 2.38（b）为通孔台肩式，型芯用台肩和模板连接，再用垫板、螺钉紧固，连接牢固，是最常用的方法。对于固定部分是圆柱面，而型芯又有方向性的情况，可采用销钉或键定位；图 2.38（c）为通孔无台肩式结构；图 2.38（d）为盲孔式结构；图 2.38（e）适用于制品内形复杂、机加工困难的型芯。

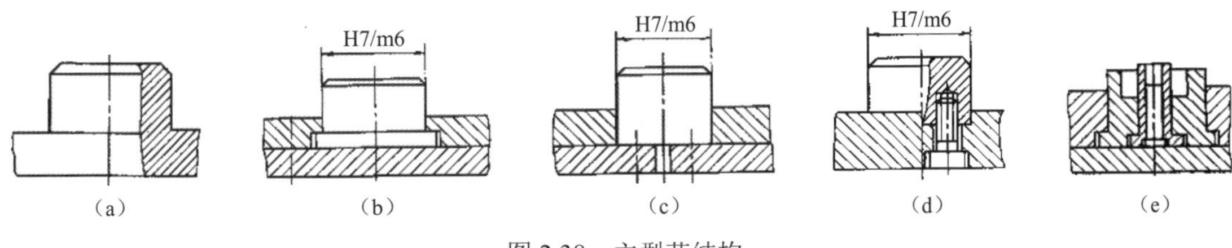

图 2.38　主型芯结构

镶拼组合式型芯的优缺点和组合式型腔的优缺点基本相同。设计和制造这类型芯时，必须注意结构合理，应保证型芯和镶块的强度，防止热处理时变形且应避免尖角与壁厚突变。

若小型芯靠主型芯太近，如图 2.39（a）所示，热处理时薄壁部位易开裂，故应采用图 2.39（b）所示的结构，将大的型芯制成整体式，再镶入小型芯。

在设计型芯结构时，应注意塑料的飞边不应该影响脱模取件。图 2.40（a）所示结构的溢料飞边的方向与脱模方向相垂直，影响制品的取出；而采用图 2.40（b）所示的结构，其溢料飞边的方向与脱模方向一致，便于脱模。

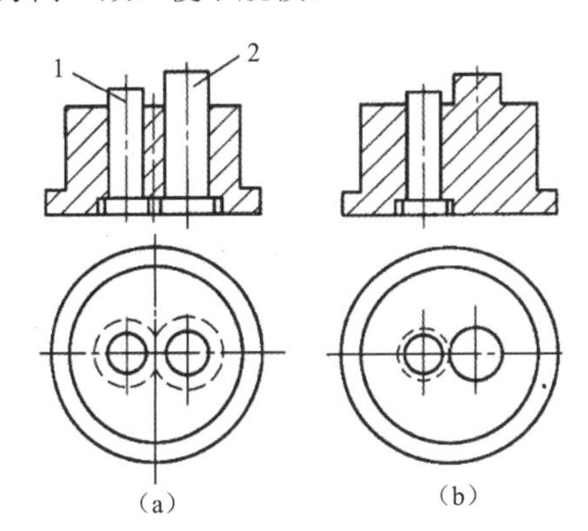

图 2.39　相近小型芯的镶嵌组合结构

1—小型芯；2—大型芯

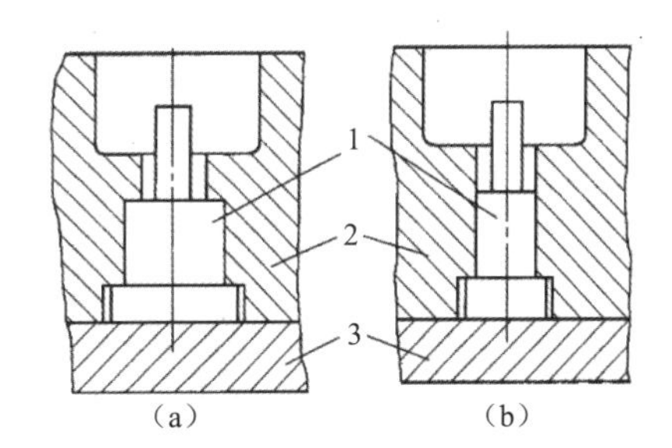

图 2.40　便于脱模的镶嵌型芯组合结构

1—型芯；2—型腔零件；3—垫板

小型芯用来成型制品上的小孔或槽。将小型芯单独制造后，再嵌入模板中。

圆形小型芯采用如图 2.41 所示的几种固定方法，其中图 2.41（a）使用台肩固定的形式，下面有垫板压紧；图 2.41（b）中的固定板太厚，可在固定板上减小配合长度，同时细小的型芯制成台阶的形式；图 2.41（c）是型芯细小而固定板太厚的形式，型芯镶入后，在下端用圆柱垫垫平；图 2.41（d）适用于固定板厚、无垫板的场合，在型芯的下端用螺塞紧固；图 2.41（e）是型芯镶入后在另一端采用铆接固定的形式。

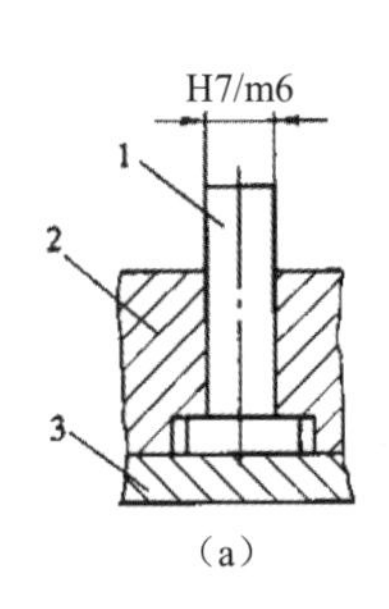

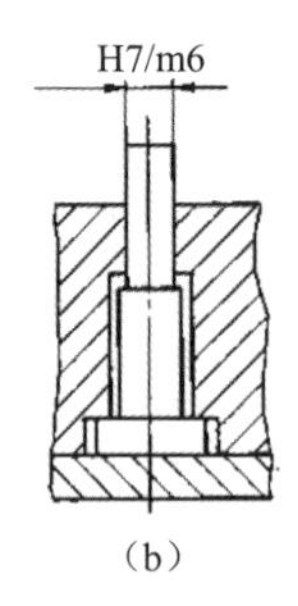

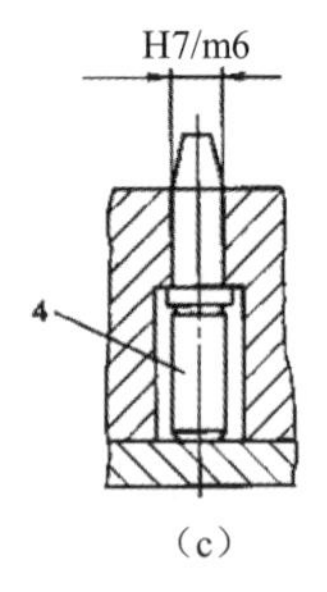

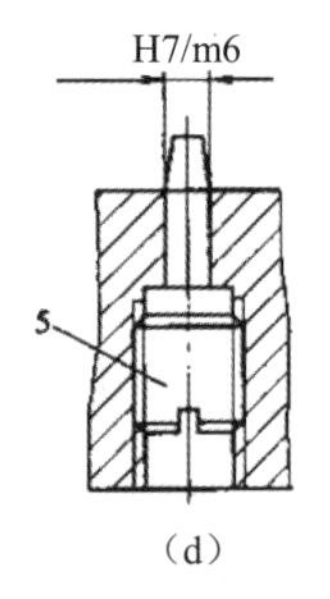

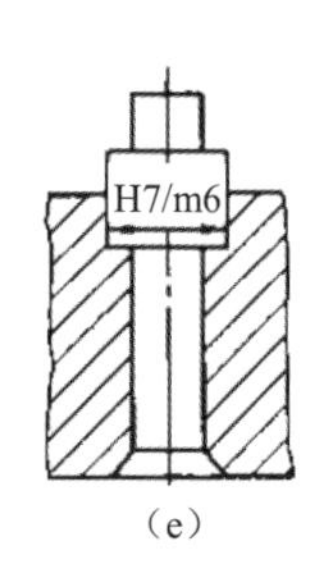

（a）（b）（c）（d）（e）

图 2.41　圆形小型芯的固定形式

1—圆形小型芯；2—固定板；3—垫板；4—圆柱垫；5—螺塞

对于异形型芯，为了制造方便，常将型芯设计成两段。型芯的连接固定段制成圆形台肩和模板连接，如图 2.42（a）所示；也可以用螺母紧固，如图 2.42（b）所示。

如图 2.43 所示的多个相互靠近的小型芯的固定方式，如果台肩固定时，台肩发生重叠干涉，可将台肩相碰的一面磨去，将型芯固定板的台阶孔加工成大圆台阶孔或长椭圆形台阶孔，然后再将型芯镶入。

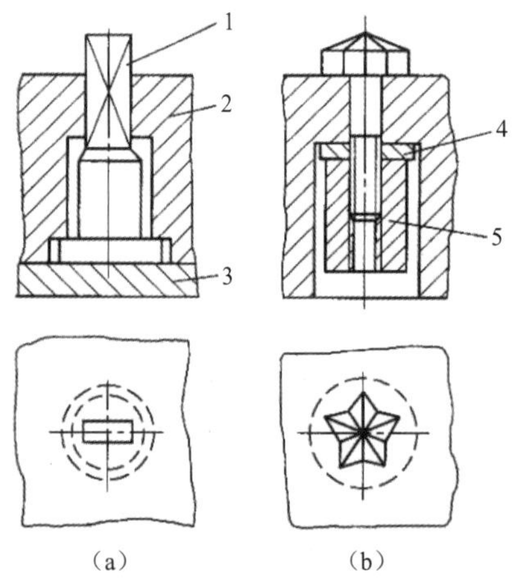

图 2.42　异形小型芯的固定方式

1—异形小型芯；2—固定板；3—垫板；4—挡圈；5—螺母

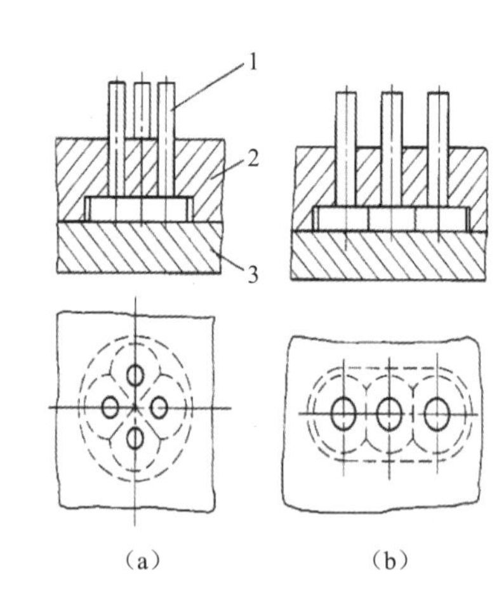

图 2.43　多个互相靠近型芯的固定方式

1—小型芯；2—固定板；3—垫板

（3）脱模斜度。由于塑料冷却后产生收缩，会紧紧包在凸模型芯上，或者由于粘附作用，制品紧贴在凹模型腔内。为了便于脱模，防止制品表面划伤等，在设计时必须使制品内外表面沿脱模方向具有合理的脱模斜度，如图 2.44 所示。

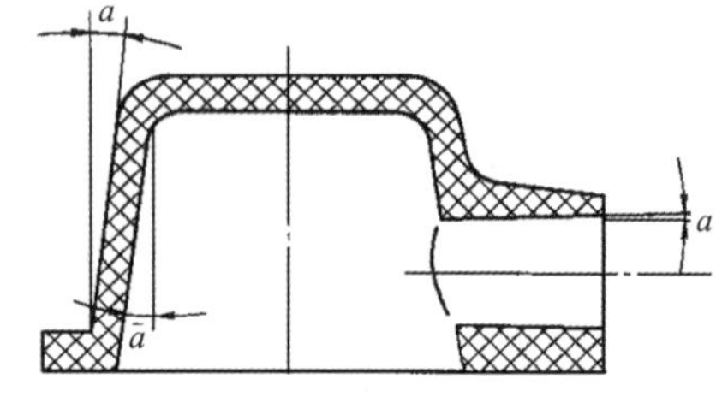

图 2.44　主型芯结构

脱模斜度的大小取决于制品的性能、几何形状等。硬质塑料比软质塑料脱模斜度大；形状较复杂，或者成型孔较多的制品取较大的脱模斜度；塑料高度较大，孔较深，则取较小的脱模斜度；壁厚增加，内孔包紧型芯的力增大，脱模斜度也应取大些。

脱模斜度的取向根据制品的内外尺寸而定：若制品内孔以型芯小端为准，尺寸符合图样要求，斜度由扩大的方向取得；若制品外形以型腔（凹模）大端为准，尺寸符合图样要求，斜度由缩小方向取得。一般情况下，脱模斜度不包括在制品的公差范围内。表2.1列出了制品常用的脱模斜度。

表2.1 制品常用的脱模斜度

塑料名称	脱模斜度	
	型腔	型芯
聚乙烯、聚丙烯、软聚氯乙烯、聚酰胺、氯化聚醚、聚碳酸酯	25′～45′	20′～45′
硬聚氯乙烯、聚碳酸酯、聚砜	35′～40′	30′～50′
聚苯乙烯、有机玻璃、ABS、聚甲醛	35′～1°30′	30′～40′
热固性塑料	25′～40′	20′～50′

注：本表所列的脱模斜度适用于开模后制品留在凸模上的情况。

（4）型腔的侧壁和底板厚度设计。塑料模型腔壁厚及底板厚度的计算是模具设计中经常遇到的重要问题，尤其对大型模具更为突出。目前常用的计算方法有按强度计算和按刚度条件计算两大类，但实际的塑料模却要求既不允许因强度不足而发生明显变形甚至破坏，也不允许因刚度不足而发生过大变形。因此，要求对强度及刚度加以合理考虑。

在塑料注塑模注塑过程中，型腔所承受的力是十分复杂的。型腔所受的力有塑料熔体的压力、合模时的压力、开模时的拉力等，其中最主要的是塑料熔体的压力。在塑料熔体的压力作用下，型腔将产生内应力及变形。如果型腔壁厚和底板厚度不够，当型腔中产生的内应力超过型腔材料的许用应力时，型腔即发生强度破坏。与此同时，刚度不足则发生过大的弹性变形，从而产生溢料，影响制品尺寸及成型精度，也可能会导致脱模困难等。可见模具对强度和刚度都有要求。

对大尺寸型腔，刚度不足是主要失效原因，应按刚度条件计算；对小尺寸型腔，强度不够则是失效原因，应按强度条件计算。强度计算的条件是满足各种受力状态下的许用应力。刚度计算的条件则由于模具的特殊性，可以从以下几方面加以考虑。

1）防止溢料：当高压塑料熔体注入时，模具型腔的某些配合面会产生足以溢料的间隙。为了使型腔不至于因模具弹性变形而发生溢料，应根据不同塑料的最大不溢料间隙来确定其刚度条件。例如，尼龙、聚乙烯、聚丙烯、聚丙醛等低黏度塑料，其允许间隙为0.025～0.03mm；聚苯乙烯、有机玻璃、ABS等中等黏度塑料为0.05mm；聚砜、聚碳酸酯、硬聚氯乙烯等高黏度塑料为0.06～0.08mm。

2）保证制品精度：制品均有尺寸要求，尤其是精度要求高的小型制品，这就要求模具型腔应具有很好的刚性。

3）有利于脱模：一般来说，塑料的收缩率较大，故多数情况下，当满足上述两项要求时已能满足本项要求。

上述要求在设计模具时其刚度条件应以这些项中最苛刻者（允许最小的变形值）为设计标准，但也不应无根据地过分提高标准，以免浪费钢材，增加制造难度。

一般常用计算法和查表法，圆形型腔和矩形型腔的壁厚及底板厚度有常用的计算公式，但是计算比较复杂。而且由于注塑成型的过程会受到温度、压力、塑料特性和制品形状复杂程度等因素的影响，公式计算的结果并不能完全真实地反映实际情况。一般采用经验数据或查寻有关表格，设计时可以参阅相关资料。

2. 成型零件工作尺寸的计算

成型零件的工作尺寸是指成型零件上直接用来构成制品的尺寸，主要有型腔、型芯及成型杆的径向尺寸，型腔的深度尺寸和型芯的高度尺寸，型腔和型腔之间的位置尺寸等。在模具的设计中，应根据制品的尺寸、精度等级及影响制品的尺寸和精度的因素来确定模具的成型零件的工作尺寸及精度。

（1）制品成型尺寸和精度的要素。

1）制品成型后的收缩变化与塑料的品种、制品的形状、尺寸、壁厚、成型工艺条件、模具的结构等因素有关，所以确定准确的塑料收缩率是很困难的。在工艺条件、塑料批号发生变化时会造成制品收缩率的波动，其误差为

$$\delta_s = (S_{max} - S_{min})L_s \tag{2.1}$$

式中：δ_s——塑料收缩率波动误差，mm；

S_{max}——塑料的最大收缩率；

S_{min}——塑料的最小收缩率；

L_s——制品的基本尺寸，mm。

实际收缩率与计算收缩率会有差异，按照一般的要求，塑料收缩率波动所引起的误差应小于制品公差的1/3。

2）模具成型零件的制造精度是影响制品尺寸精度的重要因素之一。模具成型零件的制造精度越低，制品尺寸精度也越低。一般成型零件工作尺寸制造公差δ_z取制品公差值$\varDelta$的1/4～1/3，或者取IT7～IT8级作为制造公差，组合式型腔或型芯的制造公差应根据尺寸链来确定。

3）模具成型零件的磨损。模具在使用过程中，由于塑料熔体流动的冲刷、脱模时与制品的摩擦、成型过程中可能产生的腐蚀性气体的锈蚀，以及由于以上原因造成的模具成型零件表面粗糙度值提高而要求重新抛光等，均会造成模具成型零件尺寸的变化，型腔的尺寸会变大，型芯的尺寸会减小。

这种由于磨损而造成的模具成型零件尺寸的变化值与制品的产量、塑料原料及模具等都有关系，在计算成型零件的工作尺寸时，对于生产批量小的，模具表面耐磨性好的（高硬度模具材料或模具表面进行过镀铬或渗氮处理的），其磨损量应取小值；对于玻璃纤维做原料的制品，其磨损量应取大值。对于与脱模方向垂直的成型零件的表面，磨损量应取小值，甚至可以不考虑磨损量，而与脱模方向平行的成型零件的表面，应考虑磨损。对于中、小型制品，模具成型零件的最大磨损可取制品公差的1/6；而对于大型制品，模具成型零件的最大磨损应取制品公差的1/6以下。

成型零件的最大磨损量用δ_c来表示，一般取$\delta_c=\varDelta/6$。

4）模具安装配合的误差。由于配合间隙的变化，模具的成型零件会引起制品的尺寸变化。例如，型芯按间隙配合安装在模具内，制品孔的位置误差要受到配合间隙值的影响，若采用过盈配合，则不存在此误差。因模具安装配合间隙的变化而引起制品的尺寸误差用δ_i来表示。

5）制品的总误差。综上所述，塑件在成型过程中产生的最大尺寸误差应该是上述各种误差的和，即

$$\delta = \delta_s + \delta_z + \delta_c + \delta_i \tag{2.2}$$

式中：δ——制品的成型误差；

δ_s——塑料收缩率波动误差，mm；

δ_z——模具成型零件的制造公差；

δ_c——模具成型零件的最大磨损量；

δ_i——模具安装配合间隙的变化而引起制品的尺寸误差。

$\varDelta$ 应不大于制品的成型误差，应小于制品的公差值，即

$$\delta \leqslant \varDelta \tag{2.3}$$

6）考虑制品尺寸和精度的原则。一般情况下，塑料收缩率波动、成型零件的制造公差和成型零件的磨损是影响制品尺寸和精度的主要原因。对于大型制品，其塑料收缩率对其尺寸公差影响最大，应稳定成型工艺条件，并选择波动较小的塑料来减小误差；对于中、小型制品，成型零件的制造公差及磨损对其尺寸公差影响最大，应提高模具精度等级和减少磨损来减小误差。

（2）零部件工作尺寸计算。

仅考虑塑料收缩率时，计算模具成型零件的基本公式为

$$L_m = L_s(1+S) \tag{2.4}$$

式中：L_m——模具成型零件在常温下的实际尺寸，mm；

L_s——制品在常温下的实际尺寸，mm；

S——塑料的计算收缩率。

由于多数情况下，塑料的收缩率是一个波动值，常用平均收缩率来代替塑料的收缩率，塑料的平均收缩率为

$$\overline{S} = \frac{S_{max} + S_{min}}{2} \times 100\% \tag{2.5}$$

式中：$\overline{S}$——塑料的平均收缩率；

S_{max}——塑料的最大收缩率；

S_{min}——塑料的最小收缩率。

图 2.45 所示为制品尺寸与模具成型零件尺寸的关系，模具成型零件尺寸决定于制品尺寸。制品尺寸与模具成型零件工作尺寸的取值规定见表 2.2。

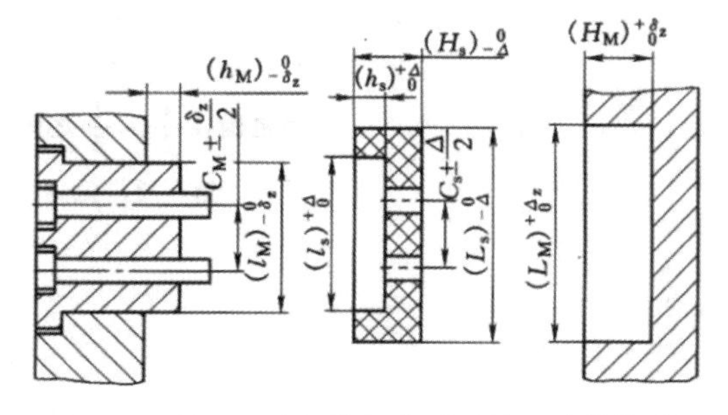

图 2.45　制品尺寸与模具成型零件尺寸的关系

表 2.2　制品尺寸与模具成型零件工作尺寸的取值规定

序　　号	制品尺寸的分类	制品尺寸的取值规定		模具成型零件工作尺寸的取值规定		
		基 本 尺 寸	偏　　差	成 型 零 件	基 本 尺 寸	偏　　差
1	外形尺寸 L、H	最大尺寸 L_s、H_s	负偏差 $-\Delta$	型腔	最小尺寸 L_M、H_M	正偏差 $\delta_z/2$
2	内形尺寸 l、h	最小尺寸 l_s、h_s	正偏差 Δ	型芯	最大尺寸 l_M、h_M	负偏差 $-\delta_z/2$
3	中心距 C	平均尺寸 C_s	对称 $\pm\Delta/2$	型芯、型腔	平均尺寸 C_M	对称 $\pm\delta_z/2$

1）型腔和型芯的径向尺寸。

型腔：

$$(L_M)_0^{\delta_z} = [(1+\overline{S})L_s - x\Delta]_0^{\delta_z} \tag{2.6}$$

型芯：

$$(l_M)_{-\delta_z}^0 = [(1+\overline{S})l_s + x\Delta]_{-\delta_z}^0 \tag{2.7}$$

式中：L_M、l_M——型腔、型芯径向工作尺寸，mm；

$\overline{S}$——塑料的平均收缩率；

L_s、l_s——制品的径向尺寸，mm；

Δ——制品的尺寸公差，mm；

x——修正系数，当制品尺寸大、精度级别低时，$x=0.5$；当制品尺寸小、精度级别高时，$x=0.75$。

- 径向尺寸仅考虑受 δ_s、δ_z 和 δ_c 的影响。
- 为了保证制品实际尺寸在规定的公差范围内，对成型尺寸需进行校核。

$$(S_{max} - S_{min})L_s(\text{或}l_s) + \delta_z + \delta_s < \Delta \tag{2.8}$$

2）型腔和型芯的深度、高度尺寸。

型腔：

$$(H_M)_0^{\delta_z} = [(1+\overline{S})H_s - x\Delta]_0^{\delta_z} \tag{2.9}$$

型芯：

$$(h_M)_{-\delta_z}^0 = [(1+\overline{S})h_s + x\Delta]_{-\delta_z}^0 \tag{2.10}$$

式中：H_M、h_M——型腔、型芯的深度、高度工作尺寸，mm；

H_s、h_s——制品的深度、高度尺寸，mm；

x——修正系数，当制品尺寸大、精度级别低时，$x=1/3$；当制品尺寸小、精度级别高时，$x=1/2$。

深度、高度尺寸仅考虑受 δ_s、δ_z 和 δ_c 的影响。

为了保证制品实际尺寸在规定的公差范围内，需对成型尺寸进行校核。

$$(S_{max} - S_{min})H_s(h_s) + \delta_z + \delta_s < \Delta \tag{2.11}$$

3）中心距尺寸。

$$C_M \pm \frac{\delta_z}{2} = (1+\overline{S})C_s \pm \delta_z \tag{2.12}$$

式中：C_M——模具中心距尺寸，mm；

C_s——制品中心距尺寸，mm。

对中心距尺寸的校核如下：

$$(S_{\max} - S_{\min})C_s < \Delta \tag{2.13}$$

2.2.2　型腔布局

利用模具坐标系可以确定模具的开模方向和分型面位置，但不能确定型腔在 X-Y 平面内的分布。为解决这个问题，UG NX/Mold Wizard 提供了型腔布局功能，利用该功能可准确地确定型腔的个数和位置。

单击【注塑模向导】选项卡中的【主要】面板上的【型腔布局】按钮，系统弹出如图 2.46 所示的【型腔布局】对话框。

图 2.46　【型腔布局】对话框

（1）布局类型：系统提供的布局类型包括【矩形】和【圆形】两种。

1）矩形：矩形布局有平衡和线性之分。平衡布局需要设置【型腔数】为 2 和 4。如果是 2 型腔布局，只需设置【间隙距离】；如果是 4 型腔布局，则需设置【第一距离】和【第二距离】，如图 2.47 所示。

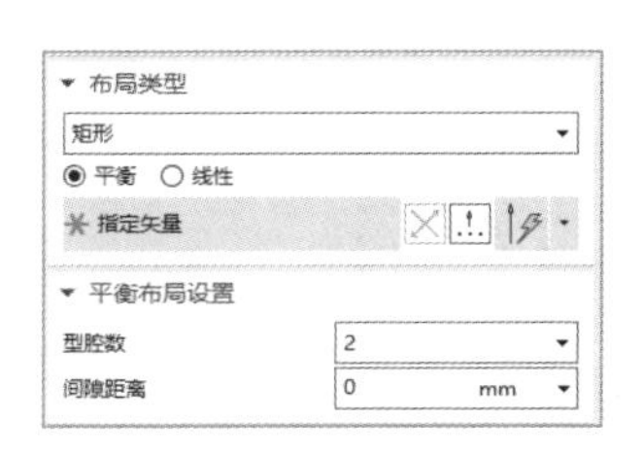

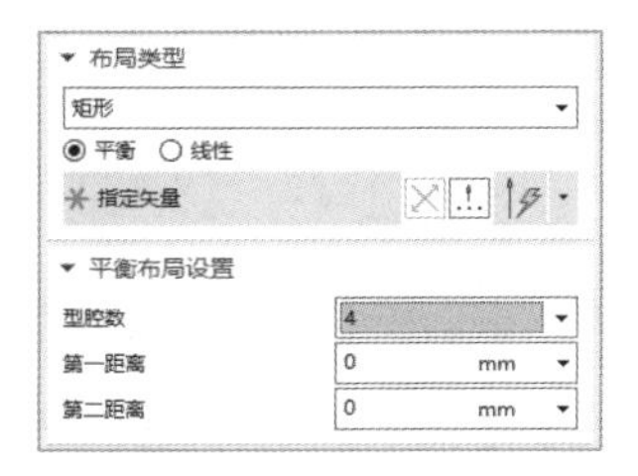

图 2.47　矩形平衡布局设置

进行矩形布局操作时，首先选择平衡或线性布局方式，接着选择型腔数（2 个或 4 个），输入方向偏移量，然后单击对话框中的【开始布局】按钮，系统会在工作区显示 4 个偏移方向，用鼠标指针选取偏移方向，如图 2.48 所示。系统默认的第二偏移方向是沿第一偏移方向逆时针旋转 90°，所以在线性布局时，选择了第一偏移方向后，无须再选择第二偏移方向，即可生成布局。

图 2.49 所示为利用【平衡】和【线性】布局选项生成的一模四腔不同布局的效果。

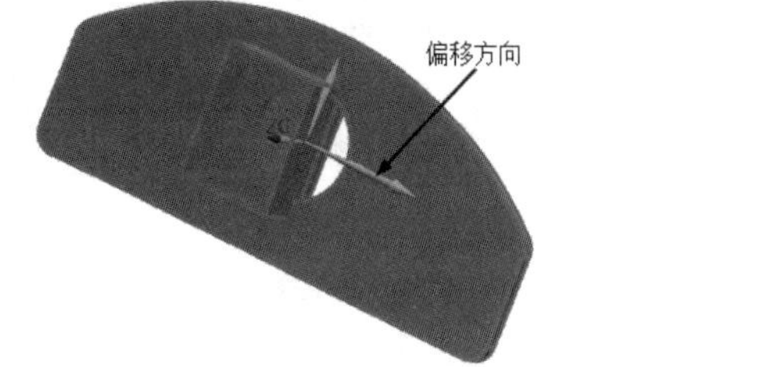

图 2.48　选择偏移方向

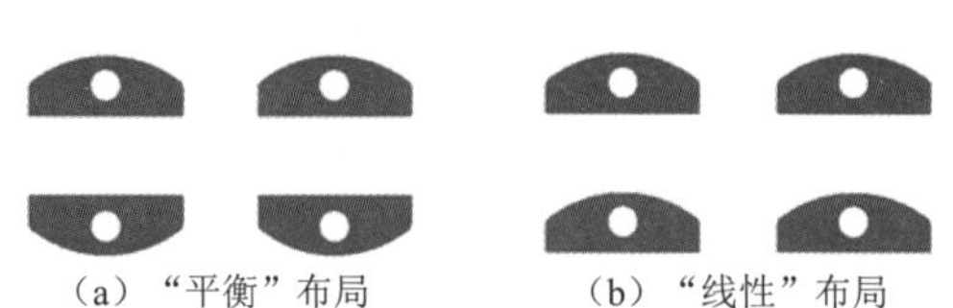

（a）“平衡”布局　　（b）“线性”布局

图 2.49　平衡和线性的不同布局效果

2）圆形：圆形布局包括径向布局和恒定布局两种。径向布局是以参考点为中心，产品上的每一点都沿着中心旋转相同的角度；恒定布局与径向布局类似，也是以参考点为中心进行旋转，只是原始型腔和副本的角度方向保持不变，如图 2.50 所示。

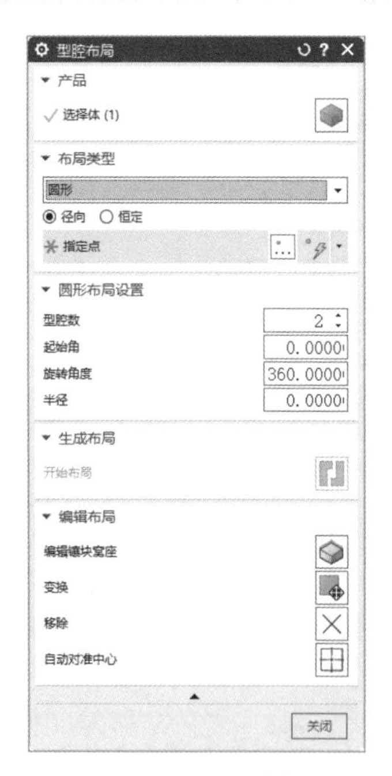

图 2.50　圆形布局选项

进行圆形布局操作时，首先选择【径向】或【恒定】布局方式，然后设置“型腔数”“起始角”“旋转角度”和“半径”参数，最后单击【开始布局】按钮，生成型腔布局。

【径向】布局方式和【恒定】布局方式产生的不同布局效果如图 2.51 所示。

（2）编辑布局：该选项组包括“编辑镶块窝座”“变换”“移除”和“自动对准中心”4 个选项，

用于对布局零件进行旋转、平移等操作。

1）编辑镶块窝座：单击【编辑镶块窝座】按钮，弹出如图 2.52 所示的【设计镶块窝座】对话框，用于指定镶件库的成员。

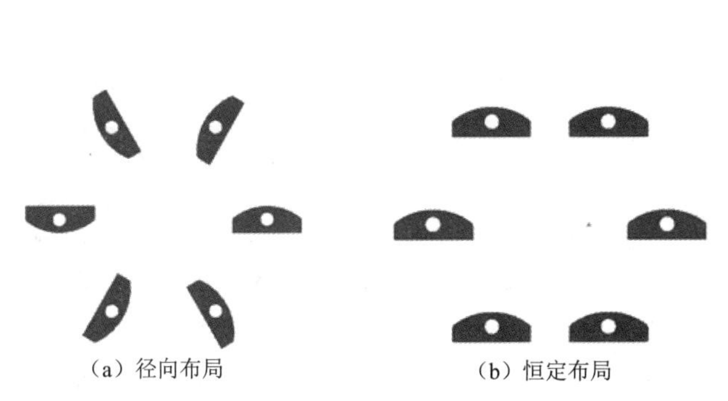

（a）径向布局　（b）恒定布局

图 2.51　径向布局和恒定布局的不同效果

图 2.52　【设计镶块窝座】对话框

2）变换：单击【变换】按钮，弹出【变换】对话框。

- 旋转：选择该类型，指定旋转中心点后，在【角度】文本框中输入旋转角度。【移动原先的】单选按钮用于把要旋转的零件旋转一定的角度；【复制原先的】单选按钮是将要旋转的零件旋转一定的位置再新生成一个复制品，一个变成两个，如图 2.53 所示。
- 平移：选择该类型，对话框如图 2.54 所示，输入零件沿 X 轴和 Y 轴的平移距离，也可拖动滑块来调整平移距离。
- 点到点：选择该类型，对话框如图 2.55 所示，指定出发点和终止点来移动或复制。

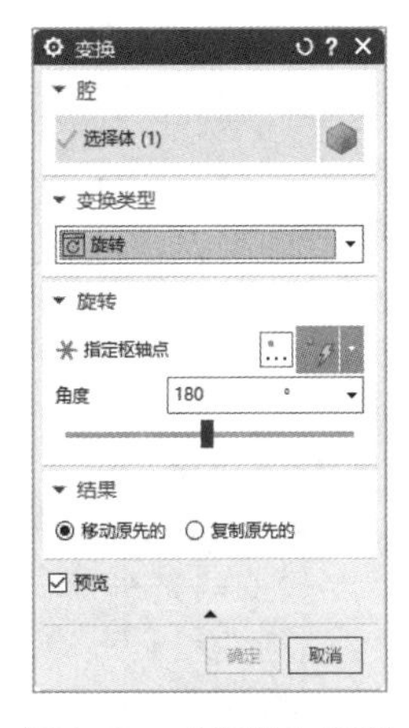

图 2.53　【旋转】类型

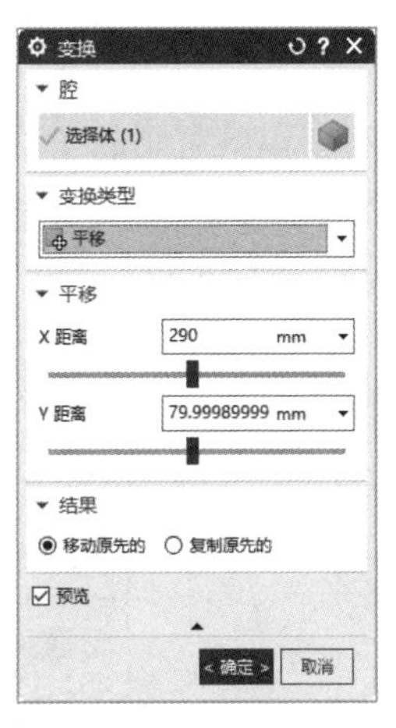

图 2.54　【平移】类型

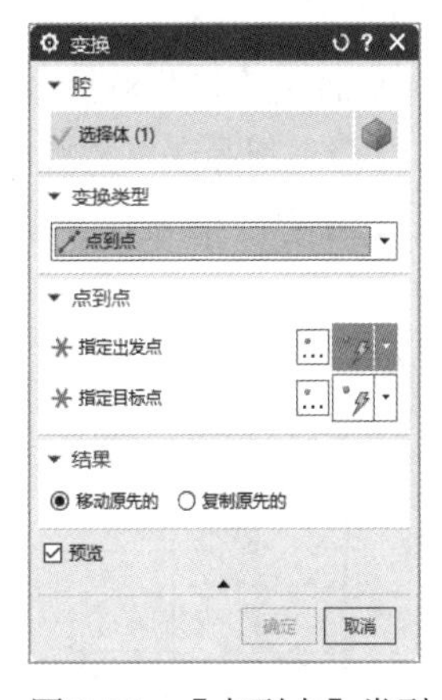

图 2.55　【点到点】类型

3）移除：用于移除布局产生的复制品，原件不能被移除。

4）自动对准中心：该选项用于把布局以后的零件整体的中心移动到绝对原点上。

知识拓展——型腔数量和排列方式

塑料制件的设计完成后，首先需要确定型腔的数量。与多型腔模具相比，单型腔模具的优点是，塑料制件的形状和尺寸始终一致。在生产高精度零件时，通常使用单型腔模具；单型腔模具仅需根据一个制品调整成型工艺条件，因此工艺参数易于控制；单型腔模具的结构简单紧凑，设计自由度大，其模具的推出机构、冷却系统、分型面设计较方便；单型腔模具还具有制造成本低、制造简单等优点。

对于长期、大批量生产来说，多型腔模具更为有益，它可以提高制品的生产效率，降低制品的成本。如果注塑的制品非常小又没有与其相适应的设备，则采用多型腔模具是最佳选择。现代注塑成型生产中，大多数小型的制品成型都采用多型腔的模具。

（1）型腔数量的确定：在设计时，先确定注塑机的型号，再根据所选注塑机的技术规格及制品的技术要求计算选取的型腔数目；也可根据经验先确定型腔数目，然后根据生产条件，如注塑机的有关技术规格等进行校核计算。但无论采用哪种方式，一般考虑的要点有以下几点。

1）塑料制件的批量和交货周期：如果必须在相当短的时间内制造大批量的产品，则采用多型腔模具可提供独特的优越条件。

2）质量的控制要求：塑料制件的质量控制要求是指其尺寸、精度、性能、表面粗糙度等。由于型腔的制造误差和成型工艺误差的影响，每增加一个型腔，制品的尺寸精度就降低约 4%～8%，因此多型腔模具（$n>4$）一般不能生产高精度的制品。高精度的制品一般一模一件，保证质量。

3）成型的塑料品种与制品的形状及尺寸：制品的材料、形状尺寸与浇口的位置和形式有关，同时也对分型面和脱模的位置有影响，因此确定型腔数目时应考虑这方面的因素。

4）所选注塑机的技术规格：根据注塑机的额定注塑量及额定锁模力计算型腔数目。

因此，根据上述要点所确定的型腔数目，既要保证最佳的生产经济性，又要保证产品的质量，也就是应保证塑料制件最佳的技术经济性。

（2）型腔的分布。

1）制品在单型腔模具中的位置：单型腔模具有制品在动模部分、定模部分及同时在动模和定模中的结构。制品在单型腔模具中的位置如图 2.56 所示，图 2.56（a）为制品全部在定模中的结构，图 2.56（b）为制品在动模中的结构，图 2.56（c）、图 2.56（d）为制品同时在定模和动模中的结构。

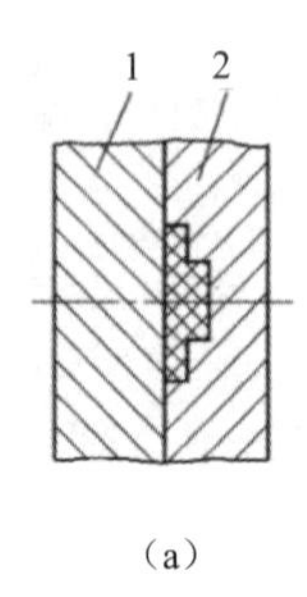

（a）

（b）

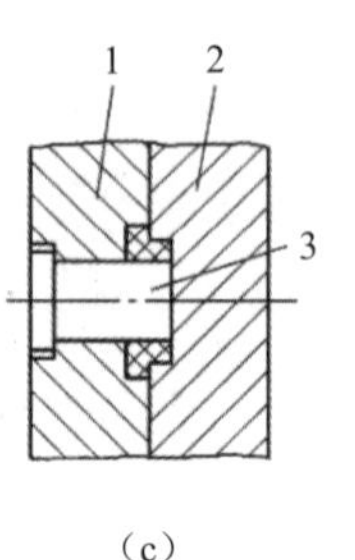

（c）

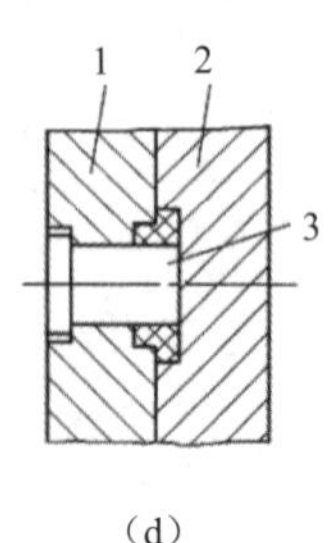

（d）

图 2.56　制品在单型腔模具中的位置

1—动模座；2—定模板；3—动模型芯

2）多型腔模具型腔的分布：对于多型腔模具，由于型腔的排布与浇注系统密切相关，型腔的排布应使每个型腔都能通过浇注系统从总压力中均等地分得所需的足够压力，以保证塑料熔体能同时均匀地充满每一个型腔，从而保证各个型腔的制品内在质量一致稳定。多型腔排布方法有平衡式和非平衡式两种。

➢ 平衡式多型腔排布如图 2.57（a）～图 2.57（c）所示。其特点是从主流道到各型腔浇口的分流道的长度截面形状、尺寸及分布对称性对应相同，可实现各型腔均匀进料，达到同时充满型腔的目的。

➢ 非平衡式多型腔排布如图 2.57（d）～图 2.57（f）所示。其特点是从主流道到各型腔浇口的分流道的长度不相同，因而不利于均衡进料，但这种方式可以明显缩短分流道的长度，节约原料。为了达到同时充满型腔的目的，各浇口的截面尺寸不能相同。

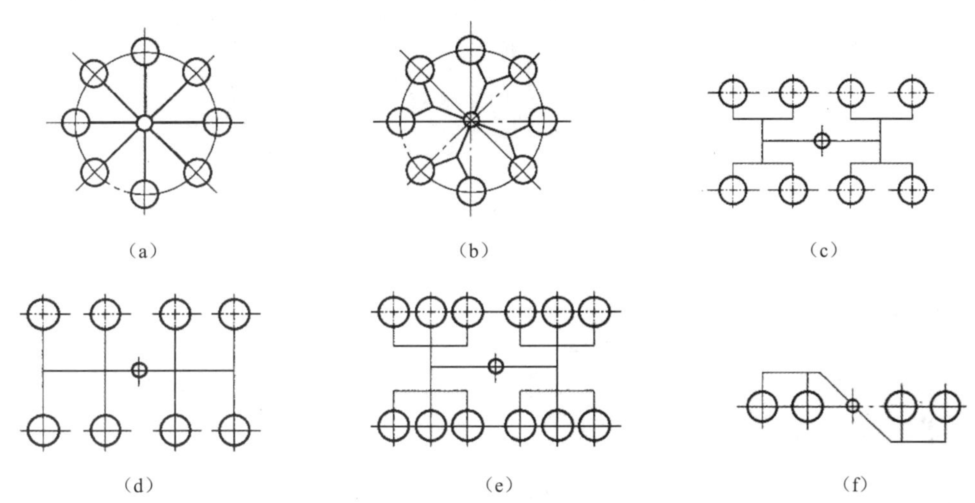

图 2.57　平衡式和非平衡式多型腔的排布

动手学——设置负离子发生器模具的布局

（1）单击【主页】选项卡中的【标准】面板上的【打开】按钮，弹出【打开】对话框，选择 flzfsq 文件夹中的 flzfsq_top_000.prt 文件，单击【确定】按钮，打开 flzfsq_top_000.prt 文件。

（2）单击【注塑模向导】选项卡中的【主要】面板上的【型腔布局】按钮，系统弹出如图 2.58 所示的【型腔布局】对话框，❶在【布局类型】下拉列表框中选择【矩形】，❷单击【线性】单选按钮，❸设置“X 向型腔数”为 2，“X 距离”为 30，❹单击【开始布局】按钮进行布局，如图 2.58 所示，❺单击【自动对准中心】按钮，将模腔设置在模具的装配中心。❻单击【关闭】按钮关闭对话框，生成布局如图 2.59 所示。

（3）选择【文件】→【保存】→【全部保存】命令，保存全部文件。

动手练——设置 RC 后盖的工件和布局

（1）利用【工件】命令设置工件的尺寸，X、Y、Z 分别为 110、290、80。

（2）利用【型腔布局】命令设置型腔数为 2，选择-XC 方向为布局方向进行布局，结果如图 2.60 所示。

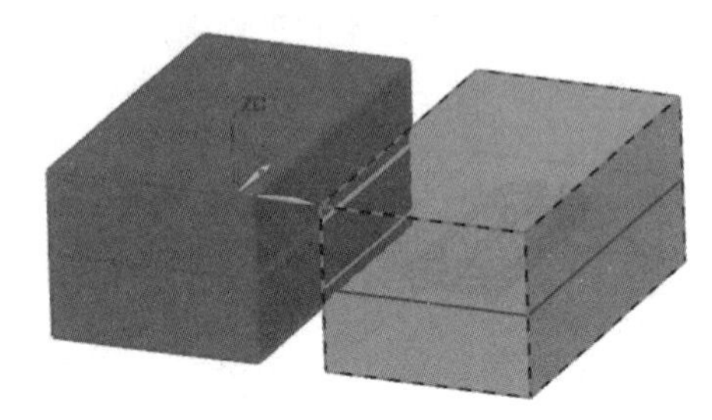

图 2.58　设置布局参数

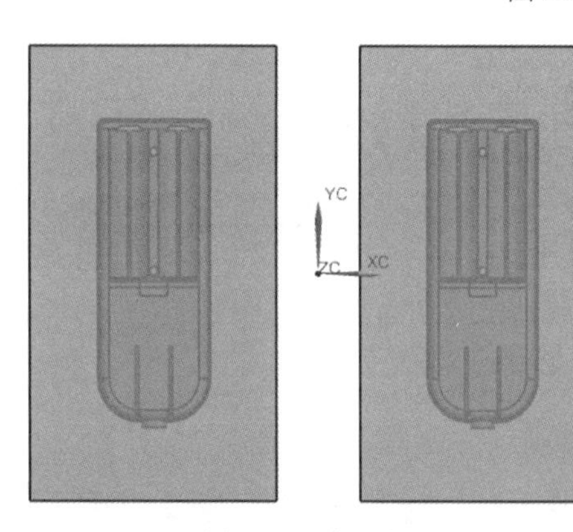

图 2.59　生成布局

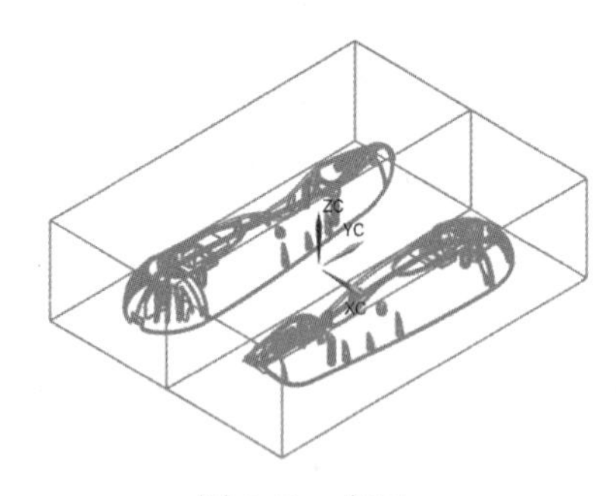

图 2.60　布局

第 3 章　模 具 修 补

内容简介

在进行分型前，有些产品实体上有开放的凹槽或孔，这时就需要在分型前修补该产品实体，因为 UG 识别不出包含这样特征的分型面。一般将修补的部分添加到型芯或者滑块中，使用相应的运动机构，在注塑塑料前合上，在产品顶出前移开。

内容要点

- 实体修补
- 片体修补

案例效果

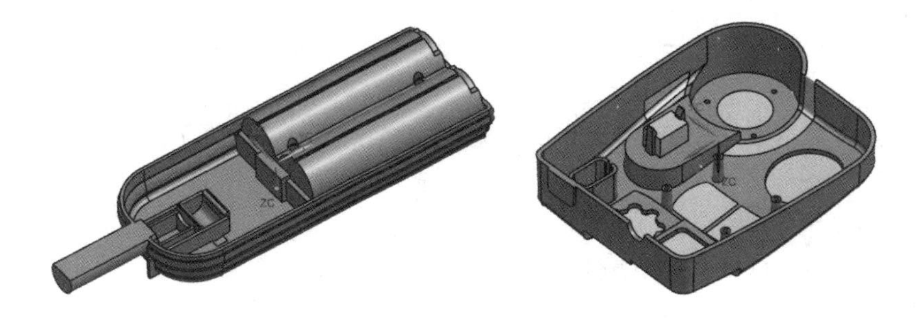

3.1　实 体 修 补

3.1.1　创建方块

创建方块是指创建一个长方体填充所选定的局部开放区域，经常用于不适合使用曲面修补和边线修补的地方，也是创建滑块的常用方法。

单击【注塑模向导】选项卡中的【注塑模工具】面板上的【包容体】按钮，弹出如图 3.1 所示的【包容体】对话框。

（1）类型包括【中心和长度】【块】和【圆柱】三种。

1）中心和长度：根据参考方位和尺寸来创建方块，对话框如图 3.1 所示。

2）块：根据所选对象来创建长方体形状的方块，对话框如图 3.2 所示。

3）圆柱：根据所选对象来创建圆柱体形状的方块，如图 3.3 所示。

图 3.1　【包容体】对话框

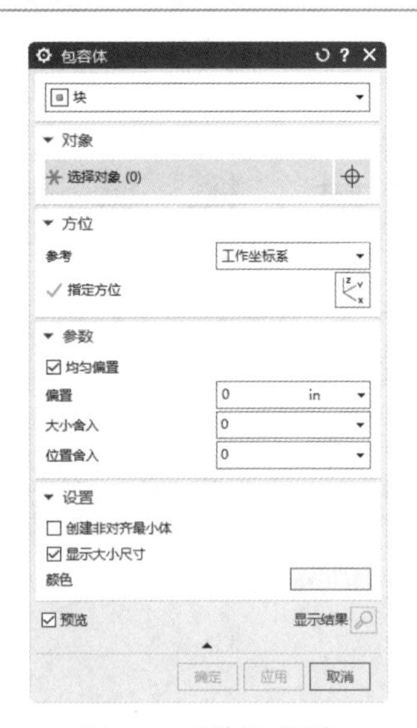

图 3.2　【块】类型

图 3.3　【圆柱】类型

（2）对象：当选择【块】和【圆柱】类型时，显示此选项。

（3）方位：当选择【中心和长度】和【块】类型时，有三种参考坐标系：工作坐标系、绝对-显示部件和坐标系。

（4）尺寸：当为【中心和长度】类型时，显示此选项，用于指定体沿 X、Y 和 Z 轴的长度。

（5）设置。

1）创建非对齐最小体：当选择【块】和【圆柱】类型时，显示此选项。创建并定向块，以使其包围所选几何体。

2）显示大小尺寸：在图形窗口中显示生成体的尺寸。

3）颜色：单击色块，弹出【对象颜色】对话框，用于选择所创建块的颜色。

扫一扫，看视频

动手学——创建负离子发生器上的包容体

（1）单击【主页】选项卡中的【标准】面板上的【打开】按钮，弹出【打开】对话框，选择 flzfsq 文件夹中的 flzfsq_top_000.prt 文件，单击【确定】按钮，打开 flzfsq_top_000.prt 文件。

（2）在装配导航器中选择 flzfsq_parting_019.prt 文件，右击，在弹出的快捷菜单中选择“在窗口中打开”选项，如图 3.4 所示，打开 flzfsq_parting_019.prt 文件。

图 3.4　设置产品体为显示部件

（3）单击【注塑模向导】选项卡中的【注塑模工具】面板上的【包容体】按钮，系统弹出【包容体】对话框，❶选择【块】类型，❷选择如图 3.5 所示的面，❸输入偏置为 1，❹单击【确定】按钮，创建如图 3.6 所示的包容体。

（4）选择【文件】→【保存】→【全部保存】命令，保存全部文件。

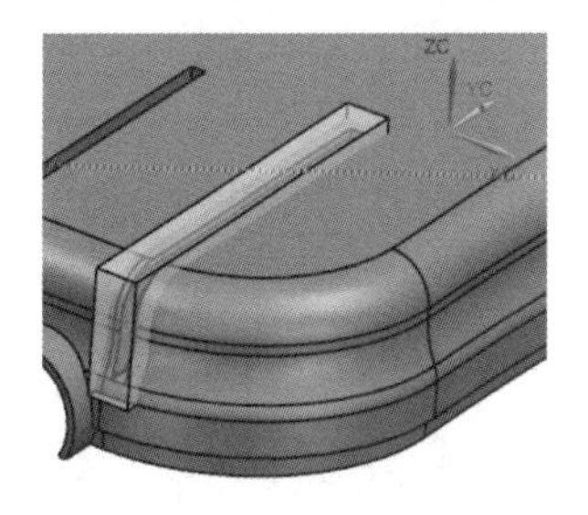

图 3.5　设置包容体参数

图 3.6　创建包容体

3.1.2　分割实体

分割实体工具用于在工具体和目标体之间创建求交体，并从型腔或型芯中分割出镶件或滑块。

单击【注塑模向导】选项卡中的【注塑模工具】面板上的【更多】下拉列表中的【分割实体】按钮，弹出如图 3.7 所示的【分割实体】对话框。该对话框主要涉及目标体和刀具体的选择。

（1）目标：目标体可以是实体也可以是片体，直接用鼠标指针在工作区选择就可以了。

（2）工具：工具体用于分割或修剪目标体。选择实体、片体或基准平面作为分割/修剪体（面）来分割或修剪目标体。工具选项包括现有对象和新平面。

生成的分割实体特征如图 3.8 所示。

图 3.7　【分割实体】对话框

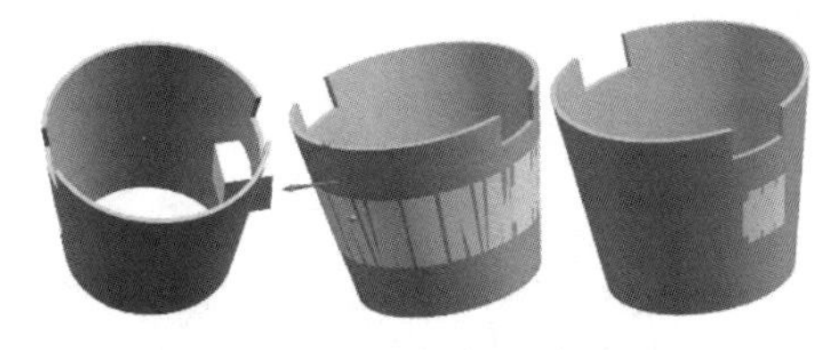

图 3.8　分割实体特征

动手学——分割负离子发生器上的包容体

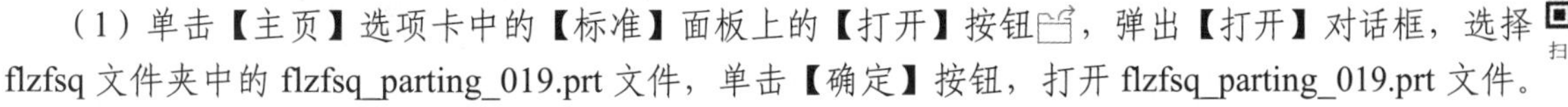

（1）单击【主页】选项卡中的【标准】面板上的【打开】按钮，弹出【打开】对话框，选择 flzfsq 文件夹中的 flzfsq_parting_019.prt 文件，单击【确定】按钮，打开 flzfsq_parting_019.prt 文件。

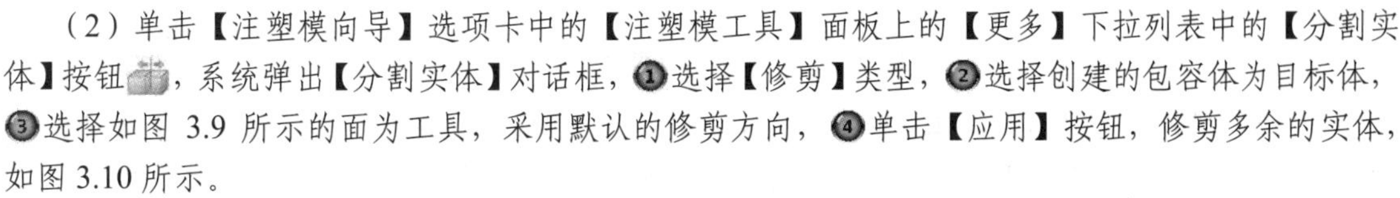

（2）单击【注塑模向导】选项卡中的【注塑模工具】面板上的【更多】下拉列表中的【分割实体】按钮，系统弹出【分割实体】对话框，❶选择【修剪】类型，❷选择创建的包容体为目标体，❸选择如图 3.9 所示的面为工具，采用默认的修剪方向，❹单击【应用】按钮，修剪多余的实体，如图 3.10 所示。

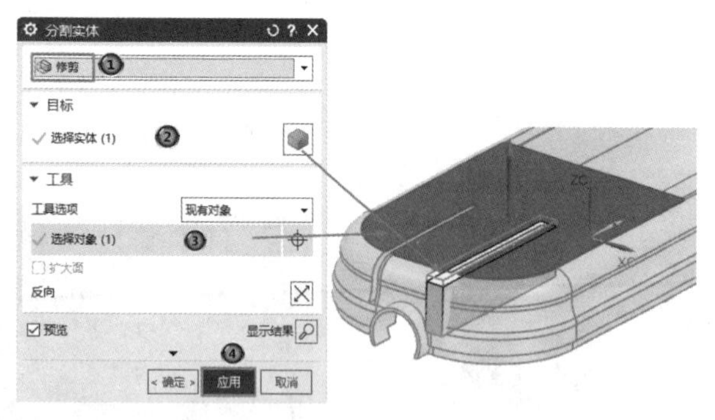

图 3.9 【分割实体】对话框

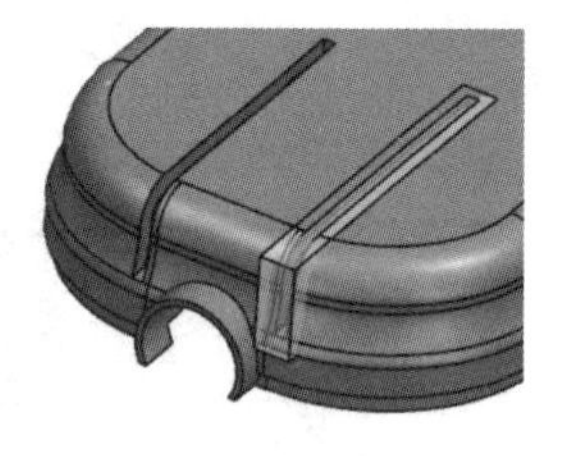

图 3.10 修剪多余的实体

（3）继续选择包容体为目标体，选择如图 3.11（a）所示的面为分割面，单击【反向】按钮☒，调整修剪方向，单击【应用】按钮，生成的分割特征如图 3.11（b）所示。

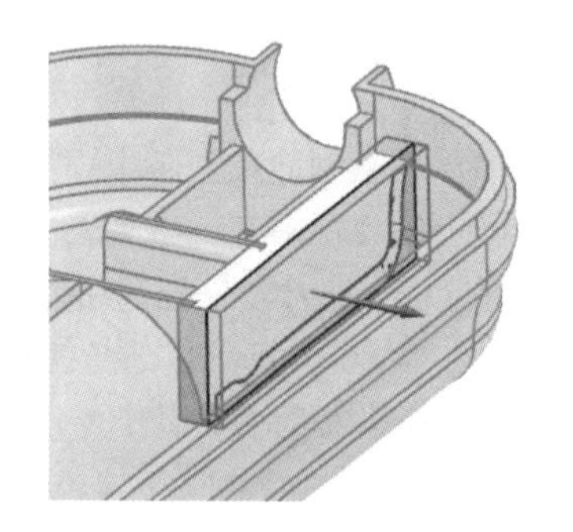

（a）选择分割面

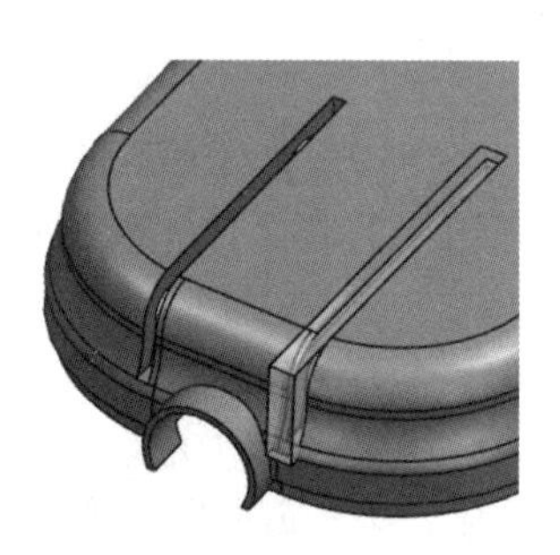

（b）分割结果

图 3.11 生成的分割特征（1）

（4）继续选取包容体为工具体，选择如图 3.12 所示的面为分割面，单击【反向】按钮☒，调整修剪方向，单击【应用】按钮，生成的分割特征如图 3.12 所示。

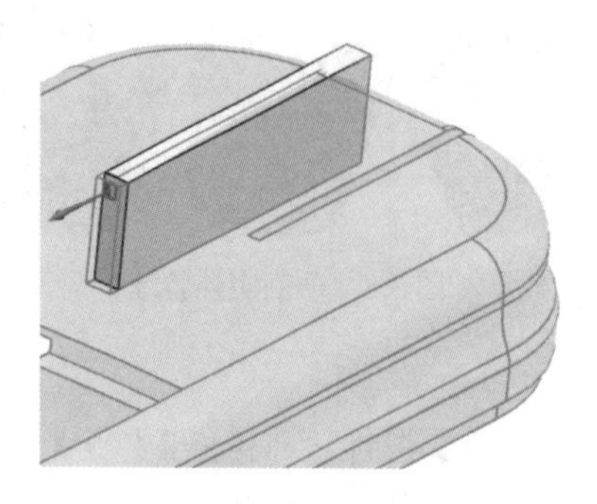

（a）选择分割面

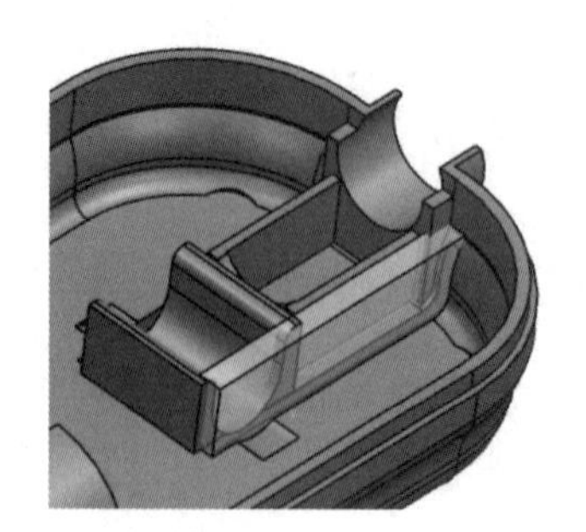

（b）分割结果

图 3.12 生成的分割特征（2）

（5）继续选取包容体为工具体，选择如图 3.13（a）所示的面为分割面，单击【反向】按钮☒，调整修剪方向，单击【应用】按钮，生成的分割特征如图 3.13（b）所示。

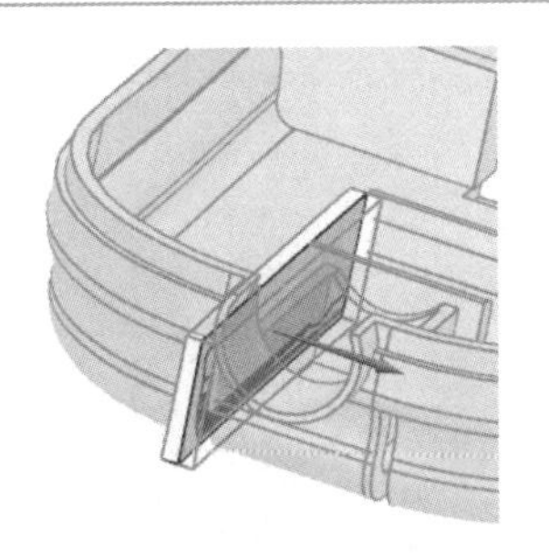

（a）选择分割面

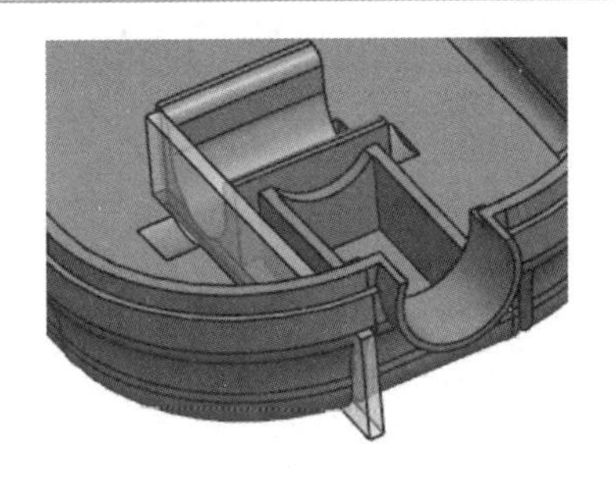

（b）分割结果

图 3.13　生成的分割特征（3）

（6）继续选取包容体为工具体，选择如图 3.14 所示的面为分割面，单击【反向】按钮，调整修剪方向，单击【确定】按钮，生成的分割特征如图 3.14 所示。

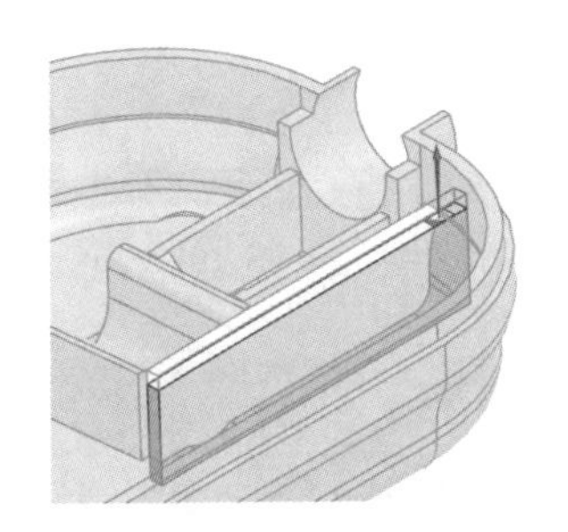

（a）选择分割面

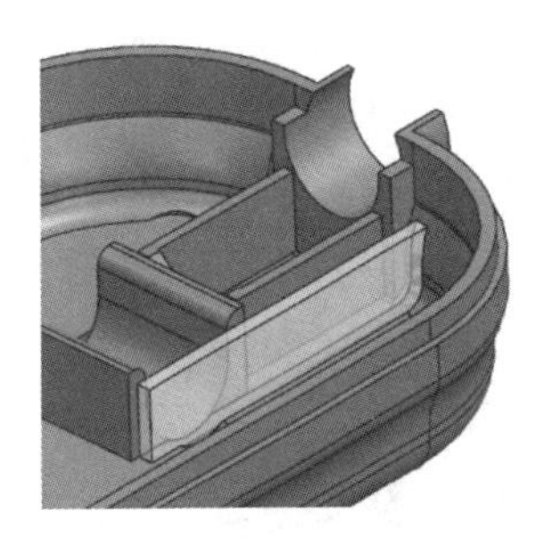

（b）分割结果

图 3.14　生成的分割特征（4）

（7）单击【应用模块】选项卡中的【设计】面板上的【建模】按钮，调出【主页】选项卡。

（8）单击【主页】选项卡中的【基本】面板上的【减去】按钮，系统弹出【减去】对话框，①选择修剪好的包容体为目标体，②选择产品为工具体，③选中【保存工具】复选框，④单击【确定】按钮，如图 3.15 所示，完成减去操作。

（9）依照上面步骤生成修补实体特征，如图 3.16 所示。

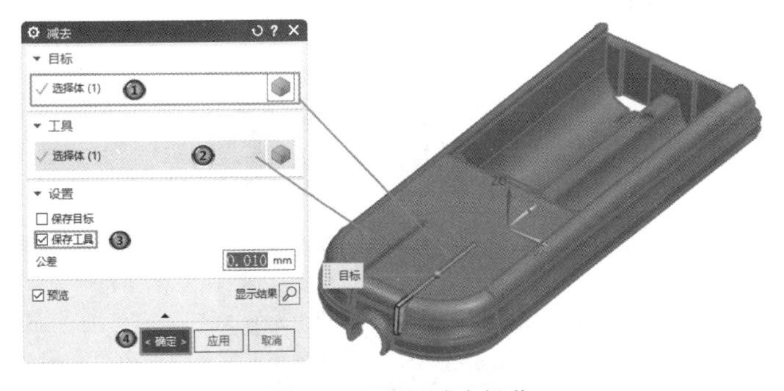

图 3.15　进行减去操作

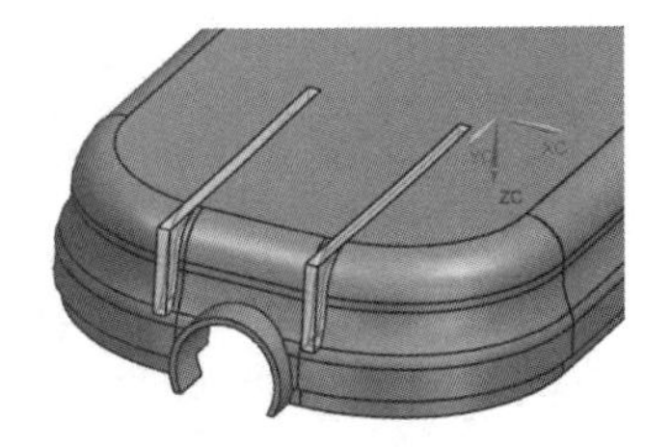

图 3.16　生成的修补实体特征

（10）单击【注塑模向导】选项卡中的【注塑模工具】面板上的【包容体】按钮，系统弹出【包容体】对话框，选择如图 3.17 所示的面，单击【确定】按钮，生成包容体。

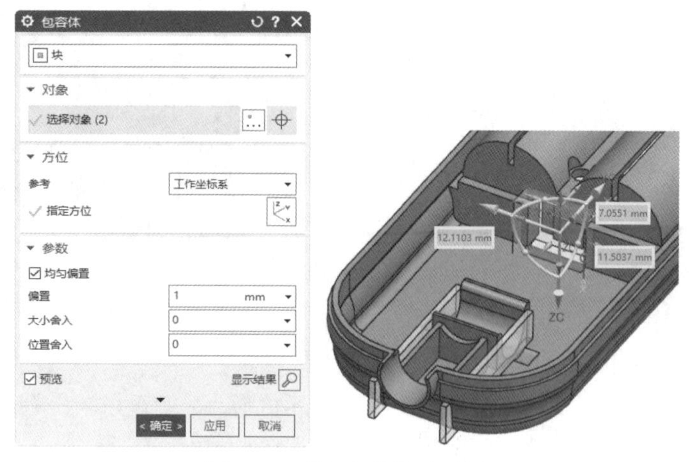

图 3.17　【包容体】对话框

（11）单击【注塑模向导】选项卡中的【注塑模工具】面板上的【分割实体】按钮，系统弹出【分割实体】对话框，选取包容体为工具体，选择如图 3.18（a）所示的面为分割面，单击【反向】按钮，调整修剪方向，单击【应用】按钮，生成的分割特征如图 3.18（b）所示。

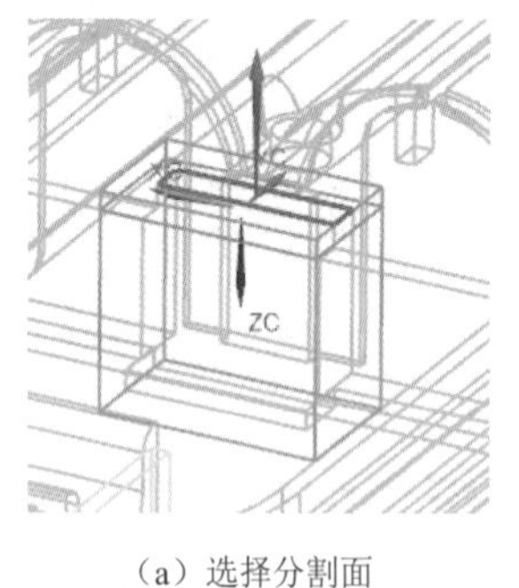

（a）选择分割面

（b）分割结果

图 3.18　生成的分割特征（5）

（12）接着系统提示选择工具体，选择如图 3.19（a）所示的面为分割面，单击【反向】按钮，调整修剪方向，单击【应用】按钮，生成的分割特征如图 3.19（b）所示。

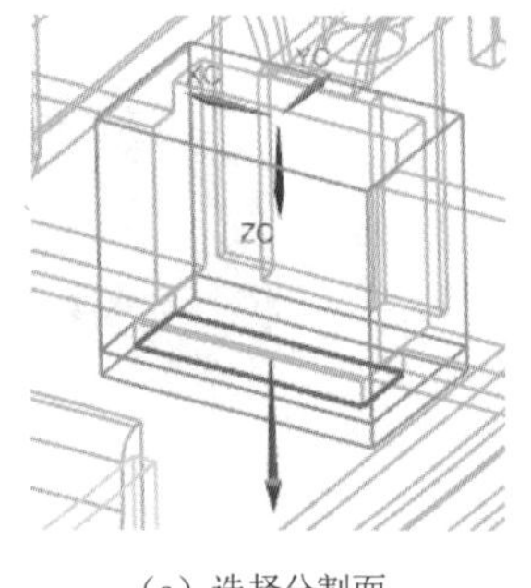

（a）选择分割面

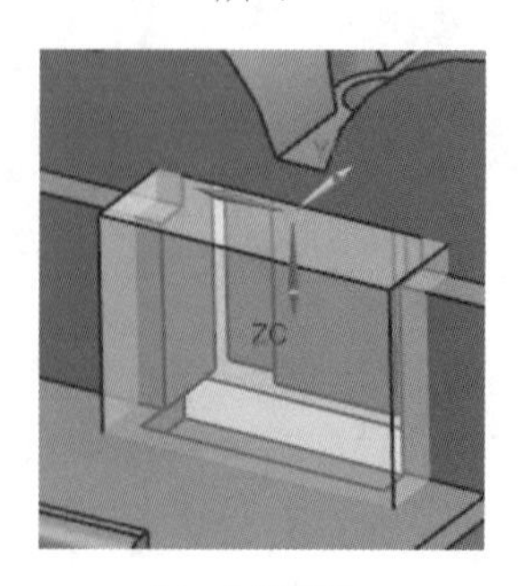

（b）分割结果

图 3.19　生成的分割特征（6）

（13）继续选取包容体为工具体，选择如图 3.20（a）所示的面为分割面，单击【反向】按钮☒，调整修剪方向，单击【应用】按钮，生成的分割特征如图 3.20（b）所示。

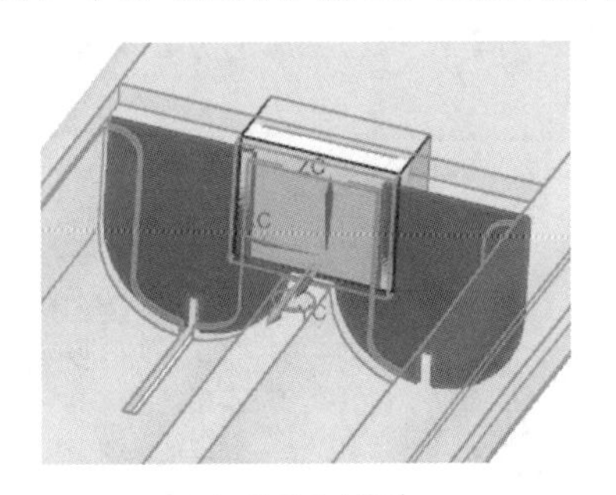

（a）选择分割面

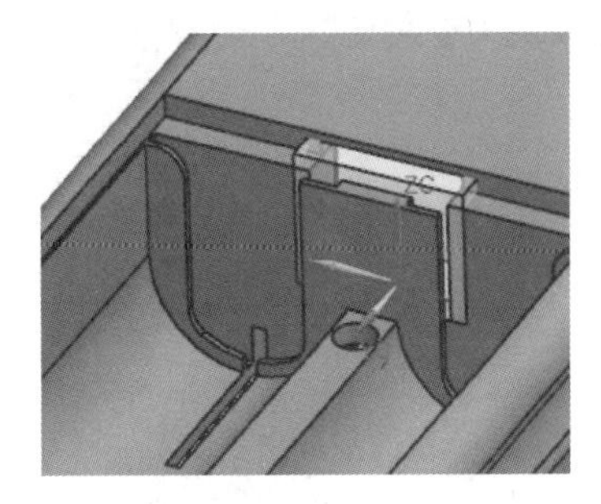

（b）分割结果

图 3.20　生成的分割特征（7）

（14）继续选取包容体为工具体，选择如图 3.21（a）所示的面为分割面，单击【反向】按钮☒，调整修剪方向，单击【确定】按钮，生成的分割特征如图 3.21（b）所示。

（a）选择分割面

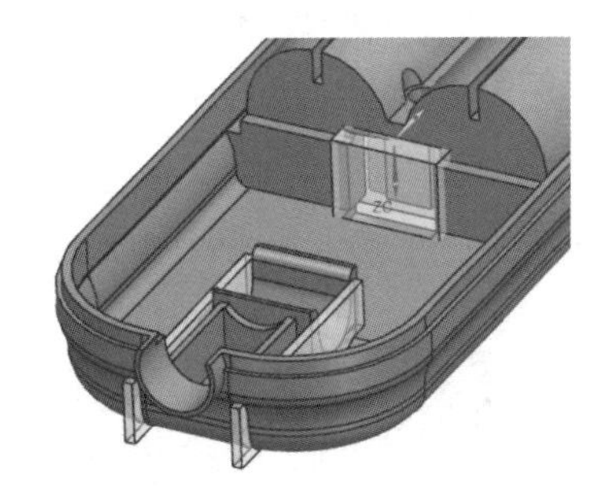

（b）分割结果

图 3.21　生成的分割特征（8）

（15）单击【主页】选项卡中的【基本】面板上的【减去】按钮，系统弹出【减去】对话框，选择修剪好的包容体为目标体，选择产品为工具体，选中【保存工具】复选框，单击【确定】按钮，完成减去操作，如图 3.22 所示。

（16）单击【注塑模向导】选项卡中的【注塑模工具】面板上的【包容体】按钮，系统弹出【包容体】对话框，选择如图 3.23 所示的面，然后单击【确定】按钮，生成包容体。

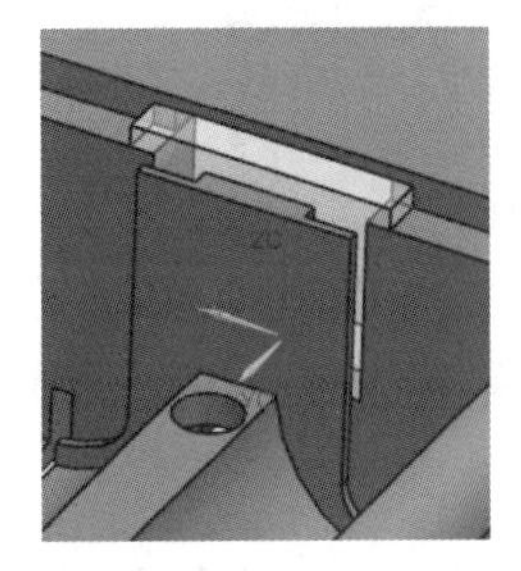

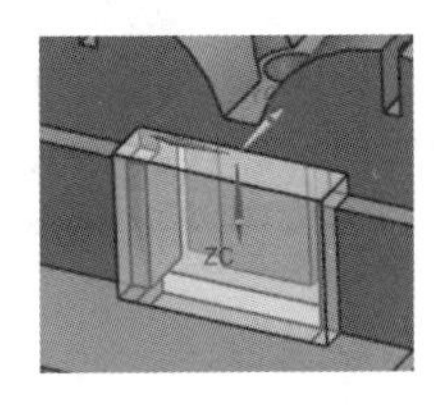

图 3.22　完成减去操作

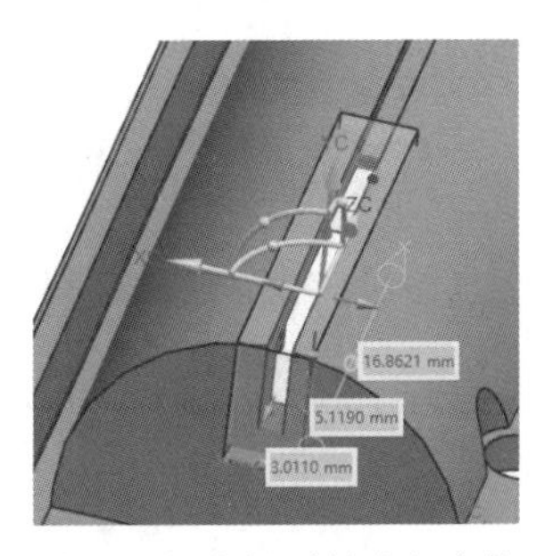

图 3.23　选择面创建包容体

（17）单击【注塑模向导】选项卡中的【注塑模工具】面板上的【分割实体】按钮，系统弹出【分割实体】对话框，选择在步骤（16）创建的包容体为目标体，选择如图3.24（a）所示的面为工具体，单击【反向】按钮，调整修剪方向，单击【应用】按钮，生成的分割特征如图3.24（b）所示。

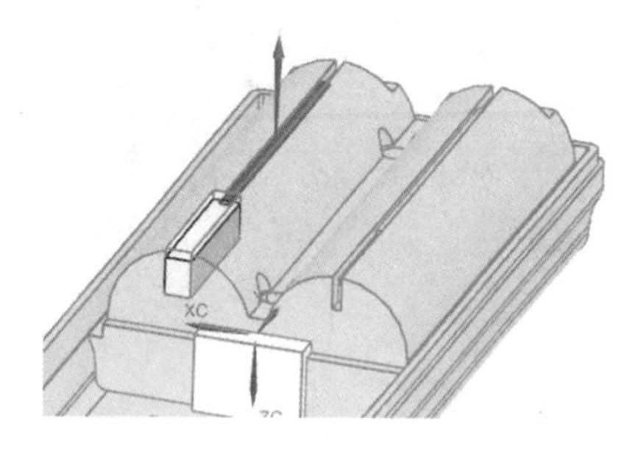

（a）选择分割面

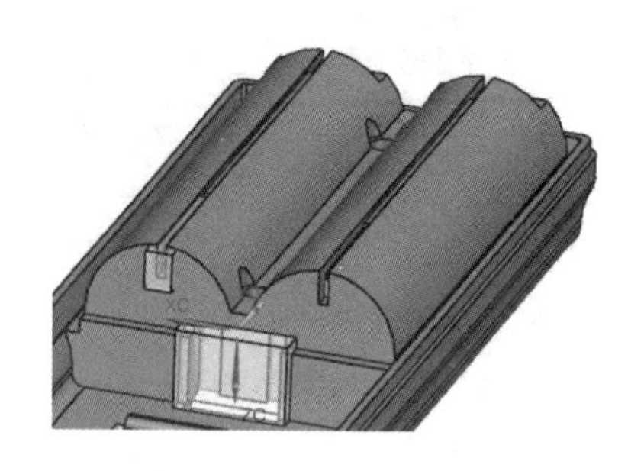

（b）分割结果

图3.24　生成的分割特征（9）

（18）继续选择包容体为工具体，选择如图3.25（a）所示的面为分割面，单击【应用】按钮，生成的分割特征如图3.25（b）所示。

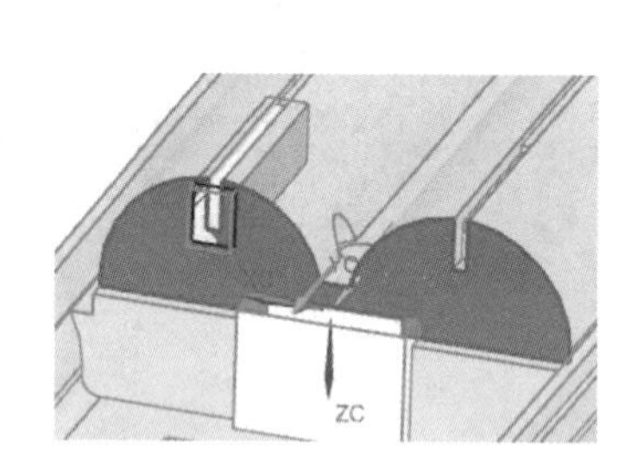

（a）选择分割面

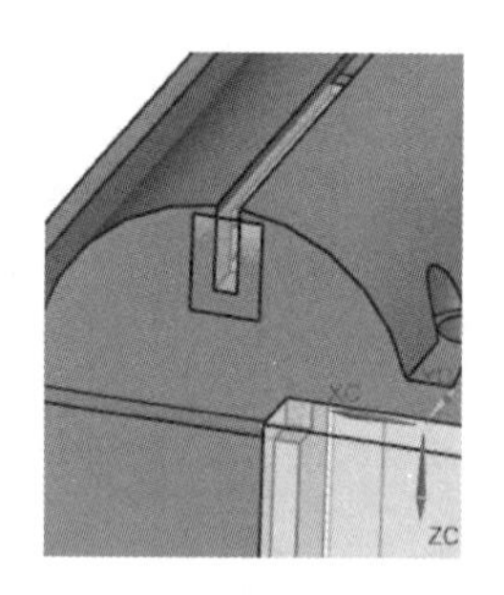

（b）分割结果

图3.25　生成的分割特征（10）

（19）继续选取包容体为工具体，选择如图3.26（a）所示的面为分割面，单击【反向】按钮，调整修剪方向，单击【应用】按钮，生成的分割特征如图3.26（b）所示。

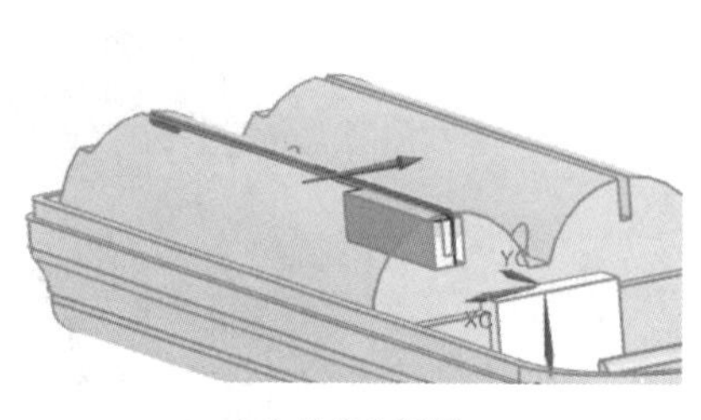

（a）选择分割面

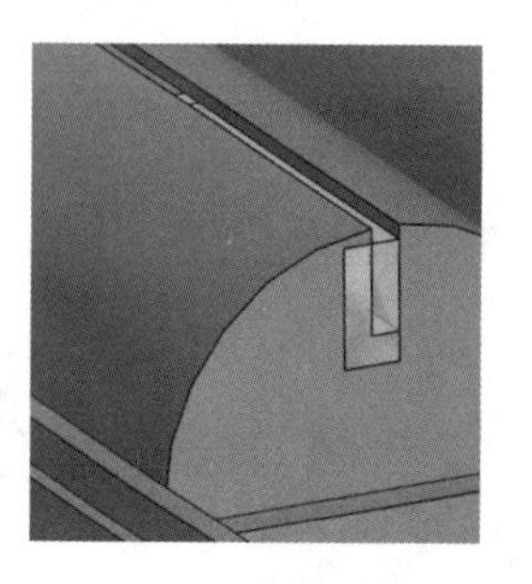

（b）分割结果

图3.26　生成的分割特征（11）

(20) 继续选取包容体为工具体，选择如图 3.37 (a) 所示的面为分割面，单击【反向】按钮☒，调整修剪方向，单击【应用】按钮，生成的分割特征如图 3.27 (b) 所示。

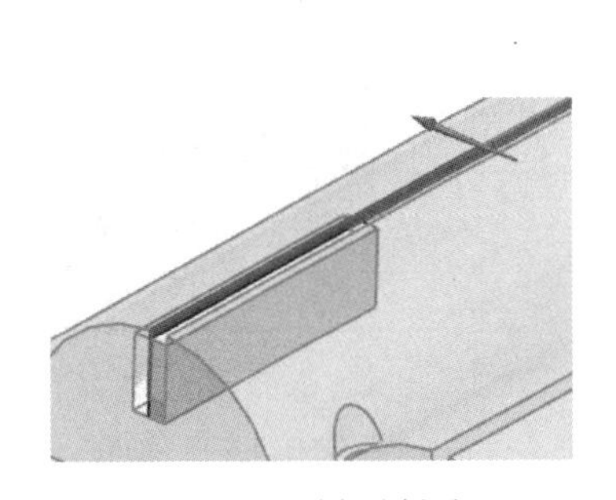

(a) 选择分割面

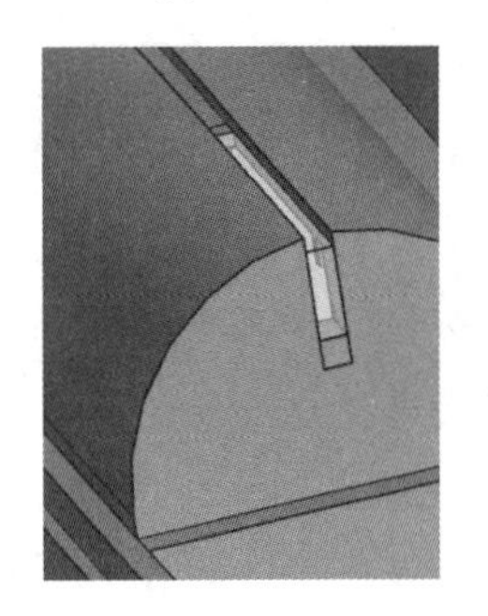

(b) 分割结果

图 3.27　生成的分割特征（12）

(21) 选择包容体为工具体，选择如图 3.28 (a) 所示的面为分割面，单击【反向】按钮☒，调整修剪方向，单击【应用】按钮，生成的分割特征如图 3.28 (b) 所示。

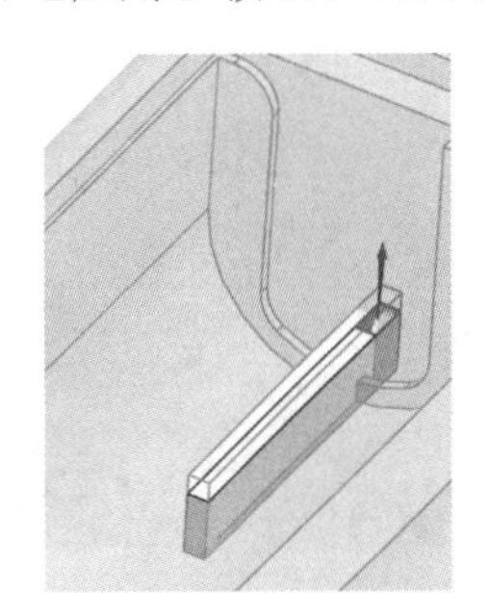

(a) 选择分割面

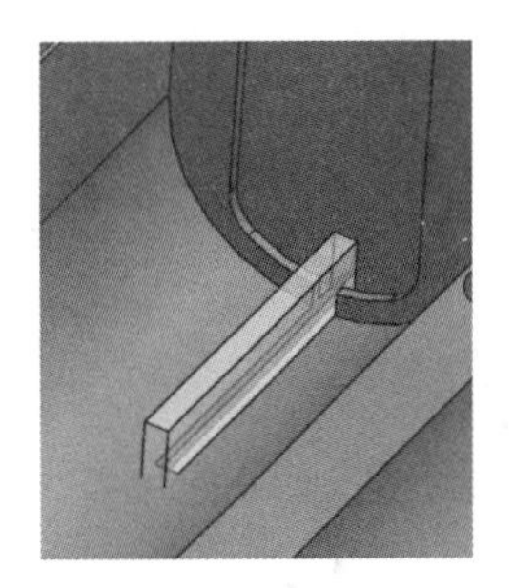

(b) 分割结果

图 3.28　生成的分割特征（13）

(22) 选择包容体为工具体，选择如图 3.29 (a) 所示的面为分割面，单击【反向】按钮☒，调整修剪方向，单击【确定】按钮，生成的分割特征如图 3.29 (b) 所示。

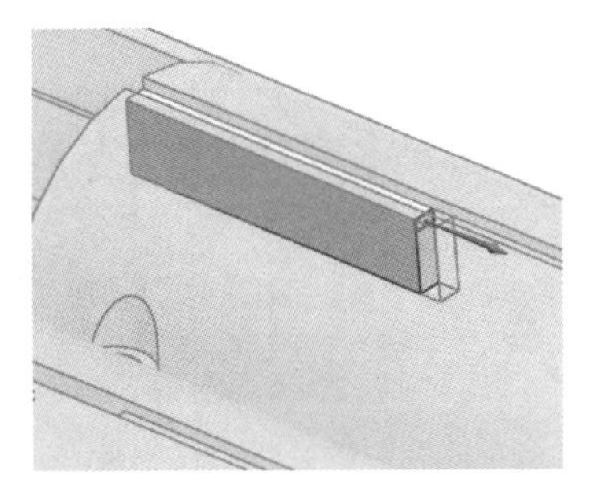

(a) 选择分割面

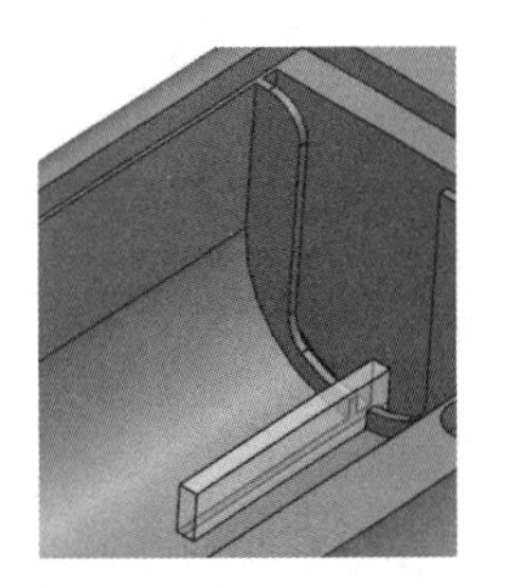

(b) 分割结果

图 3.29　生成的分割特征（14）

(23) 依照同样方法创建另一侧的修补实体，如图 3.30 所示。

（24）单击【注塑模向导】选项卡中的【注塑模工具】面板上的【包容体】按钮，系统弹出【包容体】对话框，选择如图 3.31 所示的面，然后单击【确定】按钮，创建包容体。

图 3.30　创建另一侧的修补实体

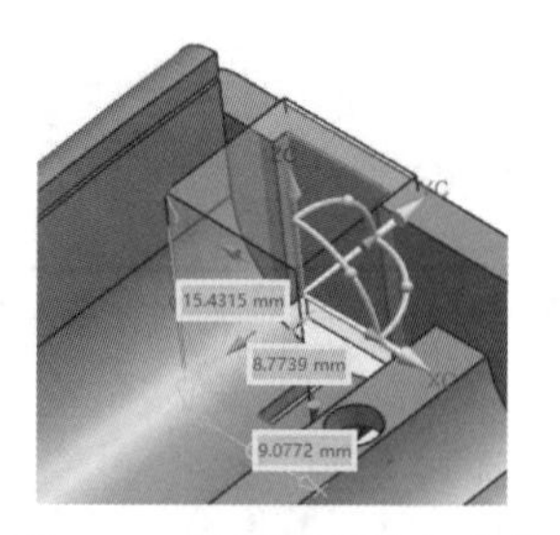

图 3.31　选择面创建包容体

（25）单击【注塑模向导】选项卡中的【注塑模工具】面板上的【分割实体】按钮，系统弹出【分割实体】对话框，选择在步骤（24）创建的包容体为目标体，选择如图 3.32（a）所示的面为工具体，选中【扩大面】复选框，单击【反向】按钮，调整修剪方向，单击【应用】按钮，生成的分割特征如图 3.32 所示。

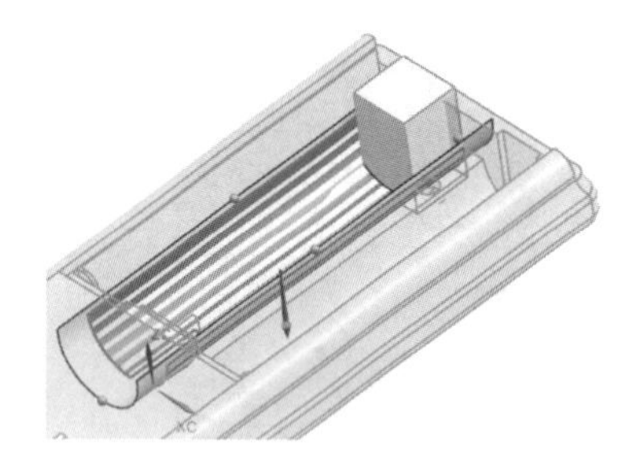

（a）选择分割面

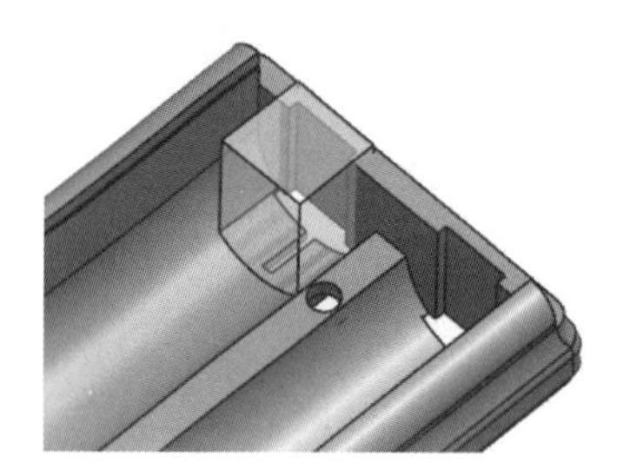

（b）分割结果

图 3.32　生成的分割特征（15）

（26）继续选择包容体为工具体，选择如图 3.33（a）所示的面为分割面，单击【应用】按钮，生成的分割特征如图 3.33（b）所示。

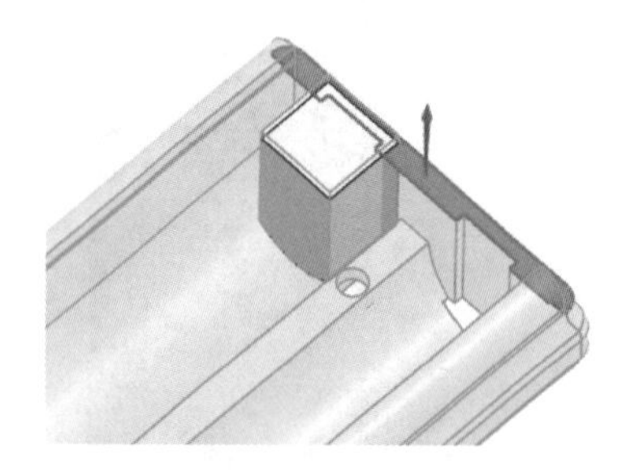

（a）选择分割面

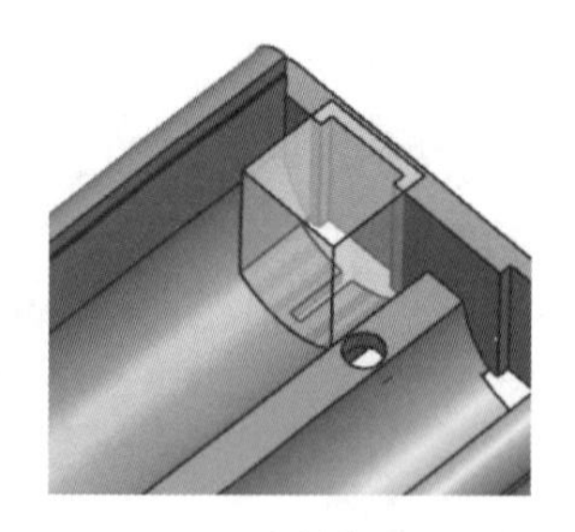

（b）分割结果

图 3.33　生成的分割特征（16）

（27）继续选取包容体为工具体，选择如图 3.34（a）所示的面为分割面，单击【确定】按钮，生成的分割特征如图 3.34（b）所示。

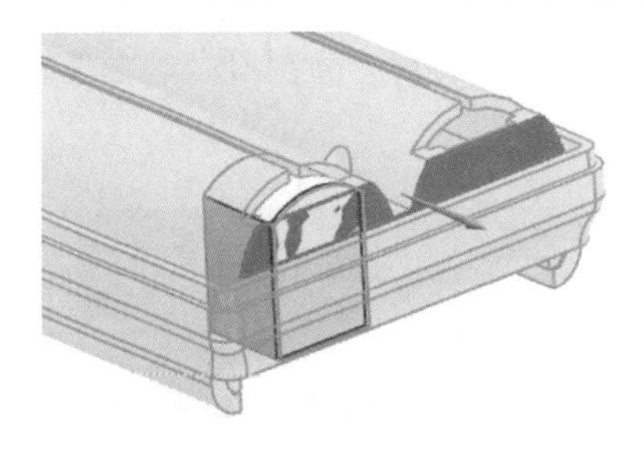

（a）选择分割面

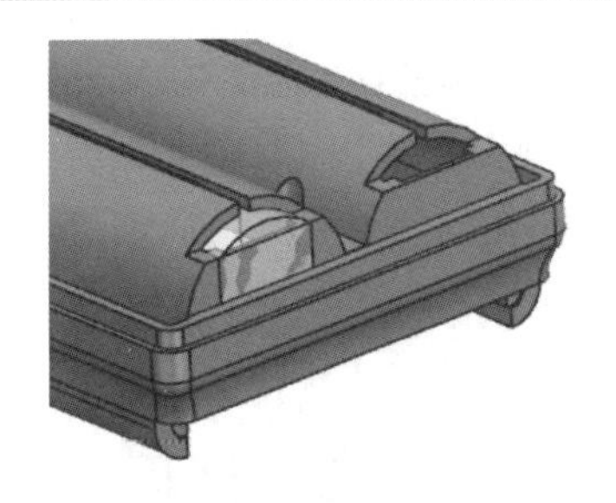

（b）分割结果

图 3.34　生成的分割特征（17）

（28）单击【主页】选项卡中的【基本】面板上的【减去】按钮，系统弹出【减去】对话框，选择修剪好的包容体为目标体，选择产品为工具体，选中【保存工具】复选框，单击【确定】按钮，结果如图 3.35 所示。

（29）依照上面的步骤创建另一侧相同特征，如图 3.36 所示。

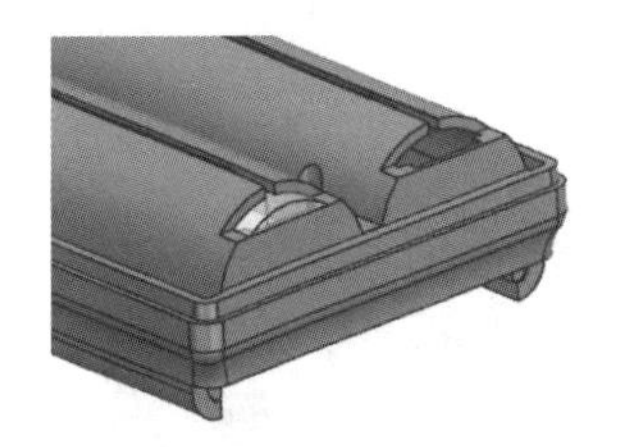

图 3.35　减去包容体

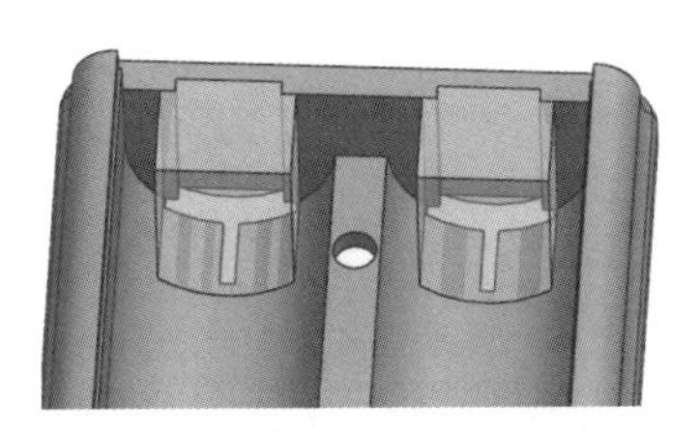

图 3.36　创建另一侧相同特征

（30）单击【注塑模向导】选项卡中的【注塑模工具】面板上的【包容体】按钮，系统弹出【包容体】对话框，然后在产品体上选择如图 3.37 所示的面，然后单击【确定】按钮。

（31）单击【注塑模向导】选项卡中的【注塑模工具】面板上的【分割实体】按钮，系统弹出【分割实体】对话框，选择在步骤（30）创建的包容体为目标体，选择如图 3.38（a）所示的面为工具体，选中【扩大面】复选框，在视图中拖动工具扩大面的控制点，使其超出包容体，单击【反向】按钮，调整修剪方向，单击【应用】按钮，生成的分割特征如图 3.38（b）所示。

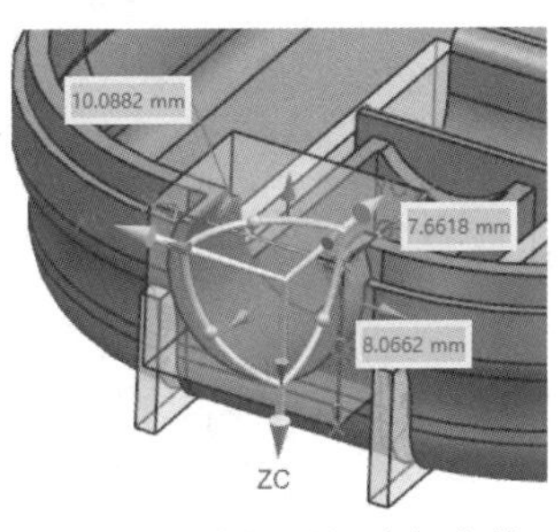

图 3.37　选择面创建包容体

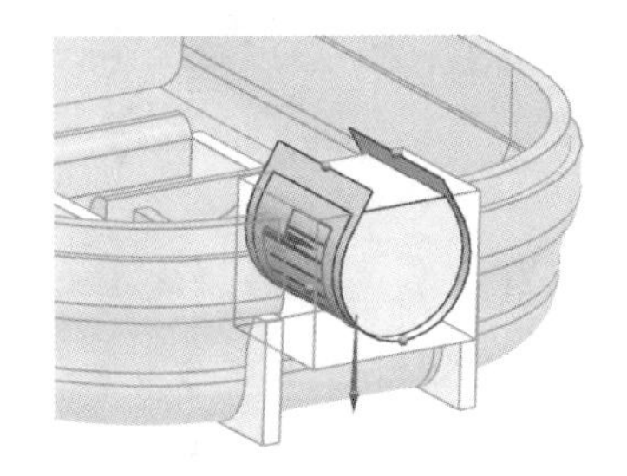

（a）选择分割面

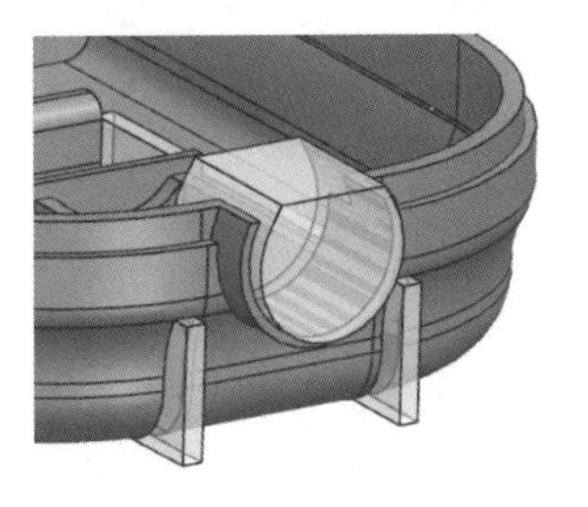

（b）分割结果

图 3.38　生成的分割特征（18）

（32）继续选择包容体为工具体，选择如图 3.39（a）所示的面为分割面，单击【应用】按钮，生成的分割特征如图 3.39（b）所示。

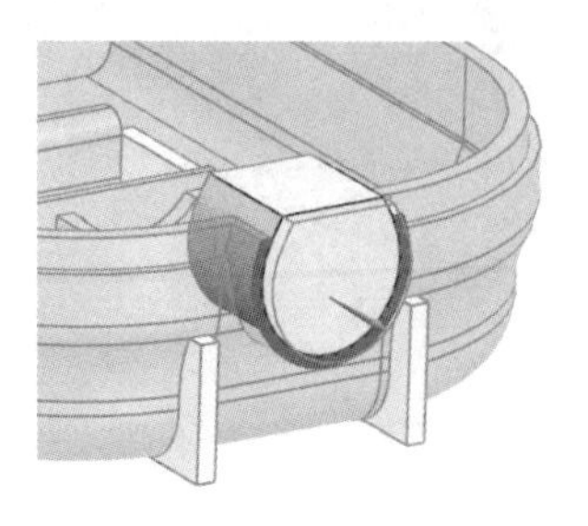

（a）选择分割面

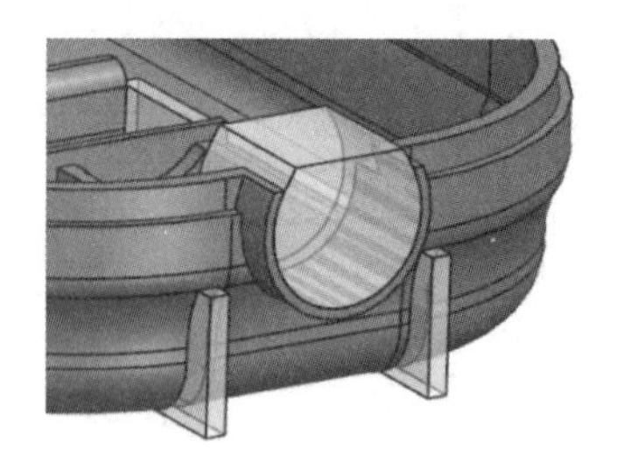

（b）分割结果

图 3.39　生成的分割特征（19）

（33）继续选择包容体为工具体，选择如图 3.40（a）所示的面为分割面，单击【应用】按钮，生成的分割特征如图 3.40（b）所示。

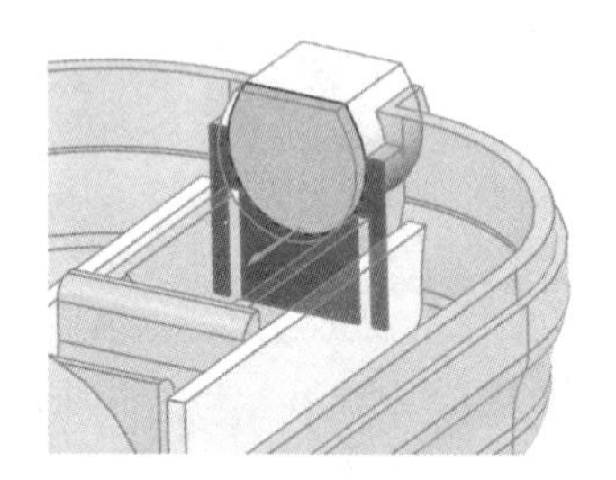

（a）选择分割面

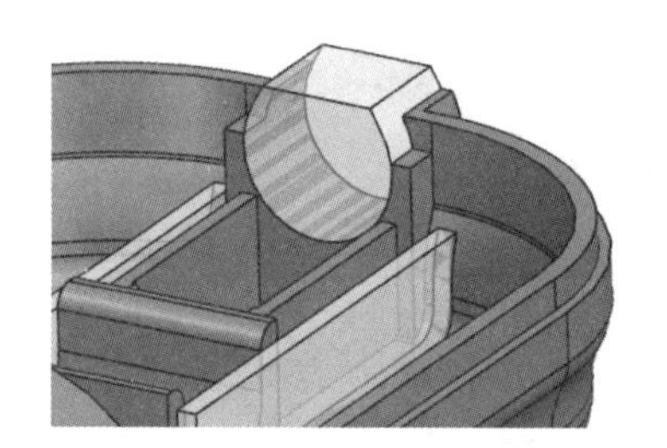

（b）分割结果

图 3.40　生成的分割特征（20）

（34）继续选择包容体为工具体，选择如图 3.41（a）所示的面为分割面，单击【确定】按钮，生成的分割特征如图 3.41（b）所示。

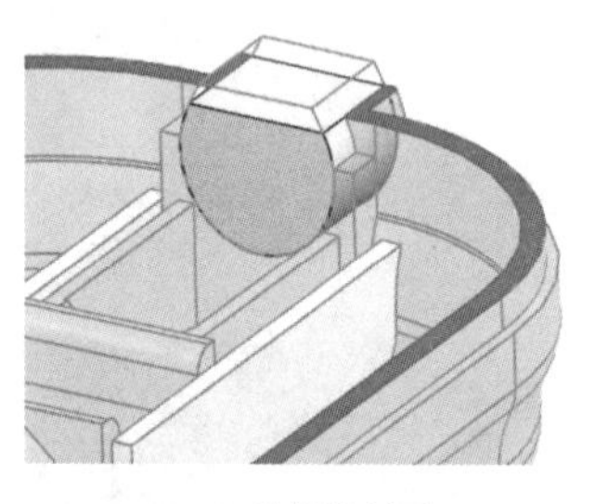

（a）选择分割面

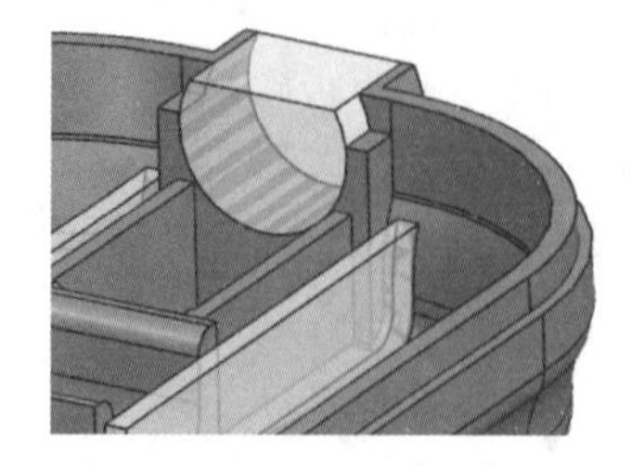

（b）分割结果

图 3.41　生成的分割特征（21）

（35）单击【主页】选项卡中的【基本】面板上的【拉伸】按钮，系统弹出【拉伸】对话框，❶选择如图 3.42 所示的边界线为拉伸边界，❷设置“距离”为 23.4，❸在【布尔】下拉列表中选择【合并】，❹选择步骤（34）创建的包容体为与拉伸体合并的对象，❺单击【确定】按钮，生成的拉伸特征如图 3.43 所示。

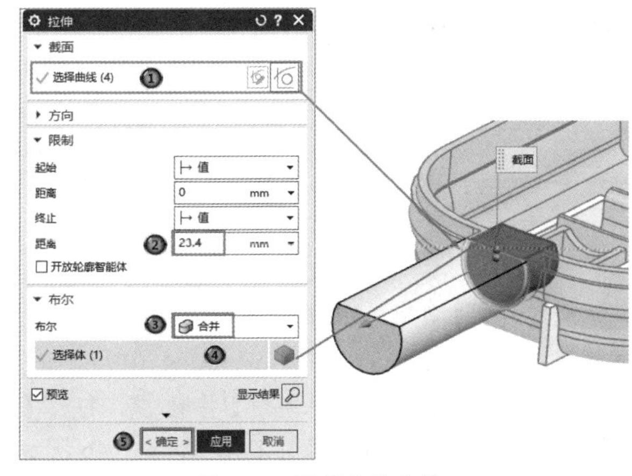

图 3.42　设置拉伸参数

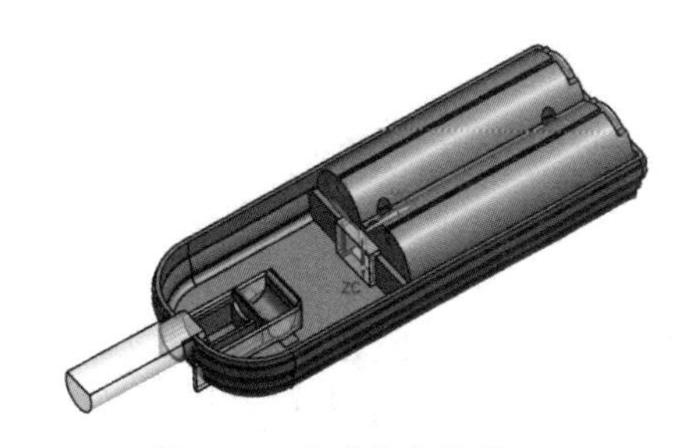

图 3.43　生成的拉伸体

（36）选择【文件】→【保存】→【全部保存】命令，保存全部文件。

3.1.3　实体补片

实体补片是一种通过建造模型来封闭开口区域的方法。实体补片比建造片体模型更好用，它可以更容易地形成一个实体来填充开口区域。使用实体补片代替曲面补片的例子是闭锁钩。

单击【注塑模向导】选项卡中的【注塑模工具】面板上的【实体补片】按钮，弹出如图 3.44 所示的【实体补片】对话框，系统自动选择产品实体，在工作区选择补片的工具实体，单击【确定】按钮，系统会自动进行修补。实体补片过程如图 3.45 所示。

图 3.44　【实体补片】对话框

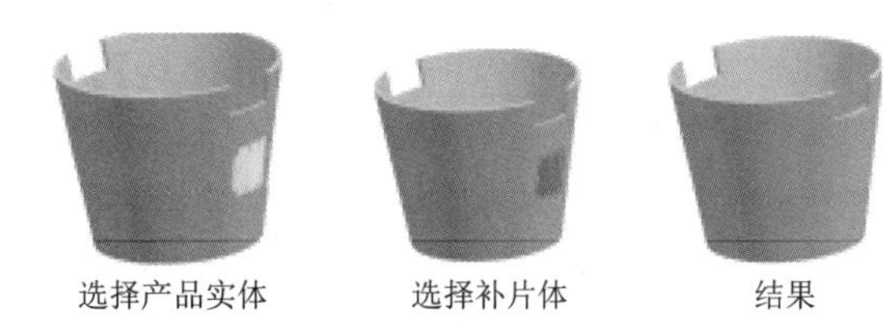

图 3.45　实体补片过程

（1）补片。

1）类型：包括实体补片和链接体。

➢ 实体补片：定义新的实体补片特征。

➢ 链接体：用于链接现有的实体补片特征。

2）选择产品实体按钮：选择一个产品实体，作为要与选定补片体合并的目标体。当只有一个产品实体时，将自动选择该实体。

3）选择补片体：选择要与选定产品实体合并的一个或多个体。

（2）目标组件：在列表框中显示当前装配中的每个组件。

注意

使用实体补片命令之前，必须在*_parting 零件中对修补实体建模以适合开口。

扫一扫，看视频

动手学——负离子发生器实体补片

（1）单击【主页】选项卡中的【标准】面板上的【打开】按钮，弹出【打开】对话框，选择 flzfsq 文件夹中的 flzfsq_parting_019.prt 文件，单击【确定】按钮，打开 flzfsq_parting_019.prt 文件。

（2）单击【注塑模向导】选项卡中的【注塑模工具】面板上的【实体补片】按钮，打开【实体补片】对话框，❶选择产品实体作为目标体，❷选择前面创建的 8 个修补实体，如图 3.46 所示，❸单击【确定】按钮，完成实体修补后的产品体如图 3.47 所示。

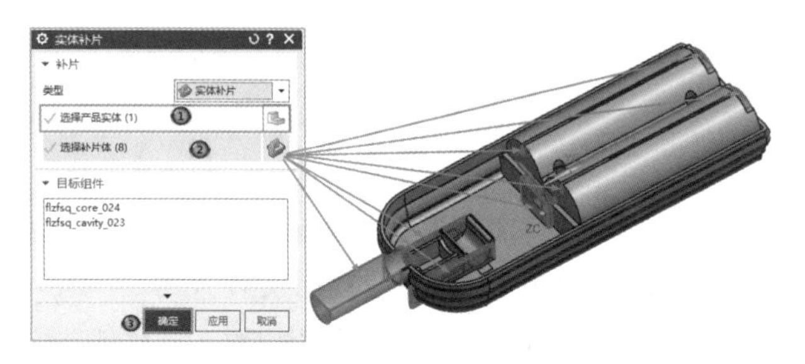

图 3.46 【实体补片】对话框

图 3.47 完成实体修补后的产品体

（3）选择【文件】→【保存】→【全部保存】命令，保存全部文件。

3.1.4 修剪实体

修剪实体命令可以创建包容块，并将包容块修剪到模型中的面，或者从包容块中减去模型。

单击【注塑模向导】选项卡中的【注塑模工具】面板上的【修剪实体】按钮，弹出如图 3.48 所示的【修剪实体】对话框。

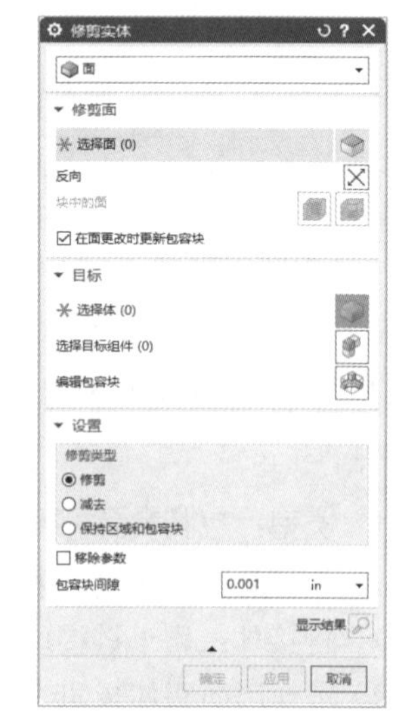

图 3.48 【修剪实体】对话框

（1）类型：用于指定将定义包容块的对象类型，包括面、片体和加工区域。

（2）修剪面。

1）选择面：用于选择包容体包围的面。

2）选择片体：用于选择包容体包围的片体。

3）选择已标记的面：用于选择标记为加工区域的面，这些面由包容体包围。

4）反向：反转修剪方向。

5）块中的面：用于选择如何选定面，包括【在包容块内选择面】和【在包容块内/跨包容块选择面】。

6）在面更改时更新包容块：选中此复选框，自动更新包容块的大小以包围选定的面。

（3）目标。

1）选择体：用于选择一个或多个目标体。

2）选择目标组件：用于选择一个或多个目标组件。

3）编辑包容块：用于在创建包容块时对其进行编辑。可以拖动手柄以调整包容块的大小。

（4）设置。

1）修剪类型：用于指定修剪的类型。

➢ 修剪：使用目标片体面修剪包容块。这些面必须形成足够大的连续区域，以修剪包容块。

➢ 减去：从目标实体中减去包容块。

➢ 保持区域和包容块：保留面区域和包容块，以便使用建模命令执行其他操作。

2）移除参数：用于指定修剪体时是否应移除修剪体的参数。

3）包容块间隙：用于指定包容块的间隙。

3.1.5 替换实体

使用替换实体命令可定义包容块，该包容块将使用选定面的底层定义替换方块面。

单击【注塑模向导】选项卡中的【注塑模工具】面板上的【替换实体】按钮，弹出如图 3.49 所示的【替换实体】对话框。

图 3.49　【替换实体】对话框

（1）替换面。

1）选择对象：用于选择面以定义包容块。

2）反向：反转相应包容块的面的法向，使方块占据的体积超出选定面的父体体积。

3）创建包容块：默认选中此复选框，创建包容块。

（2）边界。

单击【编辑包容块】按钮，弹出【包容体】对话框，对包容块进行编辑。

（3）设置。

1）移除参数：用于指定在替换过程中是否移除参数。

2）间隙：指定除选定包容块面以外，要添加到包容块的所有 6 个面上的过剩余量。

动手学——仪表盖实体修补

扫一扫，看视频

（1）单击【注塑模向导】选项卡中的【初始化项目】按钮，弹出【部件名】对话框，选择 yibiaogai.prt，在弹出的如图 3.50 所示的【初始化项目】对话框中设置【项目单位】为毫米，【名称】为 yibiaogai，【材料】为 NYLON，单击【确定】按钮，完成初始化操作。产品初始化的结果如图 3.51 所示。

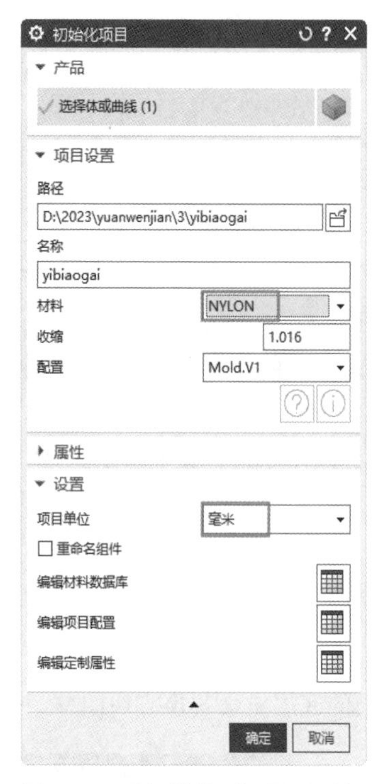

图 3.50 【初始化项目】对话框

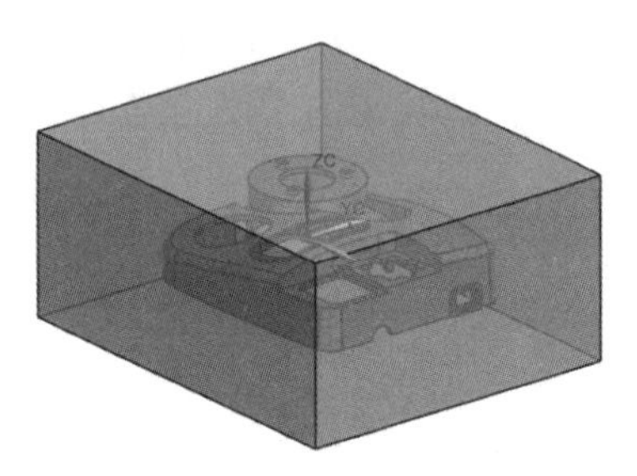

图 3.51 产品装载

（2）单击【注塑模向导】选项卡中的【主要】面板上的【模具坐标系】按钮，弹出【模具坐标系】对话框，单击【产品实体中心】单选按钮，选中【锁定 Z 位置】复选框，如图 3.52 所示。单击【确定】按钮，完成模具坐标系的创建，结果如图 3.53 所示。

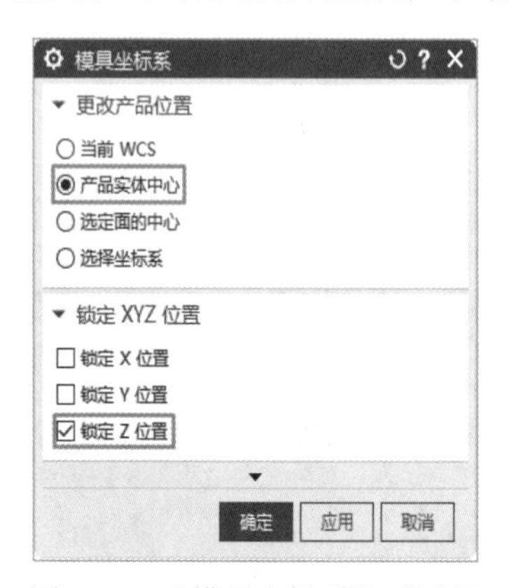

图 3.52 【模具坐标系】对话框

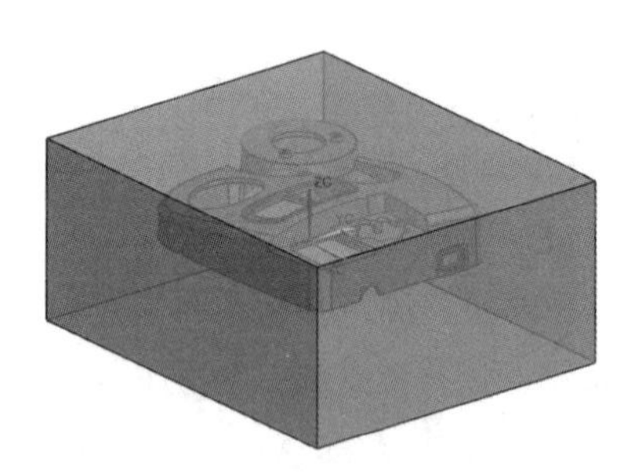

图 3.53 创建坐标系

（3）单击【注塑模向导】选项卡中的【主要】面板上的【工件】按钮，弹出【工件】对话框，在【定义类型】下拉列表框中选择【参考点】选项，单击【点对话框】按钮，弹出【点】对话框，输入坐标为（0,0,0），如图 3.54 所示，单击【确定】按钮，返回到【工件】对话框，修改尺寸，如图 3.55 所示，单击【确定】按钮，视图区加载成型工件，如图 3.56 所示。

图 3.54　【点】对话框

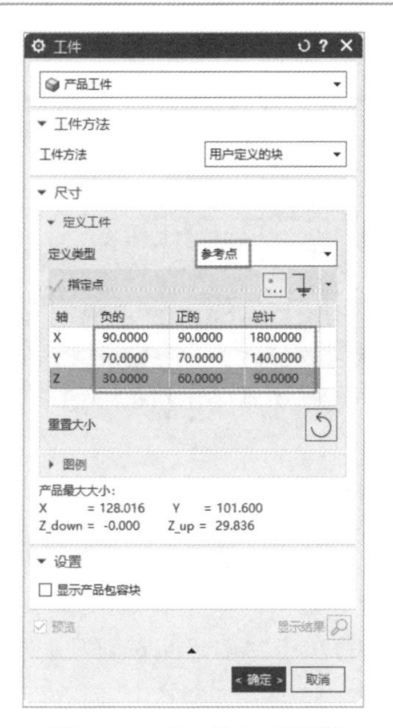

图 3.55　【工件】对话框

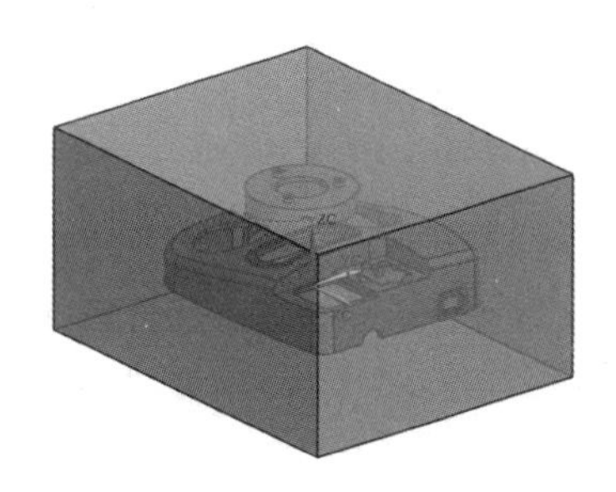

图 3.56　成型工件

（4）单击【注塑模向导】选项卡中的【主要】面板上的【型腔布局】按钮，弹出【型腔布局】对话框，选择【矩形】类型和【平衡】选项，指定矢量为-XC，【型腔数】设置为 2，如图 3.57 所示。单击【开始布局】按钮，在视图区进入选择布局方向的界面。单击【型腔布局】对话框中的【自动对准中心】按钮，该多腔模的几何中心移动到 layout 子装配的绝对坐标系（ACS）的原点上，如图 3.58 所示。

图 3.57　【型腔布局】对话框

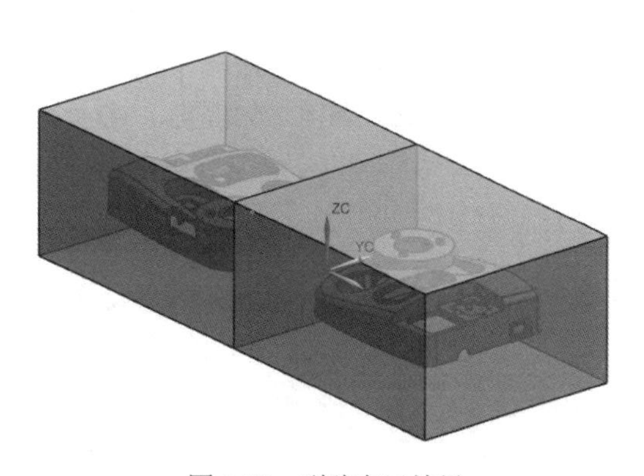

图 3.58　型腔布局结果

（5）在装配导航器中选择 yibiaogai_parting_019.prt 文件，右击，在弹出的快捷菜单中选择“在窗口中打开”选项，打开 yibiaogai_parting_019.prt 文件，如图 3.59 所示。

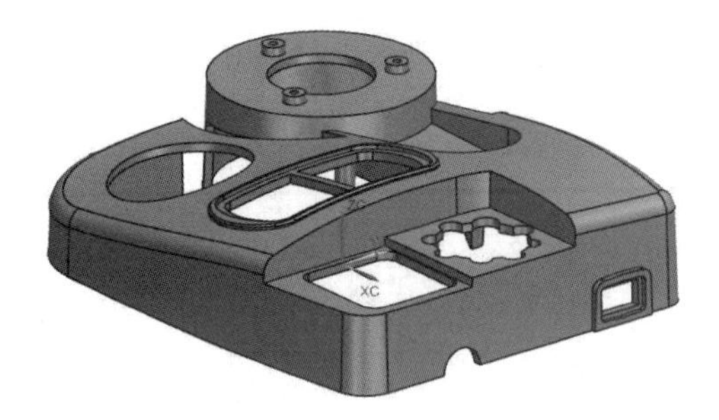

图 3.59　产品文件

（6）单击“注塑模向导”选项卡中的“注塑模工具”面板上的【替换实体】按钮，弹出“替换实体”对话框，❶选择待修补孔的外部内侧的四个表面；❷勾选【创建包容体】复选框；❸设置【间隙】为 0.01mm，如图 3-60 所示；❹单击“确定”按钮，完成替换实体的创建，结果如图 3-61 所示。

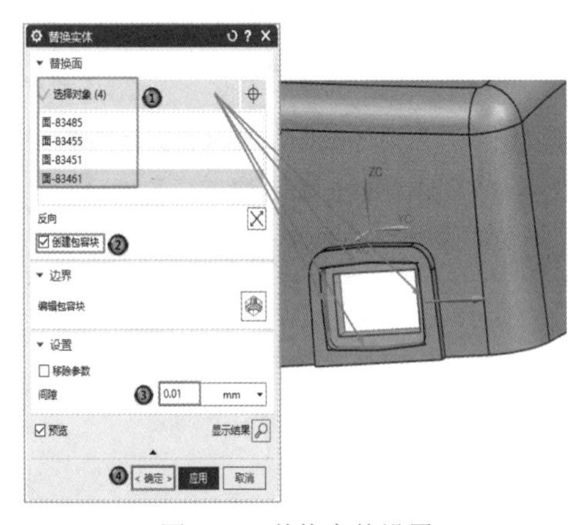

图 3.60　替换实体设置

图 3.61　替换实体

（7）单击【主页】选项卡中的【同步建模】面板上的【替换】按钮，弹出【替换面】对话框，❶设置偏置为 0，❷选择创建包容体的外表面为原始面，❸选择凸台的外表面作为替换面，将包容体修补至模型凸台外表面，如图 3.62 所示，❹单击【应用】按钮。

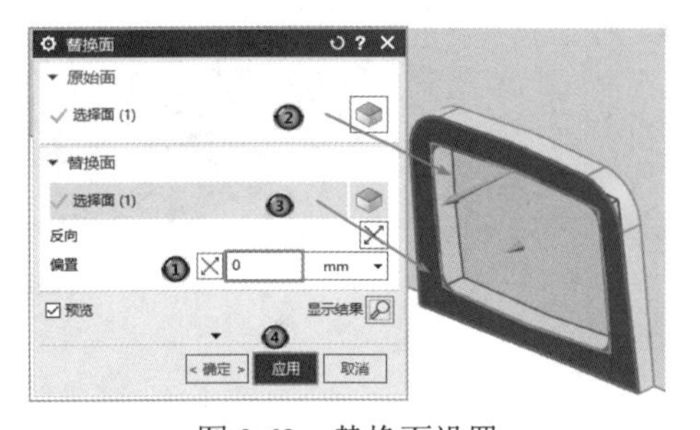

图 3.62　替换面设置

（8）继续选择创建包容体的内表面作为原始面，选择凸台所在直壁的内表面作为替换面，将包容体修补至壁面的内表面，单击【确定】按钮，结果如图 3.63 所示。

（9）单击【主页】选项卡中的【特征】面板上的【减去】按钮，弹出【减去】对话框。选择包容体作为目标体，选择产品模型作为工具体，并选中【保存工具】复选框。单击【确定】按钮，完成包容体的产品模型修剪，结果如图 3.64 所示。

图 3.63　替换面

图 3.64　修剪结果

（10）单击【注塑模向导】选项卡中的【注塑模工具】面板上的【实体补片】按钮，弹出【实体补片】对话框，系统自动选择制品为产品实体，选择修补后的包容体为补片实体，如图 3.65 所示，单击【确定】按钮，完成实体修补的结果如图 3.66 所示。

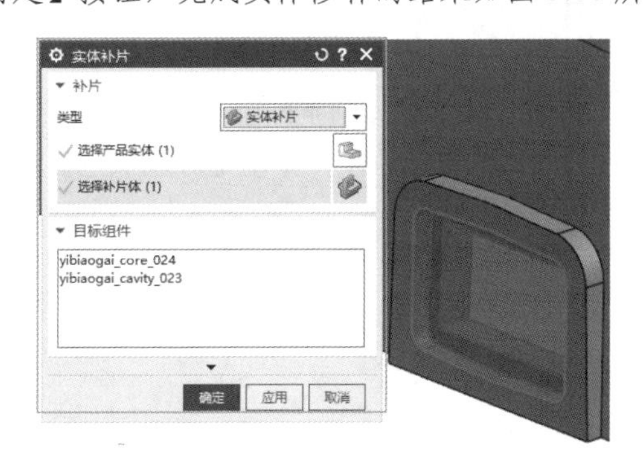

图 3.65　【实体补片】对话框

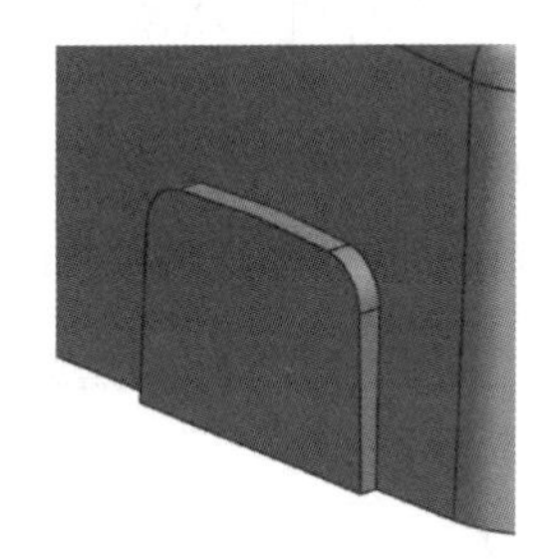

图 3.66　实体修补的结果

（11）选择【文件】→【保存】→【全部保存】命令，保存所有文件。

3.2　片体修补

3.2.1　曲面补片

使用曲面补片命令可创建片体，以封闭模具部件中的开口。

单击【注塑模向导】选项卡中的【分型】面板上的【曲面补片】按钮，弹出如图 3.67 所示的【曲面补片】对话框。

（1）类型。

1）面：曲面补片是最简单的修补方法，指修补完全包含在一个面的孔。用于选择工作区中需要修补的面，选择面后，系统会自动搜索所选面上的孔，并高亮显示搜索到的每个孔。并将选中的孔添加到环列表中。

2）遍历：如果需要修补的孔不在一个面内，跨越了两个面或三个面，或必须创建一个边界，但没有相邻边供选择，这时就需要边缘补片功能了。边缘补片功能通过选择一个闭合的曲线/边界环来修补一个开口区域。用于选择边线，定义所需修补面的边界。

3）体：用于选择工作区中需要修补的实体，选择实体后，系统会自动搜索所选实体上的孔，并高亮显示搜索到的每个孔。并将选中的孔添加到环列表中。

（2）环列表。

1）选择环边或曲线：用于选择未修补的边线。

2）列表：显示当前选定的环，可以选择列表中的环，单击【移除】按钮，可将其移除。

3）选择参考面：显示自动选定的参考面，并允许更改选择。

4）切换面侧：将参考面更改为选定边环的另一面。

（3）设置。

1）快速补片：自动修补所有检测到的闭环，并创建单个特征，该特征显示在部件导航器的模型历史记录组下。

2）移除参数：移除正在创建的曲面补片的所有参数。

3）作为曲面补片：创建曲面补片。

4）转换类型：用于选择如何创建曲面补片，包括有副本和无副本两个单选按钮。

5）补片颜色：用于指定所创建的曲面补片的颜色，单击该色块，弹出【对象颜色】对话框，设置补片的颜色。

完成边缘补片的特征如图 3.68 所示。

图 3.67 【曲面补片】对话框

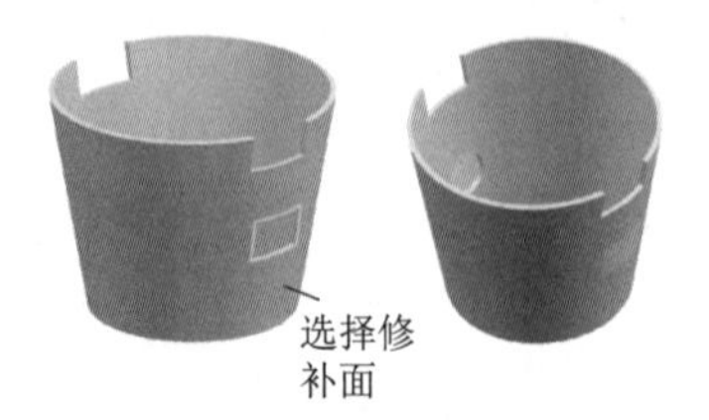

图 3.68 完成边修补

动手学——负离子发生器曲面补片

（1）单击【主页】选项卡中的【标准】面板上的【打开】按钮，弹出【打开】对话框，选择 flzfsq 文件夹中的 flzfsq_parting_019.prt 文件，单击【确定】按钮，打开 flzfsq_parting_019.prt 文件。

（2）单击【注塑模向导】选项卡中的【分型】面板上的【曲面补片】按钮，弹出【曲面补片】对话框，❶选择【面】类型，❷选择如图 3.69 所示的面，自动生成环并选中，❸选择转换类型为【有副本】，❹单击【确定】按钮，生成曲面补片，如图 3.70 所示。

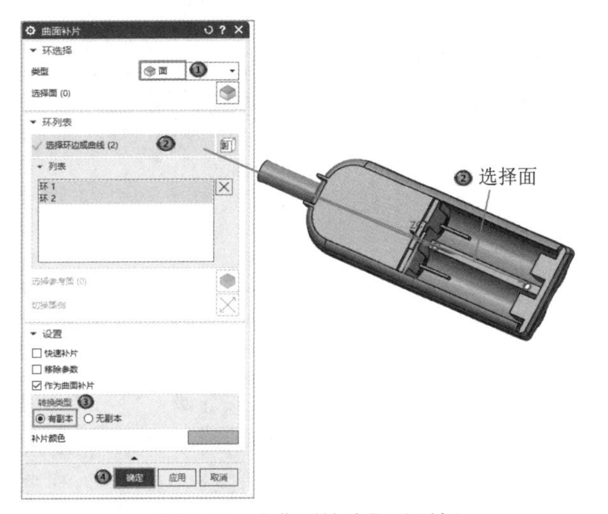

图 3.69 【曲面补片】对话框

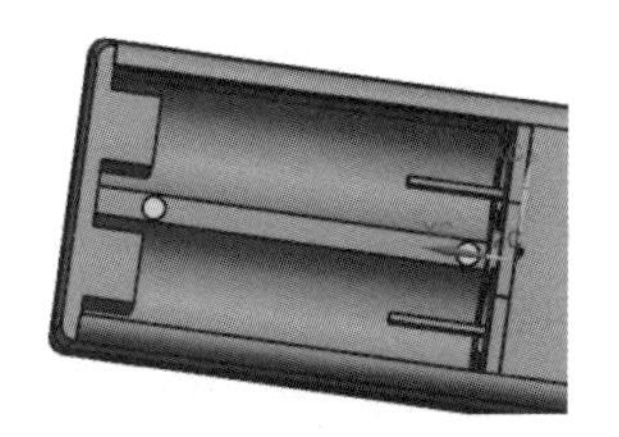

图 3.70 生成曲面补片

（3）选择【文件】→【保存】→【全部保存】命令，保存全部文件。

3.2.2 扩大曲面补片

扩大曲面功能用于提取产品体上的面，并控制 U 和 V 方向上的尺寸来扩大这些面，允许用 U 和 V 方向的滑块动态修补孔。单击【注塑模工具】选项卡中的【注塑模工具】面板上的【扩大曲面补片】按钮，弹出如图 3.71 所示的【扩大曲面补片】对话框。

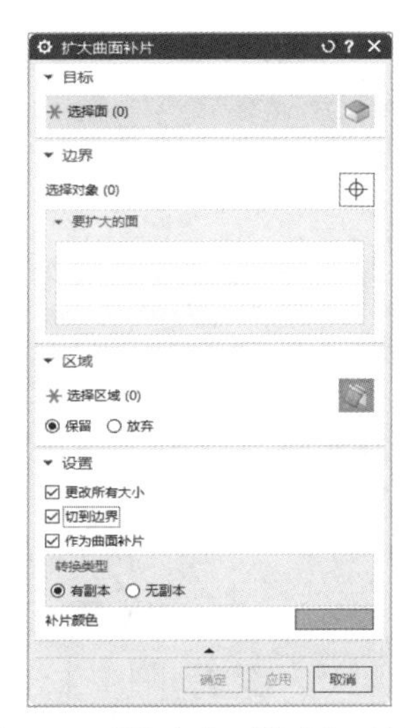

图 3.71 【扩大曲面补片】对话框

（1）目标：选择要扩大的面。

（2）边界。

1）选择对象：用于选择曲线、边或面作为修剪几何体。

2）要扩大的面：列出选做边界的面，边界面会自动扩大。可以拖动边界面，直到它们与目标面相交。

（3）区域：选择要保持或舍弃的区域。

（4）设置。

1）更改所有大小：选中此复选框，更改扩展曲面一个方向的大小时，其他方向也随着发生变化。

2）切到边界：选中此复选框，系统将自动选择边界对象。

3）作为曲面补片：将原片体移动到隐藏的对象图层，并在型芯和型腔图层中创建副本。

扩大曲面的效果如图 3.72 所示。

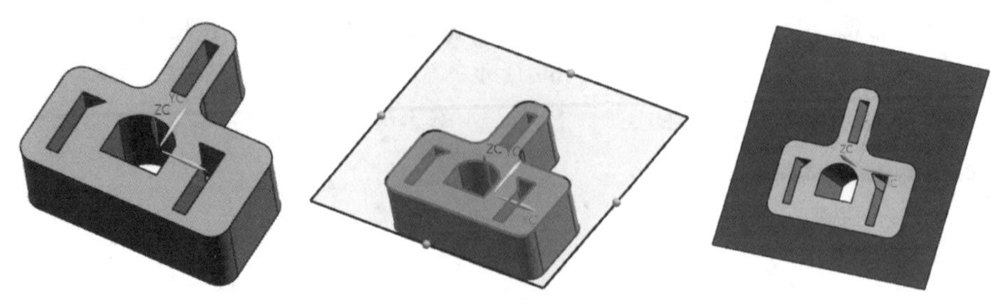

图 3.72　扩大曲面的效果

扫一扫，看视频

动手学——仪表盖扩大曲面修补

（1）单击【主页】选项卡中的【标准】面板上的【打开】按钮，弹出【打开】对话框，选择 yibiaogai 文件夹中的 yibiaogai_parting_019.prt 文件，单击【确定】按钮，打开 yibiaogai_parting_019.prt 文件。

（2）单击【注塑模向导】选项卡中的【分型】面板上的【曲面补片】按钮，弹出【曲面补片】对话框，选择【体】类型，选择产品实体，系统自动拾取边缘添加到环列表中，选取环 10 和环 11，单击【移除】按钮，然后选取列表中所有的环，如图 3.73 所示，单击【确定】按钮，创建的结果如图 3.74 所示。

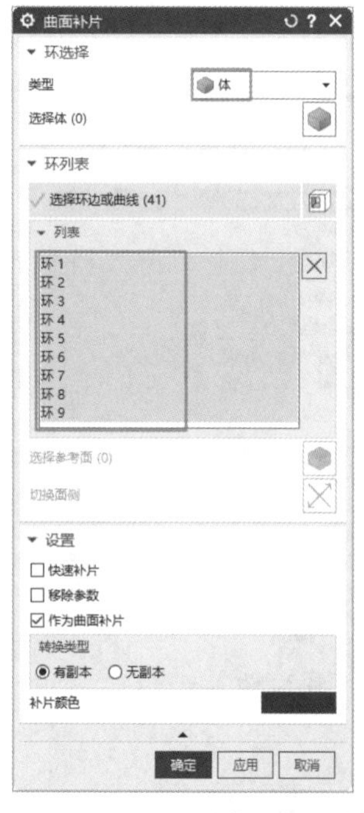

图 3.73　【曲面补片】对话框

图 3.74　创建补片

（3）单击【注塑模向导】选项卡中的【注塑模工具】面板上的【扩大曲面补片】按钮，弹出【扩大曲面补片】对话框，❶选择内腔直壁作为扩大面的目标对象，❷选择【保留】单选按钮，❸选取腔内的扩大面为保留区域，如图3.75所示，❹单击【应用】按钮，完成第一个扩大曲面的创建。

（4）选择内腔底面作为目标对象，选取腔内的扩大面为保留区域，扩大底面平面，两个扩大面的操作结果如图3.76所示。

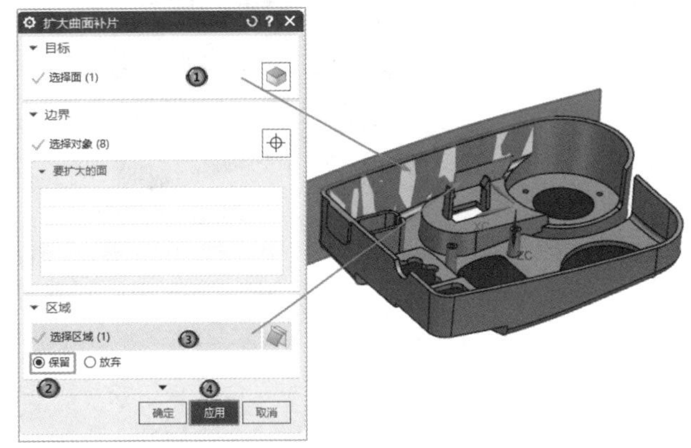

图3.75 【扩大曲面补片】对话框

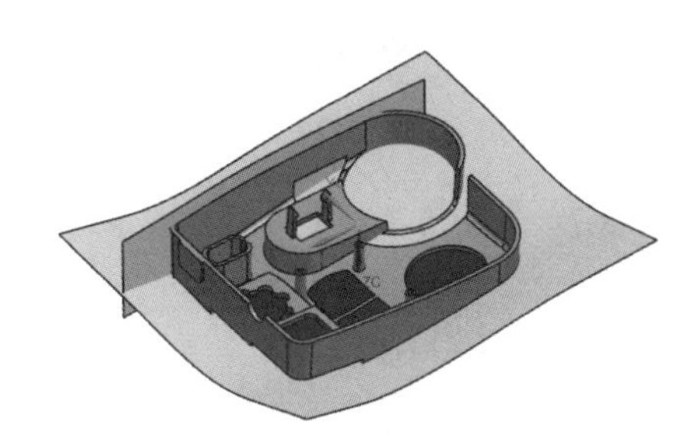
图3.76 扩大面的操作结果

（5）选择【菜单】→【插入】→【细节特征】→【面倒圆】命令，弹出【面倒圆】对话框，❶选择面1，❷选择面2，❸在【半径】文本框中输入半径参数为2，如图3.77所示，❹单击【确定】按钮，两个扩大曲面通过面圆角连接到了一起，面倒圆结果如图3.78所示。

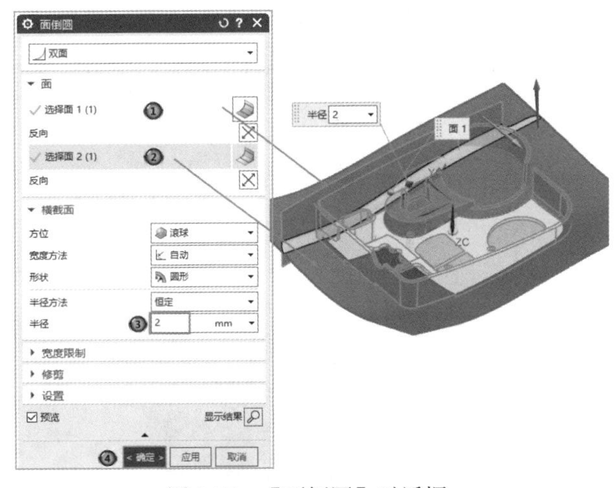

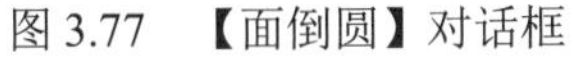
图3.77 【面倒圆】对话框

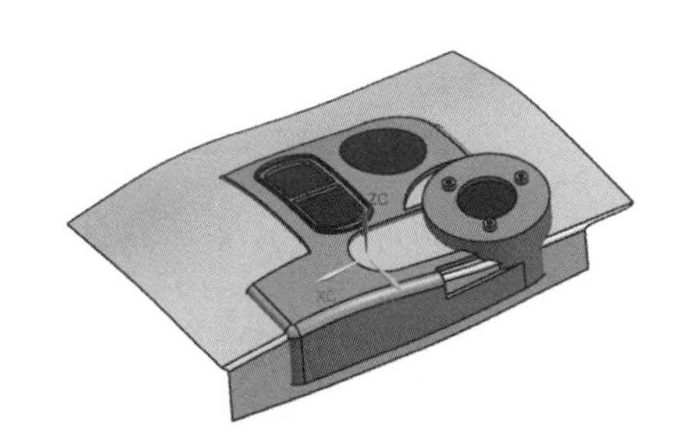
图3.78 面倒圆结果

（6）单击【曲面】选项卡中的【组合】面板上的【修剪片体】按钮，弹出【修剪片体】对话框，如图3.79所示，❶选择被倒过圆角的扩展片体作为修剪的目标片体，❷选择被修补孔的边界作为边界对象，❸在【投影方向】下拉列表框中选择【垂直于面】选项，❹选择【保留】单选按钮，

⑤单击【确定】按钮，完成片体修剪，如图 3.80 所示。

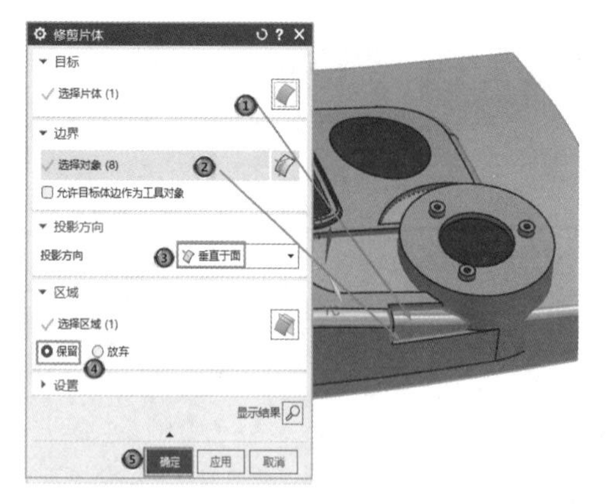

图 3.79　【修剪片体】对话框

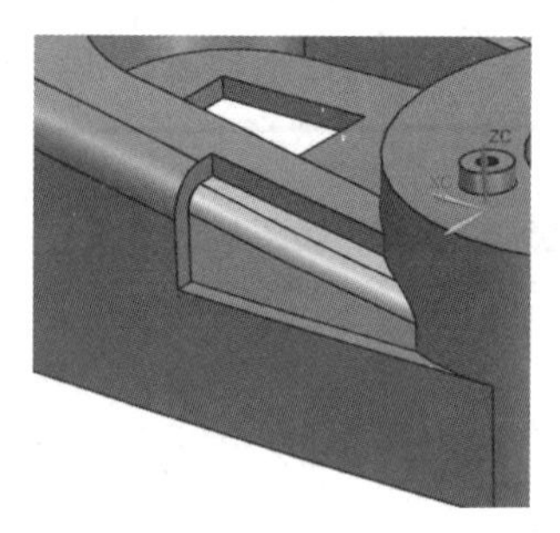

图 3.80　修剪片体

（7）选择【文件】→【保存】→【保存】命令，保存文件。

3.2.3　修剪区域补片

修剪区域补片是指使用选取的封闭曲线区域来封闭开口模型的开口区域，从而创建合适的修补片体。

在开始修剪区域补片过程前，必须先创建一个与开口区域能完全吻合的实体补片体。该修补体的有些面并不用于封闭面，在使用修剪区域补片功能时，不用考虑这些面是在部件的型腔侧还是型芯侧，最终的修剪区域补片添加到型腔和型芯分型区域。

单击【注塑模向导】选项卡中的【注塑模工具】面板上的【修剪区域补片】按钮，系统弹出如图 3.81 所示的【修剪区域补片】对话框，用于在工作区选择一个合适的实体补片体。修剪区域补片特征如图 3.82 所示。

图 3.81　【修剪区域补片】对话框

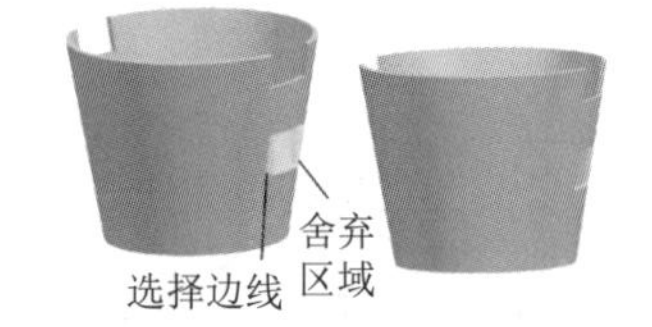

图 3.82　生成修剪区域特征

动手学——仪表盖修剪区域补片

（1）单击【主页】选项卡中的【标准】面板上的【打开】按钮，弹出【打开】对话框，选择

yibiaogai 文件夹中的 yibiaogai_parting_019.prt 文件，单击【确定】按钮，打开 yibiaogai_parting_019.prt 文件。

（2）单击【注塑模向导】选项卡中的【注塑模工具】面板上的【包容体】按钮，弹出【包容体】对话框。将偏置设置为 0.01mm，选择图 3.83 所示的挂钩的两个内侧面建立修补包容体。单击【确定】按钮，完成包容体的创建。

（3）单击【主页】选项卡中的【同步建模】面板上的【替换】按钮，在弹出的【替换面】对话框中，依次选择创建包容体的各个表面作为原始面，选择邻近的产品模型的表面作为替换面（提示：在选择产品模型表面时，可以在该表面处右击，在弹出的快捷菜单中选择“从列表中选择”命令，此时会打开该表面附近的相关表面，选中需要的工具面即可），使得包容体修剪到产品模型的边界面，结果如图 3.84 所示。

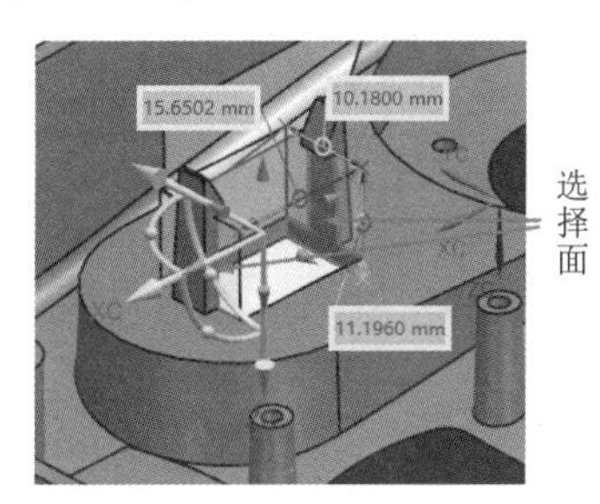

图 3.83　选择两个侧面

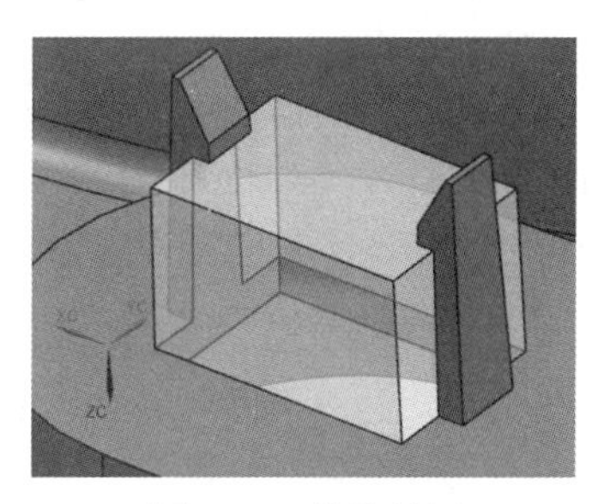

图 3.84　替换结果

（4）单击【注塑模向导】选项卡中的【注塑模工具】面板上的【修剪区域补片】按钮，弹出【修剪区域补片】对话框，①选择在步骤（3）替换后的包容体为目标体，②选择【遍历】类型，③取消选中【按面的颜色遍历】复选框，④依次选择封闭的曲线轮廓，如图 3.85 所示，⑤选择包容体为要保留的区域，⑥单击【确定】按钮，完成区域补片，如图 3.86 所示。

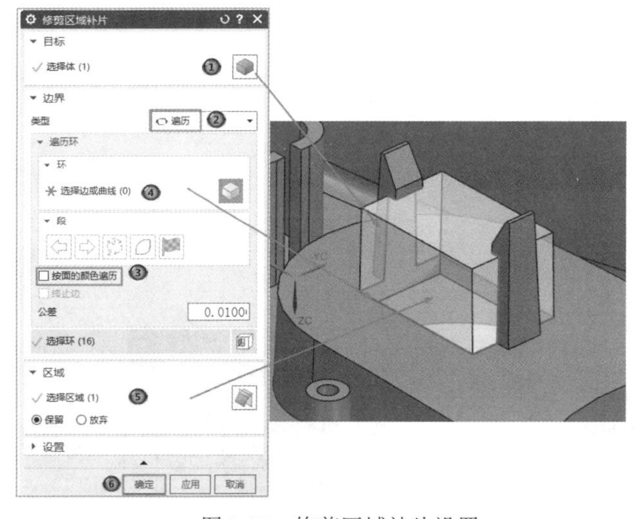

图 3.85　修剪区域补片设置

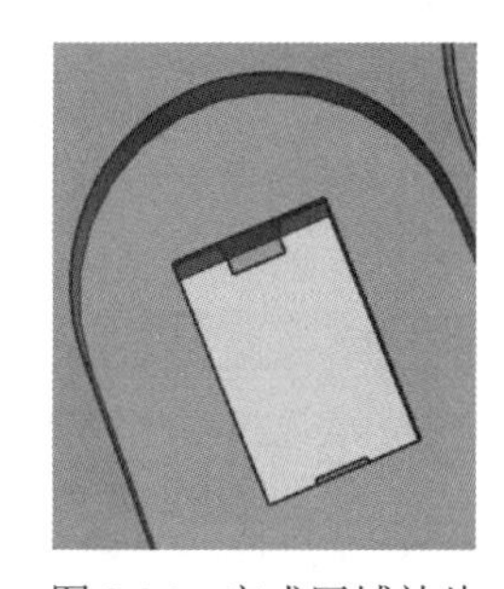

图 3.86　完成区域补片

（5）选择【文件】→【保存】→【保存】命令，保存文件。

3.2.4 拆分面

拆分面是指利用基准面或存在面进行选定面的分割，使分割的面能满足需求。如果全部的分型线都位于产品体的边缘，就没有必要使用该功能。

单击【注塑模向导】选项卡中的【注塑模工具】面板上的【拆分面】按钮，系统弹出【拆分面】对话框，如图3.87所示。在工作区选择要分割的面用来分割对象，然后单击【应用】或【确定】按钮，系统自动进行面分割。

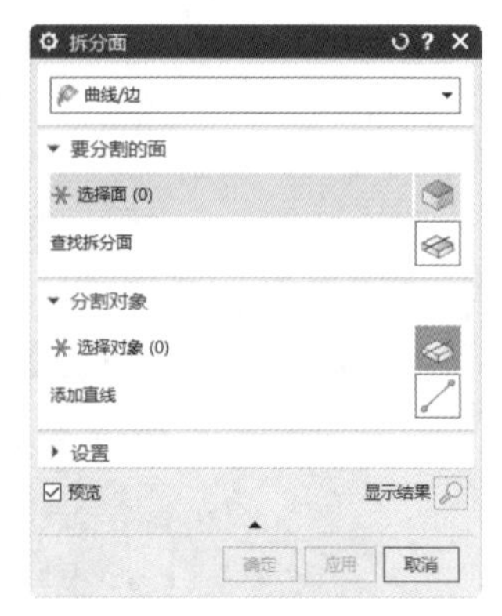

图3.87 【拆分面】对话框

（1）用等斜度曲线来分割面：使用该方法时，只有交叉面才能选择。等斜度线的默认方向是+Z方向。用鼠标指针在工作区选择等斜度分割的面，然后再单击【拆分面】对话框中的【确定】或【应用】按钮。

（2）用基准平面来分割面：基准平面的方式有面方式（选择面连接面）和基准面方式。其中基准面方式又包括用一个选择的基准面来分割面，用一条两点定义的线来分割面和用通过一个点的Z平面来分割面。

（3）用曲线来分割面：用曲线来分割面的方式有已有曲线/边界和通过两点。

扫一扫，看视频

动手学——仪表盖曲面修补

（1）单击【主页】选项卡中的【标准】面板上的【打开】按钮，弹出【打开】对话框，选择yibiaogai文件夹中的yibiaogai_parting_019.prt文件，单击【确定】按钮，打开yibiaogai_parting_019.prt文件。

（2）单击【曲面】选项卡中的【基本】面板上的【更多】下拉列表中的【桥接曲面】按钮，弹出【桥接曲面】对话框，选择如图3.88所示的需要桥接的两个面，单击【确定】按钮，桥接结果如图3.89所示。

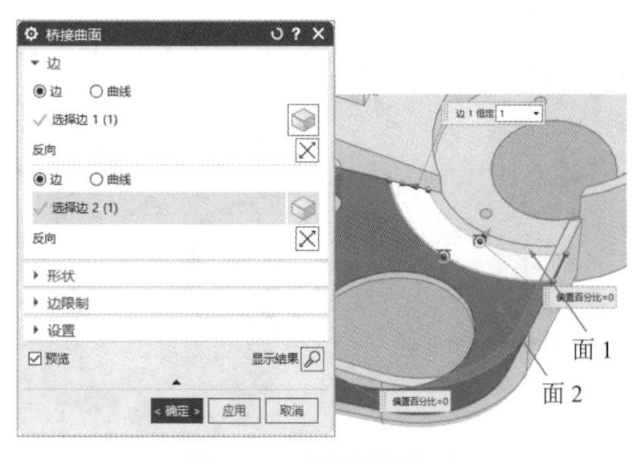

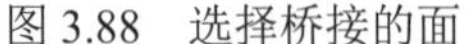

图3.88 选择桥接的面

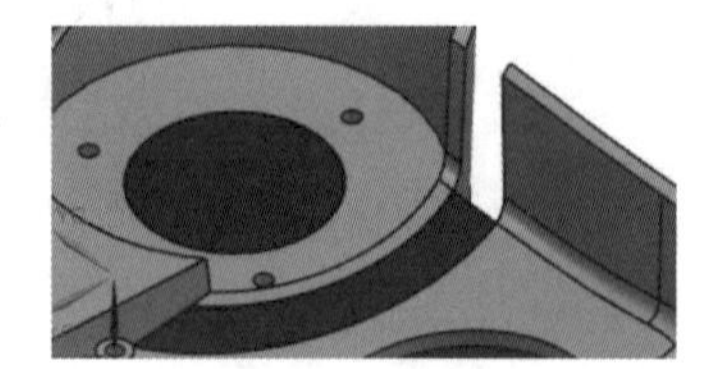

图3.89 桥接曲面

（3）单击【曲线】选项卡中的【基本】面板上的【直线】按钮，弹出【直线】对话框，在如

图3.90所示的两点之间创建一条直线。

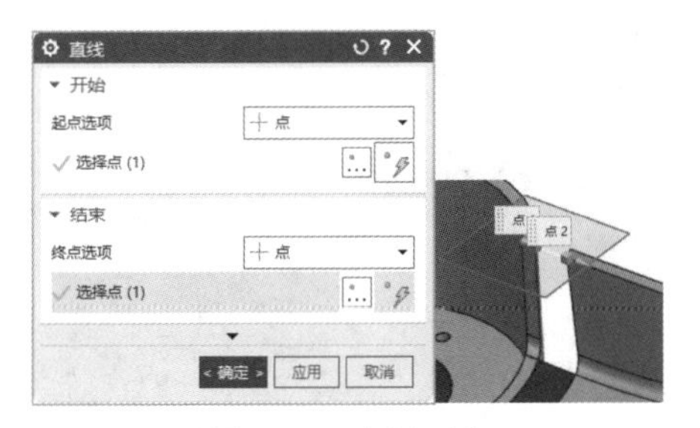

图3.90　选择两点

（4）单击【曲面】选项卡中的【基本】面板上的【通过曲线网格】按钮，弹出如图3.91所示的【通过曲线网格】对话框，选择第一条主曲线后，单击【添加新的主曲线】按钮⊕或按中键，添加第二条主曲线；选取侧边的两条曲线为交叉曲线1，单击【添加新的主曲线】按钮⊕或按中键，选取另一侧的两条曲线为交叉曲线2，如图3.91所示，单击“确定”按钮，完成曲面的创建，结果如图3.92所示。

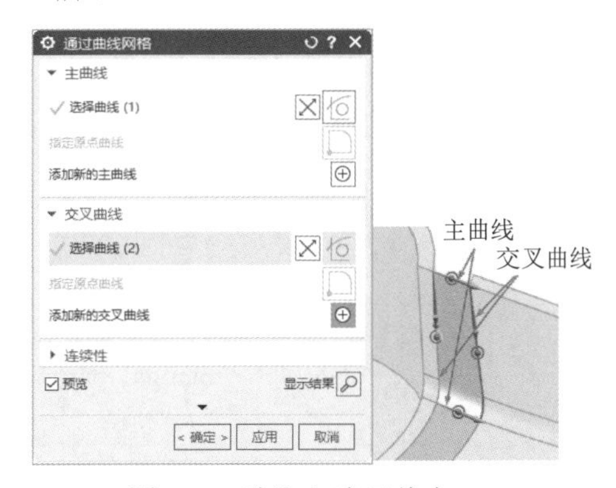

图3.91　选取主/交叉线串

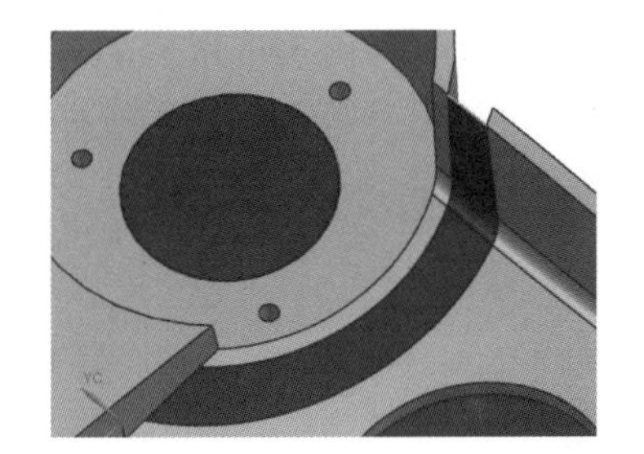

图3.92　创建的曲面

（5）单击【注塑模向导】选项卡中的【分型】面板上的【编辑分型面和曲面补片】按钮，弹出【编辑分型面和曲面补片】对话框，如图3.93所示，系统已经自动选取曲面补片，继续选取刚刚创建的桥接曲面和通过曲线网格曲面，单击【确定】按钮，发现该片体颜色发生了变化，说明已经成了修补片体，如图3.94所示。（“编辑分型面和曲面补片”命令的详细介绍参见4.6节。）

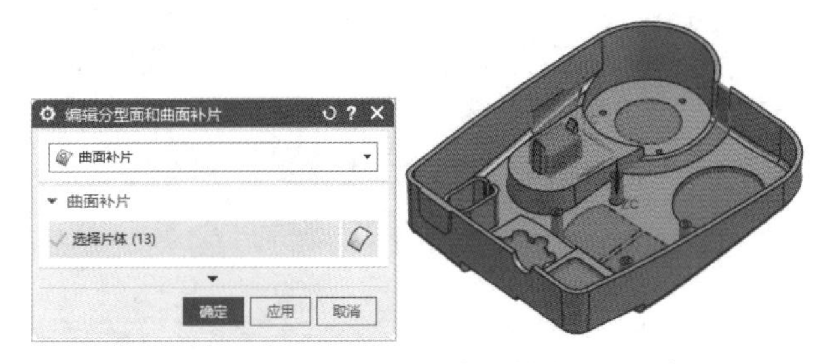

图3.93　【编辑分型面和曲面补片】对话框

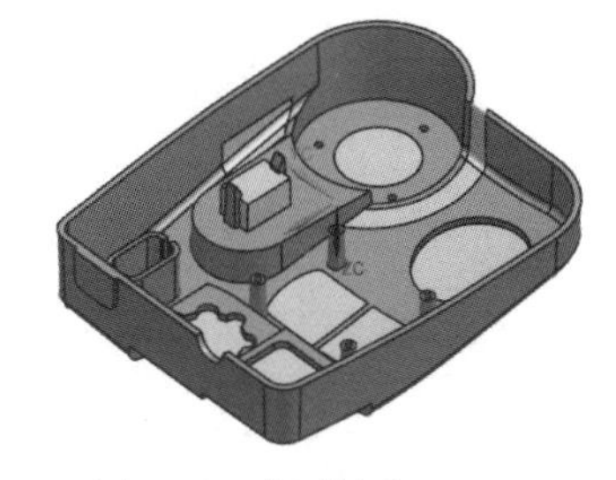

图3.94　曲面补片

（6）单击【注塑模向导】选项卡中的【注塑模工具】面板上的【拆分面】按钮，弹出图3.95

所示的【拆分面】对话框，❶选择【曲线/边】类型，❷选择如图 3.95 所示的平面作为要分割的面，❸选择如图 3.95 所示的直线作为分割对象，❹单击【确定】按钮，完成面的拆分。该操作的目的在于避免要分割的面的轮廓面同时位于型芯或型腔。

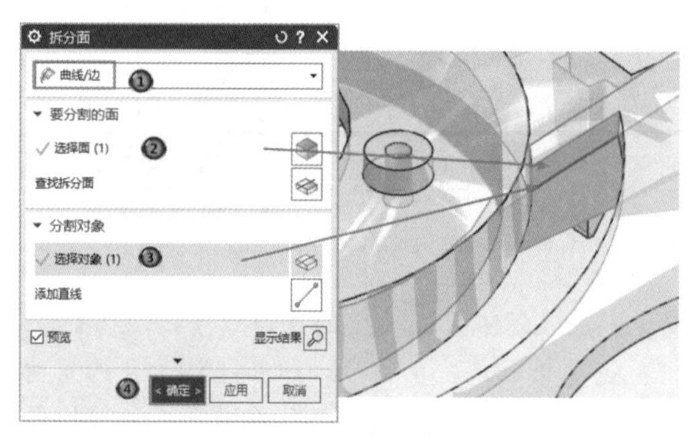

图 3.95　拆分面设置

扫一扫，看视频

（7）选择【文件】→【保存】→【全部保存】命令，保存所有文件。

动手练——RC 后盖曲面补片

（1）利用【曲面补片】命令选取图 3.96 所示的面，将列表中的环 1 删除，然后选中列表中的所有环，创建补片，如图 3.96 所示。

（2）同理，创建图 3.97 所示的曲面补片。

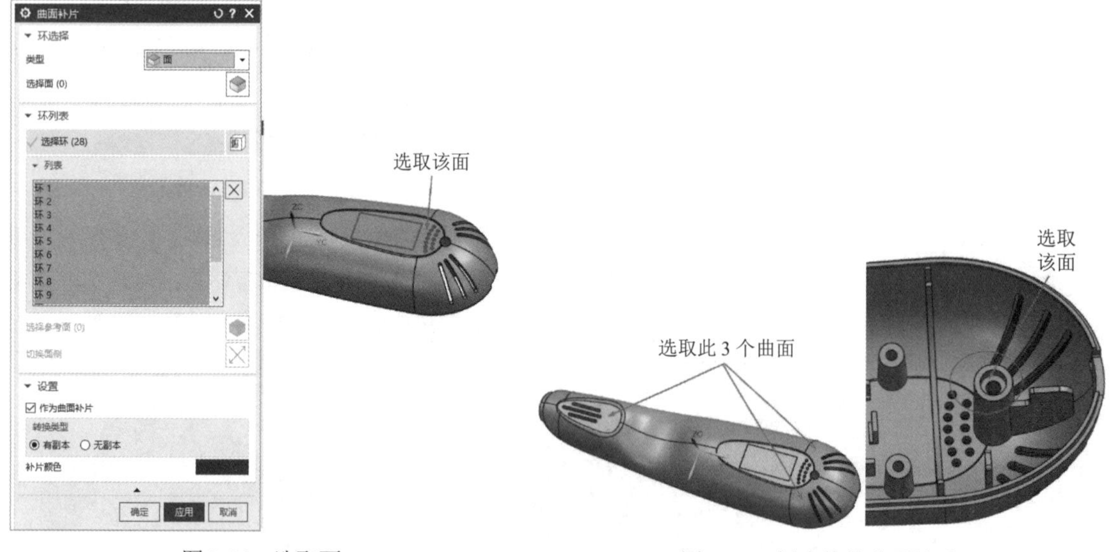

图 3.96　选取面　　图 3.97　创建其他曲面补片

第 4 章　分 型 设 计

内容简介

分型设计是模具设计的关键环节，它涉及确定模具中不同部分的精确分界线，以确保成型产品能够顺利脱模并保持设计规定的尺寸和形状。

在模具设计中，定义分型线、创建分型面并成功分离型芯和型腔，是一项非常复杂的任务。UG NX/Mold Wizard 提供了完整的功能创建分模面。

内容要点

- 分型导航器
- 设计分型面
- 设计区域
- 定义区域
- 创建型腔和型芯
- 编辑分型面和曲面补片
- 交换产品模型

案例效果

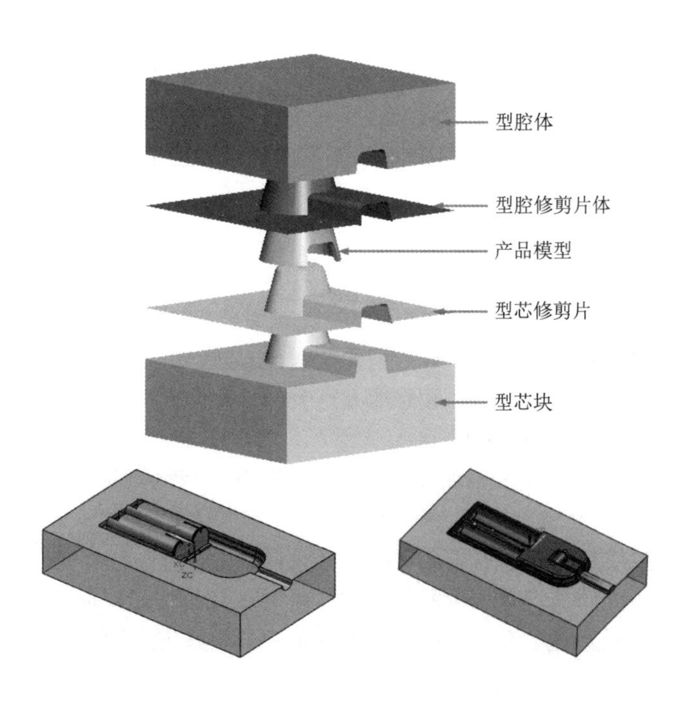

4.1　分型导航器

使用【设计流程导航器】窗口可以确定当前分型几何体，控制分型对象的可见性，如图 4.1 所示。

图 4.1　【设计流程导航器】窗口

窗口中的复选框选中表示对象可见，复选框取消选中表示对象被隐藏；灰色文本和数量为零表示几何体尚未定义，或者几何体已由后面的操作（如缝合或合并）使用。

4.2　设计分型面

单击【注塑模向导】选项卡中的【分型】面板上的【设计分型面】按钮，系统弹出【设计分型面】对话框，如图 4.2 所示。

（1）分型线。

1）选择分型线：用于选择列表中标识的现有曲线段或过渡点。

2）分型段：按序列号标识段。状态图标✓表示对应曲面已存在，状态图标！表示曲面尚不存在。

3）删除分型面：删除任何行的分型片体。

4）分型线数量：显示每段中的曲线数量。

（2）自动创建分型面。

1）自动创建分型面：选择用于创建分型面的优化方法，并自动生成所有分型段的分型面。

2）删除所有现有的分型面：用于删除所有现有的分型面。

（3）编辑分型线：分型线定义为模具面与实际产品的相交线，一般零件分模面可以根据零件形状（如最大界面处）和成品从模具中的顶出方向等因素确定，但是系统指定的分模面不一定是符合要求的。

1）按区域创建分型线：为现有型芯和型腔区域自动生成分型线。

2）选择分型线：单击【选择分型线】按钮，可在视图中选择曲线添加为分型线。

3）遍历分型线：引导搜索功能从产品模型的某个分型线/边界开始选择，在每个型芯和型腔的相交区域查找相邻的线，并搜索候选的曲线/边界添加到分型线环中。如果发现有间隙或者分支，选择曲线和边界会用到公差。单击【遍历分型线】按钮，系统将弹出如图 4.3 所示的【遍历分型线】对话框。

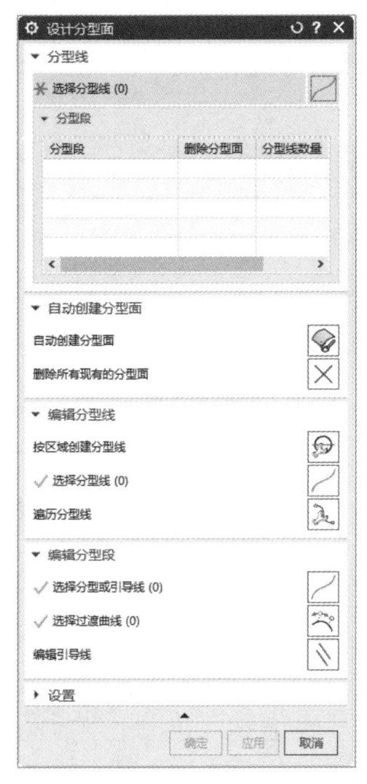

图 4.2 【设计分型面】对话框

图 4.3 【遍历分型线】对话框

- 上一段：取消选择最近接受的曲线。
- 接受：接受当前高亮显示的候选曲线。
- 循环候选项：高亮显示在当前公差范围内连接到之前接受的曲线或边的另一曲线或边。在所有可用的曲线中循环并重复。
- 关闭环：创建一条直线，将最后一条接受的曲线的自由端点与第一条选定的曲线的自由端点连接在一起。
- 退出环：使用当前接受的曲线和边完成当前选定区域。
- 按面的颜色遍历：用于选择任意一条两边有不同颜色的面的曲线。它会自动搜索所有与开始曲线有相同特征（两边有不同颜色的面）的相连曲线。
- 终止边：用于选择一个两边有不同颜色的局部分型线。只有当【按面的颜色遍历】选项选中时，该选项才可选。
- 公差：该选项用于定义选择下一个候选曲线或边界时的公差值。注塑模向导会用临时显示下一个候选线的方法来引导选择分型线。

（4）编辑分型段：用于更改分型环细分为段的方式。每个段都用于生成单独的分型片体。

1）选择分型或引导线：如果分型线不在同一个平面，系统就不能自动创建边界平面。这时就需要对分型线进行编辑或定义，将不在同一平面上的分型线进行转换。方法是选中一段分型线，在该分型线的一端添加一个引导线。

2）选择过渡曲线：是对已存在的过渡曲线进行选择或取消选择操作，以得到合理的过渡对象。

3）编辑引导线：单击此按钮，系统弹出如图 4.4 所示的【引导线】对话框，可以对引导线的长度和方向进行编辑。

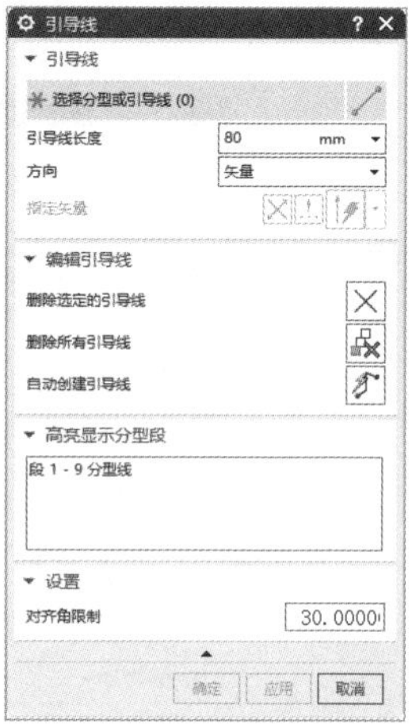

➢ 选择分型或引导线：用于选择曲线或边，包括现有的引导线。
➢ 引导线长度：设置要创建的引导线的长度。
➢ 方向：指定引导线的创建方向，包括法向、相切的、对齐 WCS 轴和矢量 4 种。
  ✧ 法向：将引导线定向为在端点处垂直于分型曲线，并与分型面平行。
  ✧ 相切的：将引导线定向为在端点处相切于分型曲线，并与分型面平行。
  ✧ 对齐 WCS 轴：对齐引导线，使其平行于【引导线】对话框中所设的【对齐角限制】范围内最近的 WCS 轴。
  ✧ 矢量：可以通过【矢量】下拉列表来指定引导线的方向，还可以单击【矢量对话框】按钮，通过弹出的【矢量】对话框指定引导线方向。

图 4.4 【引导线】对话框

➢ 删除选定的引导线：删除选定的单条引导线。
➢ 删除所有引导线：删除活动产品的所有引导线。
➢ 自动创建引导线：通过软件算法确定活动产品的引导线位置，并根据当前的引导线长度和方向设置进行放置。
➢ “高亮显示分型段”列表：显示活动产品分型环中的当前段数，以及每段中的曲线或边数。在列表中选择行时，一次高亮显示（选择）一个段。
➢ 对齐角限制：选择【对齐 WCS 轴】方向时使用的公差角度。

（5）创建分型面：分型面用于分割和修剪型芯和型腔，系统提供了多种创建分型面的方式。创建分型面的最后一步为缝合曲面，可手动确定创建片体。

在创建分型面前必须要创建分型线，分型面的形状根据分型线的形状确定。【创建分型面】选项组如图 4.5 所示。

系统提供了分型面的创建方法，包括“拉伸”“扫掠面”“扩大的曲面”“有界平面”“延伸片体”“条带曲面”和“引导式延伸”。

1）拉伸：拉伸是让分模曲线或过渡对象的某些部分沿着指定的方向扩展，从而创建分模曲面，如图 4.6 所示。需要注意的是，边线拉伸时必须有单一的拉伸方向，并且角度必须小于 180°。

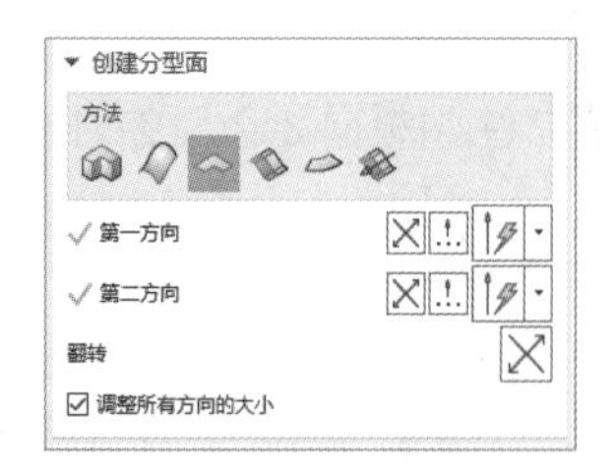

图 4.5 【创建分型面】选项组

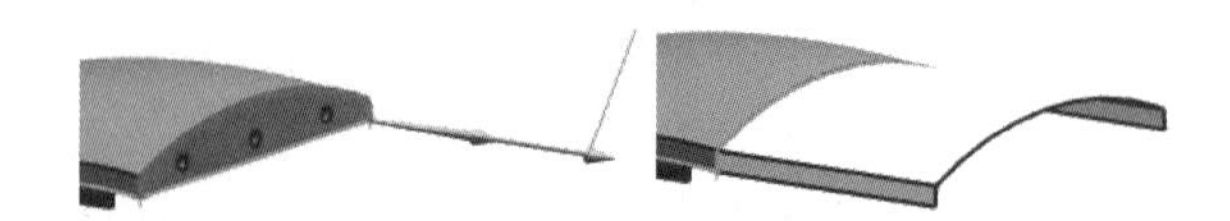

图 4.6 拉伸创建分型面

2）扫掠面：沿两条引导线扫掠选定的段，如图 4.7 所示。

3）扩大的曲面：如果一个分段在一个单一曲面上，可以使用【扩大的曲面】创建分型面。当在一个位于同一曲面的闭合分型线段上创建一个扩展面时，扩展面会自动被该分型线修剪。当在一个位于同一曲面但不闭合的分型线段上创建一个扩展面时，可以在分段的每端定义一个创建方向。在这种情况下，扩展面会由分型段和修剪方向来修剪。可以使用两个滑块来调整扩展面的大小，如图 4.8 所示。

4）有界平面：如果所有的分型线环都在单一平面上，则可以使用【有界平面】创建分型面，平面通过段和两条引导线进行修剪，如图 4.9 所示。

图 4.7　扫掠面

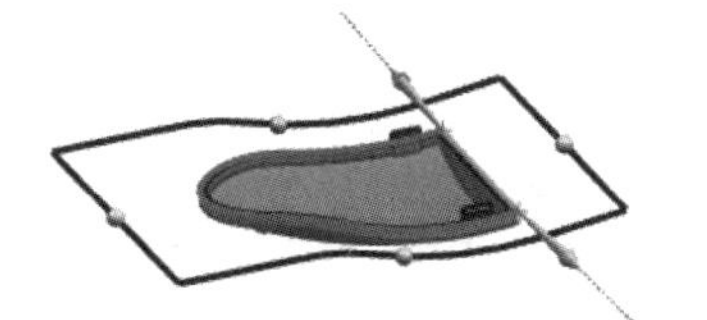

图 4.8　扩大的曲面

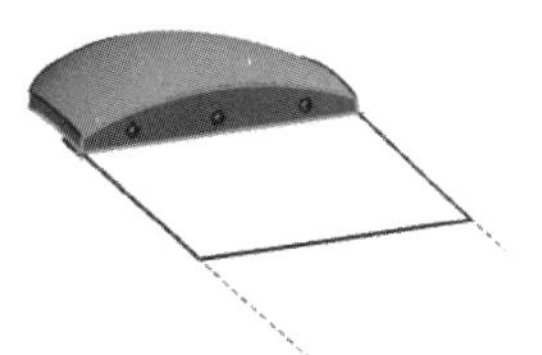

图 4.9　有界平面

5）延伸片体：从选定的段创建延伸片体。

6）条带曲面：垂直于脱模方向创建一个曲面，如图 4.10 所示。

7）引导式延伸：选择相连曲线或体的边，系统将利用它们来创建曲面延伸，如图 4.11 所示。

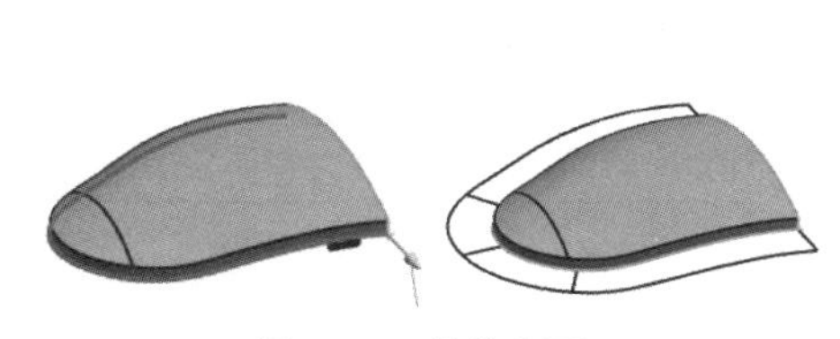

图 4.10　条带曲面

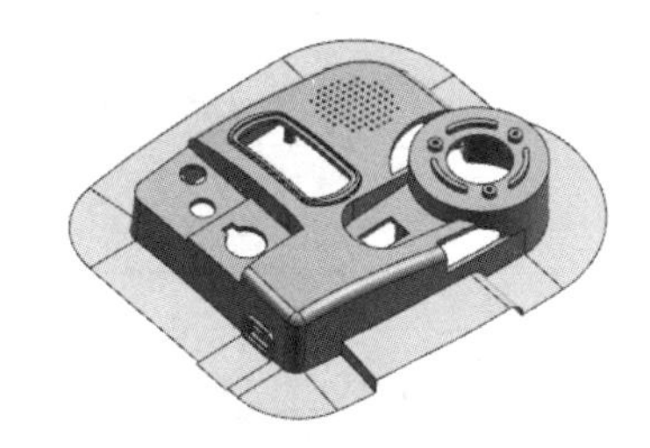

图 4.11　使用引导式延伸创建曲面延伸

（6）设置。

1）公差：设置曲面构造和提取分型曲线的建模公差。

2）分型面长度：设置所有分型面相对大小的表达式。如果更改该值，则所有分型面的延伸长度（无论是距离还是百分比）将按相等比例更改。

3）创建分型面预览：显示生成的分型面的预览。

4）复制分型面：创建分型面时创建其他副本。

知识拓展——分型面

1. 分型面的概念和形式

分型面位于模具动模和定模的结合处，或者在制品最大外形处，设计的目的是为了取出制品和凝料，如图 4.12 所示。注塑模有的只有一个分型面，有的有多个分型面，而且分型面有平面、曲面和斜面。

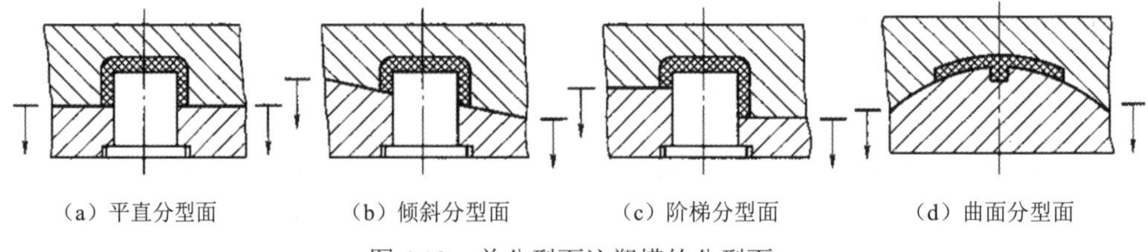

（a）平直分型面　（b）倾斜分型面　（c）阶梯分型面　（d）曲面分型面

图 4.12　单分型面注塑模的分型面

2. 分型面的分型思路

UG NX/Mold Wizard 型腔和型芯的创建过程是基于修剪法的分型，在修剪分型中建模操作基本上都是自动完成的。修剪分型的设计步骤见表 4.1。

表 4.1　修剪分型的设计步骤

设计步骤	部件图示	描　述
1		A：成型工件 B：产品模型 注塑模向导分型过程发生在 parting 部件中。在 parting 部件中有两种实体。 （1）一个收缩部件的几何链接复制件； （2）定义型腔和型芯体的两个工件体
2		A：外部分型 B：内部分型 分型过程包含创建两种类型的分型面： （1）内部，部件内部开口的封闭曲面（修补片体）。 （2）外部，由外部分型线延伸的封闭曲面（分型面）
3		A：型腔区域 B：型腔边界 型芯和型腔面会在设计区域步骤中自动复制并构成组。然后提取的型腔和型芯区域会缝合成分型面分别形成两个修剪片体（一个作为型腔，一个作为型芯）
4		A：型腔种子片体 B：型腔种子基准 修剪片体会几何链接到型腔和型芯组件中，并缝合成种子片体
5		A：型腔修剪片体 型芯和型腔由分型片体的几何链接复制件修剪得到

扫一扫，看视频

动手学——创建负离子发生器的分型面

（1）单击【主页】选项卡中的【标准】面板上的【打开】按钮，弹出【打开】对话框，选择

flzfsq 文件夹中的 flzfsq_top_000.prt 文件，单击【确定】按钮，打开 flzfsq_top_000.prt 文件。然后在【装配导航器】中选中 flzfsq_parting_019.prt 文件，右击，在弹出的快捷菜单中选择【在窗口中打开】命令，打开 flzfsq_parting_019.prt 文件。

（2）单击【注塑模向导】选项卡中的【分型】面板上的【设计分型面】按钮，系统弹出【设计分型面】对话框。单击【编辑分型线】选项组中的【选择分型线】选项，在视图上选择实体的底面边线，如图 4.13 所示。

（3）系统自动选取在步骤（2）选择的与曲线相连的边线，并提示分型线环没有封闭，如图 4.14 所示。继续选取凹槽下的弧形边线，封闭分型线，如图 4.15 所示，单击【确定】按钮，完成分型线的创建，如图 4.16 所示。

图 4.13　【设计分型面】对话框

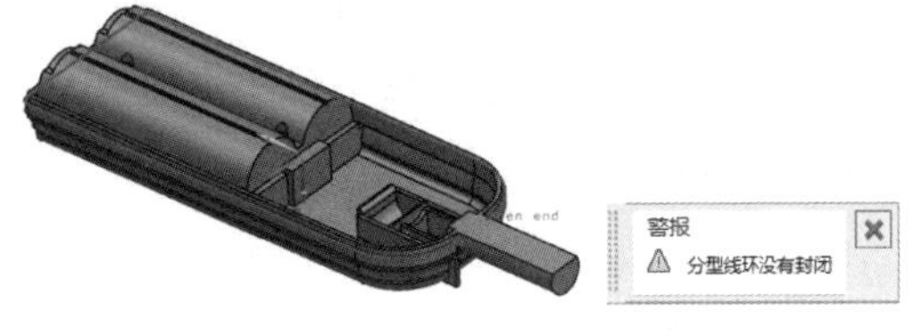

图 4.14　分型线环没有封闭

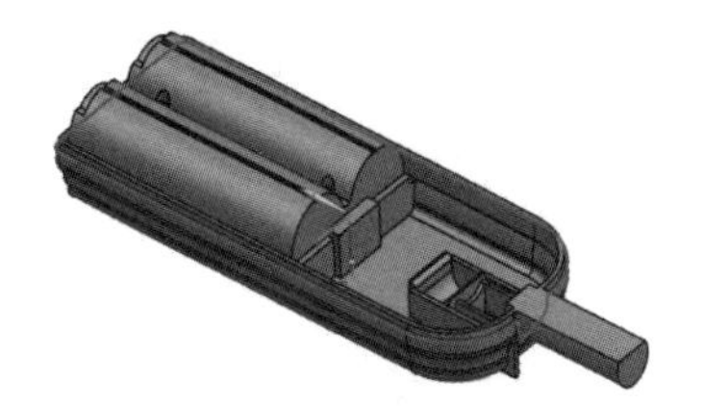

图 4.15　封闭分型线

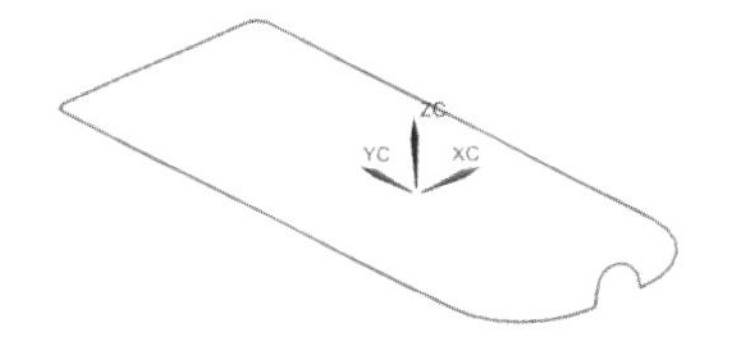

图 4.16　完成分型线的创建

（4）单击【注塑模向导】选项卡中的【分型】面板上的【设计分型面】按钮，弹出【设计分型面】对话框，单击【编辑分型段】选项组中的【选择分型或引导线】选项，在视图中的圆弧分型线的端点创建引导线，如图 4.17 所示。

（5）单击【注塑模向导】选项卡中的【分型】面板上的【设计分型面】按钮，❶在弹出的【设计分型面】对话框的【分型段】中选择【段 1】选项，如图 4.18 所示。❷在【创建分型面】中选中【有界平面】选项，采用默认方向，❸选中【调整所有方向的大小】复选框，❹拖动【V 向终点百分比】标志调整分型面大小，❺单击【应用】按钮。

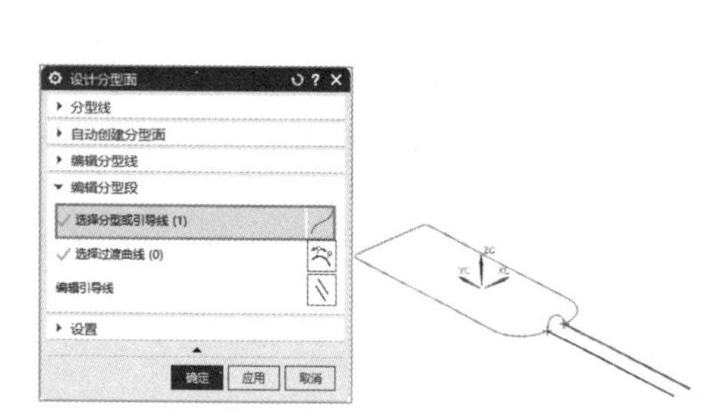

图 4.17　创建引导线

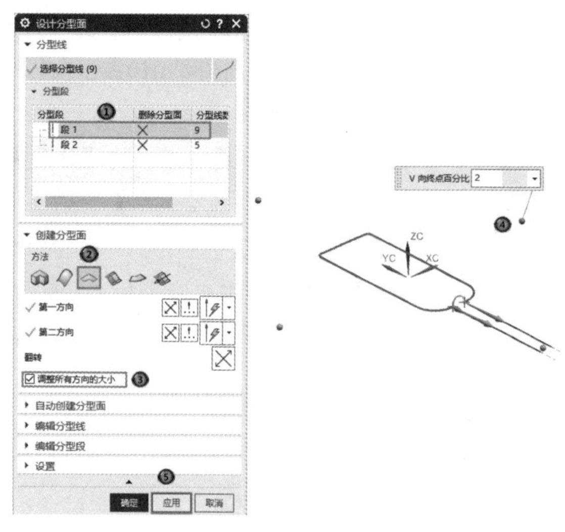

图 4.18　设置“段 1”选项

ⓘ 注意

分型面的大小必须大于工件的大小，否则在创建型芯和型腔时会失败。

（6）❶在【设计分型面】对话框的【分型段】中选择【段 2】，❷在【创建分型面】中选择【拉伸】方法，❸选择-YC 轴作为其拉伸方向，❹拖动【延伸距离】标志调整拉伸距离，如图 4.19 所示，❺单击【确定】按钮，分型面效果图如图 4.20 所示。

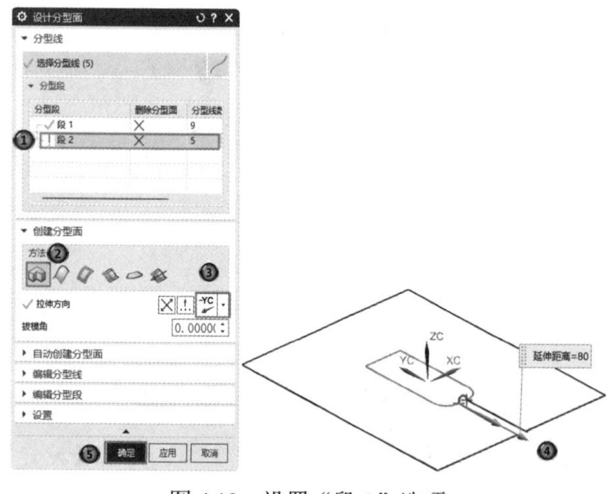

图 4.19　设置“段 2”选项

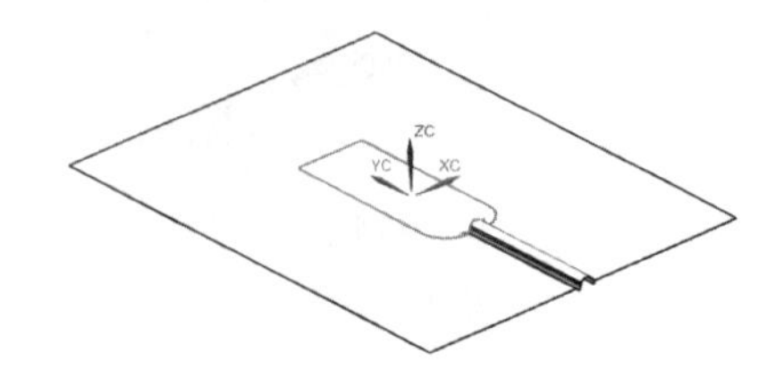

图 4.20　分型面效果

（7）选择【文件】→【保存】→【全部保存】命令，保存全部文件。

扫一扫，看视频

动手练——创建 RC 后盖分型面

（1）利用【设计分型面】命令创建分型线，如图 4.21 所示。

（2）重复【设计分型面】命令创建引导线，如图 4.22 所示。

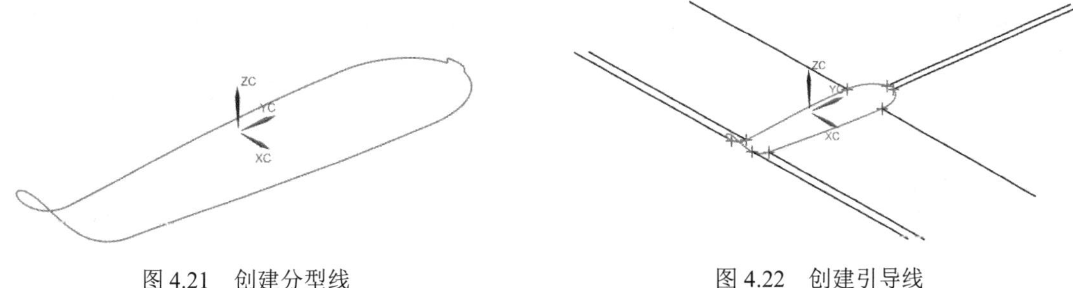

图 4.21　创建分型线　　　　图 4.22　创建引导线

（3）重复【设计分型面】命令创建分型面，如图 4.23 所示。

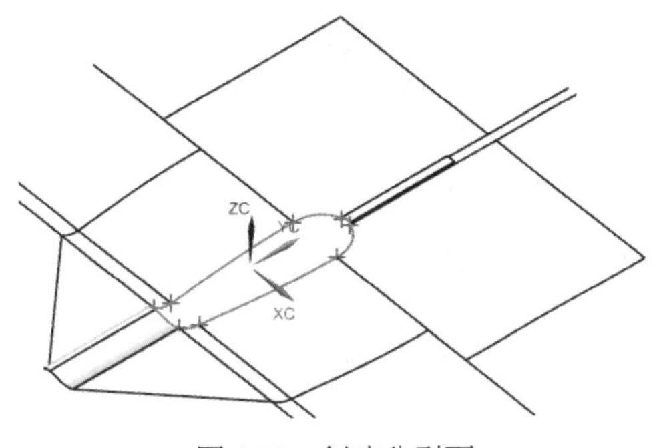

图 4.23　创建分型面

4.3　设计区域

设计区域是指系统按照用户的设置分析检查型腔和型芯面，包括产品的脱模斜度是否合理、内部孔是否修补等信息。

单击【注塑模向导】选项卡中的【分型】面板上的【检查区域】按钮，系统弹出如图 4.24 所示的【检查区域】对话框，其中包括【计算】【面】【区域】和【信息】4 个选项卡。

（1）【计算】选项卡。

1）产品实体与方向：该选项表示重新选择产品实体在模具中的开模方向。在【指定脱模方向】栏中单击【矢量对话框】按钮，系统弹出【矢量】对话框，如图 4.25 所示，利用该对话框选择产品实体的开模方向。

2）计算。

- 保留现有的：该单选按钮用来计算面属性但并不更新。
- 仅编辑区域：该单选按钮表示将不执行面的计算。
- 全部重置：该单选按钮表示要将所有面重设为默认值。
- 计算：单击此按钮，开始进行分析。

3）设置。

- 小平面分析：通过生成面体来进行分析。
- 小平面分辨率：指定用于创建面的分辨率类型，包括标准、中等、精细和特精细。

（2）【面】选项卡：用于分析产品模型的成型性（制模性）信息，如“面拔模角”和“底切边”。【面】选项卡如图 4.26 所示。

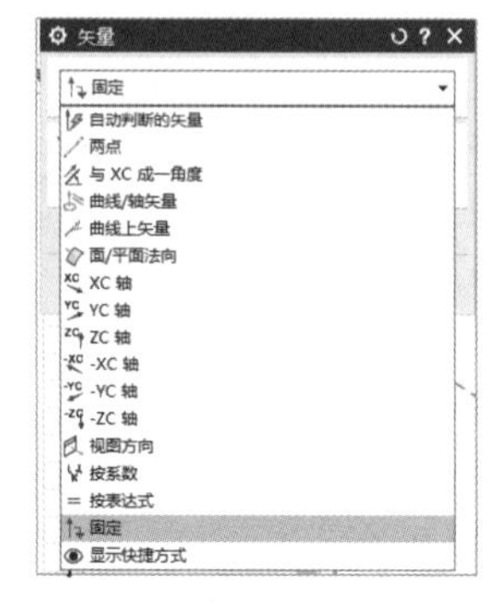

图 4.24 【检查区域】对话框　　图 4.25 【矢量】对话框　　图 4.26 【面】选项卡

1）拔模角限制：可以在右侧的文本框中输入拔模角度值，只能是正值。可以指定界限以定义 6 种拔模面：全部、正的（大于等于）、正的（小于）、竖直（等于）、负的（小于）和负的（大于等于）拔模角，并能高亮显示设定的拔模面，如图 4.27 所示。

2）设置所有面的颜色：单击此按钮，则将产品实体所有面的颜色设置为“面拔模角”中的颜色。可以选择调色板上的颜色来设置这些面的颜色，如图 4.28 所示。

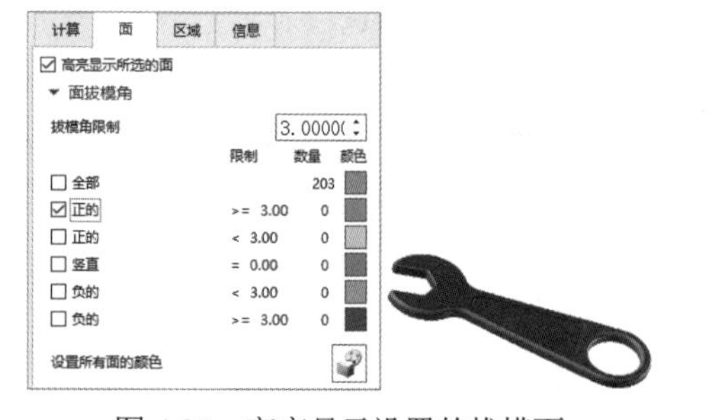

图 4.27 高亮显示设置的拔模面

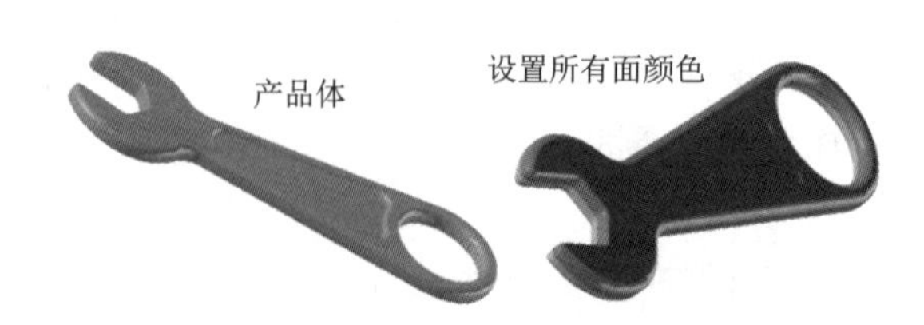

图 4.28 设置所有面的颜色

3）交叉面：显示与分页交叉的面。可以使用“面拆分”命令拆分交叉面，以便将它们分配给空腔或芯。

4）底切区域：识别从空芯和空腔两侧都不可见的面组。

5）底切边：识别从空芯和空腔侧面都不可见的边缘。

6）透明度：利用“选定的面”/“未选定的面”的透明度滑块控制观察产品实体时选定的面/未选定的面的透明度。

7）面拆分：单击此按钮，系统弹出【拆分面】对话框，如图 4.29 所示。与 3.2.4 小节的【拆分面】对话框的内容相同，这里就不再讲述了。

8）面拔模分析：单击此按钮，将弹出如图 4.30 所示的【拔模分析】对话框，对面进行拔模分析。

图 4.29 【拆分面】对话框

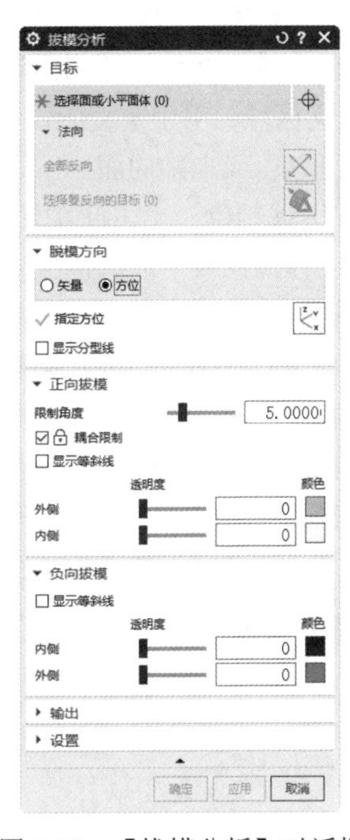

图 4.30 【拔模分析】对话框

- 选择面或小平面体：用于选择一个或多个面或小平面体以在其上运行拔模分析。
- 全部反向：将所有选定目标面和小平面体的法向反向，在正负向拔模之间有效地切换分析显示区域。
- 选择要反向的目标：通过在图形窗口单击单个目标面或小平面体，使其法向反向。
- 矢量：通过【矢量】对话框和【矢量】下拉列表来指定脱模方向。
- 方位：单击此单选按钮，单击【指定方位】按钮，显示一个三轴可旋转操控器，用于指定定制脱模方向及其原点。
- 显示分型线：在正负向拔模区域之间显示等斜度曲线。
- 限制角度：控制拔模角度，该角度可确定正向拔模外部和内部颜色区域之间的分界线，默认值为 5°，有效值为 0°～90°。
- 耦合限制：正向拔模和负向拔模区域的限制角度锁定在一起，使负向拔模限制角度总可以与指定的正向拔模限制角度互换。
- 显示等斜线：在正向拔模区域的外侧和内侧之间以指定“限制角度”绘制一条等斜度曲线。

- 外侧：显示拔模角度大于（外部）正向拔模限制角度的区域，可以拖动透明度的滑动块调整其透明度。
- 内侧：显示拔模角度小于（内部）正向拔模限制角度的区域，可以拖动透明度的滑动块调整其透明度。

（3）【区域】选项卡：该选项卡用于从模型面上提取型芯和型腔区域并指定颜色，以定义分型线，实现自动分型功能。【区域】选项卡如图 4.31 所示。

1）型腔区域/型芯区域：选定型腔区域或型芯区域后，拖动【型腔区域/型芯区域】下面的“透明度”滑块，完成该区域的透明度设置，能更清楚地识别剩余的未定义面。

2）未定义区域：用于定义无法自动识别为型腔或型芯的面。这些面会列举在该部分，如交叉区域面、交叉竖直面或未知的面。

3）设置区域颜色：单击此按钮，则将产品实体的所有面的颜色设置为型腔区域/型芯区域中的颜色。可以选择调色板上的颜色来更改这些面的颜色，新颜色会立即应用，如图 4.32 所示。

4）指派到区域：用于指定选中的区域是型腔区域还是型芯区域。

5）内环：列出在未连接到零件外周的开口上找到的分型线的数量。例如，任何通孔都应该有一个内部分型线环，用于定义该区域的分型面。

6）分型边：列出定义或部分定义外部分型面的边数。

7）不完整环：列出不形成闭环的分型线数。

（4）【信息】选项卡：该选项卡用于检查产品实体的面属性、模型属性和尖角，如图 4.33 所示。

图 4.31 【区域】选项卡

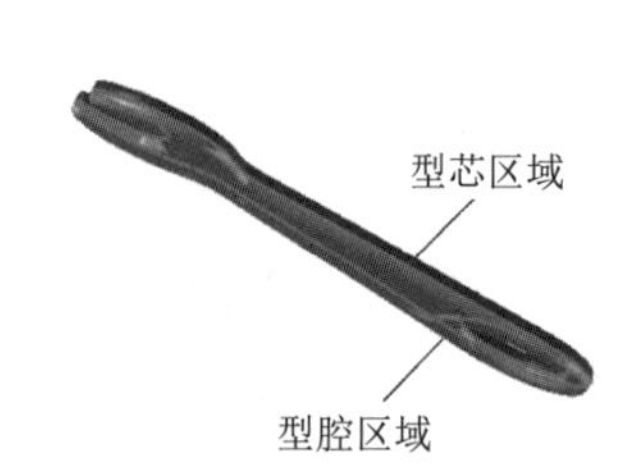

图 4.32 设置区域颜色

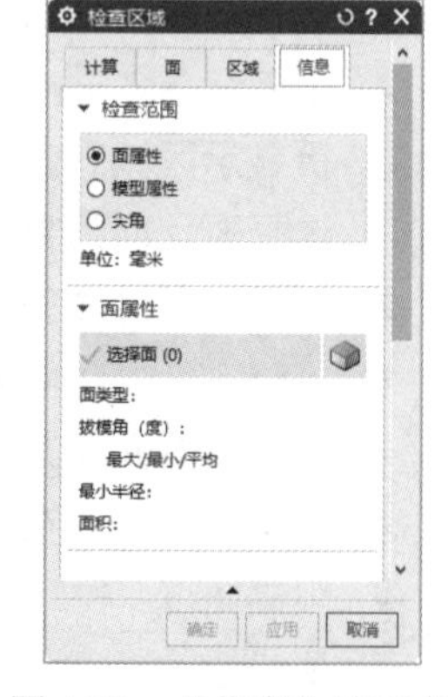

图 4.33 【信息】选项卡

1）面属性：单击【面属性】单选按钮，然后单击产品实体上的某一个面，该面的属性会显示在对话框的下部，包括面类型、拔模角、最小半径和面积，如图 4.34（a）所示。

2）模型属性：单击【模型属性】单选按钮，然后单击产品实体，各属性会显示在对话框的下部，包括模型类型（实体或片体）、边界边（如果是片体）、体积/面积、面数和边数，如图 4.34（b）所示。

3）尖角：单击【尖角】单选按钮，并定义一个角度的界限和半径的值，以确认模型可能存在的问题。可以单击颜色盒，从调色板上选择一个不同的颜色，单击【应用】按钮，将此颜色应用到符合角度和半径要求的面和边界上，如图 4.34 所示。

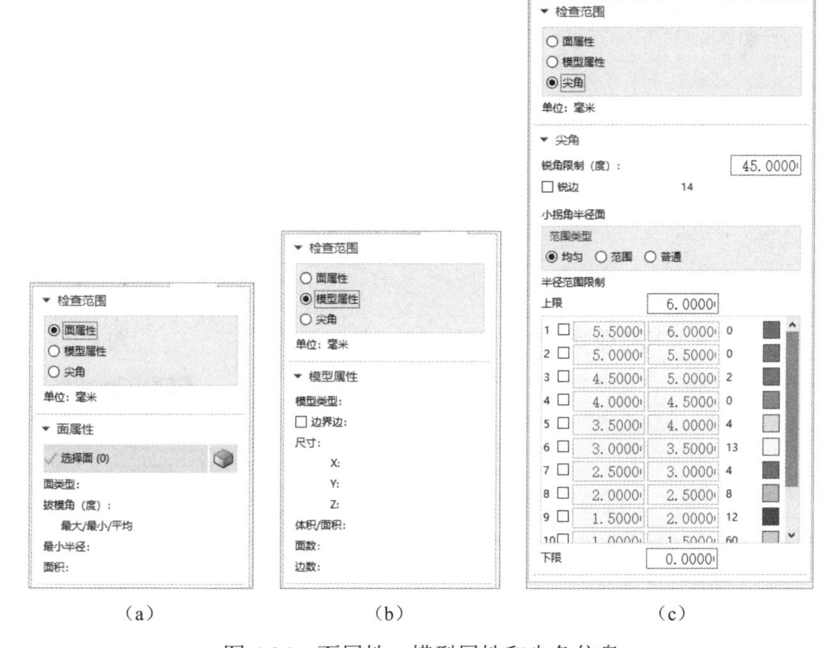

图 4.34 面属性、模型属性和尖角信息

动手学——检查负离子发生器的分型区域

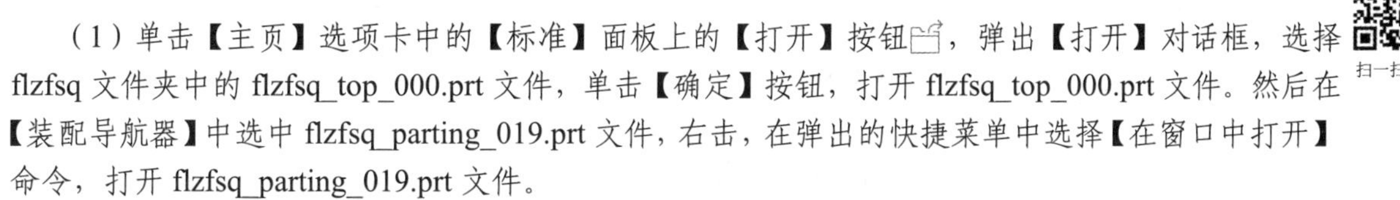

（1）单击【主页】选项卡中的【标准】面板上的【打开】按钮，弹出【打开】对话框，选择 flzfsq 文件夹中的 flzfsq_top_000.prt 文件，单击【确定】按钮，打开 flzfsq_top_000.prt 文件。然后在【装配导航器】中选中 flzfsq_parting_019.prt 文件，右击，在弹出的快捷菜单中选择【在窗口中打开】命令，打开 flzfsq_parting_019.prt 文件。

扫一扫，看视频

（2）单击【注塑模向导】选项卡中的【分型】面板上的【检查区域】按钮，弹出【检查区域】对话框，❶设置【指定脱模方向】为 ZC，❷在【计算】选项组中单击【保留现有的】单选按钮，❸单击【计算】按钮，如图 4.35 所示。

（3）单击【区域】选项卡，如图 4.36 所示，显示有 17 个未定义区域。拖动“型腔区域”的“透明度”滑块和“型芯区域”的“透明度”滑块到最右端，观察图形，不是透明的面为未定义区域。单击【型芯区域】单选按钮，在视图中选择如图 4.37 所示的 4 个面，单击【应用】按钮，将其定义为型芯区域。单击【型腔区域】单选按钮，选取其他未定义的区域，单击【应用】按钮，将其定义为型腔区域；由图 4.38 可以看到“型腔区域”（131）与“型芯区域”（147）的和等于总区域（278）。

（4）选择【文件】→【保存】→【全部保存】命令，保存全部文件。

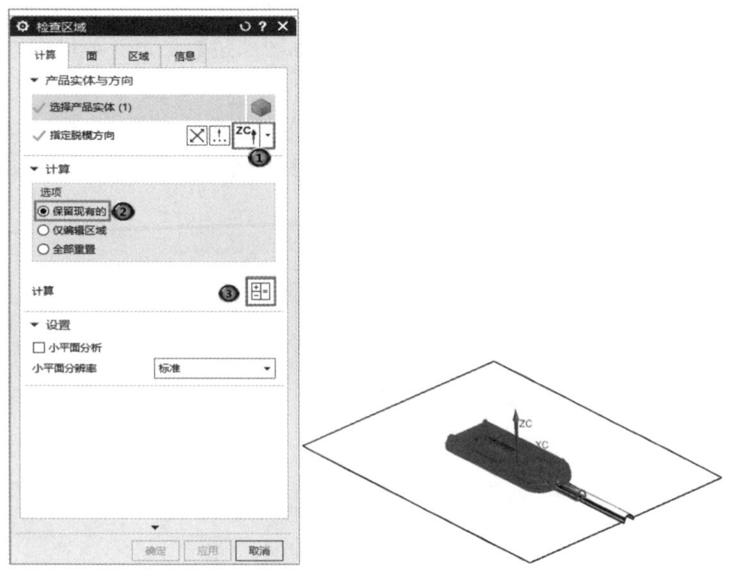

图 4.35　【检查区域】对话框

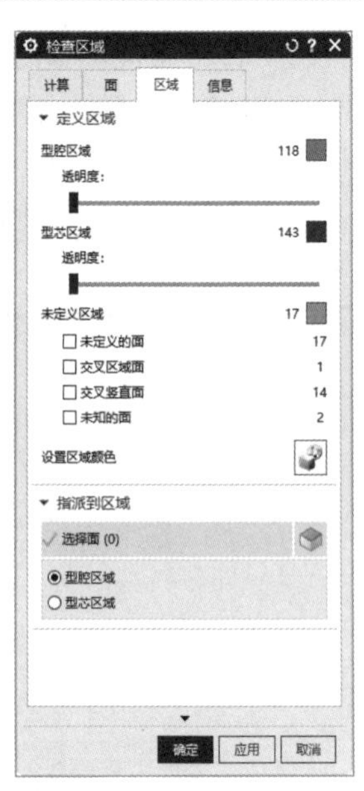

图 4.36　【区域】选项卡

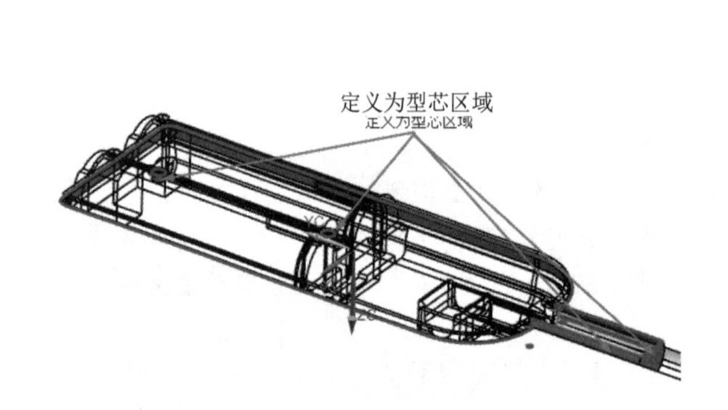

图 4.37　选择面

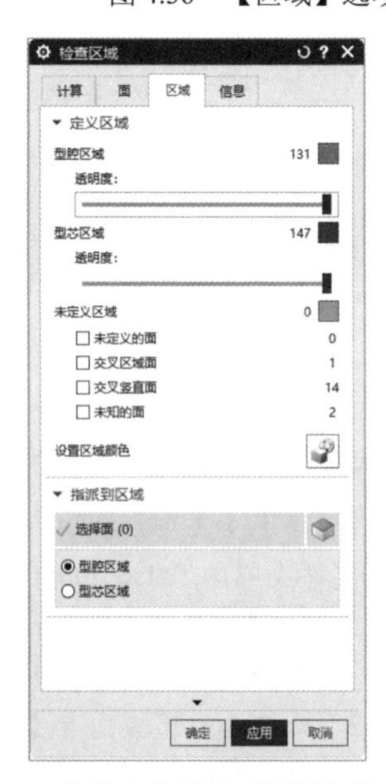

图 4.38　重新定义后的【区域】选项卡

4.4　定 义 区 域

使用定义区域命令创建型腔区域和型芯区域，提取的区域特征包含“检查区域”对话框中识别的所有型腔和型芯面。

单击【注塑模向导】选项卡中的【分型】面板上的【定义区域】按钮，弹出如图 4.39 所示的【定义区域】对话框。

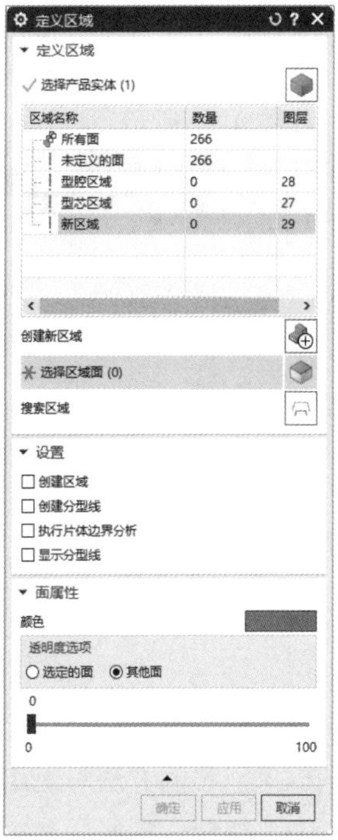

（1）定义区域。

1）选择产品实体：选择用于定义模具区域的产品实体。

2）区域列表：显示当前区域信息，包括所有面、未定义的面、型腔区域、型芯区域和新区域的数量和图层。其中，图标 ! 表示未定义的面，图标表示尚未抽取的已定义区域，图标表示抽取的区域。

3）创建新区域：将空白的新区域添加到列表中。

4）选择区域面：选择面并将其添加到所选区域。

5）搜索区域：单击此按钮，打开【搜索区域】对话框，可在其中为所选区域指定附加选项。

（2）设置。

1）创建区域：选中此复选框，单击【确定】或【应用】按钮后，创建所选区域，或删除后再重新创建所选区域。

2）创建分型线：选中此复选框，单击【确定】或【应用】按钮后，创建分型线。

3）执行片体边界分析：选中此复选框，单击【确定】或【应用】按钮后，分析设计中的片体，并从缝合片体创建新的片体边界。

图 4.39 【定义区域】对话框

（3）面属性。

1）颜色：单击右侧的颜色块，打开【对象颜色】对话框，可在其中指定所选区域的面颜色。

2）透明度选项：包括“选定的面”和“其他面”两个单选按钮。

4.5 创建型腔和型芯

单击【注塑模向导】选项卡中的【分型】面板上的【定义型腔和型芯】按钮，弹出如图 4.40 所示的【定义型腔和型芯】对话框，可以在此创建两个片体：一个用于型腔，一个用于型芯。选择区域后，系统会预先高亮显示并选择分型面、型芯或型腔及所有修补面。在退出该对话框时，会完成全部的分型。

（1）类型：用于选择定义型腔和型芯的方法。

1）区域：用于指定型腔区域和型芯区域。

2）拆分体：系统将自动确定型腔区域和型芯区域。

（2）选择片体。

1）区域名称：该列表用于选择要处理的所有区域或任意单个区域。

2）选择片体：在区域名称列表中选择单个区域时可用。例如，选择【型腔区域】，补片面及型腔区域会高亮显示，修剪片体会链接到型腔部件中并自动修剪工件。

如果修剪片体创建成功，它会链接到型腔部件中，同时收缩部件中的表达式 split_cavity_supp 的值会设置为 1，以释放型腔部件中的修剪特征。之后型腔部件会切换为显示部件，型腔体会同“查看分型结果”对话框一起出现。在【查看分型结果】对话框中，可以选择选项来改变型腔的修剪方向，如图 4.41 所示。

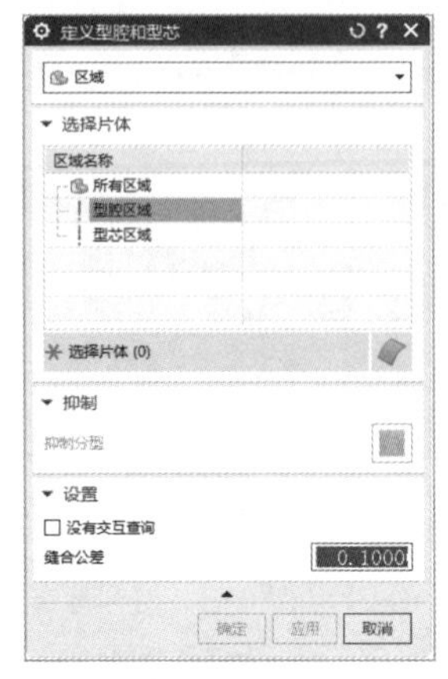

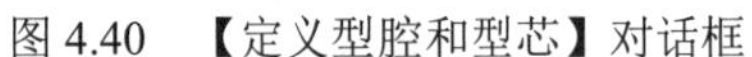
图 4.40 【定义型腔和型芯】对话框

图 4.41 【查看分型结果】对话框

创建型芯的方法与之相同。选择【所有区域】，自动创建型芯和型腔。

（3）抑制：抑制分型功能允许在分型设计完成后，对产品模型进行一次复杂的变更。抑制分型应用于以下两种情况。

- 分型和模具组件设计已经完成。
- 变更必须直接作用在模具设计工程里的产品模型上。

（4）设置。

1）没有交互查询：选中该复选框，将会完成处理，但不会进一步交互查询。例如，不显示【查看分型结果】对话框。

2）缝合公差：指定将相邻边视为重合的公差。

扫一扫，看视频

动手学——创建负离子发生器的型腔和型芯

（1）单击【主页】选项卡中的【标准】面板上的【打开】按钮，弹出【打开】对话框，选择 flzfsq 文件夹中的 flzfsq_top_000.prt 文件，单击【确定】按钮，打开 flzfsq_top_000.prt 文件。然后在【装配导航器】中选中 flzfsq_parting_019.prt 文件，右击，在弹出的快捷菜单中选择【在窗口中打开】命令，打开 flzfsq_parting_019.prt 文件。

（2）单击【注塑模向导】选项卡中的【分型】面板上的【定义区域】按钮，系统弹出【定义区域】对话框，如图 4.42 所示，❶选择【所有面】选项，❷选中【创建区域】复选框，❸单击【确定】按钮，定义区域。

（3）单击【注塑模向导】选项卡中的【分型】面板上的【定义型腔和型芯】按钮，系统弹出【定义型腔和型芯】对话框，❶选择【所有区域】选项，❷在【缝合公差】文本框中输入 0.1，如图 4.43 所示，同时绘图区抽取结果高亮显示，❸单击【确定】按钮。

（4）系统弹出【查看分型结果】对话框，如图 4.44 所示，单击【确定】按钮，完成型腔和型芯的创建，如图 4.45 所示。

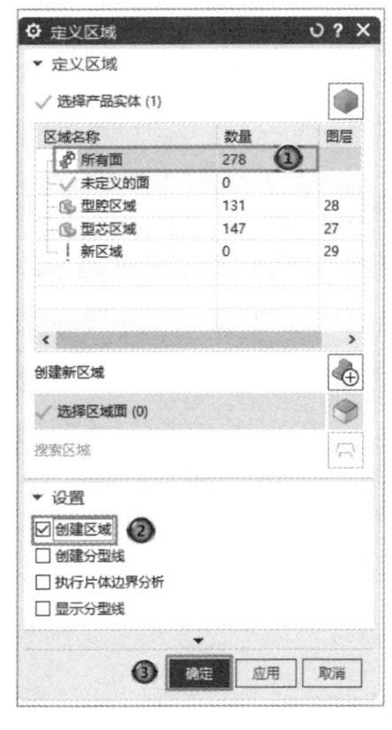

图 4.42 【定义区域】对话框

图 4.43 【定义型腔和型芯】对话框

图 4.44 【查看分型结果】对话框

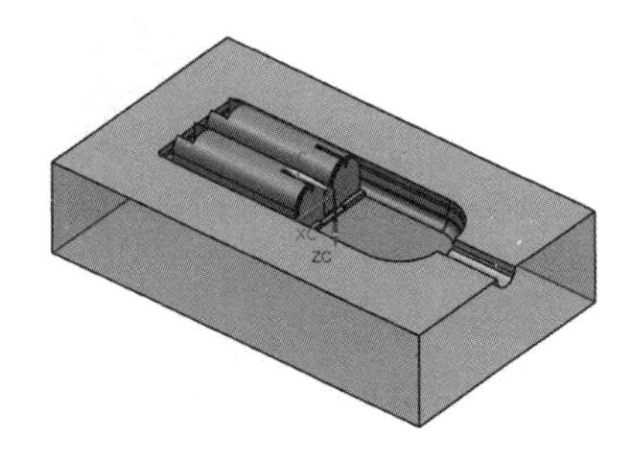

（a）型腔

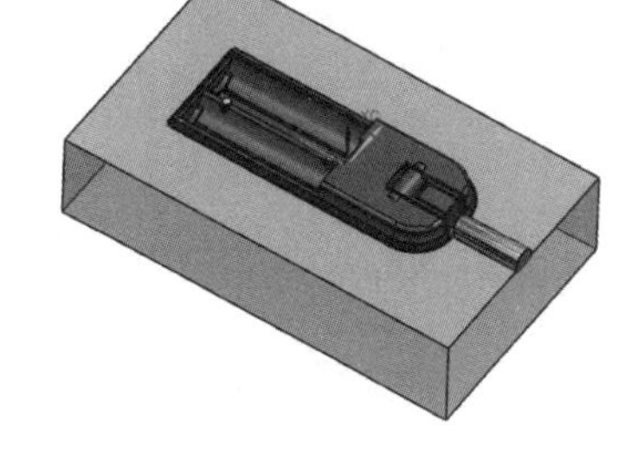

（b）型芯

图 4.45 创建的型腔和型芯

（5）选择【文件】→【保存】→【全部保存】命令，保存全部文件。

扫一扫，看视频

动手练——创建 RC 后盖的型腔和型芯

（1）利用【检查区域】命令将未定义的区域分别定义为型芯区域和型腔区域。

（2）利用【定义区域】命令创建区域。

（3）利用【定义型腔和型芯】命令创建型腔和型芯，如图 4.46 所示。

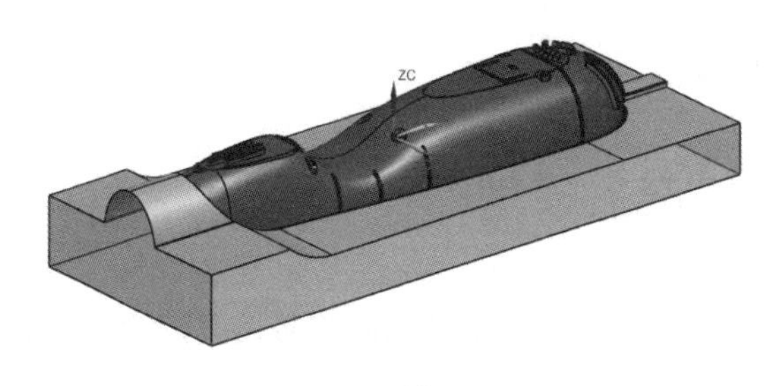

（a）型芯

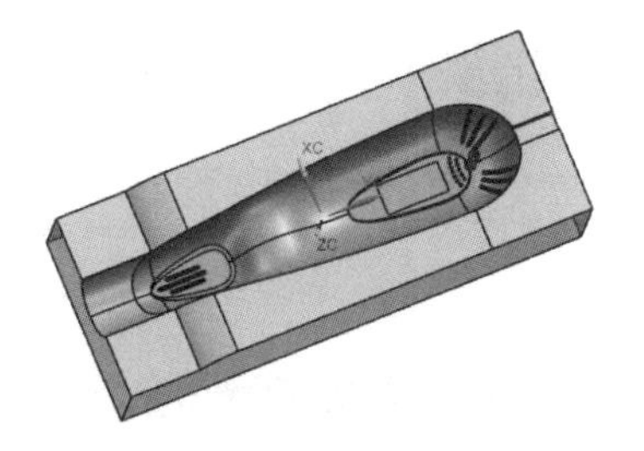

（b）型腔

图 4.46 RC 后盖的型芯和型腔

4.6 编辑分型面和曲面补片

使用编辑分型面和曲面补片命令可标识或删除分型片或补片，主要用于创建或移除补片集或链接分型片的所有成员。

单击【注塑模向导】选项卡中的【分型】面板上的【编辑分型面和曲面补片】按钮，系统弹出如图 4.47 所示的【编辑分型面和曲面补片】对话框，选择已有的自由曲面，单击【确定】按钮，系统自动复制这个片体进行修补，如图 4.48 所示。

图 4.47 【编辑分型面和曲面补片】对话框

图 4.48 片体修补

注意观察修补前后曲面颜色的变换，颜色由绿色变为深蓝色，说明该自由曲面已经成为修补曲面。

（1）类型。

1）曲面补片：将选定曲面的属性指派为曲面补片。

2）分型面：将选定曲面的属性指派为分型面。

（2）分型面/曲面补片。

始终处于活动状态，且标识的分型片和补片将高亮显示。

（3）设置。

➢ 保留原片体：选中此复选框，将保留原来的片体。
➢ 转换类型：用于创建正在编辑的曲面的副本。
➢ 补片颜色：设置用于替代新选定片体的颜色。

4.7 交换产品模型

交换产品模型是指用一个新版产品模型来代替模具设计中的原版产品模型，并保持原有的合适的模具设计特征。交换产品模型包括三个步骤：装配新产品模型、编辑补片/分型面和更新分型。

（1）加载一个新版的产品模型。单击【注塑模向导】选项卡中的【分型】面板上的【交换模型】按钮，系统弹出【部件名】对话框，选择一个新的部件文件后单击【确定】按钮，系统弹出【替换设置】对话框，如图 4.49 所示。

（2）单击【确定】按钮，弹出【模型比较】对话框，如图 4.50 所示。在对话框中对参数进行设置，然后单击【应用】按钮并关闭对话框。

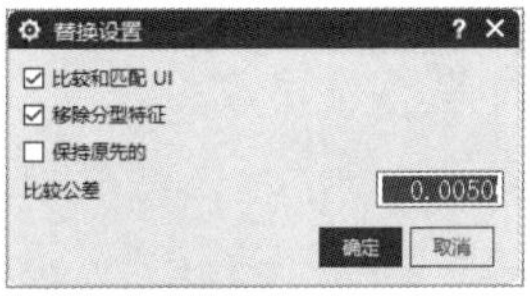

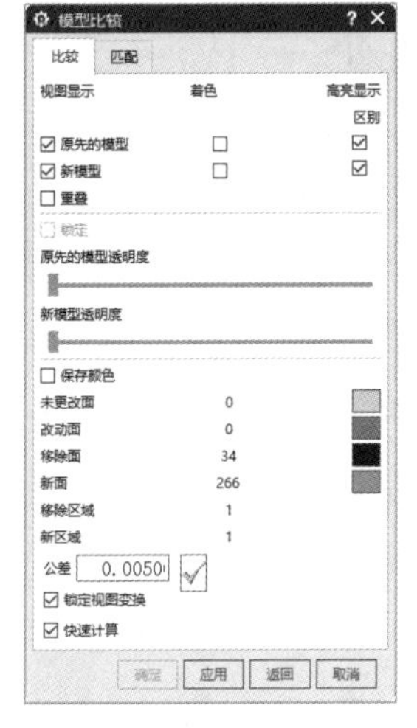

图 4.49　【替换设置】对话框

图 4.50　【模型比较】对话框

如果替换更新成功完成，将弹出【交换产品模型】对话框，显示产品模型替换成功，如图 4.51 所示。同时会显示“信息”窗口，列出 parting 部件中更新失败的特征，并标记为过时的状态，如图 4.52 所示。如果交换失败，将弹出【交换产品模型】对话框，显示替换模型失败，重新替换产品模型。

图 4.51　【交换产品模型】对话框

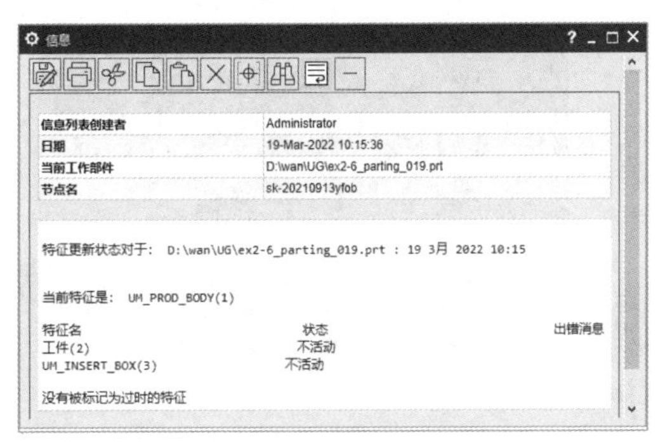

图 4.52　【信息】窗口

第 5 章　模架和标准件

内容简介

模架和标准件是塑料注塑成型工业中必不可少的工具。模架作为模具的基础骨架，它确保了模具各个结构组件能够精确配合，同时支撑着型腔和型芯等核心功能部件。标准件是把模具的一些附件标准化，便于替换使用。使用模架和标准件不仅缩短了设计和制造周期，而且也提高了模具的互换性和可维护性。通过本章的学习，掌握如何选用和添加模架与标准件。

内容要点

- 模架设计
- 标准件设计
- 顶杆

案例效果

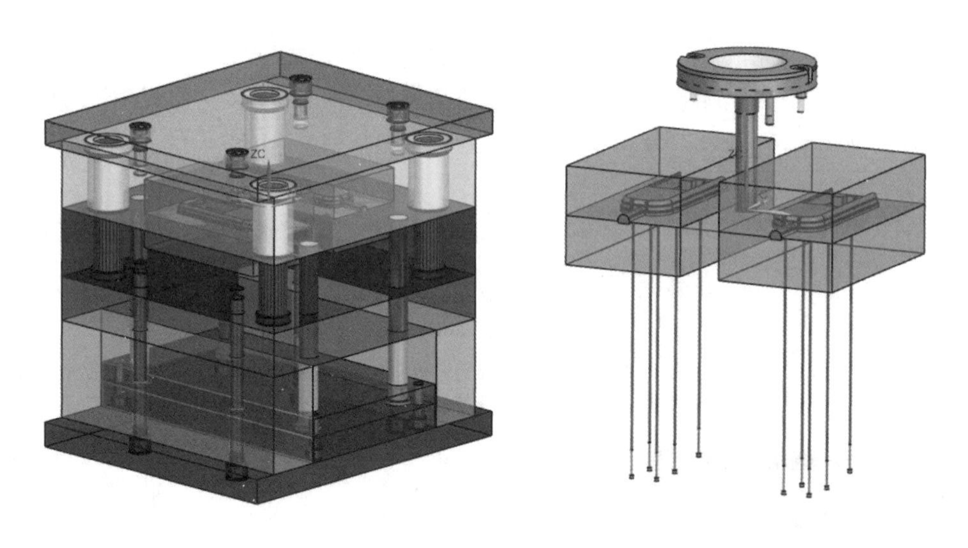

5.1　模 架 设 计

模架是用于型腔和型芯装夹、顶出和分离的机构。模架尺寸和配置的要求对于不同类型的工程有很大不同。为了满足不同情况的特定要求，模架包括标准模架、可互换模架、通用模架和自定义模架 4 种类型。

（1）标准模架：用于要求使用标准的模架的情况。标准的模架是由结构、形式和尺寸都标准化、系列化并具有一定互换性的零件成套组合而成的。标准模架的基本参数如模具长度和宽度、板的厚度或模具打开距离，可以很容易地在图 5.1 所示的【模架库】对话框中编辑。

（2）可互换模架：可互换模架用于需要非标准设计的情况。可互换模架以标准结构的尺寸为基础，但也可以很容易地调整为非标准的尺寸。

（3）通用模架：通过配置不同的模架板，通用模架得以组合成数千种不同类型的模架。通用模架用于可互换模架选项还不能满足要求的情况。

（4）自定义模架：如果上面三种模架仍然不符合要求，可以自己定义模架结构、形式和尺寸，并可以将它添加到注塑模向导的库中，以方便后续使用。

单击【注塑模向导】选项卡中的【主要】面板上的【模架库】按钮，系统将弹出图 5.1 所示的【模架库】对话框和图 5.2 所示的【重用库】对话框。

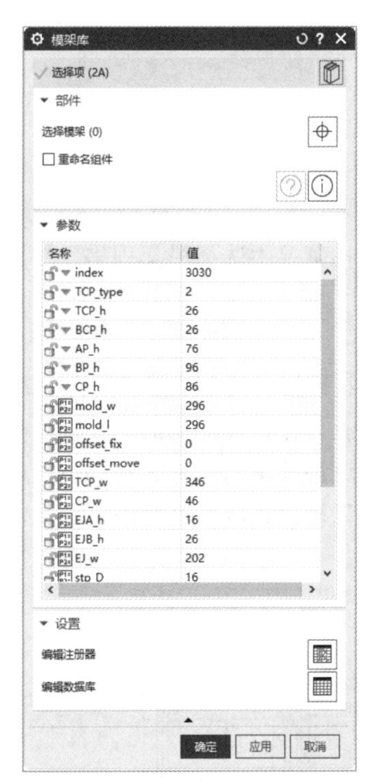

图 5.1　【模架库】对话框

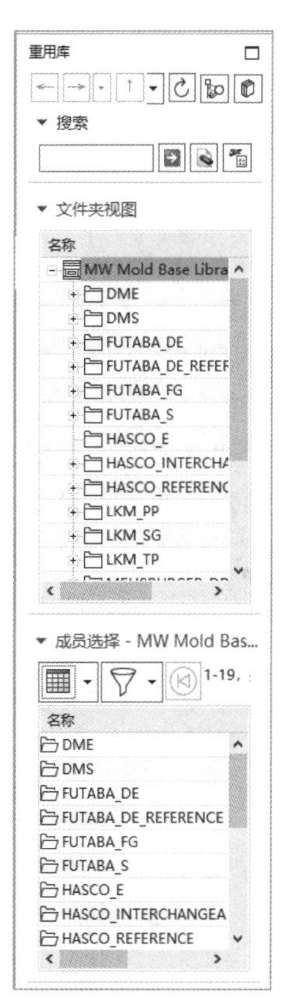

图 5.2　【重用库】对话框

在【重用库】对话框中包括模架的名称、成员选择等选项。利用该对话框，可以选择一些供应商提供的标准模架或者自己组合生成模架。

（1）文件夹视图。在【名称】列表中可以选择不同模架供应商的规格体系的模架以用作当前的模架，如图 5.3 所示。文件夹的选择依赖于工程的单位。如果工程单位是英制的，只有英制的模架才能使用；如果工程单位是公制的，则只有公制的模架才能使用。

公制的模架包括 DME、HASCO_E、FUTABA_S、FUTABA_DE、FUTABA_FG 等规格，英制的模架包括 DME、HASCO、OMNI、UNIVERSAL（通用模架）。

（2）成员选择。在名称中选择不同的模架库文件后，在成员选择列表中会显示不同配置的模架，如 A 系列、B 系列或三板式模架，如图 5.4 所示。选择不同的对象，会弹出【信息】对话框显示所选模架的信息。

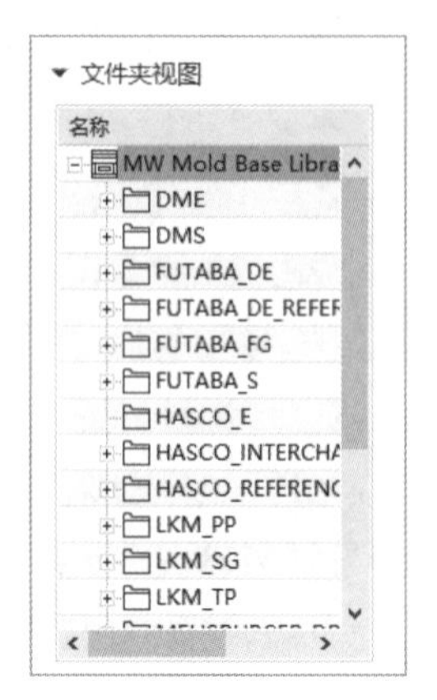

图 5.3 【名称】列表

图 5.4 【成员选择】列表

不同的模架规格有不同的类型。例如，DME 模架包括 2A（二板式 A 型）、2B（二板式 B 型）、3A（三板式 A 型）、3B（三板式 B 型）、3C（三板式 C 型）和 3D（三板式 D 型）6 种类型。

在选择模架时，首先根据工程单位和模具特点在目录下拉菜单中选择模架规格，然后再在类型下拉列表框中选择模架的类型。

下面讲解常用的二板式和三板式模架的特点。

1）二板式注塑模架。二板式注塑模架是最简单的一种注塑模架，仅由动模和定模组成，如图 5.5 所示。这种简单的二板式注塑模架在制品生产中应用十分广泛，根据实际制品的要求，也可增加其他部件，如嵌件支撑销、螺纹成型芯、活动成型芯等，从而这种简单的二板式结构也可以演变成多种复杂的结构被使用。在大批量生产中，二板式注塑模架可以被设计成多型腔模。

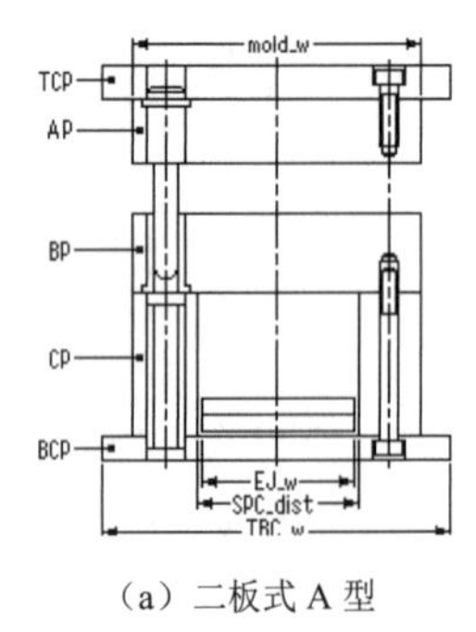

（a）二板式 A 型

（b）二板式 B 型

图 5.5 二板式注塑模架

TCP—定模座板；AP—定模固定板；BP—动模固定板；SPP—动模垫板；CP—垫块；BCP—动模坐板

2）三板式模架。三板式模架中的流道和模具分型面在不同的平面上，当模具打开时，流道凝料能和制品一起被顶出并与模具分离。这种模架的一大特点是制品必须适合于中心浇口注塑成型，除了边缘和侧壁可以在制品的任何位置设置浇口。三板式模架自身就是自断浇口。制品和流道自模架的不同平面落下，能够很容易地分开送出。

三板式模架组成包括定模板（也叫浇道、流道板或锁模板）、中间板（也叫型腔板和浇口板）和动模板，如图 5.6 所示。和二板式模架相比，这种模具在定模板和动模板之间多了一个浮动模板，浇注系统常在定模板和中间板之间，而制品侧在浮动部分和动模固定板之间。

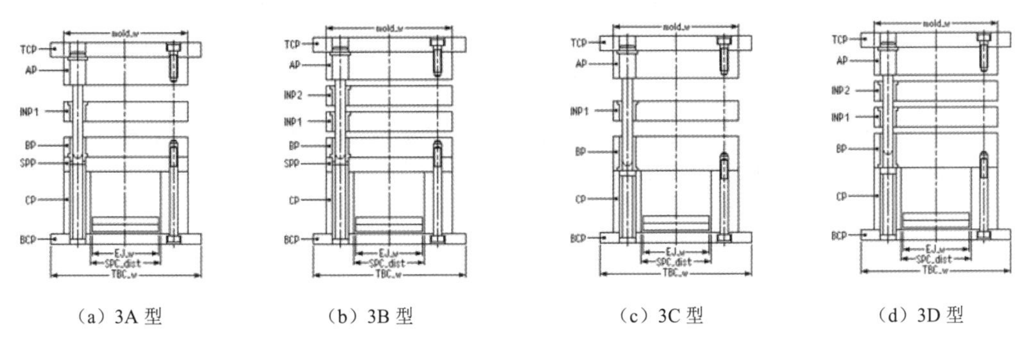

（a）3A 型 （b）3B 型 （c）3C 型 （d）3D 型

图 5.6 三板式模架

【模架库】对话框中的选项说明如下。

（1）选择项：单击此按钮，打开【重用库】对话框，选择要添加到模具装配中的组件。

（2）部件。

1）选择模架：选择需要替换或者编辑的模架。

2）重命名组件：选中此复选框，在加载部件之前打开【部件名管理】对话框，可以重命名部件。

3）求助：仅当帮助内容在相应的模架数据文件中定义时可用。

4）显示/隐藏信息窗口：控制模架【信息】对话框的显示，如图 5.7 所示。【信息】对话框用于显示当前布局型腔尺寸，包括型腔宽度 W、型腔长度 L、上模高度 Z_up、下模高度 Z_down，如图 5.7 所示。系统往往也是根据这些布局信息进行模架尺寸选择的。

（3）参数。显示选定模架的参数，如索引、模具长度、模具宽度、板高度和其他值。拖动滚动条可以浏览整个模架可编辑的尺寸。当选中一个尺寸时，它将显示在尺寸编辑窗口中。锁定和解锁命令用于在安装组件后锁定或解锁尺寸。对通常会导致尺寸自动更新的模具设计进行更改时，锁定的尺寸不会更新。

（4）设置。

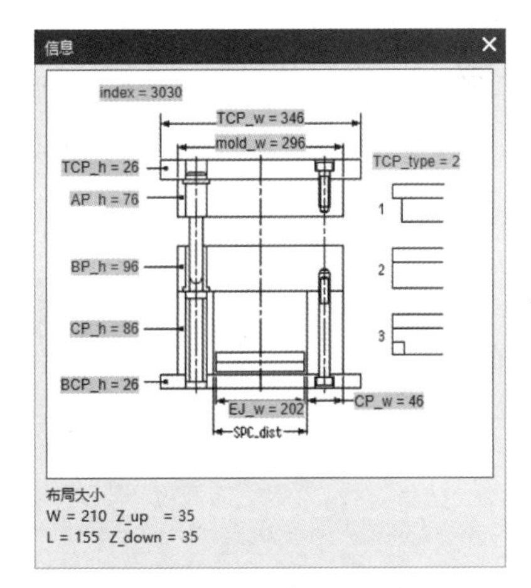

图 5.7 【信息】对话框

1）编辑注册器：单击此按钮，打开模架电子表格文件。模架注册文件包含配置对话框和定位库中的模型的位置、控制数据库的电子表格及位图图像模架管理系统信息，如图 5.8 所示。

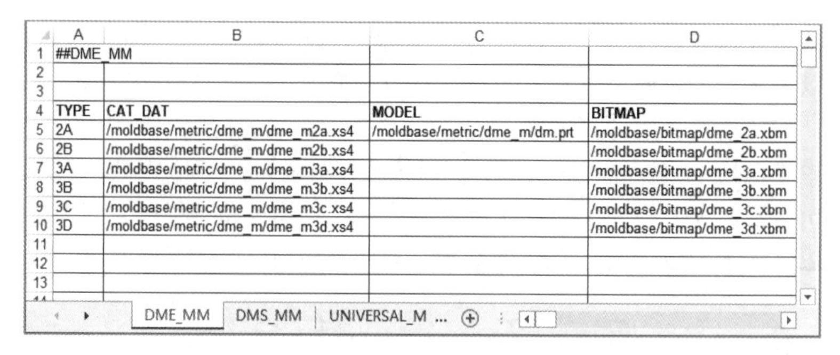

	A	B	C	D
1	##DME_MM			
2				
3				
4	TYPE	CAT_DAT	MODEL	BITMAP
5	2A	/moldbase/metric/dme_m/dme_m2a.xs4	/moldbase/metric/dme_m/dm.prt	/moldbase/bitmap/dme_2a.xbm
6	2B	/moldbase/metric/dme_m/dme_m2b.xs4		/moldbase/bitmap/dme_2b.xbm
7	3A	/moldbase/metric/dme_m/dme_m3a.xs4		/moldbase/bitmap/dme_3a.xbm
8	3B	/moldbase/metric/dme_m/dme_m3b.xs4		/moldbase/bitmap/dme_3b.xbm
9	3C	/moldbase/metric/dme_m/dme_m3c.xs4		/moldbase/bitmap/dme_3c.xbm
10	3D	/moldbase/metric/dme_m/dme_m3d.xs4		/moldbase/bitmap/dme_3d.xbm
11				
12				
13				

DME_MM　DMS_MM　UNIVERSAL_M ...

图 5.8　编辑记录文件

2）编辑数据库▦：单击此按钮，可打开当前对话框中显示的模架数据库电子表格文件。数据库文件包括定义特定模架尺寸和选项的相关数据，如图 5.9 所示。

	A	B	C	D	E	F	G	H	I
1	## DME MOLDBASE METRIC								
2									
3	SHEET_TYPE	0							
4									
5	PARENT	<UM_ASS>							
6									
7	ATTRIBUTES								
8	MW_COMPONENT_NAME=MOLDBASE								
9	CATALOG=<index>								
10	DESCRIPTION=MOLDBASE								
11	SUPPLIER=DME								
12	MATERIAL=STD								
13	TCP::CATALOG=DME N0<TCP_name>-<index>-<TCP_h>								
14	TCP::SUPPLIER=DME								

DME_M

图 5.9　编辑数据库文件

知识拓展——支承零件与合模导向装置

1. 支承零件的结构设计

塑料注塑成型模具的支承零件包括动模（或上模）座板、定模（或下模）座板、动模（或上模）板、定模（或下模）板、支承板、垫块等。塑料注塑成型模具支承零件的典型结构，如图 5.10 所示，塑料模的支承零件起到装配、定位及安装的作用。

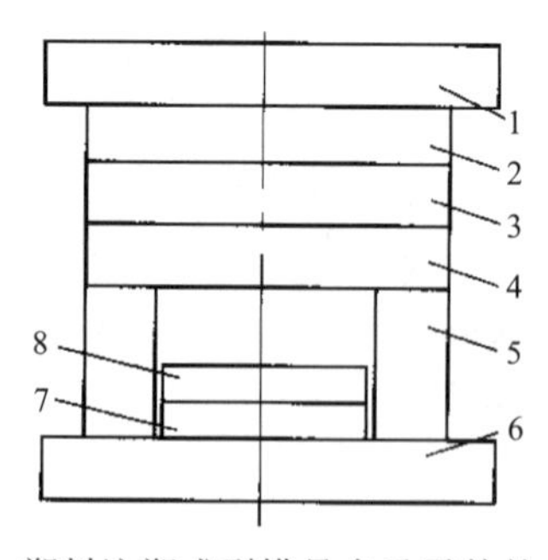

图 5.10　塑料注塑成型模具支承零件的典型结构

1—定模座板；2—定模板；3—动模板；4—支承板；5—垫板；6—动模座板；7—推板；8—顶杆固定板

（1）动模座板和定模座板：是动模和定模的基座，也是固定式塑料注塑成型模具与成型设备连接的模板。因此，座板的轮廓尺寸和固定孔必须与成型设备上模具的安装板相适应。另外，还必须具有足够的强度和刚度。

（2）动模板和定模板：作用是固定型芯、凹模、导柱、导套等零件，所以俗称固定板。塑料注塑成型模具的种类及结构不同，固定板的工作条件也有所不同。但无论是哪一种模具，为了确保型芯和凹模等零件固定稳固，固定板应有足够的厚度。

动模（或上模）板和定模（或下模）板与型芯或凹模的基本连接方式如图 5.11 所示。其中，图 5.11（a）所示为常用的固定方式，装卸较方便；图 5.11（b）所示的固定方式可以不用支承板，但固定板需加厚，对沉孔的加工还有一定要求，以保证型芯与固定板的垂直度；图 5.11（c）所示的固定方式最简单，既不要加工沉孔又不要支承板，但必须有足够的螺钉销钉的安装位置，一般用于固定较大尺寸的型芯或凹模。

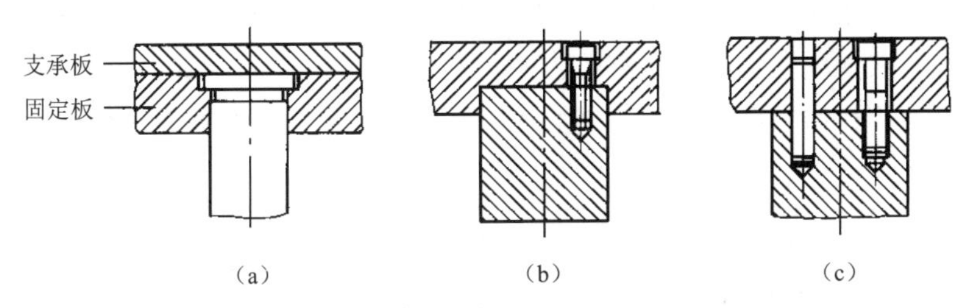

图 5.11　动模板和定模板与型芯或凹模的基本连接方式

（3）支承板：支承板是垫在固定板背面的模板。它的作用是防止型芯、凹模、导柱、导套等零件脱出，增强这些零件的稳定性并承受型芯和凹模等传递来的成型压力。支承板与固定板的连接通常用螺钉和销钉，也有用铆连接的。

支承板应具有足够的强度和刚度，以承受成型压力而不过量变形。其强度和刚度计算方法与型腔底板的强度和刚度计算相似。现以矩形型腔动模支承板的厚度计算为例说明其计算方法。

图 5.12 所示为矩形型腔动模支承板受力示意图。动模支承板一般都是中部悬空而两边用支架支撑的，如果刚度不足，将引起制品高度方向尺寸超差，或者在分型面上产生溢料而形成飞边。如图 5.12 所示，支承板可看成受均布载荷的简支梁，最大挠曲变形发生在中线上。如果动模板（型芯固定板）也承受成型压力，则支承板厚度可以适当减小。如果计算得到的支承板厚度过厚，则可在支架间增设支承块或支柱，以减小支承板的厚度。

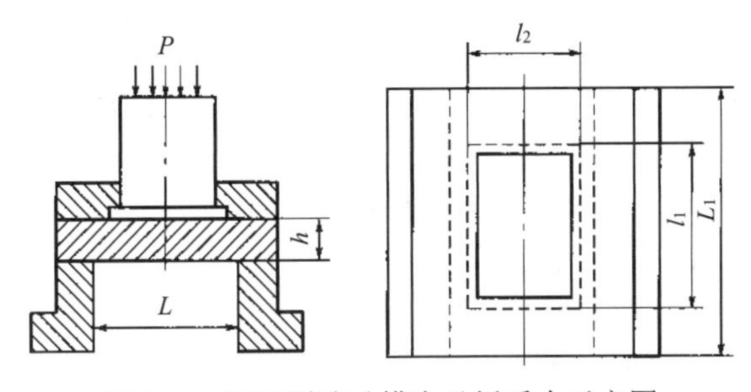

图 5.12　矩形型腔动模支承板受力示意图

支承板与固定板的连接方式为螺纹连接，如图 5.13 所示。适用于顶杆分模的移动式模具和固定式模具，为了增加连接强度，一般采用圆柱头内六角螺钉；图 5.13（d）所示为铆钉连接，适用于移动式模具，其拆装麻烦，维修不便。

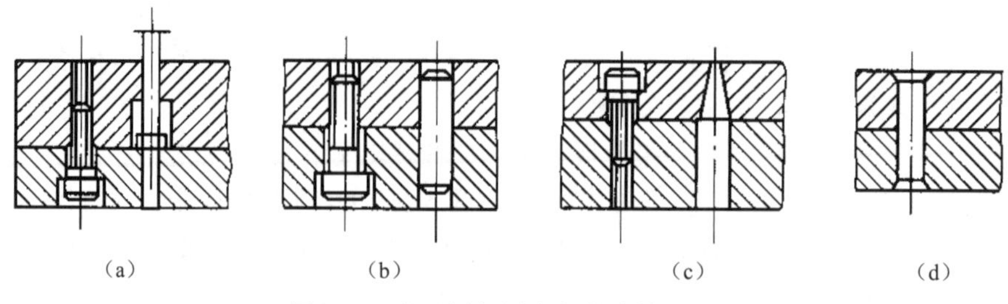

图 5.13　支承板与固定板的连接方式

（4）垫块：垫块的主要作用是使动模支承板与动模座板之间形成用于顶出机构运动的空间和调节模具总高度，以适应成型设备上模具安装空间对模具总高的要求。因此，垫块的高度应根据以上需要而定。垫块与支承板和座板的组装方法如图 5.14 所示，两边垫块高度应一致。

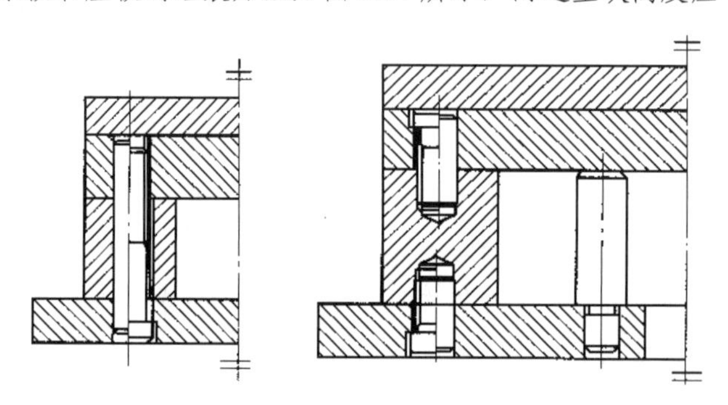

图 5.14　垫块与支承板和座板

2. 合模导向装置的结构设计

合模导向装置是保证动模与定模或上模与下模合模时正确定位和导向的装置。合模导向装置主要有导柱导向和锥面定位。通常采用导柱导向，如图 5.15 所示。导柱导向装置的主要零件是导柱和导套。有的不用导套而在模板上镗孔代替导套，该孔通称导向孔。

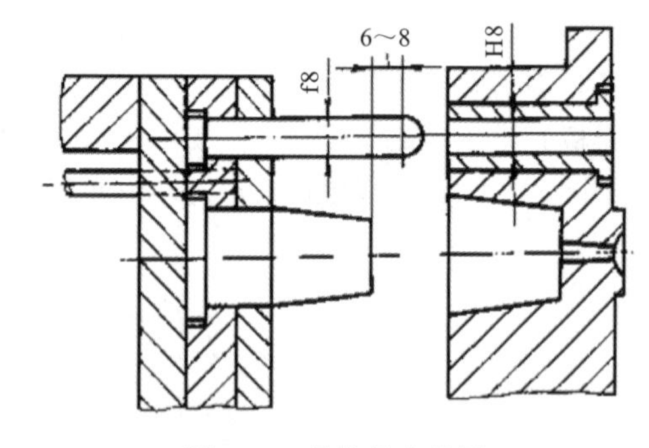

图 5.15　导柱导向装置

（1）导向装置的作用。

1）导向作用：动模和定模（上模和下模）合模时，首先是导向零件接触，引导上、下模准确合模，避免凸模或型芯先进入型腔，保证不损坏成型零件。

2）定位作用：直接保证了动模和定模（上模和下模）合模位置的正确性及保证了模具型腔的形状和尺寸的正确性，从而保证了制品精度。导向机构在模具装配过程中也起到了定位作用，便于装配和调整。

3）承受一定的侧向压力：塑料注入型腔过程中会产生单向侧面压力，或者由于成型设备精度的限制，使导柱在工作中承受一定的侧向压力。当侧向压力很大时，则不能完全由导柱来承担，需要增设锥面定位装置。

（2）导向装置的设计原则。

1）导向零件应合理均匀地分布在模具的周围或靠近边缘的部位，其中心至模具边缘应有足够的距离，以保证模具的强度，防止压入导柱和导套时发生变形。

2）根据模具的形状和大小，一副模具一般需要 2～3 个导柱。对于小型模具，通常只用 2 个直径相同且对称分布的导柱，如图 5.16（a）所示。如果模具的凸模与凹模合模时有方位要求，则用 2 个直径不同的导柱，如图 5.16（b）所示；或者用 2 个直径相同，但错开位置的导柱，如图 5.16（c）所示。对于大中型模具，为了简化加工工艺，可采用 3 个或 4 个直径相同的导柱，如图 5.16（d）、图 5.16（e）所示。

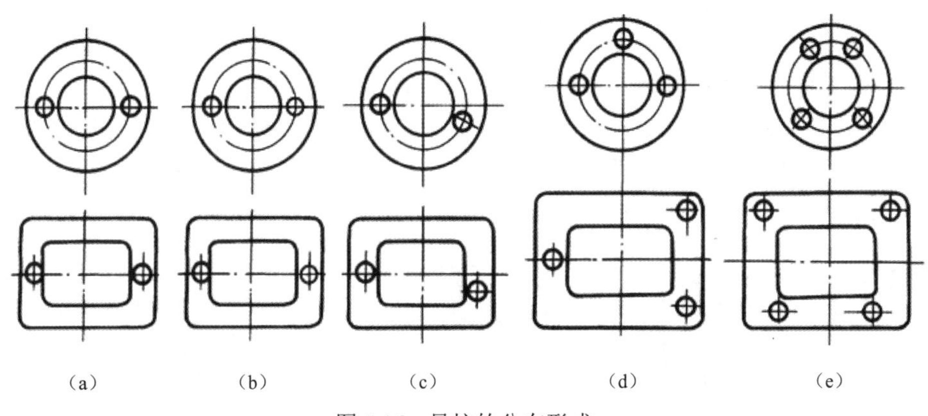

图 5.16　导柱的分布形式

3）导柱可设置在定模，也可设置在动模。在不妨碍脱模取件的条件下，导柱通常设置在型芯高出分型面的一侧。

4）当上模板与下模板采用合模加工工艺时，导柱装配处直径应与导套外径相等。

5）为保证分型面很好地接触，导柱和导套在分型面处应制有承屑槽，一般都是削去一个面，如图 5.17（a）所示，或者在导套的孔口倒角，如图 5.17（b）所示。

6）各导柱、导套（导向孔）的轴线应保证平行，否则将影响合模的准确性，甚至损坏导向零件。

（3）导柱的结构、特点及用途。导柱的结构形式随模具结构的大小及制品生产批量的不同而不同，目前在生产中常用的结构有以下几种。

1）台阶式导柱：注塑模常用的标准台阶式导柱有带头和有肩两类，压缩模也采用类似的导柱。图 5.18 所示为台阶式导柱导向装置。在小批量生产时，带头导柱通常不需要导套，导柱直接与模板导向孔配合，如图 5.18（a）所示，也可以与导套配合；如图 5.18（b）所示，带头导柱一般用于简单模具；有肩导柱一般与导套配合使用，如图 5.18（c）所示，导套内径与导柱直径相等，便于导柱固定孔和导套固定孔的加工。如果导柱固定板较薄，可采用如图 5.18（d）所示的有肩导柱，其固定部分有两段，分别固定在两块模板上。

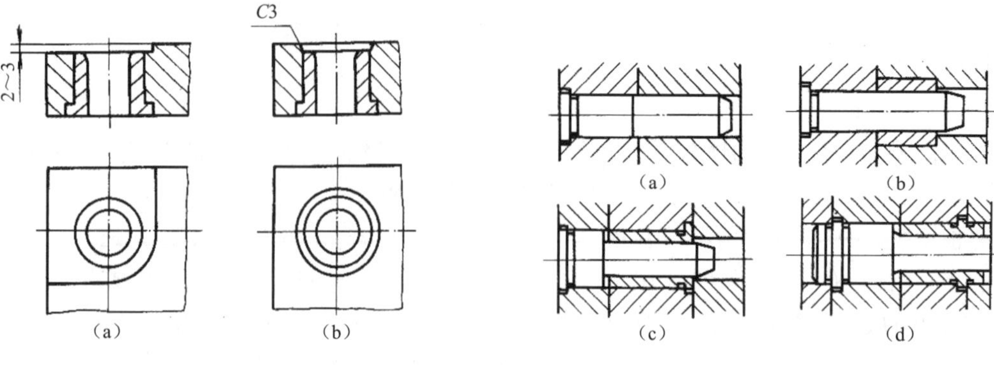

图 5.17　导套的承屑槽形式　　图 5.18　台阶式导柱导向装置

2）铆合式导柱：铆合式导柱结构如图 5.19 所示，图 5.19（a）所示结构的导柱固定不够牢固，稳定性较差，为此可将导柱沉入模板 1.5～2mm，如图 5.19（b）、（c）所示。铆合式导柱结构简单，加工方便，但导柱损坏后更换麻烦，主要用于小型简单的移动式模具。

3）合模销：合模销如图 5.20 所示。在垂直分型面的组合式凹模中，为了保证锥模套中拼块相对位置的准确性，常采用两个合模销。分模时，为了使合模销不被拔出，其固定端部分采用 H7/k6 过渡配合，另一滑动端部分采用 H9/f8 间隙配合。

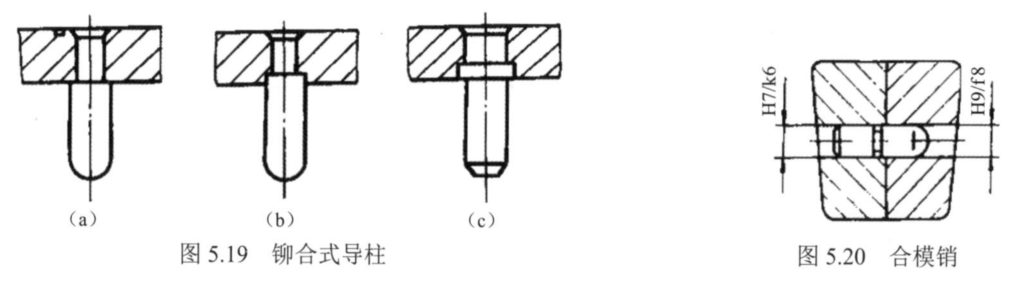

图 5.19　铆合式导柱　　图 5.20　合模销

（4）导套和导向孔的结构及特点。

1）导套：注塑模常用的标准导套有直导套和带头导套两大类。它的固定方式如图 5.21 所示，图 5.21（a）～（c）为直导套的固定方式，结构简单，制造方便，用于小型简单模具；图 5.21（d）为带头导套的固定方式，结构复杂，加工较难，主要用于精度要求高的大型模具。对于大型注塑模或压缩模，为防止导套被拔出，导套头部安装方法如图 5.21（c）所示；如果导套头部无垫板，则应在头部加装盖板，如图 5.21（d）所示。根据生产需要，也可在导套的导滑部分开设油槽。

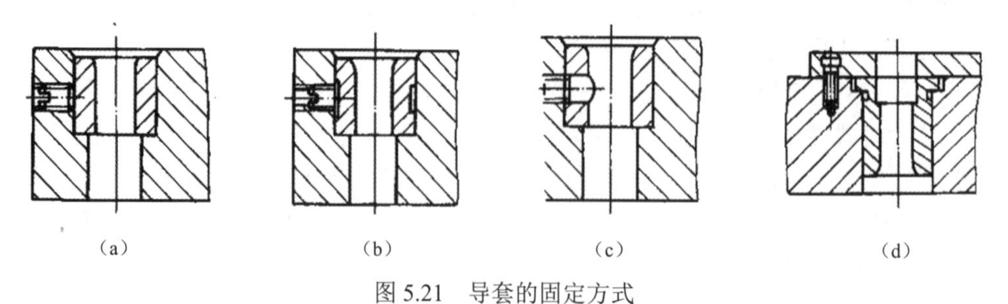

图 5.21　导套的固定方式

2）导向孔直接开设在模板上，适用于生产批量小、精度要求不高的模具。导向孔应做成通孔，如图5.22（b）所示，如加工成盲孔，如图5.22（a）所示，则因孔内空气无法逸出，对导柱的进入有反压缩作用，有碍导柱导入。如果模板很厚，导向孔必须做成盲孔时，则应在盲孔侧壁增加通孔或排除废料的孔，或者在导柱侧壁及导向孔开口端磨出排气槽，如图5.22（c）所示。

在穿透的导向孔中，除按其直径大小需要一定长度的配合外，其余部分孔径可以扩大，以减少配合精加工面，并改善其配合状况。

（5）锥面定位结构。图5.23所示为增设锥面定位的模具，适用于模塑成型时侧向压力很大的模具。其锥面配合有两种形式：一种是两锥面之间镶上经淬火的零件A；另一种是两锥面直接配合，此时两锥面均应热处理达到一定硬度，从而增加其耐磨性。

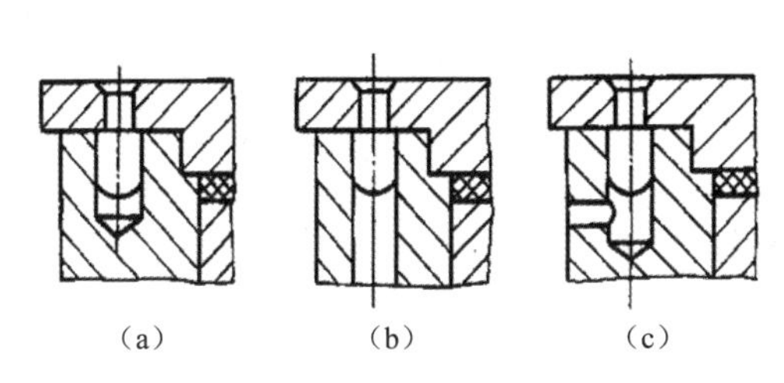

图5.22 导向孔的结构形式

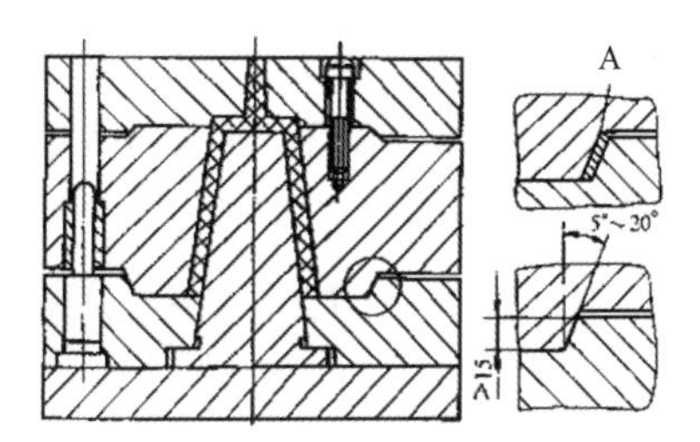

图5.23 增设锥面定位的模具

3. 模具的标准化

随着人们对塑料制品需求量的不断增加，塑料模标准化显得更加重要。塑料制品加工行业的显著特点之一是高效率、大批量的生产方式。这样的生产方式要求尽量缩短模具的生产周期，提高模具制造质量，为了实现这个目标就必须采用模具标准模架及标准零件。一个国家的标准化程度越高，所制定的标准越符合生产实际，就表明这个国家的工业化程度越高。

概括起来模具标准化有以下优点。

（1）简单方便，买来即用，不必库存。

（2）能使模具的价格降低。

（3）简化模具的设计和制造。

（4）缩短模具的加工周期，促进塑料制品的更新换代。

（5）模具的精度及动作的可靠性得以保证。

（6）提高模具中易损零件的互换性。

（7）模具标准化便于实现对外技术交流，扩大贸易，增强国家技术经济实力。

美国、德国、日本等工业发达的国家都十分重视模具标准化工作，目前世界较流行的标准有：国际标准化组织制定的国际ISO标准、德国的DIN标准、美国的ASTM标准、日本的JIS和FUTABA标准等。我国也十分重视模具标准化工作，由全国模具标准化技术委员会制定了冲模模架、塑模模架和这两类模具的通用零件及其技术条件等国家标准。塑模国家标准大致分为三大类。

（1）基础标准，如模具术语（GB/T 8845—2017）、注塑模塑件尺寸公差（GB/T 14486—2008）。

（2）产品标准，如塑料注塑模模架（GB/T 12555—2006）。

（3）工艺与质量标准，如塑料注塑模零件技术条件（GB/T 4170—2006）、塑料注塑模模架技术条件（GB/T 12556—2006）等。

动手学——为负离子发生器模具添加模架

由于系统提供了许多类型的标准件，所以只要选择正确的标准件类型和参数，便可以完成标准件的设计，可以极大地提高设计的效率。

（1）单击【主页】选项卡中的【标准】面板上的【打开】按钮，弹出【打开】对话框，选择flzfsq文件夹中的flzfsq_top_000.prt文件，单击【确定】按钮，打开flzfsq_ top_000.prt文件。

（2）单击【注塑模向导】选项卡中的【主要】面板上的【模架库】按钮，弹出【重用库】对话框和【模架库】对话框，并同时在屏幕上显示型腔布局。

（3）❶在【重用库】对话框的【文件夹视图】中选择FUTABA_S模架，❷在【成员选择】列表中选择SA，❸在【模架库】对话框的【参数】选项组中设置index为3030、AP_h为70、BP_h为70、CP_h为100，如图5.24所示。❹单击【确定】按钮，完成的模架效果如图5.25所示。

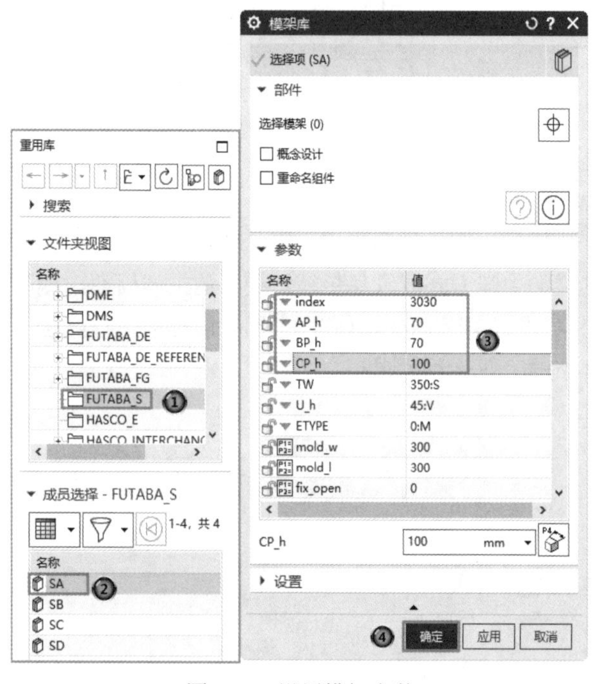

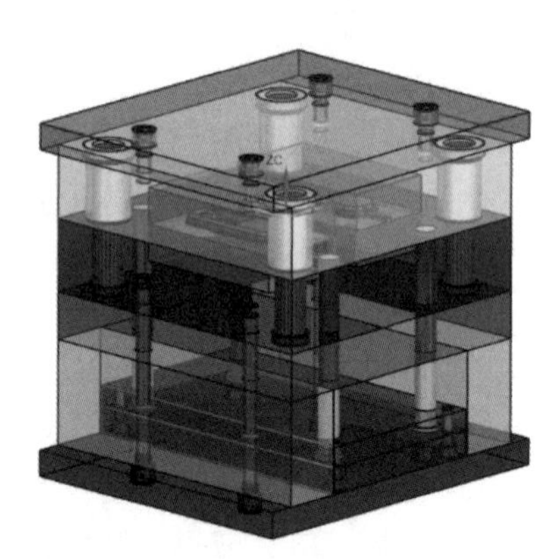

图5.24 设置模架参数　　图5.25 模架效果

（4）选择【文件】→【保存】→【全部保存】命令，保存全部文件。

动手练——为RC后盖添加模架

（1）利用【模架库】命令，选择HASCO_E模架，在【成员选择】列表中选择Type1(F2M2),设置index为496×496、AP_h为76、BP_h为36，添加模架。

（2）旋转模架，调整模架的方向。

5.2　标准件设计

模具标准件是将模具的一部分附件标准化，便于替换使用，以提高模具的生产效率。单击【注塑模向导】选项卡中的【主要】面板上的【标准件库】按钮，弹出如图 5.26 所示的【标准件管理】对话框和【重用库】对话框。

（1）文件夹视图。【名称】列表中列出了可用的标准件库。公制的库用于用公制单位初始化的模具工程，英制的库用于用英制单位初始化的模具工程。图 5.27 所示的标准件库包括 DME_MM、HASCO_MM、FUTABA_MM、MISUMI 等选项。日本 FUTABA 公司的标准件比较常用，表 5.1 列出了 FUTABA_MM 系列标准件名称的解释。

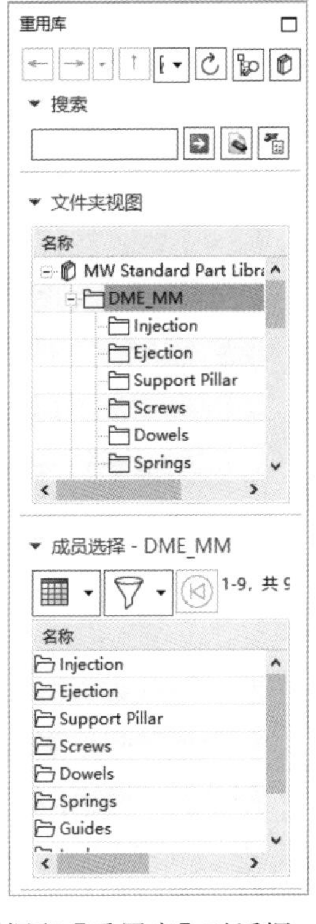

图 5.26　【标准件管理】对话框和【重用库】对话框

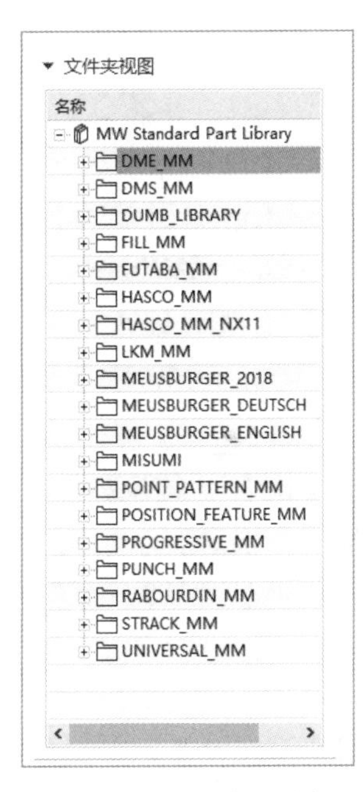

图 5.27　【名称】列表

表 5.1　FUTABA_MM 系列标准件名称解释

名　称	解　释	名　称	解　释
Locating Ring Interchangeable	可互换定位环	Ejector Sleeve	顶管（推件管）
Sprue Bushing	浇口套	Ejector Blade	扁顶杆（扁推件杆）
Ejector Pin	顶杆（推件杆）	Sprue Puller	拉料杆
Return Pins	复位杆	Guides	导柱导套

续表

名　称	注　解	名　称	注　解
Support	支承柱	Screws	定距螺钉
Stop Buttons	限位钉	Gate Bushings	点浇口嵌套
Slide	滑块	Strap	定距拉板
Lock Unit	定位杆	Pull Pin	尼龙扣
Spacers	垫圈	Springs	弹簧

（2）成员选择。在【名称】列表中选择不同的标准件库后，在【成员选择】中会显示不同的标准件规格，如图5.28所示。选择不同的对象，弹出如图5.29所示的【信息】对话框，显示所选标准件的信息。

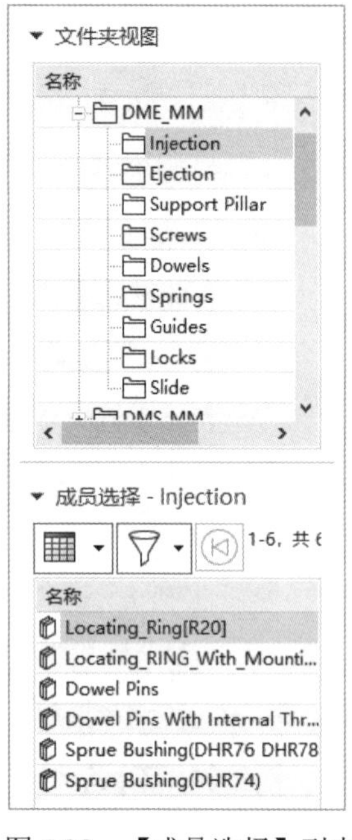

图5.28　【成员选择】列表

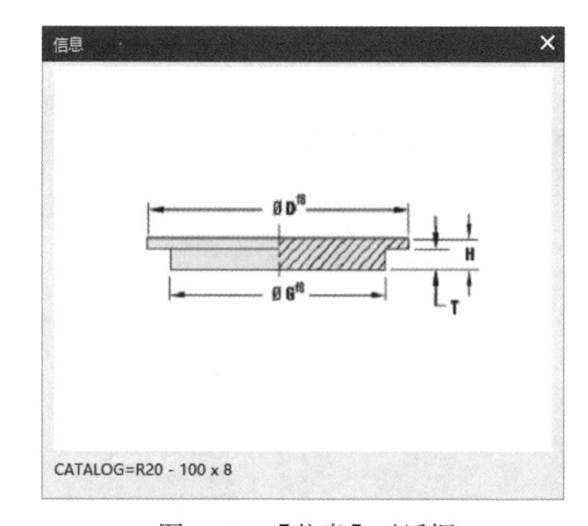

图5.29　【信息】对话框

【标准件管理】对话框中的选项说明如下。

（1）部件。

1）添加实例：用于将选定标准件的单个实例添加到装配中。标准件是装配中的新组件。

2）新建组件：用于将选定标准件的多个实例添加到装配中。标准件是装配中具有多个实例的新组件。如果标准件是子装配（如模架），则会将其作为子装配及其子组件的一个或多个实例添加到装配中。

3）概念设计：将标准件作为参数化符号而不是实体插入。这样可提供更轻量化的设计表示，并提高系统性能。

当修改标准件时，【标准件管理】对话框中会增加重定位、翻转方向和移除组件三个选项。

4）重定位：当编辑标准件时显示该按钮，单击此按钮，可打开如图 5.30 所示的【移动组件】对话框，在 XY 平面内移动组件。

5）翻转方向：当编辑标准件时显示该按钮，单击此按钮，反转选定标准件的放置方向。

6）移除组件：当编辑标准件时显示该按钮，单击此按钮，移除标准件的选定实例及其链接腔。

（2）放置。

1）父：该下拉列表允许用户为所加入的标准件选择一个父装配，如图 5.31 所示。如果下拉列表框中没有要选的父装配名称，可以在加入标准件前，将该父装配设为工作部件。

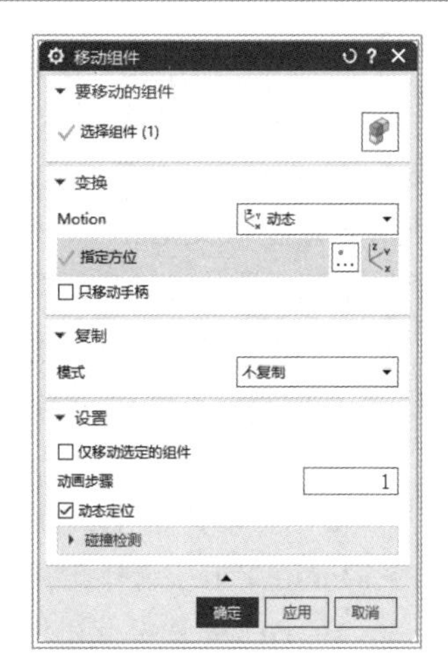

图 5.30　【移动组件】对话框

2）位置：该下拉列表为标准件选择主要的定义参数方式，包括 NULL、WCS、WCS_XY、POINT、CSYS、POINT PATTERN、POSITIONING FEATURE、PLANE、ABSOLUTE、REPOSITION、MATE 等选项，如图 5.32 所示。

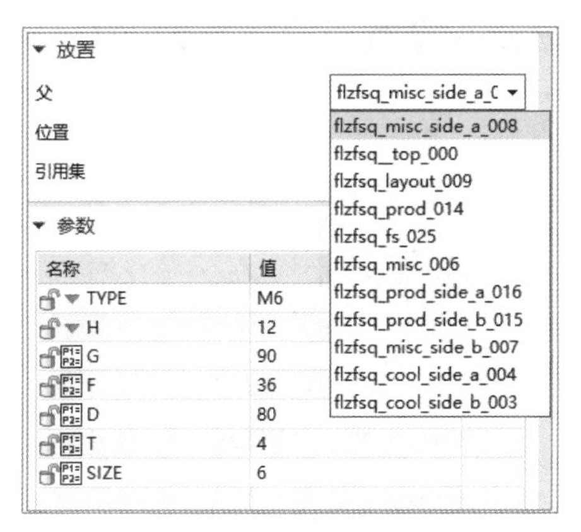

图 5.31　【父】下拉列表

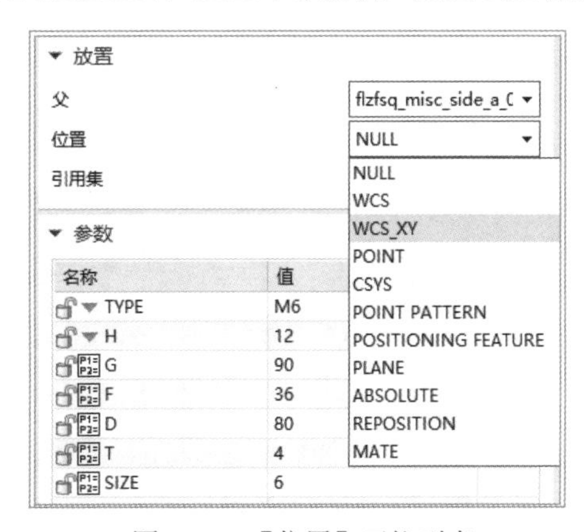

图 5.32　【位置】下拉列表

- NULL：表示标准件的原点为装配树的绝对坐标原点（0,0,0）。
- WCS：表示标准件的原点为当前工作坐标系 WCS 原点（0,0,0）。
- WCS_XY：表示标准件的原点为工作坐标平面上的点。
- POINT：表示标准件的原点为用户所选 XY 平面上的点。
- CSYS：将标准件的绝对 WCS 放置在选定 CSYS 中。
- POINT PATTERN：根据 MW 标准件库中的标准点阵列，使用已创建的点阵列来定位标准件。
- POSITIONING FEATURE：将添加的组件放置在定位特征上。
- PLANE：表示先选择一个平面作为 XY 平面，然后定义标准件的原点为 XY 平面上的点。
- ABSOLUTE：将添加的组件放置在绝对（0,0,0）处，并将其定向到绝对坐标系。
- REPOSITION：将添加的组件放置在所选位置，并打开【移动组件】对话框。

➢ MATE：表示先在任意点加入标准件，然后用 MATE 条件对标准件进行定位装配。

3）引用集：用于控制标准部件的显示状态，其下拉列表如图 5.33 所示。大多数模具组件都要求创建一个在模架中剪切的腔体以放置组件。要求放置腔体的标准件会包含一个腔体剪切用的 FALSE 体，该体用于定义腔体的形状。

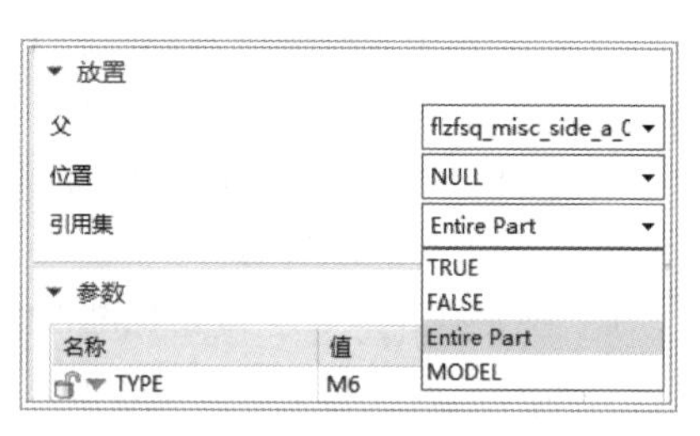

图 5.33 【引用集】下拉列表

➢ TURE：选择此引用集，表示显示标准件实体，不显示放置标准件用的腔体。

➢ FALSE：选择此引用集，表示不显示标准件实体，显示标准件建腔后的型体。

➢ Entire Part：选择此引用集，同时包含 TRUE 和 FALSE 引用集。

➢ MODEL：选择此引用集，标准部件实体和建腔后的型体都会显示，包含模型几何体，如实体、片体或轻量级表示。

（3）参数。在【成员选择】列表中选择对象后，显示【参数】选项组和【信息】对话框，如图 5.34 所示，显示选定部件的参数，如长度、直径和半径及其相应值。

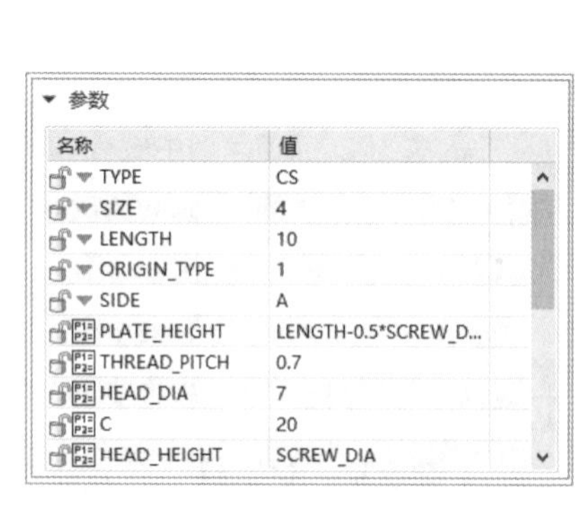

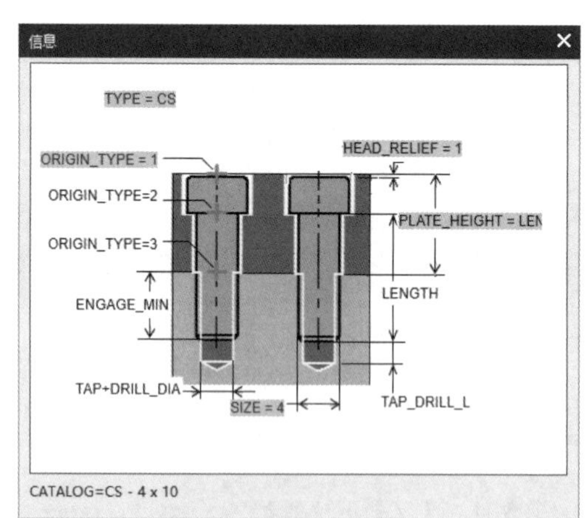

图 5.34 【参数】选项组和【信息】对话框

拖动滚动条可以浏览整个标准件可编辑的尺寸，当选中一个尺寸时，它将显示在尺寸编辑窗口中。

在“名称”或“值”标题上右击，弹出如图 5.35 所示的快捷菜单，可以对参数进行编辑。

➢ 锁定所有表达式：选择此选项，锁定所有参数。再次在标题上右击，在弹出的快捷菜单中选择【解锁所有表达式】选项，即可解锁所有锁定的参数。

➢ 编辑后锁定参数：可以选择在修改参数后自动锁定参数。指定值并按回车键后，列表中的每个参数都将锁定。

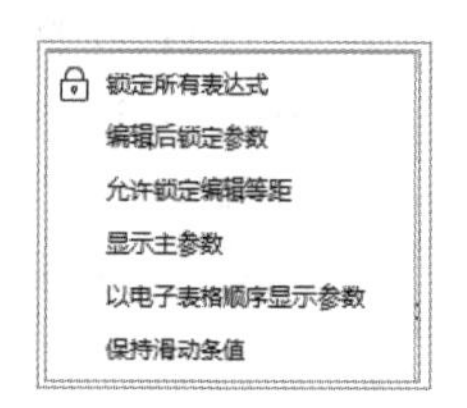

图 5.35 快捷菜单

➢ 允许锁定编辑等距：选择此选项，然后双击锁定的参数进行编辑。

➢ 显示主参数：仅显示组件的主参数。

➢ 以电子表格顺序显示参数：按标准件电子表格中定义的相同顺序查看参数。

➢ 保持滑动条值：拖动滑动条调整参数值。

（4）设置。

1）使用标准件位置：选中此复选框，打开【标准件位置】对话框，放置部件。

2）编辑编辑器▦：单击此按钮，打开标准件的注册文件，从而进行编辑和修改。

3）编辑数据库▦：单击此按钮，打开当前对话框中显示的标准件数据库电子表格文件，从而对其目录数据进行修改。数据库文件包括定义特定的标准件尺寸和选项的相关数据。

扫一扫，看视频

动手学——为负离子发生器模具添加标准件

由于系统提供了许多类型的标准件，所以用户只要选择正确的标准件类型和参数，便可以完成标准件的设计，可以极大地提高设计的效率。

（1）单击【主页】选项卡中的【标准】面板上的【打开】按钮，弹出【打开】对话框，选择 flzfsq 文件夹中的 flzfsq_top_000.prt 文件，单击【确定】按钮，打开 flzfsq_ top_000.prt 文件。

（2）单击【注塑模向导】选项卡中的【主要】面板上的【标准件库】按钮，弹出【重用库】对话框和【标准件管理】对话框。

（3）❶在【重用库】对话框的【文件夹视图】中选择 FUTABA_MM→Locating Ring Interchangeable，❷在【成员选择】列表中选择 Locating Ring，❸在【标准件管理】对话框的【参数】选项组中设置 TYPE 为 M-LRB、DIAMETER 为 100，其他采用默认设置，如图 5.36 所示，❹单击【应用】按钮，加入定位环，如图 5.37 所示。

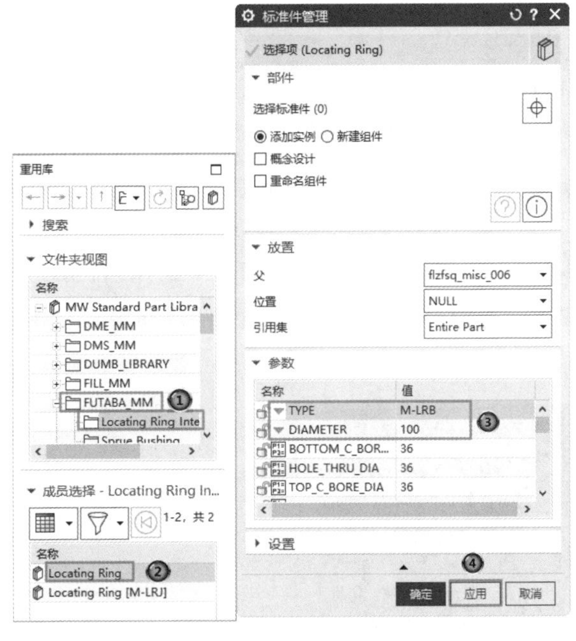

图 5.36 定位环设置

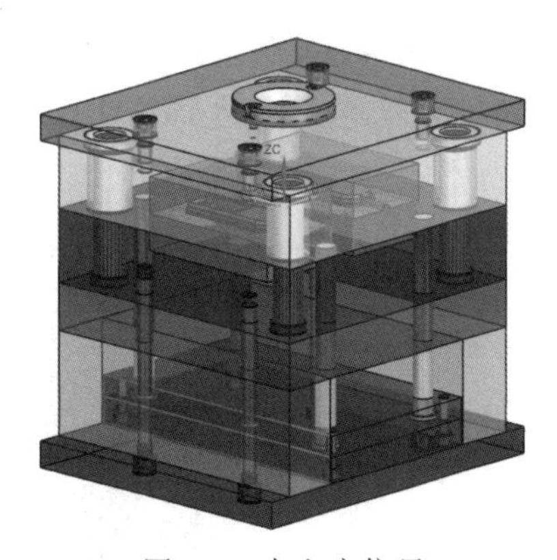
图 5.37 加入定位环

（4）❶在【重用库】对话框的【文件夹视图】中选择 FUTABA_MM→Sprue Bushing，❷在

【成员选择】中选择 Sprue Bushing，❸在【标准件管理】对话框的【参数】选项组中设置 CATALOG 为 M-SBA、CATALOG_DIA 为 16、CATALOG_LENGTH 为 95、HEAD_HEIGHT 为 15，如图 5.38 所示，❹单击【确定】按钮，将主流道加入模具装配中，如图 5.39 所示。

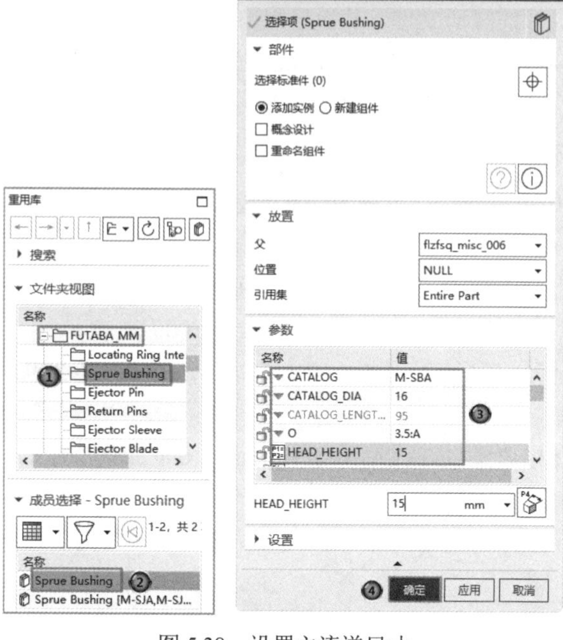

图 5.38 设置主流道尺寸

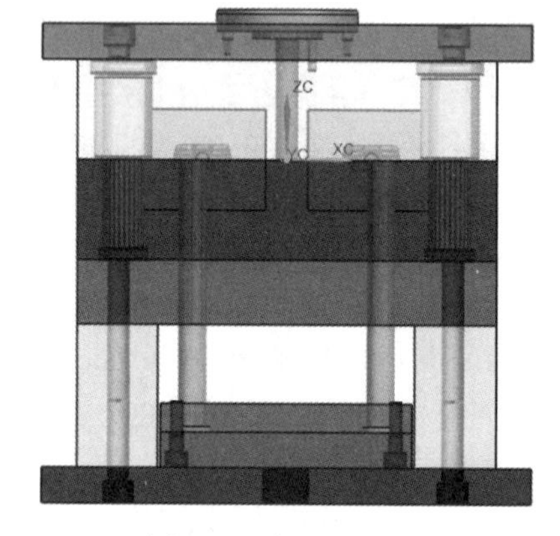

图 5.39 加入主流道

扫一扫，看视频

（5）选择【文件】→【保存】→【全部保存】命令，保存全部文件。

动手练——为 RC 后盖添加标准件

（1）利用【标准件库】命令选择 HASCO_MM→Locating Ring，在【成员选择】中选择 K100 B，添加定位环。

（2）利用【标准件库】命令选择 HASCO_MM→Injection，在【成员选择】中选择 Sprue Bushing [Z50,Z51,Z511,Z512]，设置 CATALOG_DIA 为 24、CATALOG_LENGTH 为 49，添加主流道，如图 5.40 所示。

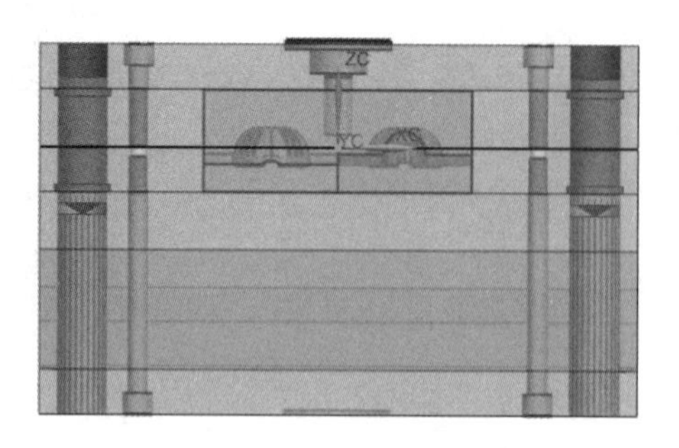

图 5.40 添加标准件

5.3 顶　　杆

5.3.1 设计顶杆

使用设计顶杆命令可将标准顶杆组件插入模具装配中。

单击【注塑模向导】选项卡中的【主要】面板上的【设计顶杆】按钮，弹出如图 5.41 所示的【重用库】对话框和【设计顶杆】对话框。系统自动在【重用库】对话框中选择顶杆文件。

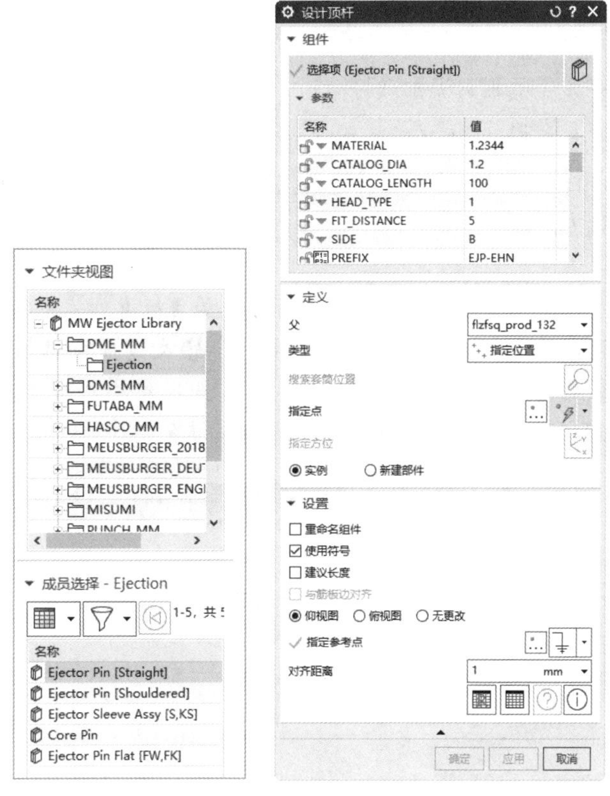

图 5.41　【重用库】对话框和【设计顶杆】对话框

（1）组件。

1）选择项：单击此按钮，打开【重用库】对话框，选择要添加到模具装配中的组件。

2）参数：显示选定部件的参数，如长度、直径和半径及其相应值。

（2）定义。

1）父：在下拉列表框中指定添加顶杆的父对象。

2）类型：用于选择定位方法，包括“指定位置”和“编辑位置”。

3）指定点：用于选择放置顶杆的点。

4）指定方位：用于指定顶杆在模具装配中的位置。

5）实例：将顶杆指派为模具装配中的实例。

6）新建部件：将顶杆指派为模具装配中的新部件。

（3）设置。

1）重命名组件：用于重命名添加到模具装配中的组件。

2）使用符号：用于插入符号以表示插入的组件。

3）建议长度：根据当前部件几何体建议顶杆的长度。

4）与筋板边对齐：动态旋转叶片顶杆以在装配中放置。顶杆基于筋板面几何体相对于光标位置的边旋转。

5）指定参考点：用于选择测量顶杆位置的点。

6）对齐距离：指定顶杆从其原点动态定位时将移动的距离。

扫一扫，看视频

动手学——为负离子发生器模具添加顶杆

单击【主页】选项卡中的【标准】面板上的【打开】按钮，弹出【打开】对话框，选择 flzfsq 文件夹中的 flzfsq_top_000.prt 文件，单击【确定】按钮，打开 flzfsq_ top_000.prt 文件。

添加顶杆有以下两种方法。

方法 1

（1）单击【注塑模向导】选项卡中的【主要】面板上的【标准件库】按钮，❶在【重用库】对话框的【文件夹视图】中选择 DME_MM→Ejection，❷在【成员选择】列表中选择 Ejector Pin[Straight]；❸在【标准件管理】对话框的【参数】选项组中设置 CATALOG_DIA 为 1.5、CATALOG_LENGTH 为 210，如图 5.42 所示，❹单击【确定】按钮。

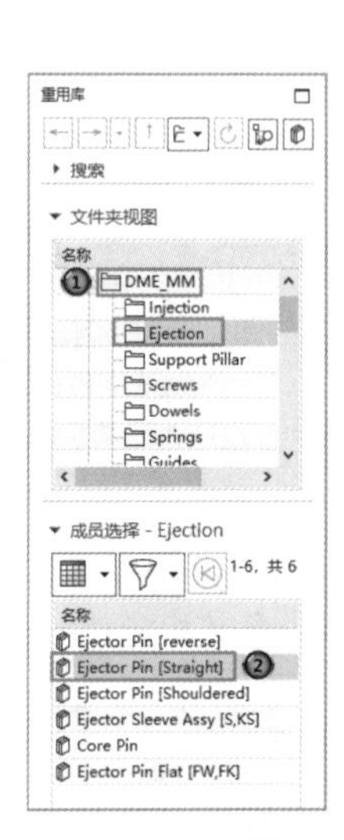

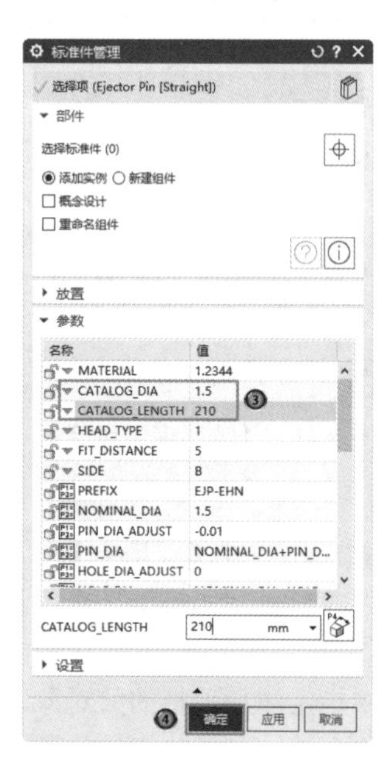

图 5.42　顶杆参数设置

（2）弹出【点】对话框，❺在【参考】下拉列表框中选择【工作坐标系】，❻输入坐标点

(−50,−40,0)，如图 5.43 所示，❼单击【确定】按钮，完成一个顶杆的创建。

（3）继续输入坐标点（−70,−40,0）、（−70,−10,0）、（−50,−10,0）、（−60,50,0）放置顶杆，单击【取消】按钮退出【点】对话框，添加顶杆结果，如图 5.44 所示。

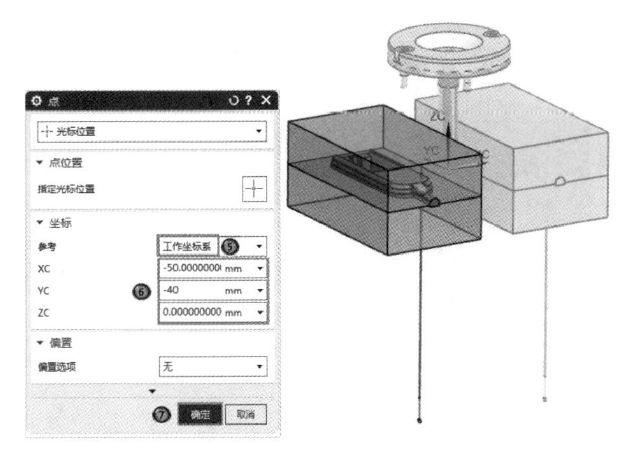

图 5.43　创建第一个顶杆

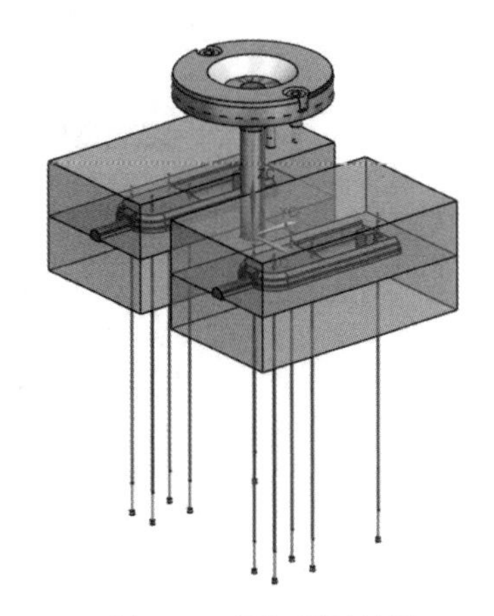

图 5.44　添加顶杆结果

方法 2

（1）单击【注塑模向导】选项卡中的【主要】面板上的【设计顶杆】按钮，❶在【重用库】对话框的【文件夹视图】中选择 DME_MM→Ejection，❷在【成员选择】列表中选择 Ejector Pin[Straight]；❸在【设计顶杆】对话框的【参数】选项组中设置 CATALOG_DIA 为 1.5、CATALOG_LENGTH 为 210，如图 5.45 所示，❹选择类型为【指定位置】，❺单击【点对话框】按钮。

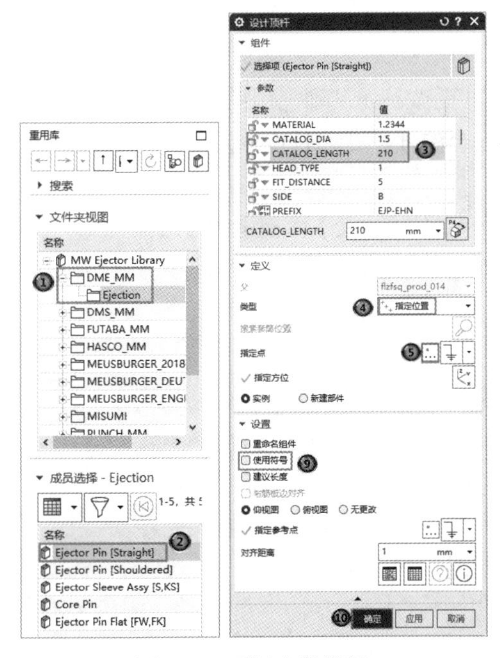

图 5.45　顶杆参数设置

（2）弹出【点】对话框，❻在【参考】下拉列表中选择【工作坐标系】，❼输入坐标点（-50,-40,0），如图 5.46 所示，❽单击【确定】按钮，返回到【设计顶杆】对话框，❾取消选中【使用符号】复选框。❿单击【应用】按钮，完成一个顶杆的创建。

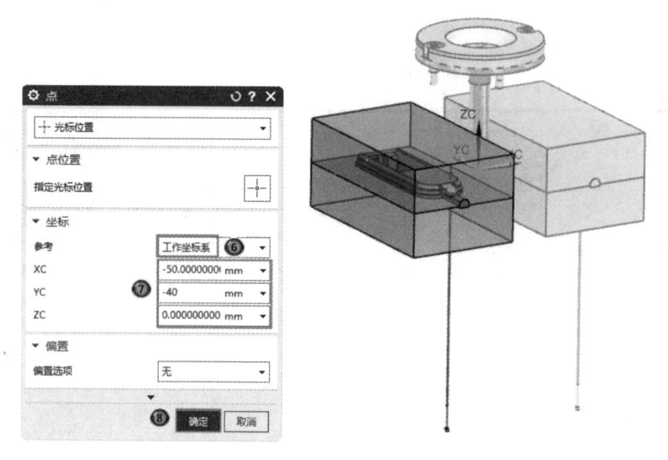

图 5.46　创建第一个顶杆

（3）继续单击【点对话框】按钮[...]，弹出【点】对话框，分别输入坐标点（–70,–40,0）、（–70,–10,0）、（–50,–10,0）、（–60,50,0）放置顶杆，单击【取消】按钮，退出【设计顶杆】对话框，放置顶杆效果如图 5.44 所示。

（4）选择【文件】→【保存】→【全部保存】命令，保存全部文件。

5.3.2　顶杆后处理

使用顶杆后处理命令可以更改标准零件库中的顶杆长度，设置配合距离，即紧密配合的顶杆孔的长度以及对顶杆进行修剪。

单击【注塑模向导】选项卡中的【主要】面板上的【顶杆后处理】按钮，系统弹出如图 5.47 所示的【顶杆后处理】对话框，对顶杆进行修剪。

（1）类型。

1）调整长度：是指用参数来调整顶杆，而不是用建模面来修剪顶杆，将顶杆的长度调整到与型芯表面的最高点一致，会造成产品实体凹痕，如图 5.48 所示。

2）修剪：用一个建模面（型腔侧面）来修剪顶杆，使顶杆头部与型芯表面相适应，如图 5.49 所示。

图 5.47　【顶杆后处理】对话框

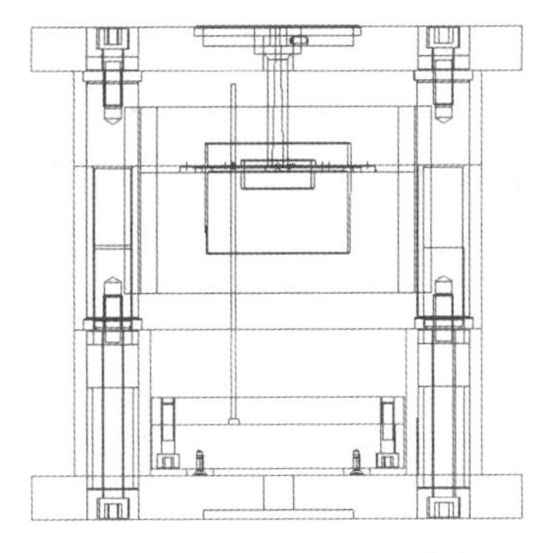
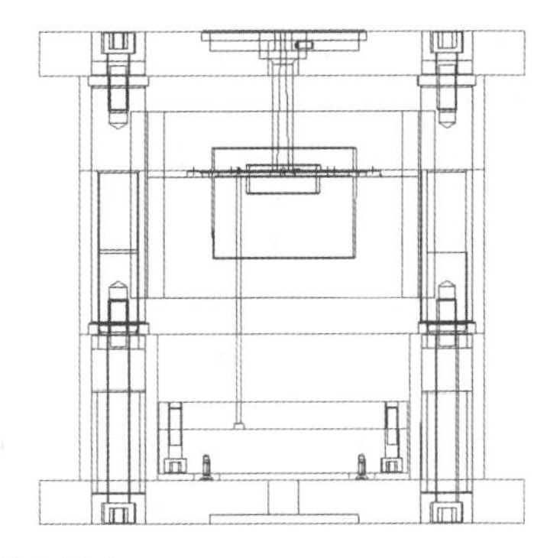

图 5.48 调整长度

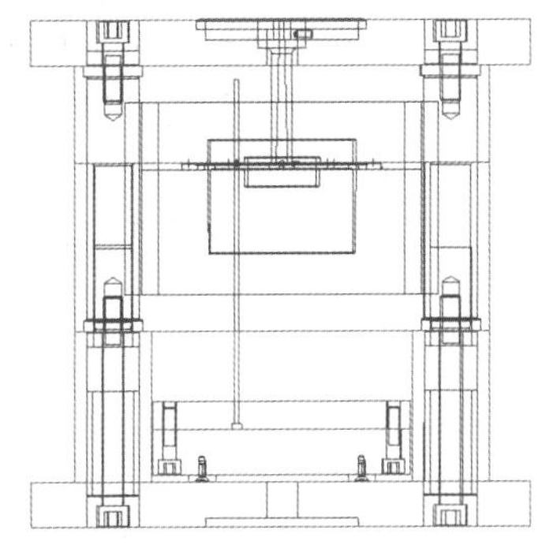
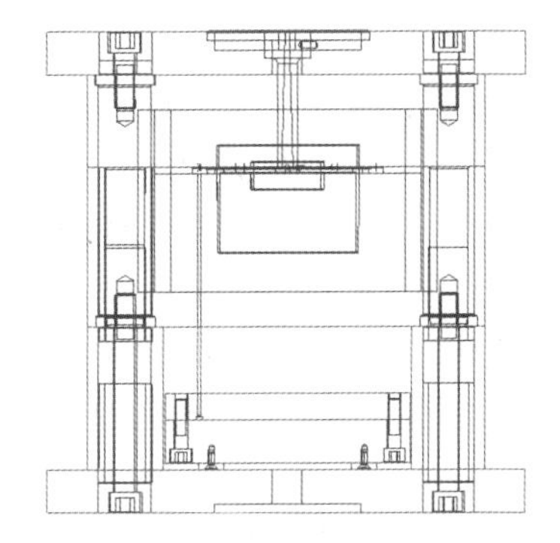

图 5.49 修剪示意图

3）取消修剪：是指取消对顶杆的修剪。

（2）目标。

1）部件名：显示可用顶杆的文件名。

2）数量：显示装配中当前顶杆的实例数。

3）状态：显示顶杆的当前状态，包括原始、已调整或已修剪。

4）选择推杆：用于选择要处理的目标推杆。可以从列表中选择，也可以在图形窗口中选择推杆。

（3）工具。

1）修边部件：使用修边部件来定义包含顶杆修剪面的文件，默认选项是修剪部件。

2）修边曲面：使用型芯曲面、型腔曲面来修剪顶杆，也可以选择面或片体来修剪顶杆。

（4）设置。

1）强制使用配合长度值：用于指定强制修剪顶杆的长度。

2）配合长度：定义修剪顶杆孔的最低点与顶杆孔偏置开始的位置之间的距离，如图 5.50 所示。

3）精度：指定用于对修剪顶杆的间隙长度进行倒圆的精度值。

4）偏置值：为顶杆的修剪面指定偏置。例如，可以添加一个小偏置来补偿热膨胀，或确保没有产品材料延伸超出周围面进入推杆孔。

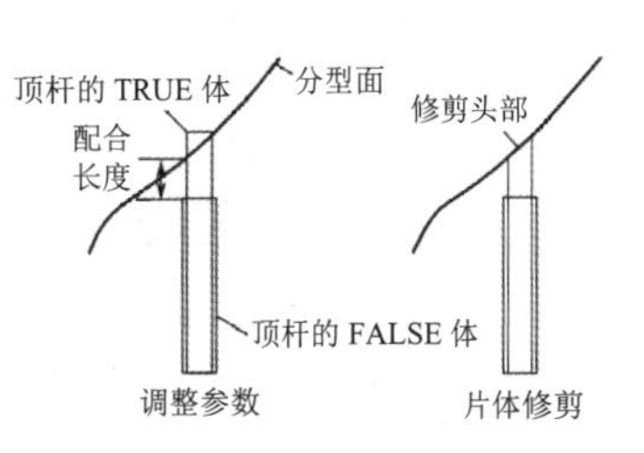

图 5.50 配合长度示意图

5）另存为不重复部件：选中此复选框，同部件的修剪实例始终另存为不重复部件，即使修剪会创建形状相同的顶杆。

6）重命名组件：当选中【另存为不重复部件】复选框时显示该选项，选中此复选框，单击【应用】按钮后，打开【部件名管理】对话框，可以重命名新的不重复顶杆部件。

知识拓展——顶出机构

常用的顶出机构是简单顶出机构，也叫一次顶出机构，即制品在顶出机构的作用下，通过一次动作就可脱出模外的形式。它一般包括顶杆顶出机构、顶管顶出机构、推件板顶出机构、推块顶出机构等，这类顶出机构最常见，应用也最广泛。

1. 顶杆顶出机构

（1）顶杆的特点和工作过程。顶杆顶出机构是最简单、最常用的一种顶出机构。由于设置顶杆的自由度较大，而且顶杆截面大部分为圆形，容易达到顶杆与模板或型芯上顶杆孔的配合精度，顶杆顶出时运动阻力小，顶出动作灵活可靠，损坏后也便于更换，在生产中应用广泛。但是，由于顶杆的顶出面积一般比较小，易引起较大局部应力而顶穿制品或者导致制品变形，所以很少用于脱模斜度小和脱模阻力大的管类或箱类制品。

图 5.51 所示的工作过程为：开模时，当注塑机顶杆与推板接触，制品由于顶杆的支撑处于静止位置，模具继续开模，制品便离开动模脱出模外；合模时，顶出机构因复位杆的作用回复到顶出之前的初始位置。

（2）顶杆的设计。顶杆的基本形式如图 5.52 所示，图 5.52（a）为直通式顶杆，尾部采用台肩固定，是最常用的形式；图 5.52（b）为阶梯式顶杆，由于工作部分较细，故在其后部加粗以提高刚性，一般在直径小于 2.5mm 时采用；图 5.52（c）所示为顶盘式顶杆，这种顶杆加工起来比较困难，装配时也与其他顶杆不同，需从动模型芯插入，端部用螺钉固定在顶杆固定板上，适合于深筒形制品的顶出。

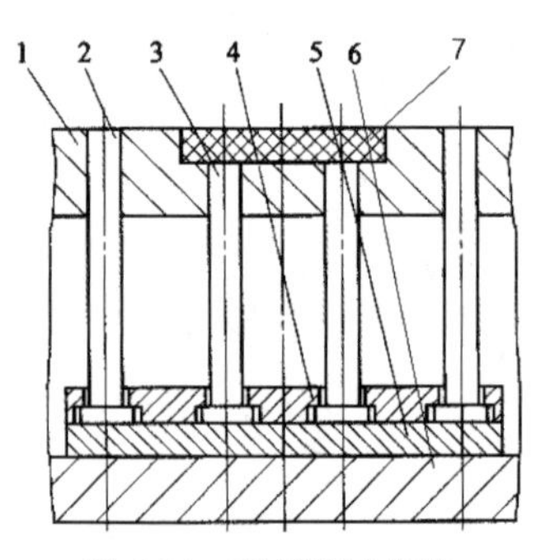

图 5.51　顶杆顶出机构

1—动模；2—复位杆；3—顶杆；4—顶杆固定板；5—顶板；6—动模底板；7—制品

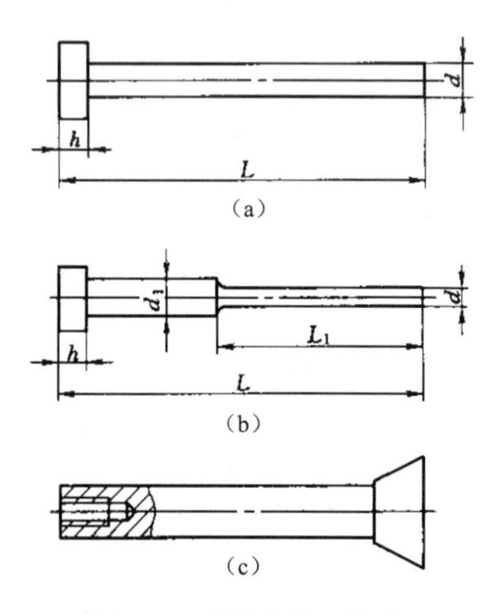

图 5.52　顶杆的基本形式

图 5.53 所示为顶杆在模具中的固定形式。图 5.53（a）是最常用的形式，直径为 d 的顶杆，在顶杆固定板上的孔应为（$d+1$）mm，顶杆台肩部分的直径为（$d+6$）mm；图 5.53（b）采用垫块或垫圈来代替图 5.53（a）中固定板上沉孔的形式，这样可使加工方便；图 5.53（c）所示顶杆底部采用顶丝拧紧的形式，适合于顶杆固定板较厚的场合；图 5.53（d）用于较粗的顶杆，采用螺钉固定。

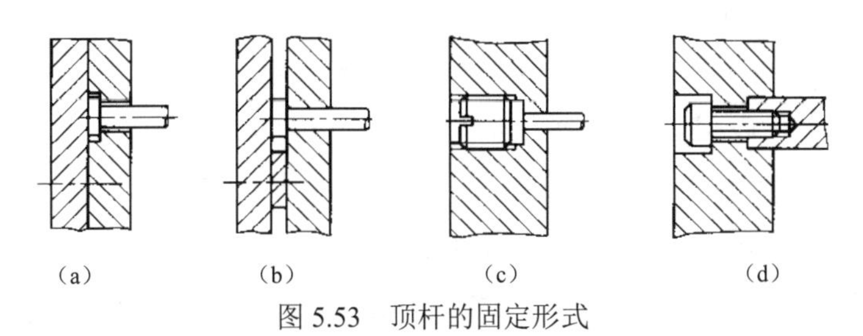

（a）　（b）　（c）　（d）

图 5.53　顶杆的固定形式

（3）顶杆设计的注意事项。

1）顶杆应设在脱模阻力最大的地方，因制品对型芯的包紧力在四周最大，若制品较深，则应在制品内部靠近侧壁的地方设置顶杆，如图 5.54（a）所示；若制品局部有细而深的凸台或筋，则必须在该处设置顶杆，如图 5.54（b）所示。

2）顶杆不宜设在制品最薄处，否则很容易使制品变形甚至破坏，必要时可增大顶杆面积来降低制品单位面积上的受力，图 5.54（c）所示为采用顶盘顶出。

3）当细长顶杆受到较大脱模力时，顶杆就会失稳变形，如图 5.55 所示。这时就必须增大顶杆直径或增加顶杆的数量，同时要保证制品顶出时受力均匀，从而使制品顶出平稳而且不变形。

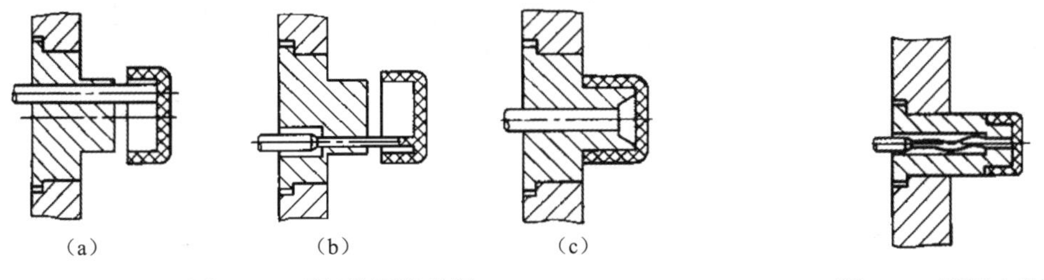

（a）　（b）　（c）

图 5.54　顶杆位置的选择　　图 5.55　顶杆本身刚性

4）因顶杆的工作端面是成型制品部分的内表面，如果顶杆的端面低于或高于该处型面，则制品上就会产生凸台或凹痕，影响其使用及美观。因此，通常顶杆装入模具后，其端面应与型腔面平齐或高出 0.05～0.1mm。

5）当制品各处脱模阻力相同时，应均匀布置顶杆，且数量不宜过多，以保证制品被顶出时受力均匀、平稳、不变形。

2. 顶管顶出机构

顶管顶出机构是用来顶出圆筒形制品、环形制品或带孔制品的一种特殊的结构形式，其脱模运动方式和顶杆相同。由于顶管是一种空心顶杆，故整个周边接触制品，顶出的力量均匀，制品不易变形，也不会留下明显的顶出痕迹。

（1）顶管顶出机构的结构形式。图 5.56（a）所示的顶管是最简单、最常用的结构形式，模具型芯穿过推板固定于动模座板。这种结构的型芯较长，可兼作顶出机构的导向柱，多用于脱模距离不大的场合，结构比较可靠。图 5.56（b）所示为型芯用销或键固定在动模板上的结构。这种结构要求在顶管的轴向开一大长槽，容纳与销（或键）相干涉的部分，槽的位置和长短依模具的结构和顶出距离而定，一般是略长于顶出距离。与上一种形式相比，这种结构形式的型芯较短，模具结构紧凑，缺点是型芯的紧固力小，适用于受力不大的型芯。图 5.56（c）所示为型芯固定在动模垫板上，而顶管在动模板内滑动，这种结构可使顶管与型芯的长度大大缩短，但顶出行程包含在动模板内，致使动模板的厚度增加，可用于脱模距离不大的场合。

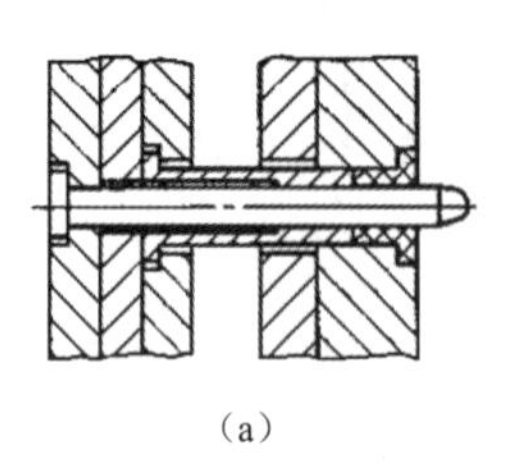

(a)

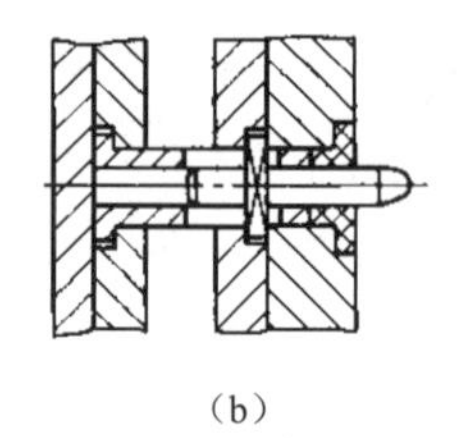

(b)

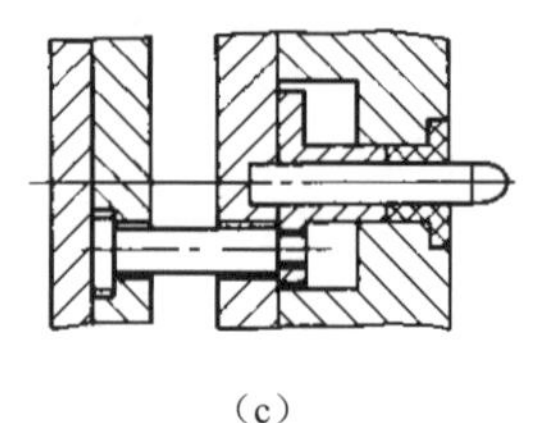

(c)

图 5.56　顶管顶出机构的形式

（2）有关顶管的配合。顶管的配合如图 5.57 所示。顶管的内径与型芯相配合，小直径选用 H8/f7 的配合，大直径选用 H7/f7 的配合；外径与模板上的孔相配合，直径较小时采用 H8/f8 的配合，直径较大时采用 H8/f7 的配合。顶管与型芯的配合长度一般比顶出行程大 3～5mm，顶管与模板的配合长度一般为顶管外径的 1.5～2 倍，顶管固定端外径与模板有单边 0.5mm 装配间隙，顶管的材料、热处理硬度要求及配合部分的表面粗糙度要求与顶杆相同。

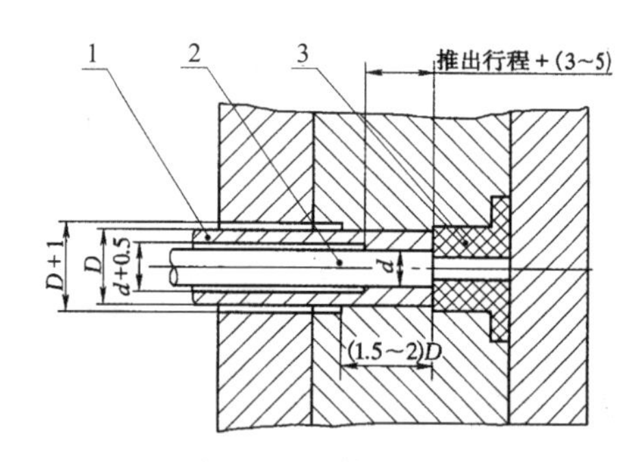

图 5.57　顶管的配合

1—顶管；2—型芯；3—制品

3. 顶出机构的导向与复位

（1）导向部件。有时顶出机构中的顶杆较细、较多或顶出力不均匀，顶出后推板可能发生偏斜，造成顶杆弯曲或折断，此时应考虑设计顶出机构的导向装置。常见的顶出机构导向部件如图 5.58 所示。图 5.58（a）和图 5.58（b）中的导柱除了起导向作用外，还具备支承作用，以减小在注塑成型时动模垫板的变形；图 5.58（c）的结构只有导向作用。模具小、顶杆少、制品产量又不多时，可只用导柱不用导套；反之，模具还需装导套，以延长模具的使用寿命及增加模具的可靠性。

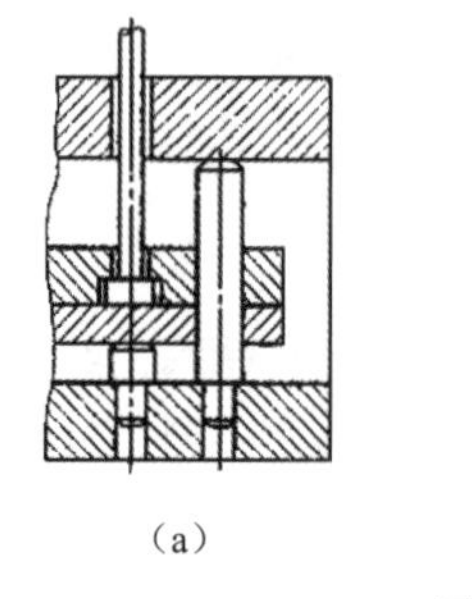

(a)

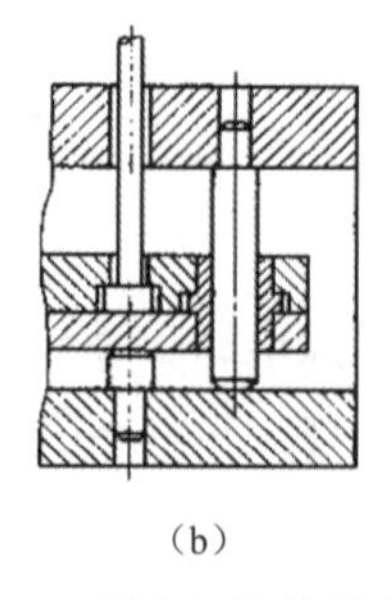

(b)

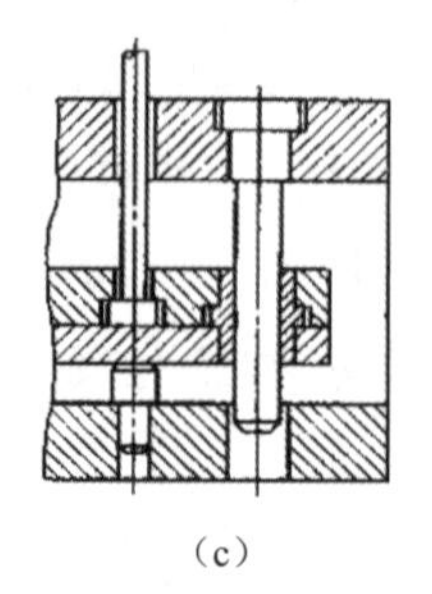

(c)

图 5.58　顶出机构的导向部件

（2）复位部件。顶出机构在开模顶出制品后，要为下一次注塑成型做准备，需使顶出机构复位，以便恢复完成的模腔，所以必须设计复位装置。最简单的方法是在推固定板上同时安装复位杆，也叫回程杆。

动手学——负离子发生器模具的顶杆后处理

（1）单击【主页】选项卡中的【标准】面板上的【打开】按钮，弹出【打开】对话框，选择 flzfsq 文件夹中的 flzfsq_top_000.prt 文件，单击【确定】按钮，打开 flzfsq_ top_000.prt 文件。

（2）单击【注塑模向导】选项卡中的【主要】面板上的【顶杆后处理】按钮，弹出【顶杆后处理】对话框，❶在【类型】下拉列表框中选择【调整长度】，❷在【目标】选项组中选择创建的待处理的顶杆，❸在【工具】选项组中接受默认的修边曲面，即型芯修剪片体（CORE_TRIM_SHEET），如图 5.59 所示，❹单击【确定】按钮，结果如图 5.60 所示。

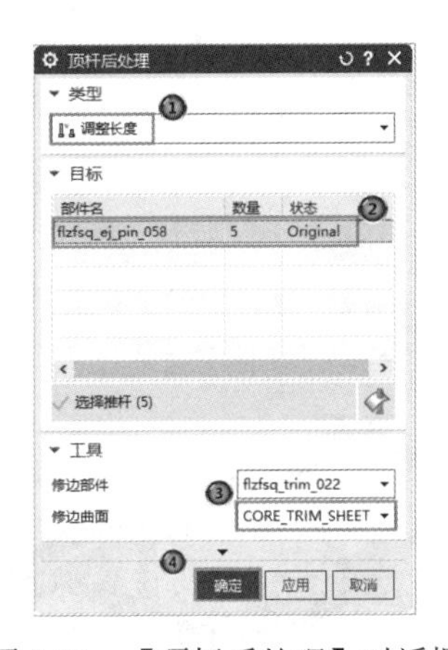

图 5.59　【顶杆后处理】对话框

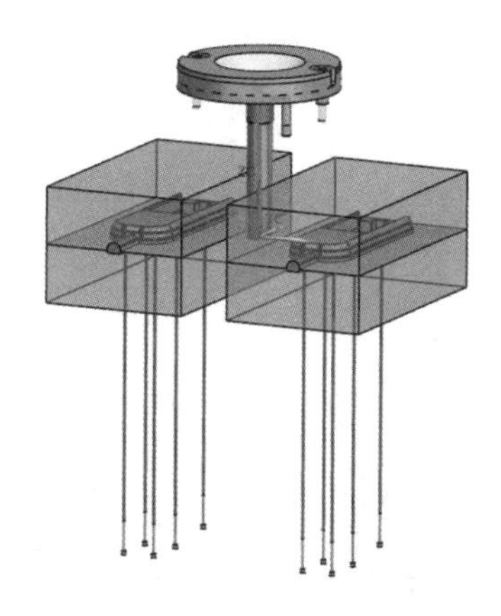

图 5.60　修剪结果

（3）选择【文件】→【保存】→【全部保存】命令，保存全部文件。

动手练——为 RC 后盖添加顶出机构

（1）利用【标准件库】命令选择 HASCO_MM→Ejection，在【成员选择】中选择 Ejector Pin(Straight)，设置 CATALOG_DIA 为 0.8、CATALOG_LENGTH 为 160，在坐标点（35,65,0）、（35,0,0）、（41,-65,0）、（75,0,0）、（75,65,0）、（73,-65,0）处添加顶杆。

（2）利用【顶杆后处理】命令，用型芯片体对顶杆进行修剪，如图 5.61 所示。

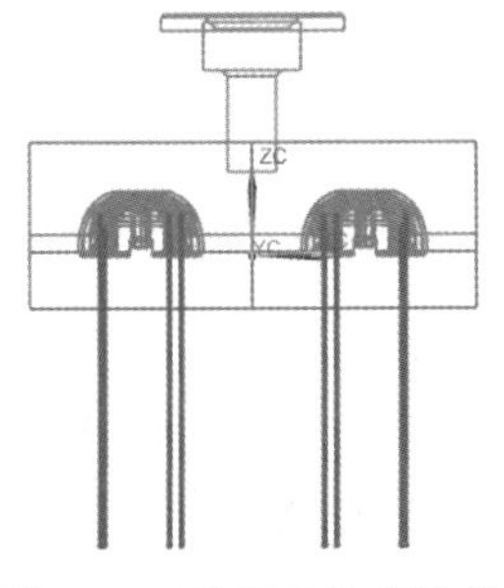

图 5.61　顶杆后处理效果

第 6 章　浇注系统和冷却系统

内容简介

浇注系统设计是注塑模设计中最重要的环节之一。浇注系统是引导塑料熔体从注塑机喷嘴到模具型腔为止的一种完整的输送通道。它具有传质和传压的功能，对塑件质量具有决定性的影响。它的设计合理与否影响制品的质量、模具的整体结构及工艺操作的难度。

内容要点

- 浇注系统
- 冷却系统

案例效果

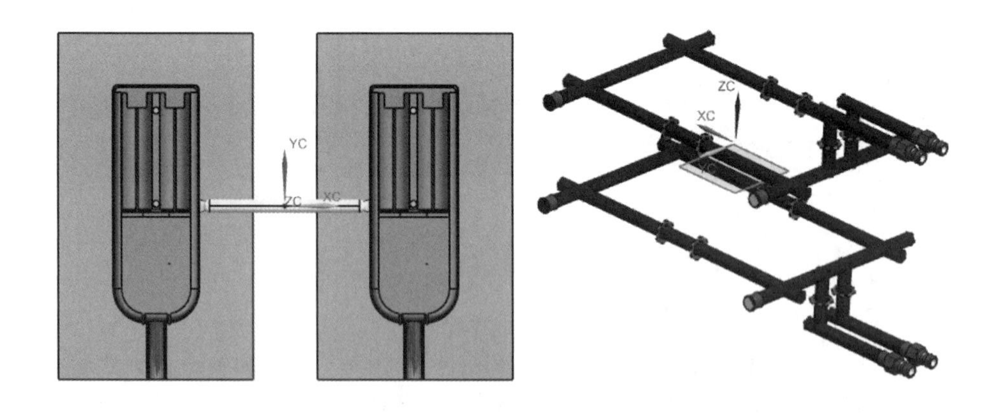

6.1　浇 注 系 统

6.1.1　流道

1. 主流道

主流道是熔体进入模具最先经过的一段流道，一般使用标准浇口套成型设计而成。

单击【注塑模向导】选项卡中的【主要】面板上的【标准件库】按钮，系统弹出【重用库】和【标准件管理】对话框，如图 6.1 所示。在【重用库】的【名称】中选择 FUTABA_MM→Sprue Bushing，然后从【成员选择】列表中选择需要的标准浇口套 A。

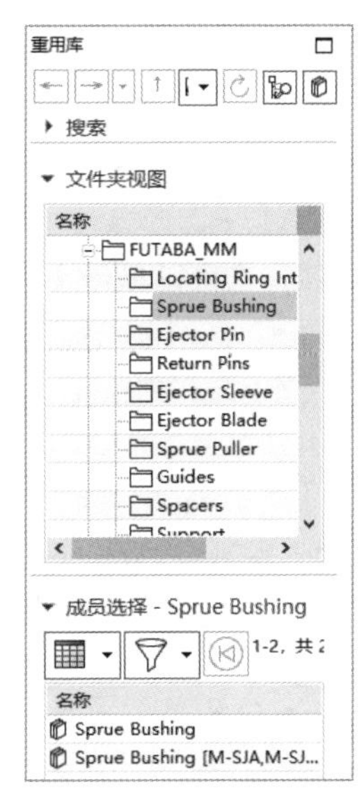

图 6.1　【重用库】对话框和【标准件管理】对话框

2．分流道

分流道是熔料经过主流道进入浇口之前的路径，设计要素分为流动路径和流道截面形状。

单击【注塑模向导】选项卡中的【主要】面板上的【流道】按钮，系统弹出如图 6.2 所示的【流道】对话框和【信息】对话框。

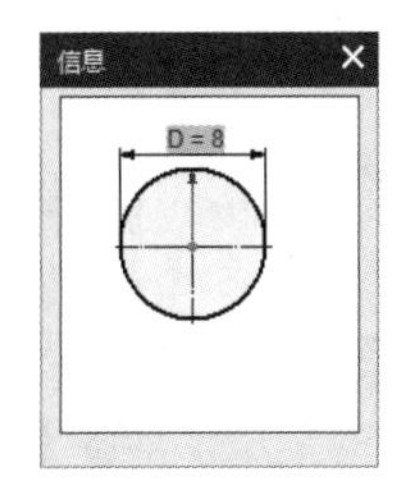

图 6.2　【流道】对话框和【信息】对话框

（1）引导。引导线串的设计根据流道管道、分型面和参数调整要求的综合情况来考虑，共分为2种方法。

1）绘制引导线。

2）选择已有曲线为引导线。

单击【绘制截面】按钮，进入草图环境绘制引导线，也可以单击【曲线】按钮，选择已有的曲线作为引导线。

（2）截面。

1）指定矢量：指定扫掠截面的方位。

2）截面偏置：指定截面沿指定方向的偏置值。

3）截面类型：系统提供了5种常用的流道截面形式，分别为Circular（圆形）、Parabolic（抛物线形）、Trapezoidal（梯形）、Hexagonal（六边形）和Semi_Circular（半圆形）。不同的截面形状有不同的控制参数。

4）参数：用于设置、临时锁定或解锁参数值。

（3）布尔：设置在创建流道后对流道执行的布尔操作，包括无、合并和减去。

（4）设置。

1）引导线端点类型：用于指定流道上引导线端点的形状。引导线端点的直径等同于指定流道的宽度。

- 两者皆是：在流道截面的两端创建圆形。
- 起点：在流道截面的开端创建圆形。
- 终点：在流道截面的末端创建圆形。
- 无：不在流道截面上创建圆形。

2）编辑注册文件：每个草图式样在使用前都必须在注塑模向导中登记，可以添加包含模型、数据库电子表格和位图的定制横截面。

3）编辑数据库：显示一个草图数据的电子表格。

扫一扫，看视频

动手学——为负离子发生器模具添加流道

（1）单击【主页】选项卡中的【标准】面板上的【打开】按钮，弹出【打开】对话框，选择flzfsq文件夹中的flzfsq_top_000.prt文件，单击【确定】按钮，打开flzfsq_ top_000.prt文件。

（2）隐藏模架、定位环和主流道。单击【注塑模向导】选项卡中的【主要】面板上的【流道】按钮，弹出【流道】对话框，选择圆形截面类型作为分流道的截面形状，并且设置D为6，如图6.3所示。

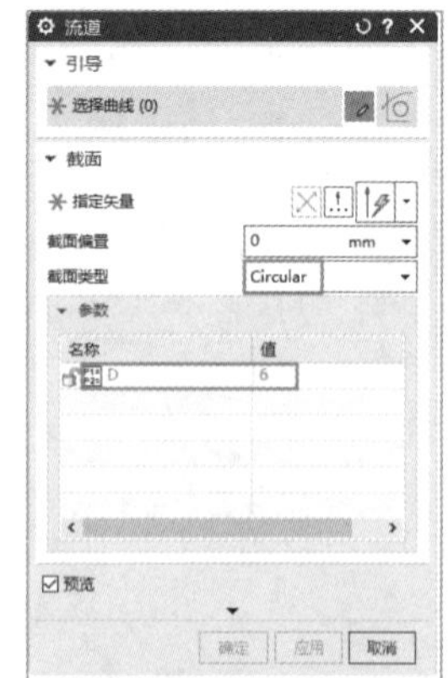

图6.3 【流道】对话框

（3）单击【绘制截面】按钮，弹出如图6.4所示的【创建草图】对话框，选择【平面方法】为【基于平面】，选择XY平面，单击【确定】按钮，进入草图绘制环境。

（4）绘制如图6.5所示的草图，单击【完成】按钮，返回【流道】对话框，单击【确定】按钮，加入分流道，如图6.6所示。

图 6.4　【创建草图】对话框

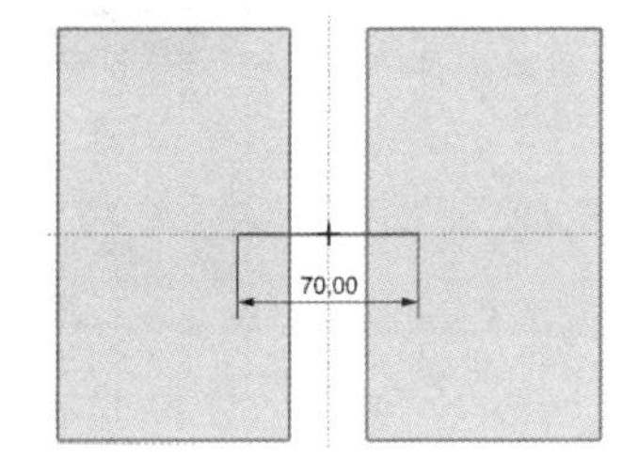

图 6.5　绘制草图

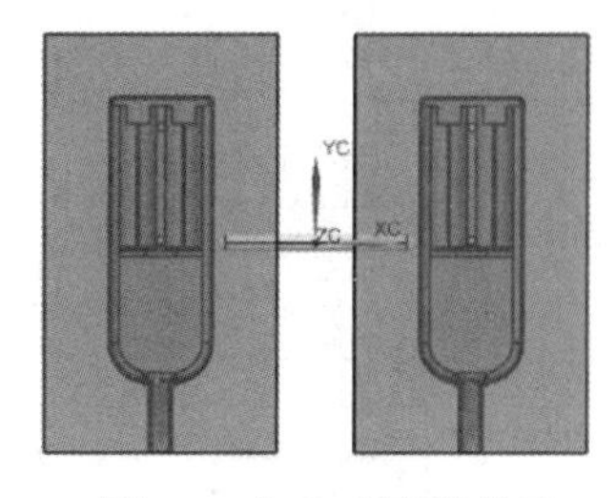

图 6.6　加入分流道效果

（5）选择【文件】→【保存】→【全部保存】命令，保存全部文件。

6.1.2　浇口

浇口是指连接流道和型腔的熔料进入口，如图 6.7 所示。浇口根据模型特点及产品外观要求的不同有很多种设计方法。

单击【注塑模向导】选项卡中的【主要】面板上的【设计填充】按钮，系统弹出如图 6.8 所示的【重用库】对话框和【设计填充】对话框。

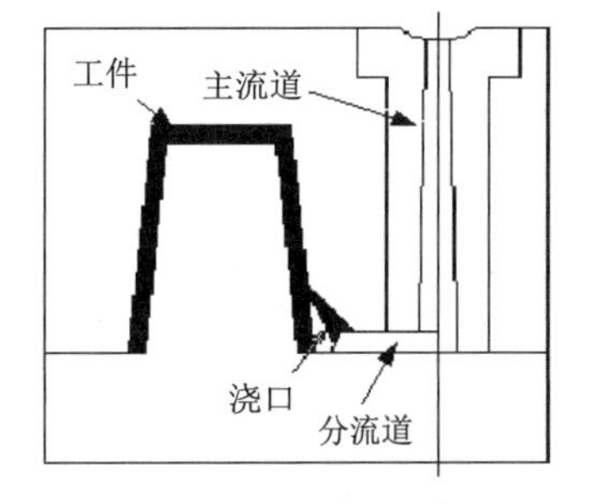

图 6.7　浇口示意图

图 6.8　【重用库】对话框和【设计填充】对话框

（1）文件夹视图：此列表中列出了可用的库文件。

（2）成员选择：在此列表中会显示不同的规格，如图 6.9 所示，包括流道和浇口。选择不同的对象，在弹出的图 6.10 所示的【信息】对话框中，将显示所选部件的信息。

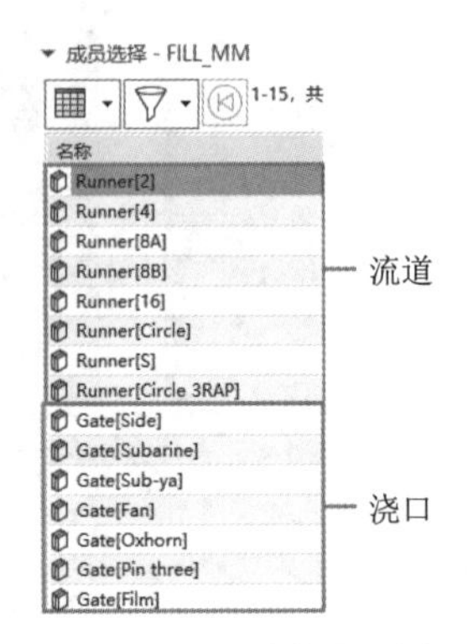

图 6.9 【成员选择】列表

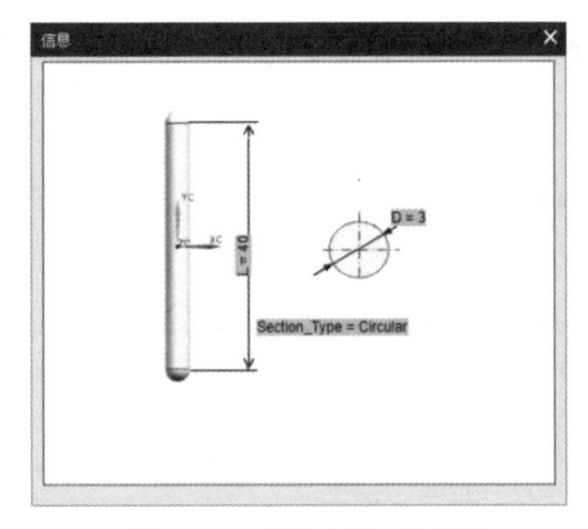

图 6.10 【信息】对话框

【设计填充】对话框中的选项说明如下。

（1）组件。

1）选择组件：用于选择要编辑或删除的浇口或流道组件。

2）重命名组件：选中此复选框，在加载部件前重命名组部件。

3）参数：显示流道或浇口的参数，如其相应值的长度、直径和半径。当选中一个尺寸时，它将显示在尺寸编辑窗口，可进行编辑。

（2）放置。

1）指定点：用于指定填充组件的位置。在部件上选择一个点，也可以使用【点】对话框选择更多点选项来定向填充组件。

2）指定方位：用于使用操控器手柄定向流道。

（3）设置。

1）添加约束：用于对组件位置施加装配约束。

2）编辑注册器：每个浇口模型都注册在注塑模向导模块中并可以编辑。

3）编辑数据库：每个浇口模型的参数都保存在电子表格中并可以编辑。

知识拓展——浇注系统

注塑模的浇注系统是指塑料熔体从注塑机喷嘴进入模具开始到型腔为止所流经的通道。它的作用是将熔体平稳地引入模具型腔，并在填充和固化定型过程中，将型腔内气体顺利排出，且将压力传递到型腔的各个部位，以获得组织致密、外形清晰、表面光洁和尺寸稳定的制品。因此，浇注系统设计的正确与否直接关系到注塑成型的效率和制品质量。

扫一扫，看视频

动手学——为负离子发生器模具添加浇口

（1）单击【主页】选项卡中的【标准】面板上的【打开】按钮，弹出【打开】对话框，选择 flzfsq 文件夹中的 flzfsq_top_000.prt 文件，单击【确定】按钮，打开 flzfsq_ top_000.prt 文件。

（2）隐藏模架、定位环、主流道和型腔。单击【注塑模向导】选项卡中的【主要】面板上的【设计填充】按钮，在弹出的【重用库】对话框的【成员选择】列表中选择 Gate[Fan]。在【设计填充】对话框中设置 Section_Type 为 Circular、D 为 3、L 为 0、L2 为 5，如图 6.11 所示，其他采用默认设置。

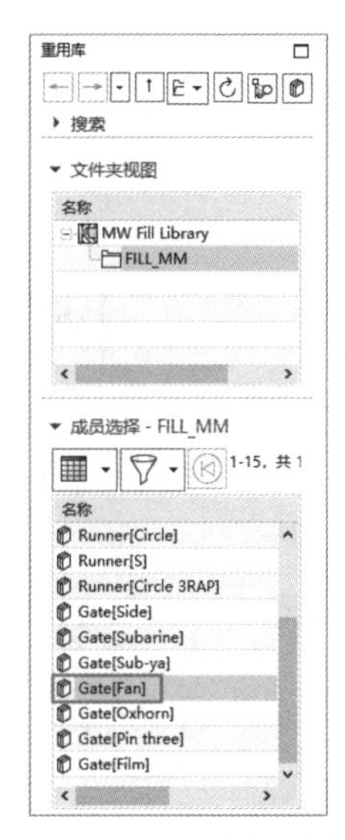

图 6.11　【重用库】对话框和【设计填充】对话框

（3）在【放置】选项组中单击【选择对象】按钮⊕，捕捉如图 6.12 所示的产品外部底线的中点为放置浇口位置，单击放置浇口，如图 6.13 所示。

（4）单击动态坐标系上的绕 Z 轴旋转，在弹出的参数栏中输入角度为 180，如图 6.14 所示。

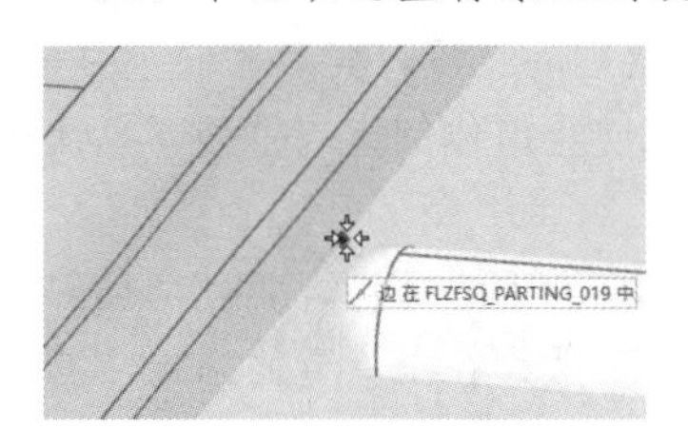

图 6.12　选择中点

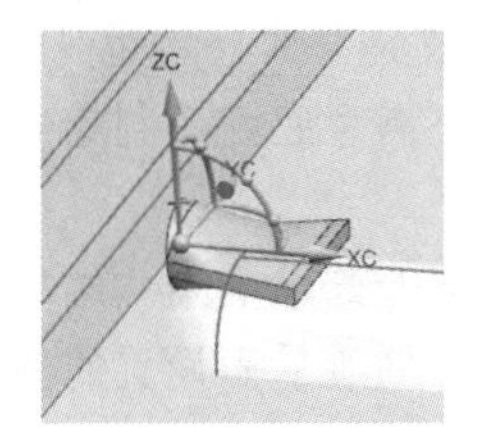

图 6.13　放置浇口

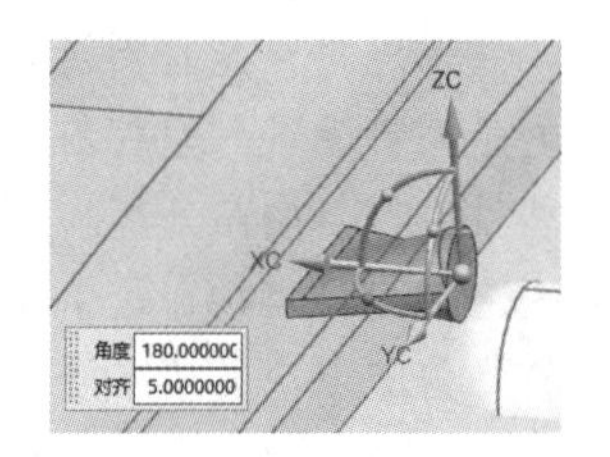

图 6.14　输入角度

（5）单击平移原点，在弹出的参数栏中输入坐标为（-35,0,0.6），如图 6.15 所示，单击【确定】按钮，完成浇口的创建，如图 6.16 所示。

（6）采用相同的方法在另一侧创建相同参数的浇口，如图 6.17 所示。

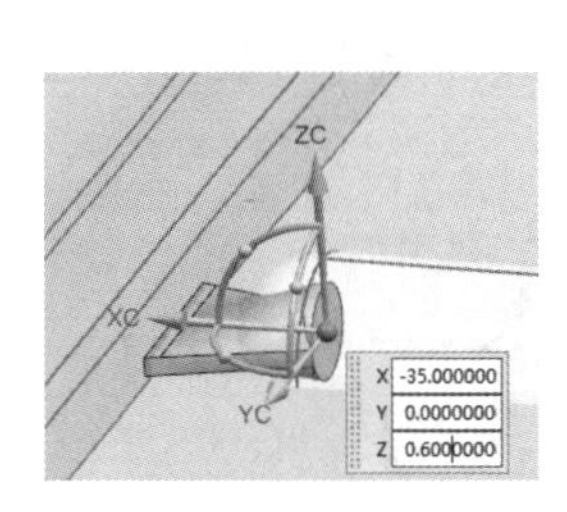

图 6.15　输入坐标

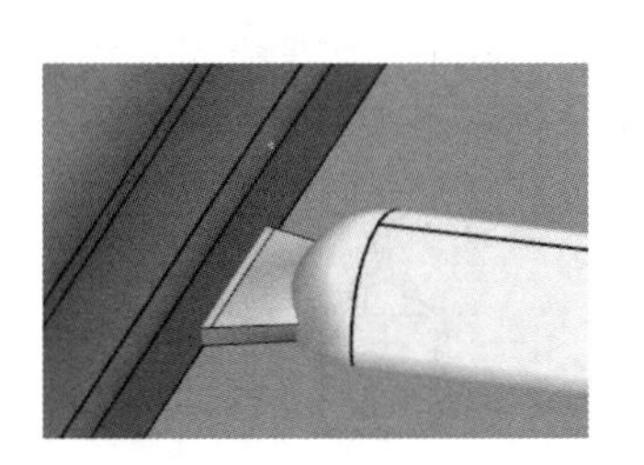

图 6.16　创建浇口

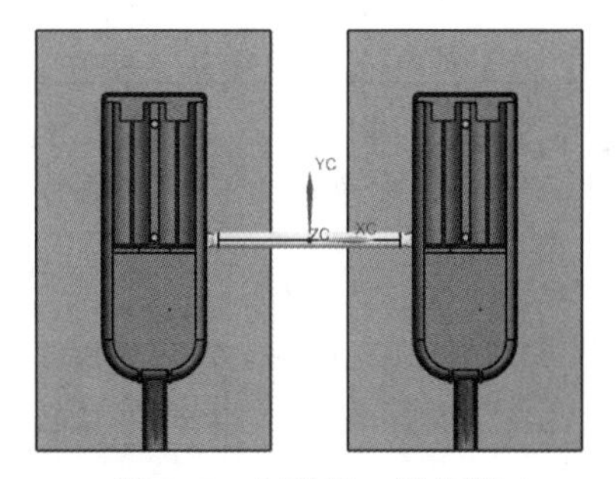

图 6.17　创建另一侧的浇口

（7）选择【文件】→【保存】→【全部保存】命令，保存全部文件。

1. 普通浇注系统的组成

注塑模的浇注系统组成如图 6.18 和图 6.19 所示，浇注系统由主流道、分流道、浇口和冷料穴 4 部分组成。

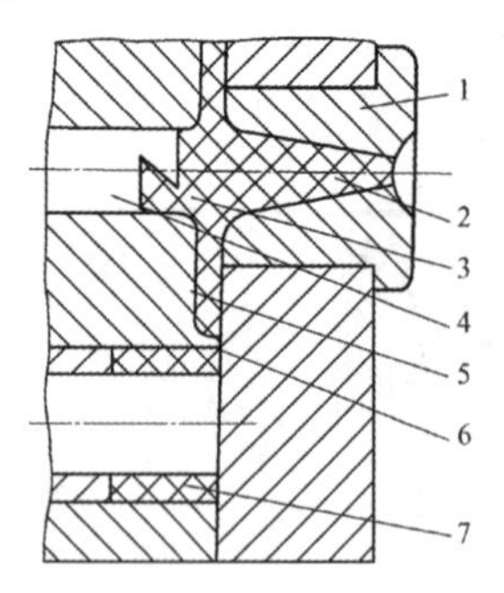

图 6.18　卧式和立式注塑机用模具普通浇注系统

1—主流道衬套；2—主流道；3—冷料穴；
4—拉料杆；5—分流道；6—浇口；7—制品

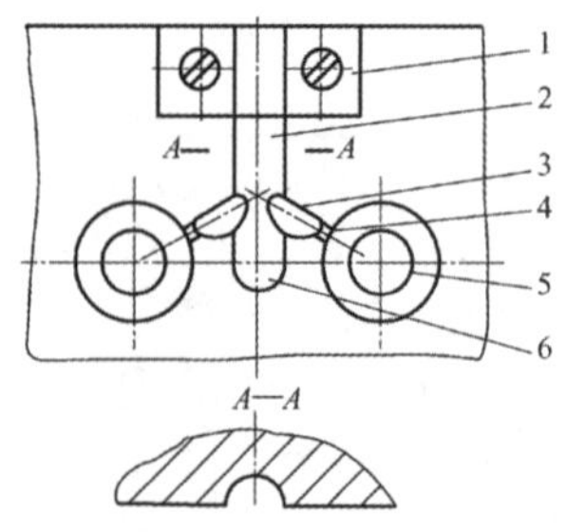

图 6.19　直角式注塑机用模具普通浇注系统

1—主流道镶块；2—主流道；3—分流道；
4—浇口；5—模腔；6—冷料穴

（1）主流道，是指从注塑机喷嘴与模具接触处开始，到有分流道支线为止的一段料流通道。主流道起到将熔体从喷嘴引入模具的作用，其尺寸的大小直接影响熔体的流动速度和填充时间。

（2）分流道，是主流道与型腔进料口之间的一段流道，主要起分流和转向作用，是浇注系统的断面变化和熔体流动转向的过渡通道。

（3）浇口，是指料流进入型腔前最狭窄部分，也是浇注系统中最短的一段，其尺寸狭小且短，目的是使料流进入型腔前加速，便于充满型腔，又利于封闭型腔口，防止熔体倒流。另外，也便于成型后冷料与制品分离。

（4）冷料穴，在每个注塑成型周期开始时，最前端的料接触低温模具后会降温、变硬，被称为冷料，为防止冷料堵塞浇口或影响制件的质量而设置的料穴。冷料穴一般设在主流道的末端，有时在分流道的末端也增设冷料穴。

2. 浇注系统设计的基本原则

浇注系统设计是注塑模设计的一个重要环节，它直接影响注塑成型的效率和质量。设计时一般遵循以下基本原则。

（1）必须了解塑料的工艺特性，以便考虑浇注系统尺寸对熔体流动的影响。

（2）排气良好的浇注系统应能顺利地引导熔体充满型腔，料流快而不紊，并能把型腔的气体顺利排出。图 6.20（a）所示的浇注系统，从排气角度考虑，浇口的位置设置就不合理，如改用图 6.20（b）和图 6.20（c）所示的浇注系统设置形式，则排气良好。

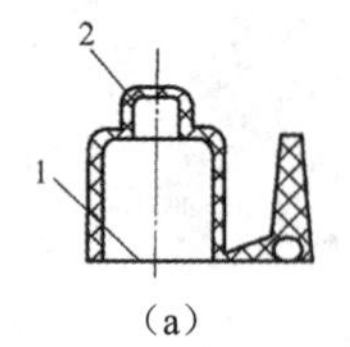

（a）

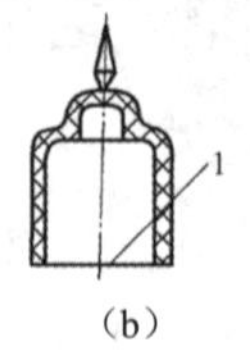

（b）

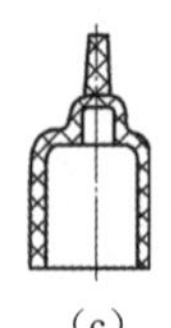

（c）

图 6.20　浇注系统与填充的关系

1—分型面；2—气泡

（3）为防止型芯和制品变形，高速熔融塑料进入型腔时，要尽量避免料流直接冲击型芯或嵌件。对于大型制品或精度要求较高的制品，可考虑多点浇口进料，以防止浇口处由于收缩应力过大而造成制品变形。

（4）减少熔体流程及塑料耗量，在满足成型和排气良好的前提下，塑料熔体应以最短的流程充满型腔，这样可缩短成型周期，提高成型效果，减少塑料用量。

（5）去除与修整浇口方便，并保证制品的外观质量。

（6）要求热量及压力损失最小，浇注系统应尽量减少转弯，采用较低的表面粗糙度，在保证成型质量的前提下，尽量缩短流程，合理选用流道断面形状、尺寸等，以保证最终的压力传递。

3. 普通浇注系统设计

（1）主流道设计。主流道轴线一般位于模具中心线上，与注塑机喷嘴轴线重合。在卧式和立式注塑机注塑模中，主流道轴线垂直于分型面（图6.21），主流道断面形状为圆形。在直角式注塑机用注塑模中，主流道轴线平行于分型面（图6.22），主流道截面一般为等截面柱形，截面可为圆形、半圆形、椭圆形和梯形，以椭圆形应用最广。

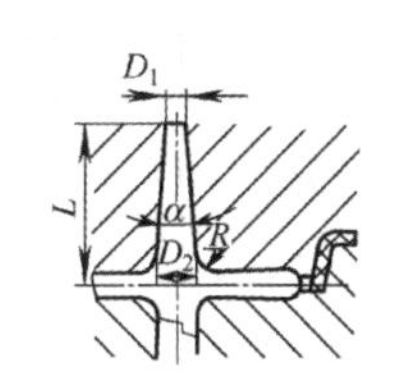

图6.21　主流道的形状和尺寸

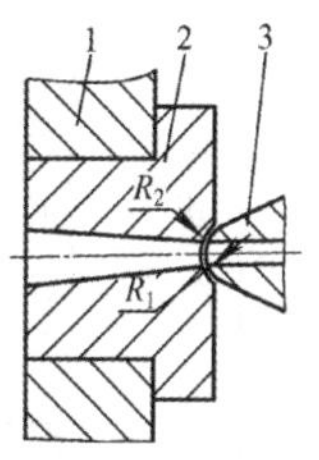

图6.22　注塑机喷嘴与主流道衬套球面接触

1—定模底板；2—主流道衬套；3—喷嘴

主流道设计要点如下：为便于凝料从流道中拔出，主流道设计成圆锥形（图6.21），锥角α=2°～4°，通常主流道进口端直径应根据注塑机喷嘴孔径确定。设计主流道截面直径时，应注意喷嘴轴线和主流道轴线对中，主流道进口端直径应比喷嘴直径大0.5～1mm。主流道进口端与喷嘴头部接触的形式一般是弧面，如图6.22所示。通常主流道进口端凹下的球面半径R_2比喷嘴球面半径R_1大1～2mm，凹下深度约为3～5mm。

主流道与分流道结合处采用圆角过渡，其半径R为1～3mm，以减小料流转向过渡时的阻力。

在保证制品成型良好的前提下，主流道的长度L应尽量短，以减小压力损失及废料，一般主流道长度视模板的厚度、流道的开设等具体情况而定。

设置主流道衬套，由于主流道要与高温塑料和喷嘴反复接触和碰撞，易损坏。所以，一般不将主流道直接开在模板上，而是将它单独设在一个主流道衬套中，如图6.23所示。

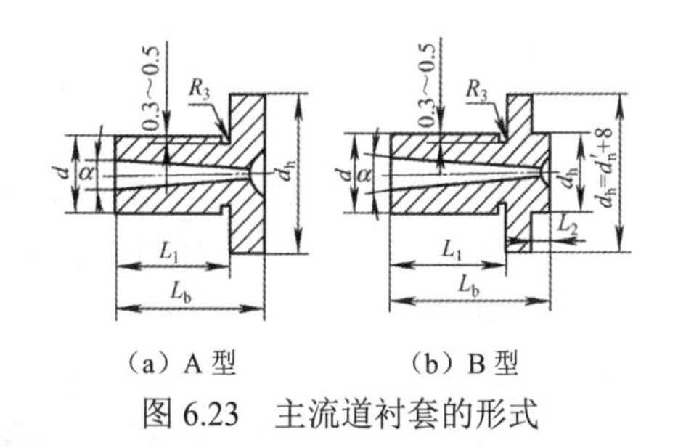

（a）A型　　（b）B型

图6.23　主流道衬套的形式

（2）分流道设计。对于小型制品单型腔的注塑模，通常不设分流道；对于大型制品采用多点进料或多型腔注塑模都需要设置分流道。分流道的要求是：塑料熔体在流动中热量和压力损失最小，同时使流道中的塑料量最少；塑料熔体能在相同的温度、压力条件下，从各个浇口尽可能地同时进入并充满型腔；从流动性、传热性等因素考虑，分流道的比表面积（分流道侧表面积与体积之比）应尽可能小。

1）分流道的截面形状及尺寸：分流道的形状和尺寸主要取决于制品的体积、壁厚、形状以及所用塑料的种类、注塑速率、分流道长度等。分流道截面过小，会降低单位时间内输送的塑料量，并使填充时间延长，塑料会出现缺料、波纹等缺陷；分流道截面过大，不仅积存空气增多，容易使制品产生气泡，而且会增大塑料耗量，延长冷却时间。但对注塑黏度较大或透明度要求较高的塑料，如有机玻璃，应采用截面较大的分流道。

分流道截面形状及特点见表 6.1。

表 6.1　分流道截面形状及特点

截面形状	特　点	截面形状	特　点
圆形截面形状 $D = T_{max} + 1.5$ T_{max}——制品最大壁厚	优点：比表面积最小，因此阻力小，压力损失小，冷却速度最慢，流道中心冷凝慢有利于保压； 缺点：同时在两半模上加工圆形凹槽，难度大，费用高，较常用	抛物线形截面（或 U 形） $h = 2r$（r 为圆的半径） $\alpha = 10°$	与 U 形截面特点近似，但比 U 形截面流道的热量损失及冷凝料都多，加工也较方便，因此比较常用
梯形截面形状 b=4～12mm； h=(2/3)b； r=1～3	优点：比表面积值比圆形截面大，但单边加工方便，且易于脱模； 缺点：与圆形截面流道相比，热量及压力损失大，冷凝料多	半圆形和矩形截面	两者的比表面积均较大，其中矩形最大，热量及压力损失大，一般不常用

圆形断面分流道的直径 D 一般在 2～12mm 范围内变动。实验证明，对多数塑料来说，分流道的直径在 5mm 以下时，对熔体流体性影响较大，直径在 8mm 以上时，再增大直径，对熔体流动性影响不大。

分流道的长度一般在 8～30mm 范围内，一般根据型腔布置适当加长或缩短，但最短不宜小于 8mm，否则会给制品修磨和分割带来困难。

2）分流道的布置形式：分流道的布置形式取决于型腔的布局，其遵循的原则应是，排列紧凑，能缩小模板尺寸，缩短流程，锁模力力求平衡。

分流道的布置形式有平衡式和非平衡式两种，以平衡式布置最佳。

- 平衡式的布置形式见表 6.2。其主要特征是：从主流道到各个型腔的分流道，其长度、断面形状及尺寸均相等，以达到各个型腔能同时均衡进料的目的。

表 6.2　分流道平衡式布置的形式

分型面为圆形时的环形排列	（a） 布局简单，加工方便，但只能布置有限的型腔	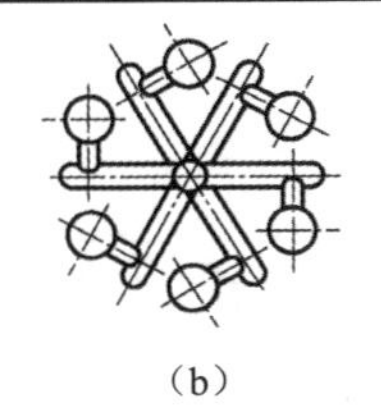 （b） 好于（a）形式，流道末端有冷料井	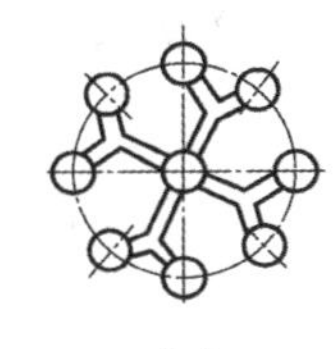 （c） 与（a）、（b）形式相比，同样型腔数目时，流道冷料少
分型面为矩形时的排列	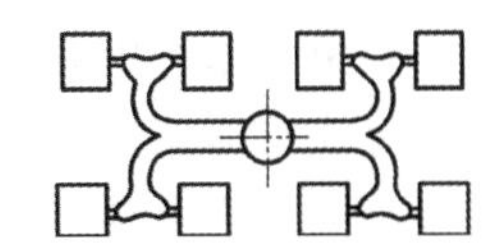 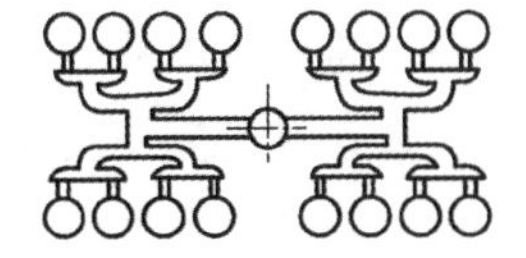 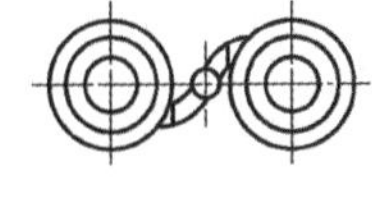 与环形排列相比，同样型腔数目时，模板尺寸可减小，但流道转弯较多，压力损失大，加工也较困难，同时冷料多		

➤ 非平衡式的布置形式见表 6.3。其主要特征是各型腔的流程不同，为了达到各型腔同时均衡进料，必须将浇口加工成不同尺寸。同样空间时，比平衡式排列容纳的型腔数目多，型腔排列紧凑，总流程短。因此，对于精度要求特别高的制品，不宜采用非平衡式分流道。

表 6.3　分流道非平衡式布置的形式

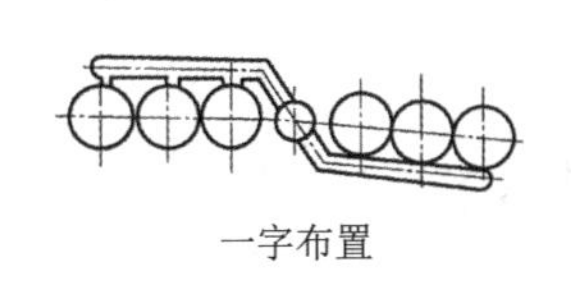 一字布置	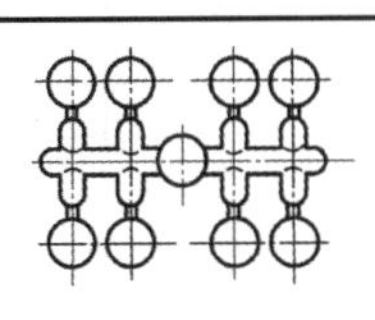 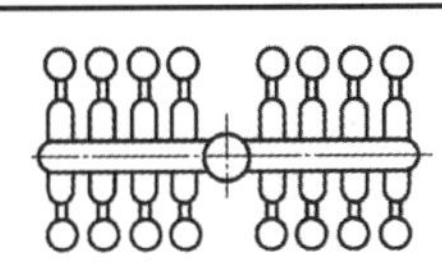 串联布置
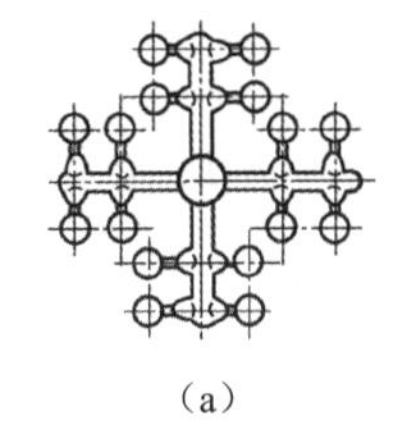 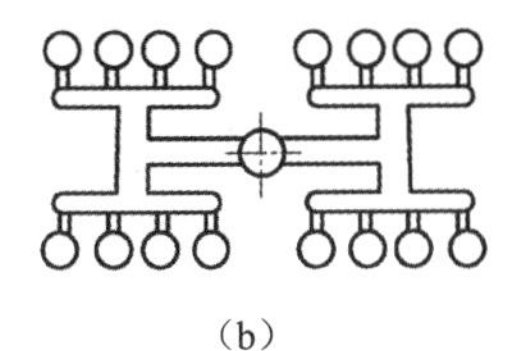 （a）　（b） 对称布置	

3）分流道的设计要点。

➤ 分流道的断面和长度设计，应在保证顺利充模的前提下尽量取小，尤其小型制品更为重要。

➤ 分流道的表面粗糙度一般为 1.6μm 即可，这样可以使熔融塑料的冷却皮层固定，有利于保温。

➤ 当分流道较长时，在分流道末端应开设冷料穴（表 6.2 和表 6.3），以容纳冷料，保证制品的质量。

➢ 分流道与浇口的连接处要以斜面或圆弧过渡，如图 6.24 所示，有利于熔料的流动及填充，否则会引起反压力，消耗动能。

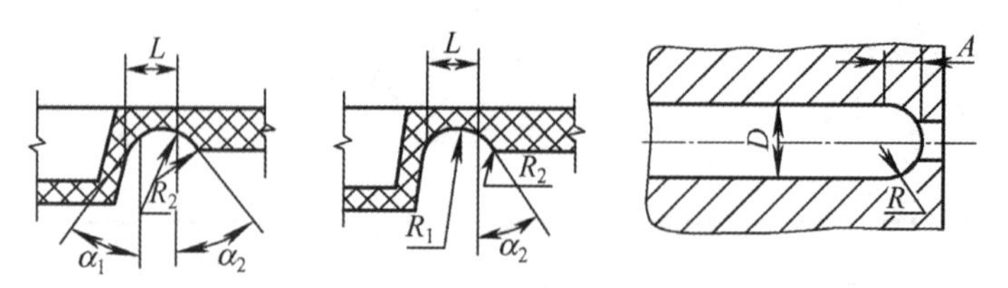

图 6.24　分流道与浇口的连接形式

（3）浇口设计。浇口是连接分流道与型腔的进料通道，是浇注系统中截面最小的部分。其作用是使熔料通过浇口时产生加速度，从而迅速充满型腔；接着浇注处的熔料首先冷凝，封闭型腔，防止熔料倒流；成型后浇口处凝料最薄，利于与制品分离。浇口的形式很多，常见的有以下几种。

1）侧浇口，又称边缘浇口，设置在模具的分型面处，截面通常为矩形，其形状和尺寸见表 6.4，可用于各种形状的制品。

表 6.4　侧浇口的形状和尺寸　　单位：mm

模具类型	浇口简图	塑料名称	a			b	l
			壁厚<1.5	壁厚 1.5～3	壁厚>3		
热塑性塑料注塑模		聚乙烯 聚丙烯 聚苯乙烯	简单塑料 0.5～0.7 复杂塑料 0.5～0.6	简单塑料 0.6～0.9 复杂塑料 0.6～0.8	简单塑料 0.8～1.1 复杂塑料 0.8～1.0	中小型 3～10*a*	0.7～2
		ABS 聚甲醛	简单塑料 0.6～0.8 复杂塑料 0.5～0.8	简单塑料 1.2～1.4 复杂塑料 0.8～1.2	简单塑料 0.8～1.1 复杂塑料 0.8～1.0		
		聚碳酸酯 聚苯醚	简单塑料 0.8～1.2 复杂塑料 0.6～1.0	简单塑料 1.3～1.6 复杂塑料 1.2～1.5	简单塑料 1.0～1.6 复杂塑料 1.4～1.6	大型制品>10*a*	
热固性塑料注塑模		注塑型酚醛塑料粉	0.2～0.5			2～5	1～2

2）扇形浇口，和侧浇口类似，用于成型宽度较大的薄片制品，其形状和尺寸见表 6.5。

表 6.5　扇形浇口的形状和尺寸　　单位：mm

简　图	尺　寸
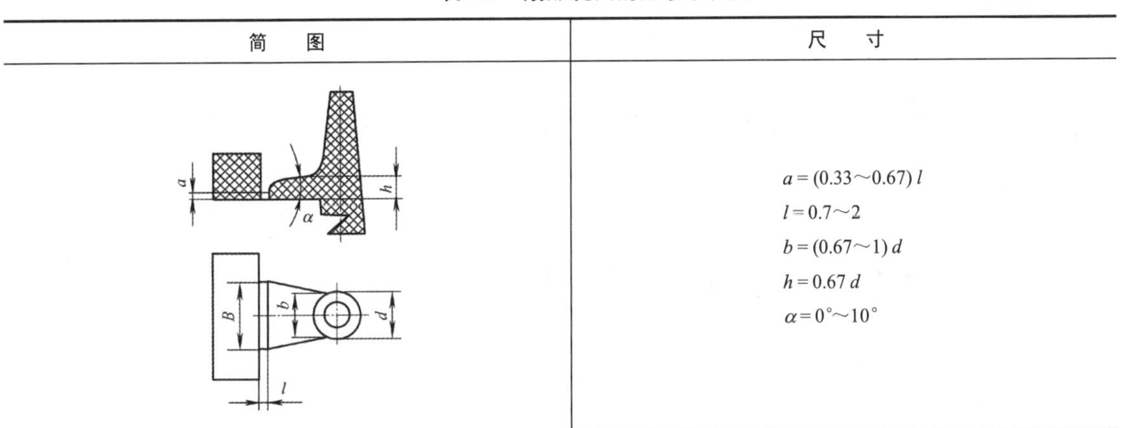	$a=(0.33\sim0.67)\,l$ $l=0.7\sim2$ $b=(0.67\sim1)\,d$ $h=0.67\,d$ $\alpha=0°\sim10°$

3）平缝式浇口，又叫薄片式浇口，该形式可改善熔料流速，降低制品内应力和翘曲变形，适用于成型大面积扁平塑料，其形状与尺寸见表 6.6。

表 6.6　平缝式浇口的形状和尺寸　　单位：mm

简　图	尺　寸
	$a=0.2\sim1.5$ $l<1.5$ $b=(0.75\sim1)\,B$

4）直接浇口，又叫主流道型浇口，熔体经主流道直接进入型腔，由于该浇口尺寸大，流动阻力小，常用于高黏度塑料的壳体类及大型、厚壁制品的成型，其形状和尺寸见表 6.7。

表 6.7　直接浇口的形状和尺寸　　单位：mm

简　图	尺　寸
	$L<30$ 时，$d=\phi6$ $L>30$ 时，$d=\phi9$

5）环形浇口，该形式浇口可获得各处相同的流程和良好的排气，适用于圆筒形或中间带孔的制品，其形状和尺寸见表 6.8。

表 6.8　环形浇口的形状和尺寸　　单位：mm

模具类型	浇口简图	尺寸
热塑性塑料注塑模	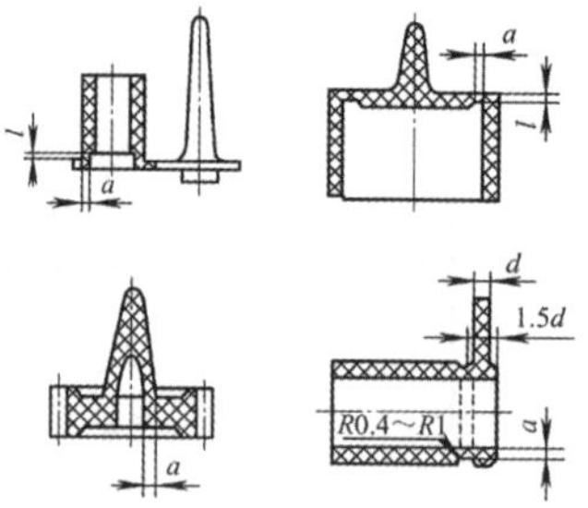 a　l　a　l　d　1.5d　R0.4～R1　a　a	$a=0.25\sim1.6$ $l=0.8\sim2$ d——直角式注塑机用模具浇注系统的主流道直径或立、卧式注塑机用模具浇注系统的分流道直径
热固性塑料注塑模	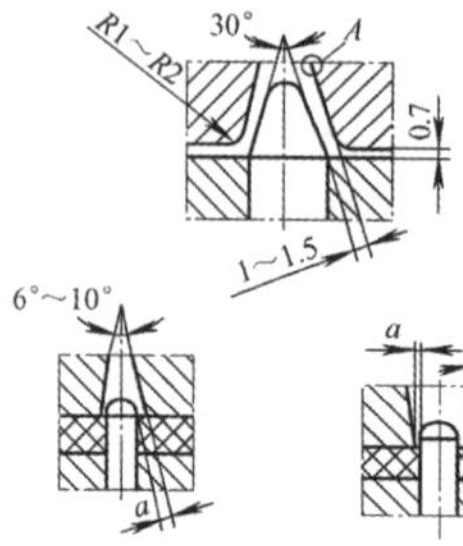 R1～R2　30°　A　0.7　1～1.5　6°～10°　a　a　2°～5°	$a=0.3\sim0.5$ A 处应保持锐角

6）轮辐式浇口，其特点是浇口去除方便，但制品上往往留有熔接痕，适用范围与环形浇口相似，见表 6.9。

表 6.9　轮辐式浇口的形状和尺寸　　单位：mm

浇口类型	浇口简图	尺寸
轮辐式浇口	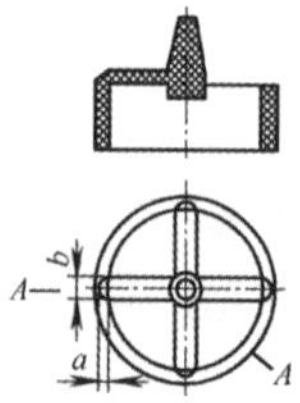 A—　b　a　A	$a=0.8\sim1.8$ $b=1.6\sim6.4$

7）爪形浇口，是轮辐式浇口的变异形式，尺寸可以参考轮辐式浇口，该浇口常设在分流锥上，适用于孔径较小的管状制品和同心度要求较高的制品的成型，见表 6.10。

表 6.10　爪形浇口的形状和尺寸　　单位：mm

浇口类型	浇口简图	尺寸
爪形浇口		参考轮辐式浇口

8）点浇口，又叫橄榄形浇口或菱形浇口，截面小如针点，适用于盆型及壳体类制品成型，而不适宜平薄易变形和复杂形状制品以及流动性较差和热敏性塑料的成型，其形状和尺寸见表 6.11。

表 6.11　点浇口的形状和尺寸　　单位：mm

模具类型	简　图	尺　寸	说　明
热塑性塑料注塑模	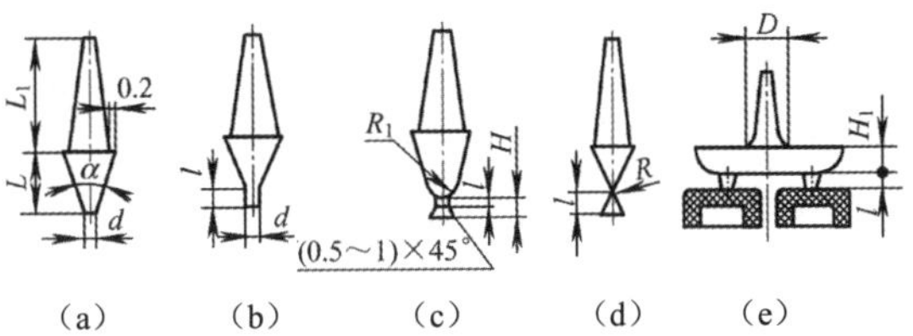 （a）（b）（c）（d）（e）	$D=\phi0.5\sim1.5$ $l=-0.5\sim2$ $\alpha=6^\circ\sim15^\circ$ $R=1.5\sim3$ $r=0.2\sim0.5$ $H=3$ $H_1=0.75D$	图（a）和图（b）适用于外观要求不高的制品；图（c）和图（d）适用于外观要求较高，薄壁及热固性塑料；图（e）适用于多型腔结构
热固性塑料注塑模	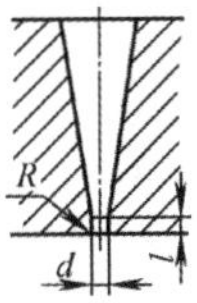	$d=\phi0.4\sim1.5$ $R=0.5$ 或 $0.3\times45^\circ$ $l=0.5\sim1.5$	当一个进料口不能充满型腔时，不宜增大浇口孔径，而应采用多点进料

9）潜伏式浇口又叫隧道式或剪切式浇口，是点浇口的演变形式，其特点是利于脱模，适用于要求外表面不留浇口痕迹的制品，对脆性塑料也不宜采用，其形状和尺寸见表 6.12。

表 6.12　潜伏式浇口的形状和尺寸　　单位：mm

类　型	简　图	尺　寸
推切式	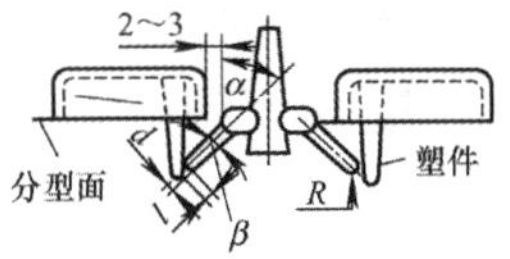 分型面　塑件	$d=\phi0.8\sim1.5$ $\alpha=30^\circ\sim45^\circ$ $\beta=5^\circ\sim20^\circ$ $l=1\sim1.5$ $R=1.5\sim3$
拉切式	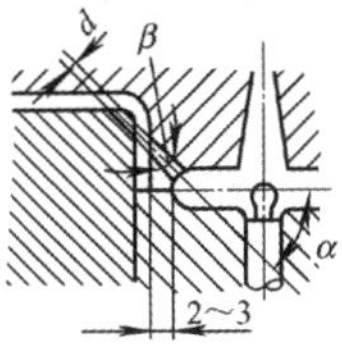	
二次流道式	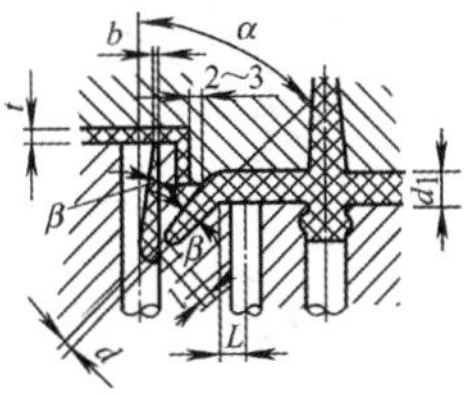	$d=\phi1.5\sim2.5$ $\alpha=30^\circ\sim45^\circ$ $\beta=5^\circ\sim20^\circ$ $l=1\sim1.5$ $b=0.6\sim0.8t$ $\theta=0\sim2^\circ$ $3d_1$

10）护耳式浇口，又叫凸耳式或冲击型浇口，适用于聚氯乙烯、聚碳酸酯、ABS 及有机玻璃等塑料的成型。其优点是可避免因喷射而造成塑料的翘曲、层压、糊状斑等缺陷；缺点是浇口切除困

难，制品上留有较大的浇口痕迹，其形状和尺寸见表6.13。

表6.13　护耳式浇口的形状和尺寸　　单位：mm

简　图	护 耳 尺 寸	浇 口 尺 寸
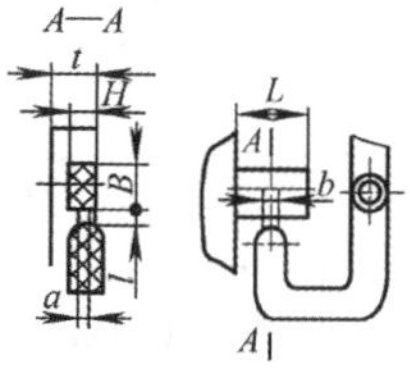 A—A	$L=10\sim20$ $B=1.0\sim1.5$ $H=0.8t$ t——制品壁厚	a、b、l参照表6.4选取

（4）浇口位置设计。浇口位置需要根据制品的几何形状、结构特征、技术和质量要求及塑料的流动性能等因素综合考虑。浇口位置的选择见表6.14。

表6.14　浇口位置的选择

简　图	说　明	简　图	说　明
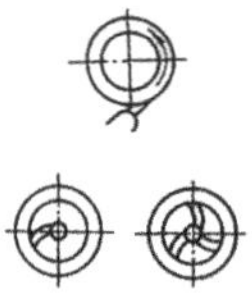	圆环形制品采用切向进浇，可减少熔接痕，提高熔接部位强度，有利于排气，但会增加熔接痕数量，适用于大型制品	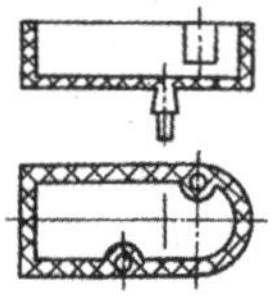	箱体形制品设置的浇口流程短，熔接痕少，熔接强度高
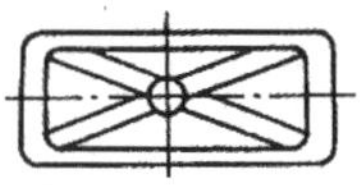	框形制品采用对角设置浇口，可减少制品收缩变形，圆角处有反料作用，可增大流速，利于成型	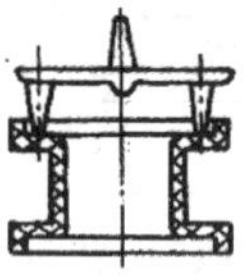	对于大型制品可采用双点浇口进料，改善流动性，提高制件质量
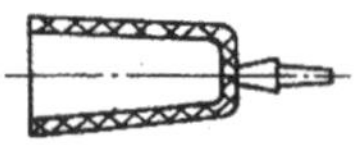	圆锥形制品，当其外观无特殊要求时，采用点浇口进料更合适	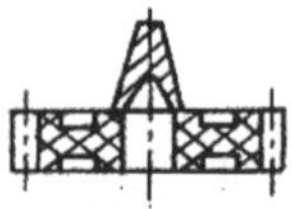	圆形齿轮制品，采用直接浇口，可避免产生接缝线，齿形外观质量也可以保证
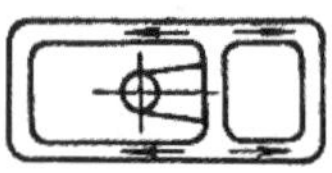	对于壁厚不均匀制品，浇口位置应使流程一致，避免涡流而形成明显的焊接痕	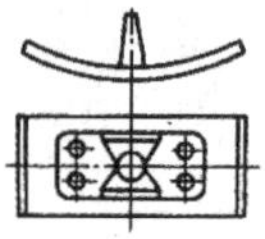	薄板形塑料，浇口设在中间长孔中，缩短流程，防止缺料和焊接痕，制件质量良好
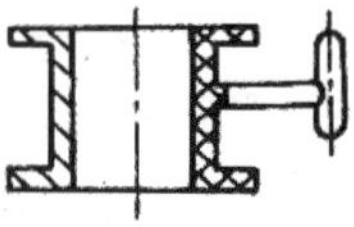	骨架形制品，浇口位置选择在中间，可缩短流程，减少填充时间	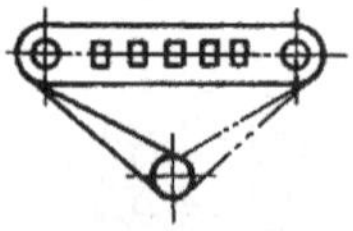	长条形制品，采用从两端切线方向进料，可缩短流程，如有纹理方向要求时，可改为从一端切线方向进料
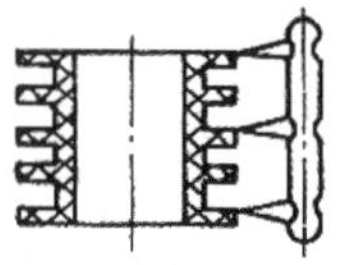	对于多层骨架而薄壁制品采用多点浇口，可改善填充条件	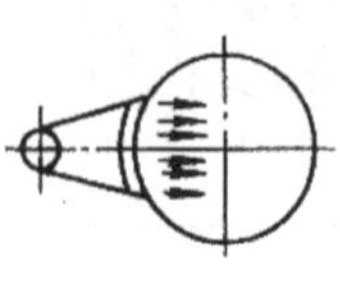	圆形扁平制品，采用径向扇形浇口，可以防止涡流，利于排气，保证制件质量

（5）冷料穴和拉料杆设计。冷料穴用来收集料流前锋的冷料，常设在主流道或分流道末端；拉

料杆的作用是在开模时，将主流道凝料从定模中拉出。其形状和尺寸见表 6.15。

表 6.15 冷料穴与拉料杆的形状和尺寸

型　式	简　图	说　明	型　式	简　图	说　明
带工形拉料杆的冷料穴	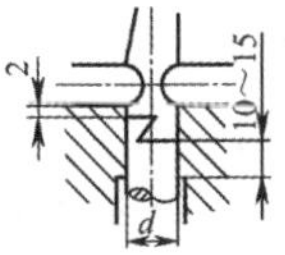	常用于热塑性注塑模，也可用于热固性注塑模，使用这种拉料杆，在制品脱模后，必须作侧向移动，否则无法取出制品	带拉料杆的球形冷料穴	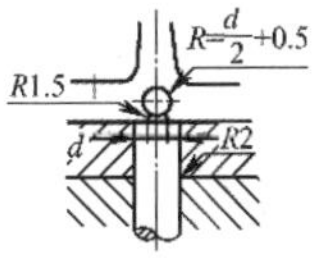	常用于推板推出和弹性较好的塑料
带推杆的倒锥形冷料穴	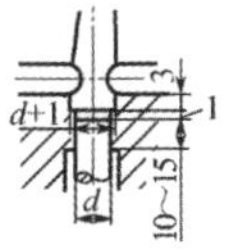	适用于软质塑料	带推杆的菌形冷料穴	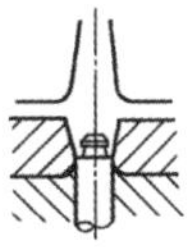	常用于推板推出和弹性较好的塑料
带推杆的圆环形冷料穴	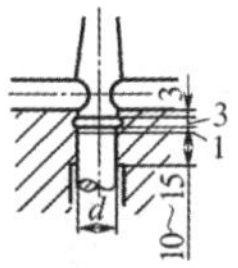	用于弹性较好的塑料	主流道延长式冷料穴		常用于直角注塑机模具

（6）排气孔设计。排气孔常设在型腔最后被充满的部位，通过试模后确定。其形状和尺寸见表 6.16。

表 6.16 排气孔的形状和尺寸

简　图	说　明
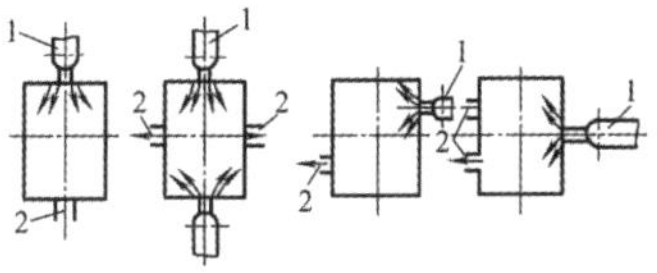 1—浇口；2—排气槽	排气槽开设在型腔最后被充满的部位
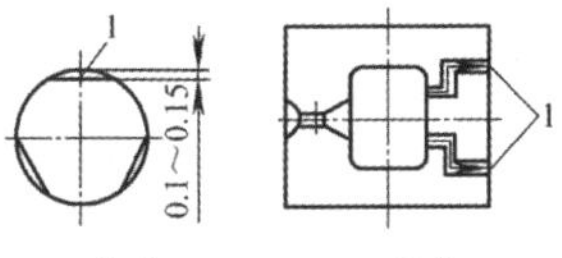 （a）　（b） 1—排气槽	图（a）为在推杆上开设排气槽的形式 图（b）为大型模具曲线型排气槽
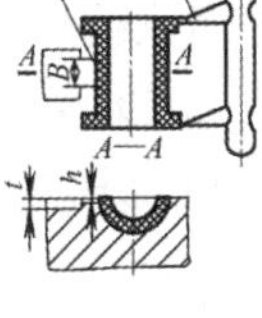	用于热塑性塑料注塑模： $h<0.05$mm $t=0.8\sim1.5$mm $B=1.5\sim6$mm 用于热固性塑料注塑模： $h=0.03\sim0.06$mm $B=3\sim15$mm

扫一扫，看视频

动手练——创建 RC 后盖的浇注系统

（1）利用【基准平面】命令选择 XC-YC 平面作为基准将其向上平移 47。

（2）利用【流道】命令选择圆形截面形状，并且设置 D 为 8。绘制图 6.25 所示的草图，创建流道。

（3）利用【设计填充】命令选择 Gate[Side]，设置 D 为 6、Position 为 Runner、L 为 8、L1 为 7.8、捕捉流道上直线的端点为放置浇口位置。

（4）将浇口绕 Y 轴旋转 90°，再将浇口沿 XC 轴平移 4，然后将浇口沿 YC 轴平移 9，添加浇口最终效果如图 6.26 所示。

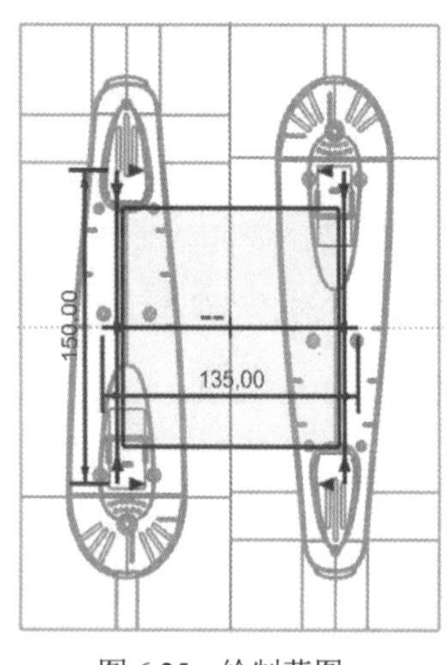

图 6.25　绘制草图

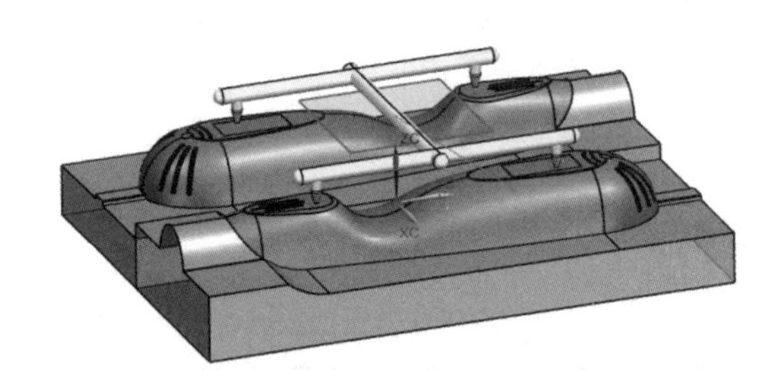

图 6.26　添加浇口最终效果

6.2　冷 却 系 统

注塑模具型腔壁的温度高低及其均匀性对成型效率和制品的质量影响很大，一般注入模具的塑料熔体温度为 200～300℃，而制品固化从模具取出时的温度为 60～80℃。为了调节型腔的温度，需要在模具内开设冷却水通道（或油通道），进行冷却系统设计。

6.2.1　使用标准件创建冷却系统

单击【注塑模向导】选项卡中的【冷却工具】面板上的【冷却标准件库】按钮，系统弹出如图 6.27 所示的【冷却标准件库】对话框和【重用库】对话框，提供设计冷却系统所用的标准件。

冷却管道模型可以从冷却部件库中输入，并由标准件管理系统来配置，可以使用创建标准件的方式创建冷却管道。使用标准件作为冷却管道的另外一个好处就是，子组件可以附着详细的特征。标准件库包含 COOLING（冷却）的成员选择，该成员选择中包含不同的冷却组件。表 6.17 给出了 COOLING 标准件的名称和解释。

表 6.17　冷却系统标准件的名称解释

名　称	注　解	名　称	注　解
COOLING HOLE	冷却水管	CONNECTOR PLUG	连接水嘴
PIPE PLUG	管路喉塞	EXTENSION PLUG	加长连接水嘴
BAFFLE SPIRAL	隔水螺旋板	DIVERTER	塞
BAFFLE	隔水板（导流板）	O-RING	O 形防水圈
COOLING THROUGH HOLE	冷却水管通孔	—	—

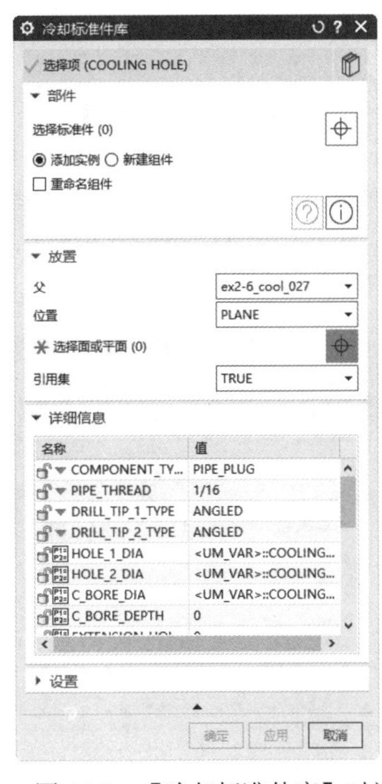

图 6.27　【冷却标准件库】对话框和【重用库】对话框

扫一扫，看视频

动手学——创建负离子发生器模具的冷却系统

1. 型腔冷却水道设计

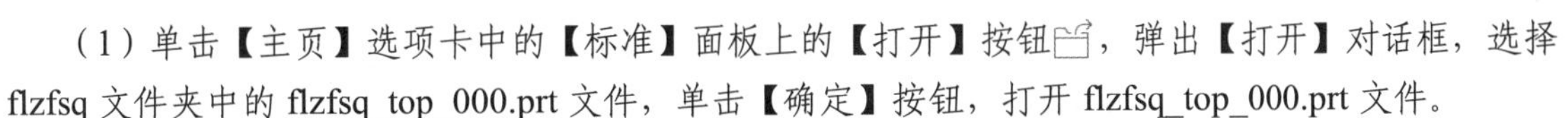

（1）单击【主页】选项卡中的【标准】面板上的【打开】按钮，弹出【打开】对话框，选择 flzfsq 文件夹中的 flzfsq_top_000.prt 文件，单击【确定】按钮，打开 flzfsq_top_000.prt 文件。

（2）根据产品体的特点，可考虑把水道开在模架的侧面。为方便操作，将总装配文件设置为工作部件，隐藏全部部件，只显示如图 6.28 所示的型芯和型腔部件。

（3）选择菜单栏中的【格式】→WCS→【原点】命令，打开【点】对话框，设置参考为【绝对坐标系-工作部件】，更改坐标为（0,0,0），如图 6.29 所示，单击【确定】按钮，将坐标系原点定义到原模具坐标系的原点。

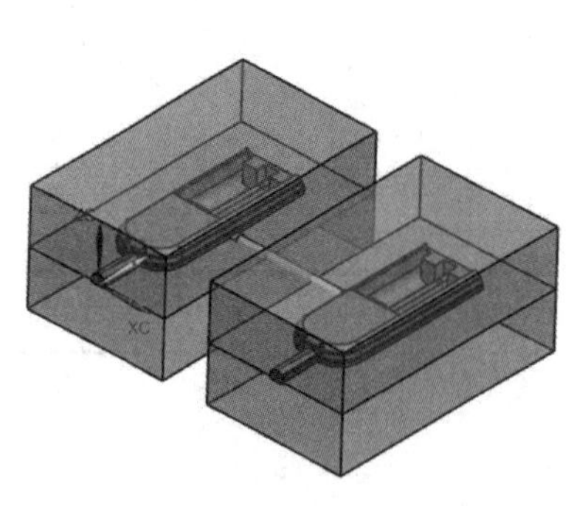

图 6.28　型芯和型腔部件

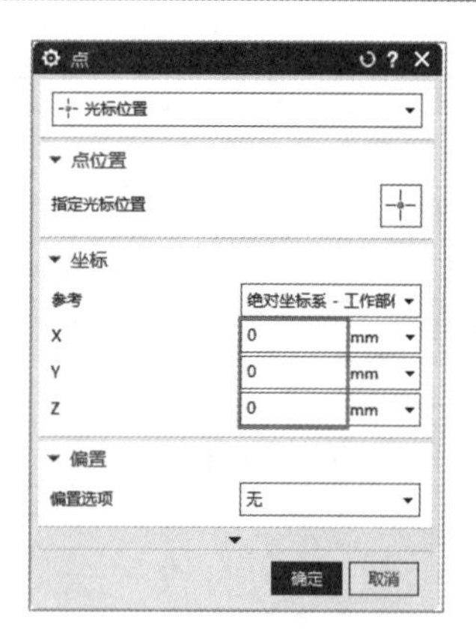

图 6.29　【点】对话框

（4）单击【注塑模向导】选项卡中的【冷却工具】面板上的【冷却标准件库】按钮，弹出【重用库】对话框和【冷却标准件库】对话框。在【重用库】对话框的【文件夹视图】中选择 COOLING→Water 选项，在【成员选择】列表中选择 COOLING HOLE 选项，在【冷却标准件库】对话框的【参数】选项组中设置 PIPE_THREAD 为 M10、HOLE_1_TIP_ANGLE 为 0、HOLE_2_TIP_ANGLE 为 0、HOLE_1_DEPTH 为 90、HOLE_2_DEPTH 为 90，如图 6.30 所示。

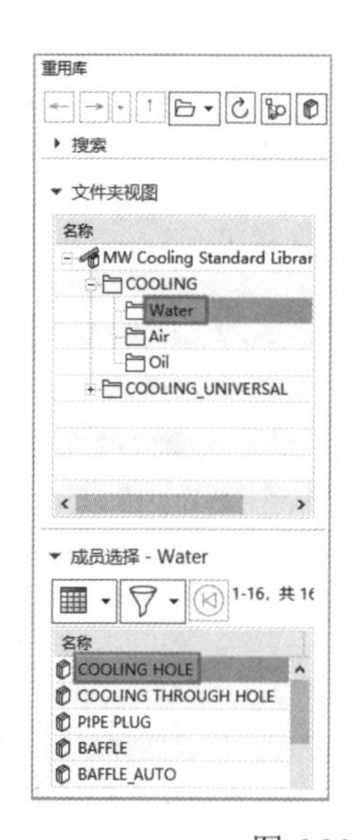

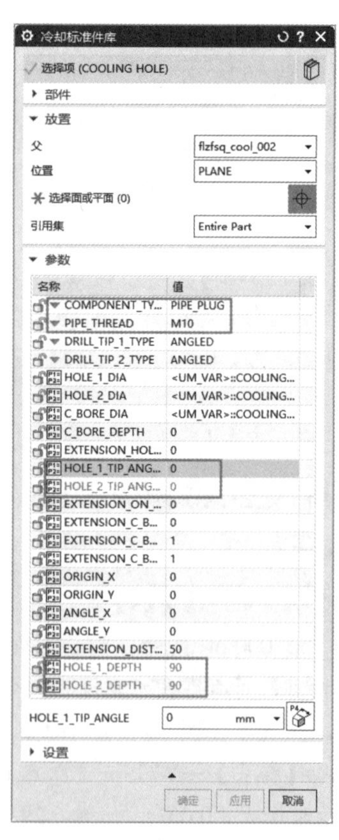

图 6.30　冷却组件参数设置

（5）在对话框中单击【选择面或平面】选项，选择如图 6.31 所示的平面，单击【确定】按钮。

（6）弹出如图 6.32 所示的【标准件位置】对话框，单击【点对话框】按钮，弹出【点】对话框，输入坐标为（45,0,0），如图 6.33 所示。单击【确定】按钮，返回【标准件位置】对话框，设置【X 偏置】为 0、【Y 偏置】为 0，单击【应用】按钮。

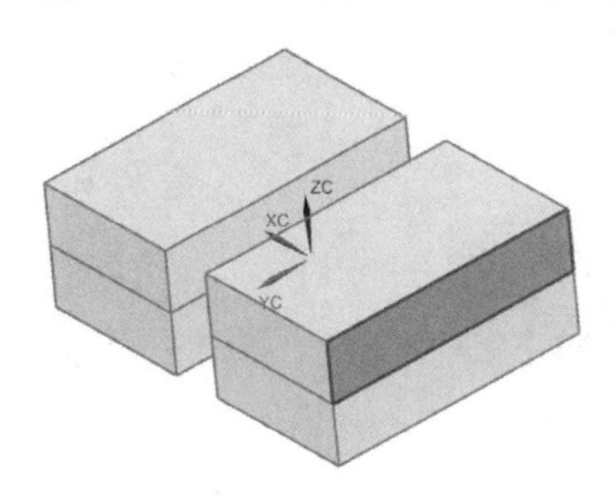

图 6.31　选择平面

图 6.32　【标准件位置】对话框

（7）继续单击【点对话框】按钮，弹出【点】对话框，输入坐标为（-45,0,0），单击【确定】按钮，返回【标准件位置】对话框，设置【X 偏置】为 0、【Y 偏置】为 0，单击【确定】按钮，冷却水管道的效果如图 6.34 所示。

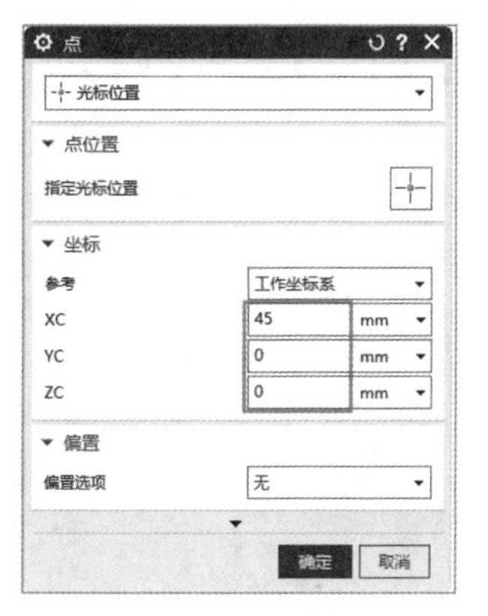

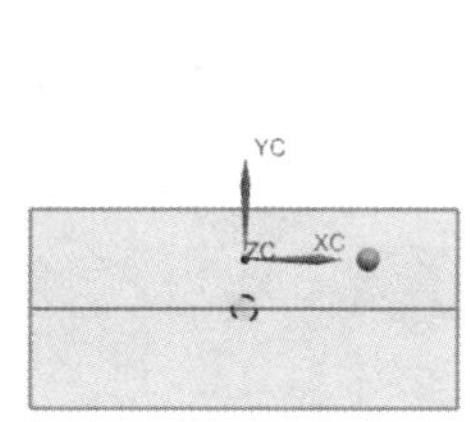

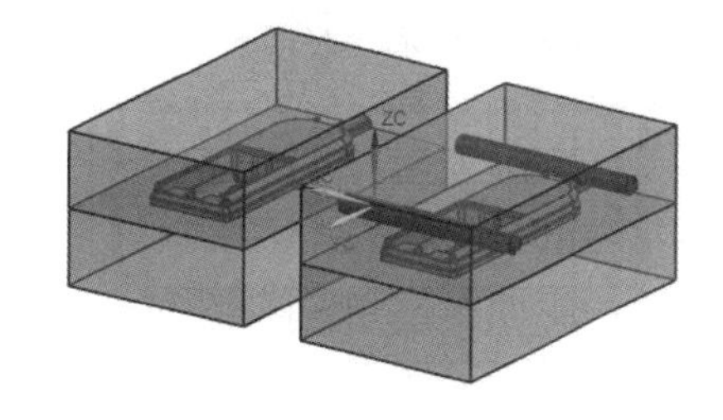

图 6.33　设置点

图 6.34　设置冷却水管道

（8）单击【注塑模向导】选项卡中的【冷却工具】面板上的【冷却标准件库】按钮，弹出【重用库】对话框和【冷却标准件库】对话框，在【文件夹视图】中选择 COOLING→Water 选项，在【成员选择】列表中选择 COOLING HOLE 选项，在【参数】选项组中设置 PIPE_THREAD 为 M10、HOLE_1_TIP_ANGLE 为 0、HOLE_2_TIP_ANGLE 为 0、HOLE_1_DEPTH 为 145、HOLE_2_DEPTH 为 145。

（9）在对话框中单击【选择面或平面】选项，选择如图 6.35 所示的平面为放置面。

（10）单击【确定】按钮，弹出【标准件位置】对话框，单击【点对话框】按钮，弹出【点】对话框，输入坐标为（30,0,0），单击【确定】按钮，返回到【标准件位置】对话框，设置【X 偏置】为 0、【Y 偏置】为 0，单击【确定】按钮，冷却水管道的效果如图 6.36 所示。

（11）单击【注塑模向导】选项卡中的【冷却工具】面板上的【冷却标准件库】按钮，弹出

【重用库】对话框和【冷却标准件库】对话框，在【文件夹视图】中选择 COOLING→Water 选项，在【成员选择】列表中选择 COOLING HOLE 选项，在【参数】选项组中设置 PIPE_THREAD 为 M10、HOLE_1_TIP_ANGLE 为 0、HOLE_2_TIP_ANGLE 为 0、HOLE_1_DEPTH 为 20、HOLE_2_DEPTH 为 20。

（12）在对话框中单击【选择面或平面】选项，选择如图 6.37 所示的平面为放置面。

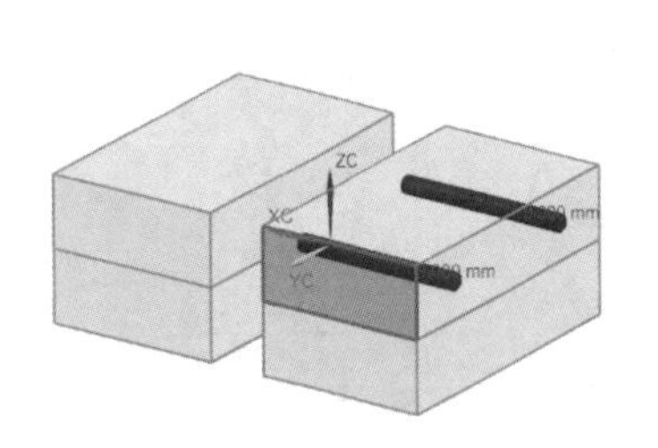

图 6.35　选择放置面（1）

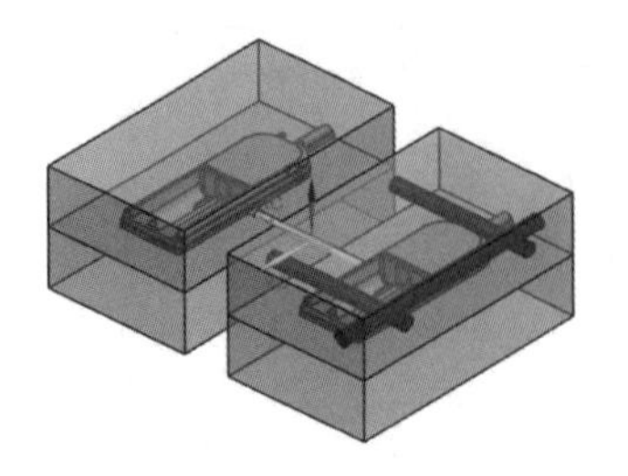
图 6.36　冷却水管道的效果

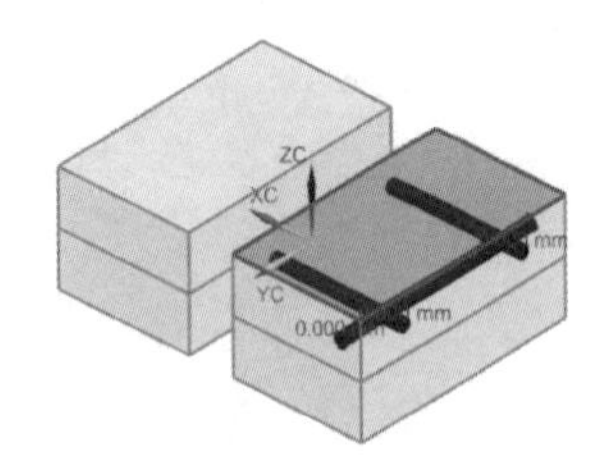

图 6.37　选择放置面（2）

（13）单击【确定】按钮，弹出【标准件位置】对话框，单击【点对话框】按钮，弹出【点】对话框，输入坐标为（-30,10,0），单击【确定】按钮，返回【标准件位置】对话框，设置【X 偏置】为 0、【Y 偏置】为 0，单击【应用】按钮。

（14）继续单击【点对话框】按钮，弹出【点】对话框，输入坐标为（-30,-10,0），单击【确定】按钮，返回【标准件位置】对话框，设置【X 偏置】为 0、【Y 偏置】为 0，单击【确定】按钮，冷却水管道的效果如图 6.38 所示。

（15）单击【装配】选项卡中的【组件】面板上的【镜像装配】按钮，系统弹出【镜像装配向导】对话框，显示“欢迎使用”界面，如图 6.39 所示，单击【下一步】按钮。

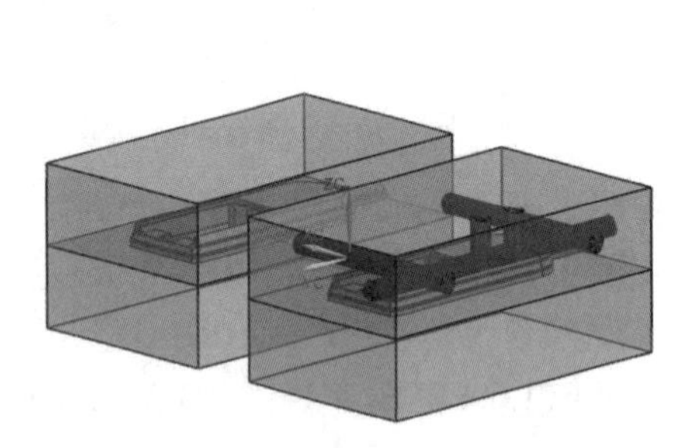
图 6.38　冷却水管道

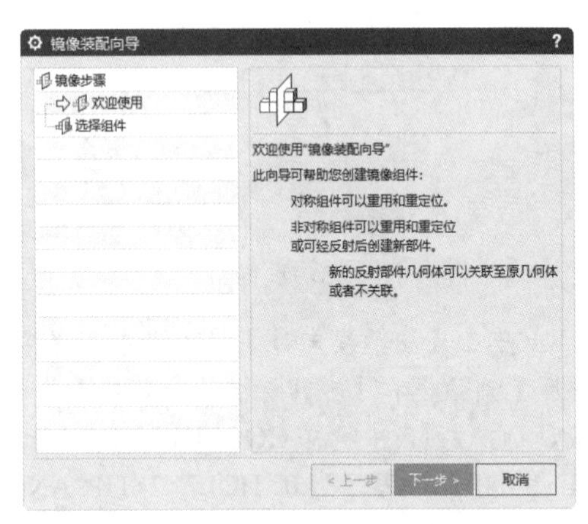

图 6.39　【镜像装配向导】对话框

（16）显示【选择组件】界面，按住 Ctrl 键，选择前面绘制的三个冷却水管为要镜像的组件，如图 6.40 所示，单击【下一步】按钮。

（17）显示如图 6.41 所示的【选择平面】界面，单击【创建基准平面】按钮，系统弹出如图 6.42 所示的【基准平面】对话框，从中选择创建 YC-ZC 基准平面，然后单击【确定】按钮。

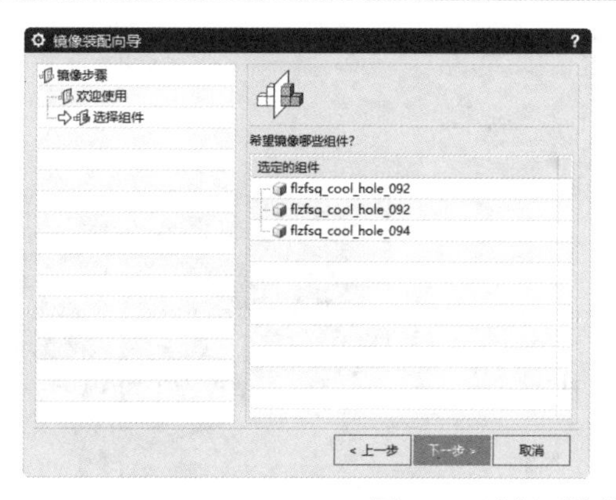

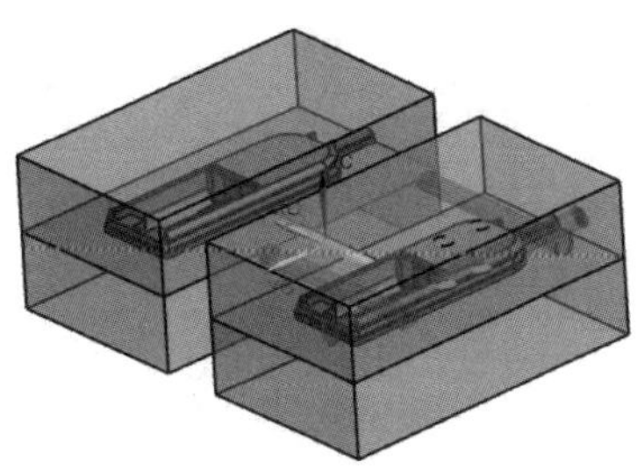

图 6.40　选择要镜像的组件

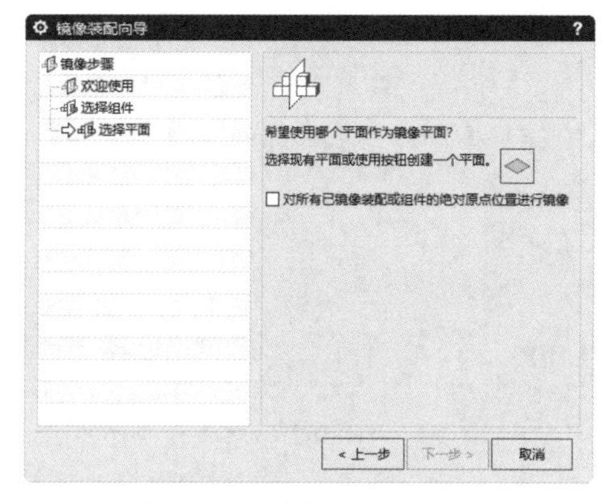

图 6.41　【选择平面】界面

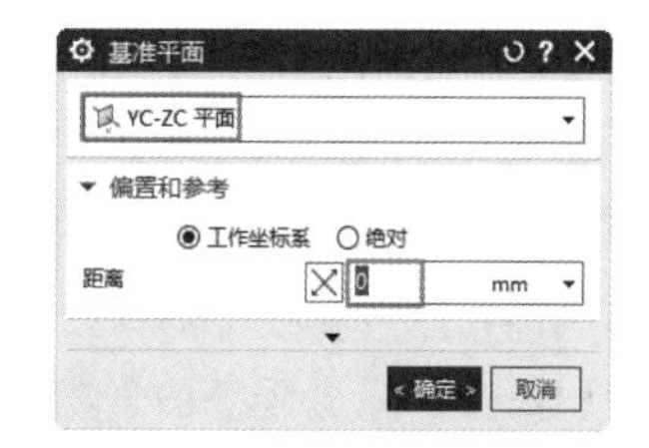

图 6.42　【基准平面】对话框

（18）返回【镜像装配向导】对话框，显示【命名策略】界面，可以对镜像部件进行重命名，这里采用默认的名称，如图 6.43 所示，单击【下一步】按钮。

（19）显示【镜像设置】界面，采用默认设置，如图 6.44 所示，单击【下一步】按钮。

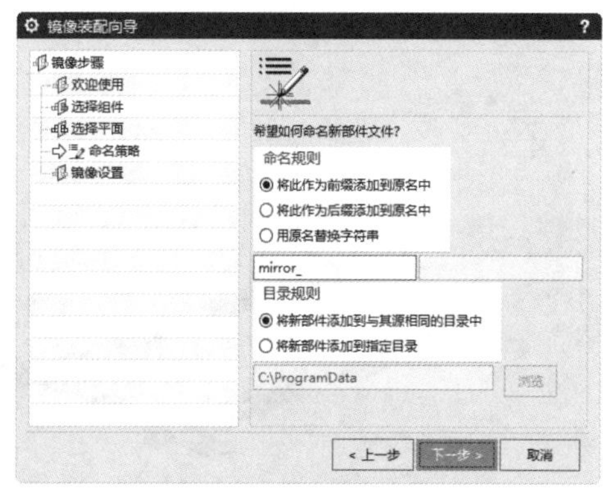

图 6.43　【命名策略】界面

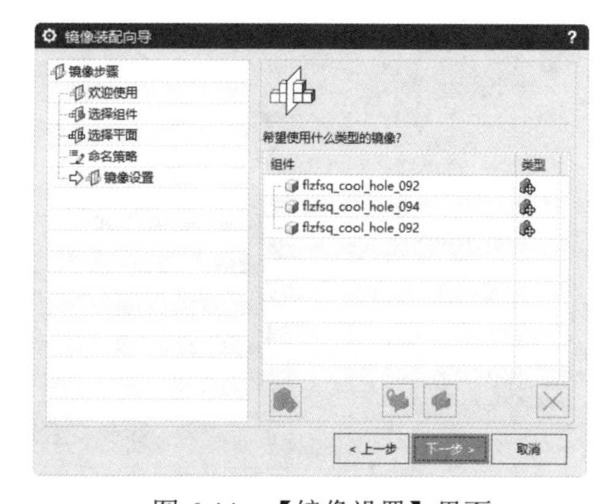

图 6.44　【镜像设置】界面

（20）显示【镜像检查】界面，如图 6.45 所示，检查镜像的管道是否符合要求，若没有问题，单击【完成】按钮，完成冷却水管的镜像操作，结果如图 6.46 所示。

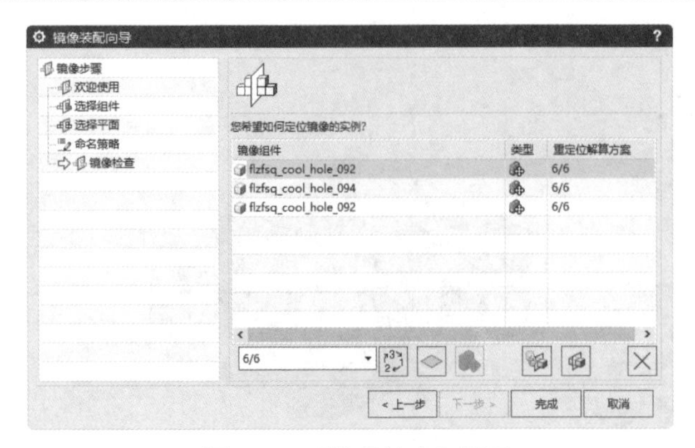

图 6.45　【镜像检查】界面

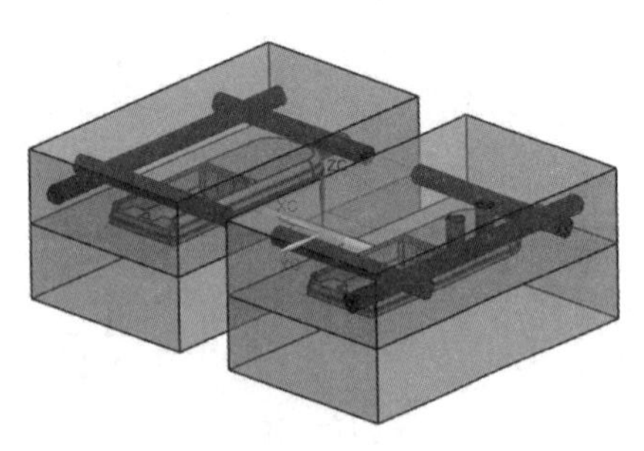

图 6.46　镜像冷却水管

（21）为了使型腔的冷却系统定向流动，必须在冷却水管道的端部设置喉塞。为了方便放置喉塞，可将其他部件隐藏，只显示冷却水管。

（22）单击【注塑模向导】选项卡中的【冷却工具】面板上的【冷却标准件库】按钮，弹出【重用库】对话框和【冷却标准件库】对话框，单击【选择标准件】选项，选择如图 6.47 所示的冷却水管，在【文件夹视图】中选择 COOLING→Water 选项，在【成员选择】列表中选择 PIPE PLUG 选项，在【参数】选项组中设置 SUPPLIER 为 HASCO、PIPE_THREAD 为 M10，如图 6.48 所示，单击【确定】按钮，完成喉塞的创建，如图 6.49 所示。

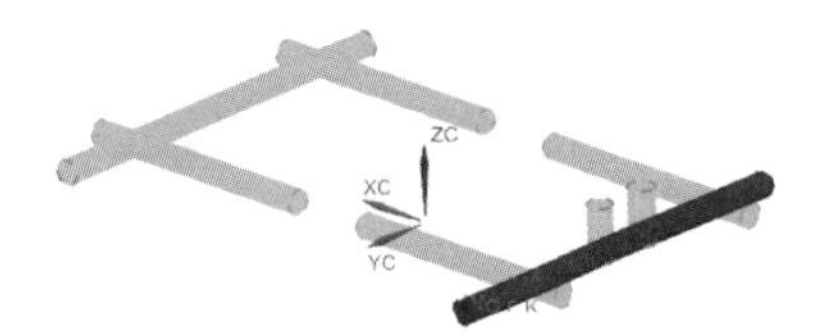

图 6.47　选择冷却水管

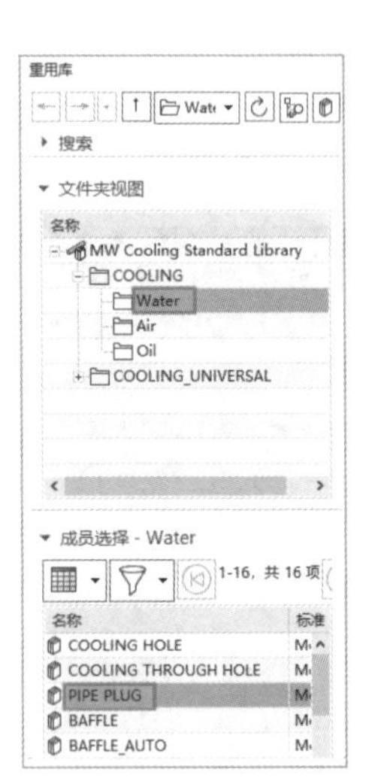

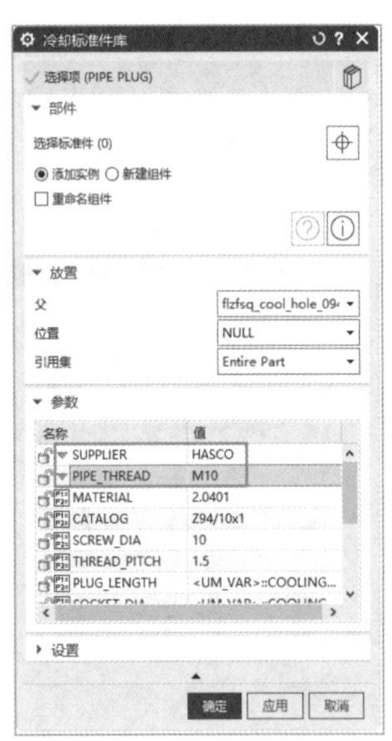

图 6.48　【重用库】和【冷却标准件库】对话框

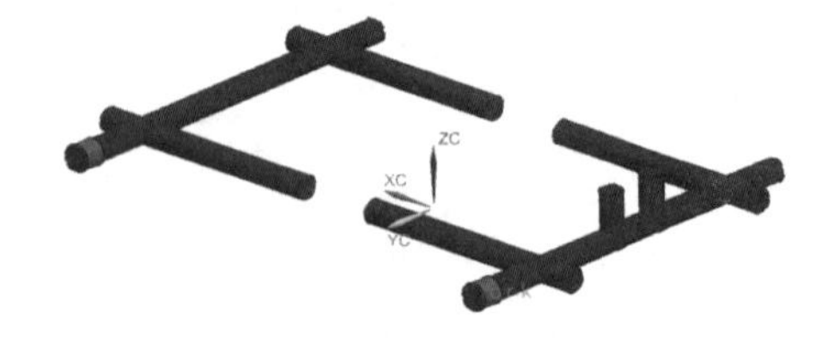

图 6.49　创建喉塞

（23）在【装配导航器】中选中 flzfsq_cavity_023，右击，在弹出的快捷菜单中选择【在窗口中打开】命令，打开 flzfsq_cavity_023 窗口。

（24）单击【主页】选项卡中的【基本】面板上的【边倒圆】按钮，系统弹出【边倒圆】对话框，设置“半径 1”为 10，选取图 6.50 所示的型腔的 4 条棱边进行倒圆角。单击【确定】按钮，完成边倒圆特征，如图 6.51 所示。

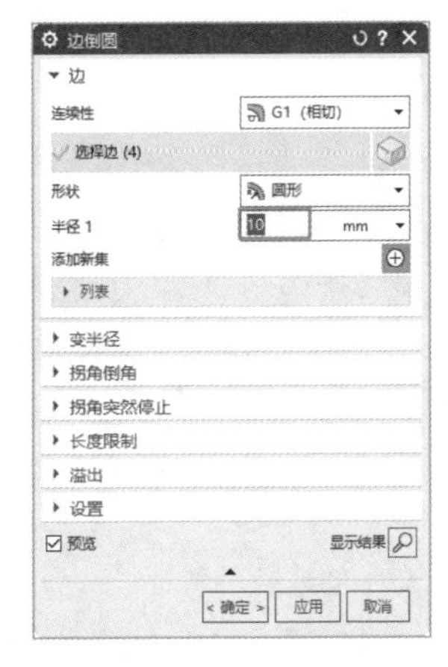

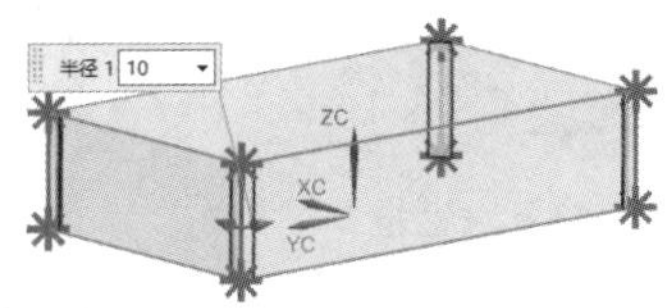

图 6.50 【边倒圆】对话框

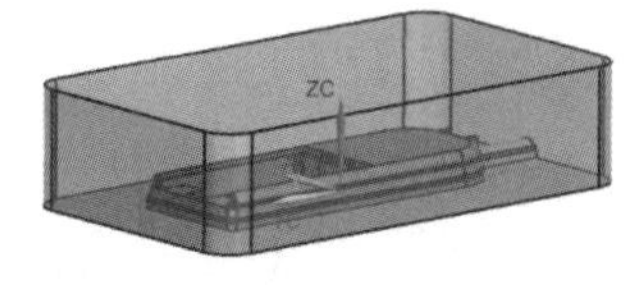

图 6.51 型腔边倒圆

（25）在【装配导航器】中选中 flzfsq_a_plate_046，右击，在弹出的快捷菜单中选择【设为工作部件】命令，显示 A 板，如图 6.52 所示。

（26）单击【主页】选项卡中的【基本】面板上的【拉伸】按钮，弹出【拉伸】对话框，单击【绘制截面】按钮，选取图 6.53 所示的面作为草绘平面，单击对话框中的【点对话框】按钮，弹出【点】对话框，选择参考为工作坐标系，设置 X、Y、Z 坐标为（0,0,0），单击【确定】按钮，此时坐标系移至草绘平面的中心，如图 6.54 所示。

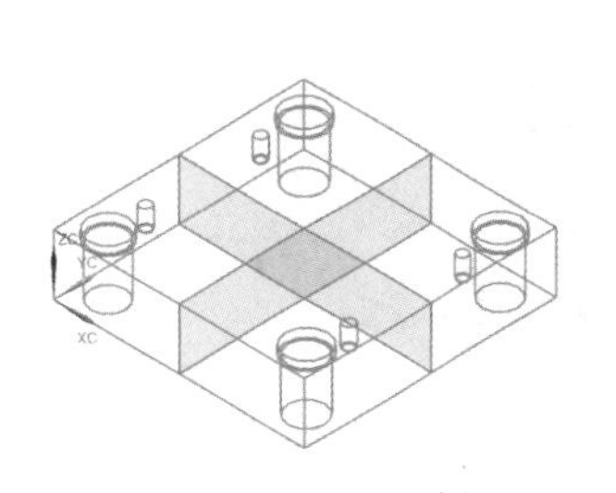

图 6.52 显示 A 板

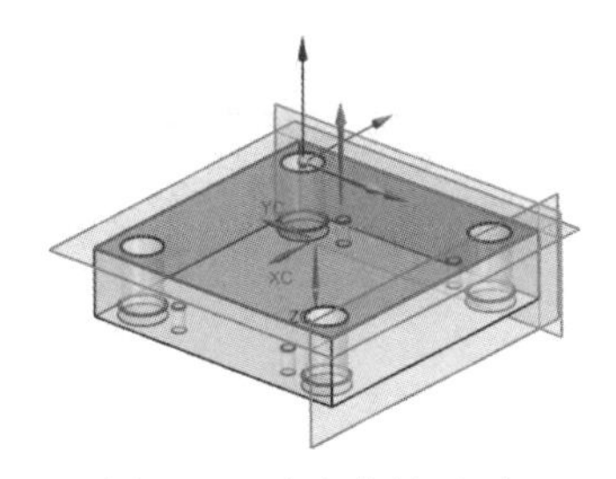

图 6.53 选取草绘平面

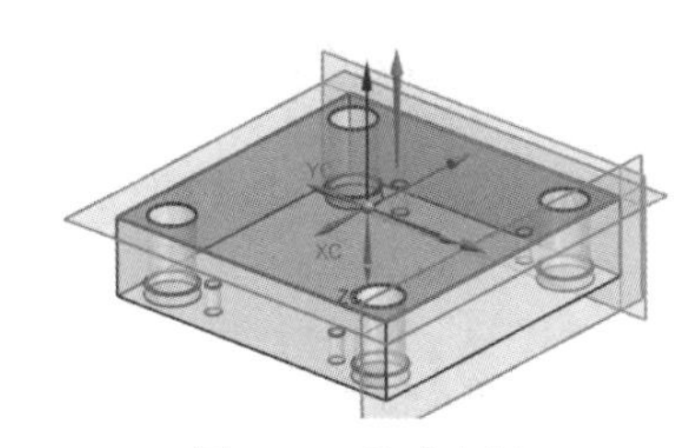

图 6.54 移动坐标

（27）单击【确定】按钮，进入草绘界面，绘制图 6.55 所示的草图。

（28）单击【完成】按钮，返回【拉伸】对话框，单击【反向】按钮，设定拉伸的距离为 35，布尔运算设置为【减去】，如图 6.56 所示。单击【确定】按钮，结果如图 6.57 所示。

（29）将总装配文件设置为工作部件，显示 A 板、型芯、型腔和冷却系统。单击【注塑模向导】选项卡中的【冷却工具】面板上的【冷却标准件库】按钮，弹出【重用库】对话框和【冷却标准件库】对话框，在【文件夹视图】中选择 COOLING→Water 选项，在【成员选择】列表中选择 COOLING HOLE 选项，在【参数】选项组中设置 PIPE_THREAD 为 M10、HOLE_1_TIP_ANGLE 为 0、HOLE_2_TIP_ANGLE 为 0、HOLE_1_DEPTH 为 20、HOLE_2_DEPTH 为 20。

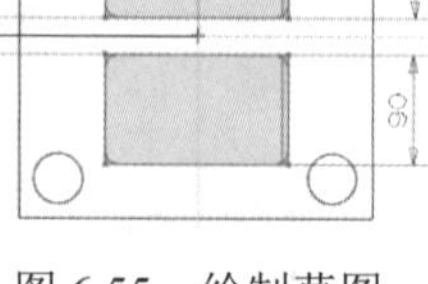

图 6.55　绘制草图

图 6.56　【拉伸】对话框

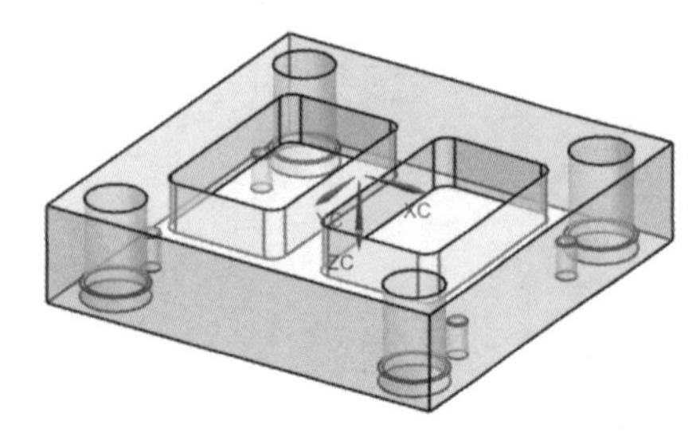

图 6.57　创建拉伸特征

（30）在对话框中单击【选择面或平面】选项，选择如图 6.58 所示的 A 板凹槽底平面为放置面。

（31）单击【确定】按钮，弹出【标准件位置】对话框，单击【点对话框】按钮，弹出【点】对话框，输入坐标为（30,10,0），单击【确定】按钮，返回【标准件位置】对话框，设置【X 偏置】为 0、【Y 偏置】为 0，单击【应用】按钮。

（32）继续单击【点对话框】按钮，弹出【点】对话框，输入坐标为（30,-10,0），单击【确定】按钮，返回【标准件位置】对话框，设置【X 偏置】为 0、【Y 偏置】为 0，单击【确定】按钮。冷却管道的效果如图 6.59 所示。

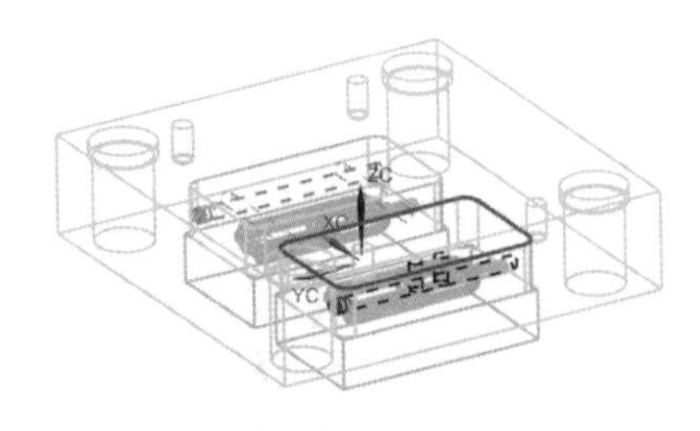

图 6.58　选择放置面（3）

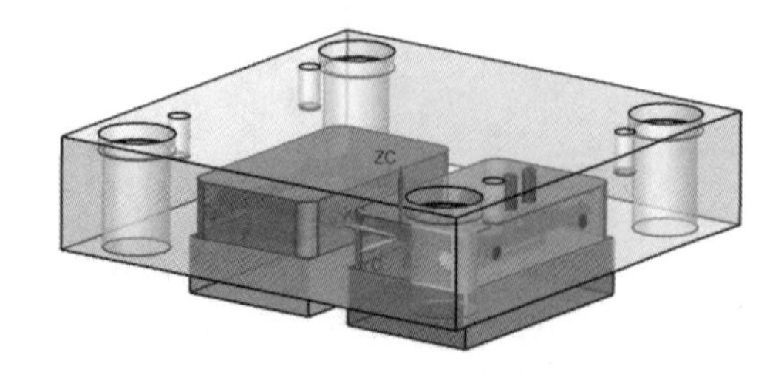

图 6.59　冷却管道的效果

（33）隐藏 A 板。单击【注塑模向导】选项卡中的【冷却工具】面板上的【冷却标准件库】按钮，弹出【重用库】对话框和【冷却标准件库】对话框，在【文件夹视图】中选择 COOLING→Water 选项，在【成员选择】列表中选择 COOLING HOLE 选项，在【参数】选项组中设置 PIPE_THREAD 为 M10、HOLE_1_TIP_ANGLE 为 0、HOLE_2_TIP_ANGLE 为 0、HOLE_1_DEPTH 为 30、HOLE_2_DEPTH 为 30。

（34）在对话框中单击【选择面或平面】选项，选择图 6.60 所示的型腔侧平面为放置面。

（35）单击【确定】按钮，弹出【标准件位置】对话框，单击【点对话框】按钮，弹出【点】对话框，输入坐标为（45,0,0），单击【确定】按钮，返回【标准件位置】对话框，设置【X 偏置】为 0、【Y 偏置】为 0，单击【应用】按钮。

（36）继续单击【点对话框】按钮 ，弹出【点】对话框，输入坐标为（-45,0,0），单击【确定】按钮，返回【标准件位置】对话框，设置【X 偏置】为 0、【Y 偏置】为 0，单击【确定】按钮。冷却管道的效果如图 6.61 所示。

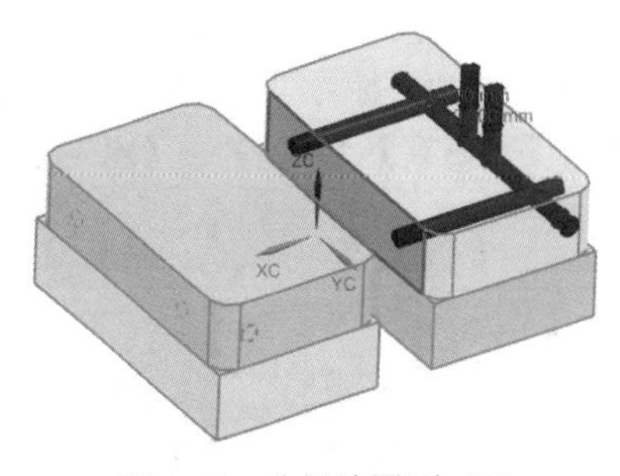

图 6.60　选择放置面（4）

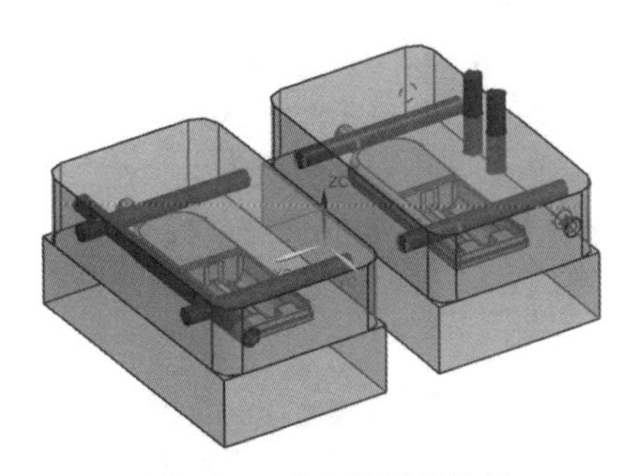

图 6.61　冷却管道的效果

（37）从图 6.61 中可以看出步骤（36）创建的冷却管道方向不对。在装配导航器中选取步骤（36）绘制的冷却管道，右击，在弹出的快捷菜单中选择【编辑工装组件】命令，弹出【冷却标准件库】对话框，如图 6.62 所示，单击【翻转方向】按钮 ，弹出图 6.63 所示的【标准件约束】对话框，单击【删除约束并继续】按钮，调整冷却管道的方向，单击【应用】按钮；继续选取另一个冷却管道翻转方向，结果如图 6.64 所示。

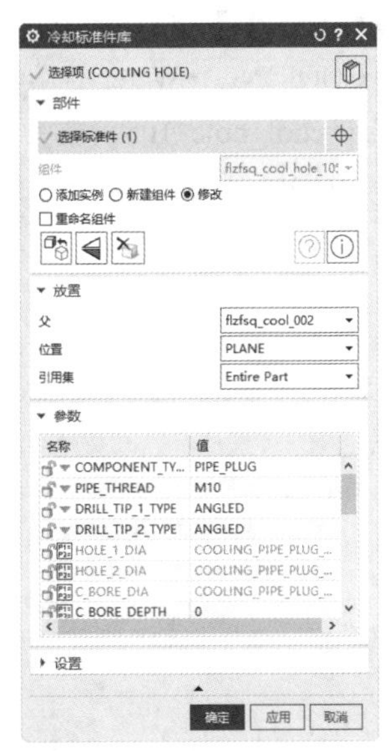

图 6.62　【冷却标准件库】对话框

图 6.63　【标准件约束】对话框

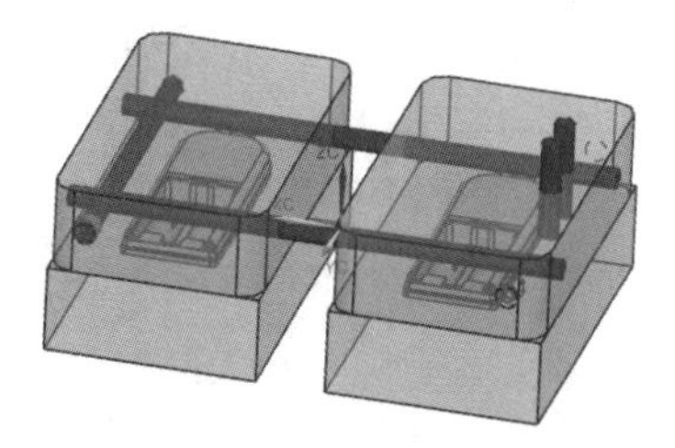

图 6.64　调整冷却管道的方向

（38）显示 A 板。单击【注塑模向导】选项卡中的【冷却工具】面板上的【冷却标准件库】按钮 ，弹出【重用库】对话框和【冷却标准件库】对话框，在【文件夹视图】中选择 COOLING→Water 选项，在【成员选择】列表中选择 COOLING HOLE 选项，在【参数】选项组中设置 PIPE_THREAD 为 M10、HOLE_1_TIP_ANGLE 为 0、HOLE_2_TIP_ANGLE 为 0、HOLE_1_DEPTH 为 70、HOLE_2_DEPTH 为 70。

（39）在对话框中单击【选择面或平面】选项，选择图 6.65 所示的 A 板侧平面为放置面。

（40）单击【确定】按钮，弹出【标准件位置】对话框，单击【点对话框】按钮，弹出【点】对话框，输入坐标为（10,20,0），单击【确定】按钮，返回【标准件位置】对话框，设置【X 偏置】为 0、【Y 偏置】为 0，单击【应用】按钮。

（41）继续单击【点对话框】按钮，弹出【点】对话框，输入坐标为（−10,20,0），单击【确定】按钮，返回【标准件位置】对话框，设置【X 偏置】为 0、【Y 偏置】为 0，单击【确定】按钮。冷却管道的效果如图 6.66 所示。

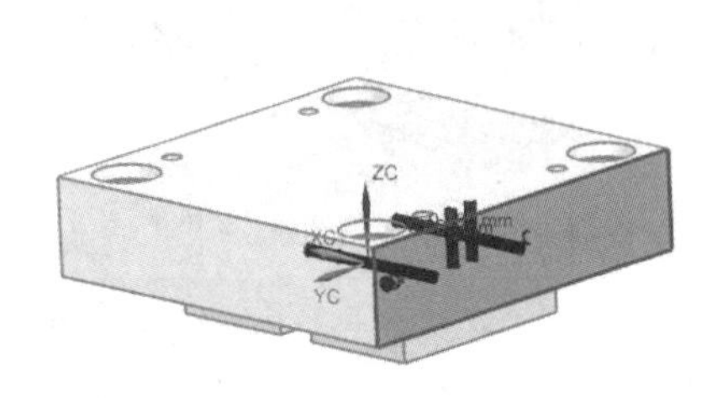

图 6.65　选择放置面（5）

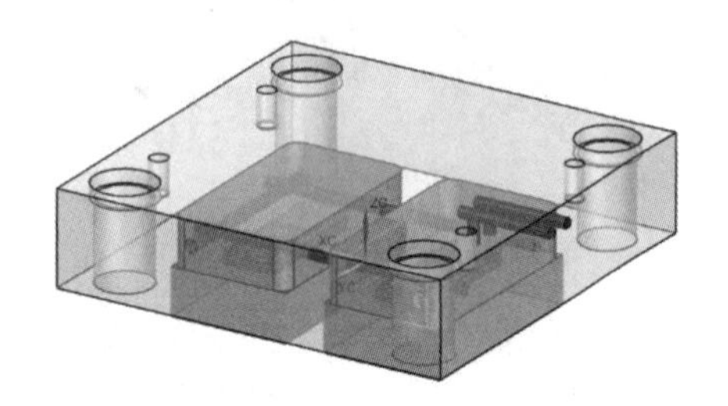

图 6.66　冷却管道的效果

（42）隐藏 A 板、型芯和型腔，只显示冷却管道。在【装配导航器】中选中 flzfsq_cool_hole_105×2，右击，在弹出的快捷菜单中选择【设为工作部件】命令。

（43）单击【注塑模向导】选项卡中的【冷却工具】面板上的【冷却标准件库】按钮，弹出【重用库】对话框和【冷却标准件库】对话框。在【文件夹视图】中选择 COOLING→Water 选项，在【成员选择】列表中选择 O-RING 选项，在【父】下拉列表中选择 flzfsq _cool_hole_105，在【参数】选项组中设置 SUPPLIER 为 MISUMI、FITTING_DIA 为 10、SECTION_DIA 为 1.5，如图 6.67 所示。单击【确定】按钮，在冷却管道一端创建防水圈，如图 6.68 所示。

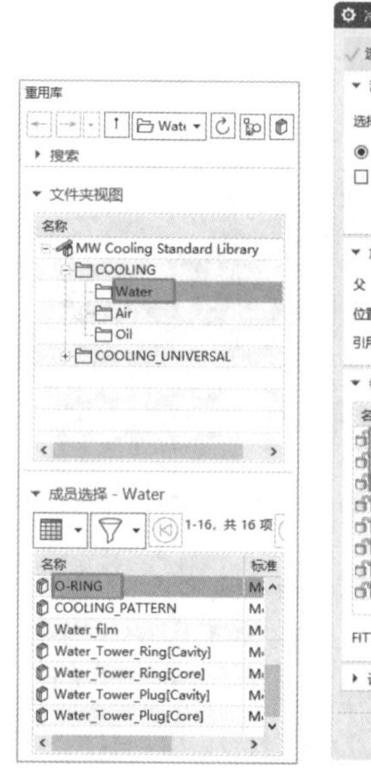

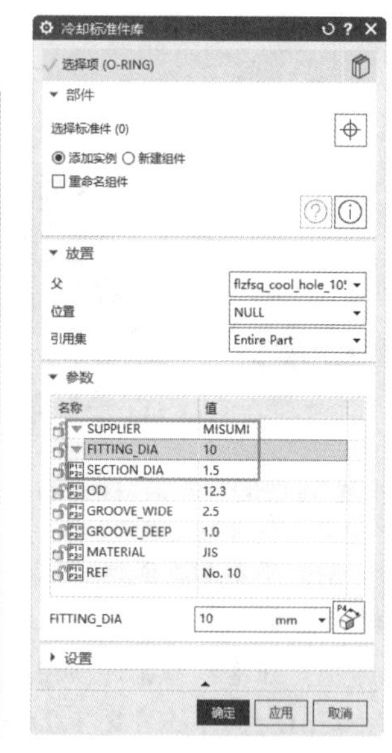

图 6.67　【重用库】和【冷却标准件库】对话框

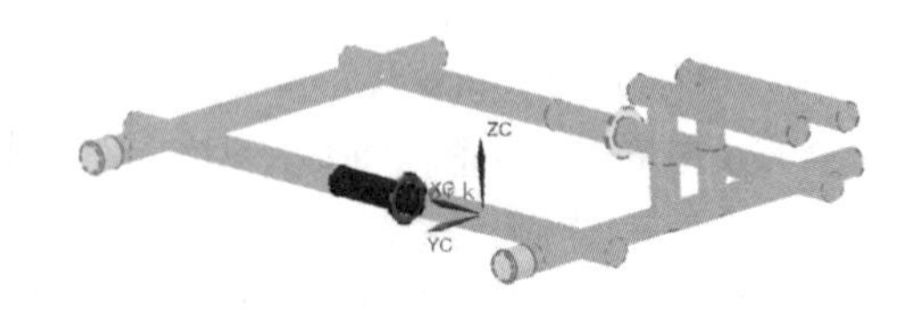

图 6.68　创建的防水圈

（44）单击【注塑模向导】选项卡中的【冷却工具】面板上的【冷却标准件库】按钮，弹出【重用库】对话框和【冷却标准件库】对话框。在【文件夹视图】中选择 COOLING→Water 选项，在【成员选择】列表中选择 O-RING 选项，在【父】下拉列表中选择 flzfsq_cool_hole_105，在【参数】选项组中设置 SUPPLIER 为 MISUMI、FITTING_DIA 为 10、SECTION_DIA 为 1.5，单击【应用】按钮，在步骤（43）创建的防水圈处生成防水圈。

（45）单击【重定位】按钮，系统弹出【移动组件】对话框，单击【点对话框】按钮，弹出【点】对话框，选择【圆弧中心/椭圆中心/球心】类型，选取图 6.69 所示的管道端面圆心点为防水圈放置位置，连续单击【确定】按钮，结果如图 6.70 所示。

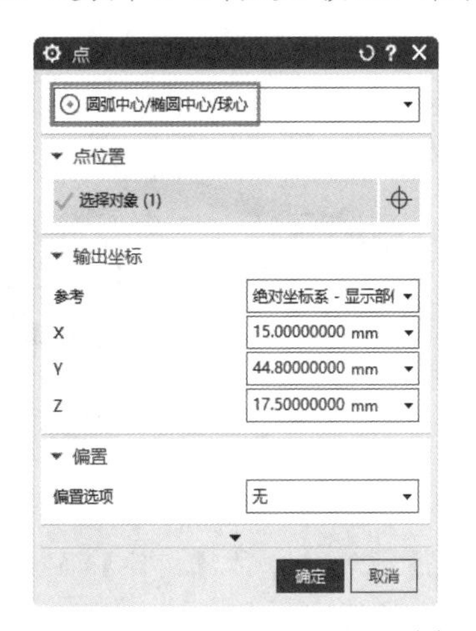

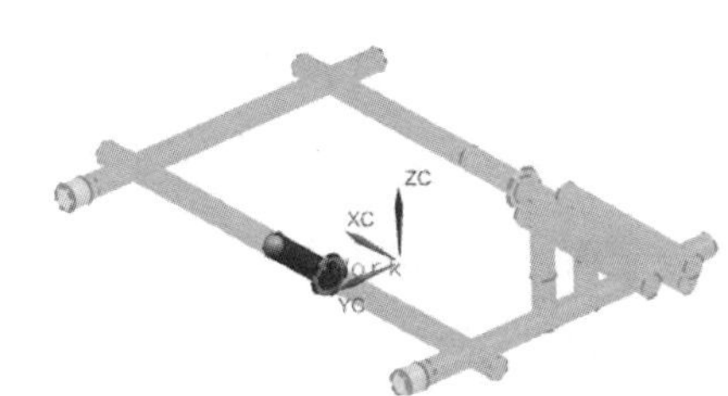

图 6.69　选取圆心

（46）采用相同的方法在图 6.71 所示的位置创建相同参数的防水圈。

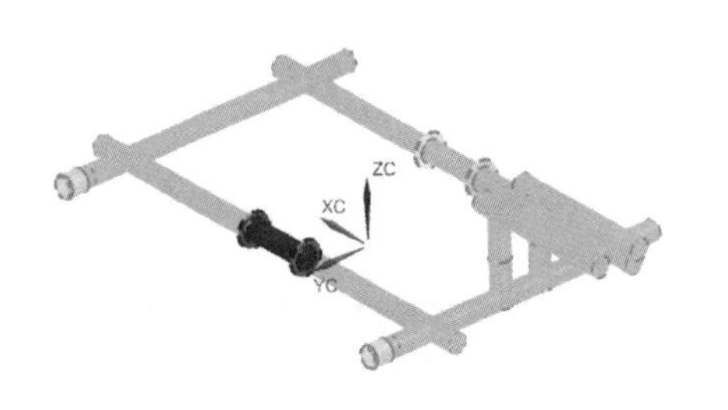

图 6.70　创建另一侧防水圈

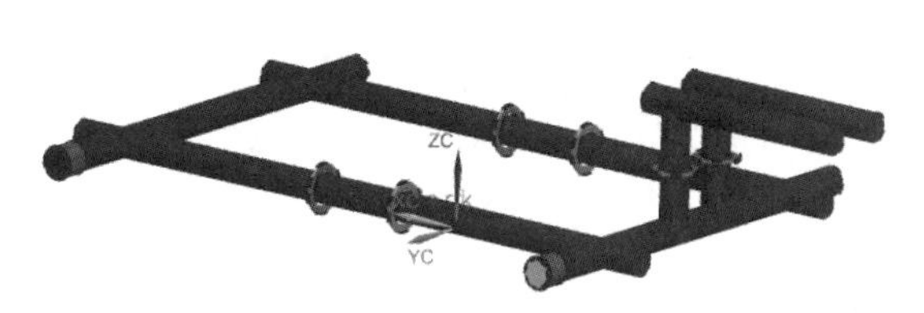

图 6.71　创建防水圈

（47）在【装配导航器】中选中 flzfsq_cool_hole_106×2，右击，在弹出的快捷菜单中选择【设为工作部件】命令。

（48）单击【注塑模向导】选项卡中的【冷却工具】面板上的【冷却标准件库】按钮，弹出【重用库】对话框和【冷却标准件库】对话框，在【文件夹视图】中选择 COOLING→Water 选项，在【成员选择】列表中选择 CONNECTOR PLUG 选项，在【父】下拉列表中选择 flzfsq_cool_hole_106，在【参数】选项组中设置 SUPPLIER 为 DMS、PIPE_THREAD 为 M10，如图 6.72 所示。单击【确定】按钮，结果如图 6.73 所示。

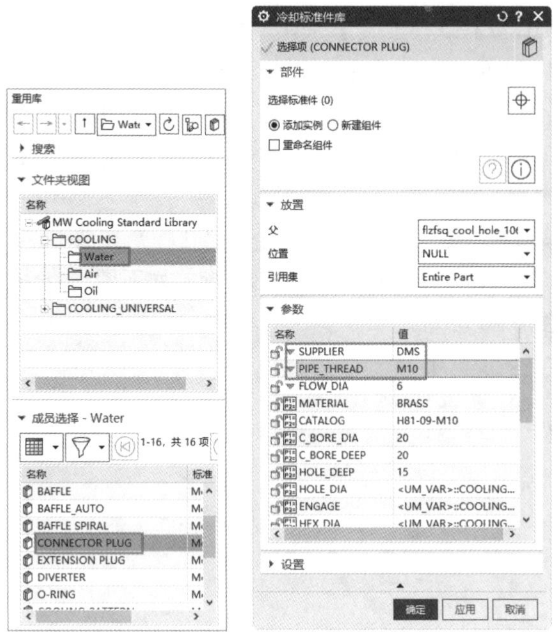

图 6.72 【重用库】和【冷却标准件库】对话框

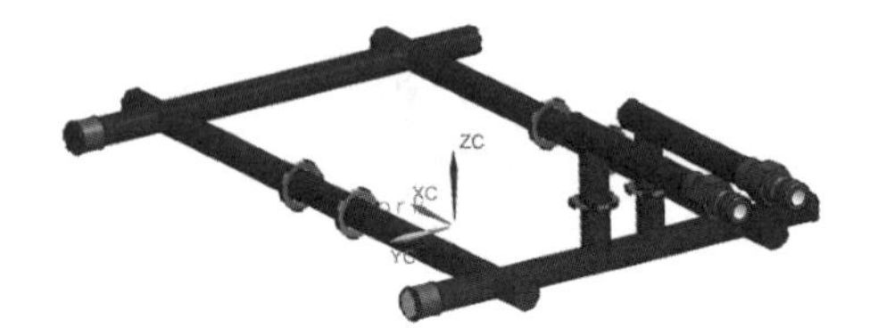

图 6.73 创建水嘴

2. 型芯冷却水道设计

（1）选中图 6.73 所示的所有管道部件，单击【装配】选项卡中的【组件】面板上的【镜像装配】按钮，系统弹出图 6.74 所示的【镜像装配向导】对话框。

（2）单击对话框中的【创建基准平面】按钮，系统弹出图 6.75 所示的【基准平面】对话框，选择“XC-YC 基准平面”，在“距离”文本框中输入-17.5，单击【确定】按钮。

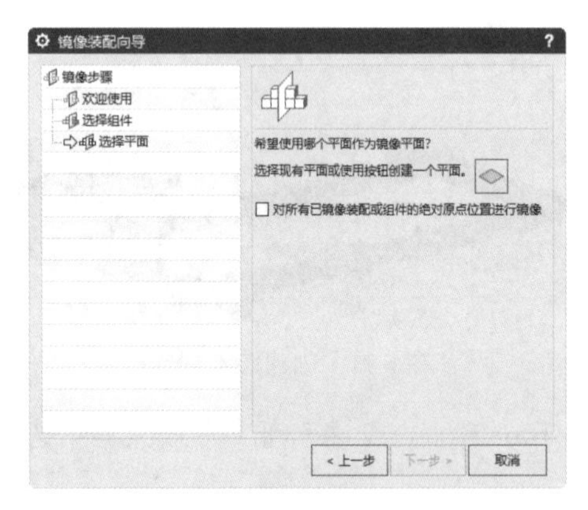

图 6.74 【镜像装配向导】对话框

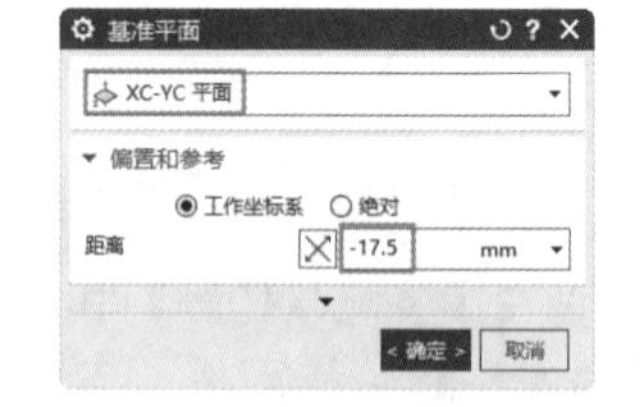

图 6.75 【基准平面】对话框

（3）返回【镜像装配向导】对话框，连续单击【下一步】按钮，直至出现【镜像设置】界面，如图 6.76 所示。选取对话框中类型为【非关联镜像】类型的组件，单击【重用和重定位】按钮，激活【非关联镜像】按钮，如图 6.77 所示，单击【下一步】按钮，直到完成，镜像结果如图 6.78 所示。

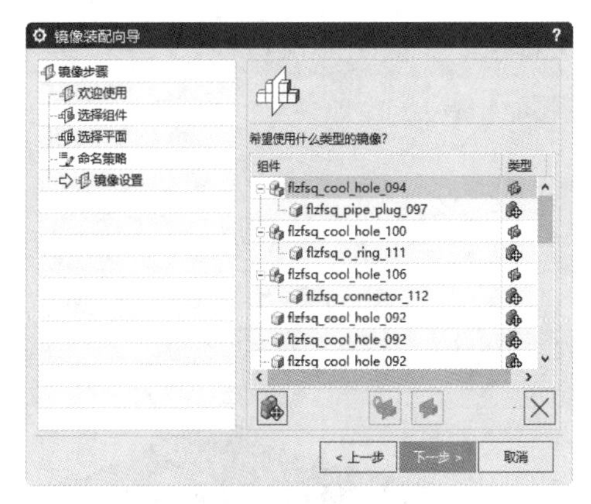

图 6.76　【镜像设置】界面

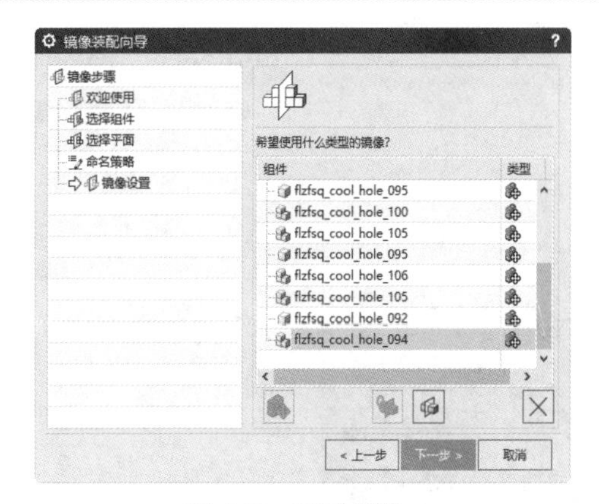

图 6.77　更改类型

（4）隐藏冷却系统，选取模架中的 B 板，右击，在弹出的快捷菜单中选择【设为工作部件】命令，将 B 板转换为当前工作部件，如图 6.79 所示。

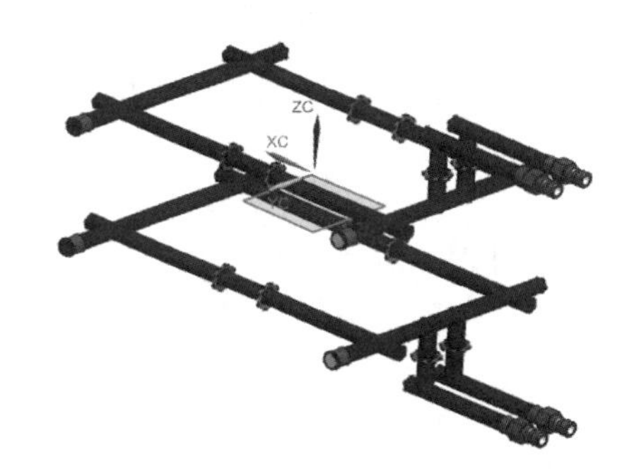

图 6.78　镜像结果

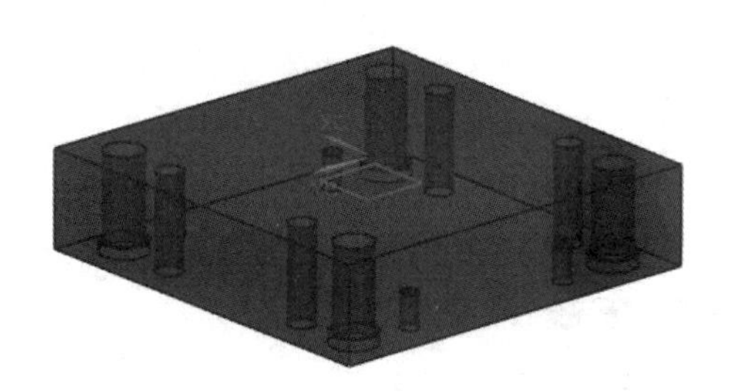

图 6.79　显示 B 板

（5）单击【主页】选项卡中的【基本】面板上的【拉伸】按钮，弹出【拉伸】对话框，单击【绘制截面】按钮，选取图 6.80 所示的面作为草绘平面，单击对话框中的【点对话框】按钮，弹出【点】对话框，选择参考为工作坐标系，设置 X、Y、Z 坐标为（0，0，0），单击【确定】按钮，此时坐标系移至草绘平面的中心，如图 6.81 所示。单击【确定】按钮，进入草绘界面，绘制图 6.82 所示的草图。

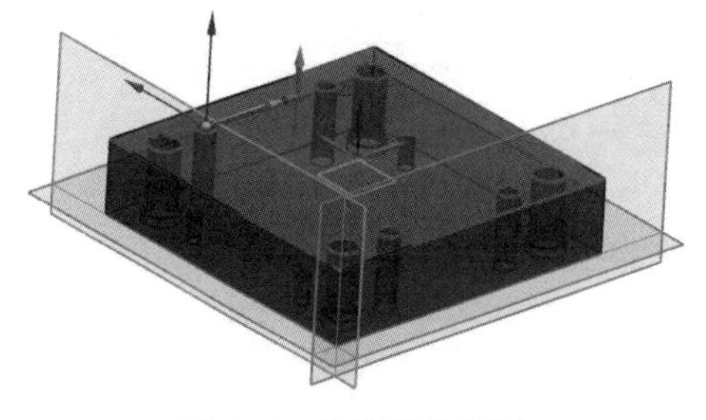

图 6.80　选取草绘平面

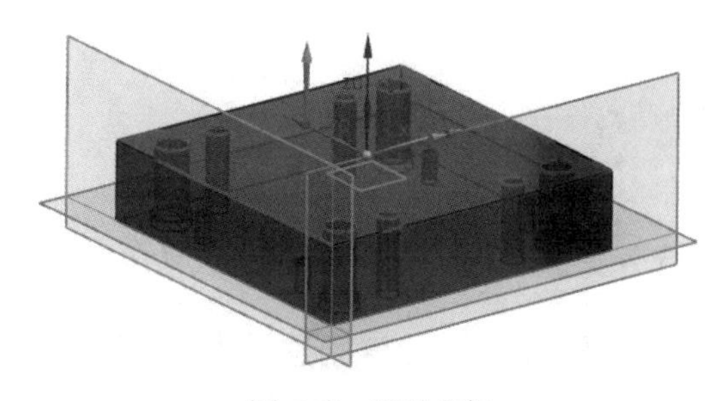

图 6.81　移动坐标

（6）单击【完成】按钮，返回【拉伸】对话框，单击【反向】按钮，设定拉伸的距离为 35，布尔运算设置为【减去】，如图 6.83 所示。单击【确定】按钮，结果如图 6.84 所示。

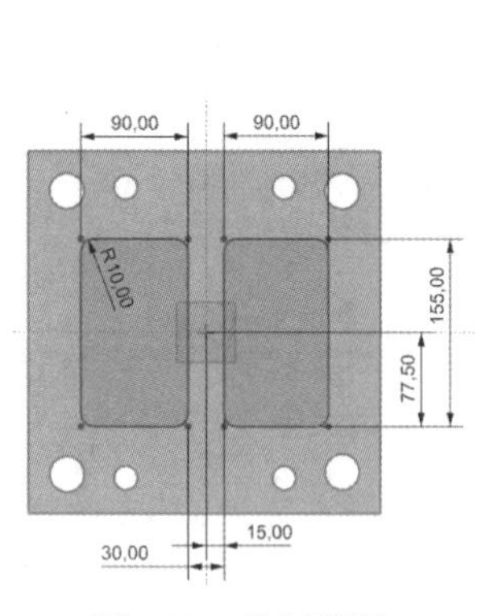

图 6.82　绘制草图

图 6.83　【拉伸】对话框

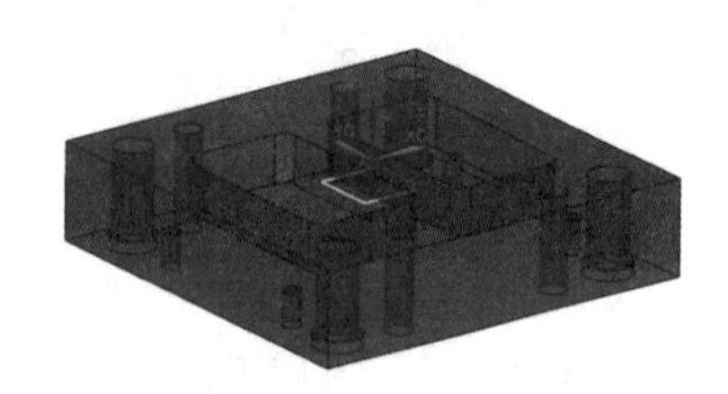

图 6.84　创建拉伸特征

（7）在【装配导航器】中选中 flzfsq_core_024，右击，在弹出的快捷菜单中选择【在窗口中打开】命令，打开 flzfsq_core_024 窗口。

（8）单击【主页】选项卡中的【基本】面板上的【边倒圆】按钮，系统弹出【边倒圆】对话框，设置“半径 1”为 10，选取图 6.85 所示的型腔的 4 条棱边进行倒圆角。单击【确定】按钮，完成边倒圆特征，如图 6.86 所示。

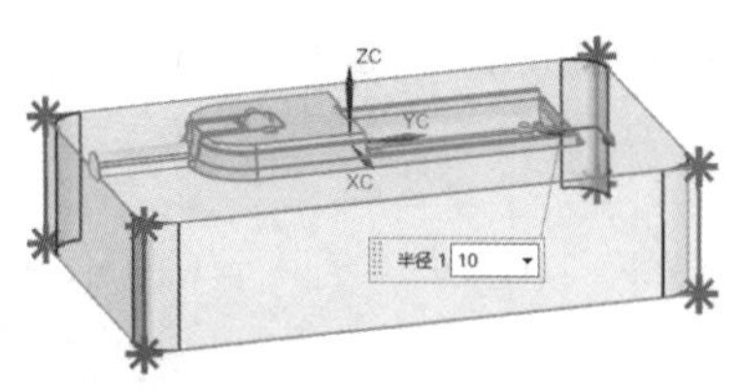

图 6.85　【边倒圆】对话框

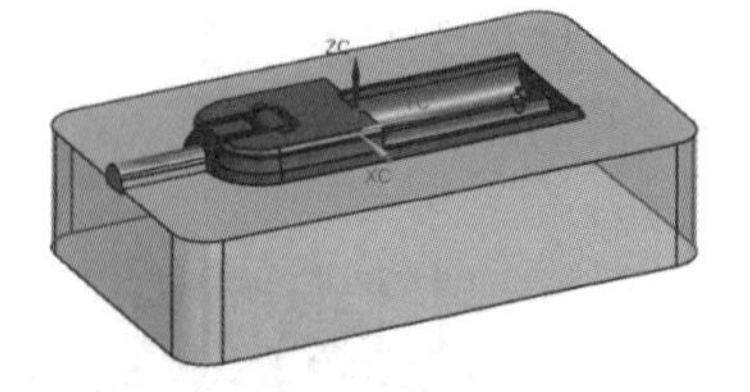

图 6.86　型腔边倒圆

（9）选择【文件】→【保存】→【全部保存】命令，保存全部文件。

6.2.2　使用冷却工具创建冷却系统

在 UG NX/Mold Wizard 中不仅可以使用标准件的方法创建冷却管道，还可以使用水路图样、直接水路、连接水路、冷却接头等冷却工具创建冷却系统。

1. 水路图样

使用水路图样命令可以通过现有曲线或草绘的曲线创建圆形冷却水路。

单击【注塑模向导】选项卡中的【冷却工具】面板上的【水路图样】按钮，系统弹出如图 6.87 所示的【水路图样】对话框。

（1）水路路径。

1）选择曲线：选择用于创建水路图样的曲线。单击按钮，创建新的草图；单击按钮，选择现有的曲线和边。

2）反向：反转选定的冷却水路方向。

（2）设置。

1）移除参数：移除选定冷却水路的所有参数。

2）通道直径：设置为选定直线创建的管特征的直径。

3）直径列表：从可用直径列表中选择冷却水路的直径。

2. 直接水路

使用直接水路命令可以设计具有指定起点的圆形冷却水路或节流阀。

单击【注塑模向导】选项卡中的【冷却工具】面板上的【直接水路】按钮，系统弹出图 6.88 所示的【直接水路】对话框。

图 6.87　【水路图样】对话框

图 6.88　【直接水路】对话框

（1）通道位置。

1）属性类型：指定冷却类型，包括水路和节流阀。

2）指定起点：用于指定冷却水路的起点。

3）Motion：所有运动方法都假定为水路位置选择的起点，包括动态、距离和点到点。

- 动态：通过操控动态坐标系，从原点沿指定的方向和距离延伸水路。
- 距离：从起点沿指定矢量方向延伸水路。
- 点到点：将水路从指定的起点延伸至指定的目标点。

（2）通道拉伸。

1）选择限制体：选择限制拉伸的边界体。

2）延伸：自动将水路延伸至指定距离或边界体，包括无、沿拉伸方向、沿拉伸反方向和沿两个方向。

- 无：不创建额外的延伸。水路从起点到终点。
- 沿拉伸方向：将水路沿正方向从起点延伸至边界体。
- 沿拉伸反方向：将水路沿负方向从起点延伸至边界体。
- 沿两个方向：将水路沿两个方向从起点延伸至边界体。

3）到边界的距离：指定从冷却水路末端到定义的边界体要保持的距离，即使末端类型发生更改，系统也会保持此距离。

（3）设置。

1）移除参数：移除所有可编辑的水路参数，并将水路创建为实体。

2）调整边界终点：延伸与正在创建的水路相交的水路，如图 6.89 所示。

3）调整水路起点：按指定的距离值调整水路的起点，如图 6.90 所示。

（a）取消选中此复选框　（b）选中此复选框

图 6.89　调整边界终点

（a）取消选中此复选框

（b）选中此复选框

图 6.90　调整水路起点

4）末端：指定水路末端的形状，如图 6.91 所示。

- 无：创建平直的水路末端。
- 角度：在水路末端创建斜角端。
- 圆形：创建圆形的水路末端。

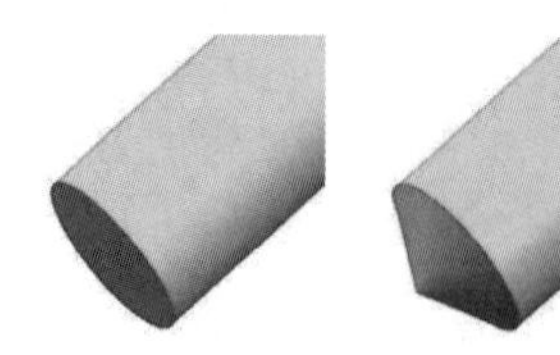

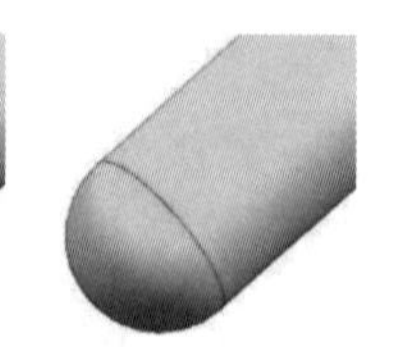

图 6.91　水路末端形状

5）通道直径：设置水路的直径。

6）直径列表：显示可为冷却水路选择的可用直径列表。

7）安全距离：用于指定间隙值，即冷却水路和周围几何体之间的距离。

3．连接水路

使用连接水路命令可连接两个水路，该命令将延伸水路，直到它们相交。如果水路不在同一平面上，则会新建一个竖直连接水路。

单击【注塑模向导】选项卡中的【冷却工具】面板上的【连接水路】按钮，系统弹出如图 6.92 所示的【连接水路】对话框。

（1）起点：用于指定连接曲线的起点，如图 6.93 所示。

（2）投影距离：用于指定连接水路的矢量方向，如图 6.94 所示。

图 6.92 【连接水路】对话框

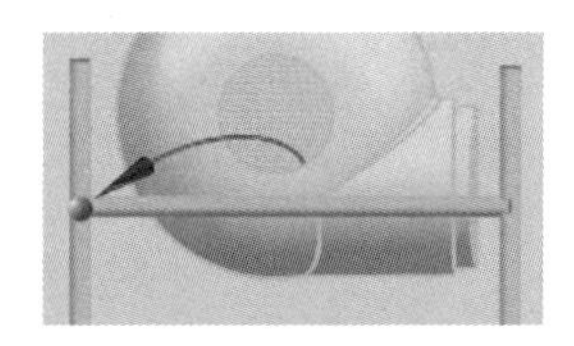

图 6.93　起点

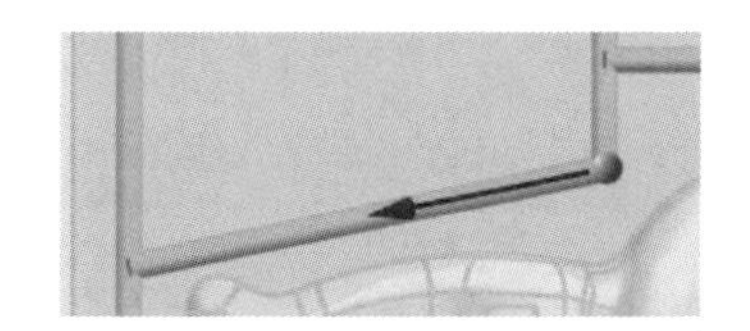

图 6.94　投影距离

4．调整水路

使用调整水路命令可以线性拖动水路，或将冷却水路移动到距选定面的指定距离处，或调整挡板组件长度。

单击【注塑模向导】选项卡中的【冷却工具】面板上的【调整水路】按钮，系统弹出如图 6.95 所示的【调整水路】对话框。

（1）类型。

1）水路重定位：指定将水路移动到距选定面一定距离的位置，该距离沿矢量方向测量。

2）水路长度：指定挡板水路的终点已移到距选定面一定距离的位置。

3）挡板组件长度：用于在冷却回路中重定位挡板。系统自动保持挡板组件和指定限制体的 BAFFLE_LENGTH 值。

4）调整直径：用于修改选定冷却水路的直径。

（2）水路：选择要调整的水路。

（3）限制：用于选择模型构造面作为到水路面的测量距离的基础。

（4）移动。

方向：指定测量设置距离的方向，包括沿矢量和垂直矢量。

➢ 沿矢量：指定单一方向，沿该方向测量选定面与水路之间的距离。

➢ 垂直矢量：指定与一组矢量垂直的矢量，沿该矢量测量选定面与水路之间的距离。

（5）设置。

1）移除参数：移除选定冷却水路的所有参数。

2）复制原先的：创建原始水路的副本，并用于调整该副本的位置。

3）距离：设置选定水路和限制面之间的调整距离。

5. 冷却接头

使用冷却接头命令可以将概念符号或冷却接头组件添加到冷却水路。

单击【注塑模向导】选项卡中的【冷却工具】面板上的【冷却接头】按钮，系统弹出图 6.96 所示的【冷却接头】对话框。

图 6.95 【调整水路】对话框

图 6.96 【冷却接头】对话框

（1）通道。

1）选择水路：用于选择现有冷却水路以自动放置接头。

2）指定点：用于指定要添加接头的任意点。

（2）边界体。

1）自动搜索边界体：指定希望注塑模向导查找水路和边界体之间的交点，并使用适当的概念符号标记交点。

2）选择体：用于选择与所选水路对应的边界体。

（3）连接点。

1）选择要复制的参考接头：当选中冷却水路上的点时可用。用于选择装配中现有的冷却接头，以复制到选定的连接点。

2）列表：显示接头的名称和类型，可以从【类型】下拉列表中选择接头类型。

3）设置组件名称：用于在【部件名管理】对话框中设置已添加组件的名称。

4）指定方位：用于使用操控器手柄定位已添加的组件。

5）删除连接☒：用于删除选定的连接点。

（4）设置。

使用符号：选中此复选框，添加概念冷却接头符号；不选中此复选框，添加标准冷却接头。

6. 冷却回路

使用冷却回路命令可以创建和分析水流，以帮助完成冷却回路设计。

单击【注塑模向导】选项卡中的【冷却工具】面板上的【冷却回路】按钮，系统弹出图 6.97 所示的【冷却回路】对话框。

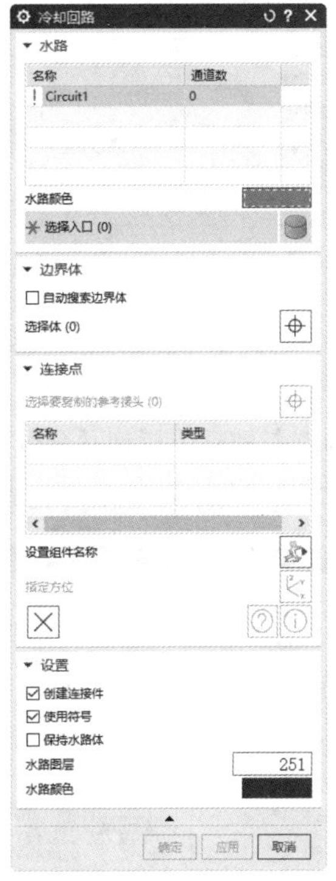

图 6.97　【冷却回路】对话框

（1）水路。

1）回路列表：列出部件中的回路以及每个回路中的水路数量。

2）水路颜色：用于为同一回路中的水路指定单独的水路颜色。

3）选择水路：用于选择回路的进水入口点。

（2）边界体。

1）自动搜索边界体：沿选定的冷却水路搜索未使用的点，然后在创建水流回路时将其删除。

2）选择体：可以选择要用于计算冷却回路的边界体。

（3）连接点。

1）选择要复制的参考接头：用于选择装配中现有的冷却接头，以复制到选定的连接点。

2）连接点列表：标识回路的所有连接点，以及对应该位置的默认类型。

（4）设置。

1）创建连接件：在冷却回路中创建连接件。

2）使用符号：将冷却符号或标准组件添加到回路。

3）保持水路体：以指定的水路颜色显示回路体和水流。

4）水路图层：显示回路的层号，默认值为 251。

5）水路颜色：显示回路的颜色，默认为“皇家蓝”。

动手学——创建冷却水路系统

扫一扫，看视频

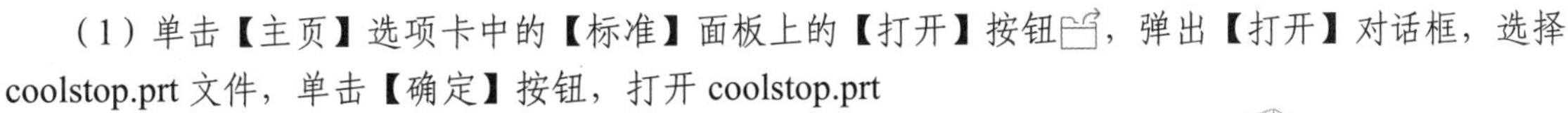
（1）单击【主页】选项卡中的【标准】面板上的【打开】按钮，弹出【打开】对话框，选择 coolstop.prt 文件，单击【确定】按钮，打开 coolstop.prt 文件，如图 6.98 所示。

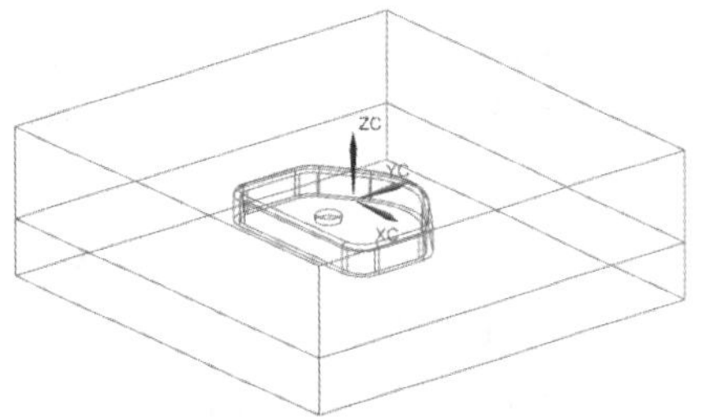

图 6.98　coolstop.prt 文件

（2）单击【注塑模向导】选项卡中的【冷却工具】面板上的【直接水路】按钮，系统弹出【直接水路】对话框，如图 6.99 所示，❶设置【属性类型】为【水路】，❷在“指定起点”中单击【点对话框】按钮，弹出【点】对话框，选择【面上的点】类型，选取如图 6.100 所示的面，输入坐标为（-60,-90,15），如图 6.101 所示，单击【确定】按钮，返回【直接水路】对话框。

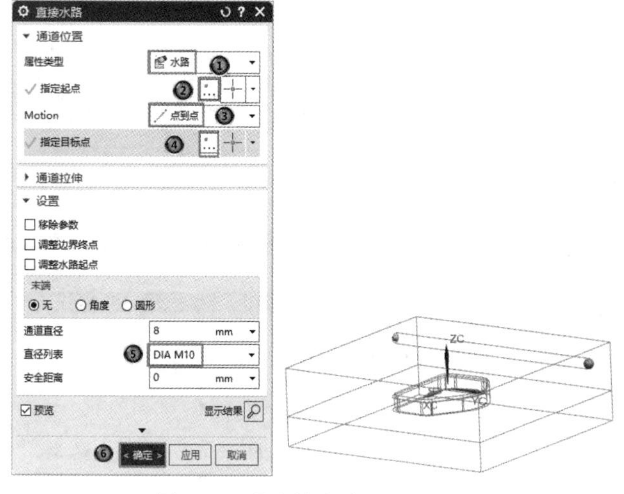

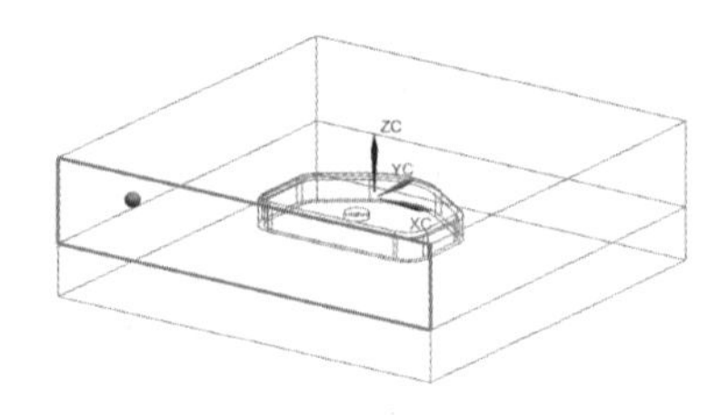

图 6.99 【直接水路】对话框　　　　图 6.100 选取起点放置面

（3）❸在【直接水路】对话框中设置 Motion 为【点到点】，❹在“指定目标点”中单击【点对话框】按钮⛶，选择【面上的点】类型，选取如图 6.102 所示的面，输入坐标为（-60,90,15），单击【确定】按钮，返回【直接水路】对话框，❺在直径列表中选择 DIA M10，❻单击【确定】按钮，完成第一条水路管道的创建。

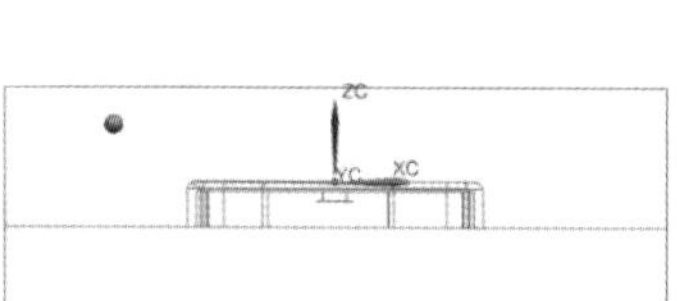

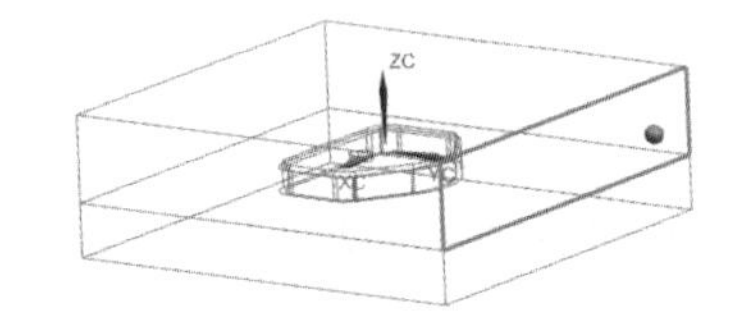

图 6.101 设置起点　　　　图 6.102 选取目标点放置面

（4）单击【注塑模向导】选项卡中的【冷却工具】面板上的【直接水路】按钮，系统弹出【直接水路】对话框，如图 6.103 所示，❶设置【属性类型】为【水路】，❷在“指定起点”中单击【点对话框】按钮⛶，弹出【点】对话框，选择【面上的点】类型，选取如图 6.104 所示的面，输入坐标为（60，-90，15），单击【确定】按钮，返回【直接水路】对话框。

（5）❸在【直接水路】对话框中设置 Motion 为【距离】，❹在“指定矢量”下拉列表中选择 YC，❺输入距离为 180，❻在直径列表中选择 DIA M10，❼单击【确定】按钮，完成第二条水路管道的创建。

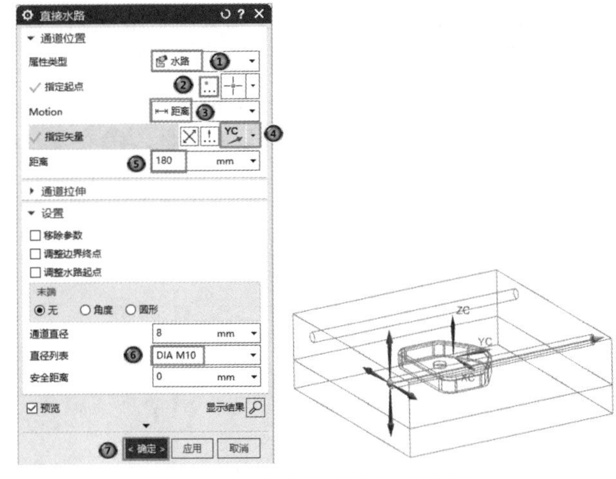

图 6.103 【直接水路】对话框

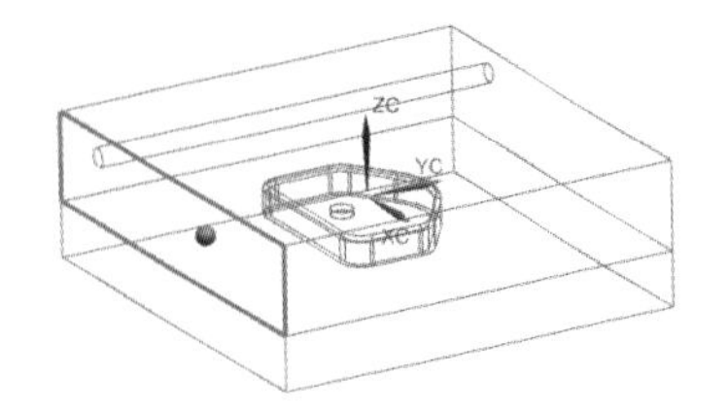

图 6.104 选取起点放置面

（6）单击【注塑模向导】选项卡中的【冷却工具】面板上的【连接水路】按钮，弹出【连接水路】对话框，❶选取步骤（2）和步骤（3）创建的水路为第一个通道，❷选取步骤（4）和步骤（5）创建的水路为第二个通道，❸选中【起点】复选框，❹单击【点对话框】按钮，弹出【点】对话框，输入坐标为（-60,60,15），单击【确定】按钮，返回【连接水路】对话框，如图 6.105 所示，❺单击【确定】按钮，完成连接水路的创建，如图 6.106 所示。

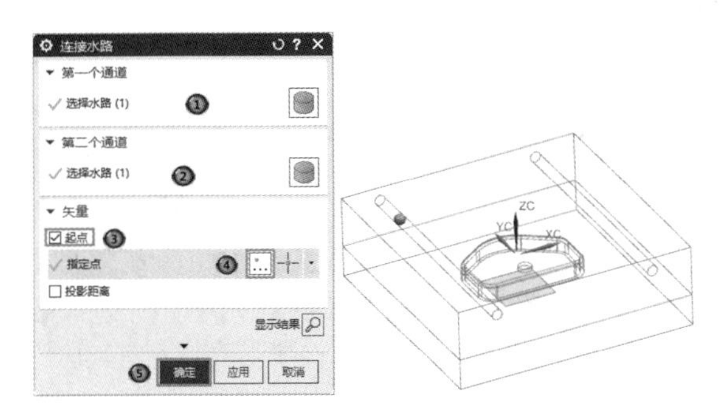

图 6.105 连接水路设置

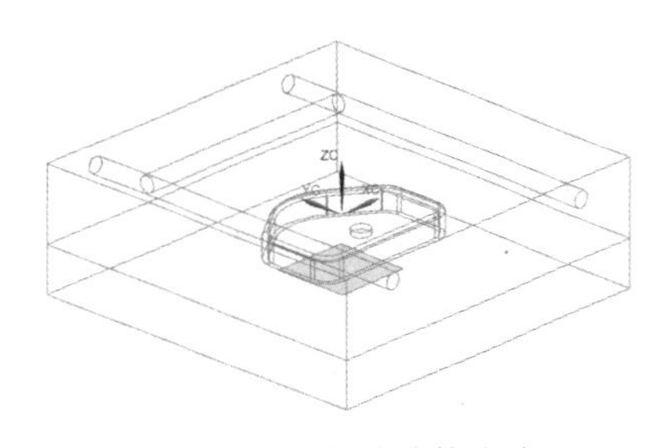

图 6.106 创建连接水路

（7）单击【主页】选项卡中的【构造】面板上的【基准平面】按钮，弹出【基准平面】对话框，选择【XC-YC 平面】类型，输入距离为-25mm，如图 6.107 所示，单击【确定】按钮，创建基准平面。

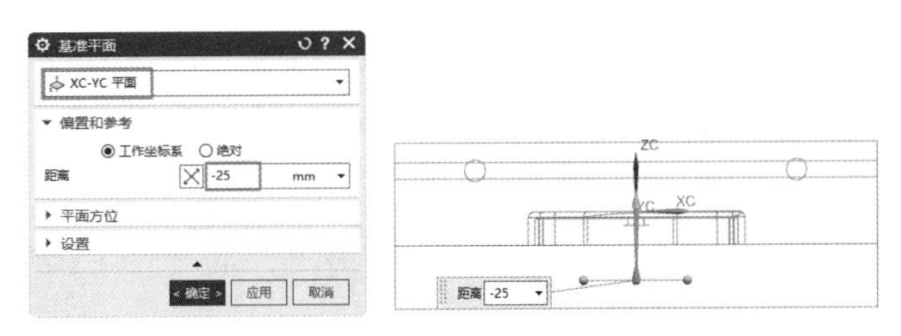

图 6.107 创建基准平面

（8）单击【注塑模向导】选项卡中的【冷却工具】面板上的【水路图样】按钮，系统弹出【水路图样】对话框，如图 6.108 所示，❶单击【绘制截面】按钮，弹出【创建草图】对话框，选择在步骤（7）创建的基准平面作为草图绘制面，如图 6.109 所示，单击【确定】按钮，进入草图绘制环境，绘制如图 6.110 所示的草图，单击【完成】按钮，返回【水路图样】对话框，❷在直径列表中选择 DIA M10，❸单击【确定】按钮，完成型芯上的水路的绘制。

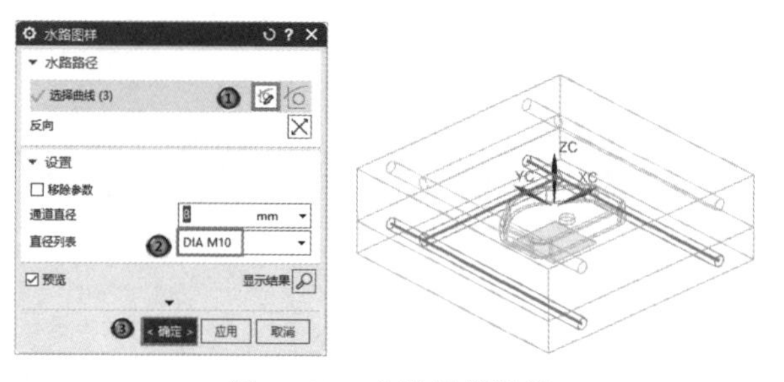

图 6.108　水路图样设置

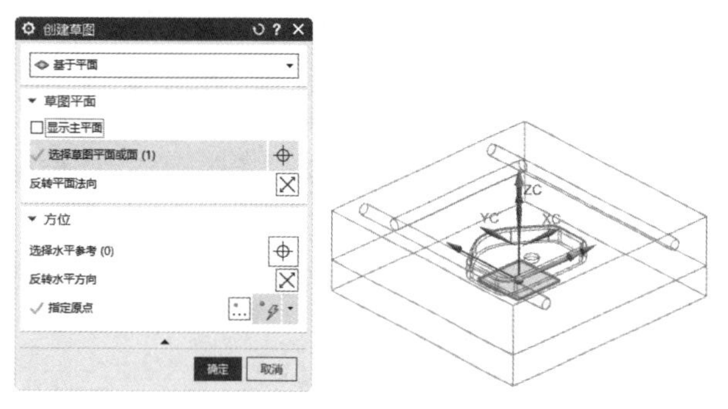

图 6.109　选择草图绘制面

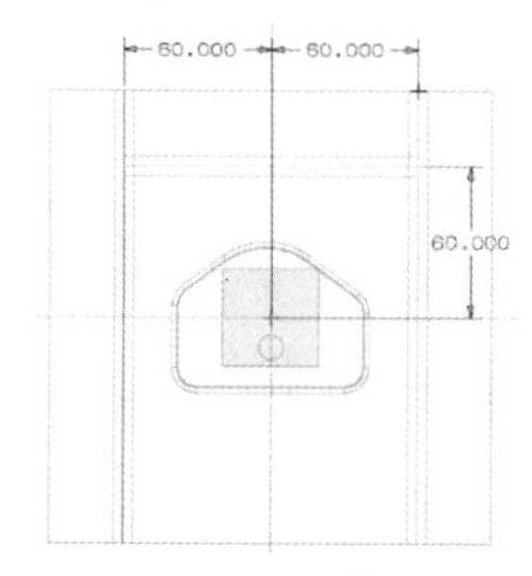

图 6.110　绘制草图

（9）单击【注塑模向导】选项卡中的【冷却工具】面板上的【冷却回路】按钮，系统弹出【冷却回路】对话框，❶在视图中选取如图 6.111 所示的水路，❷单击【确定】按钮，设置所选水路的右端为冷却回路的入水口。

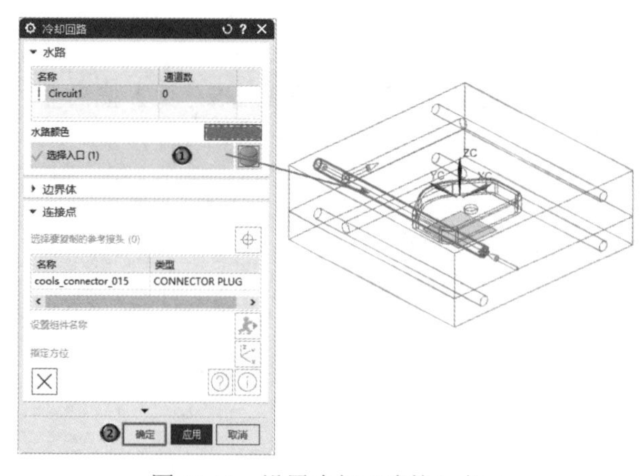

图 6.111　设置冷却回路的入水口

（10）单击【注塑模向导】选项卡中的【冷却工具】面板上的【冷却接头】按钮，系统弹出【冷却接头】对话框，❶选取在步骤（9）创建的入水口的水路，如图 6.112 所示，❷单击【确定】按钮，在入水口处创建冷却接头，如图 6.113 所示。

（11）选择【文件】→【保存】→【全部保存】命令，保存全部零件文件。

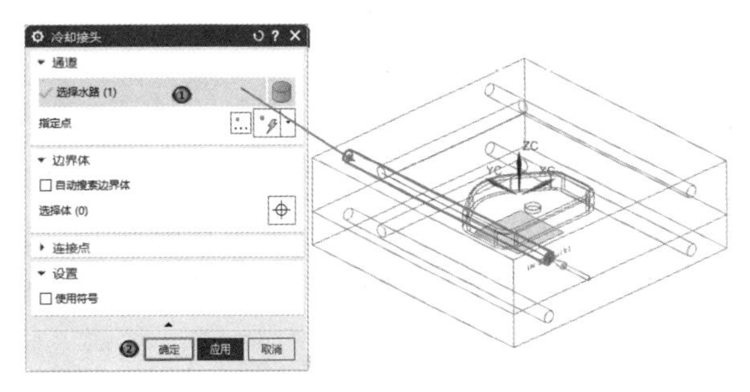

图 6.112　冷却接头设置

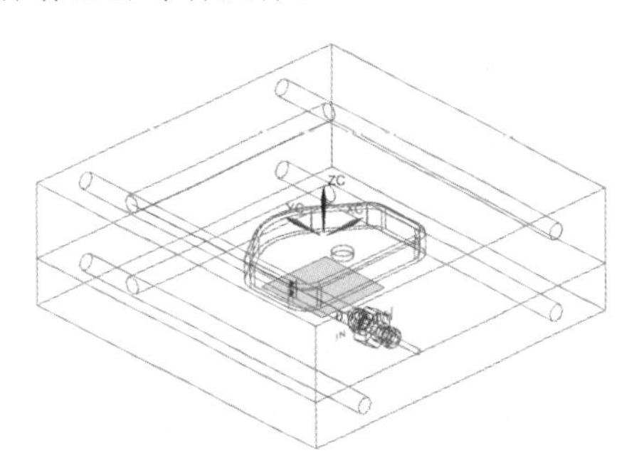

图 6.113　创建冷却接头

扫一扫，看视频

动手练——创建 RC 后盖的冷却系统

（1）打开 RChougai_prod_014 窗口。

（2）利用【冷却标准件库】命令选择 COOLING→Water，在【成员选择】列表中选择 COOLING HOLE，设置 PIPE_THREAD 的参数为 M8，选取型腔侧面放置冷却管道，如图 6.114 所示。

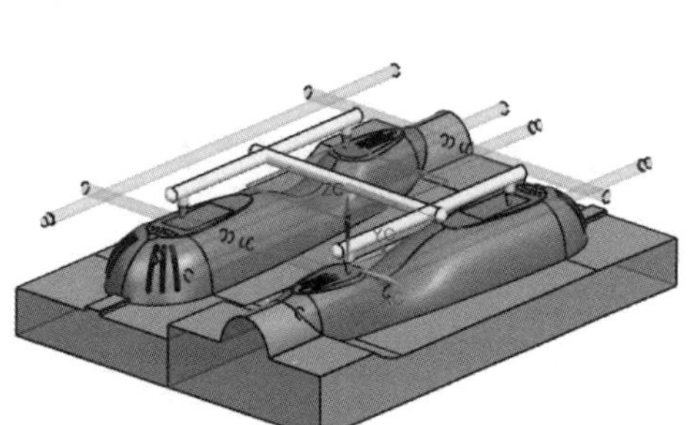

图 6.114　添加冷却管道最终效果

第 7 章　模具设计辅助工具

内容简介

UG NX 软件为工程师提供了多种高效的辅助工具，以支持他们创造出复杂而精确的模具。这些辅助工具中，镶块用于定位和固定成型零件，确保其准确无误地装配在模具中；滑块则是为了形成复杂的侧向凹凸特征提供滑动动作的关键组件。电极是电火花加工中不可或缺的元素，用以制造模具中的精细和难以切削的部分。腔体作为模具的核心空间，直接决定了成型产品的形状和尺寸。为了更有效地管理这些部件，UG NX 还允许用户创建详细的模具材料清单（BOM），列出所有必要的物料和规格，从而简化采购和库存管理过程。此外，通过模具图和视图管理功能，工程师可以方便地组织和查看模具的不同部分和视角，确保设计的准确性和可读性，从而提高模具设计的整体效率和质量。

内容要点

- 镶块
- 滑块设计
- 电极设计
- 开腔
- 模具材料清单
- 模具图
- 视图管理
- 删除文件

案例效果

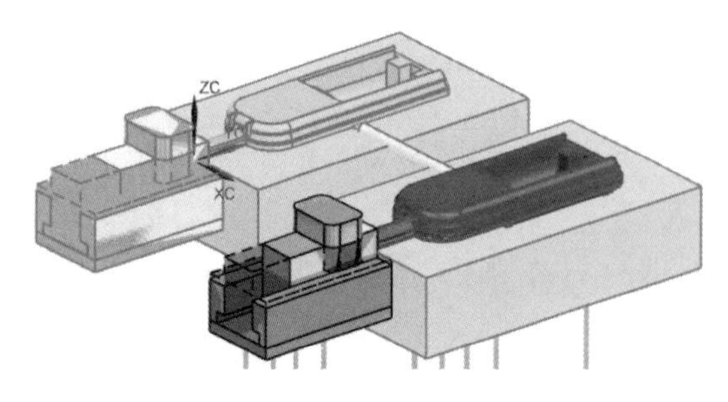

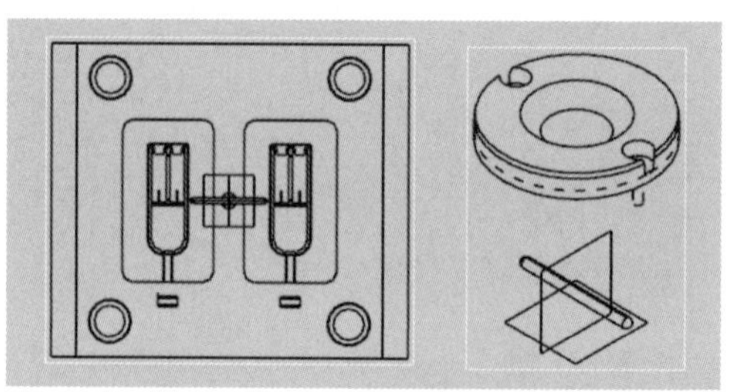

7.1　镶　　块

在注塑模具中，镶块可以用来形成深而窄的凹槽或复杂的几何形状，从而确保成型产品的质量与精度。一个完整的镶块装配由镶块头部和镶块足/体组成。

单击【注塑模向导】选项卡中的【主要】面板上的【子镶块库】按钮，系统弹出如图 7.1 所示的【重用库】对话框和【子镶块库】对话框。

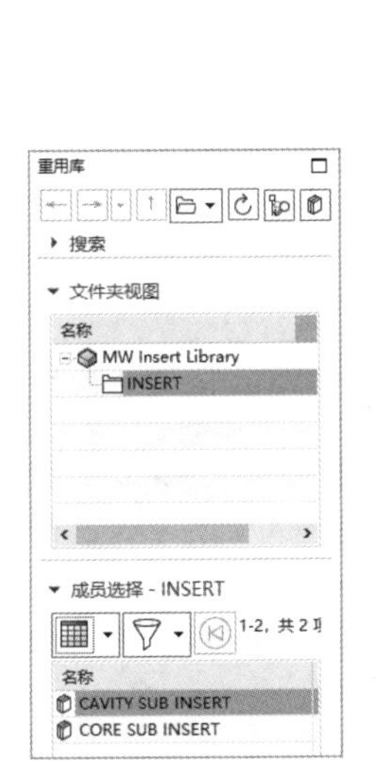

图 7.1　【重用库】对话框和【子镶块库】对话框

（1）电极头：在此下拉列表中选择要创建的镶件头的类型，包括包容体、现有实体、拉伸体和标准。

1）包容体：用于通过选择实体面来创建镶件。系统将生成包含所有选定面的镶件。

2）现有实体：用于通过选择单个实体来创建镶件。系统将生成包含单个实体的镶件。

3）拉伸体：用于通过选择曲线来创建镶件。系统将从闭环曲线生成镶件。只能为每个镶件创建一个拉伸体类型。

4）标准：用于创建标准镶件，必须指定镶件的大小参数。

（2）选择切削体：选择用于切削镶件形状的体。

（3）拆分切削体：从主体抽取创建的镶件并将其创建为单独的体。

（4）参数：列出选定镶件的参数，并用于通过双击值单元格来编辑每个参数值。

扫一扫，看视频

动手学——镶块设计

（1）单击【主页】选项卡中的【标准】面板上的【打开】按钮，弹出【打开】对话框，选择 outlet_top_000.prt，单击【确定】按钮，打开 outlet_top_000.prt 文件，如图 7.2 所示。

（2）在【装配导航器】中选择 outlet_core_009，右击，在弹出的快捷菜单中选择【设为工作部件】命令，如图 7.3 所示，将型芯文件设为工作部件，然后隐藏型腔文件。

（3）单击【注塑模向导】选项卡中的【主要】面板上的【子镶块库】按钮，系统弹出【重用库】对话框和【子镶块库】对话框；在【重用库】对话框的【成员选择】列表中选择 CORE SUB INSERT，如图 7.4 所示。

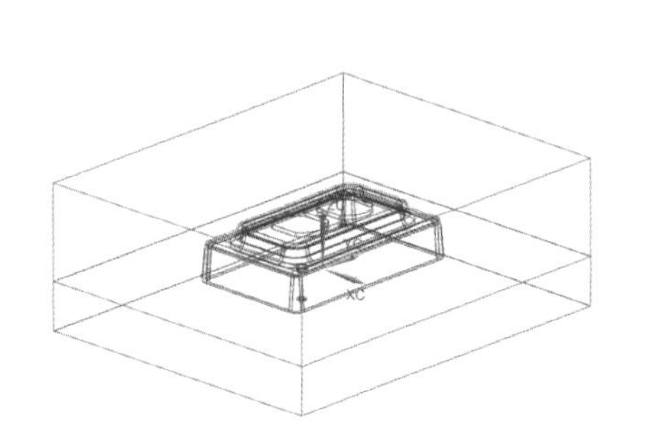

图 7.2　outlet_top_000.prt 文件

图 7.3　快捷菜单

图 7.4　选择 CORE SUB INSERT

（4）①在视图中选择图 7.5 所示的面作为电极头的放置面，②在【子镶块库】对话框中取消选中【拆分切削体】复选框，③在【参数】选项组中设置 FOOT 为 ON、INSERT_BOTTOM 为 0、FOOT_OFFSET_1 和 FOOT_OFFSET_3 为 20、FOOT_OFFSET_2 和 FOOT_OFFSET_4 为 18、FOOT_HT 为 5，其他采用默认设置，如图 7.5 所示，④单击【确定】按钮，创建的子镶块如图 7.6 所示。

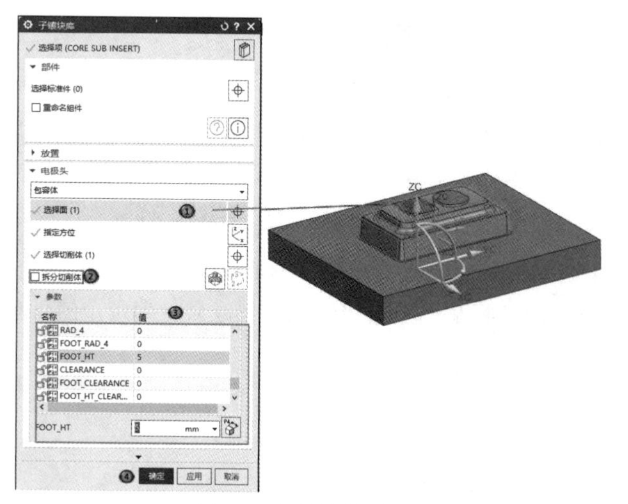

图 7.5　子镶块设置

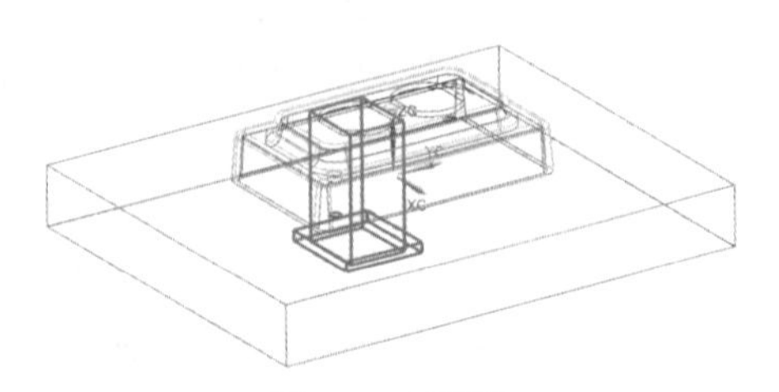

图 7.6　子镶块

（5）选择【文件】→【保存】→【全部保存】命令，保存全部零件。

动手练——为 RC 后盖添加镶块

（1）利用【子镶块库】命令选择 CORE SUB INSERT 对象,设置 SHAPE 为 ROUND、FOOT 为 ON、X_LENGTH 为 4.8、Z_LENGTH 为 70，选取图 7.7 所示的圆心点，创建子镶块。

（2）利用【子镶块库】命令选择 CAVITY SUB INSERT 对象,设置 SHAPE 为 ROUND、FOOT 为 ON，X_LENGTH 为 6、Z_LENGTH 为 70，选取图 7.7 所示的 3 个圆心点创建子镶块。

（3）利用【子镶块库】命令选取图 7.8 所示的圆心点，创建 X_LENGTH 为 9、Z_LENGTH 为 70 的子镶块。

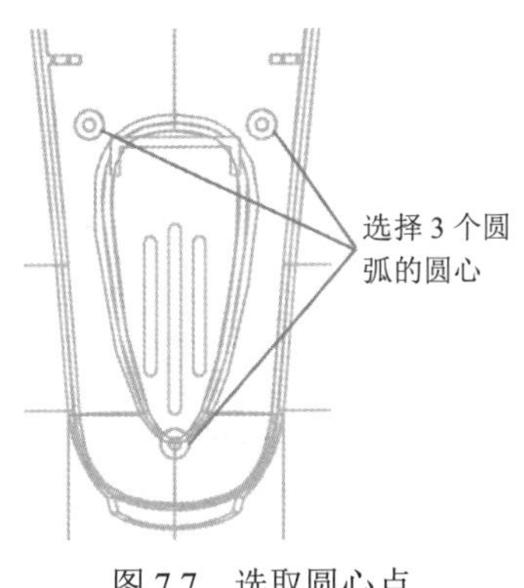

图 7.7　选取圆心点

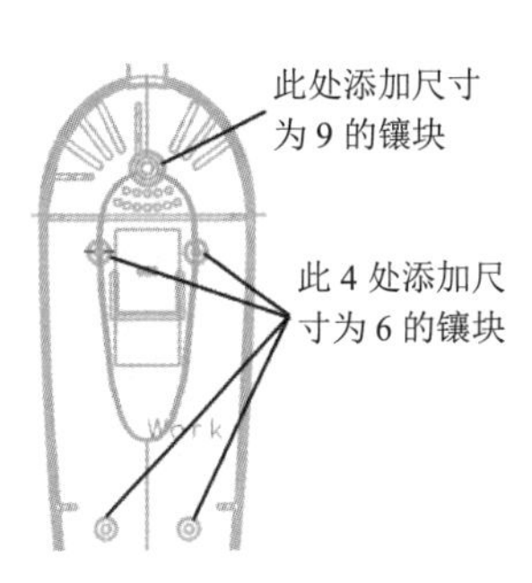

图 7.8　添加镶块的点

（4）利用【修边模具组件】命令，用型芯修剪片体对子镶块进行修剪。

7.2　滑 块 设 计

当制品上具有与开模方向不一致的侧孔、侧凹或凸台时，在脱模前必须先抽掉侧向成型零件（或侧型芯），否则将无法脱模。这种带动侧向成型零件移动的机构称为侧向分型机构。在 Mold Wizard 中，侧向分型机构作为滑块和斜顶杆库进行调用和编修。

根据动力来源的不同，自动侧向分型机构一般可分为机动和气动（液压）两大类。

机动侧向分型与抽芯机构：机动侧向分型与抽芯机构是利用注塑机的开模力，通过传动件使模具中的侧向成型零件移动一定距离而完成侧向分型与抽芯动作。这类模具结构复杂，制造困难，成本较高，但其优点是劳动强度小，操作方便，生产效率较高，易实现自动化，故生产中应用较为广泛。

液压或气动侧向分型与抽芯机构：液压或气动侧向分型与抽芯机构以液压力或压缩空气作为侧向分型与抽芯的动力。它的特点是传动平稳，抽拔力大，抽芯距长，但液压或气动装置成本较高。

1. 滑块/抽芯概览

从结构上来看，滑块/抽芯的组成大概可以分为两部分：滑块/抽芯头部和滑块/抽芯体。头部依赖于产品的形状，体则由可自定义的标准件组成。

（1）头部设计：可以用以下方法来创建滑块或斜顶杆的头部。

方法 1：

用实体头部方法创建滑块或斜顶头部。单击【注塑模向导】选项卡中的【注塑模工具】面板上的【分割实体】按钮。如果在型芯或型腔中创建好了实体头部，并添加了滑块或斜顶体，就可以将该头部链接到滑块或斜顶体中并将它们并到一起。也可以创建一个新的组件，再将头部链接到新组件中。实体头部方法经常用于滑块头部的设计。

方法 2：

直接添加滑块或斜顶到模架中，然后设置滑块和抽芯的本体作为工作部件。使用 UG NX 装配的 Wave 几何链接器将型芯或型腔分型面链接到当前的工作部件中，最后用该分型面来修剪滑块或斜顶的本体。

（2）体的设计：滑块/抽芯体一般由几个组件组成，如本体、导向件等。这些组件用 UG NX 的装配功能装配到一起。滑块/斜顶的大小由参数中的尺寸控制。滑块/斜顶的装配可以视为标准件，因此标准件方法会应用在滑块/抽芯设计中。图 7.9 所示给出了 Push-Pull 滑块的结构形式，可以参考其给出的形式。

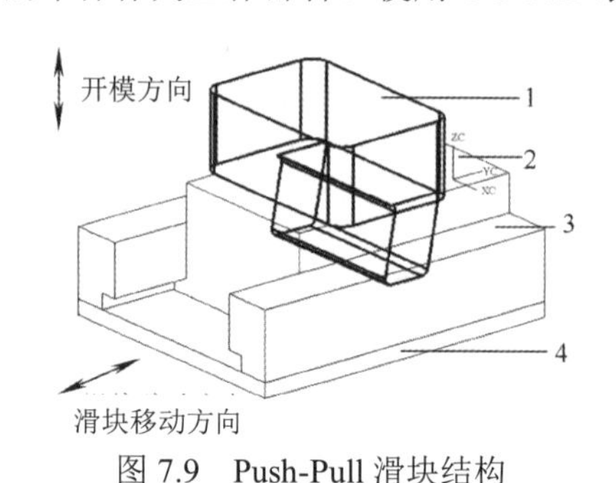

图 7.9　Push-Pull 滑块结构

1—滑块驱动部分；2—滑块体；3—固定导轨；4—底板

注意

塑模向导提供了几种类型的滑块/抽芯结构。因为标准件功能是一个开放式结构的设计，所以可以在注塑模向导中添加自定义的滑块/抽芯结构。

滑块/抽芯文件保存在文件目录.../mold wizard/slider_lifter 中。在使用前所有滑块/抽芯都需要进行注册。注册文件的名称是 slider_lifter_reg.xls。有两个注册的变更分别对应不同单位类型：SLIDE_IN 用于英制，SLIDE_MM 用于公制。单击“编辑注册器”按钮，注册文件会加载到表格中编辑。

滑块/抽芯机构以子装配体的形式加入模具装配体的 prod 节点下，其装配体一般含有滑块头、斜楔、滑块体、导轨等使滑块/抽芯能够移动所必需的零部件。

2. 滑块的设计步骤

（1）设计滑块头部。使用模具工具中交互建模的方法在型芯或型腔部件中创建滑块的头部。

（2）设置 WCS（工作坐标系）。将 WCS 设置在头部的底线的中心，+ZC 指向顶出方向，+YC 指向底切区域。其方向同滑块和斜顶杆库中的设计方向相关。

（3）添加滑块体。单击【注塑模向导】选项卡中的【主要】面板上的【滑块和斜顶杆库】按钮，弹出图 7.10 所示的【重用库】对话框和【滑块和斜顶杆设计】对话框，选择类型并设置参数，单击【确定】按钮，添加一个标准尺寸的滑块体。

（4）链接滑块体。单击【装配】选项卡中的【部件间链接】面板上的【WAVE 几何链接器】按钮，将滑块头部链接到滑块的本体部件中，修改滑块体的尺寸，并利用布尔运算中的“合并”命令进行合并。

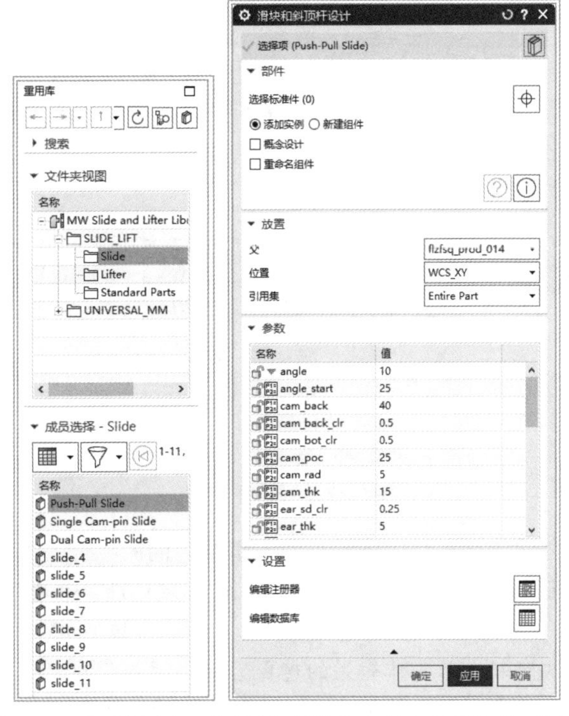

图 7.10　【重用库】对话框和【滑块和斜顶杆设计】对话框

（5）如果有必要，调整模架尺寸。

知识拓展——侧向抽芯机构

利用斜导柱进行侧向抽芯的机构是一种最常用的机动抽芯机构，如图 7.11 所示。其结构组成包括斜导柱、侧型芯滑块、滑块定位装置及锁紧装置。其工作过程为：开模时，开模力通过斜导柱作用于滑块，迫使滑块在开模开始时沿动模的导滑槽向外滑动，完成抽芯。滑块定位装置将滑块限制在抽芯终了的位置，以保证合模时斜导柱能插入滑块的斜孔中，使滑块顺利复位。锁紧楔用于在注塑时锁紧滑块，防止侧型芯受到成型压力的作用时向外移动。

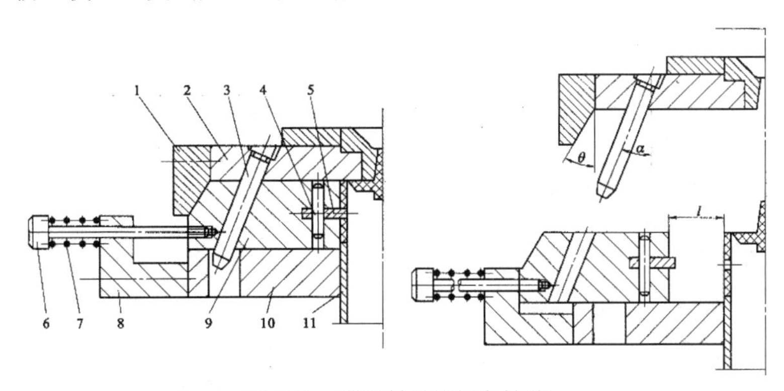

图 7.11　利用斜导柱侧向抽芯

1—锁紧楔；2—定模板；3—斜导柱；4—销钉；5—型芯；6—螺钉；7—弹簧；8—支架；9—滑块；10—动模板；11—推管

1. 斜导柱设计

（1）斜导柱的形式如图 7.12 所示。图 7.12（a）是圆柱形的斜导柱，有结构简单、制造方便和稳定性能好等优点，所以使用广泛；图 7.12（b）是矩形的斜导柱，当滑块很狭窄或抽拔力大时使用，其头部形状进入滑块比较安全；图 7.12（c）适用于延时抽芯的情况，可作斜导柱内抽芯用；图 7.12（d）与图 7.12（c）使用情况类似。

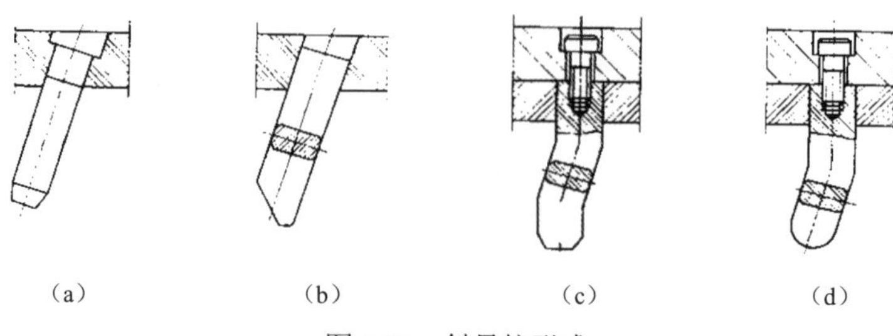

图 7.12　斜导柱形式

斜导柱固定端与模板之间的配合采用 H7/m6，与滑块之间的配合采用 0.5～1mm 的间隙。斜导柱的材料多为 T8、T10 等碳素工具钢，也可以进行 20 钢渗碳处理，热处理要求 HRC≥55，表面粗糙度 $Ra \leqslant 0.8\mu m$。

（2）斜导柱倾角 α 是决定其抽芯工作效果的重要因素。倾斜角的大小关系到斜导柱承受的弯曲力和实际达到的抽拔力，也关系到斜导柱的有效工作长度、抽芯距和开模行程。倾斜角实际上就是斜导柱与滑块之间的压力角，因此，α 应小于 25°，一般在 12°～25°内选取。

（3）斜导柱直径 d。根据材料力学，可推导出斜导柱 d 的计算公式：

$$d = \sqrt[3]{\frac{FL_w}{0.1[\sigma_w]\cos\alpha}} \tag{7.1}$$

式中：d——斜导柱直径，mm；

F——抽出侧型芯的抽拔力，N；

L_w——斜导柱的弯曲力臂（图 7.13），mm；

$[\sigma_w]$——斜导柱许用弯曲应力，对于碳素钢可取为 140MPa；

α——斜导柱倾斜角，（°）。

（4）斜导柱长度的计算。斜导柱长度根据抽芯距 s、斜导柱直径 d、固定轴肩直径 D、倾斜角 α 以及安装导柱的模板厚度 h 确定，如图 7.14 所示。

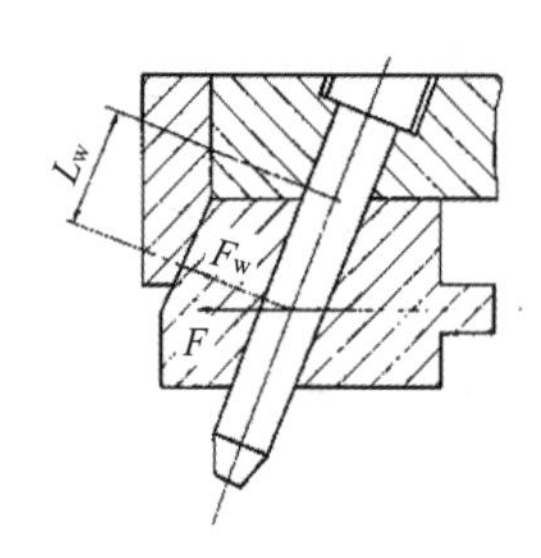

图 7.13　斜导柱的弯曲力臂

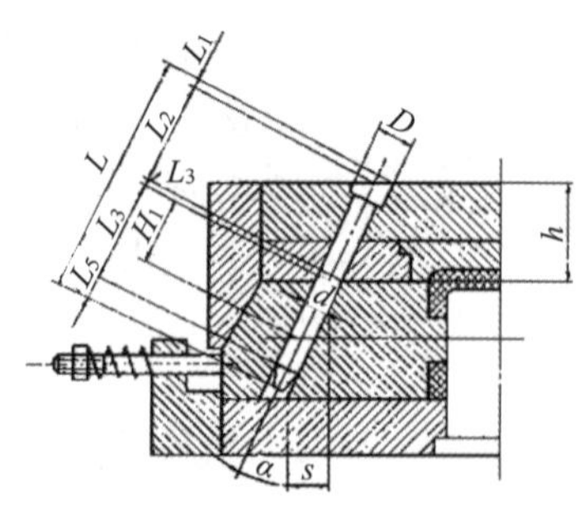

图 7.14　斜导柱长度的确定

$$L = L_1 + L_2 + L_3 + L_4 + L_5 = \frac{D}{2}\text{tg}\alpha + \frac{h}{\cos\alpha} + \frac{d}{2}\text{tg}\alpha + \frac{s}{\sin\alpha} + (10 \sim 15)\text{mm} \tag{7.2}$$

式中：D——斜导柱固定部分的大端直径，mm；

h——斜导柱固定板厚度，mm；

s——抽芯距，mm。

2. 滑块设计

（1）滑块形式分整体式和组合式两种。组合式是将型芯安装在滑块上，这样可以节省钢材，且加工方便，因而应用广泛。型芯与滑块的固定形式如图 7.15 所示。图 7.15（a）和图 7.15（b）为较小型芯的固定形式；也可采用图 7.15（c）的螺钉固定形式；图 7.15（d）为燕尾槽固定形式，用于较大型芯；对于多个型芯，可用图 7.15（e）所示的固定板固定形式；型芯为薄片时，可用图 7.15（f）所示的通槽固定形式。滑块材料一般采用 45 钢或 T8、T10 工具钢，热处理硬度为 40HRC 以上。

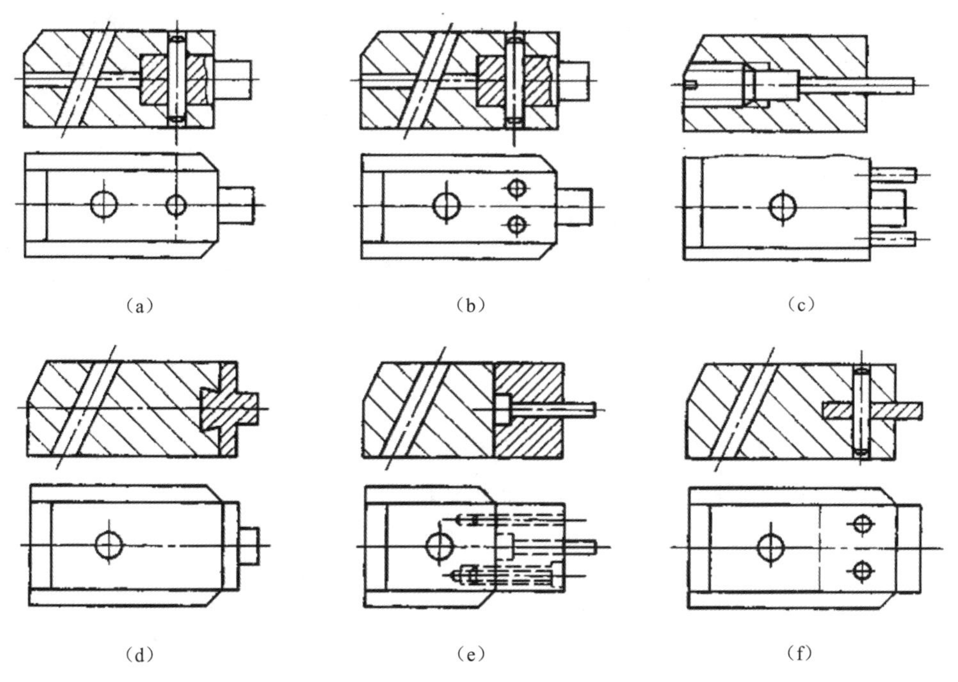

图 7.15　型芯与滑块的固定形式

（2）滑块的导滑形式如图 7.16 所示。图 7.16（a）和图 7.16（e）为整体式；图 7.16（b）～图 7.16（f）为组合式，加工方便。导滑槽常用 45 钢，调质热处理为 28～32HRC。盖板的材料用 T8、T10 工具钢或 45 钢，热处理硬度为 HRC50 以上。滑块与导滑槽的配合为 H8/f8，配合部分表面粗糙度 $Ra \leqslant 0.8\mu\text{m}$，滑块长度应为滑块宽度的 1.5 倍，抽芯完毕，留在导滑槽内的长度不小于自身长度的 2/3。

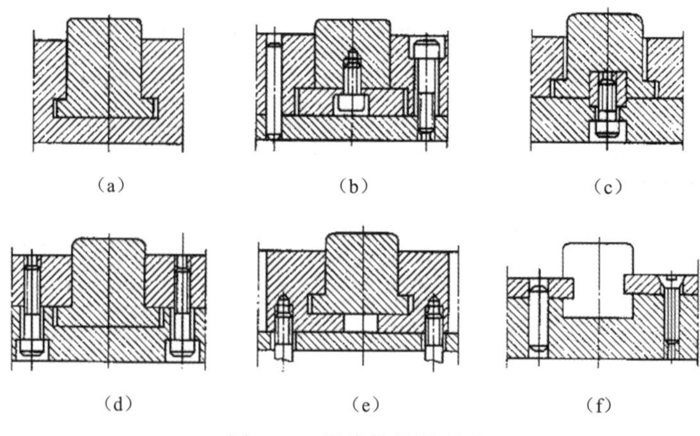

图 7.16 滑块的导滑形式

3. 滑块定位装置

滑块定位装置用于保证开模后滑块停留在刚脱离斜导柱的位置上，使合模时斜导柱能准确地进入滑块的孔内，顺利合模。滑块定位装置的结构如图 7.17 所示。图 7.17（a）为滑块利用自重停靠在限位挡块上，结构简单，适用于向下方抽芯的模具；图 7.17（b）为靠弹簧力使滑块停留在挡块上，适用于各种抽芯的定位，定位比较可靠，经常采用；图 7.17（c）～图 7.17（e）为弹簧止动销和弹簧钢球定位的形式，结构比较紧凑。

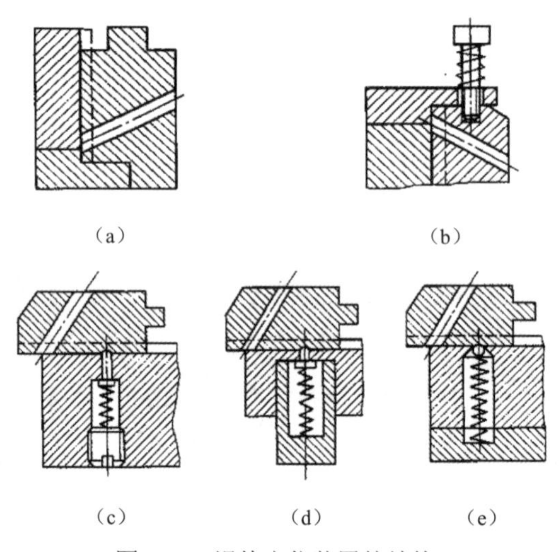

图 7.17 滑块定位装置的结构

4. 锁紧楔

锁紧楔作用是锁紧滑块，以防在注塑过程中活动型芯受到型腔内塑料熔体的压力而产生位移。常用的锁紧楔形式如图 7.18 所示。图 7.18（a）为整体式，结构牢固可靠，刚性好，但耗材多，加工不便，磨损后调整困难；图 7.18（b）所示的形式适用于锁紧力不大的场合，制造调整都较方便；图 7.18（c）所示的形式利用 T 形槽固定锁紧楔，销钉定位，能承受较大的侧向压力，但磨损后不易调整，适用于较小模具；图 7.18（d）为锁紧楔整体嵌入模板的形式，刚性较好，修配方便，适用于较大尺寸的模具；图 7.18（e）和图 7.18（f）所示的形式对锁紧楔进行了加强，适用于锁紧力大的场合。

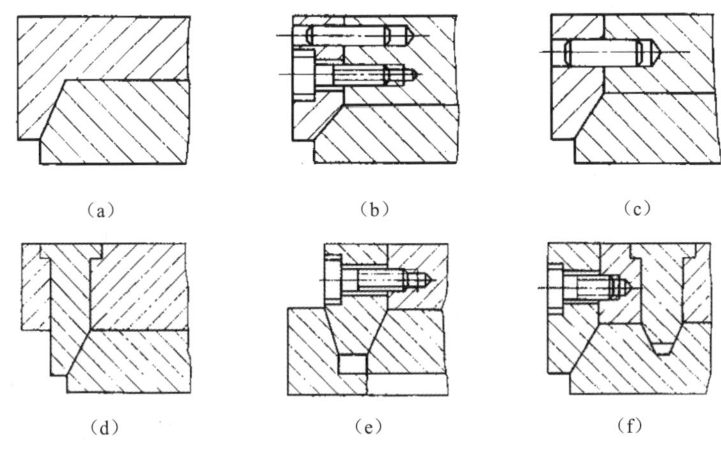

图 7.18　锁紧楔的形式

动手学——负离子发生器模具的滑块设计

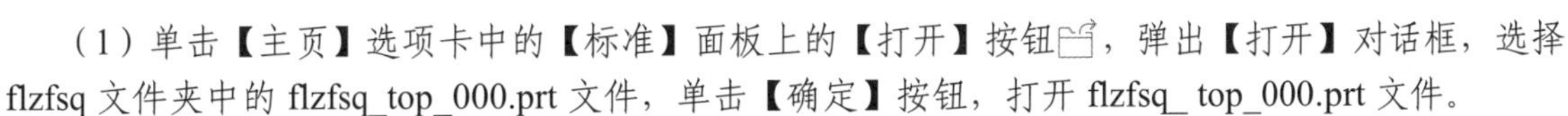

（1）单击【主页】选项卡中的【标准】面板上的【打开】按钮，弹出【打开】对话框，选择 flzfsq 文件夹中的 flzfsq_top_000.prt 文件，单击【确定】按钮，打开 flzfsq_ top_000.prt 文件。

（2）隐藏模架，定位环、主流道、型腔。

（3）选择菜单栏中的【格式】→WCS→【原点】命令，打开【点】对话框，捕捉图 7.19 所示的边界中点作为 WCS 坐标系的原点，单击【确定】按钮，将坐标系原点定义到所选点。

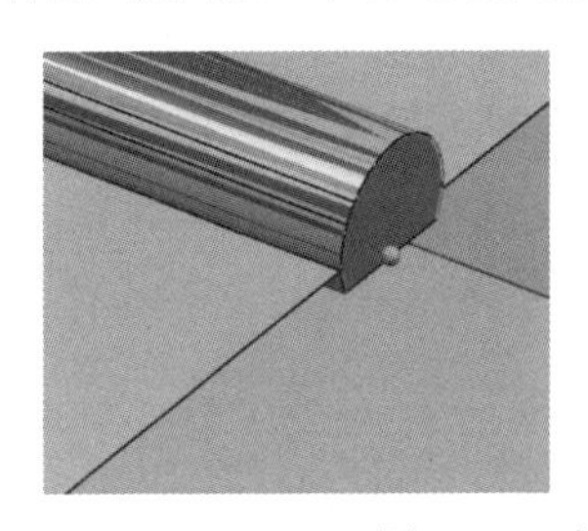

图 7.19　定义坐标原点

（4）单击【注塑模向导】选项卡中的【主要】面板上的【滑块和斜顶杆库】按钮，系统弹出【重用库】和【滑块和斜顶杆设计】对话框，❶在【重用库】对话框的【文件夹视图】中选择 SLIDE_LIFT→Slide，❷在【成员选择】列表中选择 Push-Pull Slide（拖拉式）；❸在【滑块和斜顶杆设计】对话框的【参数】选项组中设置 angle_start 为 10、cam_back 为 20、cam_poc 为 10、cam_thk 为 10、gib_long 为 72.5、gib_wide 为 10、slide_bottom 为-20、slide_long 为 50、wide 为 20，如图 7.20 所示。❹单击【确定】按钮，系统自动加载滑块，加载后的结果如图 7.21 所示。

（5）在【装配导航器】中选择 flzfsq_sld_086，右击，在弹出的快捷菜单中选择【设为工作部件】命令，将滑块设置为工作部件。

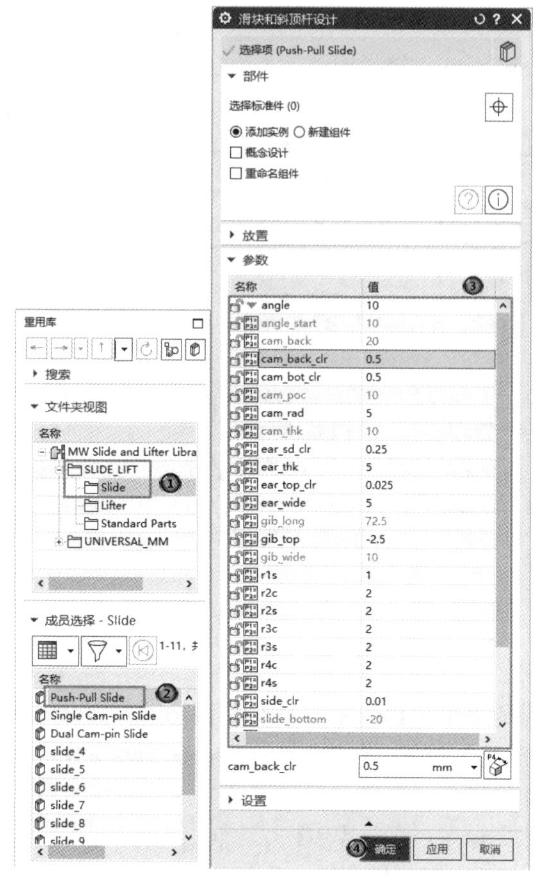

图 7.20　定义滑块类型和尺寸

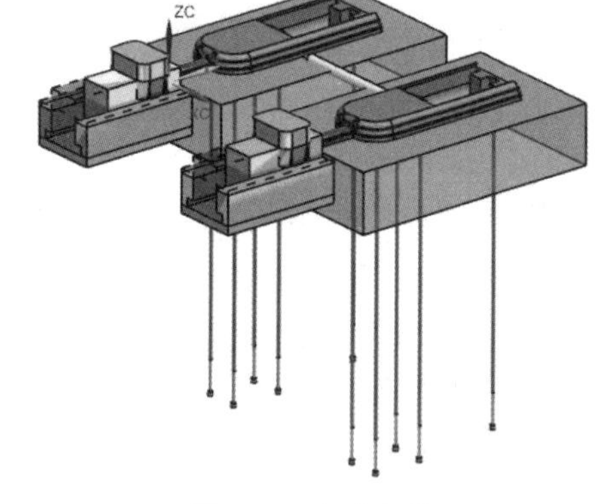

图 7.21　加载滑块

（6）单击【装配】选项卡中的【部件间链接】面板上的【WAVE 几何链接器】按钮，系统弹出【WAVE 几何链接器】对话框，如图 7.22 所示，选择滑块头作为链接对象链接到滑块体上，如图 7.23 所示，单击【确定】按钮，将产品和滑块头连接。

图 7.22　【WAVE 几何链接器】对话框

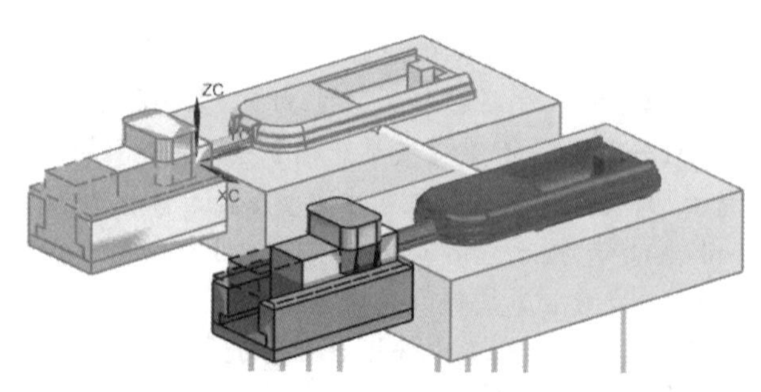

图 7.23　选择链接对象

（7）选择【文件】→【保存】→【全部保存】命令，保存全部零件。

扫一扫，看视频

动手练——为阀体添加滑块

（1）打开 fati_top_000 文件，然后打开型芯、型腔文件。

（2）利用【测量】命令测量产品端面到型腔端面的距离，这里距离为 24.73。

（3）利用 WCS→【原点】命令移动坐标系到型腔端面。

（4）利用【滑块和斜顶杆库】命令选择 SLIDE_LIFT→Slide，在【成员选择】中选择 Push-Pull Slide，设置 gib_long 为 108、slide_top 为 20、wide 为 50，加入滑块。

（5）将型腔文件设为工作部件，利用【WAVE 几何链接器】命令，将滑块体链接到型腔。

（6）仅显示型腔文件，利用【拉伸】命令选取滑块头的端面曲线进行拉伸，将其拉伸至产品端面。

（7）利用【减去】命令选择型腔作为目标体，滑块作为工具体。

（8）重复上述操作方法，添加另外一个滑块，得到的效果如图 7.24 所示。

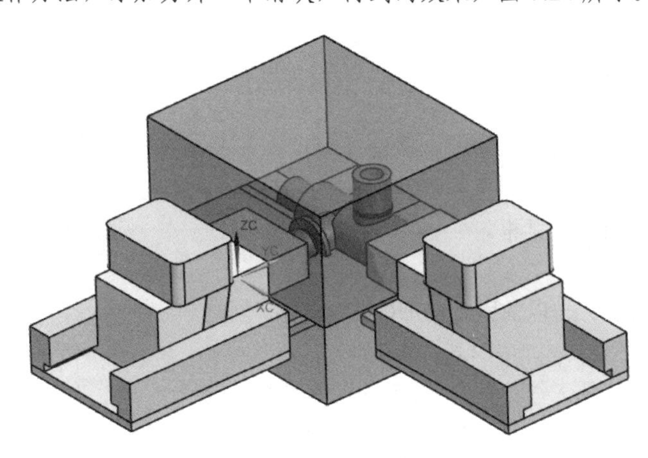

图 7.24　得到的效果

7.3 电极设计

模具的型芯、型腔或者嵌件通常具有复杂的外形，有些加工非常困难，一般采用电极来解决复杂区域的加工。要进行放电加工，首先使用电极材料（一般是铜和石墨）制作电极，然后将电极安装到电火花机上，对型芯、型腔的某个区域或整个区域进行加工。

单击【应用模块】选项卡中的【注塑模和冲模】面板上的【工具箱】下拉列表中的【电极设计】按钮，打开图 7.25 所示的【电极设计】选项卡。

图 7.25　【电极设计】选项卡

【电极设计】选项卡中部分选项的功能如下。

（1）初始化电极项目：创建新的电极设计项目。该命令将自动生成一个电极装配结构，并载入产品数据，在项目目录文件夹下将生成一些装配文件，在打开文件时，只需要打开顶层装配文件，顶层装配文件一般为*_top_*。

（2）设计毛坯：将标准毛坯组件添加到电极头，并将选定的电极头的本体链接到毛坯组件。

（3）电极装夹：将标准托盘或夹持器组件添加到电极设计项目。

（4）复制电极：将电极组件复制到具有相同边界的其他 EDM 区域。

（5）删除体/组件：删除点火体、毛坯、夹持器或托盘。

（6）检查电极：检查电极和工件的接触状态，创建点火区片体、厨房间干涉体，并将颜色从工件映射到电极。

（7）电极物料清单：创建电极设计项目的物料清单。

（8）电极图纸：使电机装配图纸的创建和管理自动化。

（9）EDM 输出：导出 EDM 的电极属性。

7.3.1 初始化电极项目

使用模具部件和项目模板启动新的电极设计项目。

单击【电极设计】选项卡中的【主要】面板上的【初始化电极项目】按钮，系统弹出图 7.26 所示的【初始化电极项目】对话框。

（1）类型。

1）Original（原版的）：与以前版本的 UG NX 一样，创建标准电极项目。

2）No Working Part（无工作部件）：创建没有工作部件的电极项目。

3）No Machine Set（无机组）：创建没有 MSET 零件的电极项目。

4）No Template（没有模板）：基于当前零件创建电极项目，没有使用模板。

5）Only Top Part（仅顶部）：在没有可用的工作部件和机器组时创建电极项目。

（2）工件。

选择体：为电极项目选择实体。如果部件文件只有一个实体，则会自动选择该实体。如果选择多个体，UG NX 会自动创建单个链接体特征，从而使电极的编辑更加容易。

图 7.26 【初始化电极项目】对话框

（3）项目。

1）路径：设置将保存所有电极设计文件的文件夹的路径。默认情况下，系统将电极项目存储在与部件相同的位置。

2）名称：设置电极设计项目的名称。

（4）加工组。

1）列表：当“类型”设置为 Original 或 No Working Part 时可用。添加加工组时在列表框中列出，最近添加的加工组位于顶行。要删除 MSET，可在表中右击并选择删除。

2）添加加工组：单击右侧的【添加加工组】按钮，可在列表中列出加工组。添加加工组后，必须通过执行以下操作之一来指定加工组坐标系的方向。

➢ 选择其中心定义加工组坐标系方位的面。

➢ 选择多个面，其组合中心将定义 MSET 坐标系方位。

➢ 将坐标系手柄拖到所需位置或以其他方式将坐标系手柄重定位到所需位置。

3）选择面中心：将加工组置于选定面的中心。如果选择多个面，加工组的 Z 轴高度与第一个选定面相同。

4）指定方位：指定加工组的方向。

（5）设置。

重命名组件：打开【部件名管理】对话框，设置初始化电极项目时创建的组件的名称。

7.3.2 设计毛坯

用于将标准毛坯组件添加到电极项目中，将选定点火头的体链接到毛坯组件，并根据点火头的选择来更新尺寸。

单击【电极设计】选项卡中的【主要】面板上的【设计毛坯】按钮，系统弹出图 7.27 所示的【设计毛坯】对话框。

（1）机头。

选择体：选择与设计电极相连接的实体。

（2）毛坯。

选择毛坯：选择现有电极进行编辑。

（3）形状。

1）形状：定义毛坯的形状，包括 block_blank（块状）、cyc_blank（圆柱状）、undercut_blank（底切）和 slope_blank（斜面）4 种电极形状。

当因为模型的一部分挡住而无法创建块状或圆柱状电极时，可以创建适合模型周围的底切毛坯。可以通过单击选择接合面并选择电极必须围绕的面来定义底切的形状。

2）延伸高度：设置连接体的高度。连接体是毛坯与实体之间的连接部分。

3）接合方法：指定用于在实体和电极之间创建混合体的方法，包括拉伸、偏置和无三种方法。

➢ 拉伸：用于创建从选定电极头的顶面到毛坯的拉伸特征。

➢ 偏置：用于创建从选定电极头的顶面到毛坯的偏置特征。

➢ 无：无须执行任何操作。例如，若要稍后在电极头和毛坯之间创建连接对象，则选择此方法。

4）拔模角：设置拉伸或偏置特征的角度。

5）圆角半径：在电极头连接到电极的地方创建一个圆角半径。

6）指定方位：设置电极的放置位置。

7）【位置】选项卡：列出电极的位置和旋转角度。

8）【表达式】选项卡：列出电极毛坯的参数。如果需要修改参数的值，可在【值】列中双击其单元格。

（4）操作。

多个点火位置：单击此按钮，打开【多个点火位置】对话框，如图 7.28 所示。可以在对话框中为电极毛坯创建多个火花头。

图 7.27 【设计毛坯】对话框

图 7.28 【多个点火位置】对话框

（5）设置。

1）参考点精度：设置加工组中参考值的精度。

2）连接电极头和毛坯：在电接头和毛坯之间创建过渡，并将其与实体合并为一个实体。

3）在一个加工组中保存 Z 向参考不变：如果有多个电极，则对所有电极使用相同的 Z 参考位置。

4）保持毛坯尺寸：创建附加电极头时保持现有的毛坯尺寸。

5）倒圆十字线位置：指定创建附加头时是否调整毛坯的位置。

7.3.3 电极装夹

电极装夹命令用于添加和编辑电极夹持器和托盘。

单击【电极设计】选项卡中的【主要】面板上的【电极装夹】按钮，系统弹出图7.29所示的【电极装夹】对话框。

(1) 选择项：选择该项时，可以从【重用库】中选择一个支架或托盘。

(2) 夹具。

选择夹具：选择现有的支架或托盘进行编辑。

(3) 放置。

1) 选择组件：选择要添加夹具的毛坯或工作组件。

2) 选择面中心：选择毛坯或工作组件后，单击该按钮并选择要放置夹具的面。

3) 指定方位：指定放置夹具的位置。

(4) 设置。

参考：从夹具模板创建引用，并且不创建新组件。

图7.29 【电极装夹】对话框

7.3.4 复制电极

复制电极命令用于将现有电极复制到具有相同几何体的其他区域，可以变换或镜像电极。

单击【电极设计】选项卡中的【主要】面板上的【复制电极】按钮，系统弹出图7.30所示的【复制电极】对话框。

图7.30 【复制电极】对话框

（1）类型：选择定位复制电极的方法。

1）变换：将电极从参考面转换到具有相同形状的目标面。

2）镜像：通过基准平面镜像电极。

（2）目标。

选择电极：选择要进行复制的电极。

（3）变换。

1）运动：选择复制电极的方法，包括面-面、坐标系-坐标系、旋转和动态4种方法。

➢ 面-面：用于将复制的电极从一个面定位到相同的匹配面。系统将分析电极相对于原始面的位置，并将复制的电极定位在相对于相同目标面的同一位置。

➢ 坐标系-坐标系：用于将复制的电极从一个基准定位到另一个基准。

➢ 旋转：用于使用角度定位复制的电极，可以指定矢量、矢量的原点、副本数和复制的电极的旋转角度。

➢ 动态：用于使用WCS操控器定位复制的电极。

2）选择源面：选择该变换的起始位置。

3）选择目标面：选择该变换的终止位置。

（4）副本数。

副本数：通过重复所计算的变换来指定要创建的副本数。每个连续变换使用上一个目标作为新的来源位置。如果选择多个目标面，则副本数为1。

（5）设置。

1）复制为实例：用于将电极复制为实例。原始电极和副本都保留与原始型芯或型腔几何体的关联。

2）重命名组件：打开文件名管理对话框，以将名称指派给新创建的组件。

7.3.5 检查电极

检查电极命令用于定位工具与工件之间的未对齐情况，检查电极装配中的干涉情况。检查电极和工件的接触状态，然后创建点火区片体和干涉体，并将颜色从工件映射到电极。

单击【电极设计】选项卡中的【主要】面板上的【检查电极】按钮，系统弹出图7.31所示的【检查电极】对话框。

（1）工件。

1）选择对象：在图形窗口中选择工件。

2）名称过滤器：在文本框中输入全部或部分名称选择工件。

（2）电极。

1）选择对象：在图形窗口中选择一个或多个要检查的电极。

2）名称过滤器：输入全部或部分名称在项目中搜索电极。

3）相同的父工件：检查同一个父项中的工件和电极。

（3）设置。

1）创建接触片体：创建接触片体并将其保存在预定义图层上。

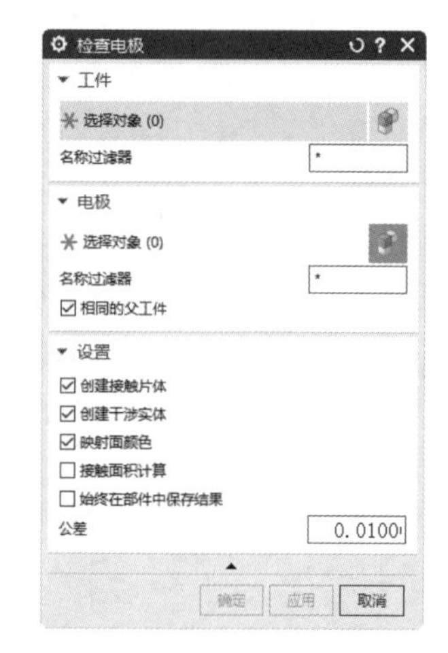

图7.31 【检查电极】对话框

2）创建干涉实体：创建干涉实体并将其保存在预定义图层上。

3）映射面颜色：将颜色从工件映射到电极。

4）接触面积计算：报告任何接触区域。

5）始终在部件中保存结果：指定在保存电极项目时是否保存结果。

6）公差：指定计算公差。可以设置较低的公差以提高结果的精度，但是计算时间会增加。

7.3.6　电极图纸

使用电极图纸命令可以创建选定电极毛坯的一个或多个图纸。每个图纸可以是主模型图纸，也可以是每个组件的一组自包含图纸页。

单击【电极设计】选项卡中的【主要】面板上的【电极图纸】按钮，系统弹出图 7.32 所示的【电极图纸】对话框。

图 7.32　【电极图纸】对话框

（1）选择。

1）创建：为一个或多个选定的毛坯创建图纸。

2）添加：将零组件添加到图纸。

3）编辑：编辑图纸。

4）选择毛坯：选择要在其中创建、添加或编辑图纸的毛坯。

5）列表：当单击【创建】单选按钮时，列出模型中可用于图纸的毛坯；当单击【添加】或【编辑】单选按钮时，列出现有图纸。创建图纸时，此表中会包含有关每个图纸的模板、图纸类型、文件或图纸页名称的信息。

（2）图纸页类型：指定要创建的图纸的类型。可以创建 EDM 图纸、CNC 图纸或同时创建两种类型的图纸。

1）EDM：根据从列表中选择的模板创建 EDM 图纸。EDM 图纸是一种装配图纸，显示带有选定的毛坯和工作组件的电极装配视图。创建 EDM 图纸后，可以通过从 EDM 列表中选择新模板并重新生成图纸来修改其模板。

2）CNC：根据从列表中选择的模板创建 CNC 图纸。CNC 图纸是具有多个图纸页的组件图纸，每个选定的毛坯对应一个图纸页。可以指定每个图纸页中是否显示工作组件。创建 CNC 图纸后，可以通过从列表中选择新模板并重新生成图纸来修改其模板。

（3）图纸类型。

1）主模型：为选定的毛坯和装配创建单个图纸。

2）自包含：为每个选定的毛坯创建单独的图纸。

（4）设置。

部分选项作用如下。

1）坐标尺寸：用于为电极图纸中的电极位置创建坐标尺寸。

2）包含工作组件：用于指定 CNC 图纸页中是否显示工作组件。

3）包含夹具：用于指定图纸页中是否显示夹具组件。

4）在 EDM 图纸页中输出所选毛坯：用于指定 EDM 图纸页中是显示所有毛坯还是仅显示选定的毛坯。

5）输出 PDF 文件：将结果输出到 PDF 文件。

6）使用实例：选择电极的一个或多个实例以生成图纸页。

扫一扫，看视频

动手学——仪表盖电极设计

（1）隐藏模架和定位环、主流道，隐藏后的图形如图 7.33 所示。

（2）单击【电极设计】选项卡中的【主要】面板上的【初始化电极项目】按钮，系统弹出【初始化电极项目】对话框。单击【选择体】选项，框选所有实体和组件，再单击【添加加工组】按钮⊕，此时对话框如图 7.34 所示。单击【确定】按钮，完成初始化。

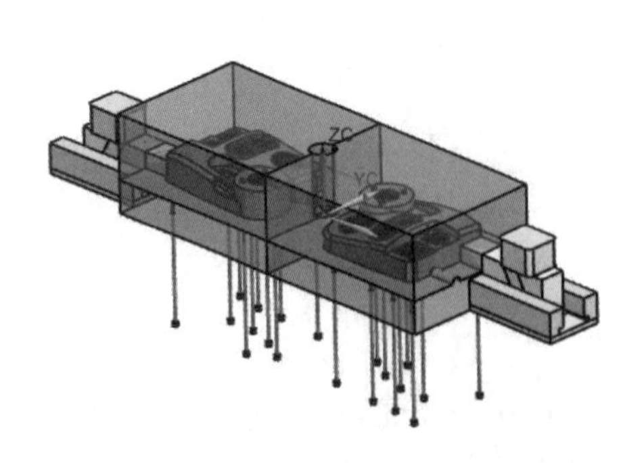

图 7.33　隐藏模架后的图形

图 7.34　【初始化电极项目】对话框

（3）在“装配导航器”中隐藏 top_000。

（4）单击【电极设计】选项卡中的【主要】面板上的【设计毛坯】按钮，系统弹出【设计毛坯】对话框。❶选择图 7.35 所示的实体为选择体，❷选择【形状】为 block_blank，❸在【表达式】

选项卡中设置 FOOT LEN 为 25，FOOT WIDTH 为 10，SQUARE HEIGHT 为 40，FOOT_ HEIGHT 为 40，❹单击【指定方位】选项，在绘图区拾取如图 7.35 所示的点。❺单击【确定】按钮，创建的电极如图 7.35 所示。

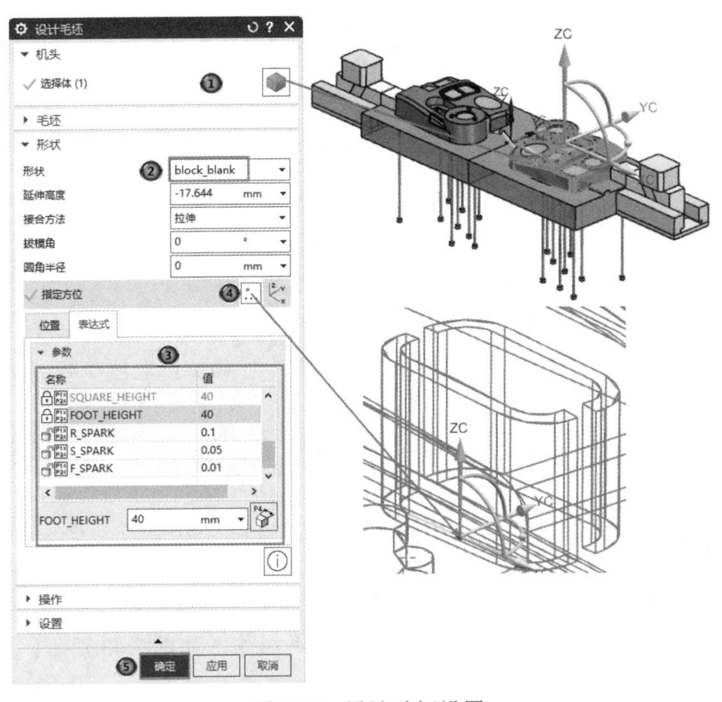

图 7.35　设计毛坯设置

（5）在装配管理器中选中 top_000_block_blank，单击鼠标右键，在弹出的快捷菜单中选择【设为工作部件】选项，将其设为工作部件。然后将 top_000_working 隐藏。单击【主页】选择卡中的【同步建模】面板上的【替换】按钮，弹出【替换面】对话框，选择原始面和替换面，如图 7.36 所示，单击【确定】按钮，替换完成。同理，按照图 7.37～图 7.41 所示进行面替换。

（6）选择【文件】→【保存】→【全部保存】命令，保存全部零件。

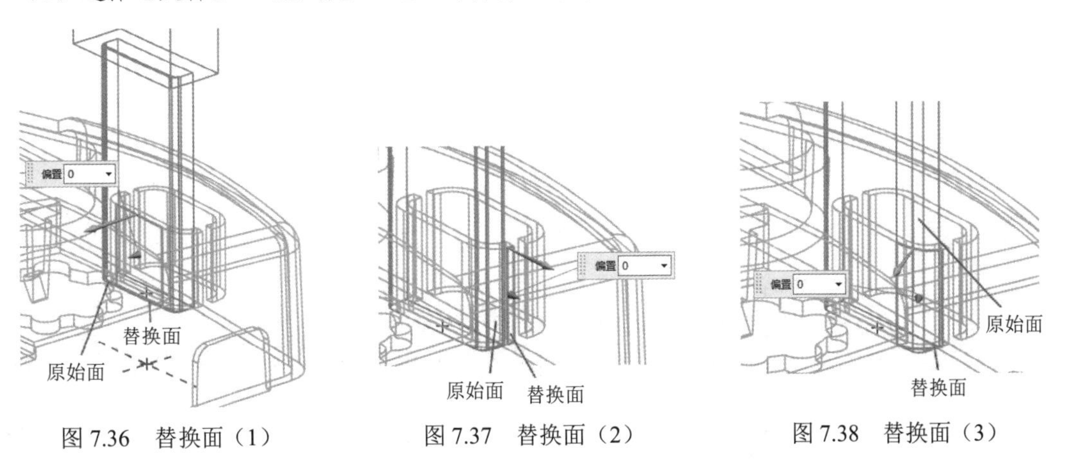

图 7.36　替换面（1）　　图 7.37　替换面（2）　　图 7.38　替换面（3）

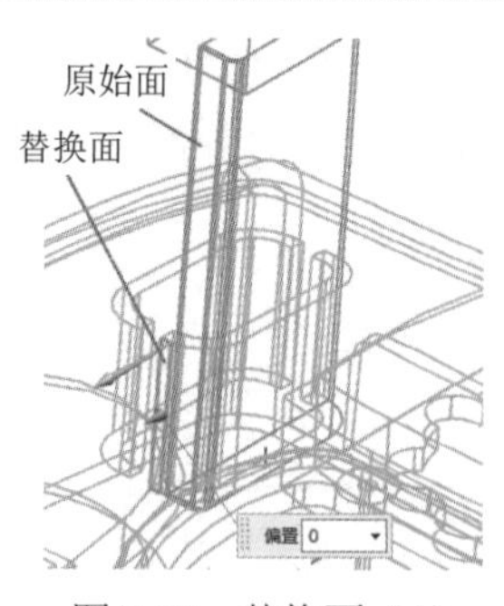

图 7.39　替换面（4）

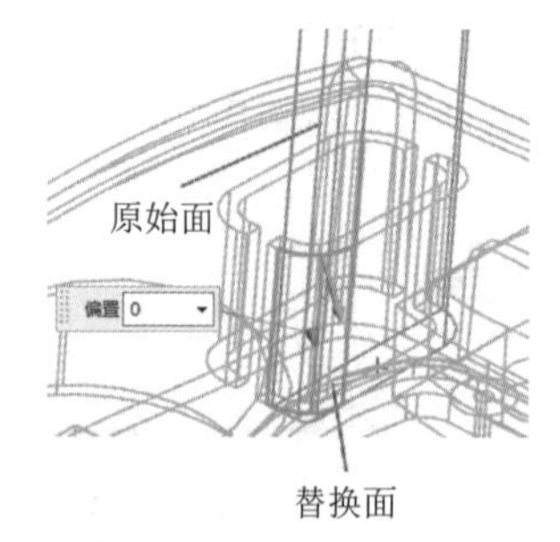

图 7.40　替换面（5）

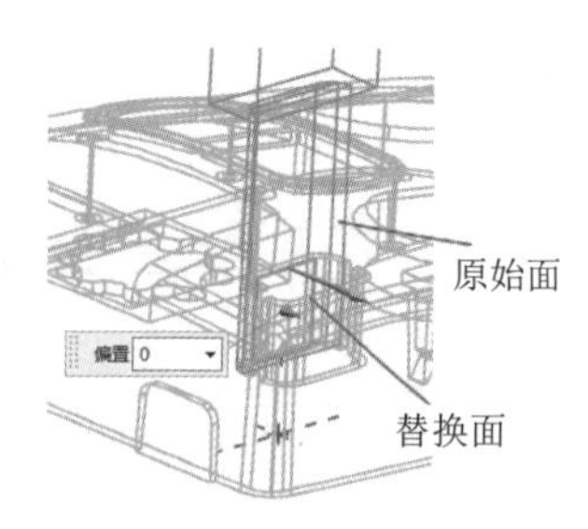

图 7.41　替换面（6）

扫一扫，看视频

动手练——阀体电极设计

（1）利用【初始化电极项目】命令框选所有实体和组件，完成初始化。

（2）利用【设计毛坯】命令选择产品，选择形状为 block_blank，设置 FOOT LEN 为 25、FOOT WIDTH 为 10、SQUARE HEIGHT 为 40、FOOT_HEIGHT 为 40。选取图 7.42 所示的上端面的圆心点，创建的电极如图 7.42 所示。

（3）利用【替换】命令选择电极的下端面作为要替换面，选择圆柱外表面作为替换面，将电极修补至圆柱外表面。

（4）利用【减去】命令选择【保存工具】复选框。选择电极作为目标体，产品实体作为工具体。

（5）利用【包容体】命令选择图 7.42 所示的圆柱面建立包容体。

（6）利用【合并】命令选择电极和包容体，进行合并操作，如图 7.43 所示。

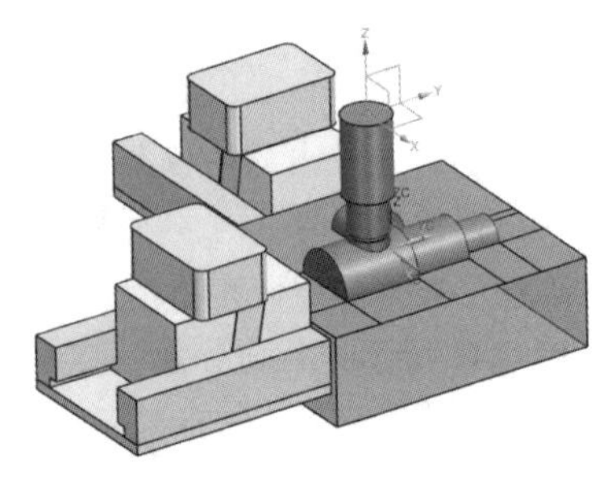
图 7.42　创建电极

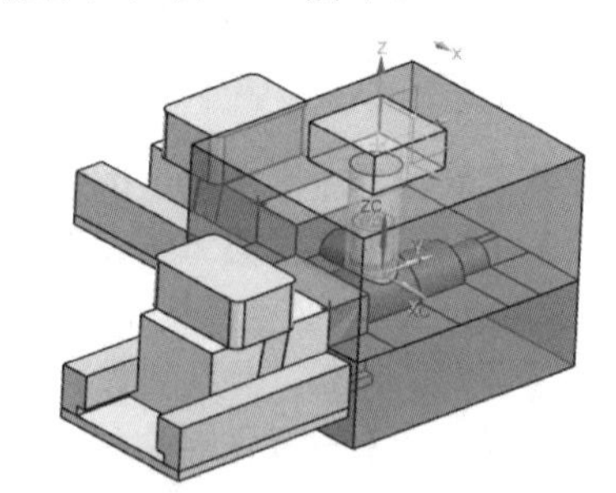
图 7.43　进行合并操作

7.4　开　　腔

添加完标准零件和其他零部件后，用户可以使用【腔】命令对冲模或模板、镶块和其他实体中的腔进行建模。

默认情况下，腔与工具主体相关联。用户可以选择将它们设为非关联以提高性能。

当用户创建腔时，工具体是包含目标体的部件中连接的几何体，该连接体会从目标体中减去或与目标体合并。

用户可以将零件族成员当作工具组件来创建型腔。为了最大限度地减少设计工具装配体时更新的特征数量，应在设计的最后阶段创建型腔。

单击【注塑模向导】选项卡中的【主要】面板上的【腔】按钮，系统弹出图 7.44 所示的【开腔】对话框。

在创建型腔前，用户可以隐藏目标和工具实体以外的零部件，简化选择和检查。用户必须在注塑模向导应用程序中进行该项操作。

（1）在【模式】组中，选择添加材料或去除材料。

（2）在【目标】组中，单击【选择对象】并选择一个或多个目标对象。

（3）在【工具】组中，从【工具类型】下拉列表中指定是选择组件还是选择实体。

（4）【引用集】下拉列表：选择零件或组件作为工具类型后，可以指定以下参考集之一：FALSE、TRUE、整个部件、无更改。

（5）查找相交：查找与选定工具实体相交的所有目标实体，或查找与选定目标实体相交的所有工具实体。

（6）检查腔状态：突出显示在状态行中没有相应型腔的所有标准零件的总数。

（7）移除腔：从选定的目标实体中移除所有型腔。

（8）编辑工具体：编辑型腔工具主体。

图 7.44 【开腔】对话框

扫一扫，看视频

动手学——为负离子发生器开腔

（1）单击【主页】选项卡中的【标准】面板上的【打开】按钮，弹出【打开】对话框，选择 flzfsq 文件夹中的 flzfsq_top_000.prt 文件，单击【确定】按钮，打开 flzfsq_top_000.prt 文件。

（2）在总装配文件中将隐藏的零件全部显示出来。

（3）单击【注塑模向导】选项卡中的【主要】面板上的【腔】按钮，弹出【开腔】对话框，如图 7.45 所示。

（4）选择模具的模板、型芯和型腔作为目标体，选择建立的定位环、主流道、浇口、顶杆、滑块和冷却系统作为工具体。

（5）单击【确定】按钮，建立腔体。得到整体模具效果如图 7.46 所示。

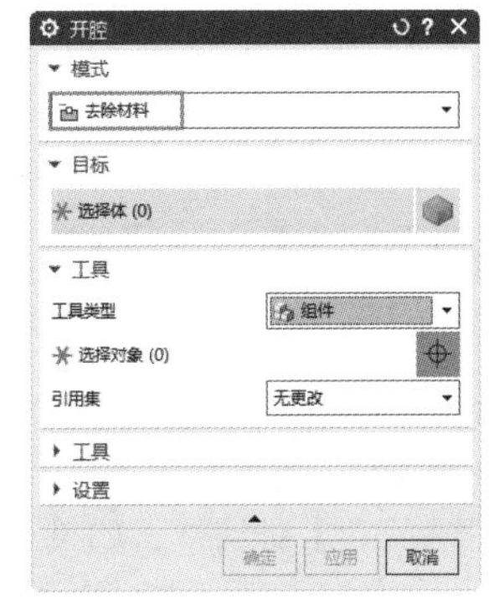

图 7.45 【开腔】对话框

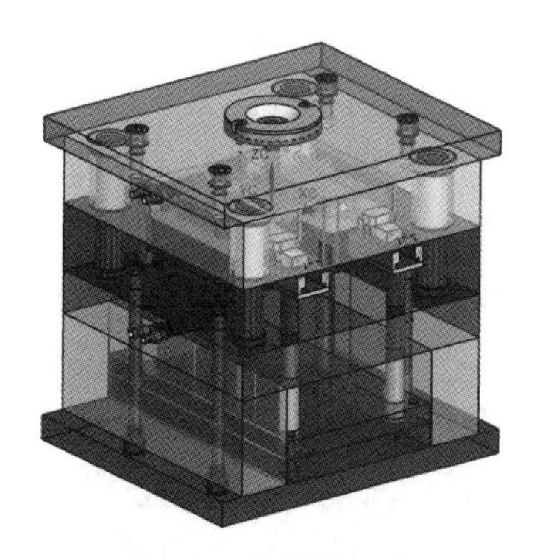

图 7.46 整体模具效果

扫一扫，看视频

动手练——为RC后盖模具开腔

利用【腔】命令选择模具的模板、型芯和型腔作为目标体，选择建立的定位环、主流道、浇口、顶杆和冷却系统作为工具体，创建腔体。

7.5 模具材料清单

模具材料清单也称为BOM表，可以由用户定义，用来生成各部件的明细表。

单击【注塑模向导】选项卡中的【主要】面板上的【物料清单】按钮，系统弹出图7.47所示的【物料清单】对话框。

（1）选择组件。

选择组件：用于在窗口中选择组件，选择组件后，将在BOM列表中高亮显示。

（2）列表。

1）列表窗口：行表示装配中的标准件；列表示项号和数量，以及部件属性值。可以通过单击单元格来编辑所选行中的单元格。

第一行和最后一行记录区域名称代表每一列，包括NO.、PART NAME、QTY、DESCRIPTION、CATALOG/SIZE、MATERIAL、SUPPLIER和STOCK SIZE。

- NO.：表示序号信息，不能编辑和删除。
- PART NAME：表示部件名称，不能编辑和删除。
- QTY：表示部件的数量，不能编辑或删除。
- DESCRIPTION：表示对部件进行的说明，可以进行修改。
- CATALOG/SIZE：表示部件型号和尺寸，可以进行编辑或修改。
- MATERIAL：表示部件所用材料，可以进行编辑或修改。
- SUPPLIER：表示供应商，可以进行修改。
- STOCK SIZE：记录部件加工毛坯尺寸，可以进行修改和编辑。

在每个记录中相邻的值域中间，有一个竖直的间隔符（|）。区域的值会以适当的宽度来显示。如果太宽，后面的字符将会以省略号（…）来代替。如果区域名称长度超过132个字符，某些区域的名称将会切掉以符合列表窗口。

2）BOM列表：在BOM列表中显示的组件。

3）隐藏列表：可以隐藏列表中所选组件的信息，相应的模具装配中也会隐藏该零件，单击此按钮，对话框如图7.48所示。

4）创建零件明细表：单击此按钮，可以打开新的零件明细表。

5）添加显示部件：将当前显示部件添加到BOM列表中。

6）编辑坯料尺寸：单击此按钮，可以打开所选部件的【坯料尺寸】对话框；如果选择多个部件，则根据设置组中设置的参数计算坯料尺寸。

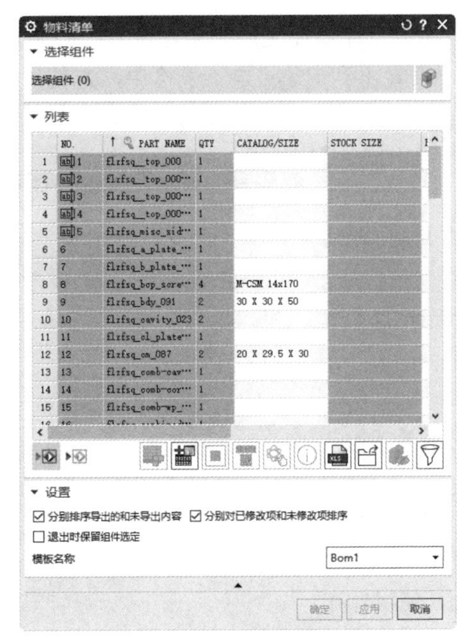

图 7.47　【物料清单】对话框

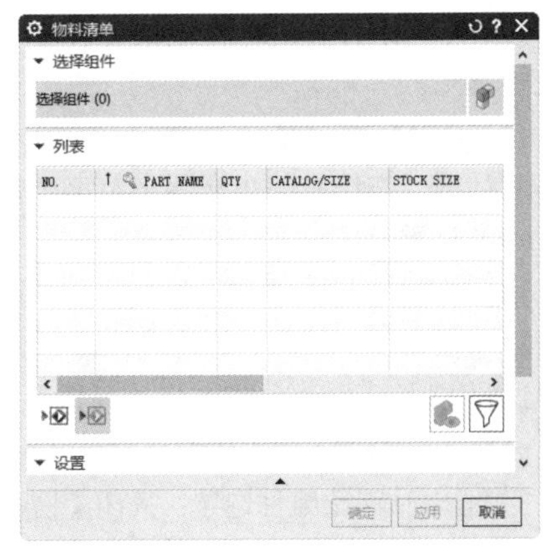

图 7.48　隐藏列表

7）插入二维码/条形码：单击此按钮，将弹出图 7.49 所示的【插入二维码/条形码】对话框，用于为选定组件创建二维码或条形码。

8）指派材料：单击此按钮，将弹出图 7.50 所示的【指派材料】对话框，可为所选部件指定材料。

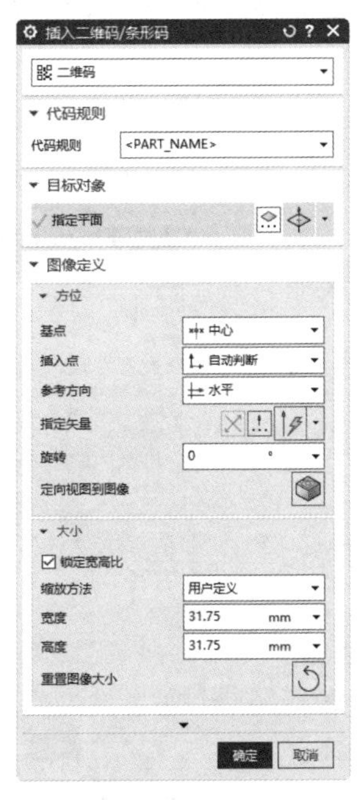

图 7.49　【插入二维码/条形码】对话框

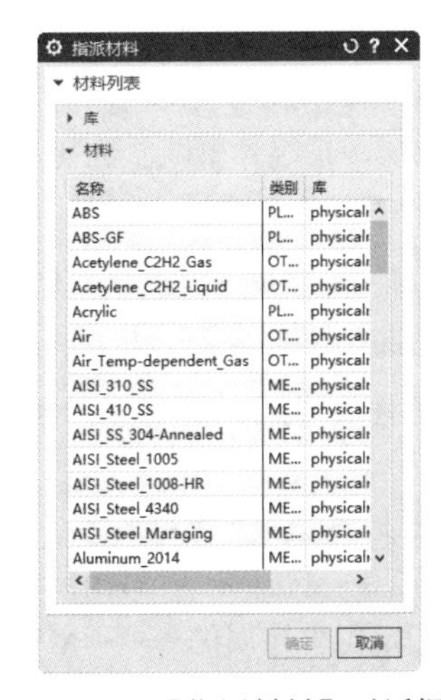

图 7.50　【指派材料】对话框

9）信息：单击此按钮，将弹出【信息】对话框，显示组件部件文件的名称。

10）导出至电子表格：通过该按钮，可以将 BOM 表导出到 Excel 电子表格中，方便用户打印以及在模具设计过程中查阅等。

11）打开导出的文件：单击此按钮，将弹出【选择导出文件】对话框，打开导出的 BOM 电子表格。

12）隐藏组件：将选定的组件移至隐藏列表，并将其从 BOM 列表中移除。

13）BOM 过滤器：单击此按钮，可打开图 7.51 所示的【过滤】对话框，按给定的过滤器字符串过滤 BOM 数据。

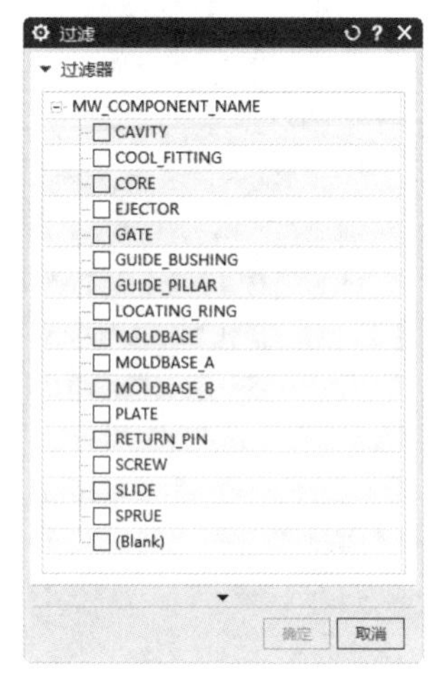

图 7.51 【过滤】对话框

（3）设置。

1）分别排序导出的和未导出内容：根据组件是否导出至 BOM 电子表格，在 BOM 列表中对其进行单独分组。

2）分别对已修改项和未修改项排序：根据组件是否修改至 BOM 电子表格，在 BOM 列表中对其进行单独分组。

3）退出时保留组件选定：关闭【物料清单】对话框后，使组件在组件列表中保持为选中状态。

4）模板名称：用于切换模板以生成不同的 BOM 列表。

7.6 模 具 图

在 Mold Wizard 中，模具图包括模具装配图、组件工程图和孔表，极大地节约了模具设计人员的设计时间。

7.6.1 模具装配图

使用装配图纸命令可创建顶层装配的 2D 图纸。

单击【注塑模向导】选项卡中的【模具图纸】面板上的【装配图纸】按钮，系统弹出图 7.52 所示的【装配图纸】对话框，用于自动创建和管理模具视图。该对话框包括可见性、图纸和视图三种类型。

1. 可见性

选择可见性类型，再选择要在图纸中表示的装配部件，如图 7.52 所示。

图 7.52 【装配图纸】对话框

（1）属性指派：用于控制组件在图形窗口和装配图纸中的显示。

1）属性名称：包括 MW_SIDE 和 MW_COMPONENT_NAME。MW_SIDE 指定组件所属的一侧；MW_COMPONENT_NAME 确定组件的类型。

2）属性值：当属性名称设置为 MW_SIDE 时，属性值为 A 和 B。其中，A 为模具的固定侧、静止侧、型腔侧，B 为模具的移动侧、顶杆侧、型芯侧。当属性名称设置为 MW_COMPONENT_NAME 时，属性值为当前装配中的组件类型，如顶杆、定位环、冷却接头等。

3）仅显示具有属性的组件：根据属性名称和属性值的设置显示组件。例如，若属性名称为 MW_SIDE 且属性值为 A（型腔侧），那么系统仅显示那些与图形窗口中的值匹配的组件，并将它们列在组件表中。

4）具有属性的毛坯组件：根据属性名称和属性值的设置隐藏组件。

5）列出相关对象：显示已指派属性的组件的所有子项。

6）选择组件：用于选择要显示的组件，或要向其指派属性值的组件。

7）组件名称过滤器：用于过滤组件表中列出的组件。

8）组件表：列出当前选定选项应用于的组件。

（2）布置。

1）布置列表：用于从可用布置列表中选择图纸的布置。

2）使用所选布置：使用在当前图纸的列表中选择的布置。

2. 图纸

选择图纸类型，对话框如图 7.53 所示。

（1）图纸类型：包括【主模型】和【自包含】两个类型。

1）主模型：在单独的部件文件中创建图纸，顶层部件作为组件添加到此主模型部件文件中。

- 新建主模型文件：用于指定新建主模型文件的名称和位置。
- 打开主模型文件：用于指定要向其添加图纸的现有主模型文件。

2）自包含：在装配的顶层部件中创建图纸。

（2）图纸页控制。

1）图纸页：用于选择是创建新图纸页还是显示现有图纸页。

2）图纸页名称：指定要创建的图纸页的名称。可以使用默认设置的图纸页名称。

3）图纸页编号：指定要创建的图纸页数。

4）删除图纸页：删除图纸页列表中当前显示的图纸页。

（3）视图控制。

1）创建四个包含视图和 BOM 的图纸页：对于注塑模向导，系统会为 A 侧、B 侧、B 侧推杆和零件明细表创建一个单独的图纸页。

2）比例：指定要创建的图纸页的比例。

3）BOM 模板：用于选择为零件明细表自动创建图纸页时要使用的 BOM 模板。

（4）模板：列出可用于当前装配的英制或公制模板，具体取决于装配单位。其中，公制模板适用于 A0、A1、A2 和 A3 图纸尺寸，英制模板适用于 B、C、D 和 E 图纸尺寸。

3. 视图

选择视图类型，对话框如图 7.54 所示。

（1）图纸页控制。

图纸页：从可用图纸页列表中选择图纸页以设置视图控制参数。

图 7.53 【图纸】类型

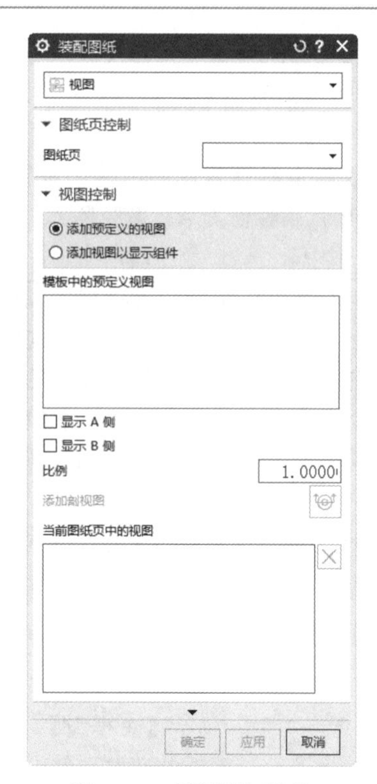

图 7.54 【视图】类型

（2）视图控制。

1）添加预定义的视图：从预定义视图列表中选择指定视图。这些视图是在“类型”选项中选择图纸模板时预定义的。

2）添加视图以显示组件：在装配中创建组件的预定义视图。

3）显示 A 侧：显示指派了 A 侧属性的所有组件。

4）显示 B 侧：显示指派了 B 侧属性的所有组件。

5）比例：设置所选视图的比例值。

6）添加剖视图：单击此按钮，打开【截面线创建】对话框，可指定截面线以创建当前装配的剖视图。

7）当前图纸页中的视图：列出当前显示在图纸页中的视图。

扫一扫，看视频

动手学——创建负离子模具装配图

（1）单击【主页】选项卡中的【标准】面板上的【打开】按钮，弹出【打开】对话框，选择 flzfsq_top_000.prt，单击【确定】按钮，打开 flzfsq_top_000.prt 文件。

（2）单击【注塑模向导】选项卡中的【模具图纸】面板上的【装配图纸】按钮，系统弹出【装配图纸】对话框，❶选择【可见性】类型，❷设置【属性名称】为 MW_SIDE，❸设置【属性值】为 A，❹选中【仅显示具有属性的组件】复选框和❺【列出相关对象】复选框，具有 A 侧值的所有组件都与相关组件一起显示在图形窗口中，如图 7.55 所示，❻单击【应用】按钮。

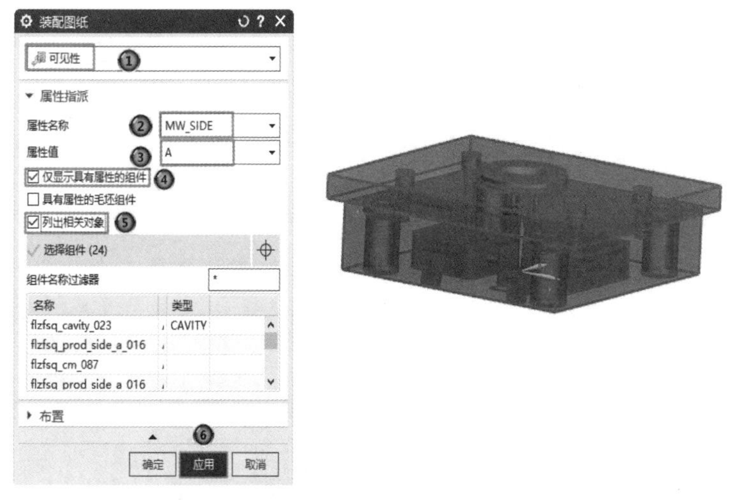

图 7.55 可见性设置

（3）如图 7.56 所示，❶选择【图纸】类型，❷选择【自包含】单选按钮，❸在【模板】列表中选择 template_A0_asy_fam_mm.prt，❹单击【应用】按钮，模板图纸将显示在图形窗口中，如图 7.57 所示。

图 7.56 图纸设置

图 7.57 模板图纸

（4）如图 7.58 所示，❶选择【视图】类型，❷选择【添加预定义的视图】单选按钮，❸在【模板中的预定义视图】列表中选择 CAVITY，❹选中【显示 A 侧】复选框，❺输入比例为 1，❻单击【应用】按钮，A 侧视图放置在图纸上，如图 7.59 所示。

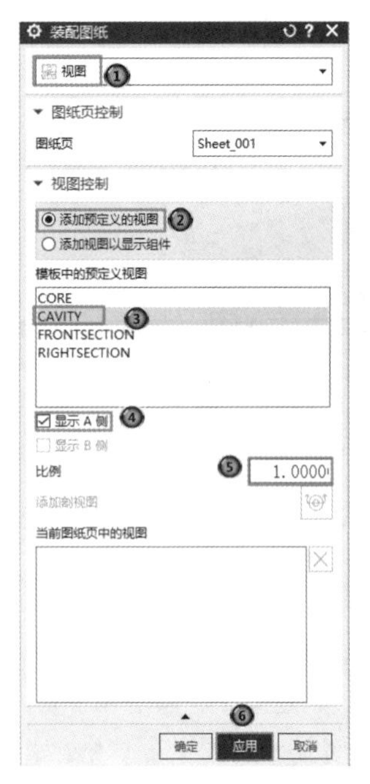

图 7.58 视图设置

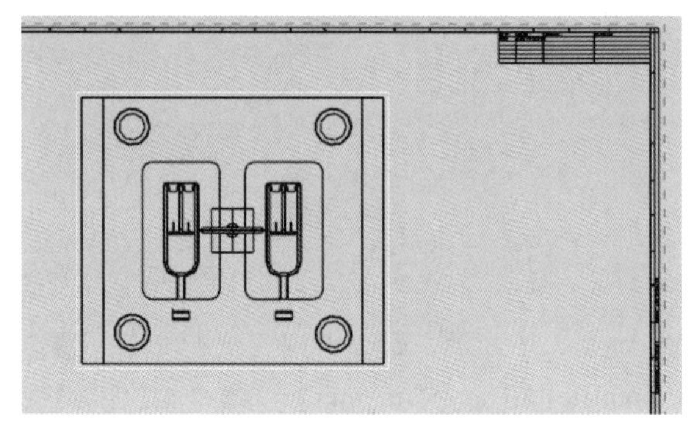

图 7.59 添加 A 侧视图

（5）如图 7.60 所示，❶选择【视图】类型，❷单击【添加视图以显示组件】单选按钮，❸在 MW_COMPONENT_NAME 列表中选择 LOCATING_RING，❹输入比例为 2，❺单击【指定点】选项，在图纸适当位置单击确定视图的放置点，❻单击【应用】按钮，LOCATING_RING 组件的正等测图显示在图纸上，如图 7.61 所示。采用相同的方法，添加其他组件到图纸上。

图 7.60 视图设置

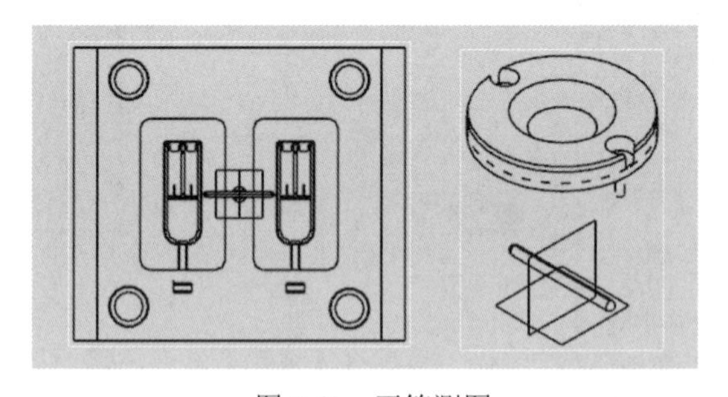

图 7.61 正等测图

（6）选择【文件】→【保存】→【全部保存】命令，保存全部零件。

7.6.2　组件工程图

使用组件图纸命令可自动为模具或模装配中的组件创建和管理图纸。

单击【注塑模向导】选项卡中的【模具图纸】面板上的【组件图纸】按钮，系统弹出图 7.62 所示的【组件图纸】对话框。

图 7.62　【组件图纸】对话框

（1）类型。

1）主模型：用于为选定组件创建包含多个图纸页的主模型图纸。

2）自包含：用于为每个组件创建一个自包含图纸。

3）文件夹：指定组件图纸的名称和保存位置。单击【浏览】按钮，打开【选择文件夹】对话框，设置保存位置。

（2）图纸。

1）列表：显示当前装配中的组件列表。通过双击单元格中的值，可以指定组件图纸的图纸文件名和图纸页名称。组件的名称和类型值继承自组件电子表格，不能在此处更改。

2）隐藏非结构组件：隐藏组件列表中不相关的或不需要图纸的组件。

3）创建图纸：为所有选定的组件创建图纸。

4）打开图纸：打开选定组件的图纸。

5）删除图纸：删除组件图纸。

6）更新图纸：更新编辑后的图纸。

7）添加图纸页：将图纸页添加到选定的组件。

8）编辑图纸页：用于编辑选定组件的图纸页。

9）删除图纸页：删除选定组件的图纸页。

10）返回根部件：返回列表中的根部件。

11）将组件添加到列表：用于将组件从当前装配添加到组件列表。

12）隐藏组件：隐藏图纸列表中的选定组件。

13）组件类型过滤器：单击此按钮，打开【过滤器】对话框，用于选择要在图纸列表中显示的图纸。

（3）设置。

1）保持图纸打开状态：在创建图纸后保持打开状态。

2）边距值：用于输入图纸边距的值。

3）比例：设置图纸的比例值。

4）渲染样式：用于选择图纸中显示的部件的渲染样式。

扫一扫，看视频

动手学——创建负离子模具的组件工程图

（1）单击【主页】选项卡中的【标准】面板上的【打开】按钮，弹出【打开】对话框，选择 flzfsq_top_000.prt，单击【确定】按钮，打开 flzfsq_top_000.prt 文件。

（2）单击【注塑模向导】选项卡中的【模具图纸】面板上的【组件图纸】按钮，系统弹出【组件图纸】对话框，❶选择【自包含】类型，❷在【选择组件】列表中选择首行，滚动到表的底部，按住 Shift 键并选择末行，选择装配中的所有组件，❸设置【比例】为 1，❹单击【创建图纸】按钮，系统将为装配中的每个组件创建图纸，如图 7.63 所示，❺单击【关闭】按钮，关闭对话框。

（3）切换到 flzfsq_core_024.prt 窗口，打开型芯组件对应的组件图纸，如图 7.64 所示。采用相同的方法打开其他创建好的组件图纸。

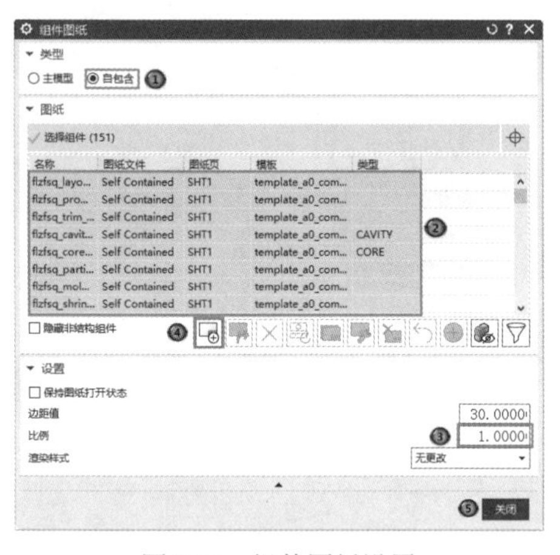

图 7.63 组件图纸设置

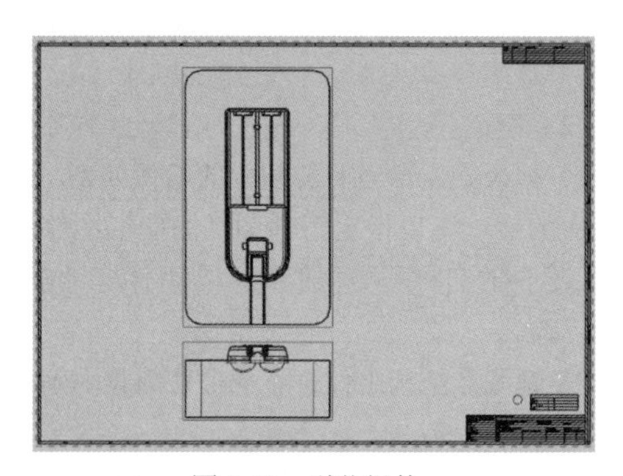

图 7.64 型芯组件

（4）单击【注塑模向导】选项卡中的【模具图纸】面板上的【组件图纸】按钮，系统弹出【组件图纸】对话框，选择【自包含】类型，在组件列表中选择定位环组件，单击【创建图纸】按钮，系统将为该定位环创建图纸，如图 7.65 所示，单击【返回根部件】按钮，图纸将关闭，装配显示在图形窗口中。单击【关闭】按钮，关闭对话框。

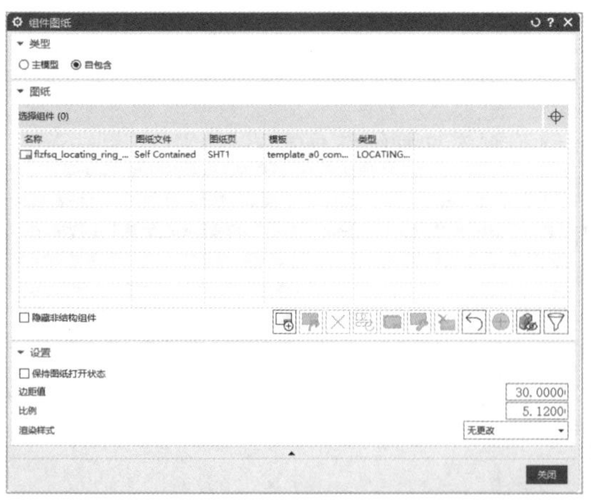

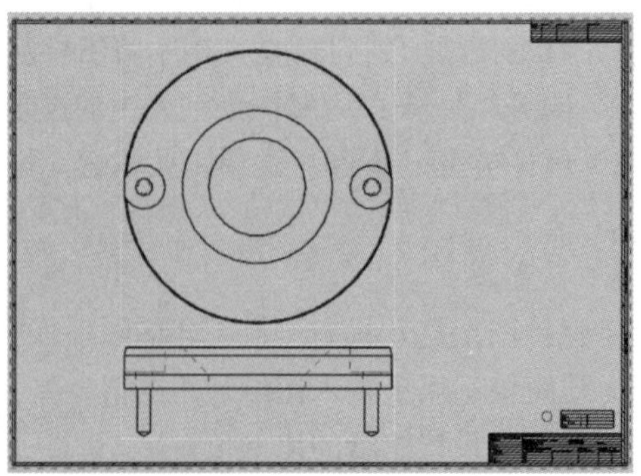

图 7.65 【组件图纸】对话框和创建的图纸

（5）选择【文件】→【保存】→【全部保存】命令，保存全部零件。

7.6.3 孔表

利用孔表命令创建一个表，其中将列出所选孔的大小和位置。此表可包含适用于针对标签、类别 ID、孔类型、直径和深度的各个列，也可应用于所有常规孔类型，如钻形孔、螺钉间隙孔和螺纹孔。

单击【注塑模向导】选项卡中的【模具图纸】面板上的【更多】下拉列表中的【孔表】按钮，系统弹出如图 7.66 所示的【孔表】对话框。系统会自动捕捉零件中的所有孔，并对它们进行分类和编号，然后自动搜索参考面上的孔，将它们按直径和类型来分类，并计算各个孔中心到原点的距离。

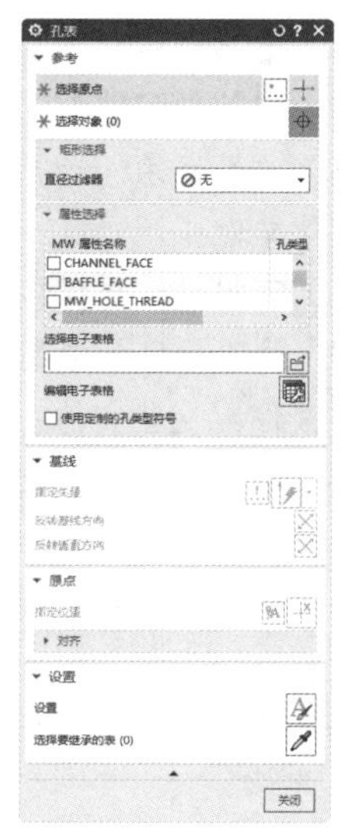

图 7.66 【孔表】对话框

7.7 视 图 管 理

视图管理提供了模具构件的可见性控制、颜色编辑、更新控制以及打开或关闭文件的管理功能。视图管理功能可以和注塑模向导的其他功能一起使用。

单击【注塑模向导】选项卡中的【主要】面板上的【视图管理器】按钮，弹出图 7.67 所示的【视图管理器导航器】对话框，该对话框包含一个可查看部件结构树的滚动窗格和控制结构树显示的按钮及选项，如图 7.67 所示。

滚动窗口包含部件的结构树。各列控制每个模具特征（如型腔、型芯、A 侧）的显示。

（1）标题：该列列出了模具所有者（holders）和节点的名称，该名称可以是标准组件的名称，或自定义的名称。

（2）隔离：该列只显示特定组件。若选择树中的某个父节点，子节点也会选中并显示。

（3）冻结状态：在当前任务中可以冻结（锁定）/解冻（解锁）一个组件或部件系列。

（4）打开状态：可以打开和关闭节点。

（5）数量：显示当前装配部件的数量。

图 7.67 【视图管理器导航器】对话框

7.8 删 除 文 件

在模具设计过程中，如果出现没有被使用过的部件或者重复创建的部件会被 Mold Wizard 记录下来，然后通过删除文件功能显示。

单击【注塑模向导】选项卡中的【主要】面板上的【未用部件管理】按钮，将弹出图 7.68 所示的【未用部件管理】对话框。

（1）项目目录：选择该选项，将列举工程目录中所有未使用的部件文件。

（2）回收站：选择该选项，将列举回收站中的所有文件。

（3）从项目目录中删除文件：直接从文件系统中删除未使用的文件。这些文件将不可恢复。

（4）将文件放入回收站：将未使用的文件放入回收站目录中。

（5）恢复文件：从回收站中将未使用文件恢复到项目目录中。

（6）清空回收站：从文件系统中删除回收站目录中未使用的文件。

（7）打开项目文件夹：单击此按钮，打开项目文件夹，可从中选取需要的文件。

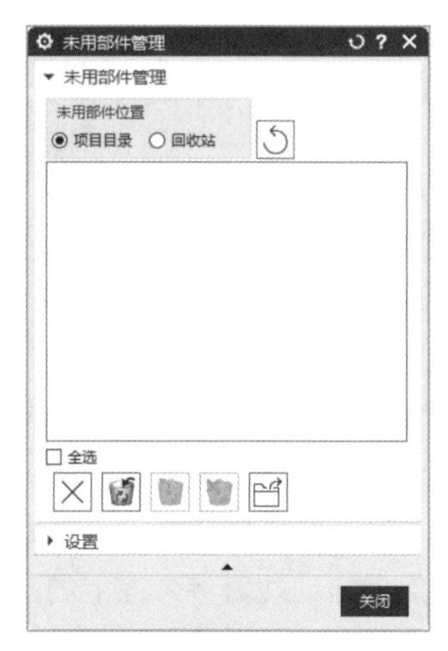

图 7.68 【未用部件管理】对话框

第 8 章　零件盖模具设计

内容简介

本章要设计的塑件是零件盖，其零件结构比较简单，模具分型比较容易，采用一模一腔的方式进行分模。注塑件拟采用的材料为 ABS。

内容要点

- 初始化设置
- 分型设计
- 辅助系统设计

案例效果

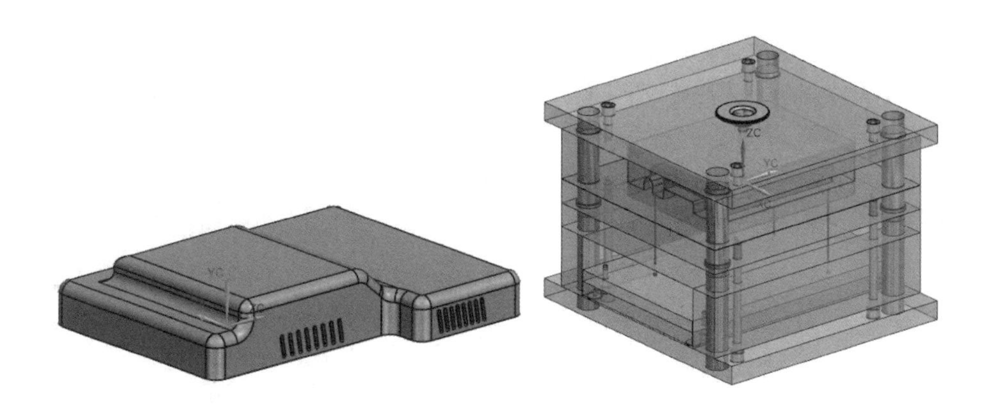

8.1　初始化设置

扫一扫，看视频

8.1.1　装载产品和初始化

（1）单击【注塑模向导】选项卡中的【主要】面板上的【初始化项目】按钮，打开【部件名】对话框，选择\yuanwenjian\ljg\ljg.prt，单击【确定】按钮。

（2）打开【初始化项目】对话框，设置【材料】为 ABS+PC、【收缩】为 1.0055、【项目单位】为毫米，如图 8.1 所示。单击【确定】按钮，完成产品装载。

（3）在【装配导航器】对话框中显示系统自动产生的模具装配结构，完成产品装载初始化，如图 8.2 所示。

图 8.1 【初始化项目】对话框

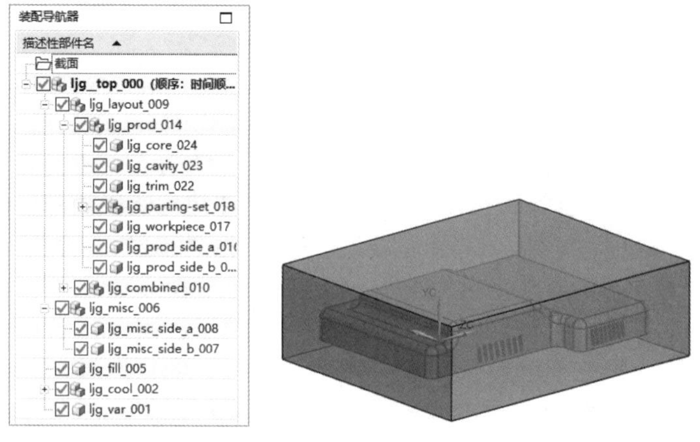

图 8.2 产品装载初始化

8.1.2 设定模具坐标系

（1）由模型可以看出若沿着+Z 轴方向进行合模，根本无法开模。选择【菜单】→【格式】→ WCS→【旋转】命令，弹出【旋转 WCS 绕...】对话框，单击【-XC 轴：ZC-->YC】单选按钮，输入旋转角度为 90，如图 8.3 所示。然后单击【确定】按钮，旋转后的模型如图 8.4 所示。

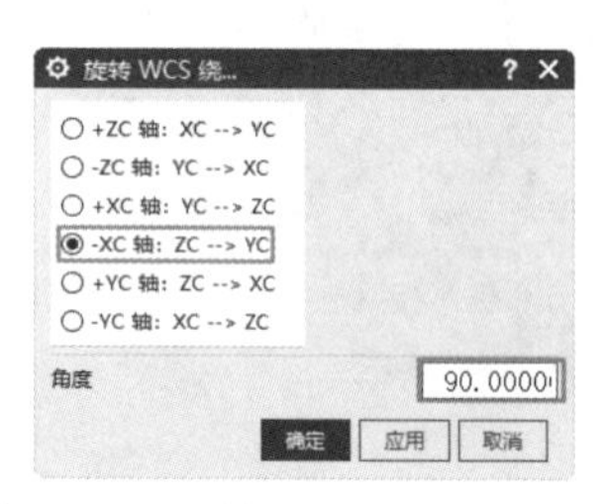

图 8.3 【旋转 WCS 绕...】对话框

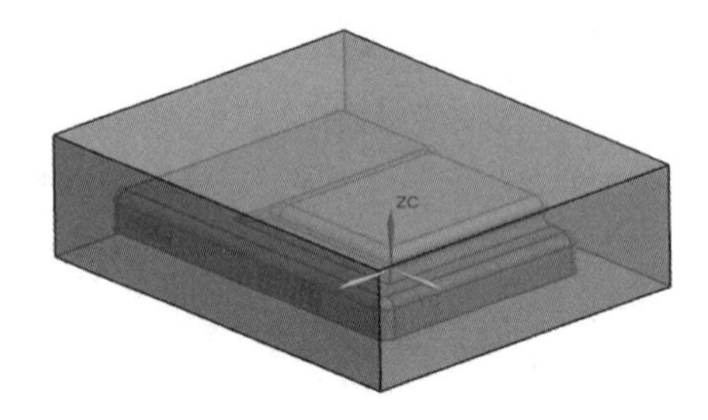

图 8.4 旋转后的模型

（2）单击【注塑模向导】选项卡中的【主要】面板上的【模具坐标系】按钮，弹出【模具坐标系】对话框，单击【当前 WCS】单选按钮，如图 8.5 所示。单击【确定】按钮，系统会自动把模具坐标系放在产品的坐标系，如图 8.6 所示，完成模具坐标系的设置。

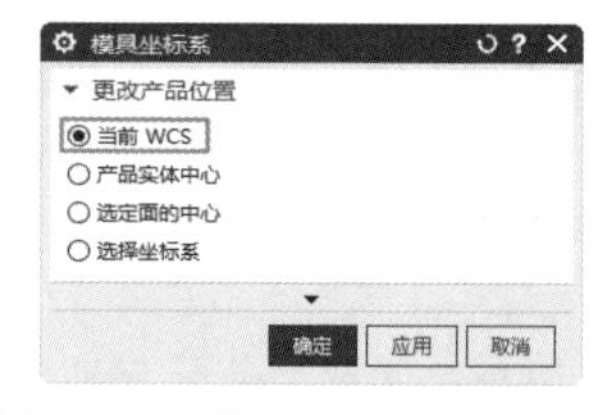

图 8.5 【模具坐标系】对话框

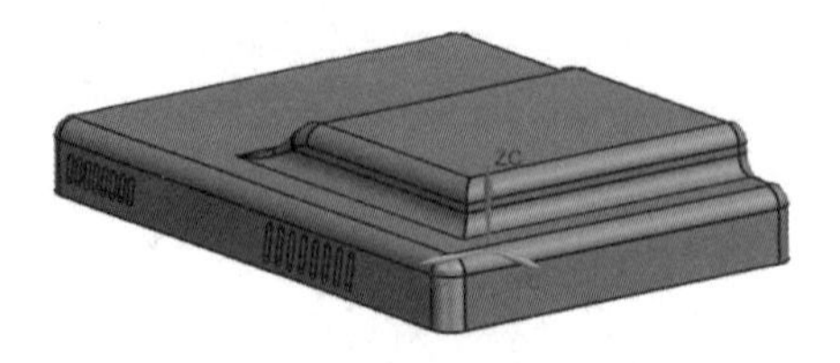

图 8.6 完成模具坐标系的设置

8.1.3　设置工件和布局

（1）单击【注塑模向导】选项卡中的【主要】面板上的【工件】按钮，系统弹出【工件】对话框，如图 8.7 所示。【工件方法】选择【用户定义的块】。

（2）在【定义类型】下拉列表框中选择【参考点】，单击【重置大小】按钮，采用默认的 X、Y、Z 轴的距离，如图 8.7 所示，单击【确定】按钮，获得工件，如图 8.8 所示。

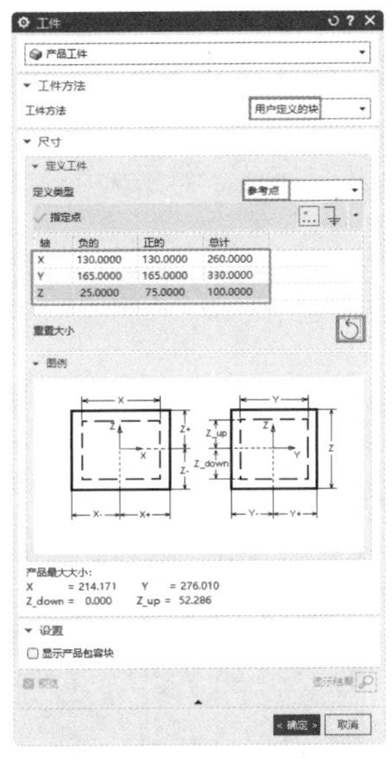

图 8.7　【工件】对话框

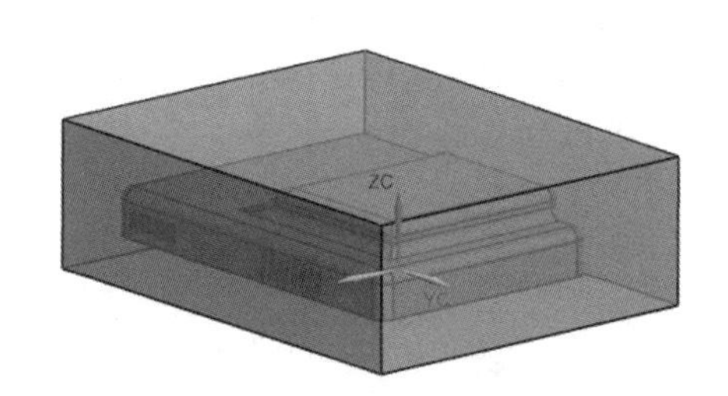

图 8.8　工件设置结果

（3）单击【注塑模向导】选项卡中的【主要】面板上的【型腔布局】按钮，打开如图 8.9 所示的【型腔布局】对话框。单击【自动对准中心】按钮，系统自动把当前已经成功布局的几何中心移动到 layout 子装配的 WCS（绝对坐标）的原点上，然后单击【关闭】按钮退出对话框，布局前后的结果如图 8.10 所示。

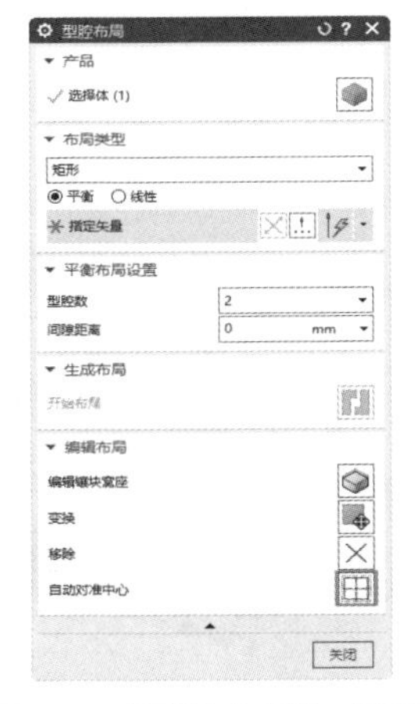

图 8.9　【型腔布局】对话框

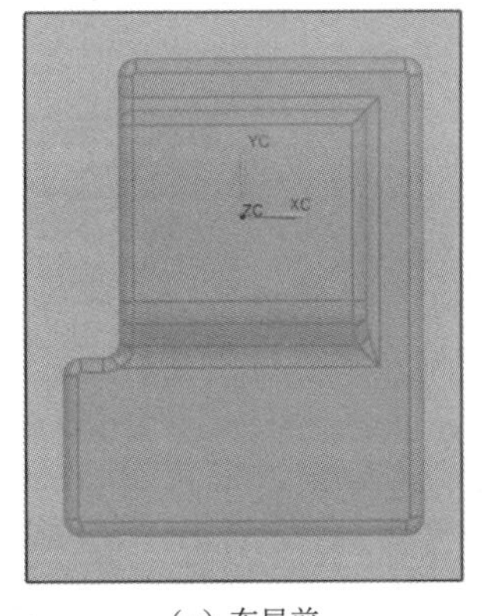

（a）布局前

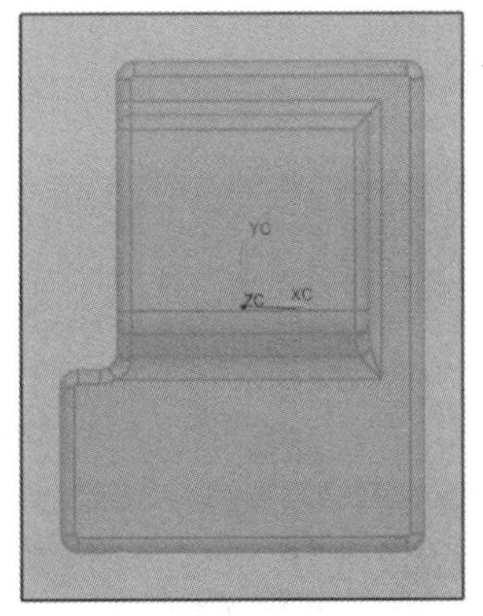

（b）布局后

图 8.10　布局

扫一扫，看视频

8.2 分型设计

8.2.1 实体补片和曲面补片

（1）在【装配导航器】中选择 ljg_parting_019.prt 文件，右击，在弹出的快捷菜单中选择【在窗口中打开】命令，打开 ljg_parting_019.prt 文件，如图 8.11 所示。

（2）单击【注塑模具向导】选项卡中的【注塑模工具】面板上的【包容体】按钮，系统弹出【包容体】对话框，类型设置为【块】，【偏置】设置为 0，如图 8.12 所示。

（3）选择如图 8.13 所示的面，单击【确定】按钮，系统自动创建包容体，结果如图 8.14 所示。

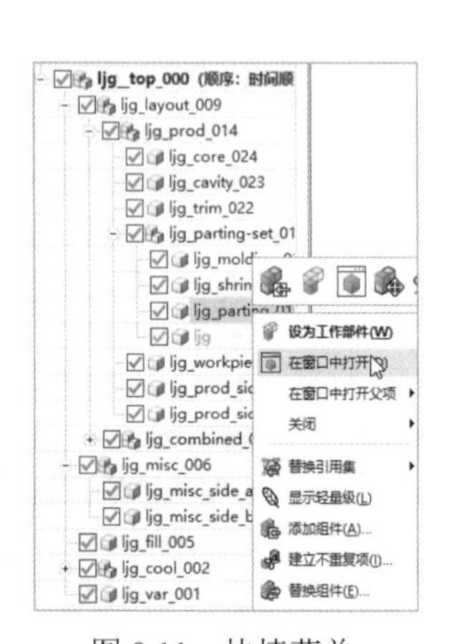
图 8.11 快捷菜单

图 8.12 【包容体】对话框

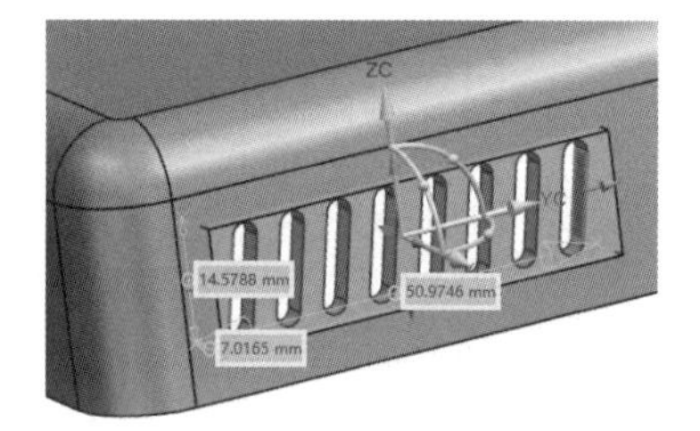
图 8.13 选择面（1）

（4）单击【注塑模向导】选项卡中的【注塑模工具】面板上的【更多】下拉列表中的【分割实体】按钮，系统弹出【分割实体】对话框，选择【修剪】选项，选择创建的包容体为目标体，选择如图 8.15 所示的面为工具，采用默认的修剪方向，单击【应用】按钮，修剪多余的实体，如图 8.16 所示。

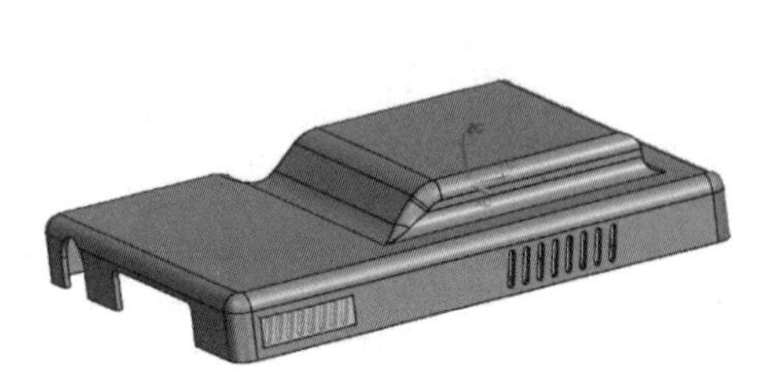
图 8.14 创建包容体（1）

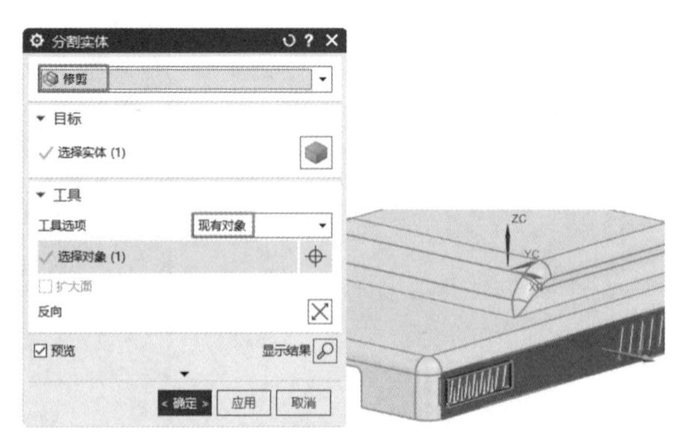
图 8.15 【分割实体】对话框

（5）继续选择包容体为目标体，选择如图 8.17 所示的面为分割面，单击【确定】按钮，生成的分割特征如图 8.17 所示。

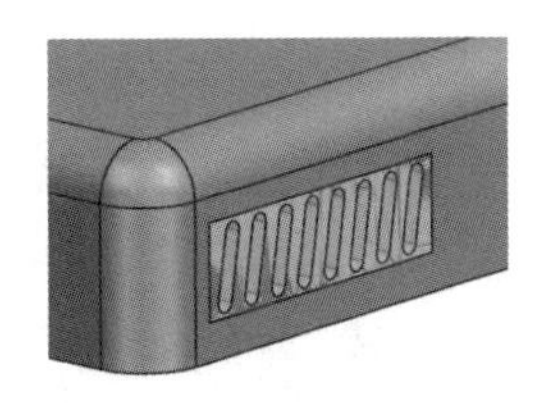

图 8.16 修剪多余的实体

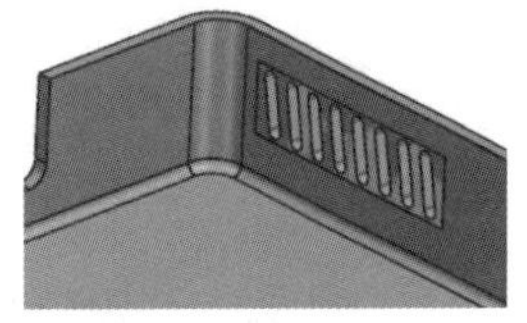

图 8.17 创建分割特征（1）

（6）单击【应用模块】选项卡中的【设计】面板上的【建模】按钮，启用建模。

（7）单击【主页】选项卡中的【基本】面板上的【减去】按钮，系统弹出【减去】对话框，选择修剪好的包容体为目标体，选择产品为工具体，如图 8.18 所示，选中【保存工具】复选框，单击【确定】按钮，减去结果如图 8.19 所示。

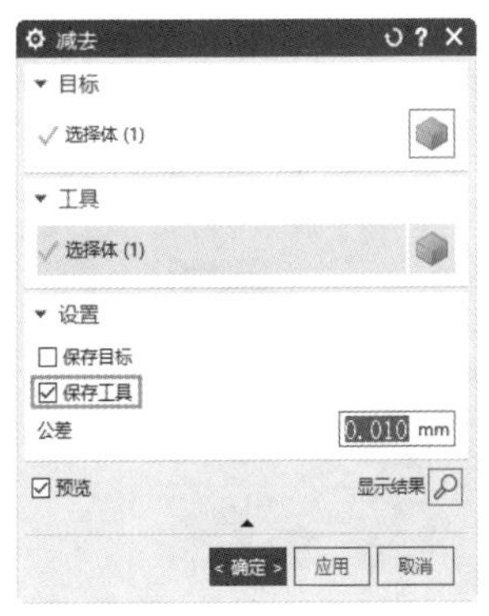

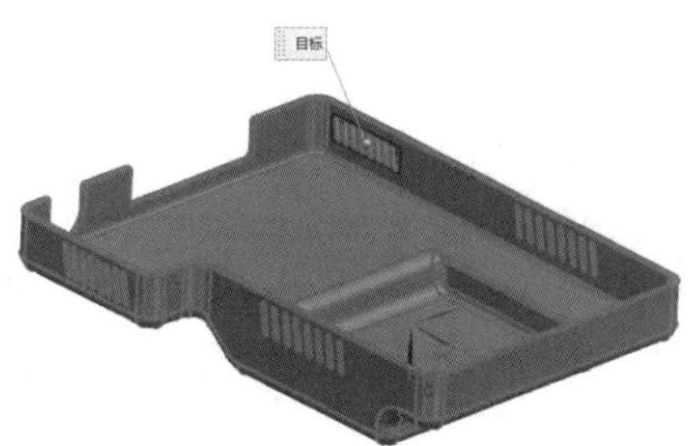

图 8.18 进行减去操作（1）

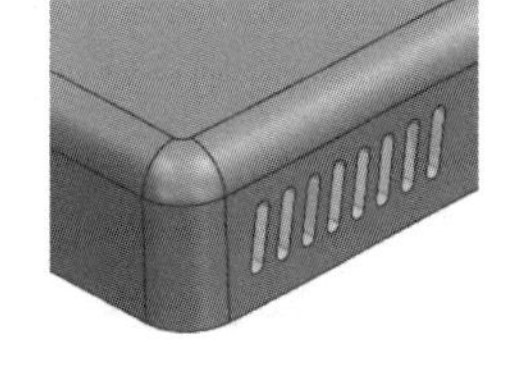

图 8.19 减去结果（1）

（8）单击【注塑模具向导】选项卡中的【注塑模工具】面板上的【包容体】按钮，系统弹出【包容体】对话框，类型设置为【块】，【偏置】设置为 2，选择如图 8.20 所示的面，单击【确定】按钮，系统自动创建包容体，结果如图 8.21 所示。

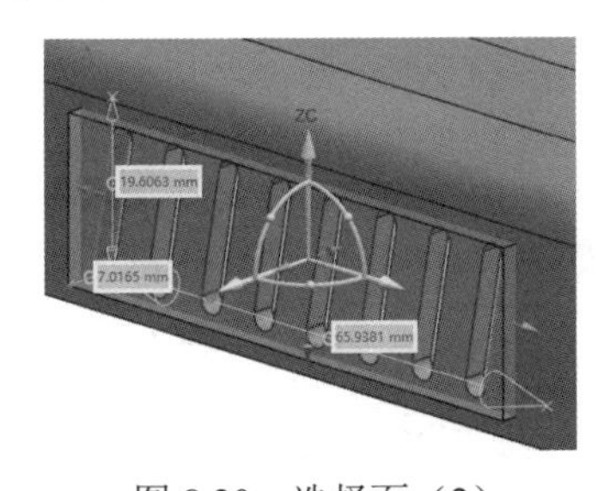

图 8.20 选择面（2）

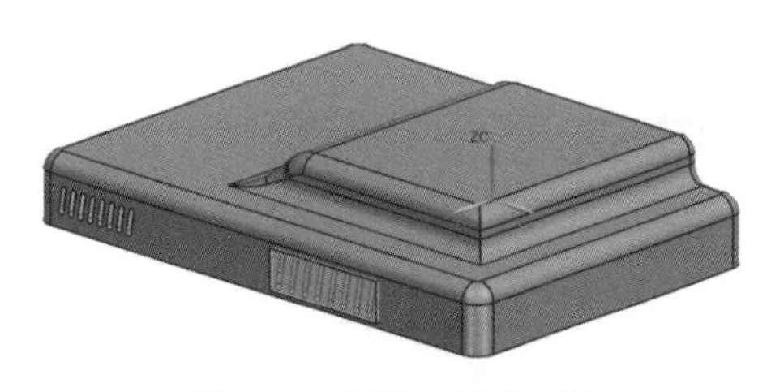

图 8.21 创建包容体（2）

（9）单击【注塑模向导】选项卡中的【注塑模工具】面板上的【更多】下拉列表中的【分割实体】按钮，系统弹出【分割实体】对话框，选择【修剪】选项，选择创建的包容体为目标体，选择如图 8.22 所示的面为工具，采用默认的修剪方向，单击【应用】按钮，修剪结果如图 8.22

所示。

（10）继续选择包容体为目标体，选择如图 8.23 所示的面为分割面，单击【确定】按钮，生成的分割特征如图 8.23 所示。

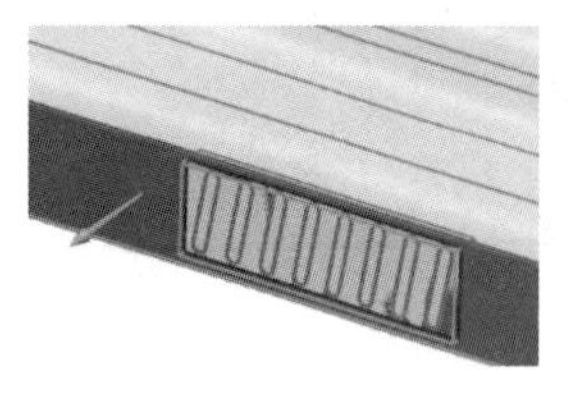
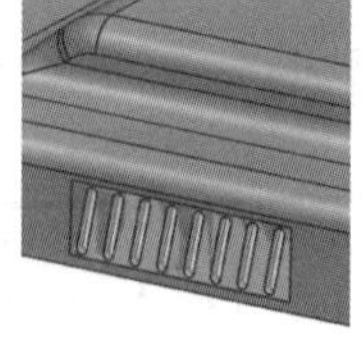
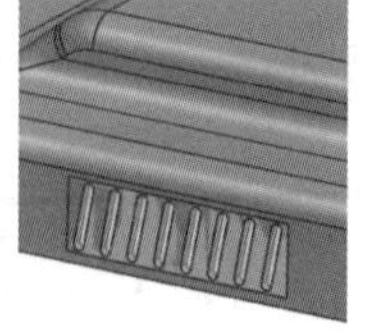

图 8.22　创建修剪特征（1）

图 8.23　创建分割特征（2）

（11）单击【主页】选项卡中的【基本】面板上的【减去】按钮，系统弹出【减去】对话框，选择修剪好的包容体为目标体，选择产品为工具体，如图 8.24 所示，选中【保存工具】复选框，单击【确定】按钮，结果如图 8.25 所示。

图 8.24　进行减去操作（2）

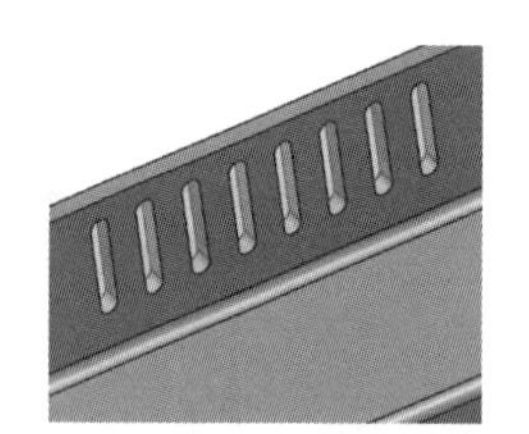

图 8.25　减去结果（2）

（12）单击【注塑模具向导】选项卡中的【注塑模工具】面板上的【包容体】按钮，系统弹出【包容体】对话框，类型设置为【块】,【偏置】设置为 2，选择如图 8.26 所示的面，单击【确定】按钮，系统自动创建包容体，结果如图 8.27 所示。

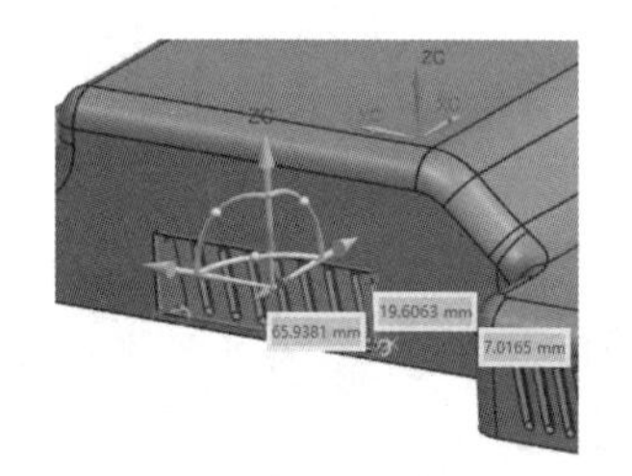

图 8.26　选择面（3）

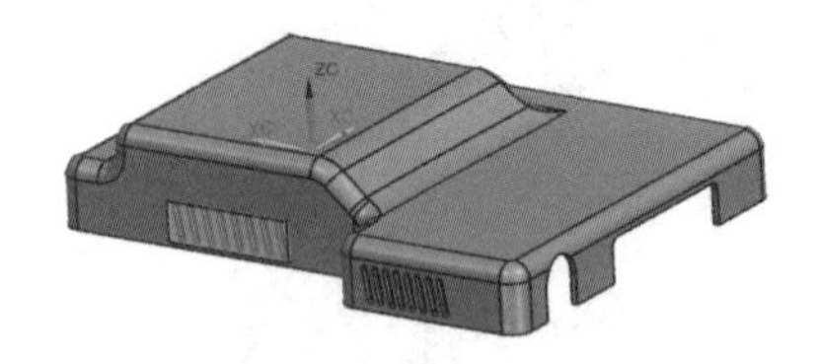

图 8.27　创建包容体（3）

（13）单击【注塑模向导】选项卡中的【注塑模工具】面板上的【更多】下拉列表中的【分割实体】按钮，系统弹出【分割实体】对话框，选择【修剪】选项，选择创建的包容体为目标体，选择如图 8.28 所示的面为工具，采用默认的修剪方向，单击【应用】按钮，修剪结果如图 8.28 所示。

（14）继续选择包容体为目标体，选择如图 8.29 所示的面为分割面，单击【确定】按钮，生成的分割特征如图 8.29 所示。

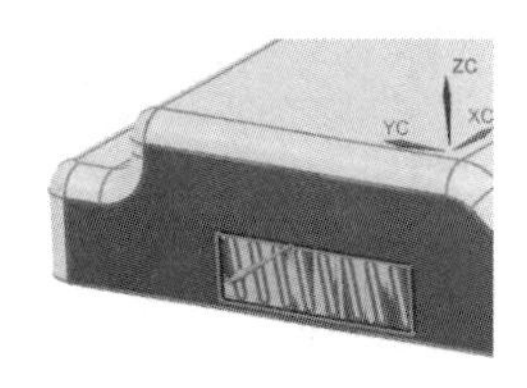
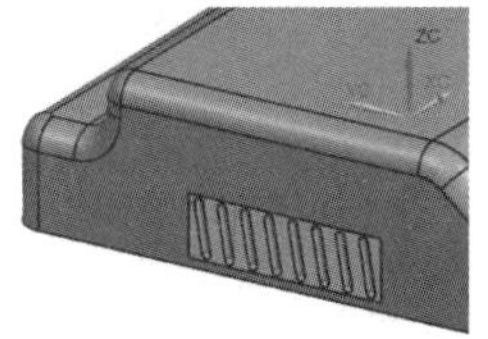

图 8.28 创建修剪特征（2）

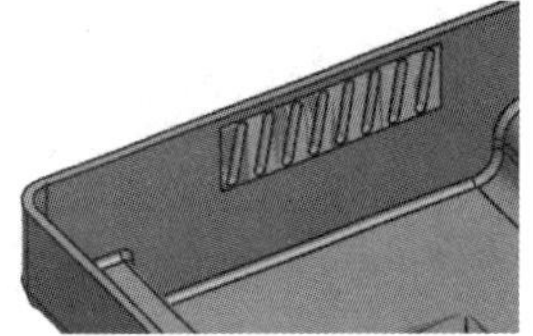

图 8.29 创建分割特征（3）

（15）单击【主页】选项卡中的【基本】面板上的【减去】按钮，系统弹出【减去】对话框，选择修剪好的包容体为目标体，选择产品为工具体，如图 8.30 所示，选中【保存工具】复选框，单击【确定】按钮，结果如图 8.31 所示。

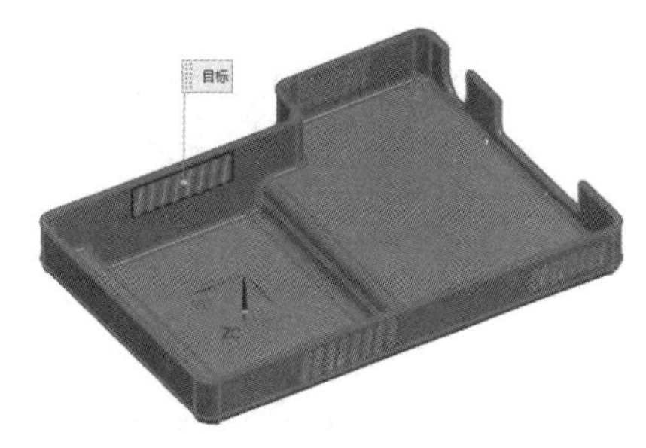

图 8.30 进行减去操作（3）

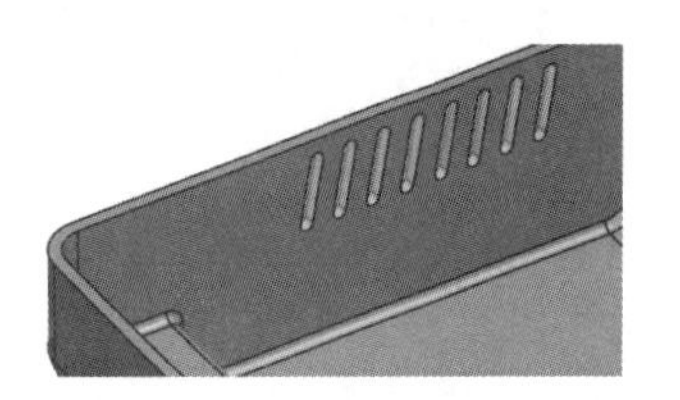

图 8.31 减去结果（3）

（16）单击【注塑模具向导】选项卡中的【注塑模工具】面板上的【包容体】按钮，系统弹出【包容体】对话框，类型设置为【块】,【偏置】设置为 2，选择如图 8.32 所示的面，单击【确定】按钮，系统自动创建包容体，结果如图 8.33 所示。

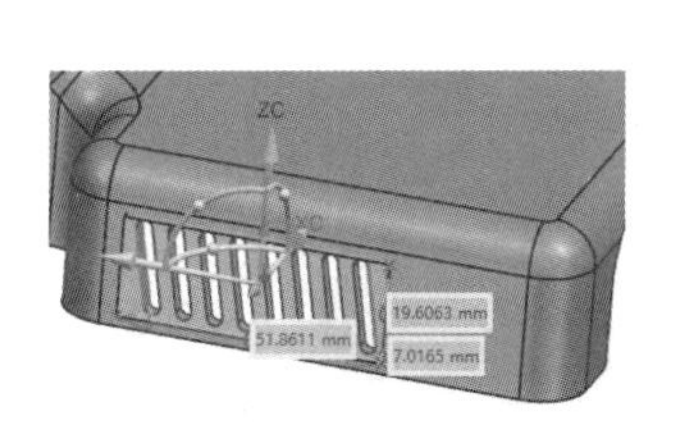

图 8.32 选择面（4）

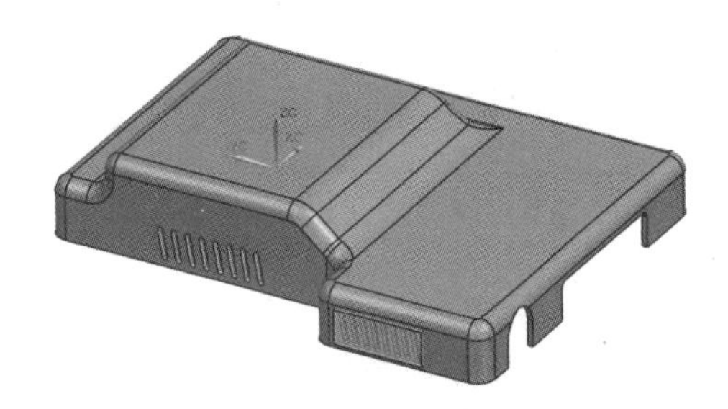

图 8.33 创建包容体（4）

（17）单击【注塑模向导】选项卡中的【注塑模工具】面板上的【更多】下拉列表中的【分割实体】按钮，系统弹出【分割实体】对话框，选择【修剪】选项，选择创建的包容体为目标体，选择如图 8.34（a）所示的面为工具，采用默认的修剪方向，单击【应用】按钮，创建分割特征如图 8.34 所示。

（18）继续选择包容体为目标体，选择如图 8.35 所示的面为分割面，单击【确定】按钮，生成的分割特征如图 8.35 所示。

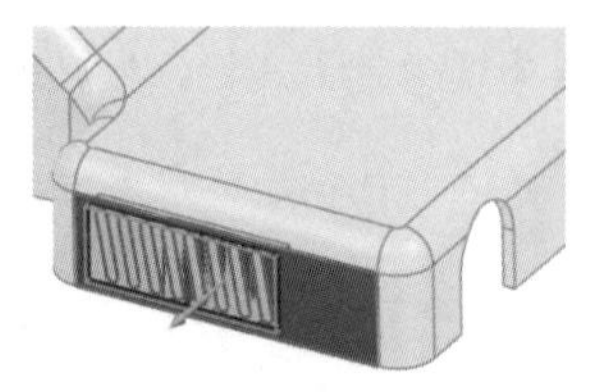

（a）选择分割面

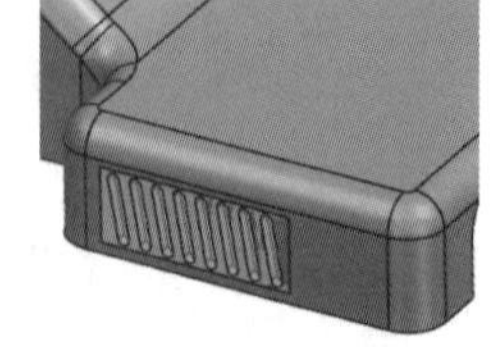

（b）分割结果

图 8.34　创建分割特征（4）

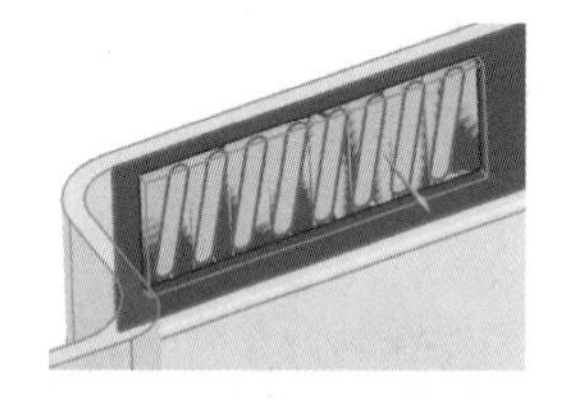

（a）选择分割面

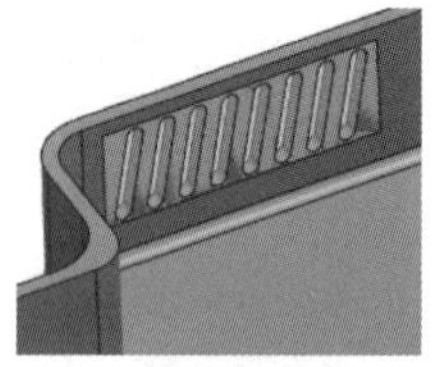

（b）分割结果

图 8.35　生成的分割特征

（19）单击【主页】选项卡中的【基本】面板上的【减去】按钮，系统弹出【减去】对话框，选择修剪好的包容体为目标体，选择产品为工具体，如图 8.36 所示，选中【保存工具】复选框，单击【确定】按钮，减去结果如图 8.37 所示。

图 8.36　进行减去操作（4）

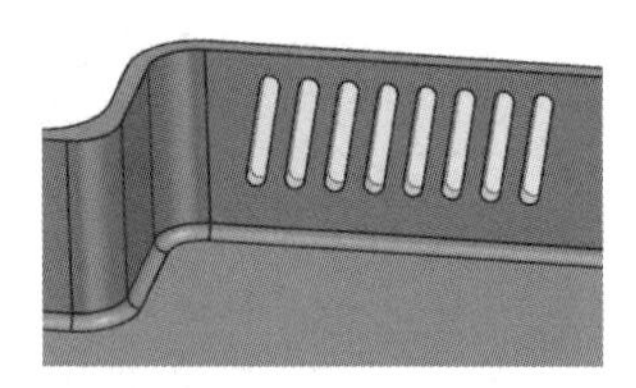

图 8.37　减去结果（4）

（20）单击【注塑模向导】选项卡中的【注塑模工具】面板上的【实体补片】按钮，系统弹出【实体补片】对话框，如图 8.38 所示，系统自动选取产品实体，然后选取创建的 32 个实体块为补片体，单击【确定】按钮，实体补片结果如图 8.39 所示。

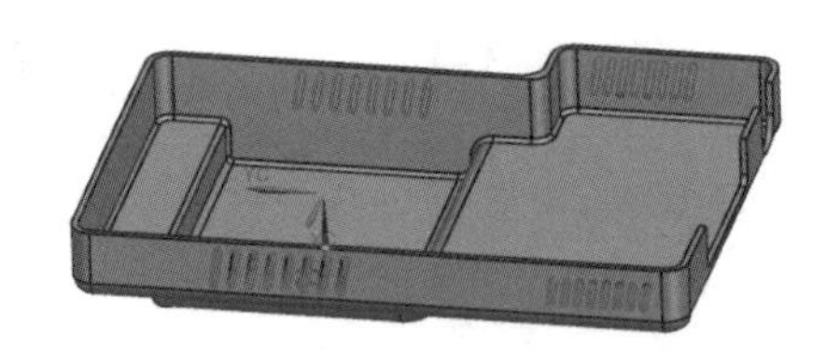

图 8.38　【实体补片】对话框

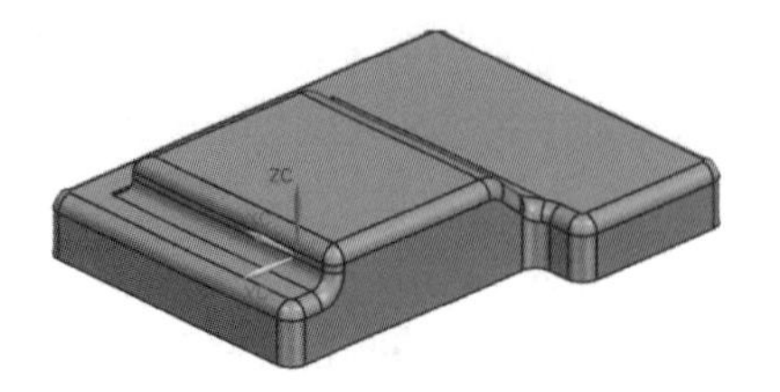

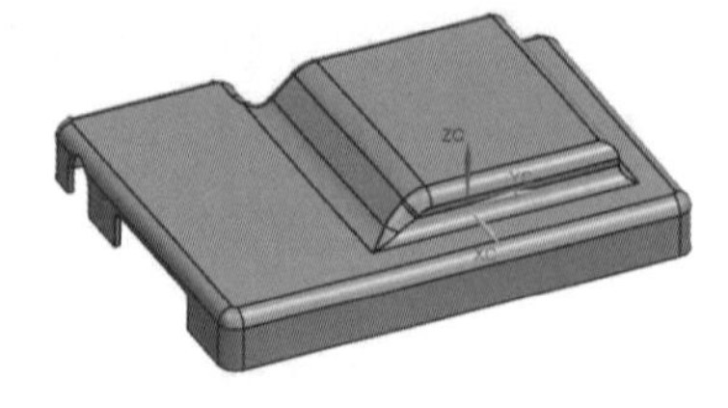

图 8.39　实体补片结果

8.2.2　创建分型面

（1）单击【注塑模向导】选项卡中的【分型】面板上的【设计分型面】按钮，弹出如图 8.40 所示的【设计分型面】对话框，单击【编辑分型线】中的【选择分型线】选项，在视图上选择如图 8.41 所示的线，系统自动选择分型线，并提示分型线环没有封闭。

（2）依次选择零件外沿线作为分型线，当分型线封闭后，单击【确定】按钮，分型线效果如图 8.42 所示。

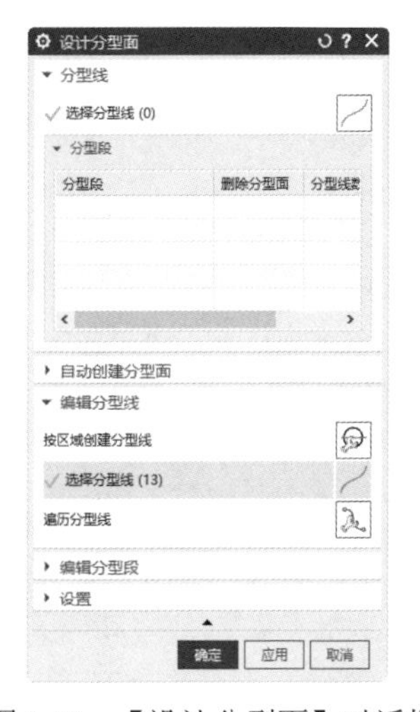

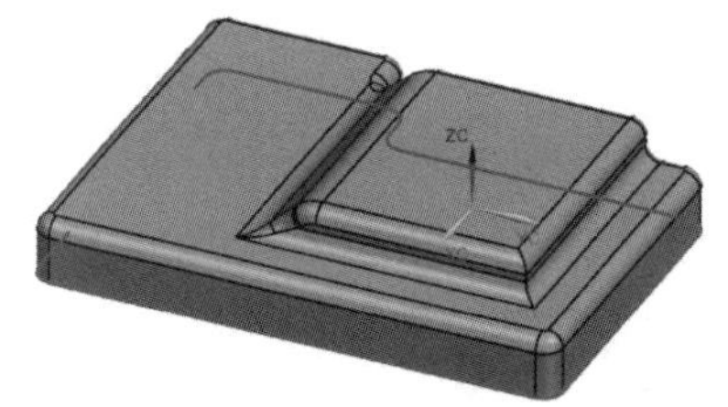

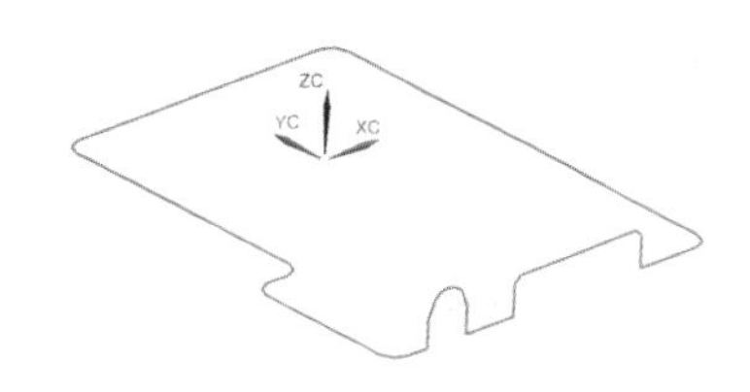

图 8.40　【设计分型面】对话框　　图 8.41　选择曲线　　图 8.42　分型线效果

（3）单击【注塑模向导】选项卡中的【分型】面板上的【设计分型面】按钮，弹出【设计分型面】对话框，单击【编辑分型段】中的【选择分型或引导线】选项，如图 8.43 所示，在如图 8.44 所示的位置处创建引导线，单击【确定】按钮，如图 8.44 所示。

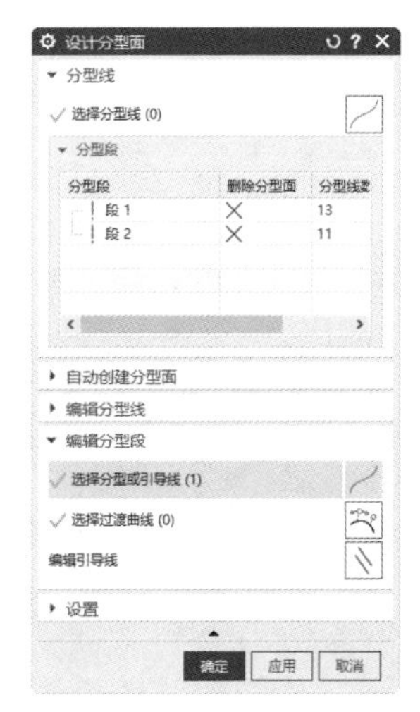

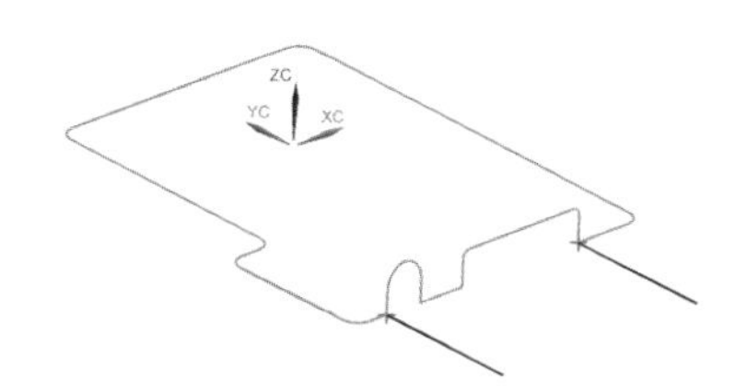

图 8.43　【设计分型面】对话框　　图 8.44　创建引导线

（4）单击【注塑模向导】选项卡中的【分型】面板上的【设计分型面】按钮，在弹出的【设计分型面】对话框的【分型段】中选择【段 1】，如图 8.45 所示。在【创建分型面】中选中【有界平面】选项，采用默认方向，选中【调整所有方向的大小】复选框，拖动【V 向终点百分比】标志调整分型面大小，单击【应用】按钮。

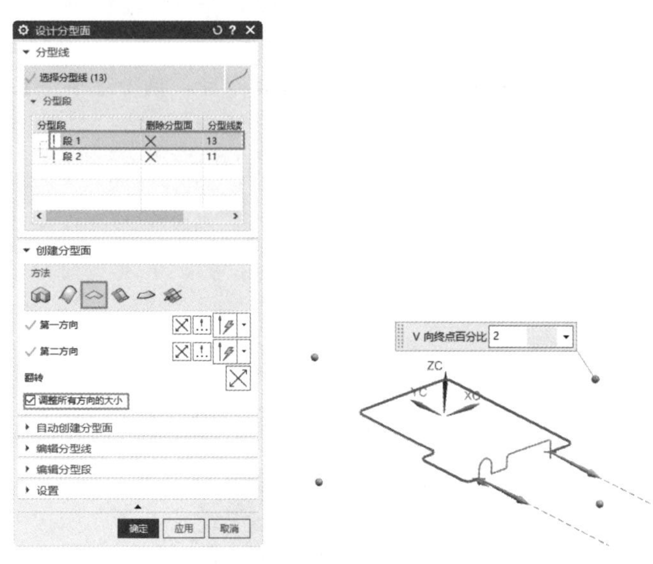

图 8.45　选择【段 1】

注意

分型面的大小必须大于工件的大小，否则在创建型芯、型腔时会失败。

（5）在【设计分型面】对话框的【分型段】中选择【段 2】，在【创建分型面】中选中【拉伸】选项，选择-YC 轴作为其拉伸方向，拖动【延伸距离】标志调整拉伸距离，如图 8.46 所示。单击【确定】按钮，分型面效果如图 8.47 所示。

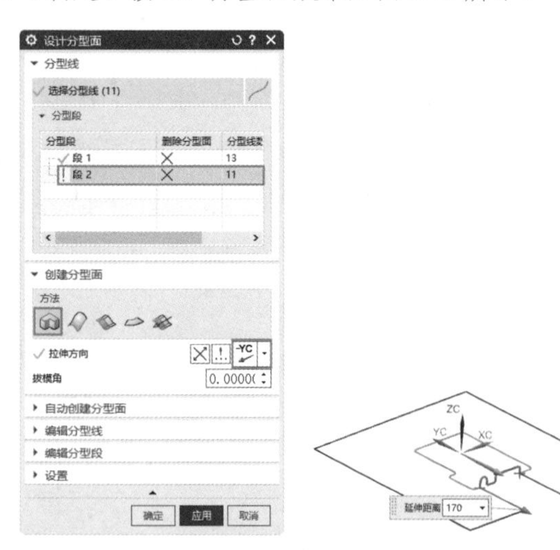

图 8.46　选择【段 2】

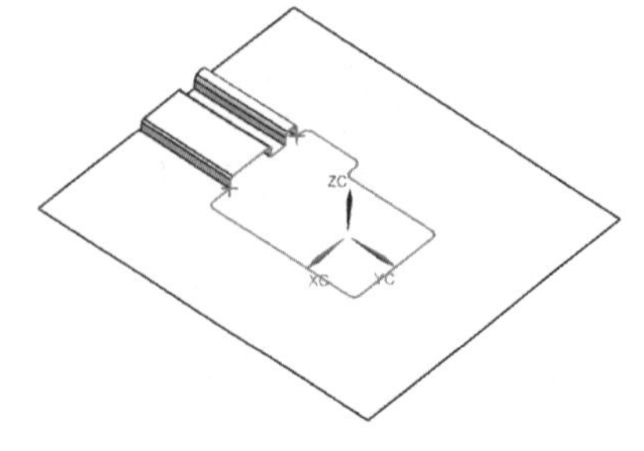

图 8.47　分型面效果

8.2.3　创建型芯和型腔

（1）单击【注塑模向导】选项卡中的【分型】面板上的【检查区域】按钮，在弹出的【检查区域】对话框里中单击【保留现有的】单选按钮，选择脱模方向为 ZC 轴，单击【计算】按钮，如图 8.48 所示。

（2）单击【区域】选项卡，如图 8.49 所示，显示有 13 个未定义区域。拖动型腔区域的透明度滑块和型芯区域的透明度滑块到最右端，观察图形，不是透明的面为未定义区域。单击【型腔区域】单选按钮，在视图中选择所有未定义区域，如图 8.50 所示，单击【应用】按钮，将其定义为型腔区域。由图 8.51 可以看到型腔区域（48）与型芯区域（60）的和等于总面数（108），单击【确定】按钮，关闭对话框。

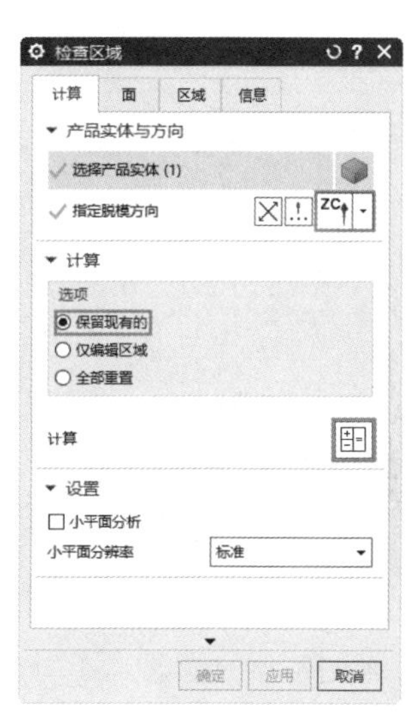

图 8.48　【检查区域】对话框

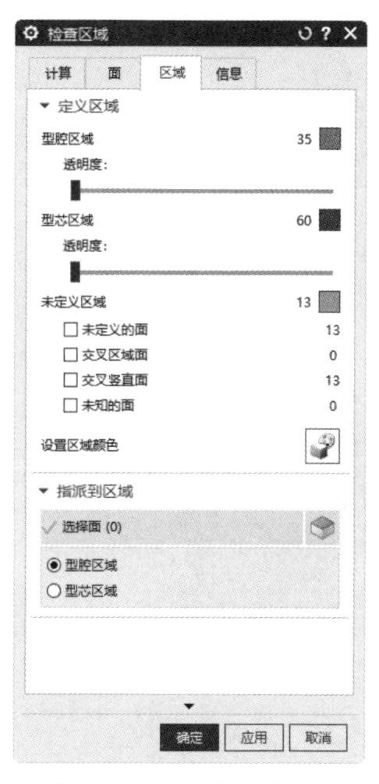

图 8.49　【区域】选项卡

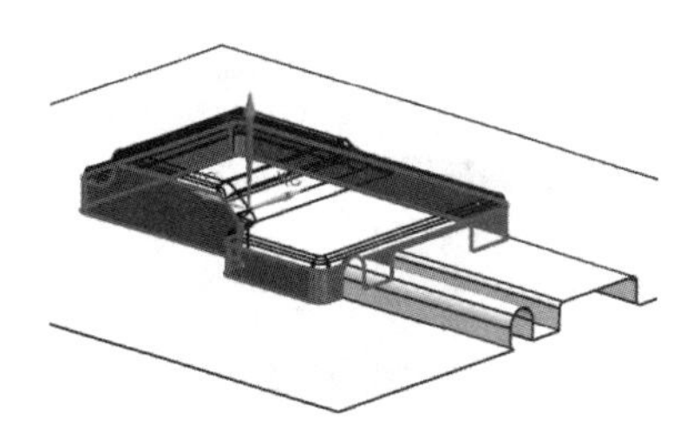

图 8.50　选择面

（3）单击【注塑模向导】选项卡中的【分型】面板上的【定义区域】按钮，系统弹出【定义区域】对话框，如图 8.52 所示，选择【所有面】选项，选中【创建区域】复选框，单击【确定】按钮，接受系统定义的型腔区域和型芯区域。

（4）单击【注塑模向导】选项卡中的【分型】面板上的【定义型腔和型芯】按钮，系统弹出【定义型腔和型芯】对话框，在【缝合公差】文本框中输入 0.1，然后选择【型腔区域】选项，如图 8.53 所示，同时绘图区抽取结果高亮显示，单击【应用】按钮，系统弹出【查看分型结果】对话框，如图 8.54 所示，同时生成型腔，如图 8.55 所示。单击【确定】按钮返回【定义型腔和型芯】对话框。

（5）在【定义型腔和型芯】对话框中选择【型芯区域】选项，同时绘图区抽取区域结果高亮显示，单击【确定】按钮，系统弹出【查看分型结果】对话框，同时生成型芯，如图 8.56 所示。

图 8.51　修改后的【区域】选项卡

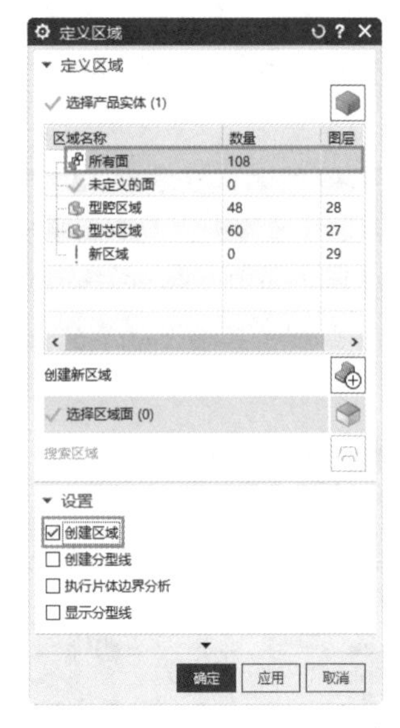
图 8.52　【定义区域】对话框

图 8.53　【定义型腔和型芯】对话框

图 8.54　【查看分型结果】对话框

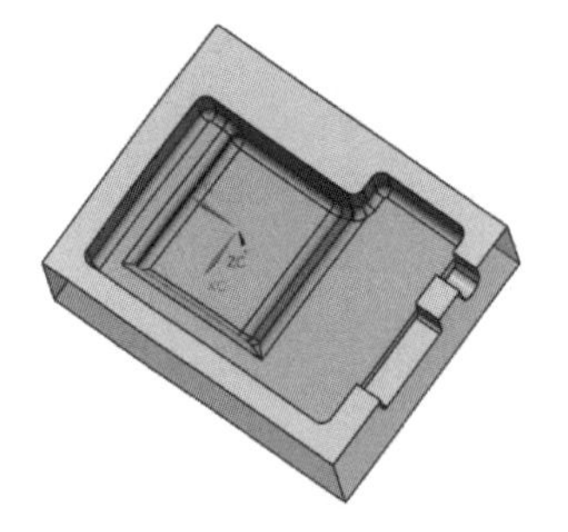
图 8.55　生成型腔

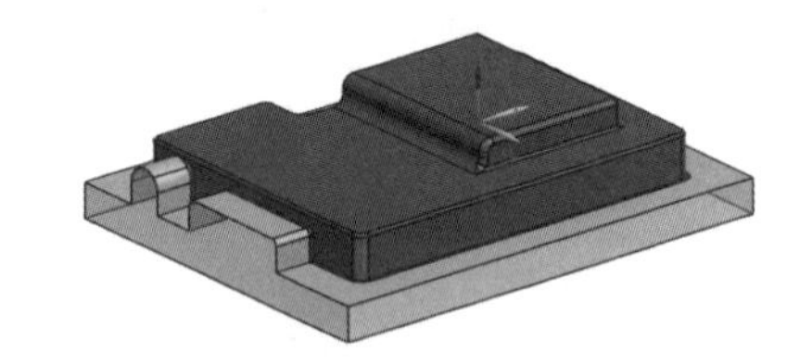
图 8.56　生成型芯

扫一扫，看视频

8.3　辅助系统设计

8.3.1　添加模架

单击【注塑模向导】选项卡中的【主要】面板上的【模架库】按钮，弹出【重用库】对话框和【模架库】对话框，并同时在屏幕上显示型腔布局。在【重用库】的【文件夹视图】中选择 HASCO_E 模架，在【成员选择】列表中选择 Type 1(F2M2)，在【模架库】对话框的【参数】选项组中设置 index 为 446×496、AP_h 为 96、BP_h 为 46，如图 8.57 所示。单击【确定】按钮，完成的模架效果如图 8.58 所示。

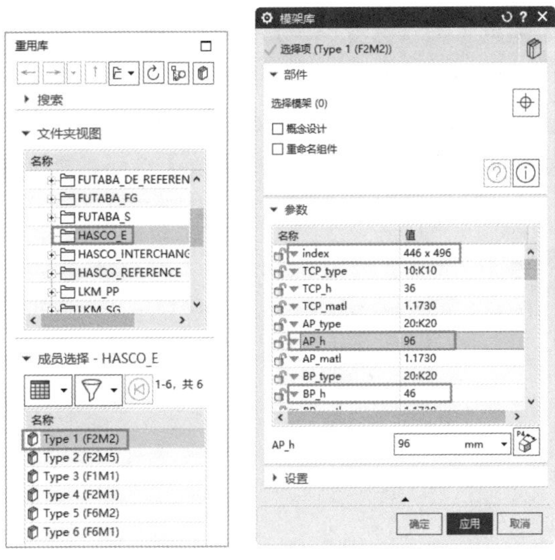

图 8.57　【重用库】对话框和【模架库】对话框

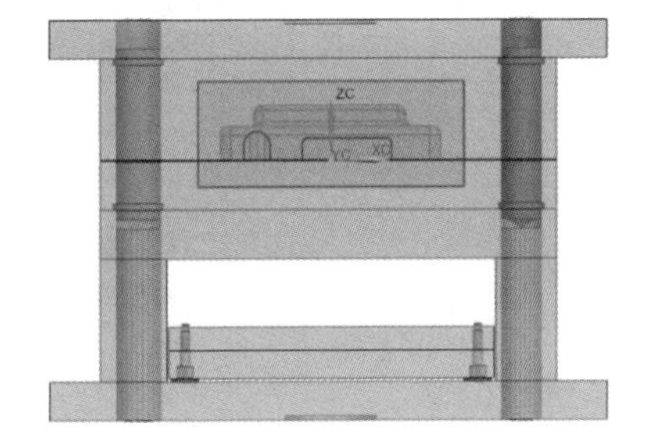

图 8.58　模架效果

8.3.2　标准件设计

（1）单击【注塑模向导】选项卡中的【主要】面板上的【标准件库】按钮，弹出【重用库】对话框和【标准件管理】对话框。在【名称】中选择 HASCO_MM→Locating Ring，在【成员选择】列表中选择 K100C，在【参数】选项组中设置 DIAMETER 为 100、THICKNESS 为 8，其他采用默认设置，如图 8.59 所示。单击【确定】按钮，加入定位环，如图 8.60 所示。

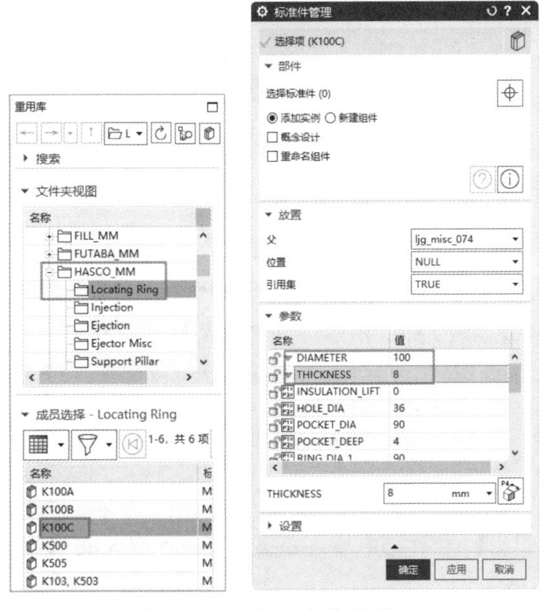

图 8.59　定位环参数设置

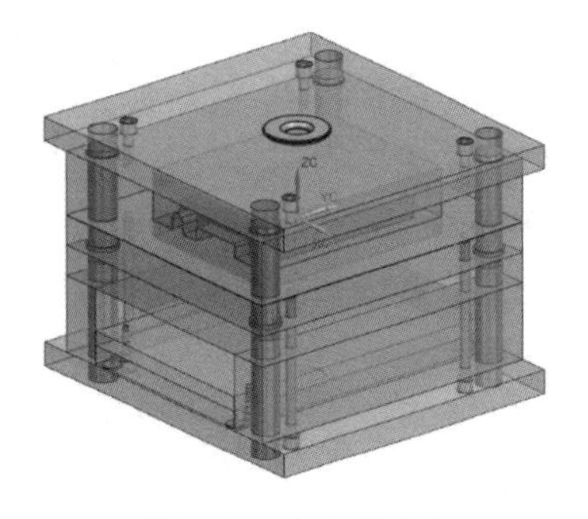

图 8.60　加入定位环

（2）单击【注塑模向导】选项卡中的【主要】面板上的【标准件库】按钮，弹出【重用库】对话框和【标准件管理】对话框。在【名称】中选择HASCO_MM→Injection，在【成员选择】列表中选择Sprue Bushing [Z50,Z51,Z511,Z512]，并在【参数】选项组中设置CATALOG为Z50、CATALOG_DIA为18、CATALOG_LENGTH为56，如图8.61所示。单击【确定】按钮，将主流道加入模具装配中，如图8.62所示。

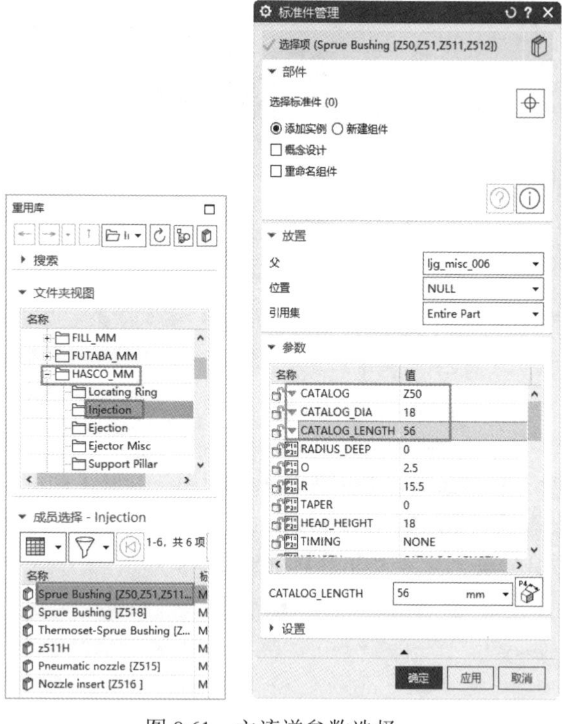

图8.61　主流道参数选择

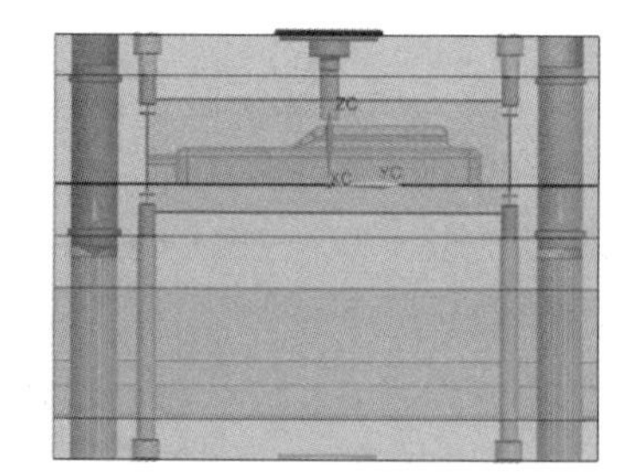

图8.62　加入主流道

8.3.3　浇注系统

（1）隐藏模架、产品实体和型腔。单击【注塑模向导】选项卡中的【主要】面板上的【设计填充】按钮，在弹出的【重用库】对话框的【成员选择】列表中选择Gate[Subarine]。在【设计填充】对话框中设置D为4、L为30、D1为1、L1为10，如图8.63所示，其他采用默认设置。

（2）在【放置】选项组中单击【选择对象】图标，捕捉主流道下端圆心为放置浇口位置，如图8.64所示。

（3）单击动态坐标系上的ZC轴，在弹出的参数栏中输入角度为90，如图8.65所示，按Enter键确认。

（4）单击动态坐标系上的沿ZC轴平移，在弹出的参数栏中输入距离为2，如图8.66所示，按Enter键确认。

（5）单击【确定】按钮，完成浇口的创建，如图8.67所示。

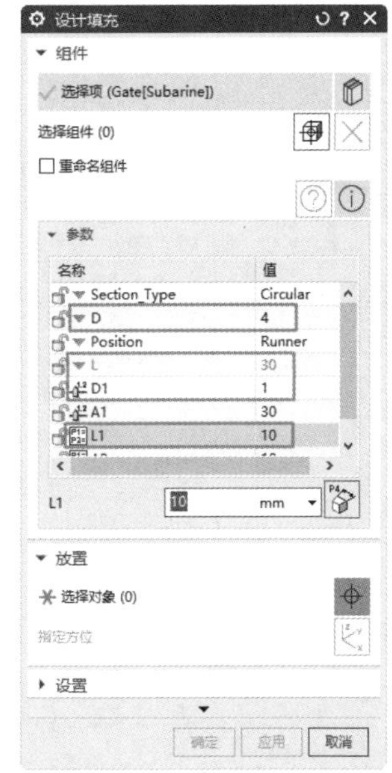

图 8.63　【重用库】对话框和【设计填充】对话框

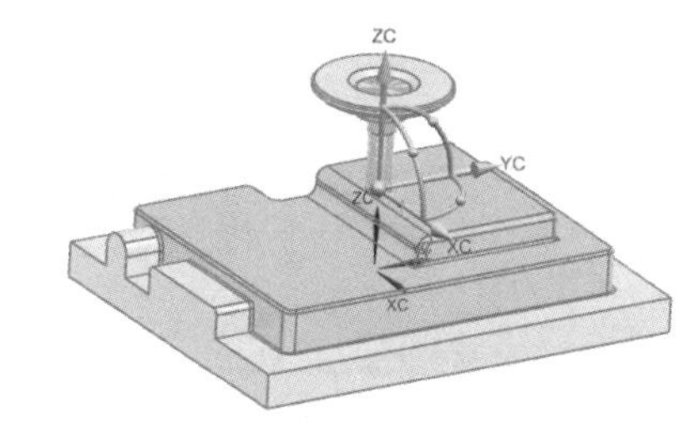

图 8.64　放置浇口

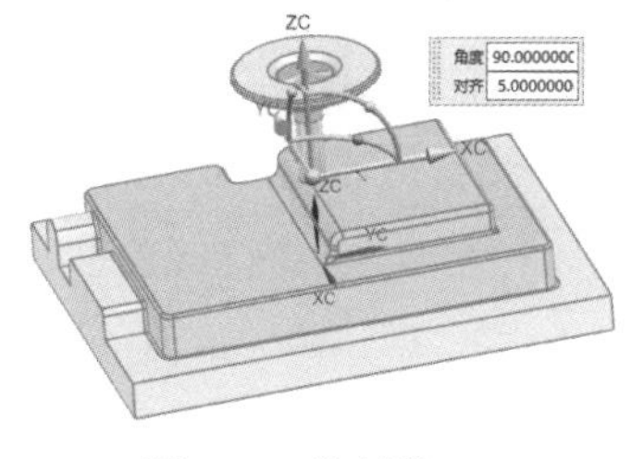

图 8.65　旋转浇口

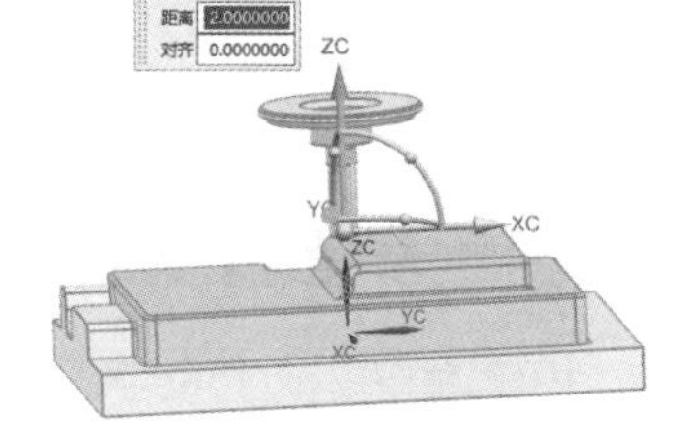

图 8.66　移动浇口

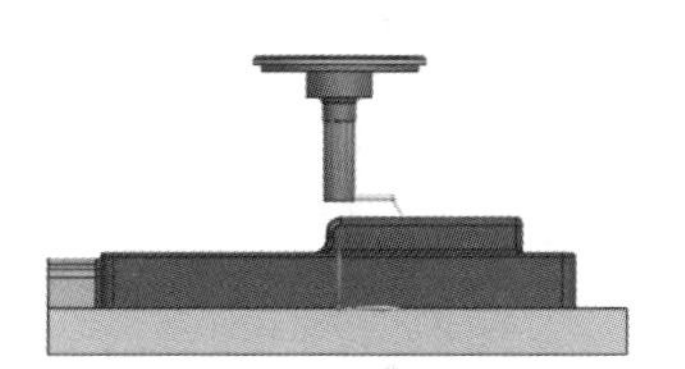

图 8.67　浇口的创建

8.3.4　顶杆系统

（1）显示型腔。单击【注塑模向导】选项卡中的【主要】面板上的【标准件库】按钮，弹出【重用库】对话框和【标准件管理】对话框。在【名称】中选择 HASCO_MM→Ejection，在【成员选择】列表中选择 Ejector Pin (Straight)，并在【参数】选项组中设置 CATALOG_DIA 为 3、CATALOG_LENGTH 为 250，如图 8.68 所示，单击【确定】按钮。

（2）弹出【点】对话框，选择【圆弧中心/椭圆中心/球心】类型，捕捉圆弧圆心，如图 8.69 所示，单击【确定】按钮，完成一个顶杆的创建。

（3）依次捕捉其他三个圆弧的圆心放置顶杆，单击【取消】按钮，退出【点】对话框，添加顶杆的效果如图 8.70 所示。

（4）单击【注塑模向导】选项卡中的【主要】面板上的【顶杆后处理】按钮，弹出【顶杆后处理】对话框，如图 8.71 所示，选择【调整长度】类型，在“目标”中选择已经创建的待处理的顶杆。

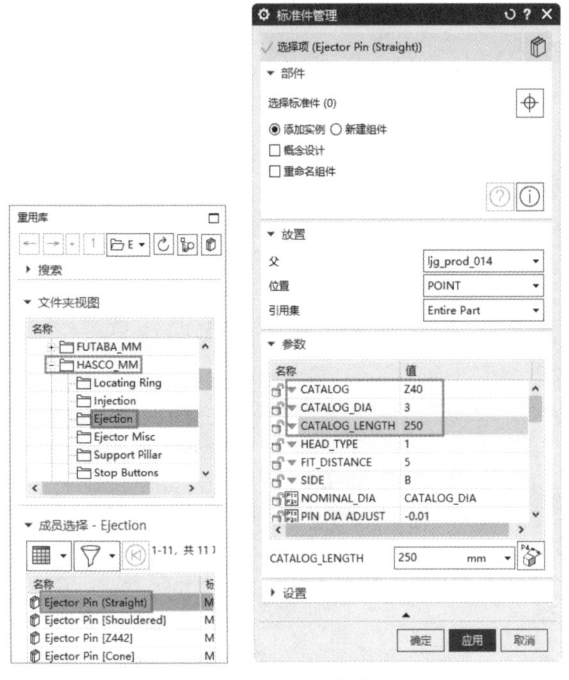

图 8.68　顶杆参数设置

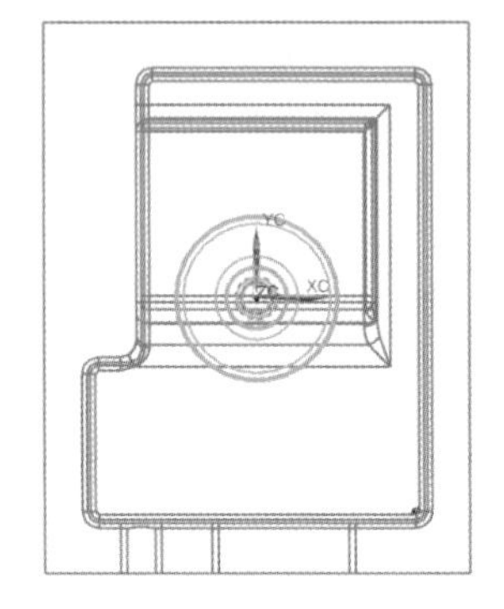

图 8.69　第一基点

（5）在【工具】中接受默认的修边曲面，即型芯修剪片体 CORE_TRIM_SHEET，如图 8.72 所示。

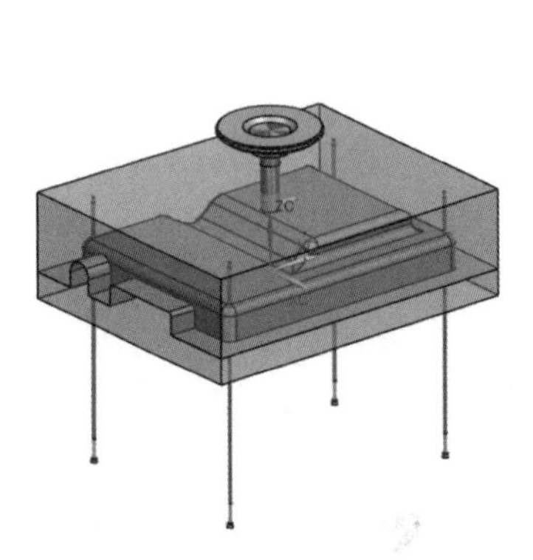

图 8.70　添加顶杆的效果

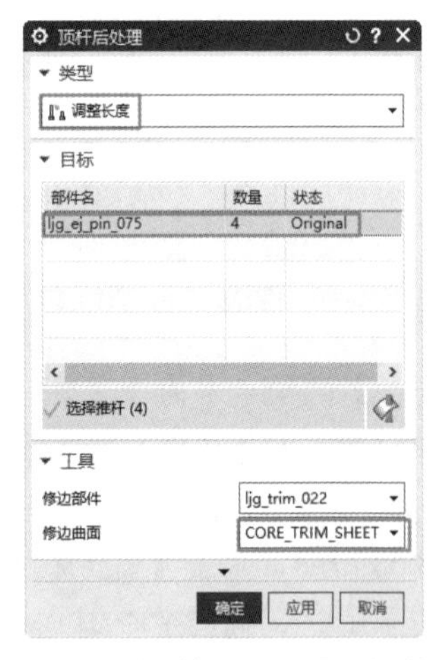

图 8.71　【顶杆后处理】对话框

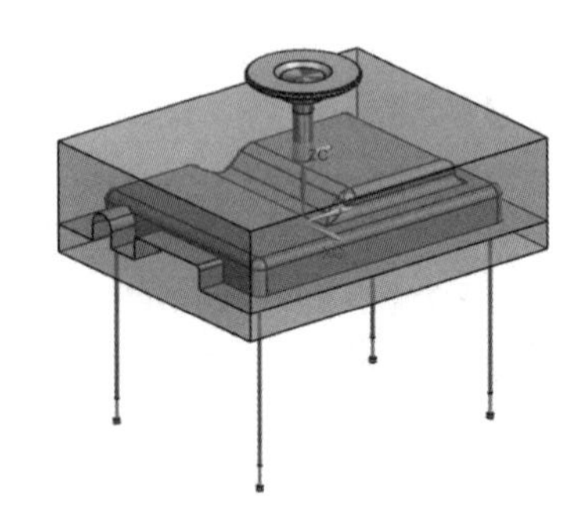

图 8.72　修剪结果

8.3.5　建立腔体

（1）将隐藏的零件全部显示。

（2）单击【注塑模向导】选项卡中的【主要】面板上的【腔】按钮，系统弹出【开腔】对话框，如图 8.73 所示。

（3）选择模具的模板、型腔和型芯作为目标体，选择建立的定位环、主流道、浇口、顶杆等作为工具体。

（4）在对话框中单击【确定】按钮建立腔体，整体模具如图 8.74 所示。

（5）选择【文件】→【保存】→【全部保存】命令，保存完成的所有数据。

图 8.73 【开腔】对话框

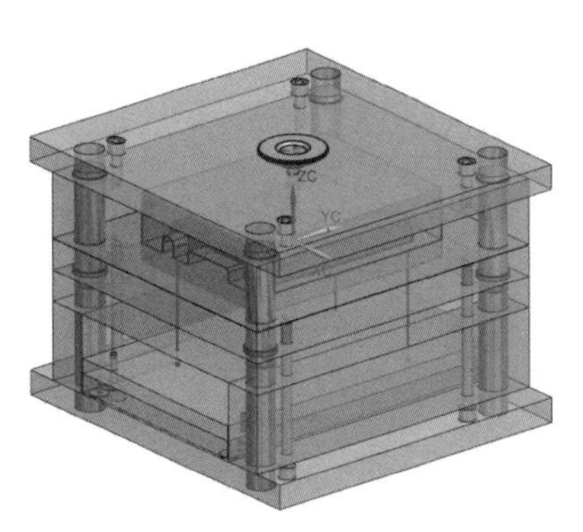

图 8.74 模具整体

动手练——电器外壳模具设计

扫一扫，看视频

该塑件是壳体，模具分型的难度较大。塑件上的通孔和缺口比较多，需要进行曲面补片和实体补片。电器外壳模具示意如图 8.75 所示。

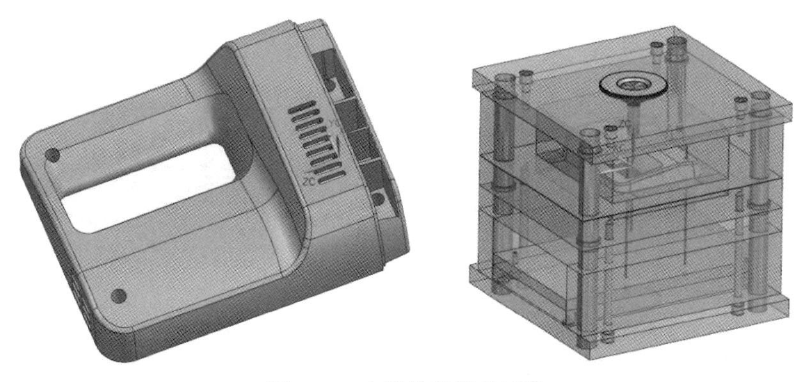

图 8.75 电器外壳模具示意

1. 初始化设置

（1）利用【初始化项目】加载 cover.prt，设置【材料】为 PC、【收缩】为 1.0045、【项目单位】为毫米。

（2）选择【菜单】→【格式】→WCS→【旋转】命令，将坐标系绕 Y 轴旋转 90°。

（3）利用【模具坐标系】命令把模具坐标系放在坐标系原点上。

（4）利用【工件】命令设置 X、Y、Z 尺寸分别为 220、200、100。

（5）利用【型腔布局】命令对工件进行布局。

2. 分型设计

（1）利用【曲面补片】命令创建曲面补片。

（2）利用【包容体】和【替换面】命令对产品进行实体修补。

（3）利用【实体补片】命令进行实体补片。

（4）利用【设计分型面】命令创建分型线，如图 8.76 所示

（5）利用【设计分型面】命令创建分型面，如图 8.77 所示。

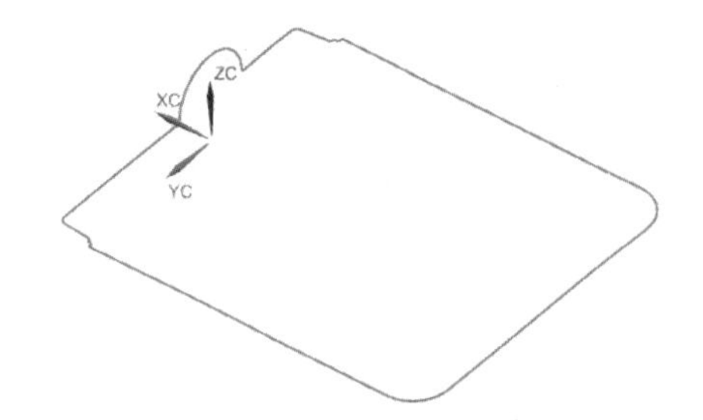

图 8.76　创建分型线

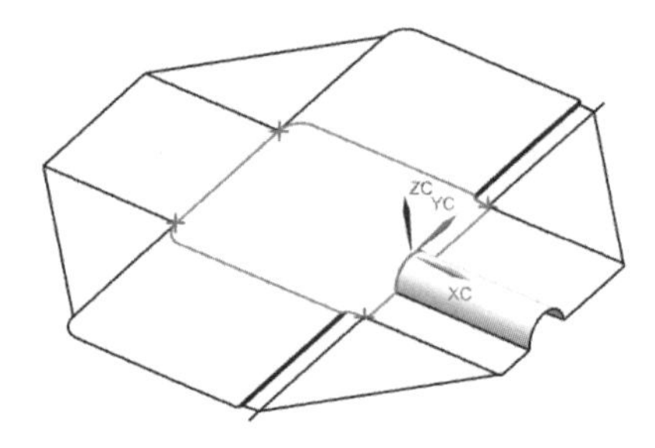

图 8.77　创建分型面

（6）利用【检查区域】命令将未定义的区域分别定义为型芯区域和型腔区域。

（7）利用【定义区域】命令选择【所有面】选项，选中【创建区域】复选框，接受系统定义的型芯区域和型腔区域。

（8）利用【定义型腔和型芯】命令创建型腔和型芯，如图 8.78 所示。

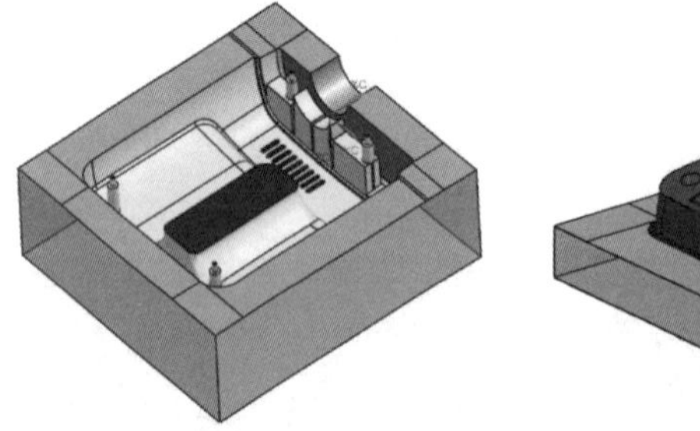

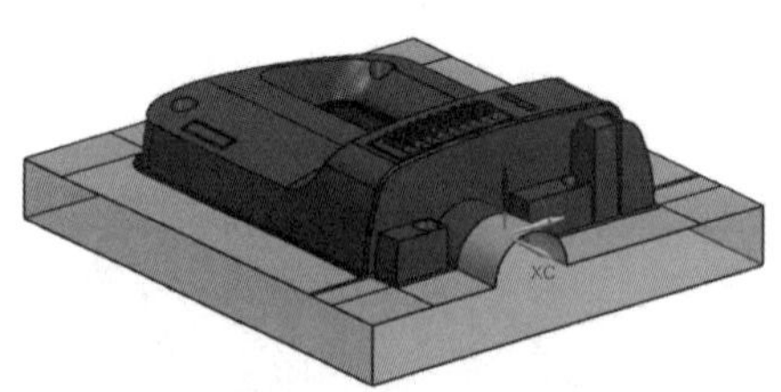

图 8.78　创建型腔和型芯

3. 辅助系统设计

（1）利用【模架库】命令选择 HASCO_E 模架，在【成员选择】列表中选择 Type1(F2M2),设置 index 为 296×346，添加模架。

（2）利用【标准件库】命令选择 HASCO_MM→Locating Ring，在【成员选择】列表中选择 K100C，设置 DIAMETER 为 100、THICKNESS 为 8，加入定位环。

（3）利用【标准件库】命令选择 HASCO_MM→Injection，在【成员选择】列表中选择 Sprue Bushing[Z50,Z51,Z511,Z512]，设置 CATALOG 为 Z50、CATALOG_DIA 为 18、CATALOG_LENGTH 为 56，将主流道加入模具装配中。

（4）利用【标准件库】命令选择 HASCO_MM→Ejection，在【成员选择】列表中选择 Ejector Pin[Straight]，设置 CATALOG_DIA 为 3、CATALOG_LENGTH 为 200，在如图 8.79 所示的点 1、点 2、点 3、点 4 处放置顶杆。

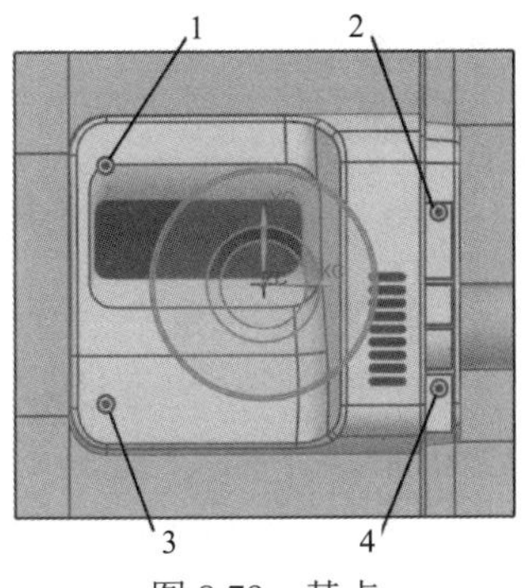

图 8.79　基点

（5）利用【顶杆后处理】命令修剪顶杆。

（6）利用【设计填充】命令选择 Gate[Pin three]，设置 D 为 1.2，在主流道下端圆心处放置浇口，然后再将其沿 Z 轴移动-49.5。

（7）利用【腔】命令建立腔体，整体模具如图 8.75 所示。

第 9 章　仪表前盖模具设计

内容简介

本塑件为某仪表前盖，模具规格尺寸较大，为保证产品能均匀充满，采用两点进胶保证型腔能均匀充满；由于结构相对简单，采用一模一腔的方式进行分模；考虑对表面质量要求较高，采用扇形浇口。产品材料采用 ABS，收缩率为 1.006。

内容要点

- 初始化设置
- 分型设计
- 辅助系统设计

案例效果

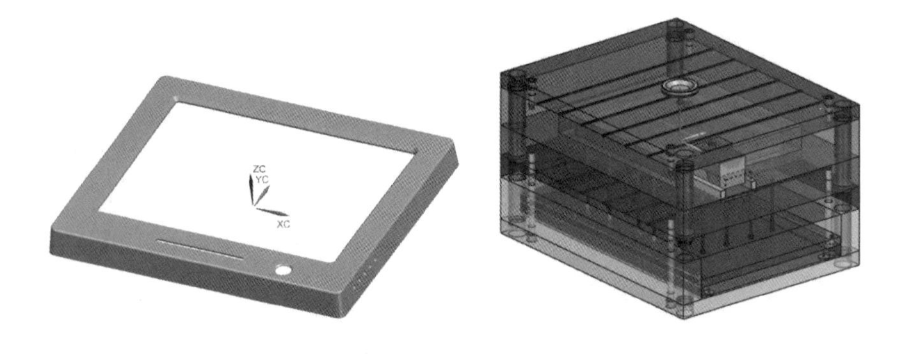

扫一扫，看视频

9.1　初始化设置

9.1.1　项目初始化

（1）单击【注塑模向导】选项卡中的【主要】面板上的【初始化项目】按钮，弹出【部件名】对话框，选择产品文件 ybqg.prt，单击【确定】按钮。

（2）弹出【初始化项目】对话框，设置【材料】为 ABS、【收缩】为 1.006、【项目单位】为毫米，其他采用默认设置，如图 9.1 所示。单击【确定】按钮，加载产品至 UG NX/Mold Wizard，完成产品装载。

（3）在【装配导航器】中显示系统自动产生的模具装配结构，如图 9.2 所示。

图 9.1 【初始化项目】对话框

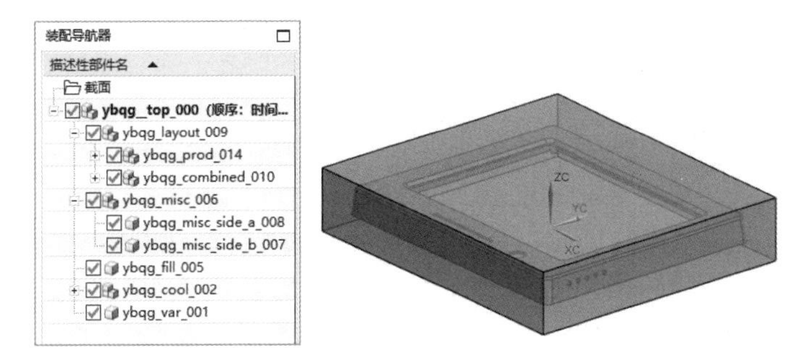

图 9.2 产品装载初始化

9.1.2 设定模具坐标系和收缩率

由所加载的模型可知，产品坐标系与所需的模具坐标系是一致的，因此直接将产品坐标系设为模具坐标系即可。

（1）单击【注塑模向导】选项卡中的【主要】面板上的【模具坐标系】按钮，弹出【模具坐标系】对话框，单击【当前 WCS】单选按钮，如图 9.3 所示。单击【确定】按钮，系统会自动把模具坐标系放在坐标系原点上。

（2）单击【注塑模向导】选项卡中的【主要】面板上的【收缩】按钮，弹出【缩放体】对话框，选择【均匀】类型，设置【比例因子】为 1.006，如图 9.4 所示，单击【确定】按钮，完成收缩率的设置。

图 9.3 【模具坐标系】对话框

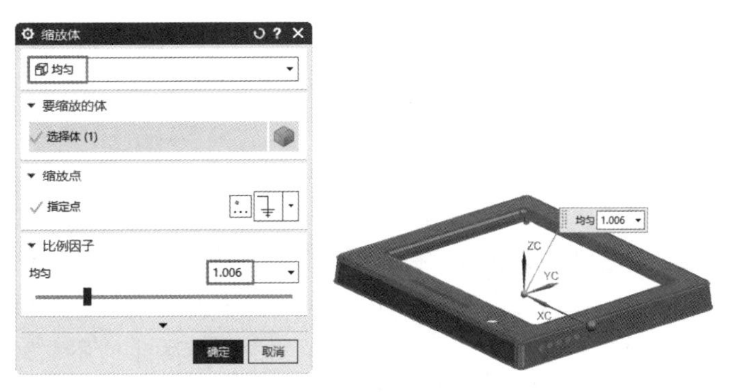

图 9.4 【缩放体】对话框

9.1.3 设置工件和布局

单击【注塑模向导】选项卡中的【主要】面板上的【工件】按钮，弹出【工件】对话框，选择【参考点】定义类型，分别修改X、Y、Z的尺寸，如图9.5所示，单击【确定】按钮，成型工件如图9.6所示。

图9.5 【工件】对话框

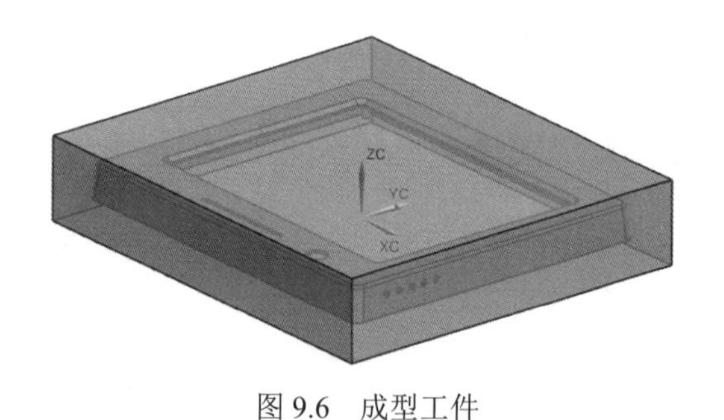

图9.6 成型工件

注意

该模具是一模一腔，因此，不必对模具进行布局。

扫一扫，看视频

9.2 分型设计

9.2.1 模具修补

（1）单击【注塑模向导】选项卡中的【分型】面板上的【曲面补片】按钮，弹出【曲面补片】对话框，选择【面】类型，选择图9.7所示的面，系统自动将所选面上的环添加到环列表框中，并选取所有环，单击【应用】按钮，进行曲面补片，效果如图9.7所示。

（2）选择图9.8所示的面，系统自动将所选面上的环添加到环列表框中，并选取所有环，单击【应用】按钮，生成图9.9所示的修补面。

图 9.7　【曲面补片】对话框

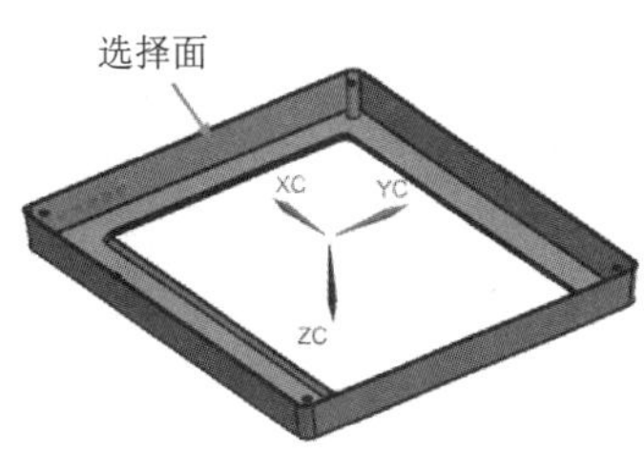

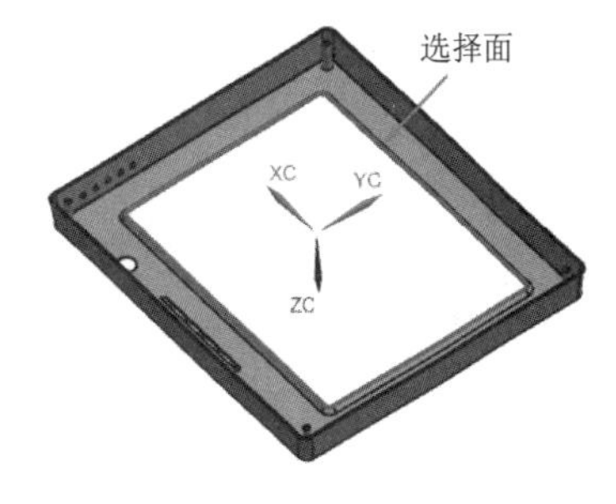

图 9.8　选择面

（3）在对话框中选择【遍历】类型，取消选中【按面的颜色遍历】复选框，选择图 9.10 所示的曲线，单击【接受】按钮或【循环候选项】按钮，直到边界封闭成环，单击【应用】按钮，生成图 9.11 所示的修补曲面。

图 9.9　生成的修补面

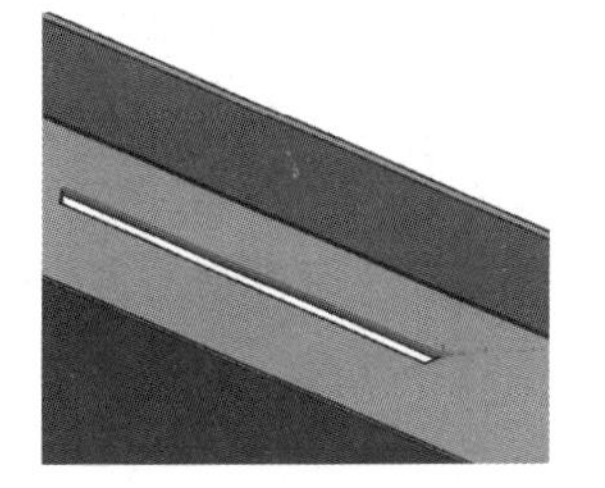

图 9.10　选择边界

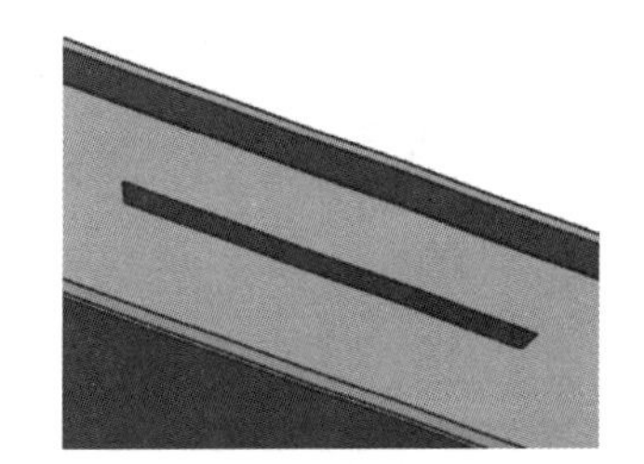

图 9.11　修补曲面

（4）对图 9.12 所示需要修补的边界圆进行同样的操作，修补结果如图 9.13 所示，最后返回【开始遍历】对话框，单击【后退】按钮。

图 9.12　边界圆

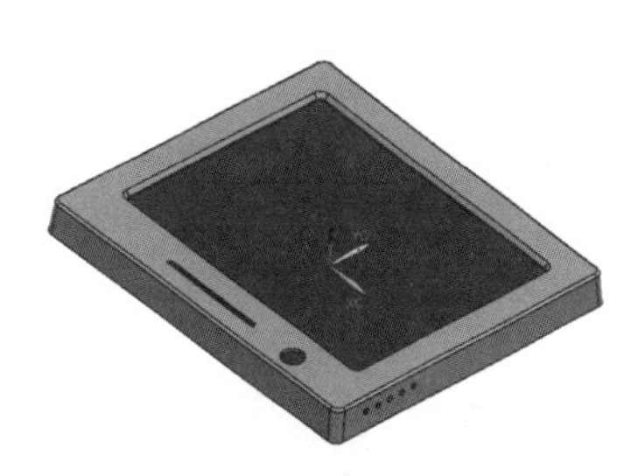

图 9.13　修补结果

9.2.2 分型设计

（1）单击【注塑模向导】选项卡中的【分型】面板上的【设计分型面】按钮，弹出图9.14所示的【设计分型面】对话框。

（2）单击【编辑分型线】选项组中的【选择分型线】选项，在视图上选择实体的底面边线，选择图9.15所示的曲线，单击【确定】按钮，得到的分型线如图9.16所示。

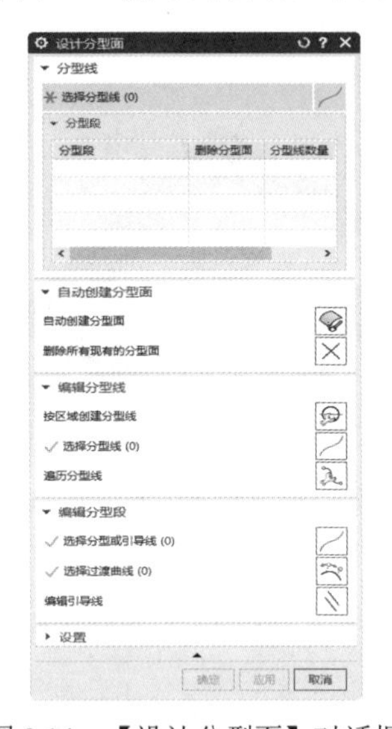

图9.14 【设计分型面】对话框

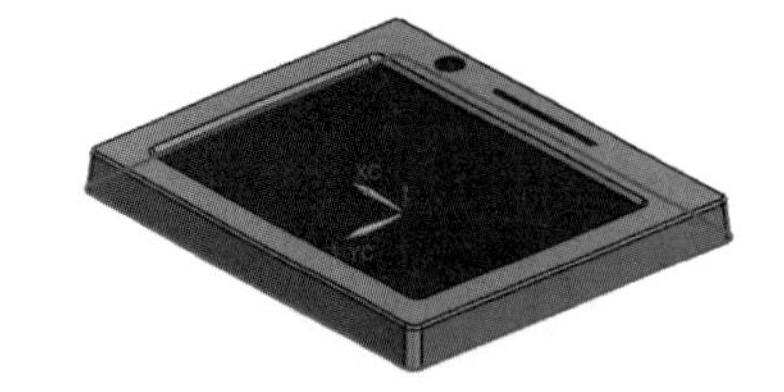

图9.15 曲线的选择

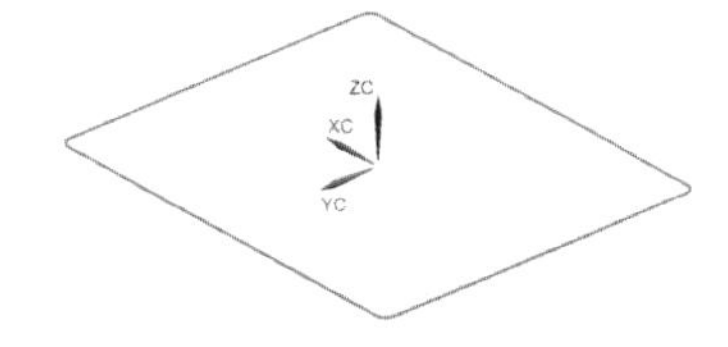

图9.16 得到的分型线

（3）单击【注塑模向导】选项卡中的【分型】面板上的【设计分型面】按钮，在弹出的【设计分型面】对话框的【分型段】中选择【段1】，如图9.17所示。在【创建分型面】中选中【有界平面】选项，采用默认方向，选中【调整所有方向的大小】复选框，拖动【V向起点百分比】标志调整分型面的大小，使分型面大于工件尺寸，单击【确定】按钮，创建的分型面如图9.18所示。

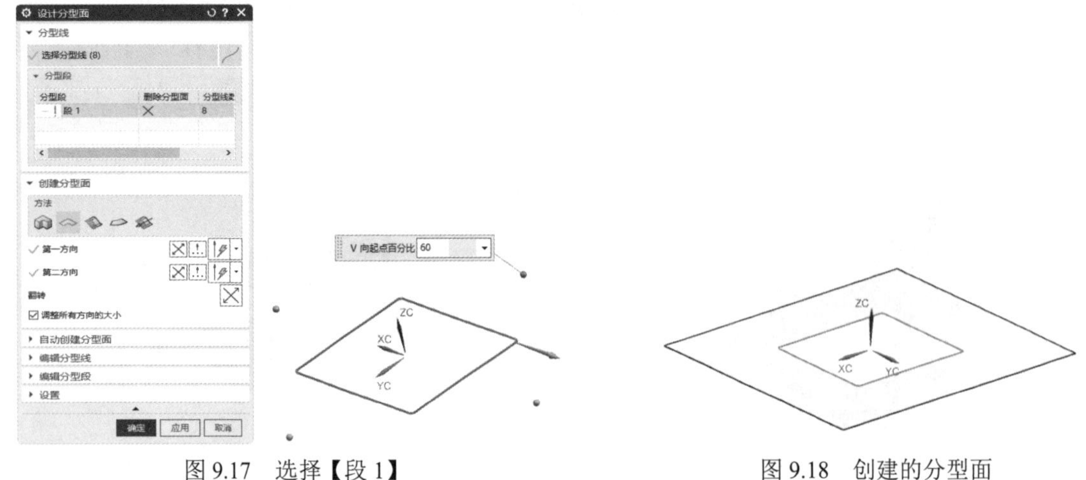

图9.17 选择【段1】

图9.18 创建的分型面

ⓘ 注意

该模型的分型线非常规则，可以直接创建分型面，因此不必创建过渡点。

（4）单击【注塑模向导】选项卡中的【分型】面板上的【检查区域】按钮，弹出【检查区域】对话框，设置【指定脱模方向】为 ZC，在【计算】选项组中选择【保留现有的】单选按钮，如图 9.19 所示，单击【计算】按钮。

（5）单击【区域】选项卡，如图 9.20 所示，显示有 18 个未定义区域。在视图中选择所有未定义的面将其定义为型腔区域，单击【确定】按钮，可以看到型腔区域（44）与型芯区域（43）的和等于总面数（87）。

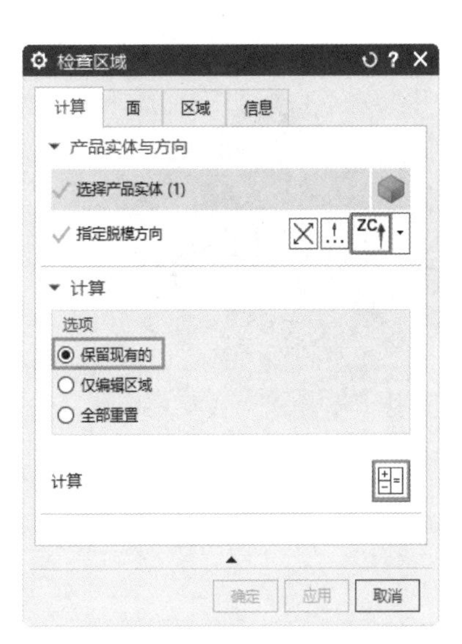

图 9.19　【检查区域】对话框

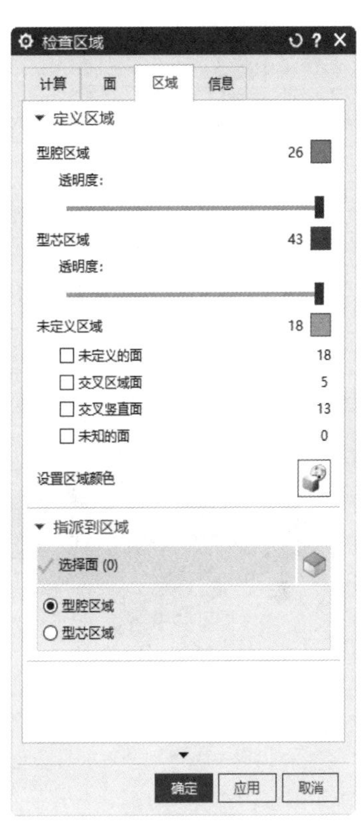

图 9.20　【区域】选项卡

（6）单击【注塑模向导】选项卡中的【分型】面板上的【定义区域】按钮，弹出【定义区域】对话框，如图 9.21 所示，选择【所有面】选项，选中【创建区域】复选框，单击【确定】按钮。

（7）单击【注塑模向导】选项卡中的【分型】面板上的【定义型腔和型芯】按钮，弹出图 9.22 所示的【定义型腔和型芯】对话框。将【缝合公差】设置为 0.1，选择【所有区域】选项，单击【确定】按钮，生成的型芯和型腔如图 9.23 所示。

（8）选择【文件】→【保存】→【全部保存】命令，保存完成的所有数据。

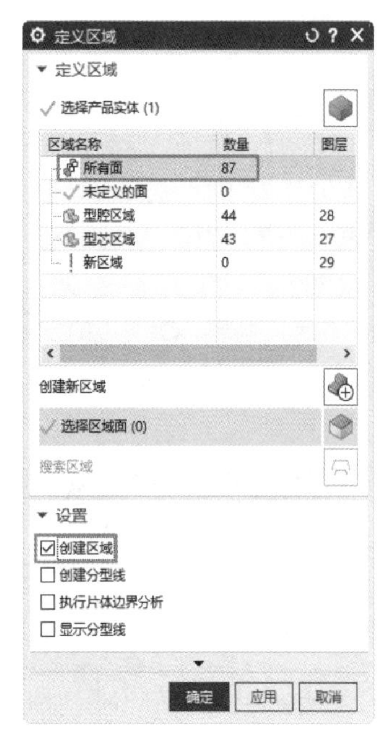

图 9.21 【定义区域】对话框

图 9.22 【定义型腔和型芯】对话框

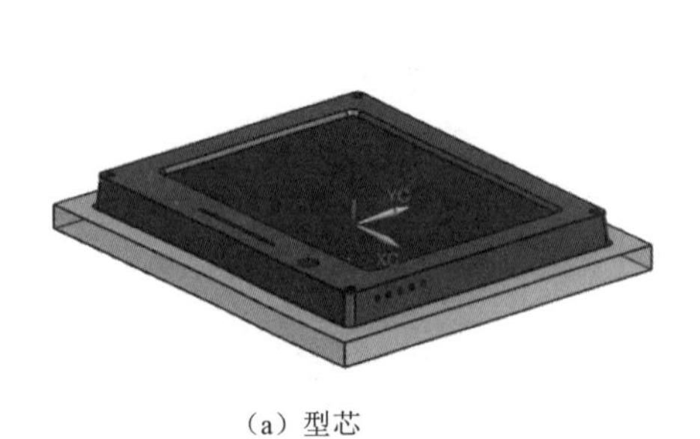

（a）型芯

（b）型腔

图 9.23 创建的型芯和型腔

扫一扫，看视频

9.3 辅助系统设计

9.3.1 添加标准件

（1）单击【注塑模向导】选项卡中的【主要】面板上的【模架库】按钮，弹出【重用库】对话框和【模架库】对话框。在【重用库】对话框的【文件夹视图】中选择 DME 模架，在【成员选择】列表中选择 2B，在【参数】选项组中设置 index 为 5570、AP_h 为 96、BP_h 为 76、CP_h 为 106，如图 9.24 所示。单击【确定】按钮，分别切换到前视图和正等侧视图，模架效果如图 9.25 所示。

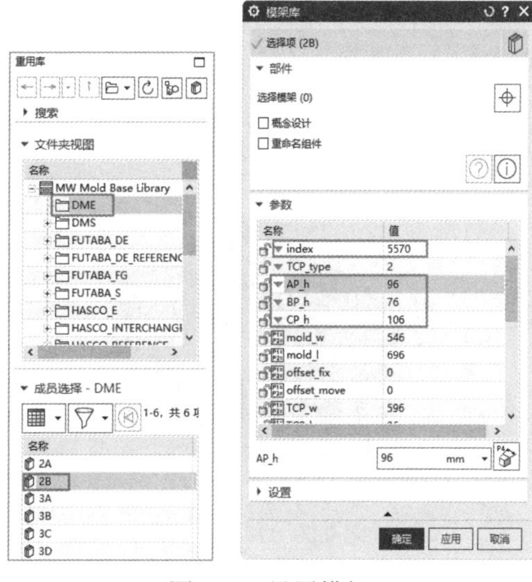

图 9.24　设置模架

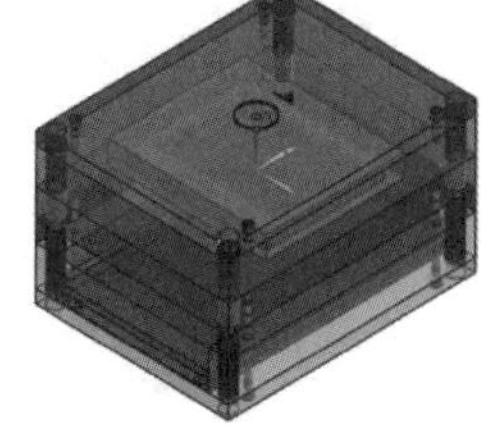

图 9.25　模架效果

（2）从图 9.25 中可以看出模架的方向不符合要求。在【装配导航器】中选择模架 ybqg_dm_025 文件，右击，在弹出的快捷菜单中选择【编辑工装组件】命令，如图 9.26 所示，弹出【模架库】对话框，单击【旋转模架】按钮旋转模架，单击【确定】按钮，结果如图 9.27 所示。

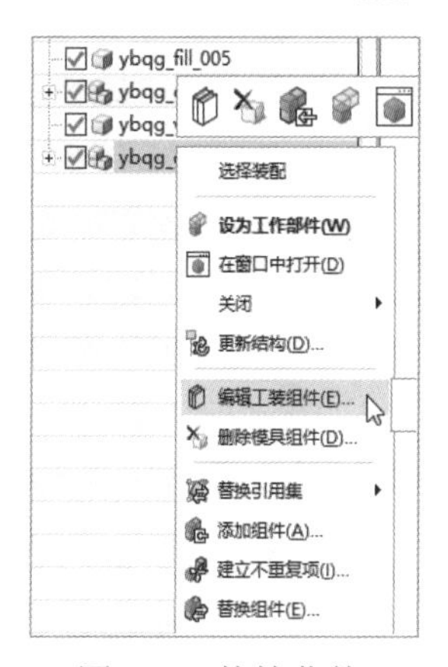

图 9.26　快捷菜单

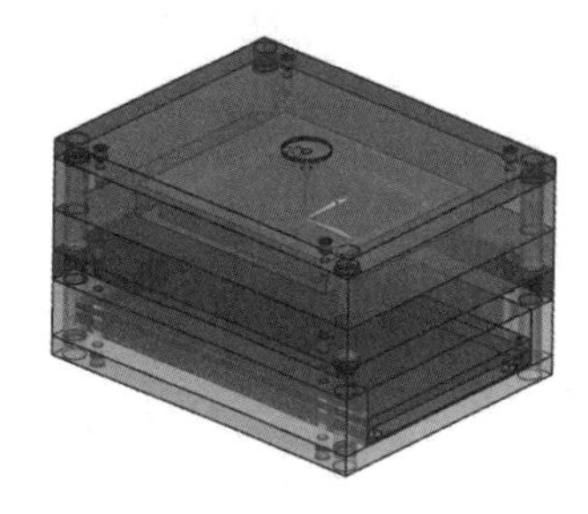

图 9.27　旋转模架

ⓘ 注意

该模具要求使用大水口系列模架，可以直接从模架库中选用 DME 公司的 2B 类 5570 模架。但要注意调整 A、B 两板的厚度，使其能满足设计要求。

（3）单击【注塑模向导】选项卡中的【主要】面板上的【标准件库】按钮，弹出【重用库】对话框和【标准件管理】对话框，选择【文件夹视图】中的 HASCO_MM→Locating Ring，在【成员选择】列表中选择 K100C，在【参数】选项组中设置 DIAMETER 为 90、HOLE_DIA 为 45，其他采用默认设置，如图 9.28 所示。单击【应用】按钮，加入定位环，如图 9.29 所示。

图 9.28　定位环设置

图 9.29　加入定位环

（4）在【文件夹视图】中选择 HASCO_MM→Injection，在【成员选择】列表中选择 Sprue Bushing [Z50,Z51,Z511,Z512]，并在【参数】选项组中设置 CATALOG 为 Z512、CATALOG_DIA 为 12、CATALOG_ LENGTH 为 88、HEAD_DIA 为 45，其他采用默认设置，如图 9.30 所示。单击【确定】按钮，将主流道加入模具装配中，如图 9.31 所示。

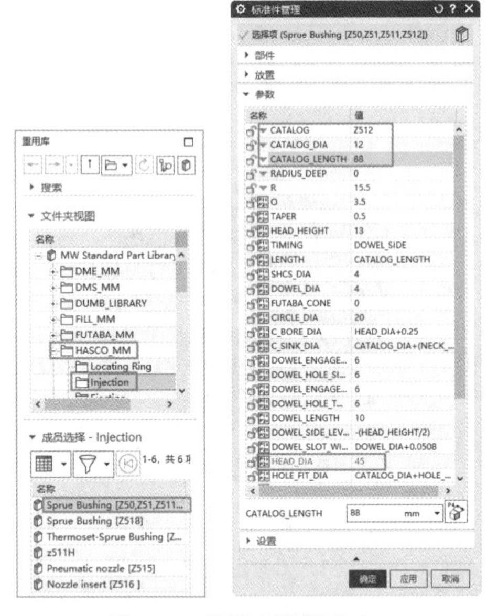

图 9.30　设置主流道尺寸

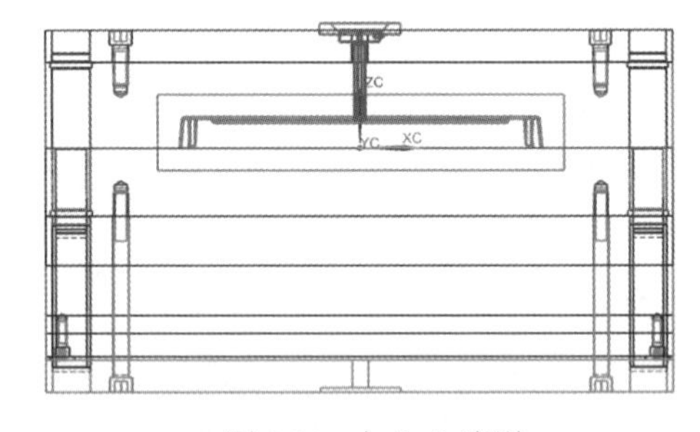

图 9.31　加入主流道

9.3.2　添加滑块

产品的侧面有 5 个内孔，这些内孔需要通过滑块来成型，如图 9.32 所示。考虑这些孔都集中在产品的一个面上，且相互间的距离都很近，为使模具结构尽量简单，将这 5 个内孔安排在一个滑块上来成型。

（1）在【装配导航器】中选择 ybqg_cavity_023.prt 文件，右击，在弹出的快捷菜单中选择“在窗口中打开”命令，打开型腔文件，如图 9.33 所示。

（2）单击【视图】选项卡中的【层】面板上的【图层设置】按钮，弹出【图层设置】对话框，在【工作层】中输入 10，按 Enter 键，新建图层 10，并将它设为工作图层，如图 9.34 所示，用来放置所创建的滑块头，单击【关闭】按钮，关闭对话框。

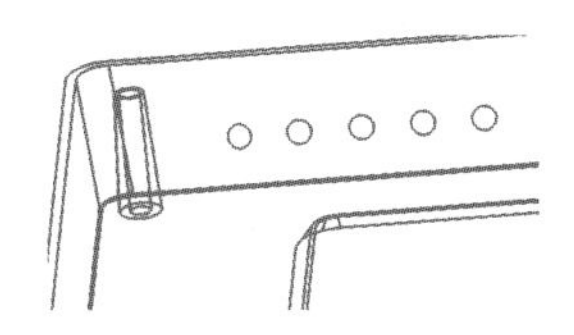

图 9.32　侧面的内孔

图 9.33　快捷菜单

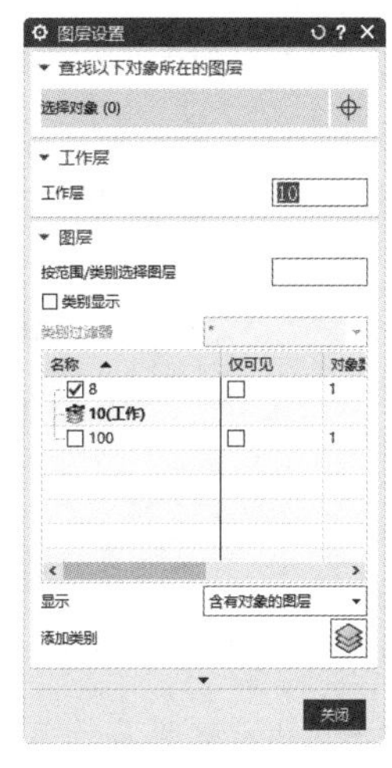

图 9.34　【图层设置】对话框

（3）单击【主页】选项卡中的【基本】面板上的【拉伸】按钮，弹出【拉伸】对话框，选择圆柱凸台边界为拉伸截面，在【指定矢量】下拉列表中选择【XC 轴】为拉伸方向，设置终止方式为【直至延伸部分】，然后选取型腔外侧面要延伸到的对象，如图 9.35 所示，单击【确定】按钮，完成拉伸创建，结果如图 9.36 所示。

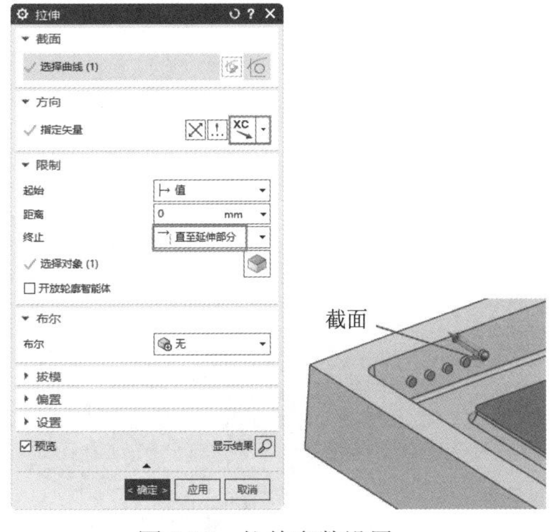

图 9.35　拉伸参数设置

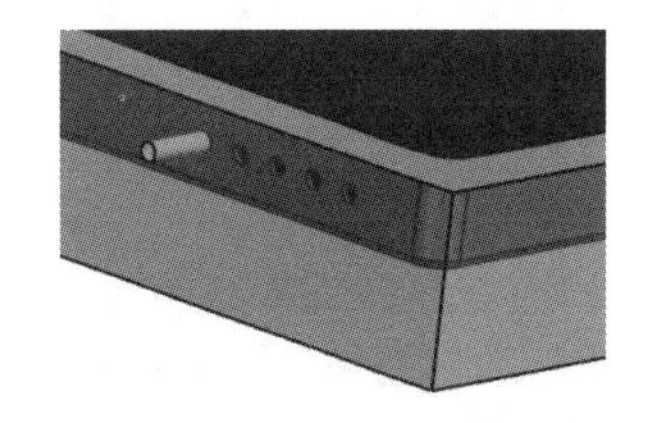

图 9.36　创建滑块头（1）

（4）采用相同的方法对其余的 4 个圆柱凸台进行拉伸创建滑块头，如图 9.37 所示。

（5）选择【菜单】→【格式】→WCS→【原点】命令，弹出【点】对话框，选择图9.38所示的边线圆心作为WCS坐标系的原点，单击【确定】按钮，移动坐标结果如图9.39所示。

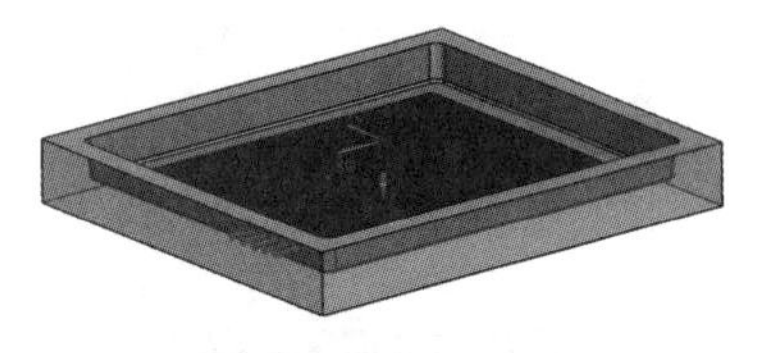

图9.37 创建滑块头（2）

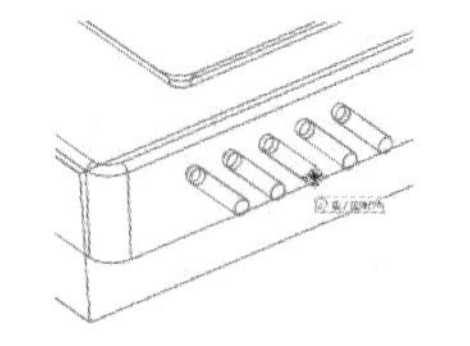

图9.38 选择边界圆心

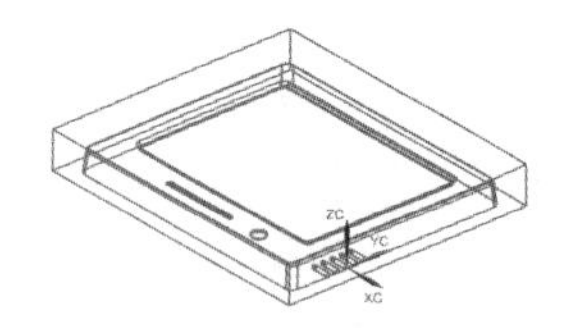

图9.39 移动坐标结果

（6）选择【菜单】→【格式】→WCS→【旋转】命令，弹出【旋转WCS绕...】对话框，单击【+ZC轴：XC-->YC】单选按钮，输入旋转角度为90，如图9.40所示。单击【确定】按钮，结果如图9.41所示。

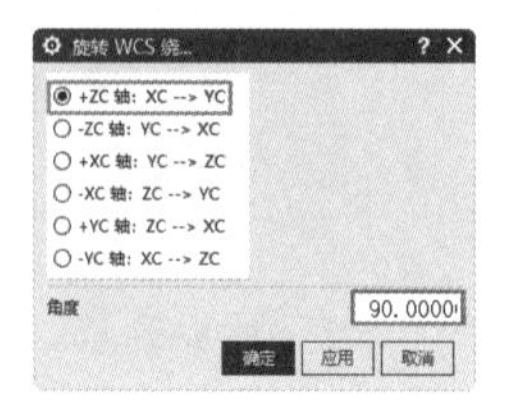

图9.40 【旋转WCS绕...】对话框

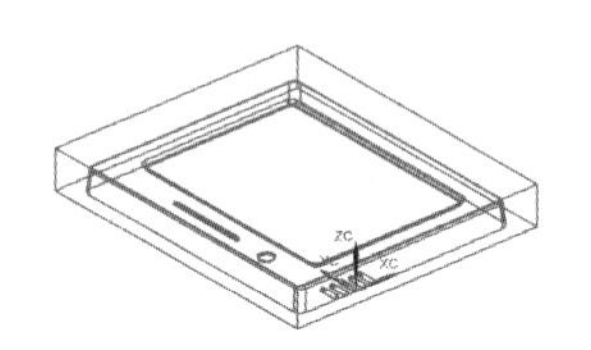

图9.41 旋转坐标系

（7）单击【注塑模向导】选项卡中的【主要】面板上的【滑块和斜顶杆库】按钮，弹出【重用库】和【滑块和斜顶杆设计】对话框，在【文件夹视图】中选择SLIDE_LIFT→Slide，在【成员选择】列表中选择Single Cam-pin Slide，设置的参数如图9.42所示。单击【确定】按钮，系统自动加载滑块，如图9.43所示。

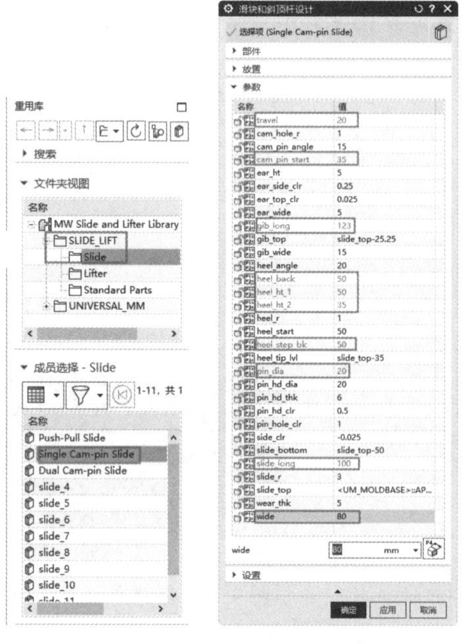

图9.42 定义滑块类型和尺寸

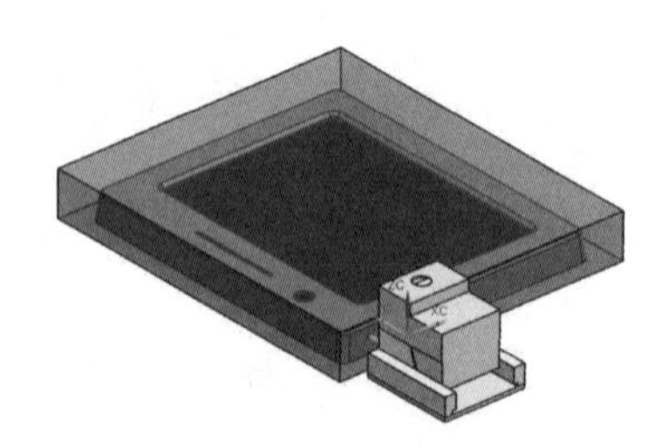

图9.43 加载滑块

（8）在【装配导航器】中选择 ybqg_sld_059 文件，右击，在弹出的快捷菜单中选择【设为工作部件】命令，将滑块体设为工作部件。

（9）单击【装配】选项卡中的【部件间链接】面板上的【WAVE 几何链接器】按钮，弹出【WAVE 几何链接器】对话框，选择滑块头作为连接对象连接到滑块体上，如图 9.44 所示，单击【确定】按钮，完成滑块头和滑块体的链接，如图 9.45 所示。

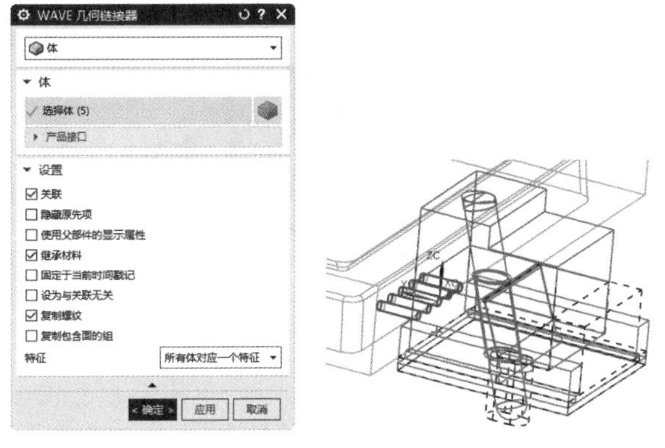

图 9.44　选取滑块头

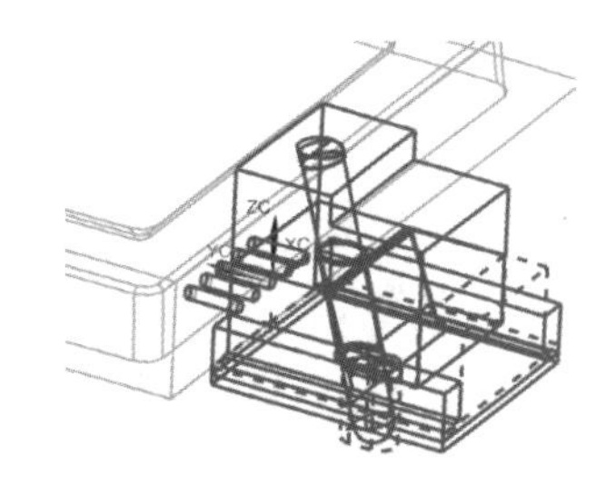

图 9.45　滑块头和滑块体的链接

9.3.3　顶出系统设计

（1）切换到 ybqg_top_000 窗口，隐藏模架、滑块、型腔，显示型芯和产品，如图 9.46 所示。

（2）单击【注塑模向导】选项卡中的【主要】面板上的【标准件库】按钮，在弹出的【重用库】对话框中的【文件夹视图】列表中选择 DME_MM→Ejection，在【成员选择】列表中选择 Ejector Pin[Straight]，在【参数】选项组中设置 CATALOG_DIA 为 8、CATALOG_LENGTH 为 250，如图 9.47 所示，单击【确定】按钮。

图 9.46　显示型芯和产品

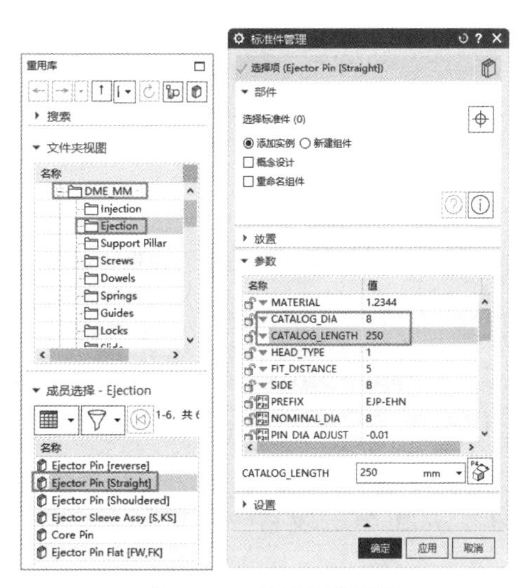

图 9.47　顶杆参数设置

（3）弹出【点】对话框，如图 9.48 所示。依次设置基点坐标为（175,145,0）、（180,75,0）、（180,0,0）、（180,-75,0）、（175,-145,0）、（85,-150,0）、（0,-130,0）、（-85,-150,0）、（-175,-145,0）、（-180,-75,0）、（-180,0,0）、（-180,75,0）、（-175,145,0）、（-85,150,0）、（0,150,0）、（85,150,0）（注意：坐标点必须位于工作件上），单击【确定】按钮。单击【取消】按钮退出【点】对话框，放置顶杆效果如图 9.49 所示。

图 9.48 【点】对话框

图 9.49 放置顶杆效果

（4）单击【注塑模向导】选项卡中的【主要】面板上的【顶杆后处理】按钮，弹出【顶杆后处理】对话框，选择【修剪】类型，在【目标】中选择在步骤（3）创建的待处理的顶杆，采用型芯片体进行修剪，如图 9.50 所示，单击【确定】按钮，完成对顶杆的剪切，如图 9.51 所示。

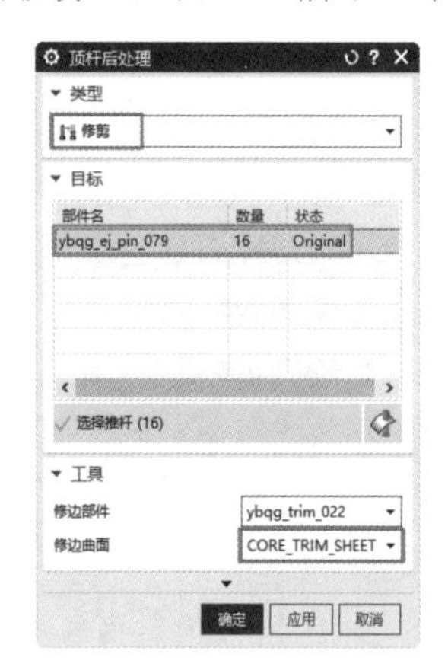

图 9.50 【顶杆后处理】对话框

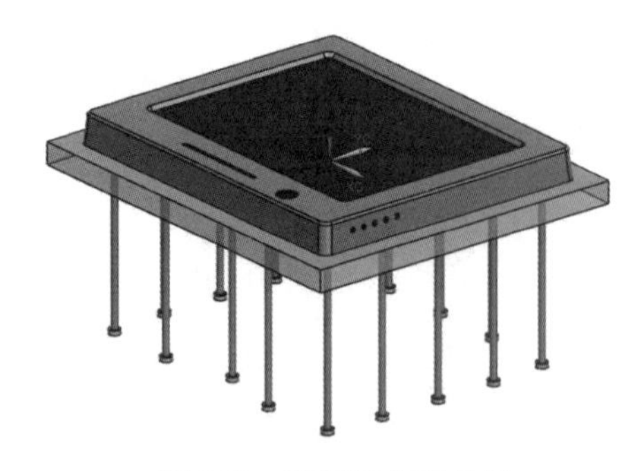

图 9.51 顶杆后处理效果

注意

由于 UG NX 系统具有自动跟踪性，只要在基准型芯中修剪顶杆，其余的相同型芯可自动完成相应顶杆的修剪。

9.3.4 浇注系统设计

（1）隐藏产品文件和顶杆，只显示型芯文件。

（2）单击【注塑模向导】选项卡中的【主要】面板上的【流道】按钮，弹出【流道】对话框，选择圆形截面形状通道作为分流道的截面形状，并且设置D为8，如图9.52所示。

（3）单击【绘制截面】按钮，弹出【创建草图】对话框，选择【基于平面】类型，选择图9.53所示的平面为草图平面，单击【点对话框】按钮，弹出【点】对话框，输入坐标为（0,0,0,），单击【确定】按钮，使平面的原点位于坐标原点，如图9.53所示，单击【确定】按钮，进入草图绘制环境。

图9.52 【流道】对话框

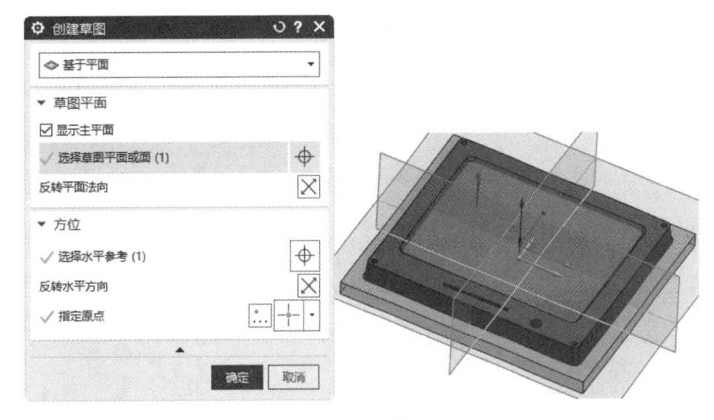

图9.53 选择草图平面

（4）绘制图9.54所示的草图，单击【完成】按钮，返回【流道】对话框，单击【确定】按钮，加入分流道，如图9.55所示。

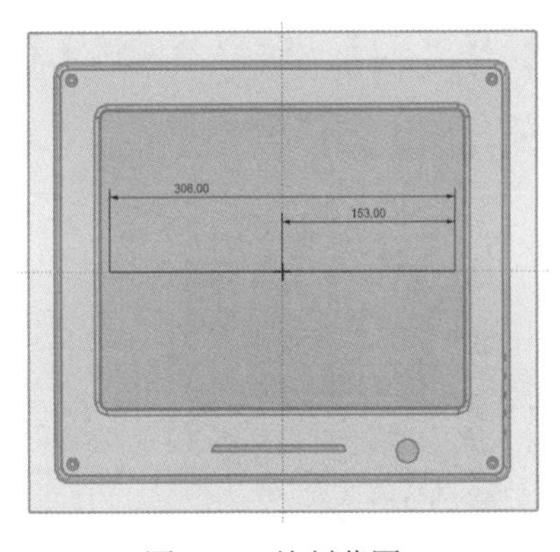

图9.54 绘制草图

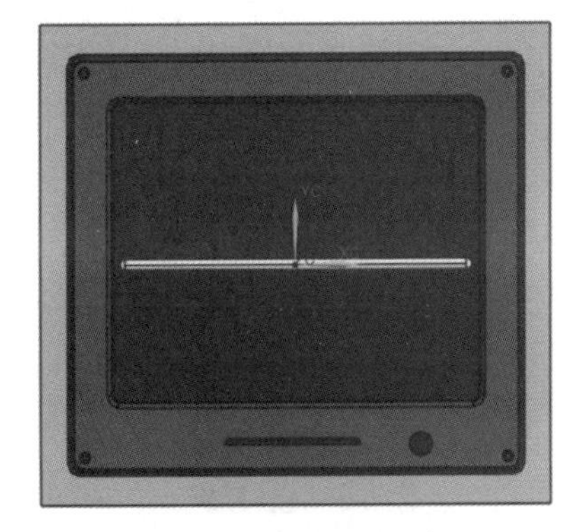

图9.55 加入分流道效果

（5）单击【注塑模向导】选项卡中的【主要】面板上的【设计填充】按钮，在弹出的【重用库】对话框的【成员选择】中选择Gate[Fan]。在【设计填充】对话框中设置Section_Type为Circular、D为4、L2为8，如图9.56所示，其他采用默认设置。

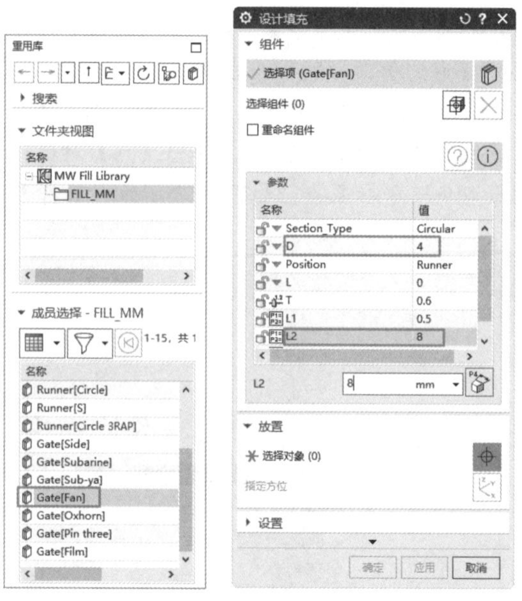

图 9.56 【重用库】对话框和【设计填充】对话框

（6）在【放置】选项组中单击【选择对象】图标，捕捉图 9.57 所示的流道的端点作为放置浇口的位置，单击放置浇口，如图 9.58 所示。

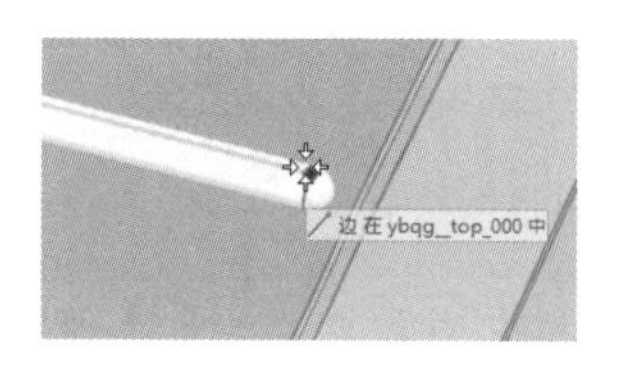

图 9.57 选择中点

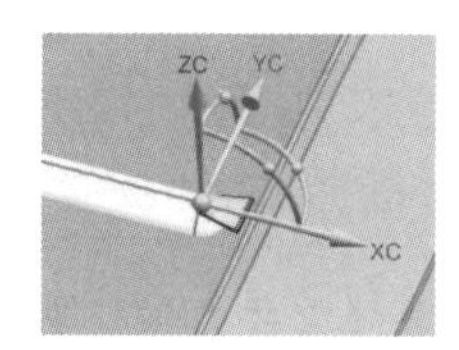

图 9.58 放置浇口

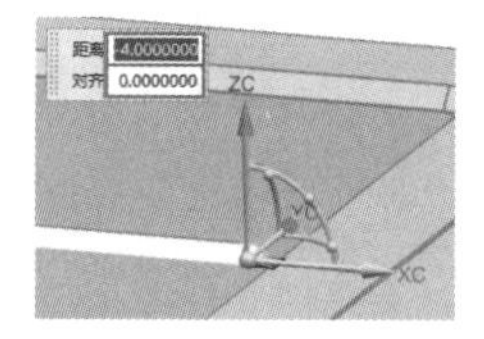

图 9.59 输入距离

（7）单击动态坐标系上的 ZC 轴，在弹出的参数栏中输入距离为-4，如图 9.59 所示。单击【确定】按钮，完成浇口的创建，如图 9.60 所示。

（8）采用相同的方法在另一侧创建相同参数的浇口，如图 9.61 所示。

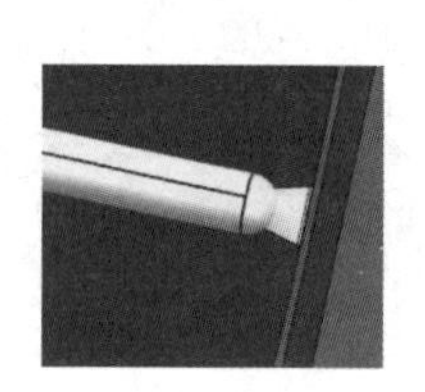

图 9.60 创建浇口

图 9.61 创建另一侧的浇口

9.3.5 冷却系统设计

（1）在装配部件导航器中将其他文件隐藏，显示图 9.62 所示的文件。

（2）单击【注塑模向导】选项卡中的【冷却工具】面板上的【水路图样】按钮，弹出图9.63所示的【水路图样】对话框，在【直径列表】下拉列表中选择DIA M10。

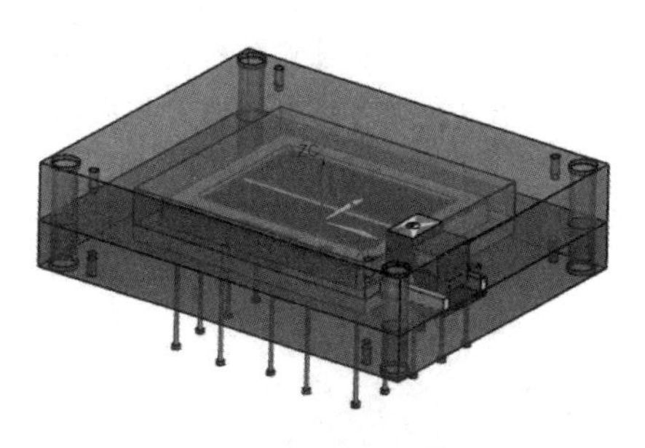

图9.62　显示文件

图9.63　【水路图样】对话框

（3）单击【绘制截面】按钮，弹出【创建草图】对话框，选择【平面方法】为【基于平面】，选择图9.64所示的平面为草图平面，单击【点对话框】按钮，弹出【点】对话框，输入坐标为(0,0,0)，单击【确定】按钮，使平面的原点位于坐标原点，如图9.64所示，单击【确定】按钮，进入草图绘制环境。

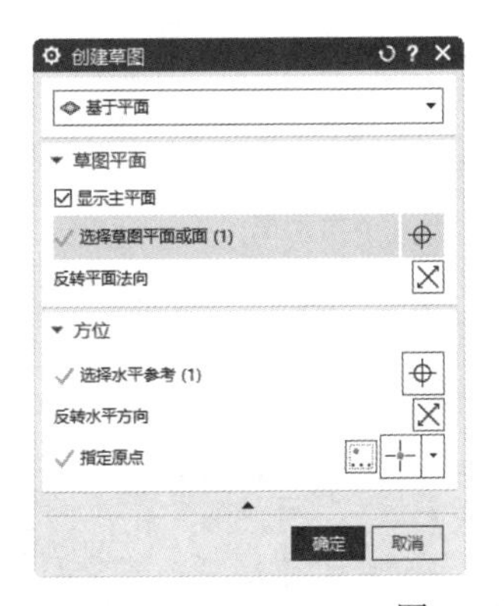

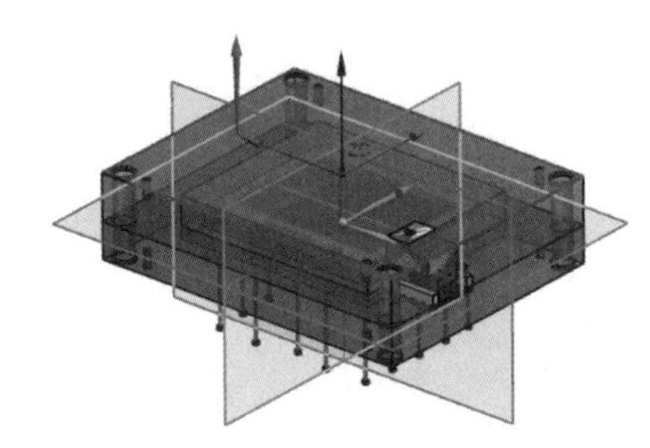

图9.64　选取平面（1）

（4）绘制图9.65所示的草图，单击【完成】按钮，返回【水路图样】对话框，单击【确定】按钮，生成的冷却管道如图9.66所示。

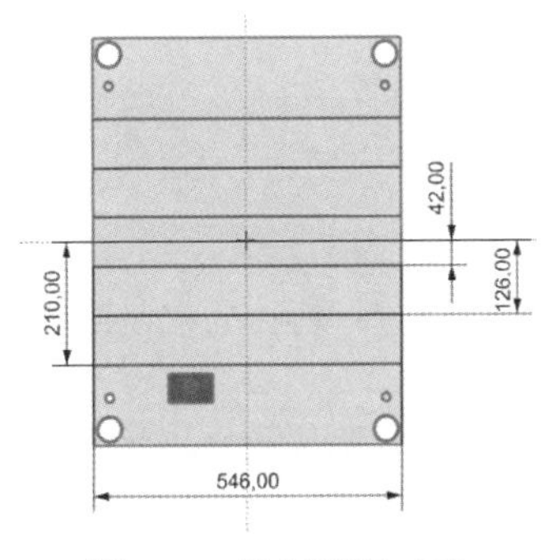

图9.65　绘制草图（1）

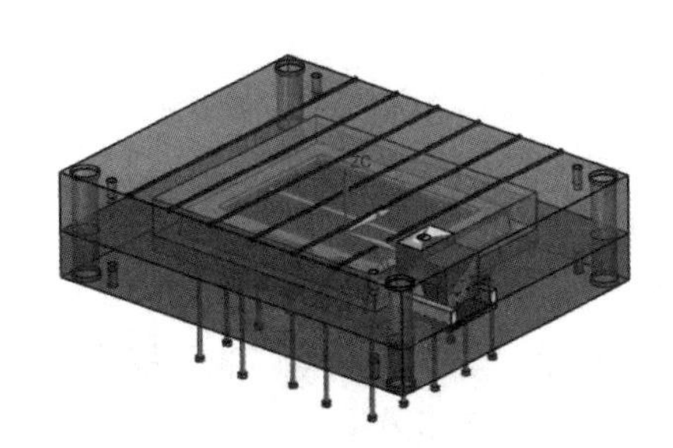

图9.66　冷却管道（1）

（5）单击【注塑模向导】选项卡中的【冷却工具】面板上的【水路图样】按钮，弹出【水路图样】对话框，在【直径列表】下拉列表中选择DIA M10。

（6）单击【绘制截面】按钮，弹出【创建草图】对话框，选择【平面方法】为【基于平面】，选择图9.67所示的平面为草图平面，单击【点对话框】按钮，弹出【点】对话框，输入坐标为（0,0,0），单击【确定】按钮，使平面的原点位于坐标原点，单击【确定】按钮，进入草图绘制环境。

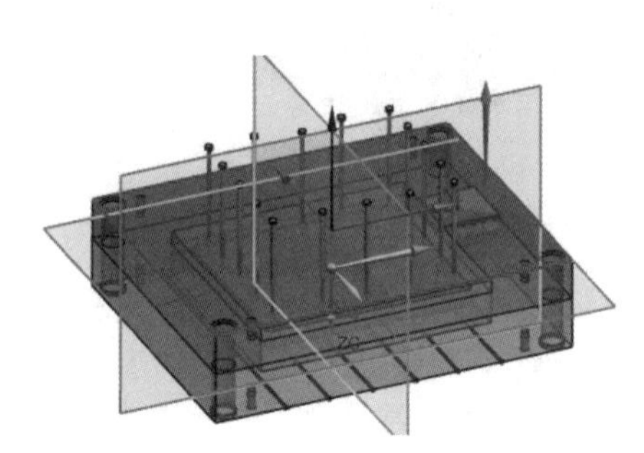

图9.67 选取平面（2）

（7）绘制图9.68所示的草图，单击【完成】按钮，返回【水路图样】对话框，单击【确定】按钮，生成的冷却管道如图9.69所示。

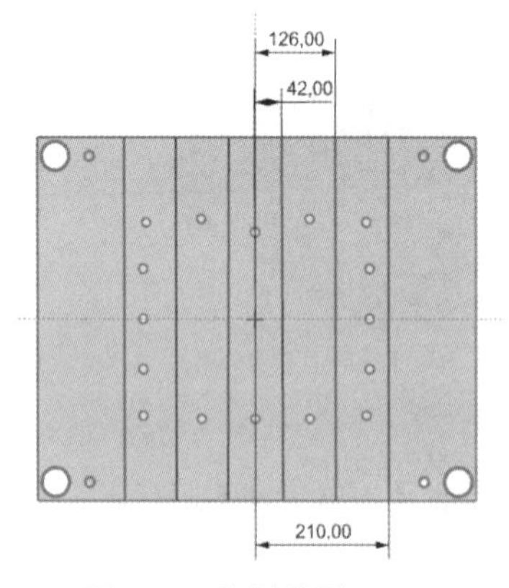

图9.68 绘制草图（2）

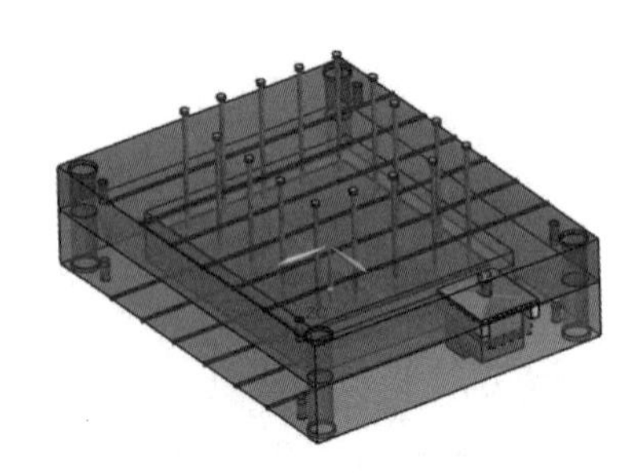

图9.69 冷却管道（2）

9.3.6 建立腔体

（1）将隐藏的零件全部显示。

（2）单击【注塑模向导】选项卡中的【主要】面板上的【腔】按钮，弹出【开腔】对话框，如图9.70所示。

（3）选择模具的模板、型芯和型腔作为目标体，然后选择建立的定位环、主流道、浇口、顶杆、滑块和冷却系统作为工具体。

（4）单击【确定】按钮，建立腔体。得到的整体模具效果如图9.71所示。

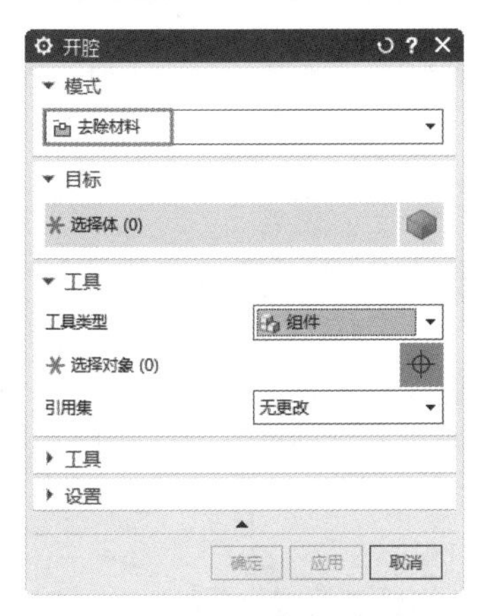

图 9.70　【开腔】对话框

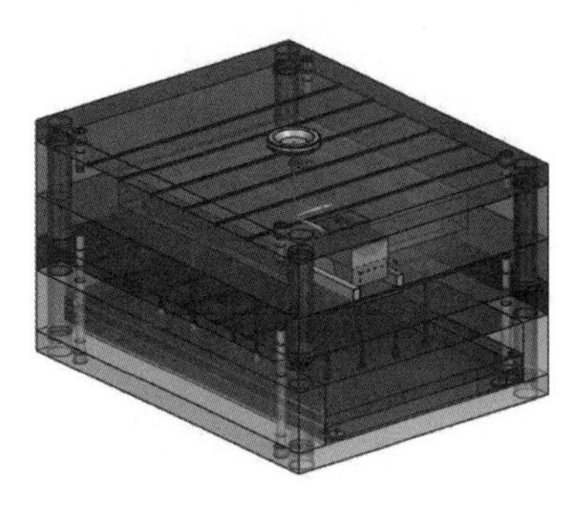
图 9.71　整体模具效果

（5）选择【文件】→【保存】→【全部保存】命令，保存完成的所有数据。

动手练——播放器盖模具设计

本塑件是一种典型的板孔类零件，即在基本上是平板壳体的零件表面开有若干通孔或者是凸起凹槽结构。设计流程遵循修补/分型基本思路，其分型线比较明晰，分型面位于最大截面处或者底部端面。播放器盖模具示意如图 9.72 所示。

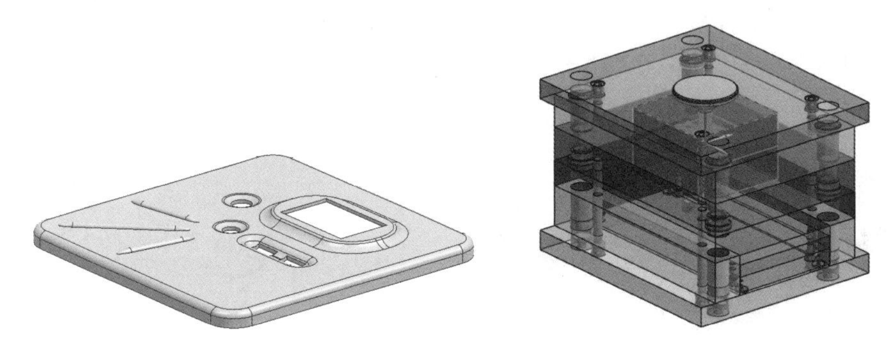
图 9.72　播放器盖模具示意

1. 项目初始化

（1）利用【初始化项目】命令加载 ex3.prt，设置【项目单位】为毫米、Name 为 ex3、【材料】为 PS。

（2）利用【模具坐标系】命令将坐标系设置在产品实体中心，并锁定 Z 位置。

（3）单击【注塑模向导】选项卡中的【主要】面板上的【工件】按钮，弹出【工件】对话框，【定义类型】选择【参考点】，单击“重置大小”按钮，再输入工件在 X、Y、Z 方向上的距离，如图 9.73 所示。

（4）单击【确定】按钮，视图区加载成型工件，如图 9.74 所示。

（5）利用【型腔布局】命令创建布局，几何中心移动到 layout 子装配的绝对坐标（ACS）的原点上，并保持 Z 坐标不变。

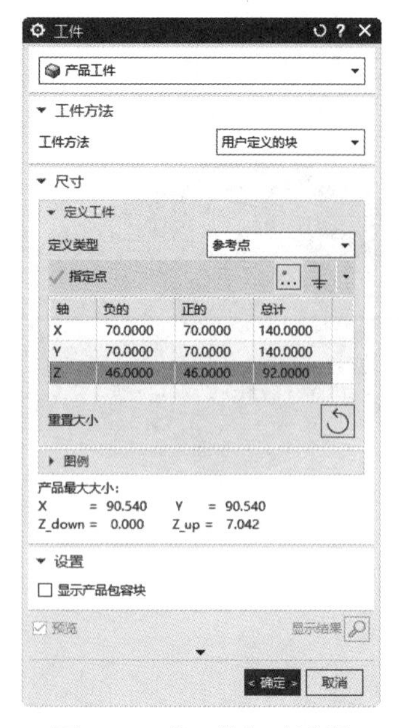

图 9.73 【工件】对话框

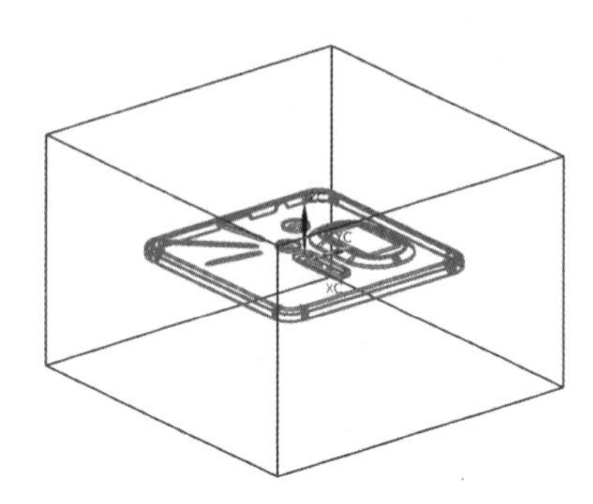

图 9.74 调入成型工件

2. 分型设计

（1）利用【曲面补片】命令对产品进行曲面修补，如图 9.75 所示。

（2）利用【设计分型面】命令创建分型线，如图 9.76 所示。

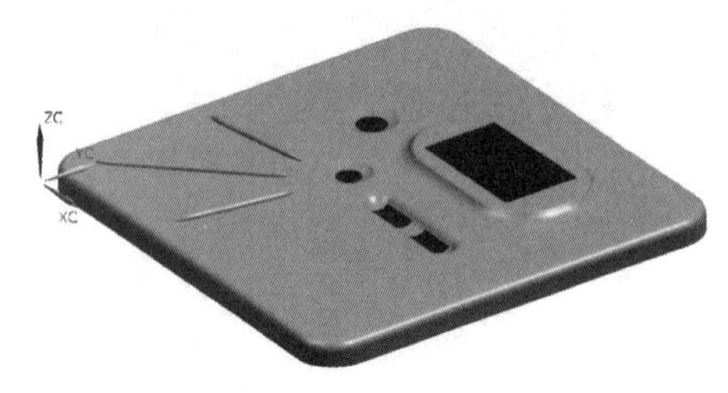

图 9.75 曲面修补结果

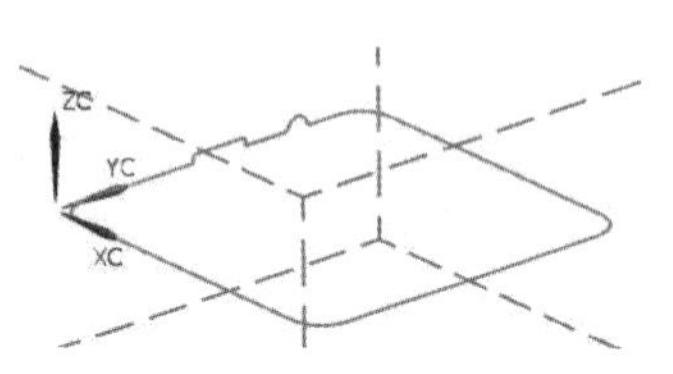

图 9.76 创建分型线

（3）利用【设计分型面】命令创建引导线，结果如图 9.77 所示。

（4）利用【设计分型面】命令创建分型面，如图 9.78 所示。

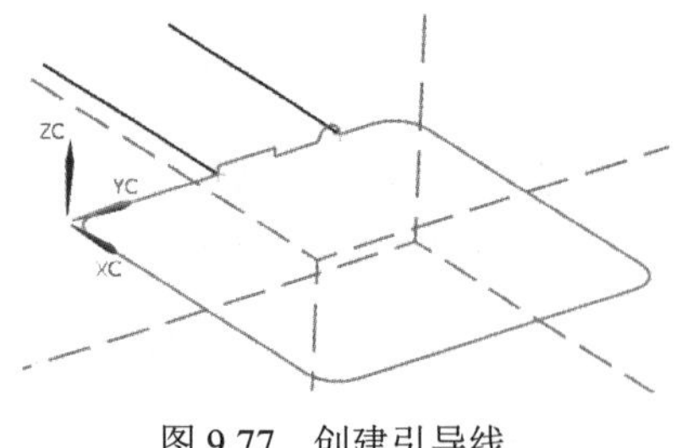

图 9.77 创建引导线

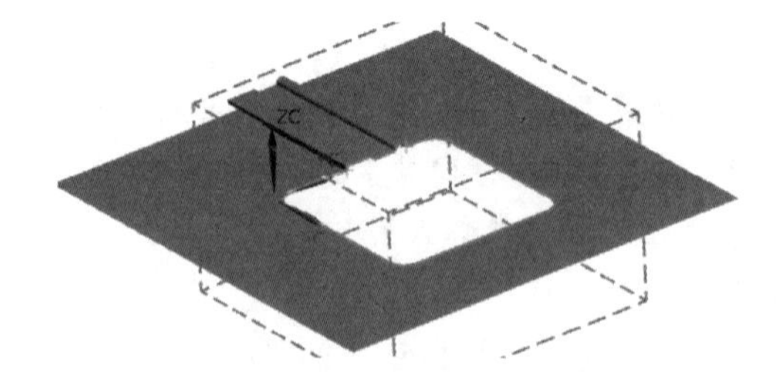

图 9.78 创建分型面

（5）利用【检查区域】命令检查区域，将未定义的区域分别定义为型腔区域和型芯区域，即型腔面（59）与型芯面（124）的和等于总面数（183）。

（6）利用【定义区域】命令完成型芯和型腔的抽取。

（7）利用【定义型腔和型芯】命令创建的型芯和型腔如图 9.79 所示。

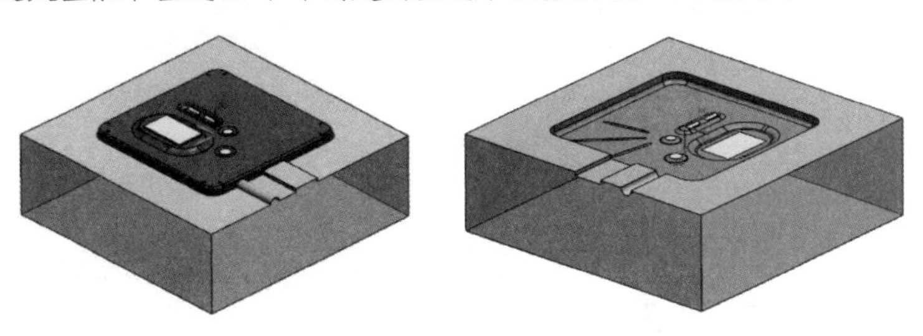

图 9.79 型芯和型腔

（8）利用【模架库】命令选择 HASCO_E，在【成员选择】列表中选择 Type 1(F2M2)，设置 index 为 246×346、AP_h 为 46、BP_h 为 46，创建模架并旋转模架。

（9）利用【标准件库】命令选择 HASCO_MM→Locating Ring，在【成员选择】列表中选择 K505，设置 DIAMETER 为 90，创建定位环。

（10）利用【标准件库】命令选择 HASCO_MM→Injection，在【成员选择】列表中选择 Sprue Bushing[Z50,Z51,Z511,Z512]，设置 CATALOG 为 Z50、CATALOG_DIA 为 18、CATALOG_LENGTH 为 46，添加主流道。

（11）利用【标准件库】命令选择 HASCO_MM→Ejector，在【成员选择】列表中选择 Ejector Pin(Shouldered)，设置 CATALOG_DIA 为 1、CATALOG_LENGTH 为 160、HEAD_TYPE 为 1，在点（-35,35,0）和点（35,-35,0）放置顶杆。

（12）利用【顶杆后处理】命令修剪顶杆。

（13）利用【设计填充】命令选择 Gate[Pin three]，设置 D 为 1.2、L1 为 0，捕捉主流道的下端圆心为放置浇口位置。

（14）利用【腔】命令选择模具的型芯和型腔作为目标体，选择顶杆和浇注系统零件作为工具体，建立腔体。

第 10 章　壳体模具设计

内容简介

本塑件是一种典型的壳类零件，即在壳体的零件表面开有通孔或者凸起凹槽结构，采用一模两腔。分型面位于最大截面处或者底部端面。

内容要点

- 初始化设置
- 分型设计
- 辅助系统设计
- 冷却系统设计
- 建立腔体

案例效果

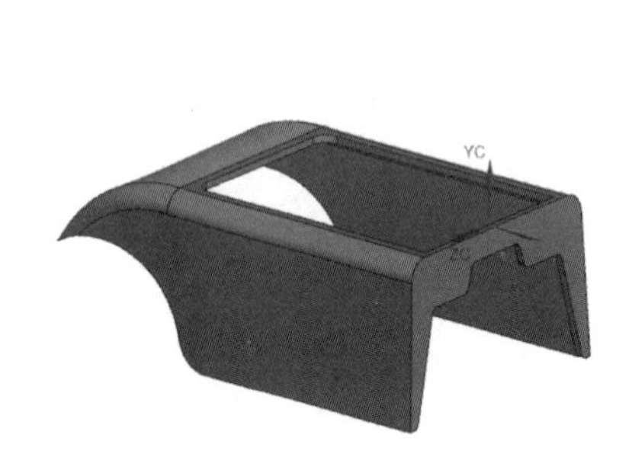

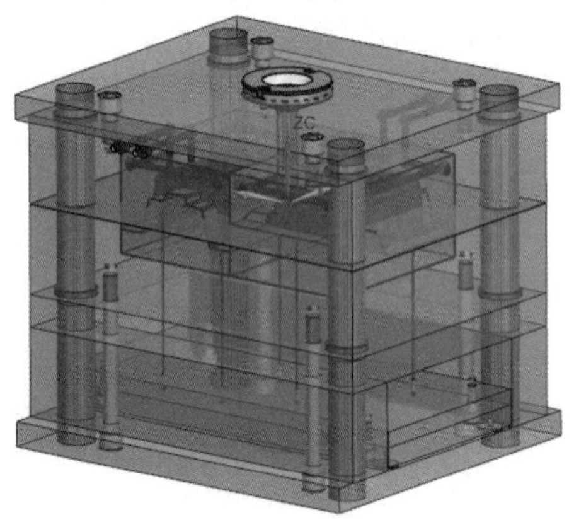

扫一扫，看视频

10.1　初始化设置

10.1.1　装载产品和初始化

（1）单击【注塑模向导】选项卡中的【主要】面板上的【初始化项目】按钮，打开【部件名】对话框，选择\yuanwenjian\shell\shell.prt，单击【确定】按钮。

（2）打开【初始化项目】对话框，设置【项目单位】为毫米、【材料】为 NONE、【收缩】为 1，如图 10.1 所示。

（3）单击【确定】按钮，完成产品装载，如图 10.2 所示。

图 10.1　【初始化项目】对话框

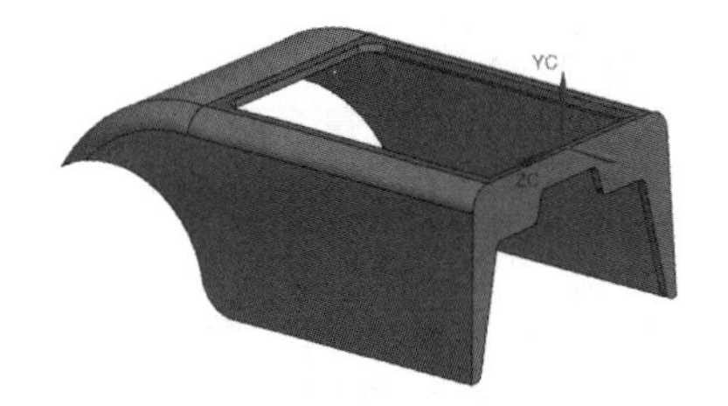

图 10.2　零件原始模型

10.1.2　设定模具坐标系

（1）从图 10.2 中可以看出，它的开模方向为+Y 轴方向，需要进行调整，即把+Z 轴方向调整为+Y 轴方向。选择【菜单】→【格式】→WCS→【旋转】命令，弹出【旋转 WCS 绕...】对话框，单击【-XC 轴：ZC-->YC】单选按钮，输入旋转角度为 90，如图 10.3 所示。然后单击【确定】按钮，旋转后的模型如图 10.4 所示。

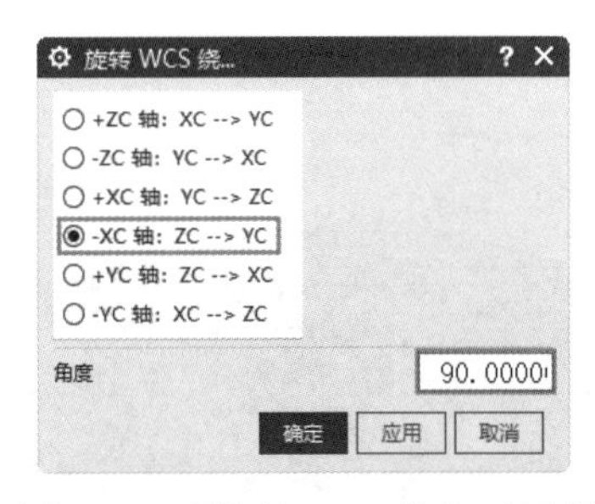

图 10.3　【旋转 WCS 绕】对话框

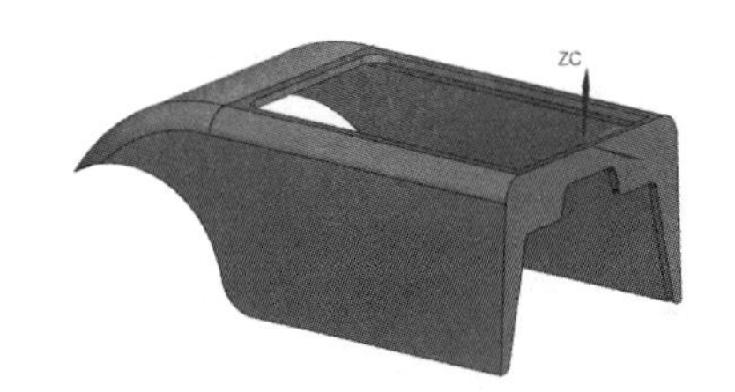

图 10.4　旋转后的模型

（2）单击【注塑模向导】选项卡中的【主要】面板上的【模具坐标系】按钮，弹出【模具坐标系】对话框，单击【产品实体中心】单选按钮，并选中【锁定 Z 位置】复选按钮，如图 10.5 所示。

单击【确定】按钮，系统会自动把模具坐标系放在产品的中心，如图 10.6 所示，完成模具坐标系的设置。

图 10.5 【模具坐标系】对话框

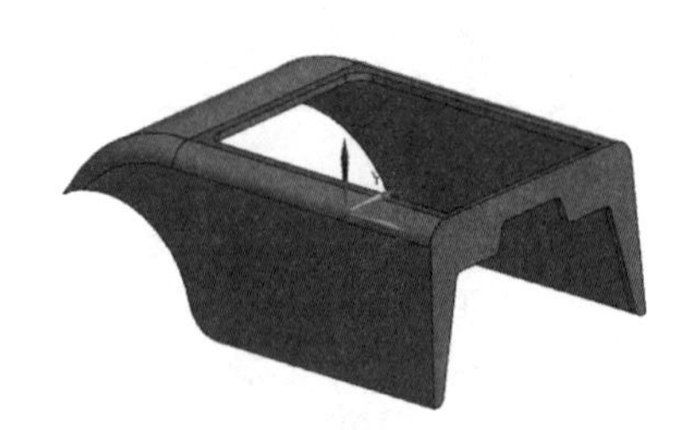

图 10.6 选定模具坐标系

10.1.3 设置工件

（1）单击【注塑模向导】选项卡中的【主要】面板上的【工件】按钮，系统弹出【工件】对话框，如图 10.7 所示。【工件方法】选择【用户定义的块】。

（2）在“定义类型”下拉列表框中选择【参考点】，单击【重置大小】按钮，采用默认的 X、Y、Z 轴的距离，如图 10.7 所示，单击【确定】按钮，工件设置结果如图 10.8 所示。

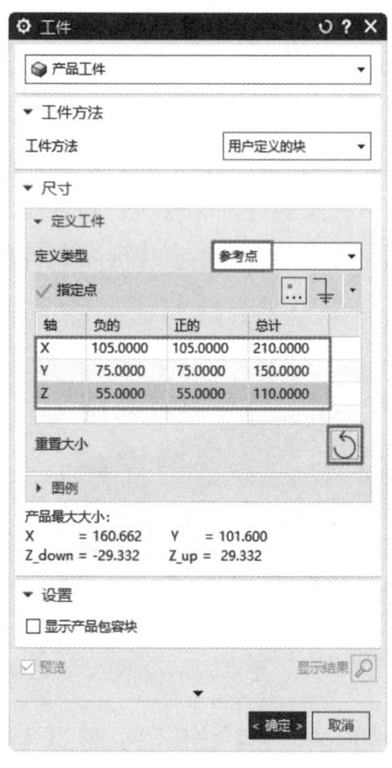

图 10.7 【工件】对话框

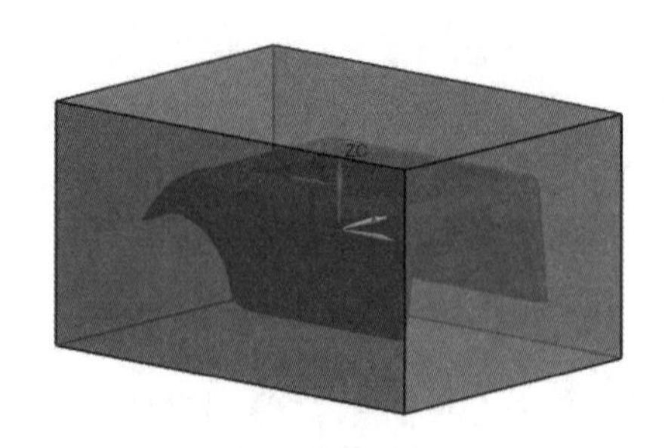

图 10.8 工件设置结果

10.1.4　型腔布局

（1）单击【注塑模向导】选项卡中的【主要】面板上的【型腔布局】按钮，弹出图 10.9 所示的【型腔布局】对话框，选择【矩形】类型，单击【平衡】单选按钮，设置【型腔数】为 2，选择 YC 轴为布局方向。

（2）单击【开始布局】按钮，布局结果如图 10.10 所示。

（3）单击【型腔布局】对话框中的【自动对准中心】按钮，该多腔模的几何中心移动到 layout 子装配的绝对坐标（ACS）的原点上，如图 10.11 所示。

图 10.9　【型腔布局】对话框

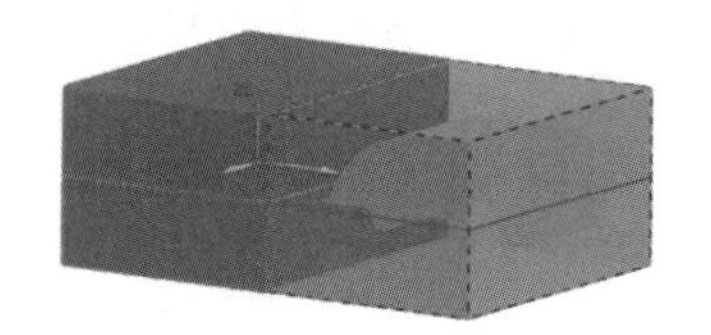

图 10.10　布局结果

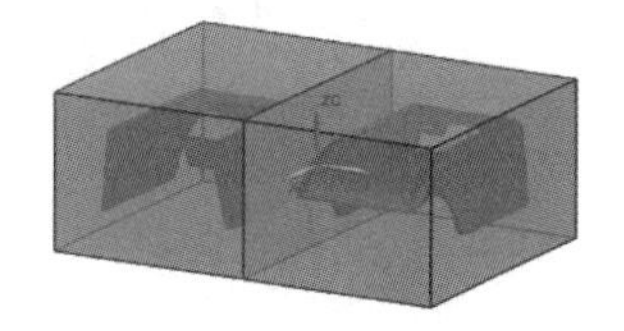

图 10.11　对准中心

注意

由于该套模具是一模多腔，所以生成多腔模后，一定要单击【自动对准中心】按钮，以调整到多腔模的中心。该步骤在多腔模具设计中是必不可少的，其直接影响模架的装配位置。

扫一扫，看视频

10.2　分型设计

10.2.1　模型修补

（1）单击【注塑模向导】选项卡中的【分型】面板上的【曲面补片】按钮，在弹出的【曲面补片】对话框中选择【体】类型，在【转换类型】中单击【有副本】单选按钮，如图 10.12 所示，然后选择整个产品实体。

（2）自动选择图 10.13 所示的环，单击【确定】按钮，修补曲面如图 10.14 所示。

图 10.12 【曲面补片】对话框

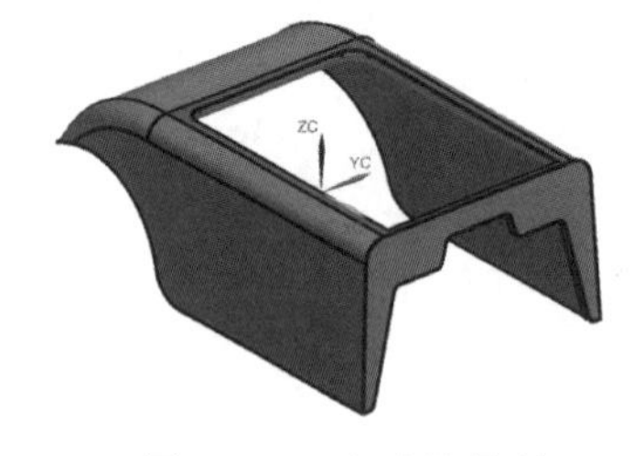

图 10.13 自动选择环

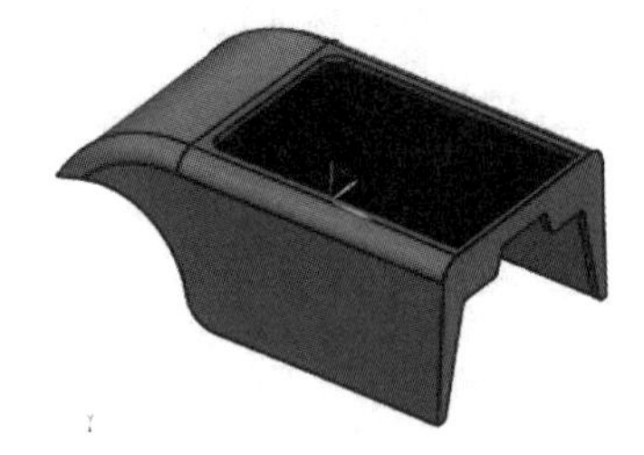

图 10.14 修补曲面

10.2.2 创建分型面

（1）单击【注塑模向导】选项卡中的【分型】面板上的【设计分型面】按钮，弹出图 10.15 所示的【设计分型面】对话框，单击【编辑分型线】中的【选择分型线】选项，在视图上选择图 10.16 所示的线，系统自动选择分型线，并提示分型线环没有封闭。

（2）依次选择零件外沿线作为分型线，当分型线封闭后，单击【确定】按钮，结果如图 10.17 所示。

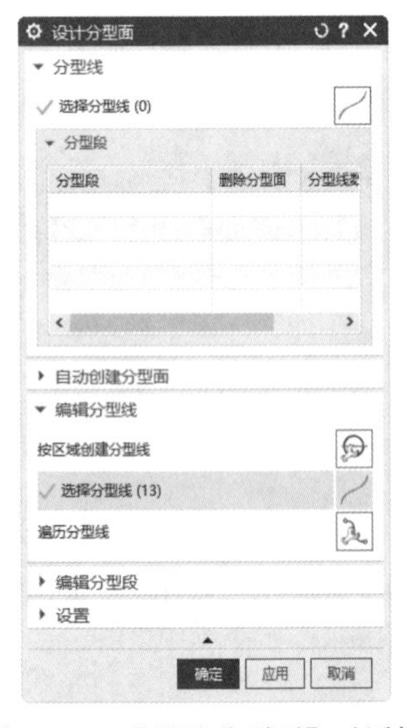

图 10.15 【设计分型面】对话框

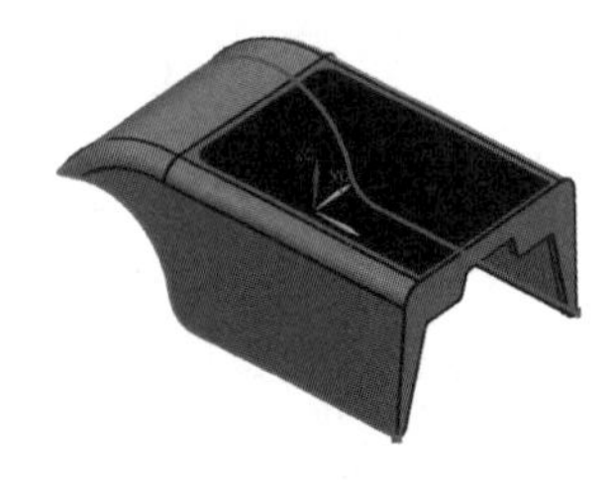

图 10.16 选择曲线

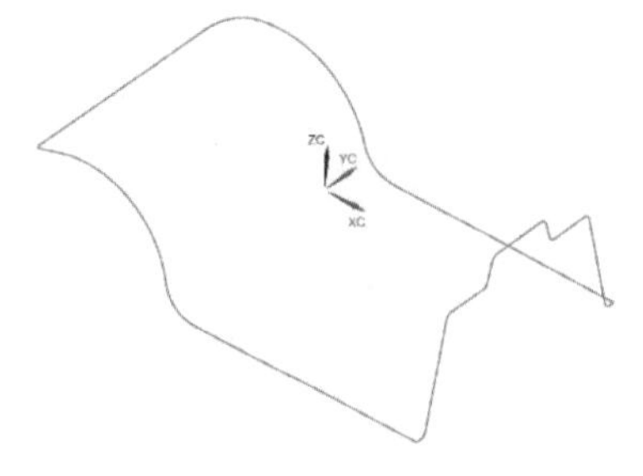

图 10.17 分型线

（3）单击【注塑模向导】选项卡中的【分型】面板上的【设计分型面】按钮，弹出【设计分型面】对话框，单击【编辑分型段】中的【选择分型或引导线】选项，如图 10.18 所示，在图 10.19 所示的位置处创建引导线，单击【确定】按钮，创建引导线。

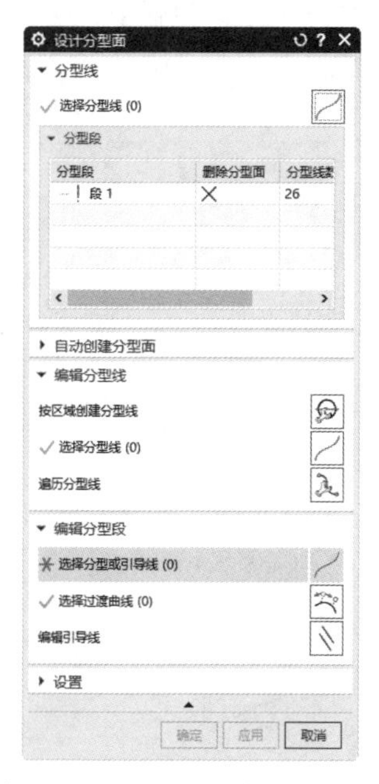

图 10.18　【设计分型面】对话框

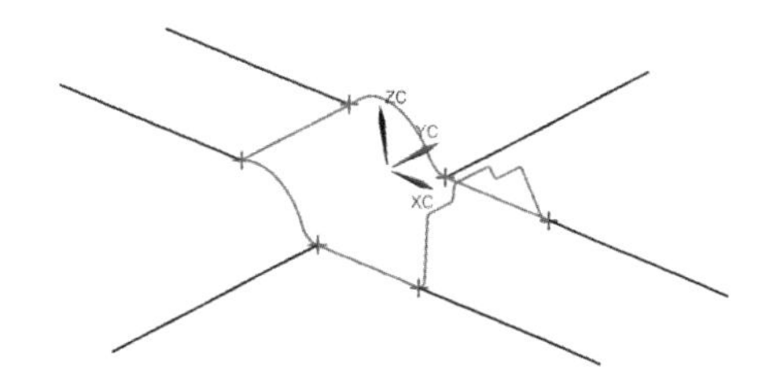

图 10.19　创建引导线

（4）单击【注塑模向导】选项卡中的【分型】面板上的【设计分型面】按钮，在弹出的【设计分型面】对话框中的【分型段】中选择【段 1】，如图 10.20 所示。在【创建分型面】中选中【拉伸】选项，采用默认方向，单击【应用】按钮。

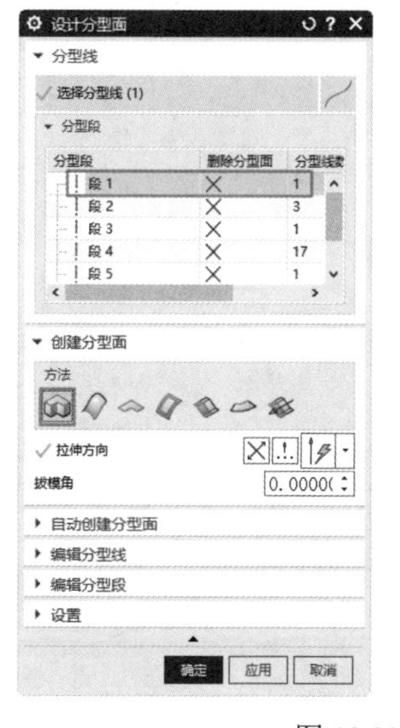

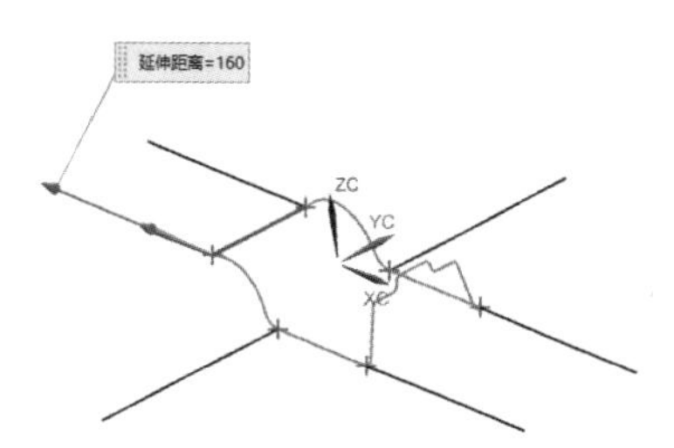

图 10.20　选择【段 1】

ⓘ 注意

分型面必须大于工件，否则在创建型芯和型腔时会失败。

（5）在【设计分型面】对话框的【分型段】中选择【段 2】，在【创建分型面】中选中【拉伸】选项，选择 YC 轴作为其拉伸方向，拖动【延伸距离】标志调整拉伸距离，如图 10.21 所示，单击【应用】按钮。

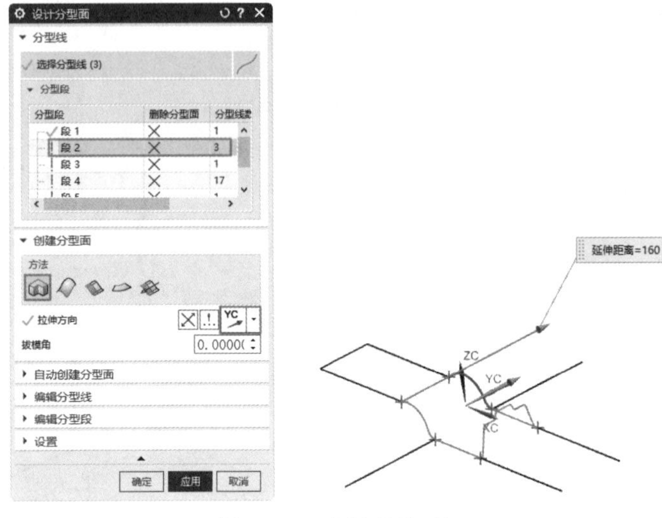

图 10.21 选择【段 2】

（6）在【设计分型面】对话框的【分型段】中选择【段 3】，在【创建分型面】中选中【有界平面】选项，选中【调整所有方向的大小】复选框，如图 10.22 所示。用鼠标拖动【U 向终点百分比】标志，调节曲面的大小，单击【应用】按钮。

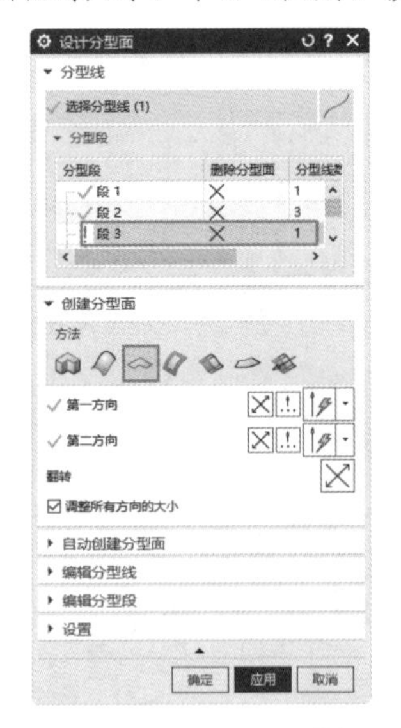

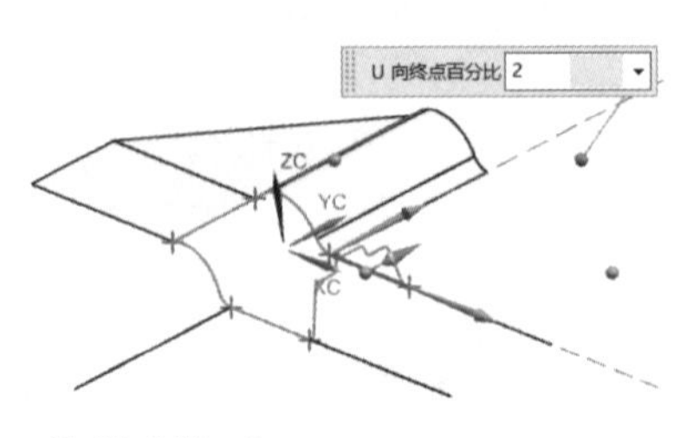

图 10.22 选择【段 3】

（7）在【设计分型面】对话框的【分型段】中选择【段 4】，在【创建分型面】中选中【拉伸】选项，采用默认的拉伸方向，拖动【延伸距离】标志调整拉伸距离，如图 10.23 所示，单击【应用】按钮。

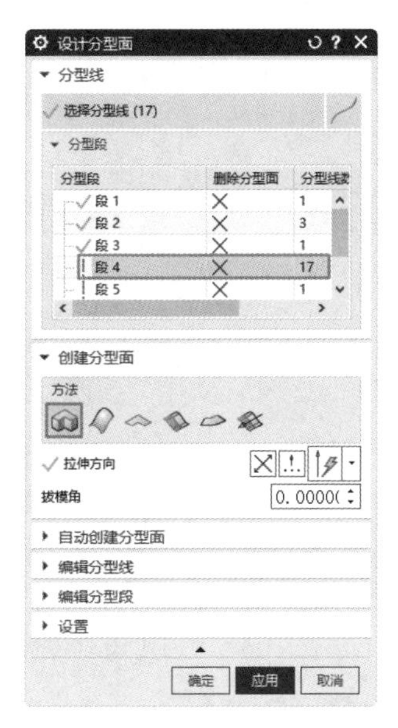

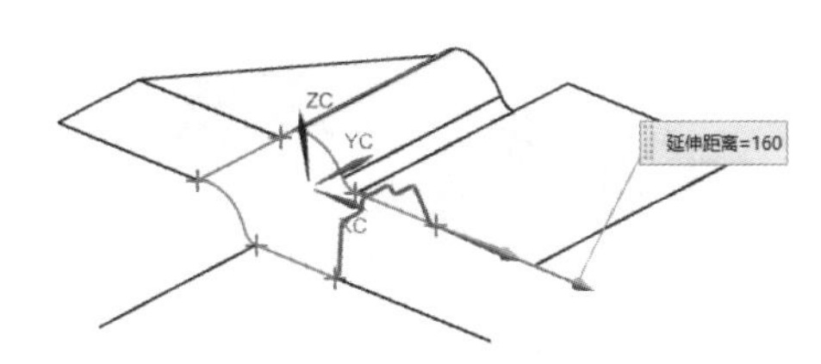

图 10.23　选择【段 4】

（8）在【设计分型面】对话框的【分型段】中选择【段 5】，在【创建分型面】中选中【有界平面】选项，选中【调整所有方向的大小】复选框，如图 10.24 所示。用鼠标拖动【U 向终点百分比】标志调节曲面的大小，单击【应用】按钮。

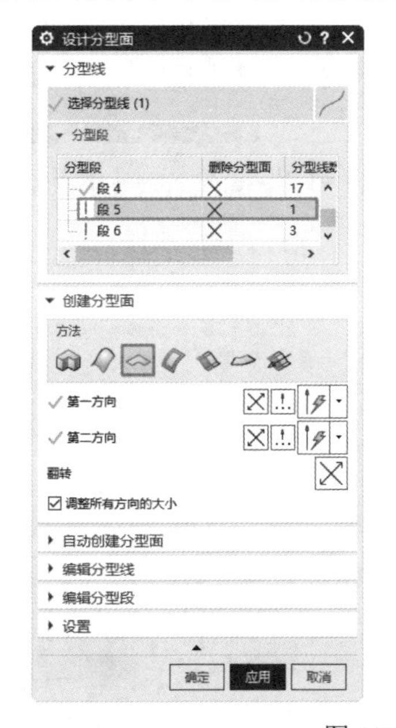

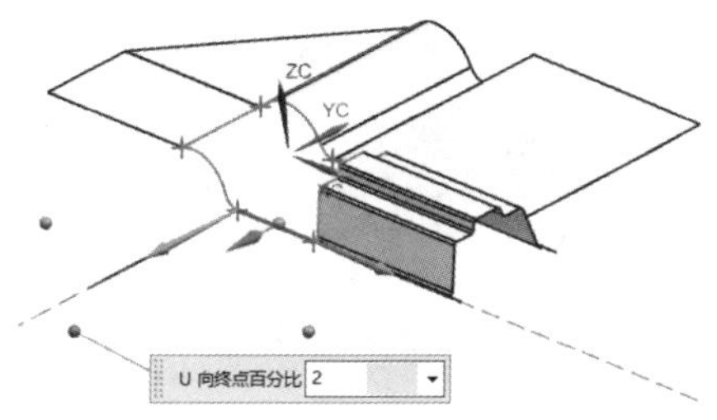

图 10.24　选择【段 5】

（9）在【设计分型面】对话框的【分型段】中选择【段 6】，在【创建分型面】中选中【拉伸】选项，选择-YC 轴作为其拉伸方向，拖动【延伸距离】标志调整拉伸距离，如图 10.25 所示，单击【应用】按钮，分型面效果如图 10.26 所示。

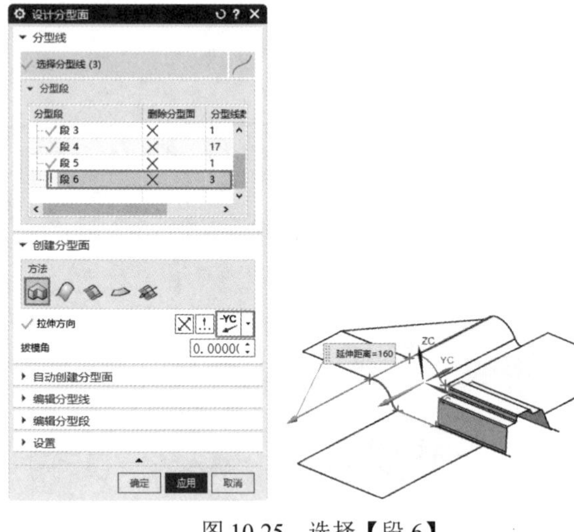

图 10.25　选择【段 6】

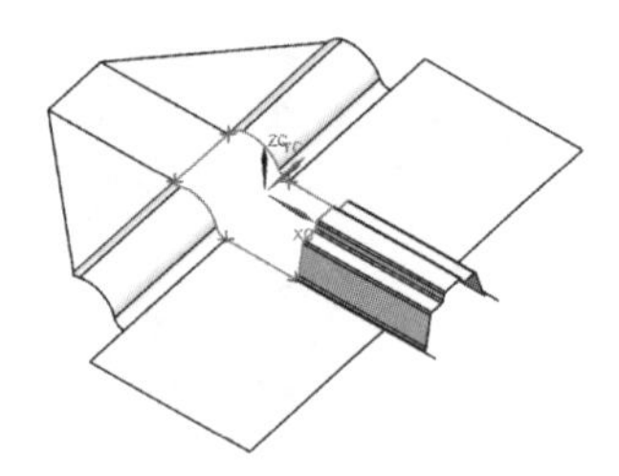

图 10.26　分型面效果

10.2.3　创建型芯和型腔

（1）单击【注塑模向导】选项卡中的【分型】面板上的【检查区域】按钮，在弹出的【检查区域】对话框中单击【保留现有的】单选按钮，选择脱模方向为 ZC 轴，单击【计算】按钮，如图 10.27 所示。

（2）单击【区域】选项卡，如图 10.28 所示，显示有 0 个未定义区域。由图 10.28 可以看到型腔区域（15）与型芯区域（29）的和等于总区域（44），单击【确定】按钮，关闭对话框。

图 10.27　【检查区域】对话框

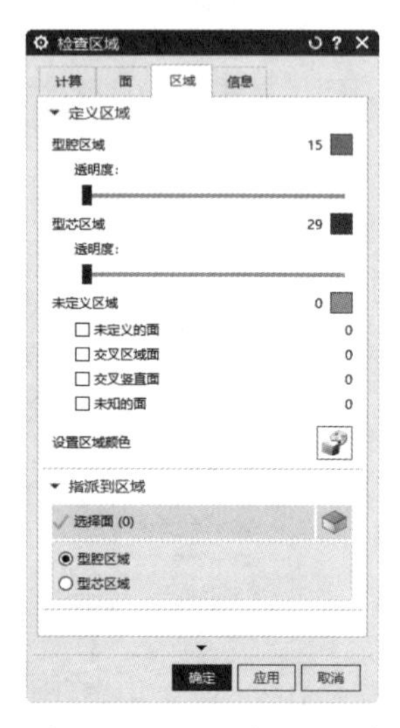

图 10.28　【区域】选项卡

（3）单击【注塑模向导】选项卡中的【分型】面板上的【定义区域】按钮，系统弹出【定义区域】对话框，如图 10.29 所示，选择【所有面】选项，选中【创建区域】复选框，单击【确定】按钮接受系统定义的型芯和型腔区域。

（4）单击【注塑模向导】选项卡中的【分型】面板上的【定义型腔和型芯】按钮，系统弹出【定义型腔和型芯】对话框，在【缝合公差】文本框中输入 0.1，然后选择【所有区域】选项，如图 10.30 所示。单击【确定】按钮，系统弹出【查看分型结果】对话框，同时生成型腔如图 10.31 所示。单击【确定】按钮，系统弹出【查看分型结果】对话框，同时生成型芯如图 10.32 所示，单击【确定】按钮，完成型腔和型芯的创建。

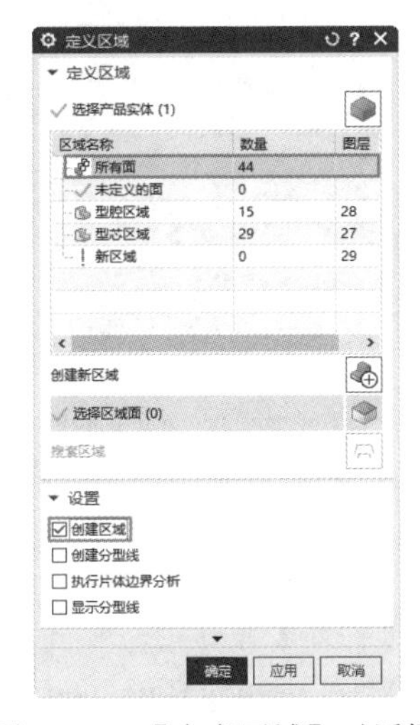

图 10.29　【定义区域】对话框

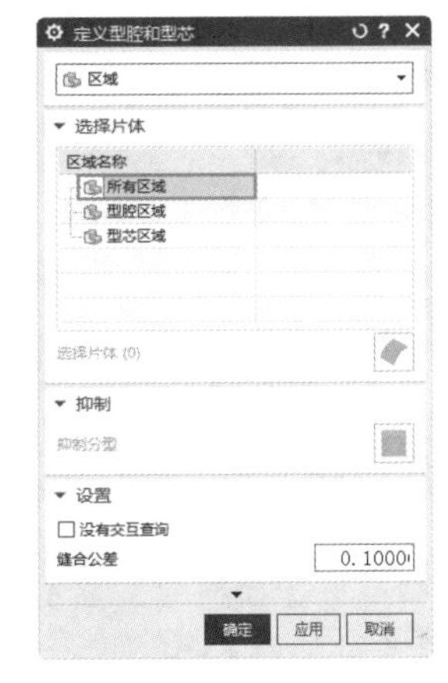

图 10.30　【定义型腔和型芯】对话框

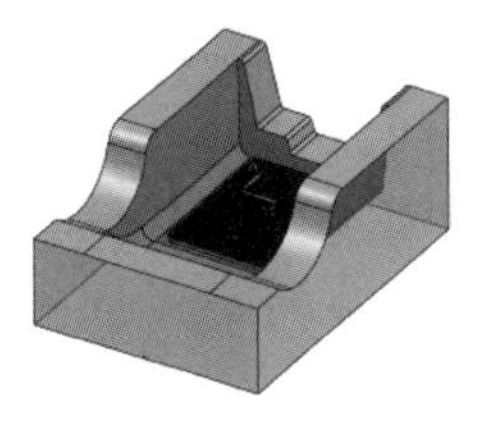

图 10.31　型腔

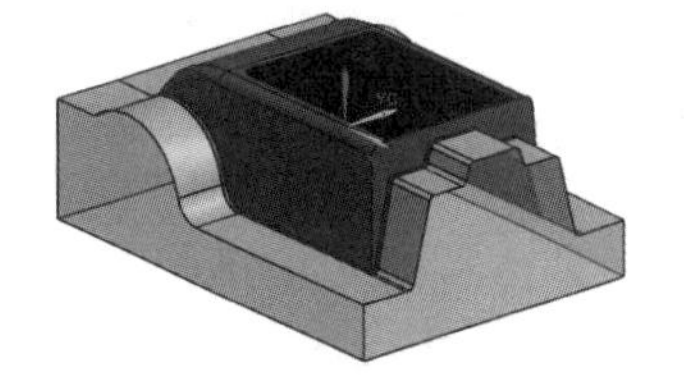

图 10.32　型芯

10.3　辅助系统设计

扫一扫，看视频

10.3.1　添加模架

（1）单击【注塑模向导】选项卡中的【主要】面板上的【模架库】按钮，弹出【重用库】对话框和【模架库】对话框，并同时在屏幕上显示型腔布局。在【重用库】的【文件夹视图】列表中选择 HASCO_E 模架，在【成员选择】列表中选择 Type 1(F2M2)，在【模架库】对话框的【参数】选项组中设置 index 为 346×446、AP_h 为 96、BP_h 为 96，如图 10.33 所示。

（2）单击【确定】按钮，生成的模架效果如图 10.34 所示。

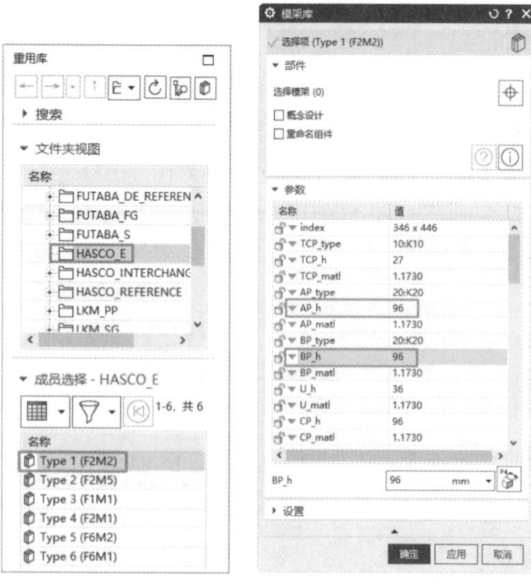

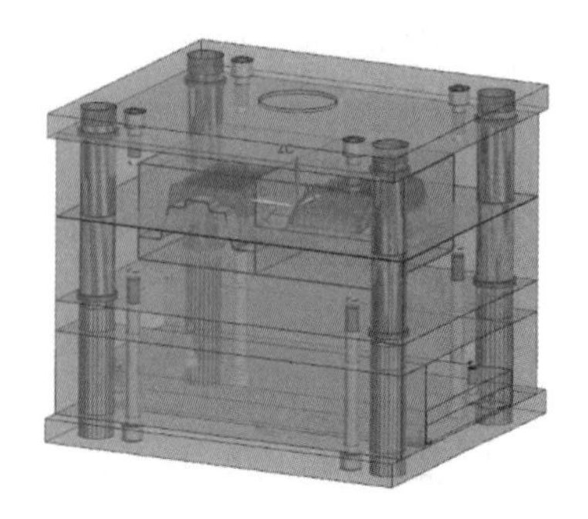

图 10.33 【重用库】对话框和【模架库】对话框

图 10.34 模架效果

10.3.2 添加标准件

（1）单击【注塑模向导】选项卡中的【主要】面板上的【标准件库】按钮，弹出【重用库】对话框和【标准件管理】对话框，选择【名称】列表中的 FUTABA_MM→Locating Ring Interchangeable，在【成员选择】列表中选择 Locating Ring，设置 TYPE 为 M-LRB，在 DIAMETER 下拉列表中选择 100。其他采用默认设置，如图 10.35 所示。单击【应用】按钮，加入定位环，如图 10.36 所示。

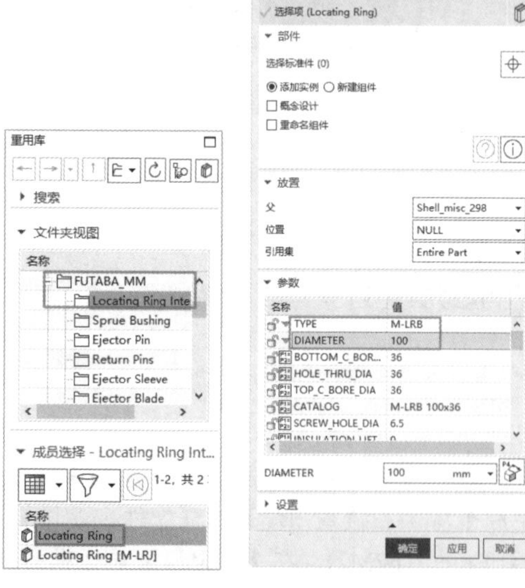

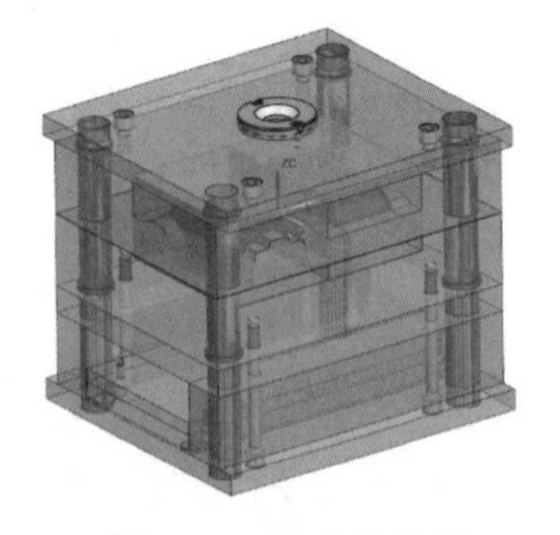

图 10.35 定位环设置

图 10.36 加入定位环

（2）单击【注塑模向导】选项卡中的【主要】面板上的【标准件库】按钮，在弹出的【重用库】对话框中的【文件夹视图】列表中选择 FUTABA_MM→Sprue Bushing，在【成员选择】中选择 Sprue Bushing，并在【参数】选项组中设置 CATALOG 为 M-SBJ、CATALOG_DIA 为 25、TAPER 为 1、CATALOG_LENGTH 为 136，如图 10.37 所示。单击【确定】按钮，将主流道加入模具装配中，如图 10.38 所示。

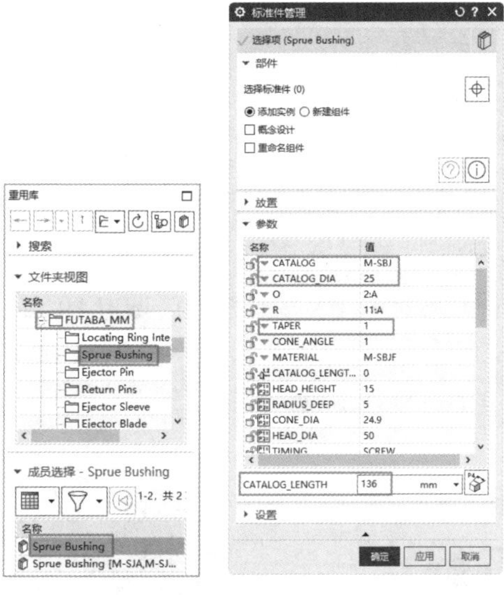

图 10.37　设置主流道尺寸

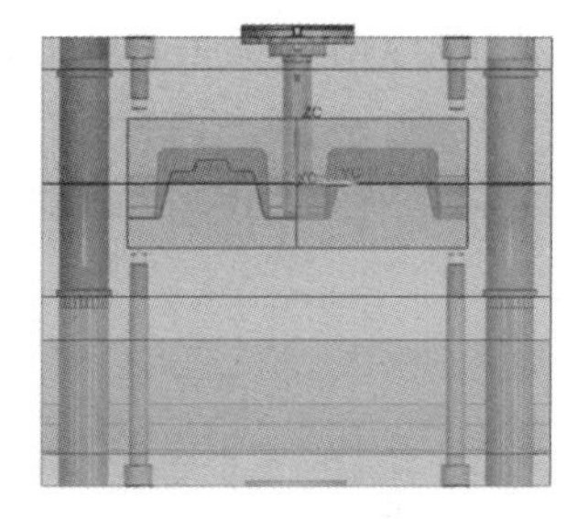

图 10.38　加入主流道

10.3.3　添加浇口

（1）隐藏模架、定位环、主流道和型腔。单击【注塑模向导】选项卡中的【主要】面板上的【设计填充】按钮，在弹出的【重用库】对话框的【成员选择】列表中选择 Gate[Fan]。在【设计填充】对话框中设置 Section_Type 为 Circular、D 为 5、L 为 17，如图 10.39 所示，其他参数采用默认设置。

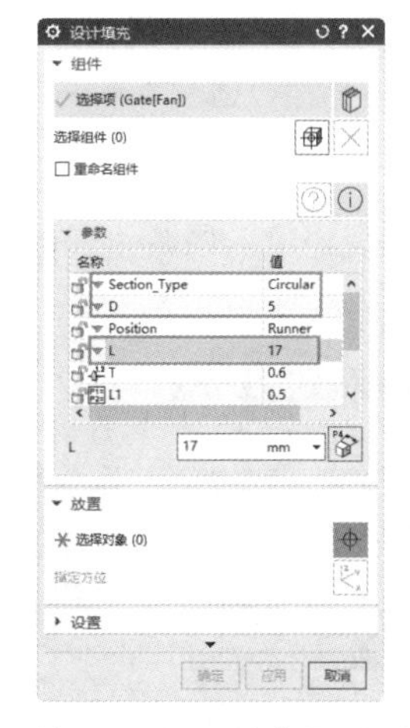

图 10.39　【重用库】对话框和【设计填充】对话框

（2）在【放置】选项组中单击【选择对象】图标，捕捉如图 10.40 所示的产品外部底线的中点作为放置浇口位置，单击放置浇口，如图 10.41 所示。

（3）单击动态坐标系上的 YC 轴，在弹出的参数栏中输入距离为 23，如图 10.42 所示，按 Enter 键确认。

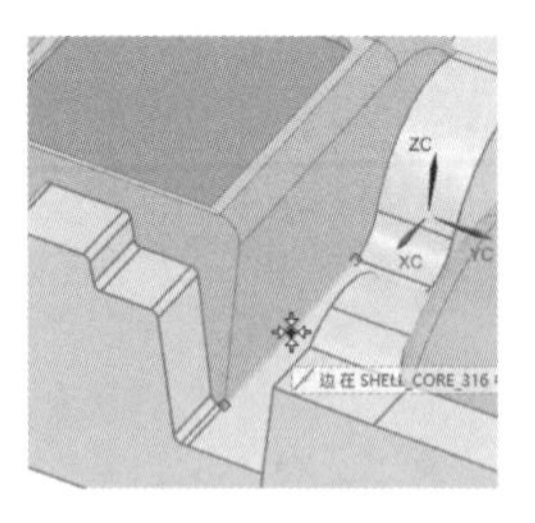

图 10.40　选择中点

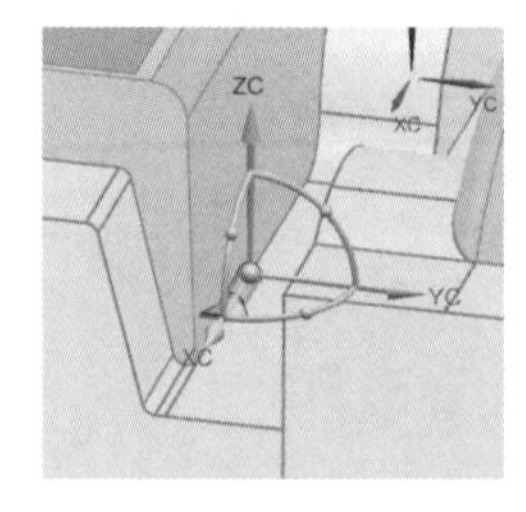

图 10.41　放置浇口

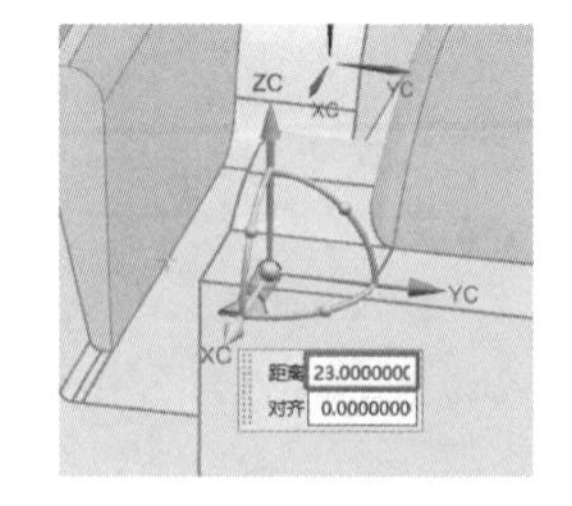

图 10.42　输入距离

（4）单击动态坐标系上的绕 Z 轴旋转，在弹出的参数栏中输入角度为-90，如图 10.43 所示，单击【确定】按钮，完成浇口的创建，如图 10.44 所示。

（5）采用相同的方法在另一侧创建相同参数的浇口，如图 10.45 所示。

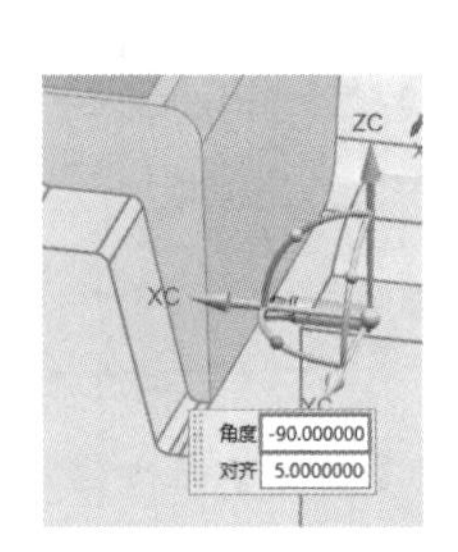

图 10.43　输入角度

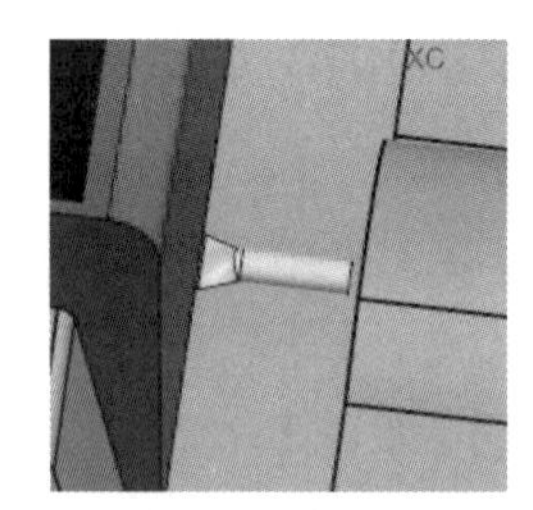

图 10.44　创建浇口

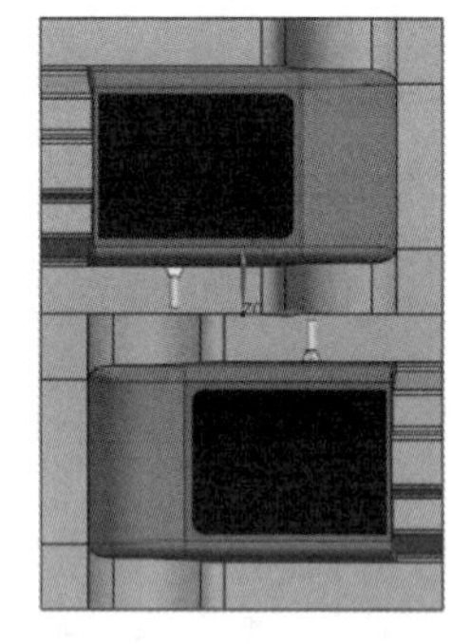

图 10.45　创建另一侧的浇口

10.3.4　创建分流道

（1）单击【主页】选项卡中的【构造】面板上的【基准平面】按钮，弹出【基准平面】对话框，选择【XC-YC 平面】类型，输入距离为-30，如图 10.46 所示，单击【确定】按钮，创建基准平面。

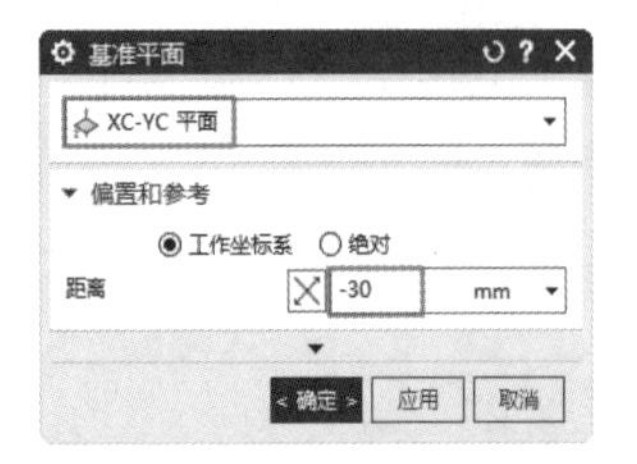

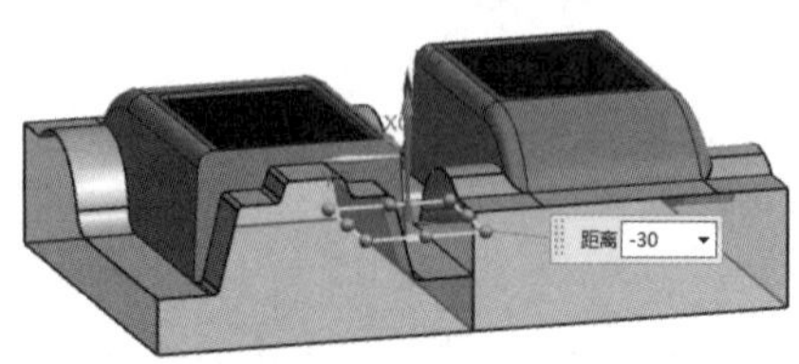

图 10.46　创建基准平面

（2）单击【注塑模向导】选项卡中的【主要】面板上的【流道】按钮，弹出【流道】对话框，如图 10.47 所示。选择圆形截面形状通道作为分流道的截面形状，并设置 D 为 10。

（3）单击【绘制截面】按钮，弹出图 10.48 所示的【创建草图】对话框，选择【平面方法】为【基于平面】，选择在步骤（2）创建的基准平面，单击【确定】按钮，进入草图绘制环境。

图 10.47　【流道】对话框

图 10.48　【创建草图】对话框

（4）绘制图 10.49 所示的草图，单击【完成】按钮，返回【流道】对话框，单击【确定】按钮，加入分流道，将定位环和主流道隐藏后效果如图 10.50 所示。

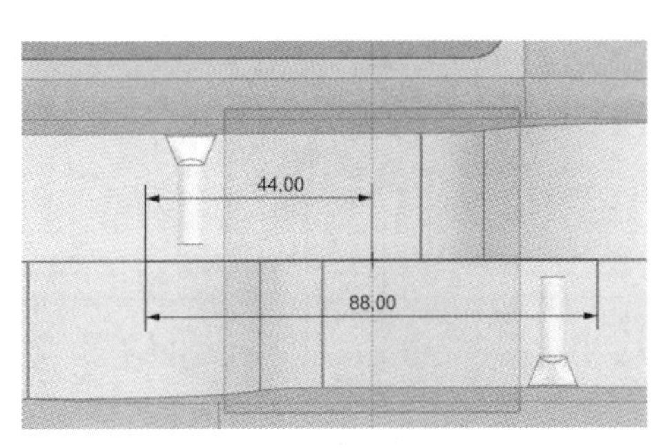

图 10.49　绘制草图

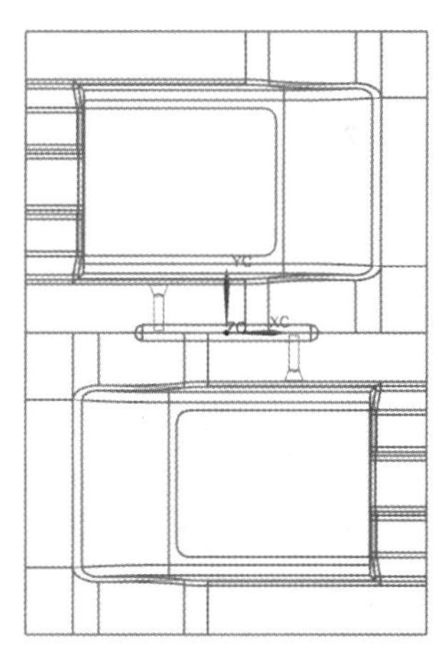

图 10.50　加入分流道效果

10.3.5　顶杆系统

（1）单击【注塑模向导】选项卡中的【主要】面板上的【标准件库】按钮，弹出【重用库】对话框和【标准件管理】对话框。在【名称】列表中选择 DME_MM→Ejection，在【成员选择】列表中选择 Ejector Pin[Straight]，并在【参数】选项组中设置 CATALOG_DIA 为 2、CATALOG_LENGTH 为 250，如图 10.51 所示。

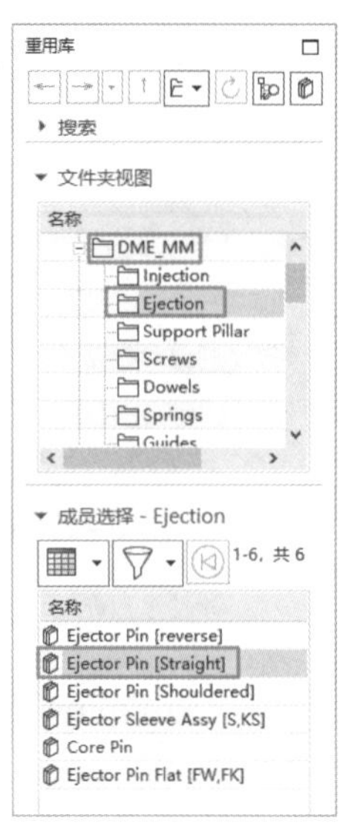

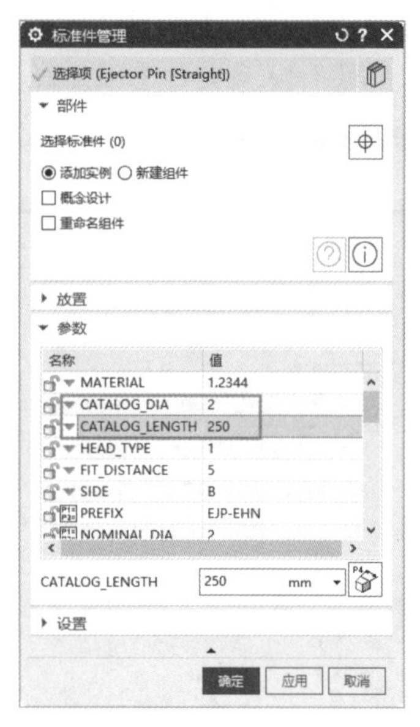

图 10.51　顶杆参数设置

（2）单击【确定】按钮，弹出【点】对话框，选择【端点】类型，捕捉直线端点，如图 10.52 所示，单击【确定】按钮，完成一个顶杆的创建。

（3）依次捕捉其他三条直线的端点放置顶杆，单击【取消】按钮退出【点】对话框，放置顶杆效果如图 10.53 所示。

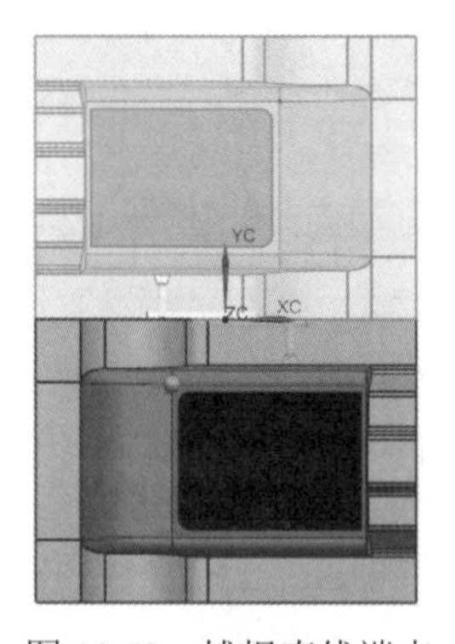

图 10.52　捕捉直线端点

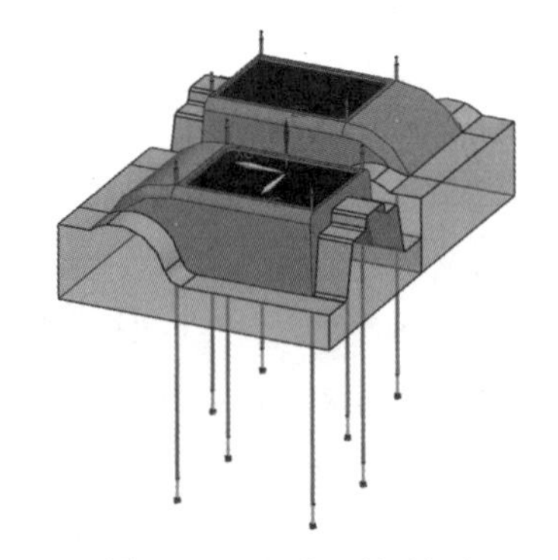

图 10.53　添加顶杆结果

（4）单击【注塑模向导】选项卡中的【主要】面板上的【顶杆后处理】按钮，弹出【顶杆后处理】对话框，如图 10.54 所示，选择【调整长度】类型，在“目标”选项组中选择已经创建的待处理的顶杆。

（5）在【工具】中接受默认的“修边曲面”，即型芯修剪片体（CORE_TRIM_SHEET），如图 10.55 所示。

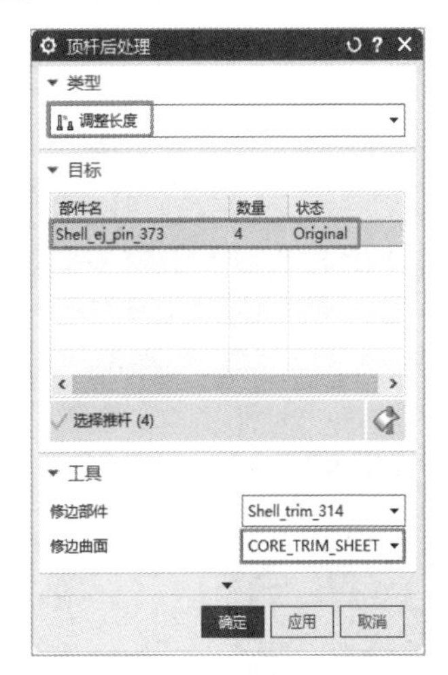

图 10.54　【顶杆后处理】对话框

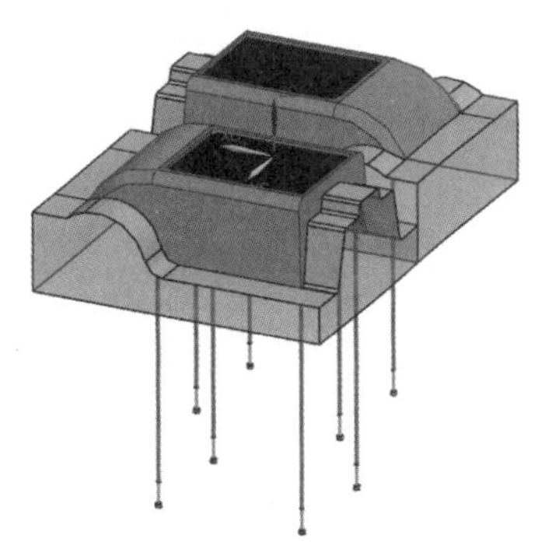

图 10.55　修剪结果

10.4　冷却系统设计

10.4.1　创建管道水路

（1）单击【注塑模向导】选项卡中的【冷却工具】面板上的【直接水路】按钮，系统弹出【直接水路】对话框，设置【属性类型】为【水路】，在指定起点栏中单击【点对话框】按钮，弹出【点】对话框，选择【面上的点】类型，选取图 10.56 所示的面，输入坐标为（-173，62.5，85），如图 10.57 所示，单击【确定】按钮，返回【直接水路】对话框。

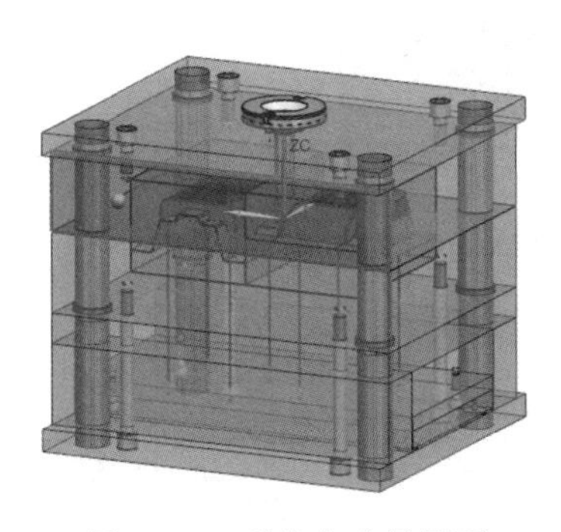

图 10.56　选取起点放置面

图 10.57　指定起点

（2）在【直接水路】对话框中设置 Motion 为【距离】，在【指定矢量】下拉列表中选择 XC，输入距离为 80.5mm，在直径列表中选择 DIA M10，如图 10.58 所示，单击【应用】按钮，完成第一条管道水路设置。

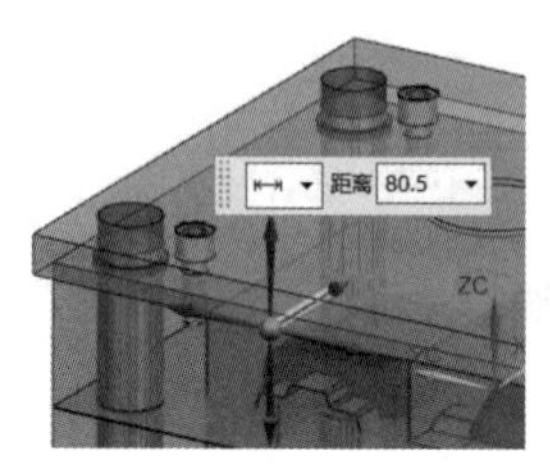

图 10.58　第一条管道水路设置

（3）系统自动捕捉第一条管道水路的端点为起点，在【指定矢量】下拉列表中选择-ZC，输入距离为 45mm，其他采用默认设置，如图 10.59 所示，单击【应用】按钮，完成第二条管道水路设置。

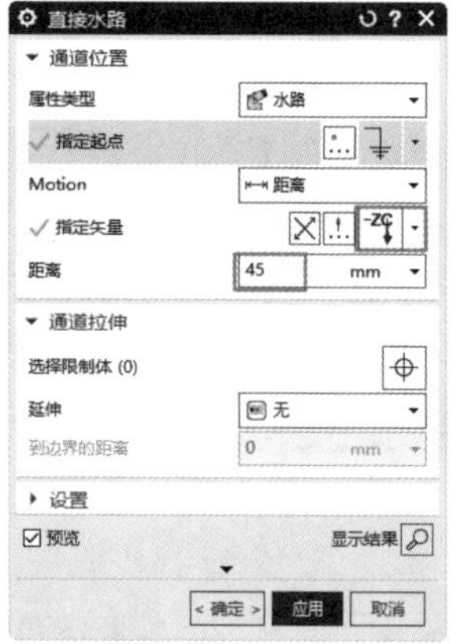

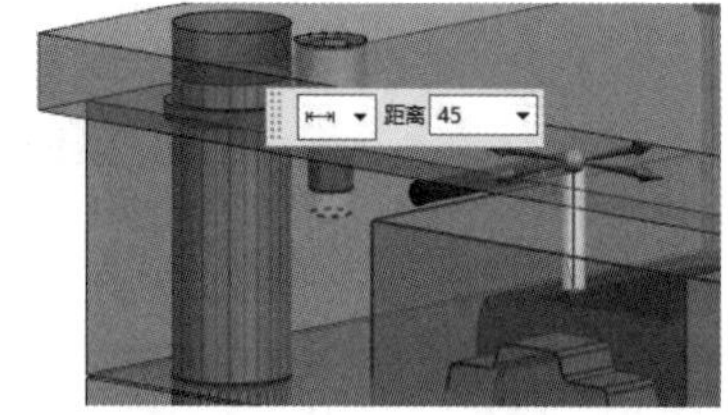

图 10.59　第二条管道水路设置

（4）采用相同的方法，根据表 10.1 所示的方向和长度创建其他管道水路，隐藏模架后，效果如图 10.60 所示。

表 10.1　水路方向和长度

管　道	方　向	长 度 单 位	管　道	方　向	长 度 单 位
1	X	80.5	6	-X	185
2	-Z	45	7	-Y	45
3	-Y	45	8	Z	45
4	X	185	9	-X	80.5
5	Y	120			

（5）单击【注塑模向导】选项卡中的【冷却工具】面板上的【延伸水路】按钮，系统弹出【延伸水路】对话框，选取图 10.61 所示的水路，输入距离为 12.5mm，单击【应用】按钮，将水路延伸至型腔侧面，如图 10.62 所示。

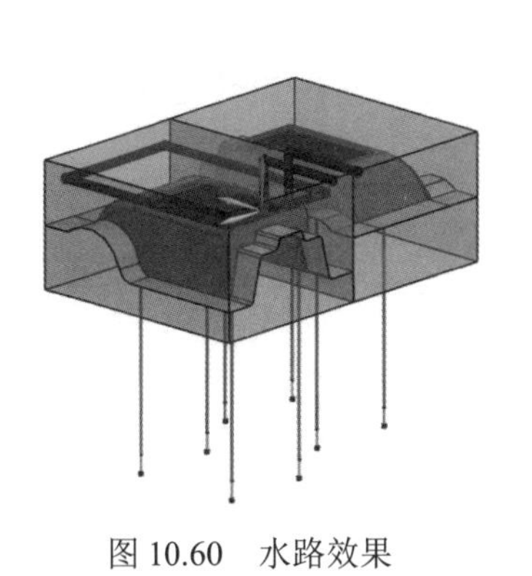

图 10.60　水路效果

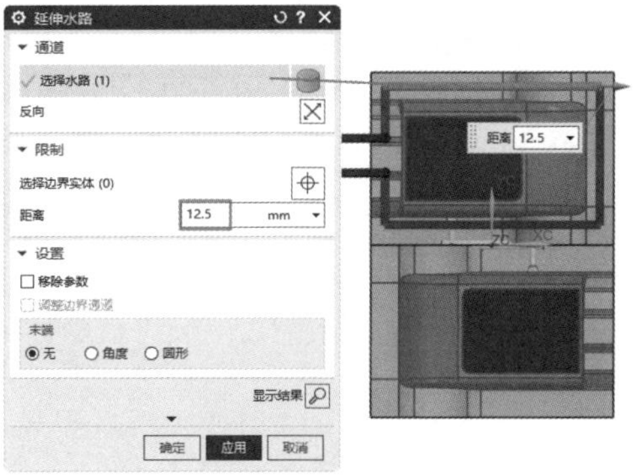

图 10.61　设置延伸水路

（6）采用相同的方法延伸其他水路，如图 10.63 所示。

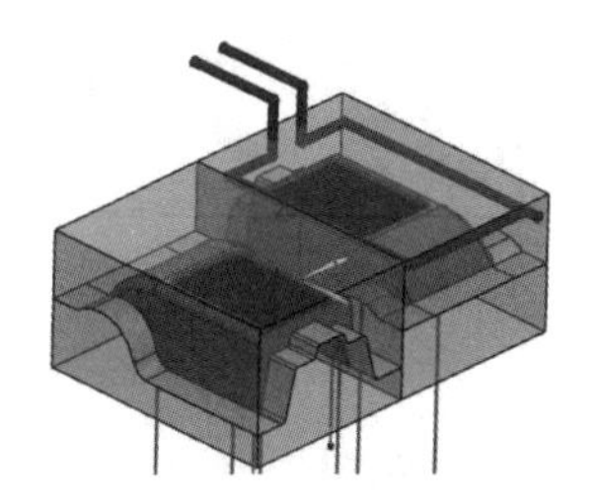

图 10.62　将水路延伸至型腔侧面

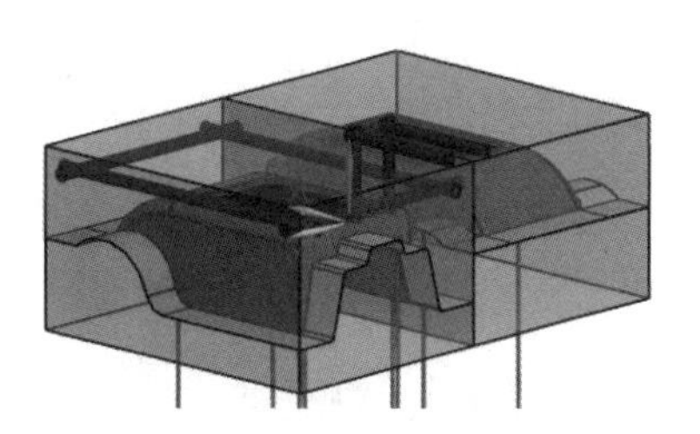

图 10.63　延伸其他水路

（7）隐藏型芯文件。单击【菜单】→【编辑】→【移动对象】命令，弹出【移动对象】对话框，选取视图中所有的管道水路，设置 Motion 为【角度】、【指定矢量】为 ZC、【指定轴点】为坐标原点，输入角度为 180°，单击【复制原先的】单选按钮，其他采用默认设置，如图 10.64 所示，单击【确定】按钮，复制管道水路，如图 10.65 所示。

图 10.64　设置移动对象参数

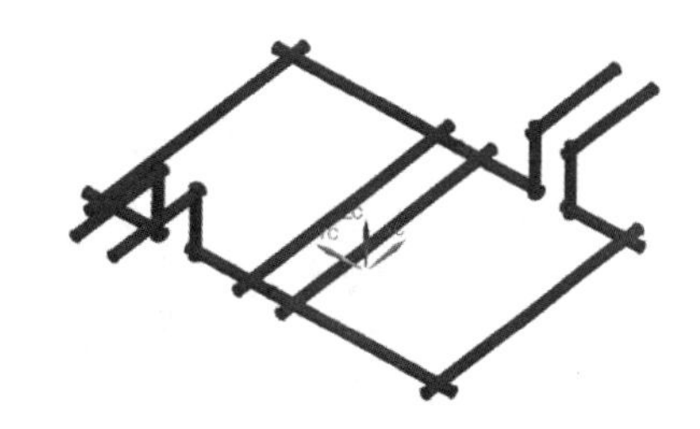

图 10.65　复制管道水路

10.4.2　创建管道附件

（1）单击【注塑模向导】选项卡中的【冷却工具】面板上的【冷却接头】按钮，系统弹出【冷却接头】对话框，选取10.4.1小节步骤（6）创建入水口的水路，单击【指定点】选项，继续捕捉其他管道水路的端点圆心，如图10.66所示，系统会将其添加到【连接点】列表中，更改类型为CONNECTOR PLUG，单击【确定】按钮，创建水管接头，如图10.67所示。

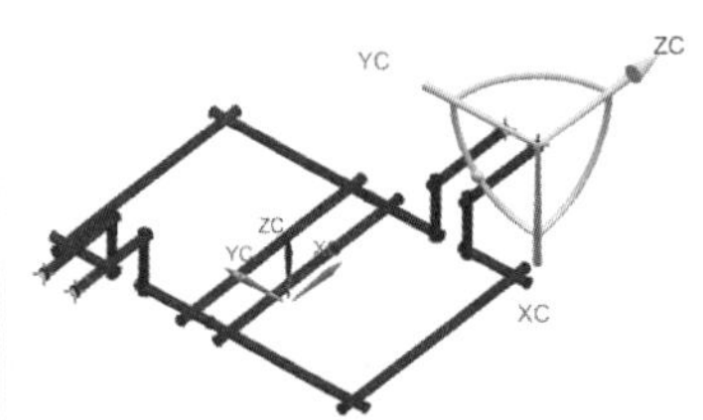

图10.66　水管接头设置参数

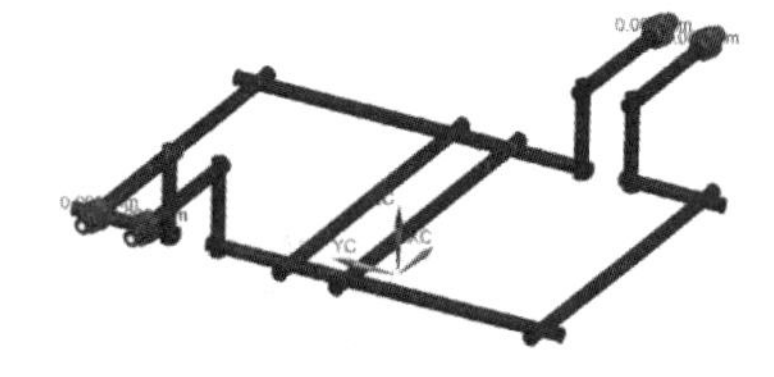

图10.67　创建水管接头

（2）单击【注塑模向导】选项卡中的【冷却工具】面板上的【冷却接头】按钮，系统弹出【冷却接头】对话框，选取任意水路，单击【指定点】选项，如图10.68所示，捕捉管道水路的端点圆心，系统会将其添加到【连接点】列表中，更改类型为PIPE PLUG，单击【确定】按钮，在水管端头处创建喉塞。采用相同的方法在管道端头放置喉塞，如图10.69所示。

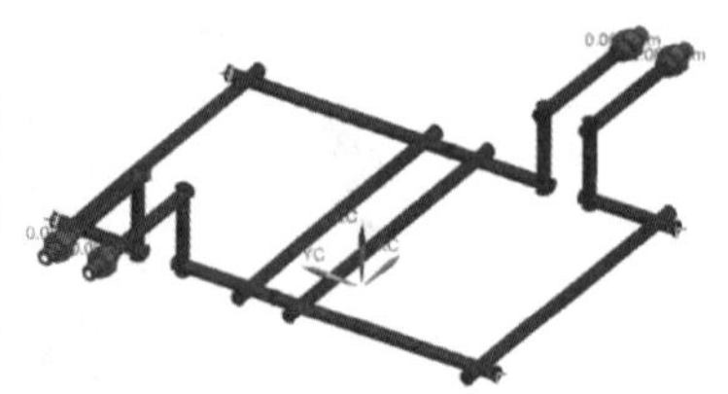

图10.68　指定端点

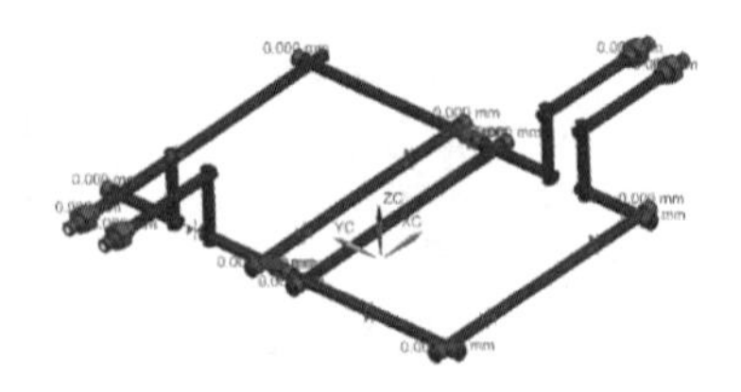

图10.69　设置喉塞

10.5 建立腔体

扫一扫，看视频

（1）单击【注塑模向导】选项卡中的【主要】面板上的【腔】按钮，系统弹出【开腔】对话框，如图 10.70 所示。

（2）选择模具的模板、型腔和型芯作为目标体，选择建立的定位环、主流道、浇口、顶杆等作为工具体。

（3）在对话框中单击【确定】按钮建立腔体，整体模具如图 10.71 所示。

（4）选择【文件】→【保存】→【全部保存】命令，保存完成的所有数据。

图 10.70 【开腔】对话框

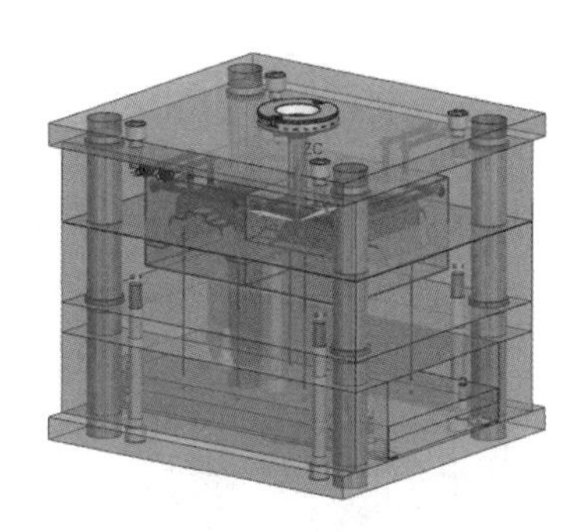

图 10.71 整体模具

动手练——散热盖模具设计

扫一扫，看视频

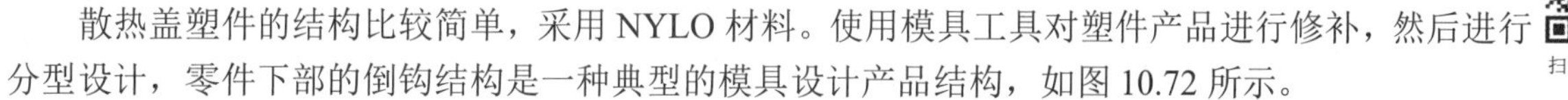
散热盖塑件的结构比较简单，采用 NYLO 材料。使用模具工具对塑件产品进行修补，然后进行分型设计，零件下部的倒钩结构是一种典型的模具设计产品结构，如图 10.72 所示。

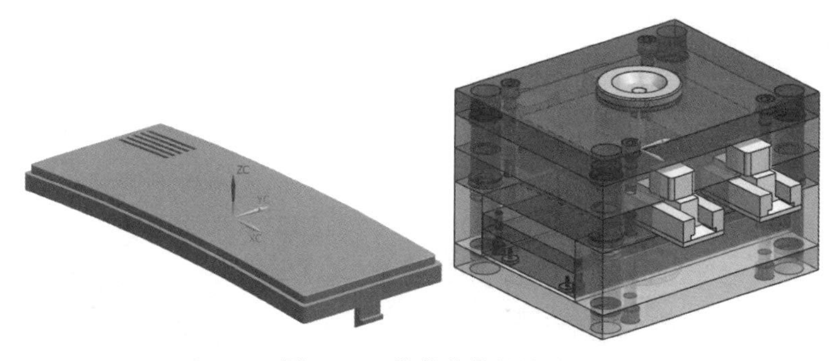

图 10.72 散热盖模具设计

1. 初始化设置

（1）利用【初始化项目】命令载入 ex1.prt 文件，“材料”为 NYLO。

（2）利用【模具坐标系】命令选择模具坐标系位置作为产品实体的中心，并锁定 Z 位置。

（3）利用【收缩】命令设置收缩率为 1.005。

（4）利用【工件】命令设置X、Y、Z的长度尺寸分别为150、100、72。

（5）利用【型腔布局】命令设置型腔数为2，选择-YC轴为布局方向，对工件进行布局，如图10.73所示。

2. 分型设计

（1）利用【曲面补片】命令对曲面进行修补，如图10.74所示。

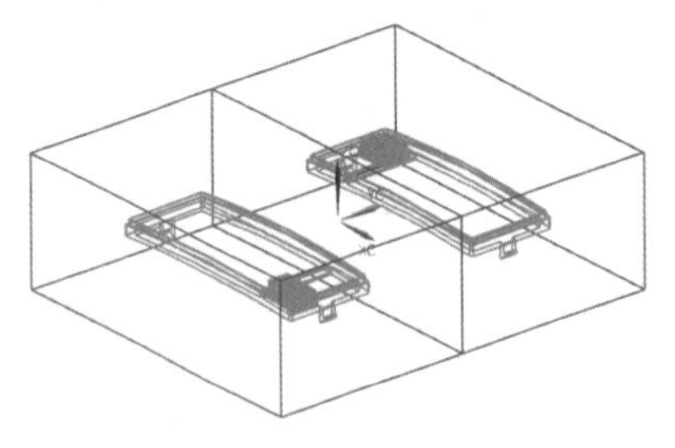

图10.73　自动对准中心

图10.74　对曲面进行修补

（2）利用【设计分型面】命令创建图10.75所示的分型线和图10.76所示的分型面。

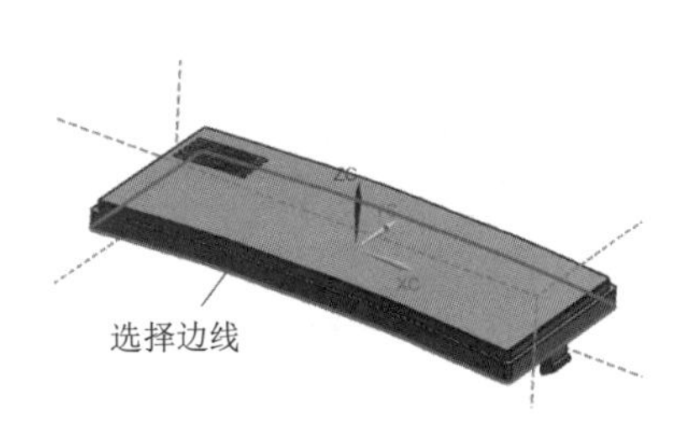

图10.75　生成分型线

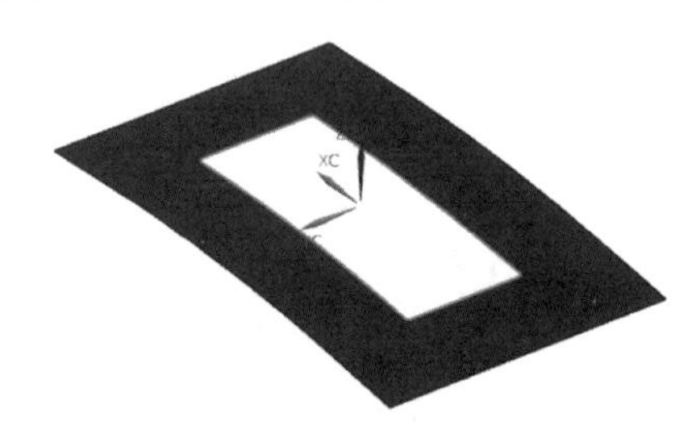

图10.76　扩大曲面

（3）利用【检查区域】命令通过计算后，将未定义的面分别定义为型腔或型芯，使型腔区域（26）与型芯区域（50）的和等于总面数（76）。

（4）利用【定义区域】命令选中【创建区域】复选框，定义型芯区域和型腔区域。

（5）利用【定义型腔和型芯】命令创建型芯和型腔，如图10.77所示。

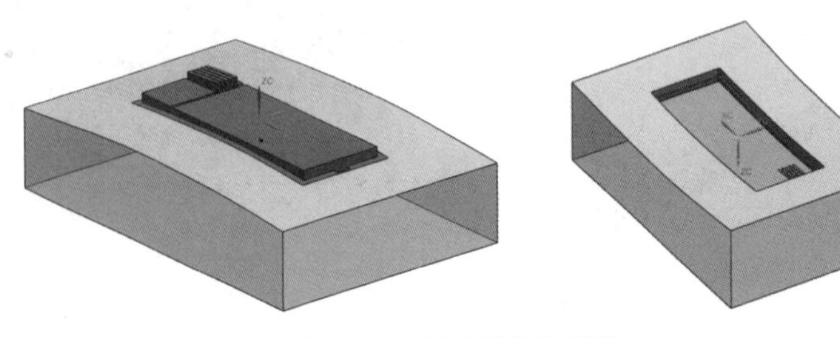

图10.77　创建型芯和型腔

3. 辅助系统设计

（1）利用【模架库】命令选择DME模具架，成员选择为2A，设置AP_h为36、BP_h为36。

（2）将parting视为工作部件，利用【包容体】命令在倒钩的外侧面创建包容体。

（3）利用【替换】命令分别选择创建的包容体侧面为要替换的面，选择倒钩的两个侧面、上端面、产品模型的下底面和倒钩的内外侧面为替换面。

（4）选择【菜单】→【格式】→WCS→【原点】命令，选中包容体的上边缘线端点，将坐标原点移动到此处，然后再沿 X 轴移动 25.8375。

（5）选择【菜单】→【格式】→WCS→【旋转】命令，使坐标系绕 Z 轴旋转 90°。

（6）利用【滑块和斜顶杆库】命令选择 Slide 的 Push-Pull Slide 选项，设置 wide 为 25、slide_top 为 6，添加的滑块如图 10.78 所示。

（7）以 prod_003 作为显示零部件，并把型芯设置为工作部件。利用【WAVE 几何链接器】命令将创建的滑块体连接到型芯。

（8）利用【拉伸】命令，以滑块体的端面为起始，延伸到滑块头的端面。利用【合并】命令将拉伸实体和滑块头合并。

（9）使用同样的方法创建另一个滑块。

（10）利用【标准件库】命令选择 Ejector Pin Straight，设置 CATALOG_DIA 为 2、CATALOG_LENGTH 为 100，在图 10.79 所示的凸缘直边的端点处创建顶杆。

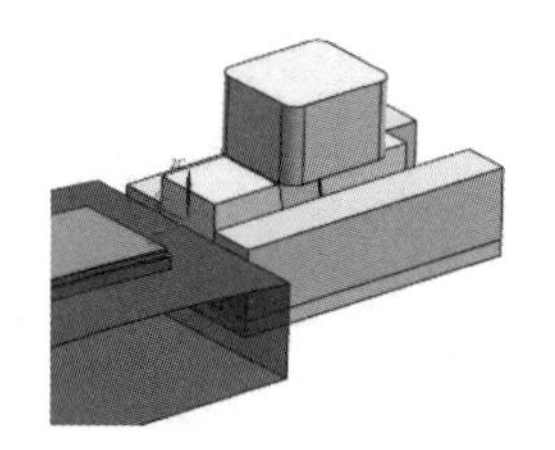

图 10.78　添加滑块的结果

图 10.79　拾取点

（11）利用【顶杆后处理】命令对顶杆进行修剪。

（12）利用【标准件库】命令选择 HASCO_MM_NX11→Locating Ring，在【成员选择】列表中选择 K100 [Locating_Ring]，设置 TYPE 为 2、h1 为 8、d1 为 90、d2 为 36，添加定位环。

（13）选择 FUTABA_MM→Sprue Bushing，在【成员选择】列表中选择 Sprue Bushing，设置 CATALOG_LENGTH 为 60，添加浇口套。

（14）利用【设计填充】命令选择 Gate[Subarine]，设置 D 为 6、D1 为 1、L 为 23、A1 为 60，在坐标原点处放置浇口。

（15）利用【腔】命令选择模具的型芯和型腔作为目标体，选择加载的顶杆、浇注系统零件和滑块零件作为工具体。

（16）选择【文件】→【保存】→【全部保存】命令，保存全部零件。

第 11 章　机械零件模具设计

内容简介

机械零件的结构复杂，包含一些破面，需要利用模具工具进行修补，另外对侧孔还需要设计滑块装置。本实例采用一模四腔进行布局，注塑材料选择 PS。

内容要点

- 初始化设置
- 分型设计
- 辅助系统设计
- 冷却系统设计
- 开腔

案例效果

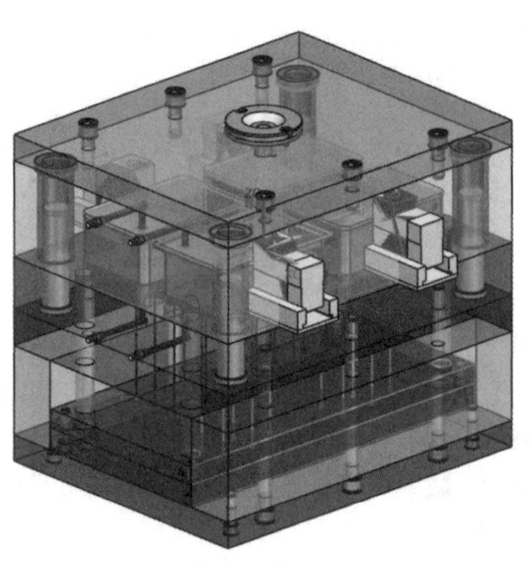

扫一扫，看视频

11.1　初始化设置

11.1.1　项目初始化

（1）单击【注塑模向导】选项卡中的【主要】面板上的【初始化项目】按钮，弹出【部件名】对话框，选择产品文件 jxlj.prt，单击【确定】按钮。

（2）弹出【初始化项目】对话框，设置【项目单位】为毫米、【材料】为 PS，其他采用默认设置，如图 11.1 所示。单击【确定】按钮，加载产品至 UG NX/Mold Wizard，完成产品装载。

（3）在【装配导航器】中显示系统自动产生的模具装配结构，如图 11.2 所示。

图 11.1　【初始化项目】对话框

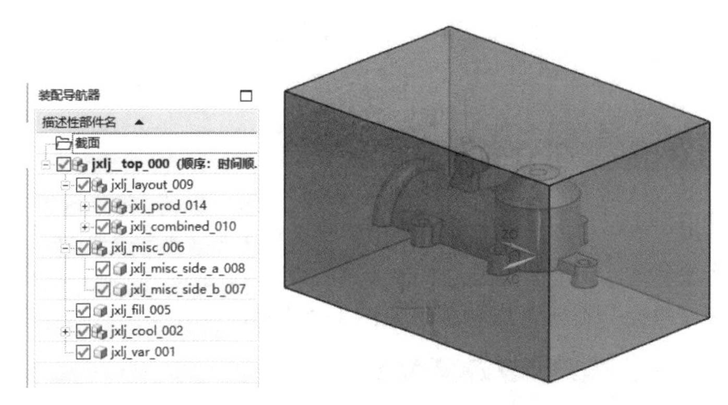

图 11.2　模具装配结构

11.1.2　设定模具坐标系和收缩率

（1）将型芯和型腔隐藏。单击【菜单】→【格式】→WCS→【旋转】命令，弹出【旋转 WCS 绕...】对话框，单击【-XC 轴：ZC-->YC】单选按钮，输入旋转角度为 90，如图 11.3 所示，单击【确定】按钮，旋转后的结果如图 11.4 所示。

（2）单击【注塑模向导】选项卡中的【主要】面板上的【模具坐标系】按钮，弹出【模具坐标系】对话框，单击【当前 WCS】单选按钮，如图 11.5 所示。单击【确定】按钮，系统会自动把模具坐标系放在坐标系原点上。

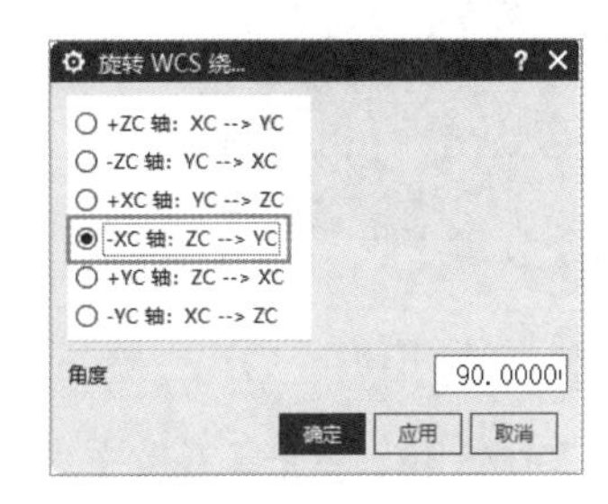

图 11.3　旋转坐标系

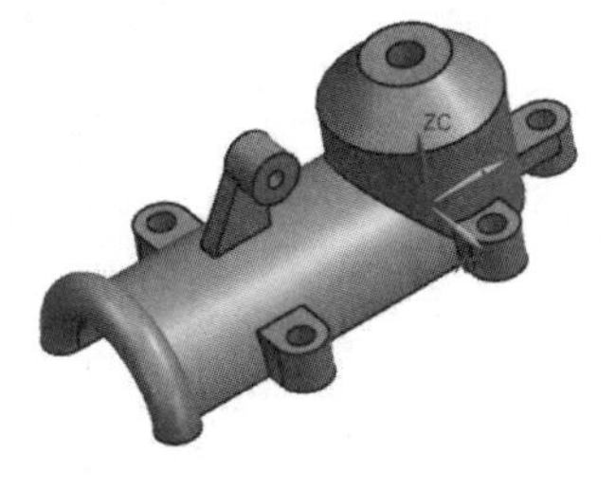

图 11.4　旋转后的结果

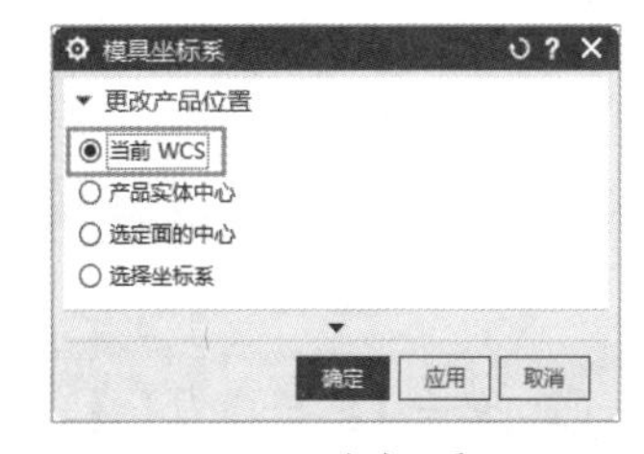

图 11.5　【模具坐标系】对话框

（3）单击【注塑模向导】选项卡中的【主要】面板上的【收缩】按钮，弹出【缩放体】对话框，选择【均匀】类型，设置比例因子为1.006，如图11.6所示，单击【确定】按钮，完成收缩率的设置。

图11.6　【缩放体】对话框

11.1.3　设置工件和布局

（1）单击【注塑模向导】选项卡中的【主要】面板上的【工件】按钮，弹出【工件】对话框，选择【参考点】定义类型，单击【重置大小】按钮，分别修改X、Y、Z的尺寸，如图11.7所示，单击【确定】按钮，成型工件如图11.8所示。

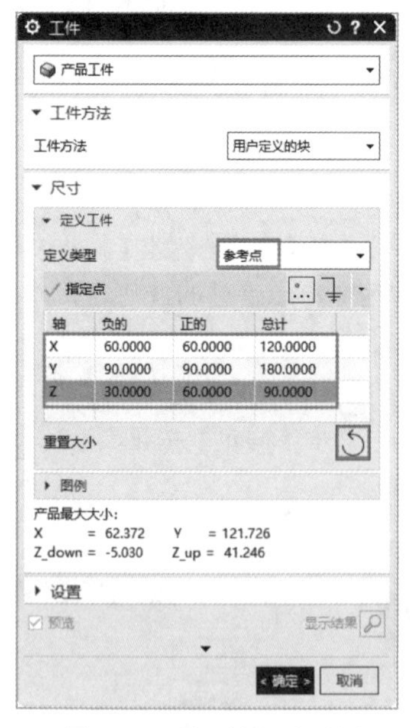

图11.7　【工件】对话框

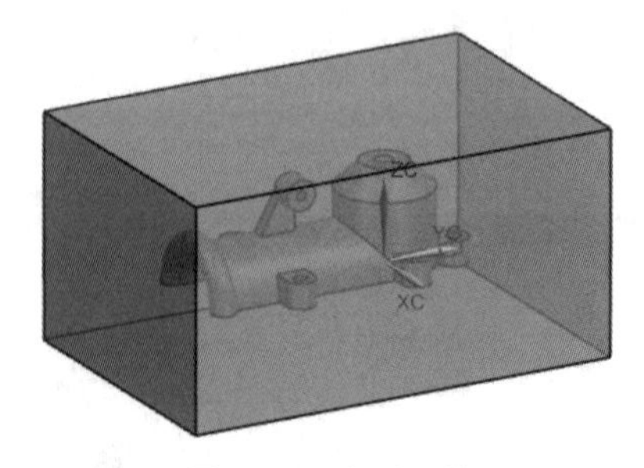

图11.8　成型工件

（2）单击【注塑模向导】选项卡中的【主要】面板上的【型腔布局】按钮，弹出【型腔布局】对话框。选择【矩形】布局类型，单击【平衡】单选按钮，指定-XC方向为布局方向，设置【型腔数】为 4、【第一距离】和【第二距离】为 30，如图 11.9 所示。

（3）单击【开始布局】按钮开始布局，单击【自动对准中心】按钮，将模腔设置在模具的装配中心，完成最终的矩形平衡式型腔布局，如图 11.10 所示。然后单击【关闭】按钮。

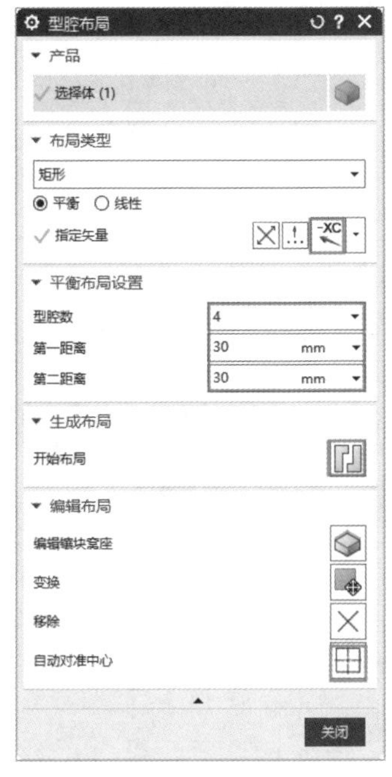

图 11.9　【型腔布局】对话框

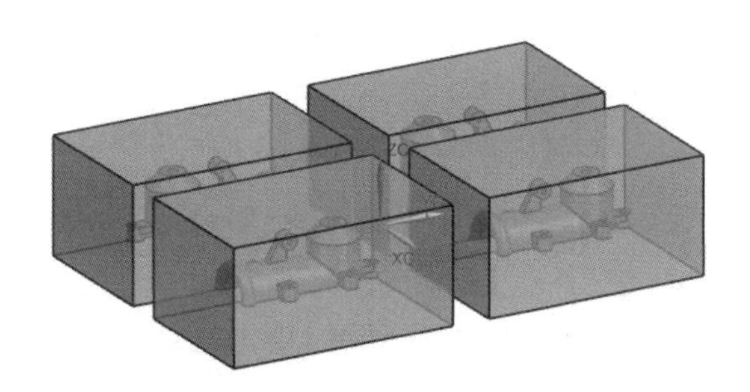

图 11.10　矩形平衡式布局

扫一扫，看视频

11.2　分型设计

11.2.1　创建实体补片

为了更容易做出分型线和创建分型面，下面进行实体补片操作。

（1）在装配导航器中选择 jxlj_parting_019.prt 文件，右击，在弹出的快捷菜单中选择【在窗口中打开】命令，打开 jxlj_parting_019.prt 文件，如图 11.11 所示。

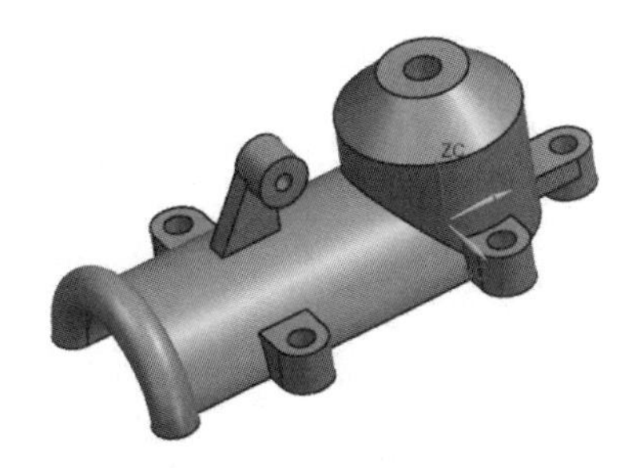

图 11.11　显示零件

（2）单击【注塑模具向导】选项卡中的【注塑模工具】面板上的【包容体】按钮，弹出【包容体】对话框，选择【块】类型，选中【均匀偏置】复选框，设置【偏置】为1，选择图11.12所示的圆弧面，单击【确定】按钮，创建的包容体1如图11.13所示。

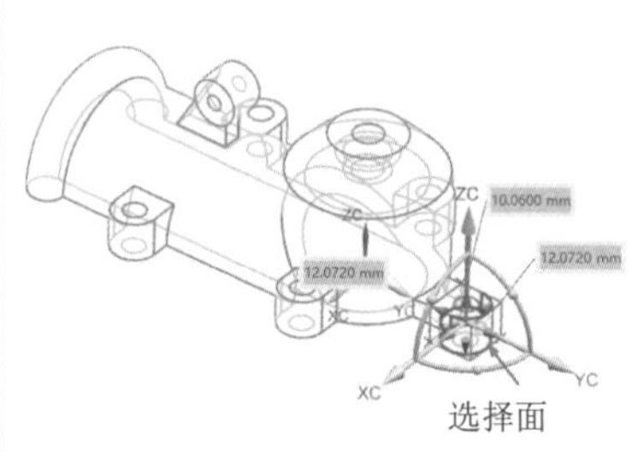

图11.12 【包容体】对话框

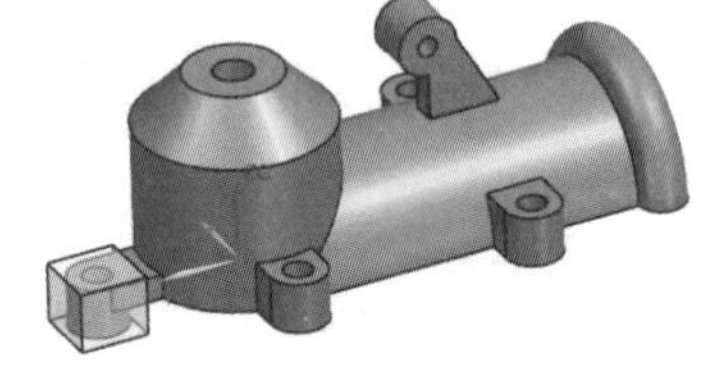

图11.13 创建的包容体1

（3）单击【注塑模具向导】选项卡中的【注塑模工具】面板上的【更多】下拉列表中的【分割实体】按钮，弹出【分割实体】对话框，选择刚创建的包容体作为目标体，选择图11.14所示的面作为工具体，单击【应用】按钮，第一次修剪结果如图11.15所示。

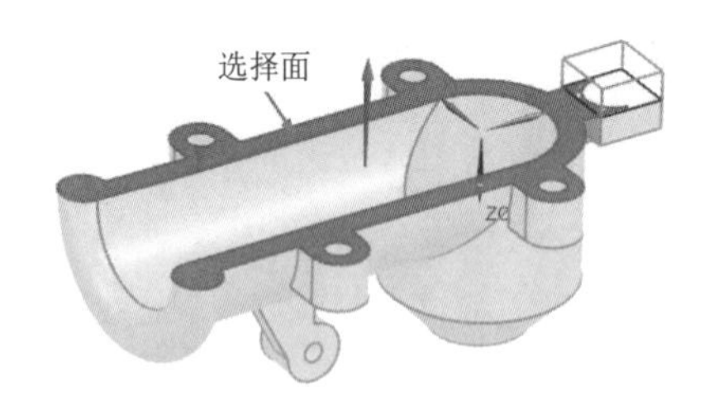

图11.14 第一次选择工具体

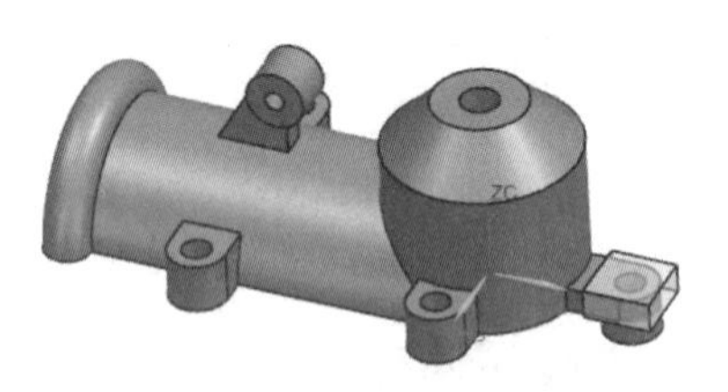

图11.15 第一次修剪包容体1

（4）继续以包容体1作为目标体，选择图11.16所示的面作为工具体，单击【应用】按钮，第二次修剪结果如图11.17所示。

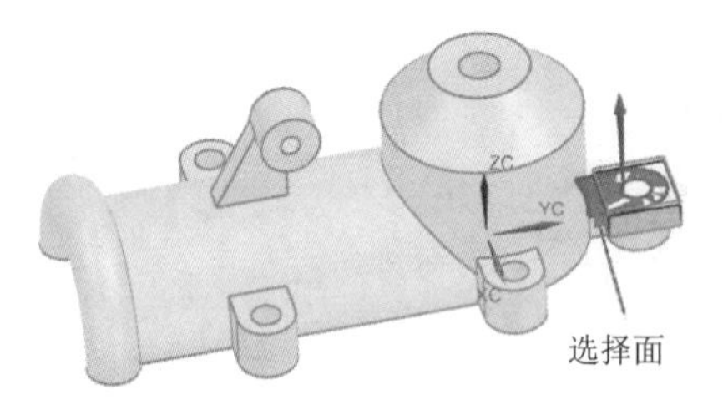

图11.16 第二次选择工具体

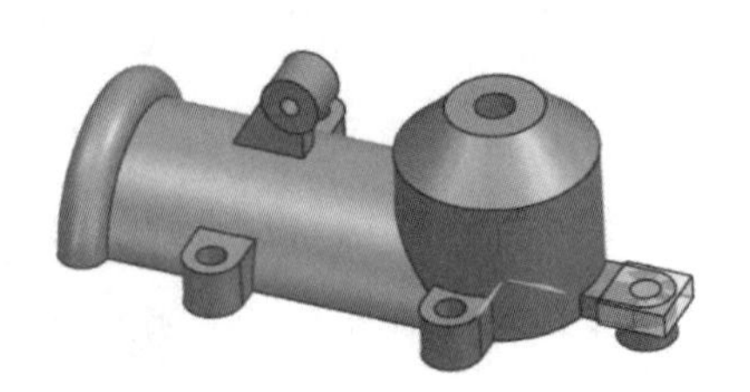

图11.17 第二次修剪包容体1

（5）继续选择包容体1作为目标体，选择图11.18所示的面作为工具体，单击对话框中的【应用】按钮，第三次修剪结果如图 11.19 所示。

（6）继续选择包容体 1 作为目标体，选择图 11.20 所示的面作为工具体，单击【应用】按钮，第四次修剪结果如图 11.21 所示。

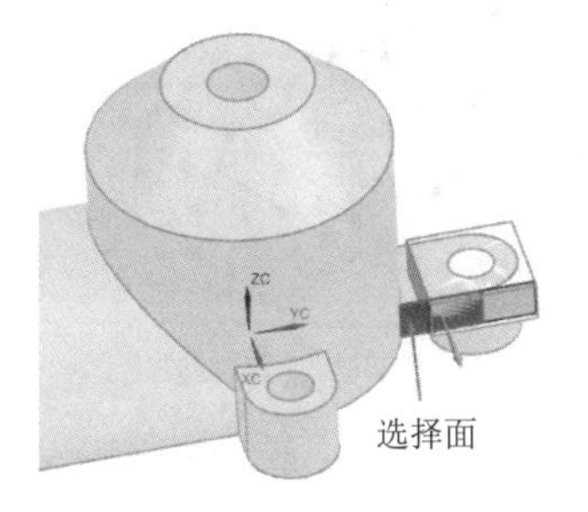

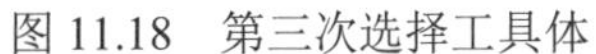
图 11.18　第三次选择工具体

图 11.19　第三次修剪包容体 1

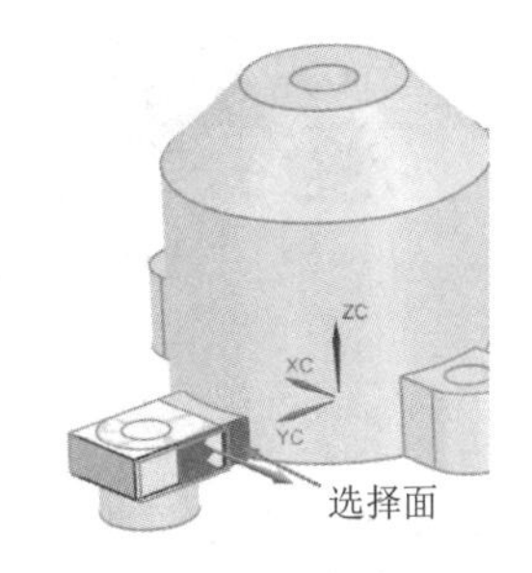

图 11.20　第四次选择工具体

（7）继续选择包容体 1 作为目标体，选择图 11.22 所示的面作为工具体，单击【确定】按钮，最终修剪结果如图 11.23 所示。

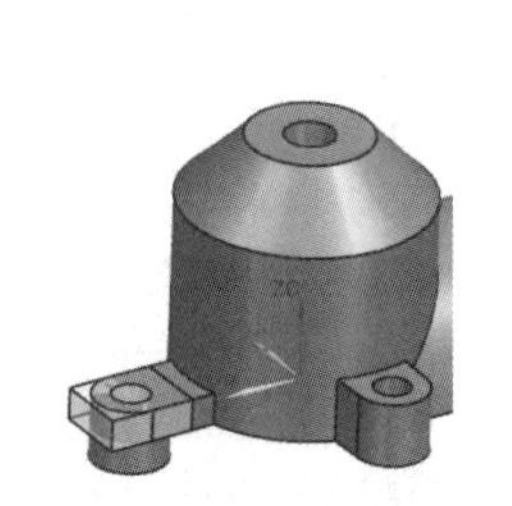
图 11.21　第四次修剪包容体 1

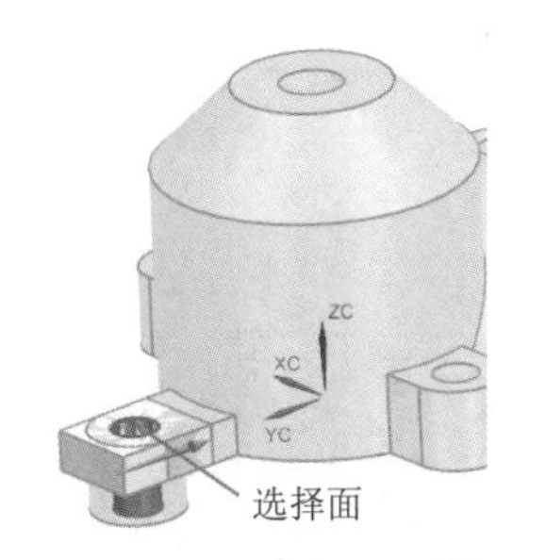

图 11.22　选择工具体

图 11.23　最终修剪结果

（8）单击【主页】选项卡中的【基本】面板上的【减去】按钮，弹出【减去】对话框，选中【保存工具】复选框，选取包容体 1 作为目标体，选取产品体作为工具体，如图 11.24 所示，单击【确定】按钮，完成减去操作，结果如图 11.25 所示。

图 11.24　【减去】对话框

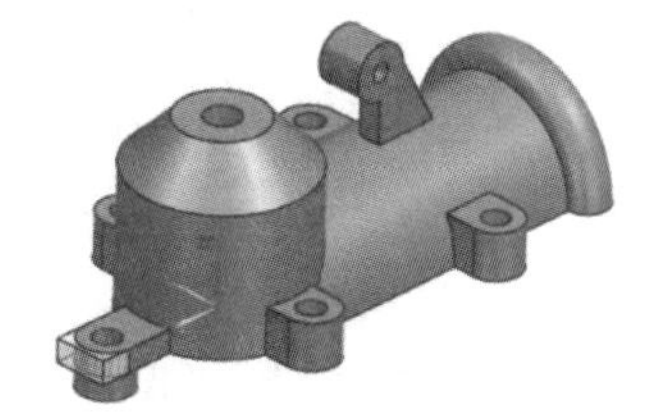
图 11.25　减去结果

（9）单击【注塑模具向导】选项卡中的【注塑模工具】面板上的【包容体】按钮，弹出【包容体】对话框，选择【块】类型，“偏置”设置为 0，选择图 11.26 所示的面，单击【确定】按钮，系统自动创建包容体 2，如图 11.27 所示。

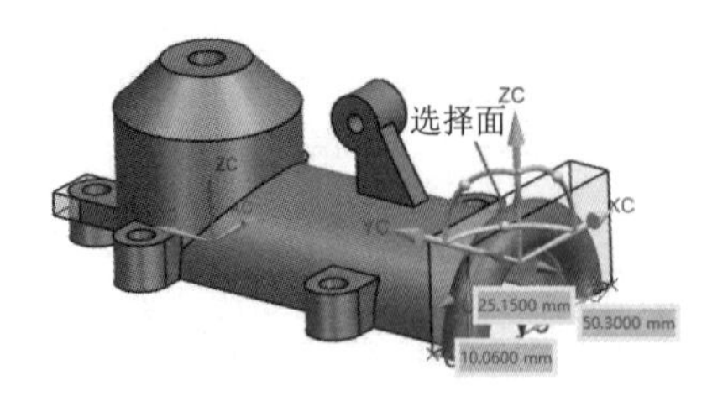

图 11.26 选择面

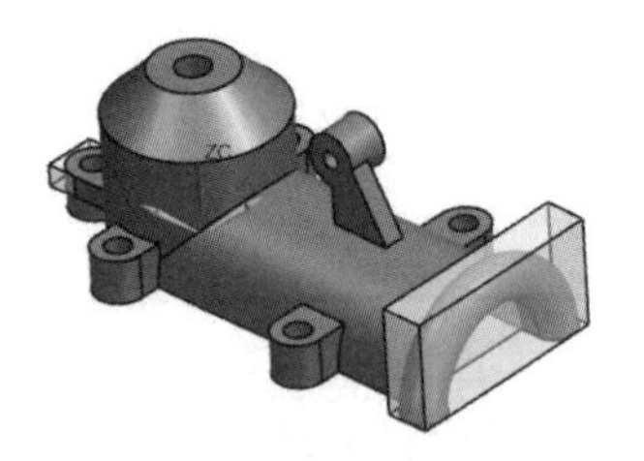

图 11.27 创建包容体 2

（10）单击【主页】选项卡中的【构造】面板上的【基准平面】按钮，弹出【基准平面】对话框，选择【按某一距离】类型，由图 11.26 可知，包容体 2 的宽度为 10.06，所以设置距离为 5.03mm，选择图 11.28 所示的包容体的侧面作为参考面，单击【反向】按钮，调整偏置方向，创建的基准平面如图 11.29 所示。

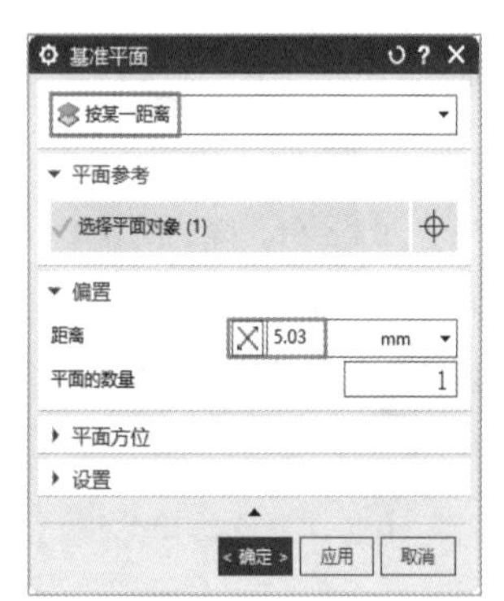

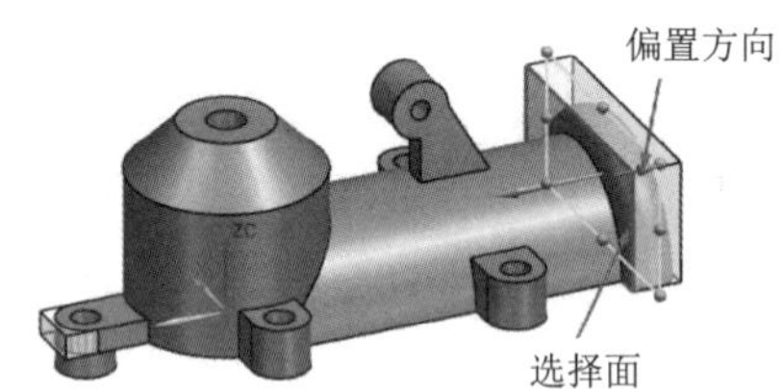

图 11.28 【基准平面】对话框

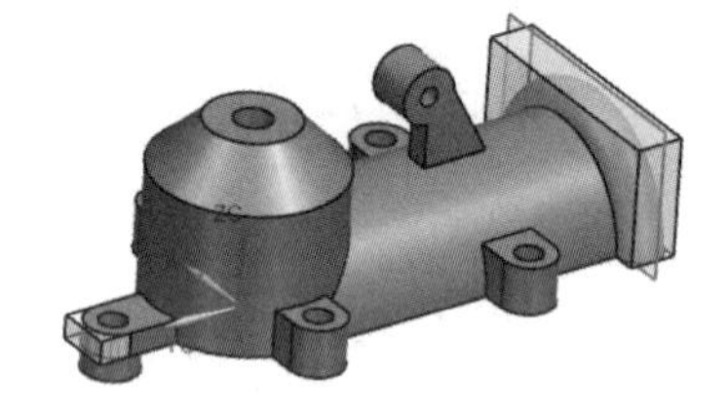

图 11.29 创建的基准平面

（11）单击【注塑模具向导】选项卡中的【注塑模工具】面板上的【更多】下拉列表中的【分割实体】按钮，弹出【分割实体】对话框。选择刚创建的包容体 2 作为目标体，选择在步骤（10）创建的基准平面作为工具体，如图 11.30 所示，单击【应用】按钮，第一次修剪结果如图 11.31 所示。

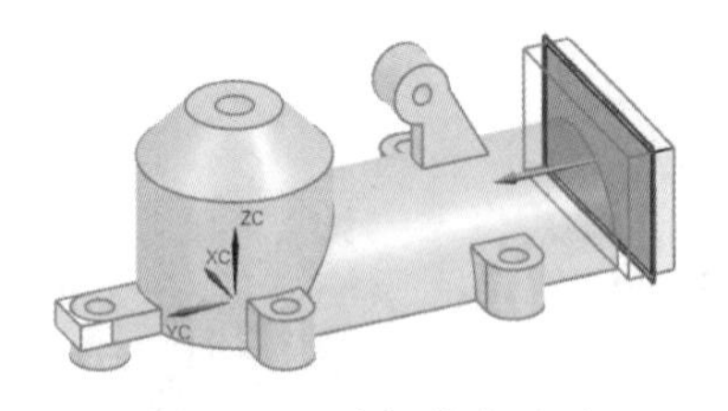

图 11.30 选择基准平面

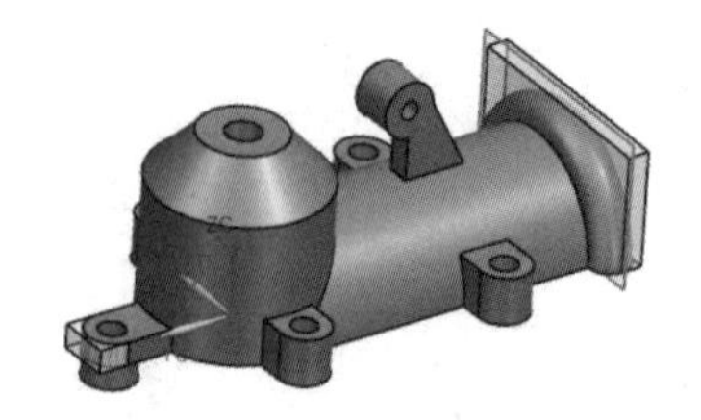

图 11.31 第一次修剪包容体 2

（12）选择包容体 2 作为目标体，选择图 11.32 所示的面作为工具体，并选中【扩大面】复选框，单击【确定】按钮，第二次修剪结果如图 11.33 所示。

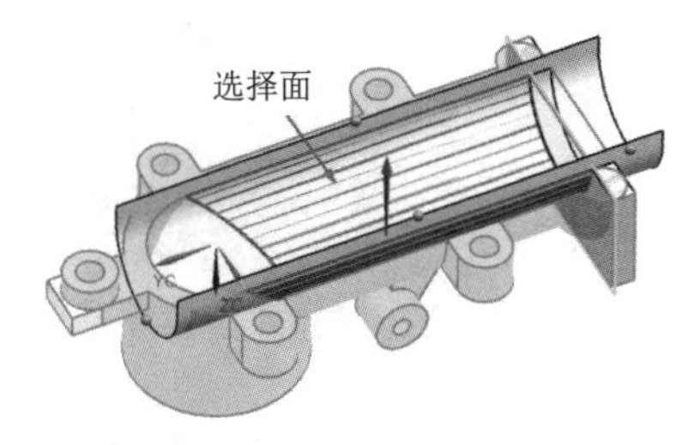

图 11.32　选择工具体

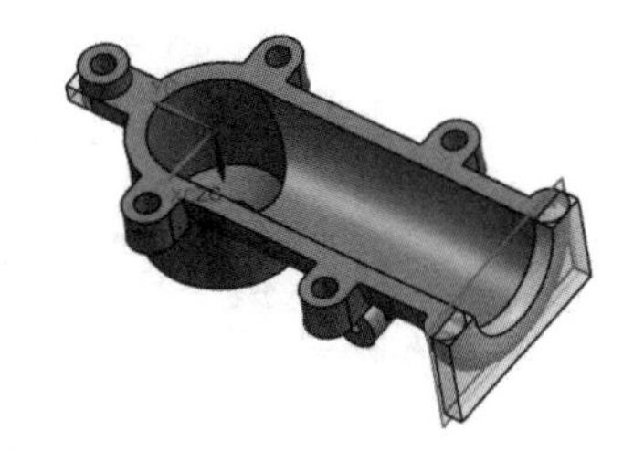

图 11.33　第二次修剪包容体 2

（13）单击【主页】选项卡中的【基本】面板上的【边倒圆】按钮，弹出【边倒圆】对话框，输入圆角半径为 5.03，选择图 11.34 所示的棱边，单击【确定】按钮，结果如图 11.35 所示。

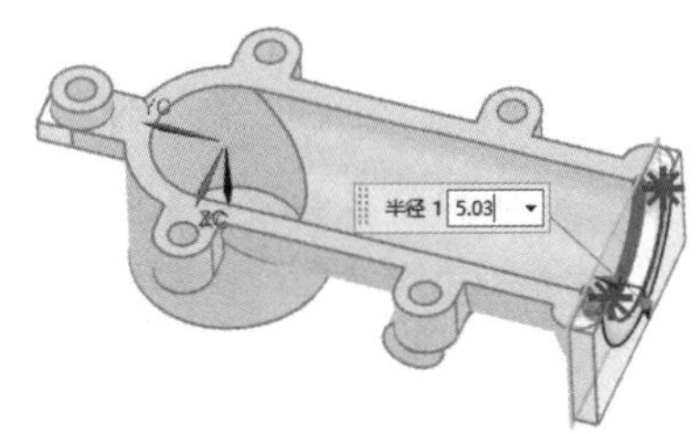

图 11.34　【边倒圆】对话框

（14）单击【主页】选项卡中的【基本】面板上的【减去】按钮，弹出【减去】对话框，选取包容体 2 作为目标体，选取产品体作为工具体，完成减去操作，减去结果如图 11.36 所示。

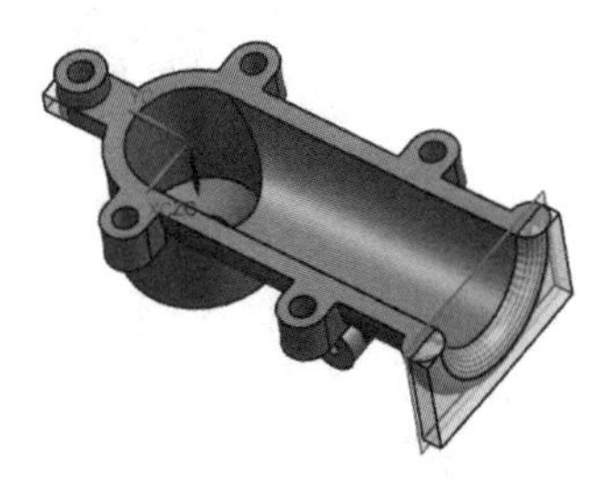

图 11.35　倒圆结果

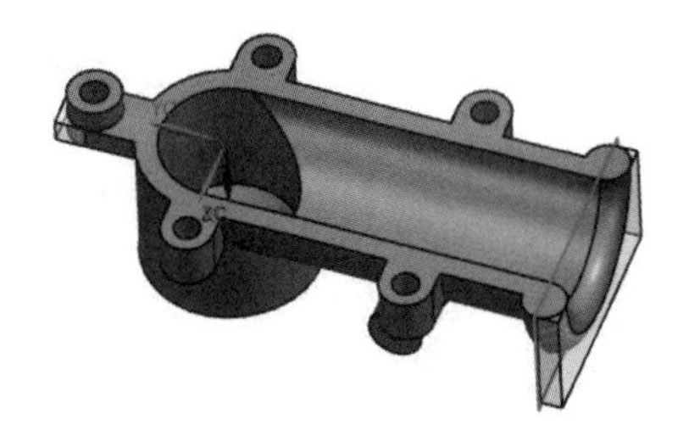

图 11.36　减去结果

（15）单击【注塑模具向导】选项卡中的【注塑模工具】面板上的【包容体】按钮，弹出【包容体】对话框，选择【块】类型，“偏置”设置为 1，选择图 11.37 所示的面，单击【确定】按钮，系统自动创建包容体 3，如图 11.38 所示。

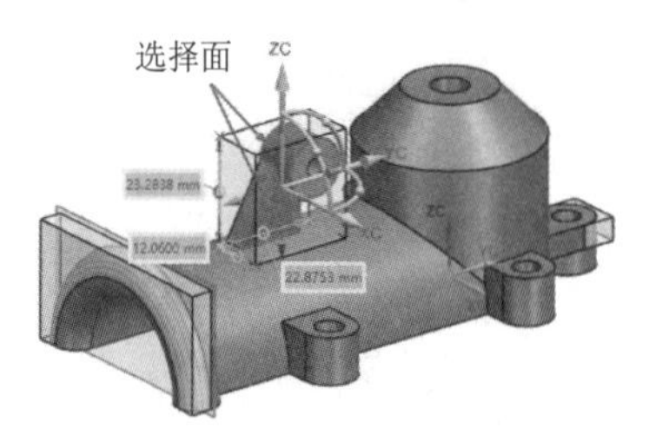

图 11.37　选择面

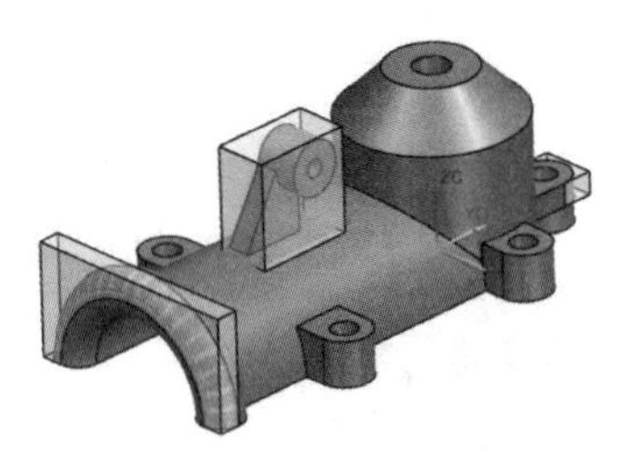
图 11.38　创建包容体 3

（16）单击【注塑模具向导】选项卡中的【注塑模工具】面板上的【更多】下拉列表中的【分割实体】按钮，弹出【分割实体】对话框，选择刚创建的包容体 3 作为目标体，选择图 11.39 所示的面作为工具体，单击【确定】按钮，修剪结果如图 11.40 所示。

（17）单击【主页】选项卡中的【基本】面板上的【减去】按钮，弹出【减去】对话框，选取修剪后的包容体 3 作为目标体，选取产品体作为工具体，完成减去操作，如图 11.41 所示。

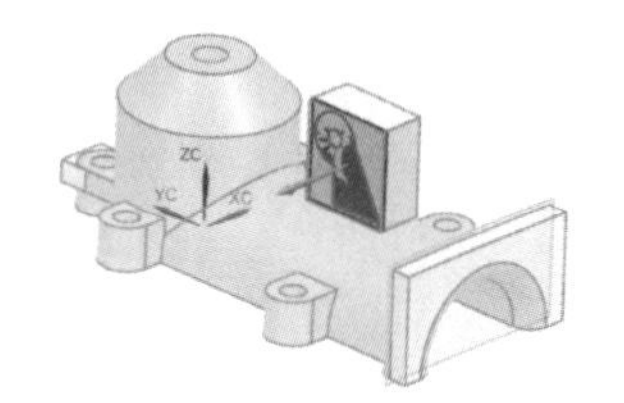
图 11.39　选择面作为工具体

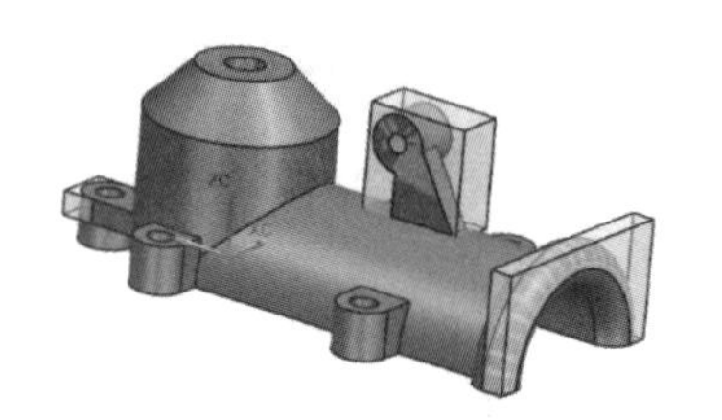
图 11.40　修剪结果

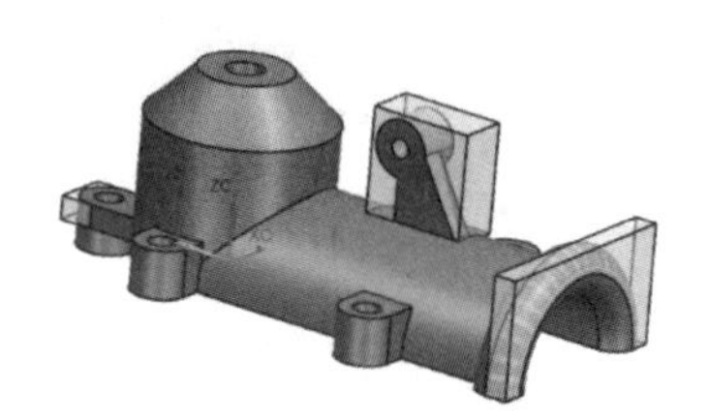
图 11.41　完成减去操作

（18）单击【注塑模向导】选项卡中的【注塑模工具】面板上的【实体补片】按钮，弹出【实体补片】对话框，系统自动选择产品体，选择图 11.42 所示的实体作为补片体。单击【确定】按钮，结果如图 11.43 所示。

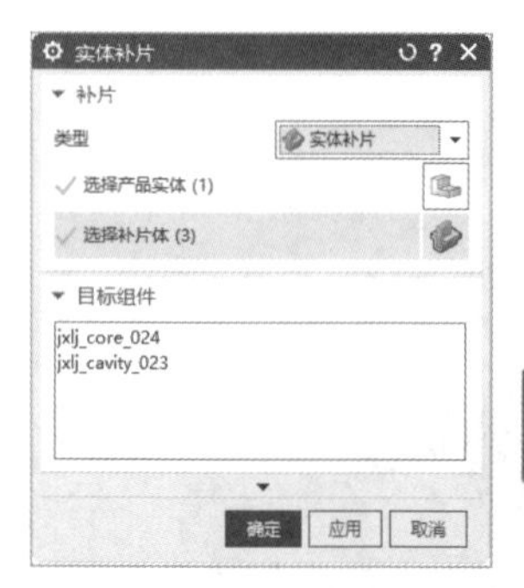

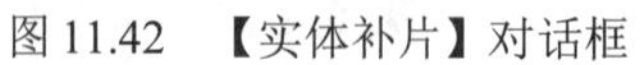
图 11.42　【实体补片】对话框

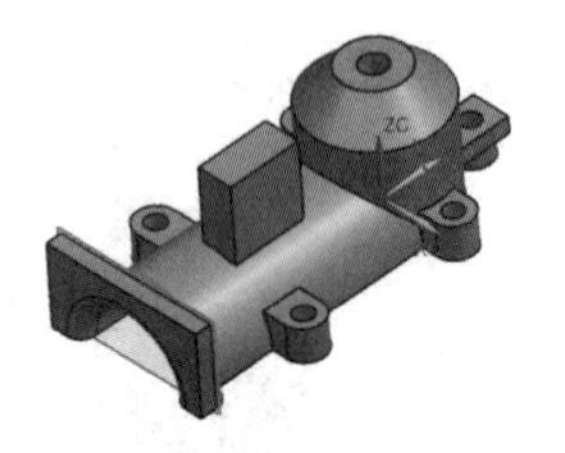
图 11.43　实体补片结果

11.2.2　创建曲面补片

单击【注塑模向导】选项卡中的【分型】面板上的【曲面补片】按钮，弹出【曲面补片】对话框，选择【面】类型，分别选择图 11.44 所示的面，系统自动将所选面上的环添加到环列表框中。选取所有环，单击【确定】按钮，进行曲面补片，曲面补片结果如图 11.45 所示。

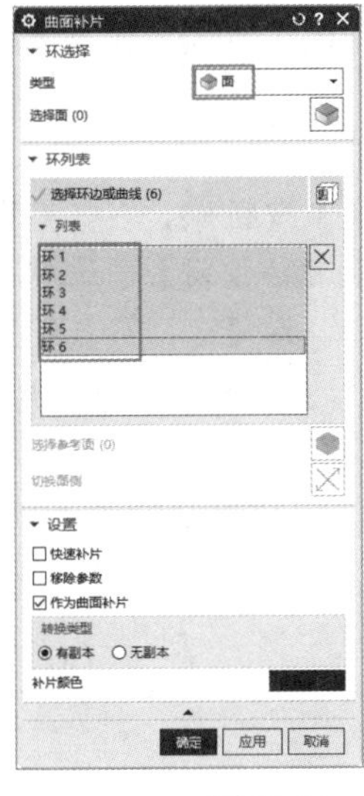

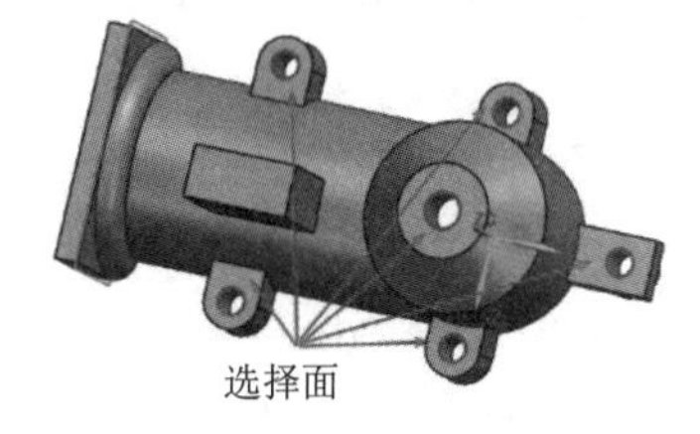

图 11.44　【曲面补片】对话框

图 11.45　曲面补片结果

11.2.3　创建分型面

在创建分型面前需要先创建分型线，由于该产品体的分型线不在一个平面上，所以还需要进行创建分型段操作。

（1）单击【注塑模向导】选项卡中的【分型】面板上的【设计分型面】按钮，弹出图 11.46 所示的【设计分型面】对话框。

（2）单击【编辑分型线】选项组中的【选择分型线】选项，在视图上选择实体的底面边线，选择图 11.47 所示的曲线，单击【确定】按钮，得到的分型线如图 11.48 所示。

图 11.46　【设计分型面】对话框

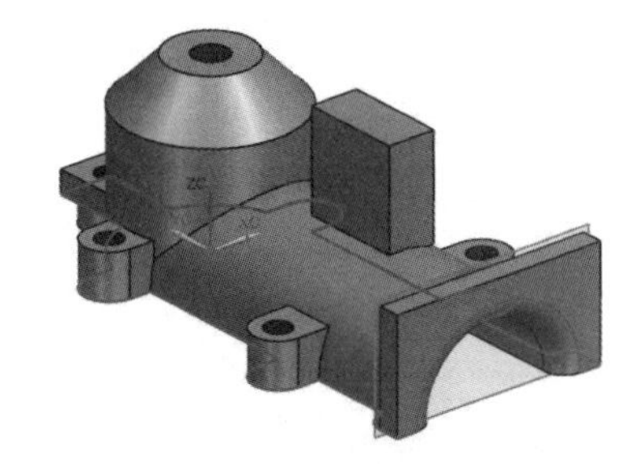

图 11.47　曲线的选择

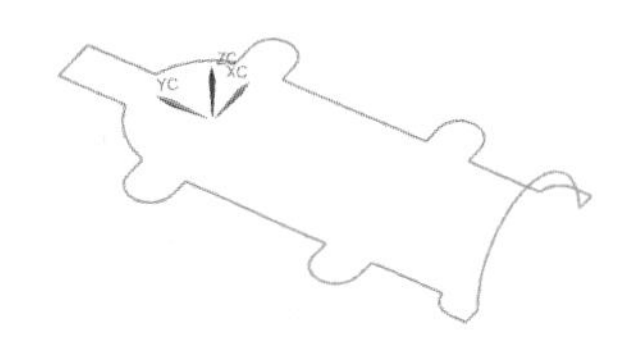

图 11.48　得到的分型线

（3）单击【注塑模向导】选项卡中的【分型】面板上的【设计分型面】按钮，弹出【设计分型面】对话框，单击【编辑分型段】选项组中的【选择分型或引导线】选项，在图 11.49 所示的位置创建引导线，单击【确定】按钮。

（4）单击【注塑模向导】选项卡中的【分型】面板上的【设计分型面】按钮，在弹出的【设计分型面】对话框的【分型段】中选择【段 1】，如图 11.50 所示。在【创建分型面】中选中【有界平面】选项，采用默认方向，选中【调整所有方向的大小】复选框，拖动【V 向终点百分比】标志调整分型面的大小，单击【应用】按钮。

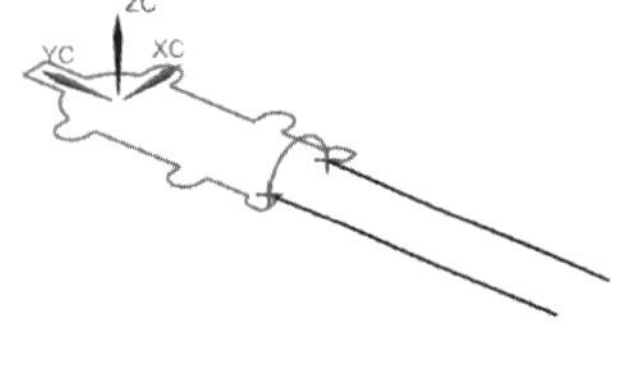

图 11.49　创建引导线

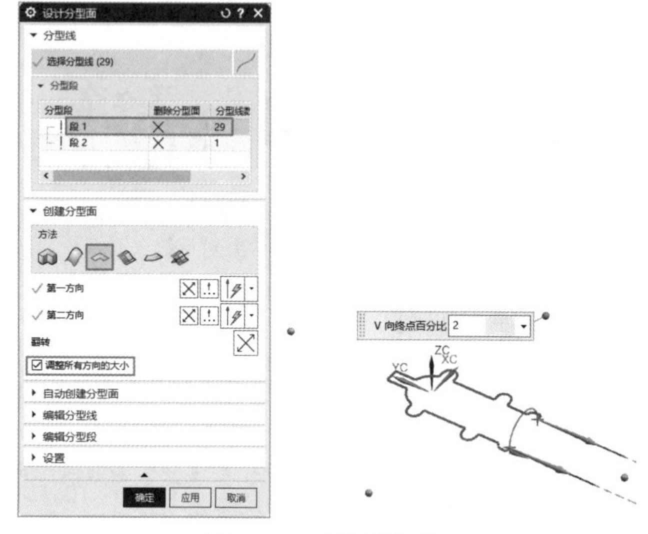

图 11.50　选择【段 1】

（5）在【设计分型面】对话框的【分型段】中选择【段 2】，在【创建分型面】中选中【拉伸】选项，选择-YC 轴作为其拉伸方向，拖动【延伸距离】标志调整拉伸距离，如图 11.51 所示。单击【确定】按钮，分型面效果如图 11.52 所示。

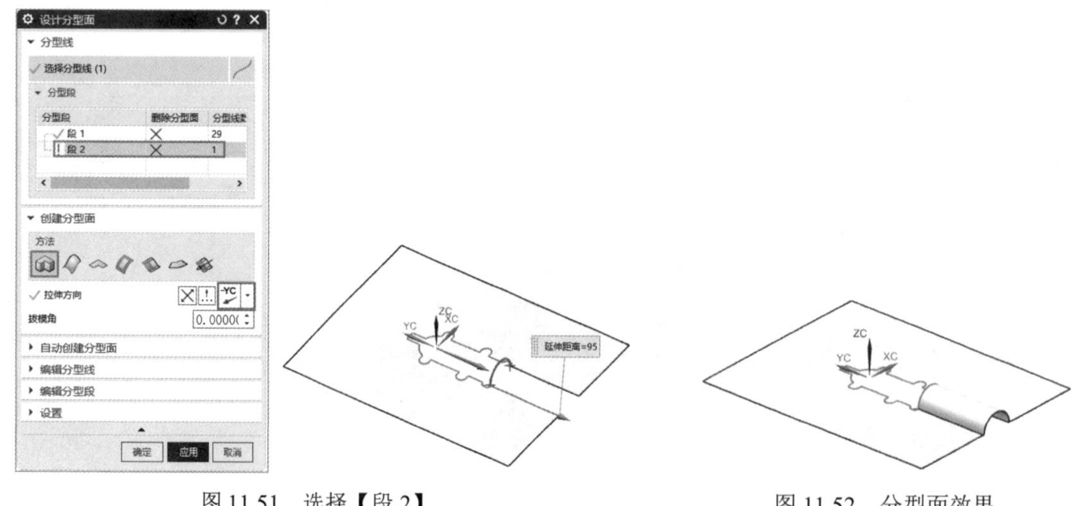

图 11.51　选择【段 2】

图 11.52　分型面效果

11.2.4　创建型腔和型芯

（1）单击【注塑模向导】选项卡中的【分型】面板上的【检查区域】按钮，弹出【检查区域】对话框，设置【指定脱模方向】为 ZC，在【计算】选项组中单击【保留现有的】单选按钮，如图 11.53 所示，单击【计算】按钮。

（2）单击【区域】选项卡，如图 11.54 所示，显示有 18 个未定义区域。在视图中选择 6 个圆柱面定义为型芯区域，如图 11.55 所示。将其他未定义的区域定义为型腔区域，单击【确定】按钮，可以看到型腔区域（37）与型芯区域（17）的和等于总区域（54）。

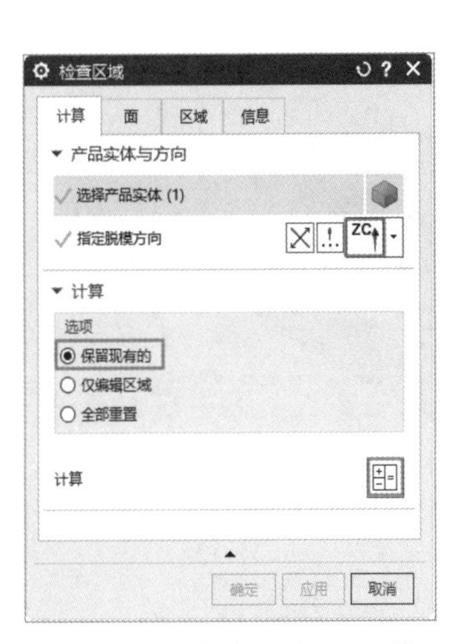

图 11.53　【检查区域】对话框

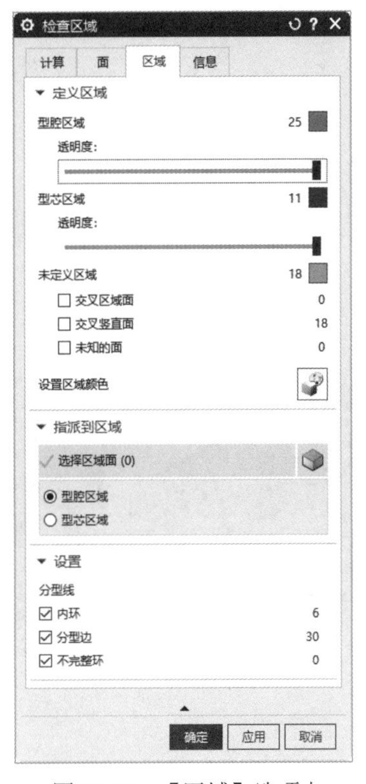

图 11.54　【区域】选项卡

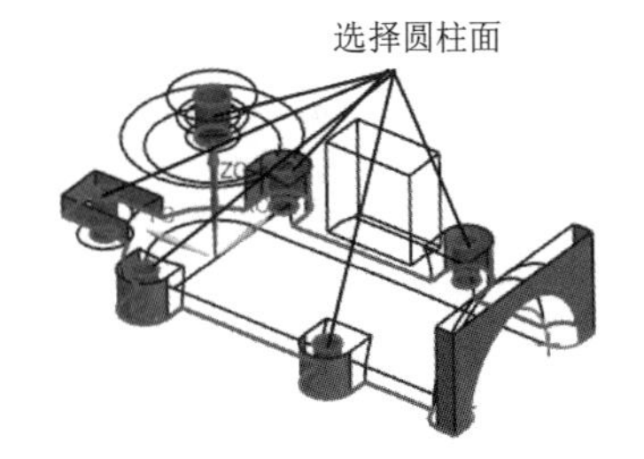

图 11.55　选中圆柱面

（3）单击【注塑模向导】选项卡中的【分型】面板上的【定义区域】按钮，弹出【定义区域】对话框，如图 11.56 所示，选择【所有面】选项，选中【创建区域】复选框，单击【确定】按钮。

（4）单击【注塑模向导】选项卡中的【分型】面板上的【定义型腔和型芯】按钮，弹出图 11.57 所示的【定义型腔和型芯】对话框。将【缝合公差】设置为 0.1，选择【所有区域】选项，单击【确定】按钮，如图 11.58 所示。

（5）选择【文件】→【保存】→【全部保存】命令，保存完成的所有数据。

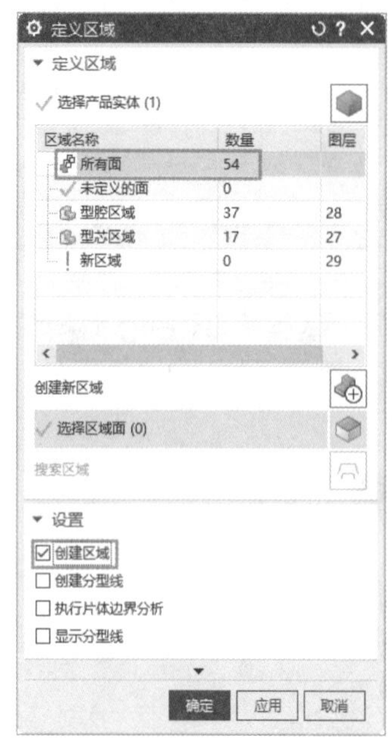

图 11.56　【定义区域】对话框

图 11.57　【定义型腔和型芯】对话框

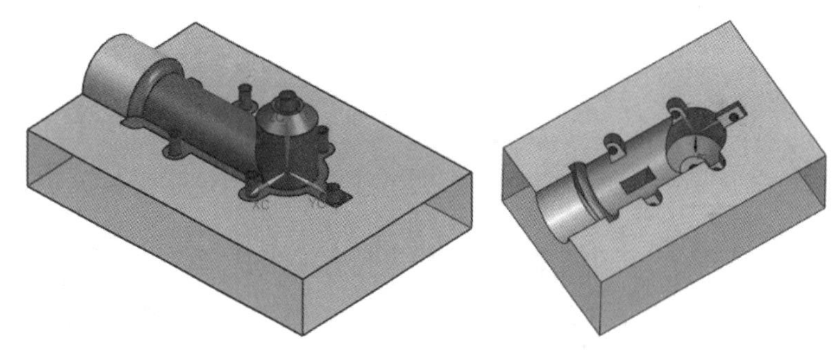

图 11.58　创建的型芯和型腔

扫一扫，看视频

11.3　辅助系统设计

11.3.1　添加模架和标准件

（1）单击【注塑模向导】选项卡中的【主要】面板上的【模架库】按钮，弹出【重用库】对话框和【模架库】对话框。在【重用库】对话框的【文件夹视图】列表中选择 LKM_SG 模架，在【成员选择】列表中选择 A，在【参数】选项组中设置 index 为 4050，修改 AP_h 为 130、BP_h 为 70，如图 11.59 所示。单击【确定】按钮，分别切换到前视图和正等侧视图，模架效果如图 11.60 所示。

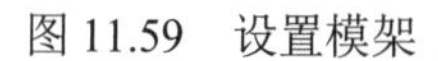
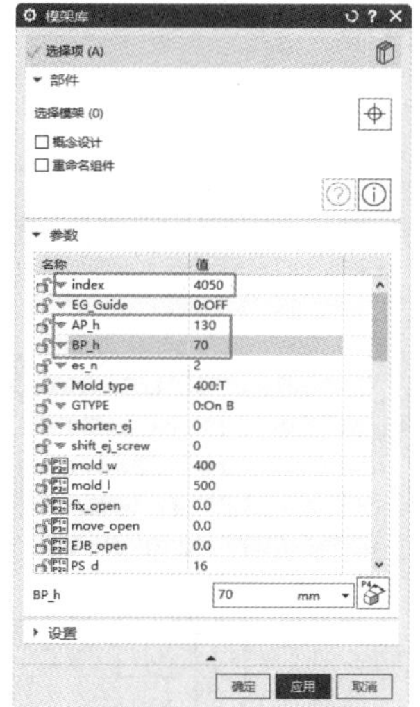

图 11.59 设置模架

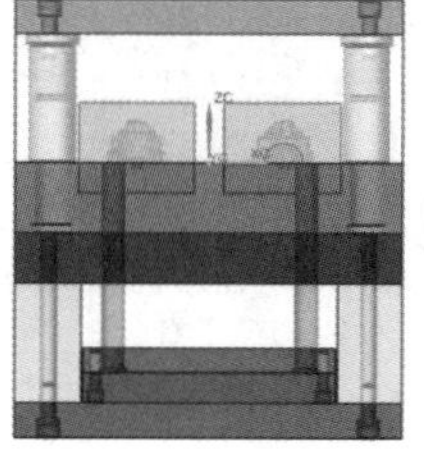
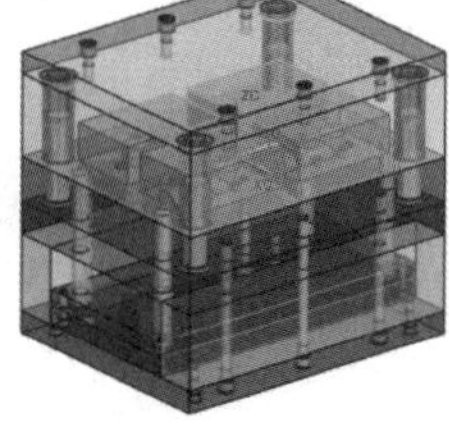

图 11.60 模架效果

（2）单击【注塑模向导】选项卡中的【主要】面板上的【标准件库】按钮，弹出【重用库】对话框和【标准件管理】对话框，选择【文件夹视图】列表中的 FUTABA_MM→Locating Ring Interchangeable，在【成员选择】列表中选择 Locating Ring，在【参数】选项组中设置 TYPE 为 M-LRB、DIAMETER 为 100，其他采用默认设置，如图 11.61 所示。单击【应用】按钮，加入定位环，如图 11.62 所示。

图 11.61 定位环设置

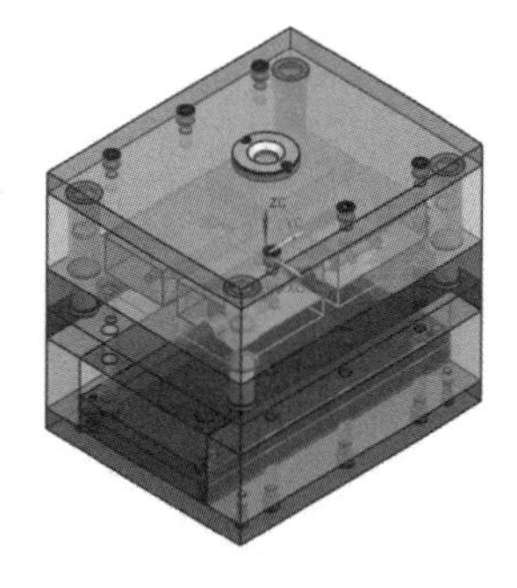

图 11.62 加入定位环

（3）在【文件夹视图】中选择 FUTABA_MM→Sprue Bushing，在【成员选择】列表中选择 Sprue Bushing，并在【参数】选项组中设置 CATALOG 为 M-SBJ、CATALOG_DIA 为 25、TAPER 为 1、CONE_DIA 为 15.9、CATALOG_LENGTH 为 150，如图 11.63 所示。单击【确定】按钮，将主流道加入模具装配中，如图 11.64 所示。

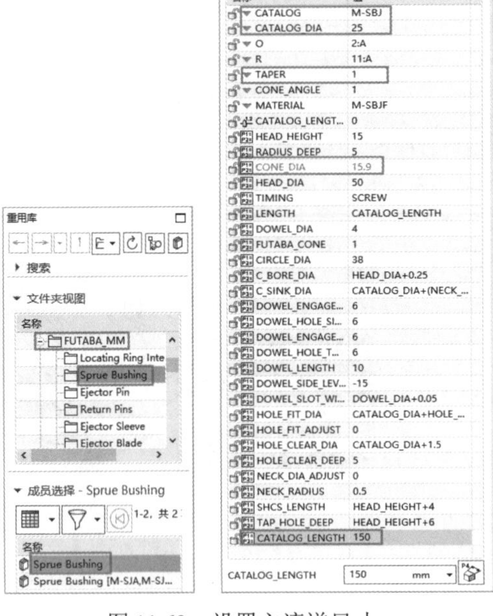

图 11.63　设置主流道尺寸

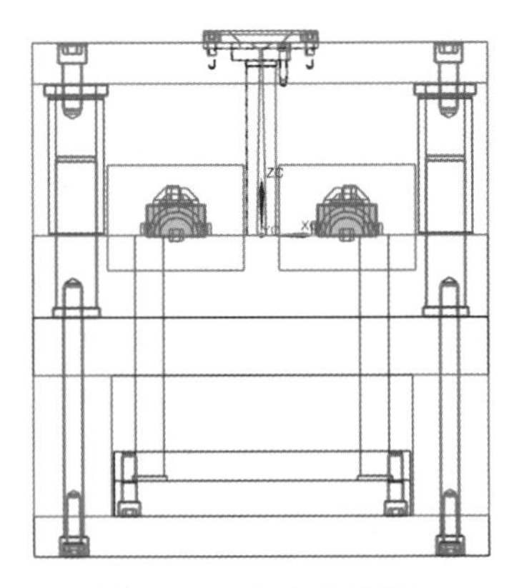

图 11.64　加入主流道

11.3.2　顶出系统设计

（1）隐藏模架。单击【注塑模向导】选项卡中的【主要】面板上的【标准件库】按钮，在弹出的【重用库】对话框的【文件夹视图】列表中选择 FUTABA_MM→Ejector Pin，在【成员选择】列表中选择 Ejector Pin Straight[EJ,EH,EQ,EA]，在【参数】选项组中设置 CATALOG_DIA 为 3.0、CATALOG_LENGTH 为 250，如图 11.65 所示，单击【确定】按钮。

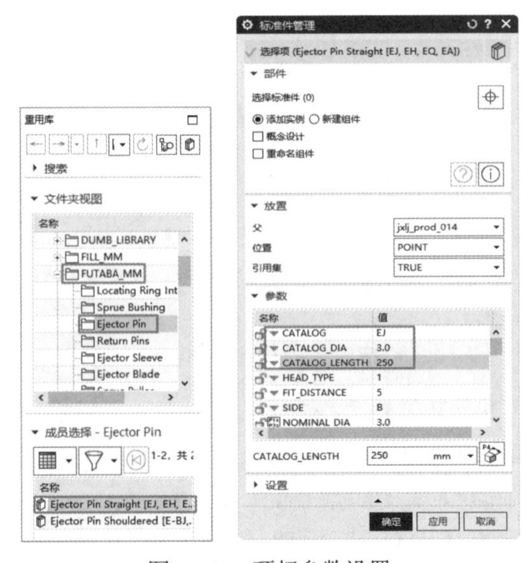

图 11.65　顶杆参数设置

（2）弹出【点】对话框，如图 11.66 所示。依次设置基点坐标为（55,50,0）、（95,50,0）、（57,103,0）、（93,103,0）、（75,152,0）（注意：坐标点必须位于工作件上），单击【确定】按钮。单击【取消】按钮退出【点】对话框，放置顶杆效果如图 11.67 所示。

图 11.66　【点】对话框

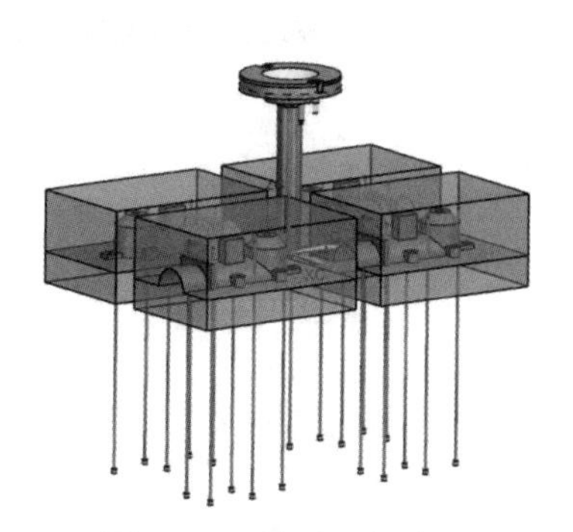

图 11.67　放置顶杆效果

ⓘ 注意

由于后续采用了斜顶杆，它有助于制件的成型，同时还能起到顶出制件的作用。因此，只有前半部分使用了顶杆。

（3）单击【注塑模向导】选项卡中的【主要】面板上的【顶杆后处理】按钮，弹出【顶杆后处理】对话框，选择【修剪】类型，在【目标】中选择步骤（2）创建的待处理的顶杆，采用型芯片体进行修剪，如图 11.68 所示，单击【确定】按钮，完成对顶杆的剪切，如图 11.69 所示。

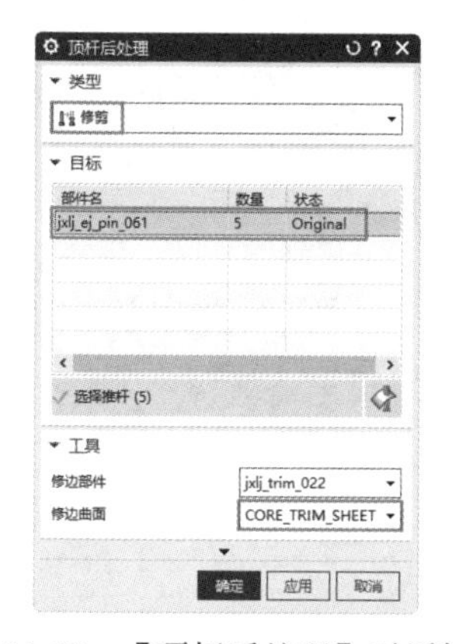

图 11.68　【顶杆后处理】对话框

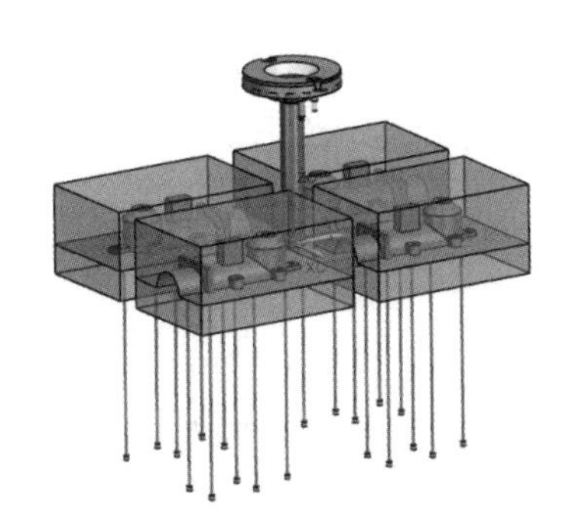

图 11.69　顶杆后处理效果

ⓘ 注意

由于 UG NX 系统具有自动跟踪性，只要在基准型芯中修剪顶杆，其余的相同型芯即可自动完成相应顶杆的修剪。

11.3.3　滑块设计

（1）在【装配导航器】中选中 jxlj_prod_014×4，右击，在弹出的快捷菜单中选择【在窗口中打开】命令，打开 jxlj_prod_014.prt 窗口，隐藏顶杆。

（2）单击【分析】选项卡中的【测量】面板上的【测量】按钮，弹出【测量】对话框，选取图 11.70 所示的两个面，测量两个面之间的最小距离为 51.4550，单击【确定】按钮，关闭对话框。

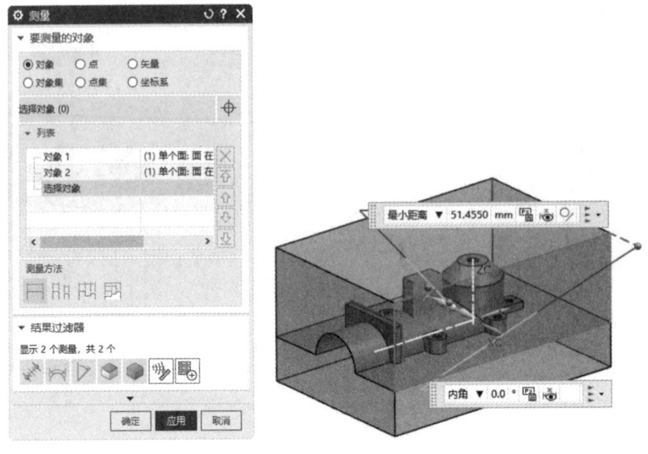

图 11.70　【测量】对话框

（3）选择【菜单】→【格式】→WCS→【原点】命令，弹出【点】对话框，选择图 11.71 所示的边线中点作为 WCS 坐标系的原点，单击【确定】按钮，结果如图 11.72 所示。

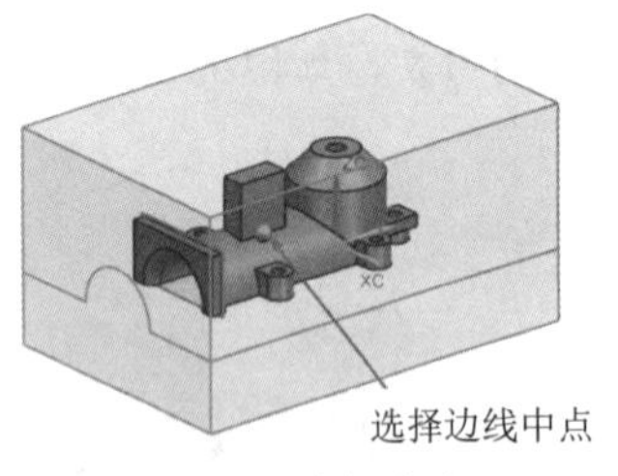

图 11.71　选择中点

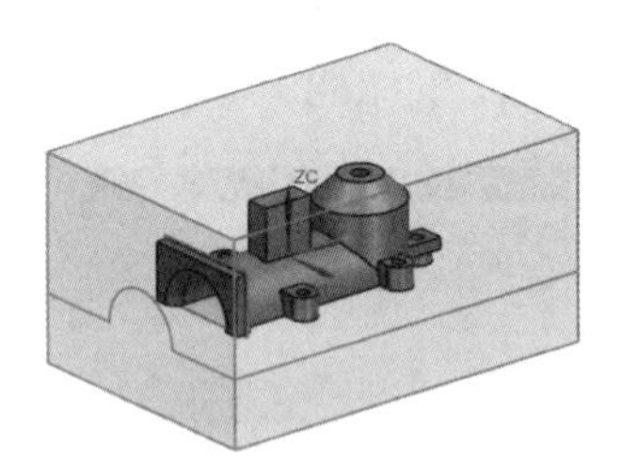

图 11.72　定义坐标原点

（4）选择【菜单】→【格式】→WCS→【原点】命令，弹出【点】对话框，在 XC 输入框中输入 51.4550，如图 11.73 所示。单击【确定】按钮，结果如图 11.74 所示。

图 11.73　【点】对话框

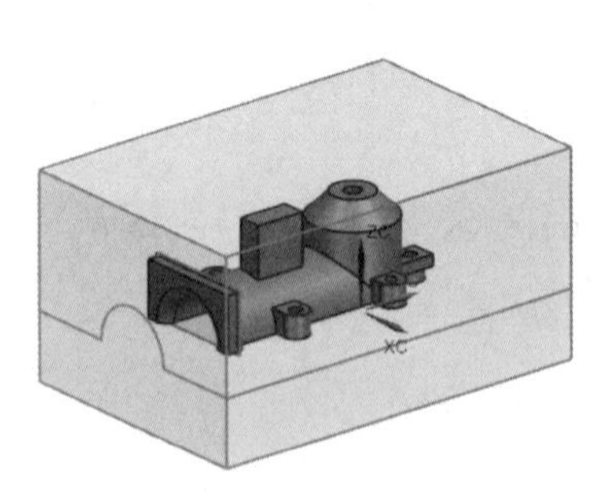

图 11.74　移动坐标原点

（5）选择【菜单】→【格式】→WCS→【旋转】命令，弹出【旋转 WCS 绕...】对话框，单击【+ZC 轴：XC-->YC】单选按钮，输入旋转角度为 90，如图 11.75 所示。单击【确定】按钮，结果如图 11.76 所示。

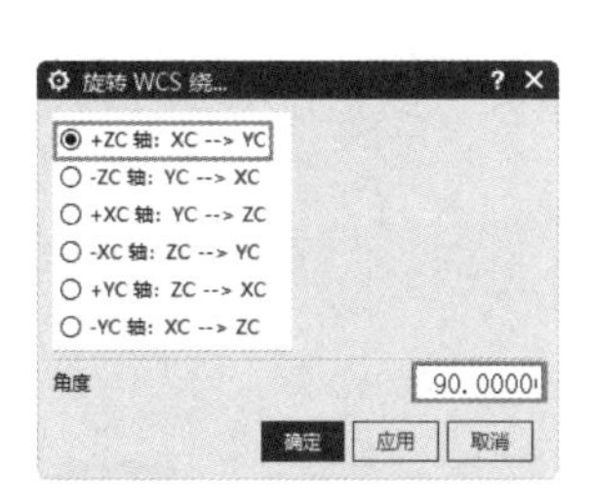

图 11.75　【旋转 WCS 绕...】对话框

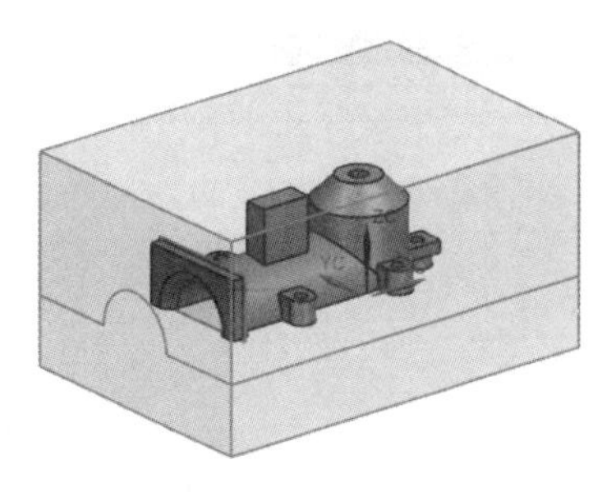

图 11.76　旋转坐标系

（6）在【装配导航器】中选中 jxlj_prod_014，右击，在弹出的快捷菜单中选择【设为工作部件】命令，将其设为工作部件。

（7）单击【注塑模向导】选项卡中的【主要】面板上的【滑块和斜顶杆库】按钮，弹出【重用库】和【滑块和斜顶杆设计】对话框，在【文件夹视图】列表中选择 SLIDE_LIFT→Slide，在【成员选择】列表中选择 Single Cam-pin Slide，设置 slide_top 为 55，如图 11.77 所示。单击【确定】按钮，系统自动加载滑块，结果如图 11.78 所示。

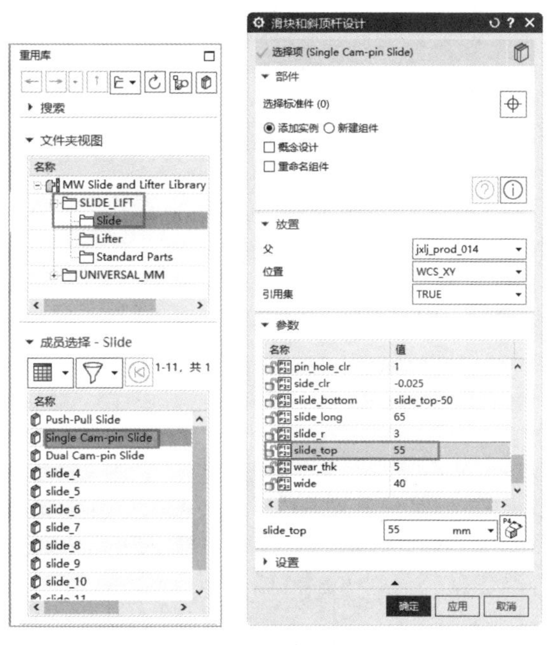

图 11.77　定义滑块类型和尺寸

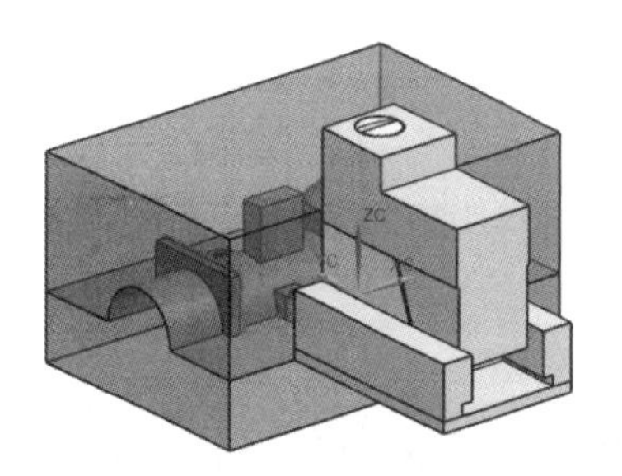

图 11.78　加载滑块

（8）在【装配导航器】中选中 jxlj_cavity_023，右击，在弹出的快捷菜单中选择【设为工作部件】命令，将其设为工作部件。单击【装配】选项卡中的【部件间链接】面板上的【WAVE 几何链接器】按钮，弹出【WAVE 几何链接器】对话框，选择滑块头作为连接对象连接到滑块体上，如

图 11.79 所示，单击【确定】按钮。

（9）在【装配导航器】中选中 jxlj_cavity_023，右击，在弹出的快捷菜单中选择【在窗口中打开】选项，显示部件如图 11.80 所示。

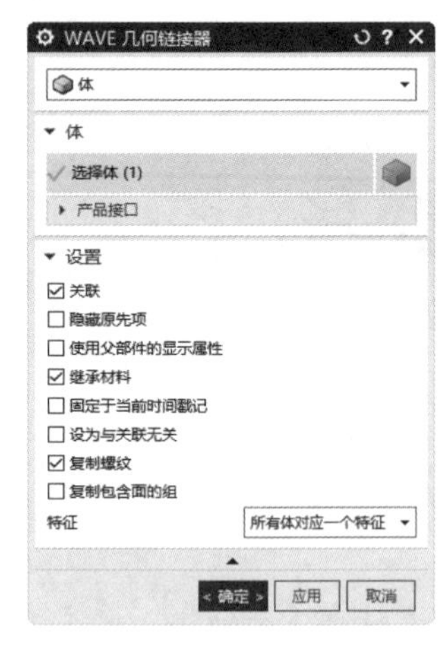

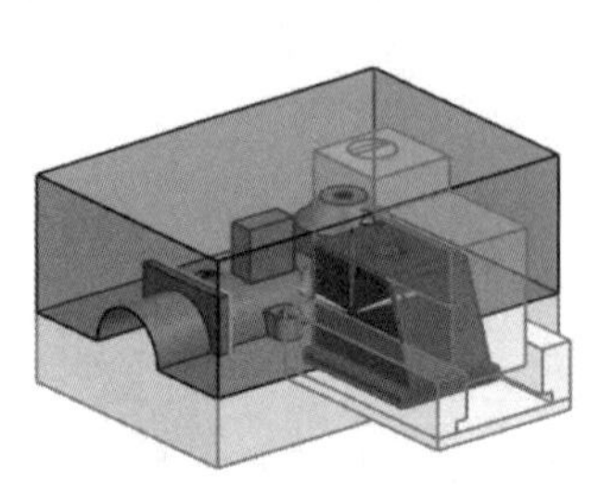

图 11.79 【WAVE 几何链接器】对话框

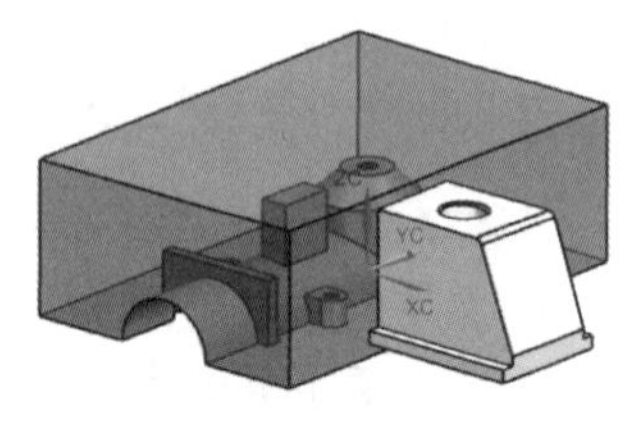

图 11.80 显示的部件

（10）单击【主页】选项卡中的【基本】面板上的【拉伸】按钮，弹出【拉伸】对话框，选取包容体的 4 条边线作为拉伸截面，设置终止方式为【直至延伸部分】，选择图 11.81 所示的面为终止面，在【布尔】下拉列表中选择【合并】，选择滑块作为目标体，单击【确定】按钮，得到拉伸实体，如图 11.82 所示。

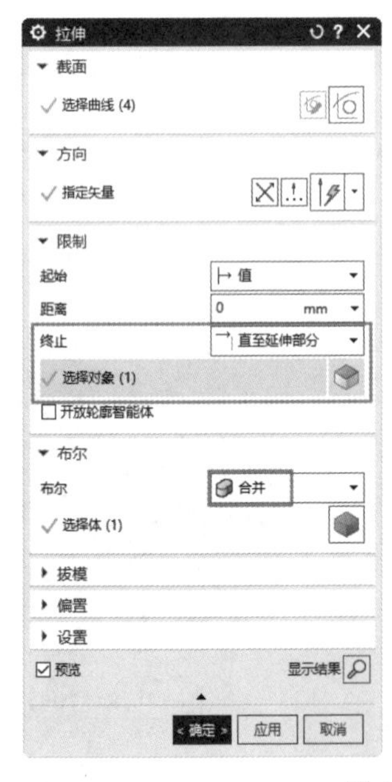

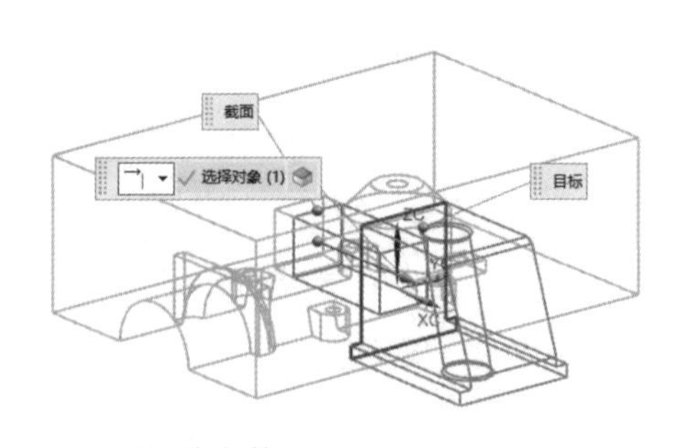

图 11.81 设置拉伸参数

（11）单击【主页】选项卡中的【基本】面板上的【减去】按钮，弹出【减去】对话框，选择

【保存工具】复选框，选择型腔作为目标体，选择滑块作为工具体，单击【减去】对话框中的【确定】按钮，隐藏滑块后效果如图 11.83 所示。

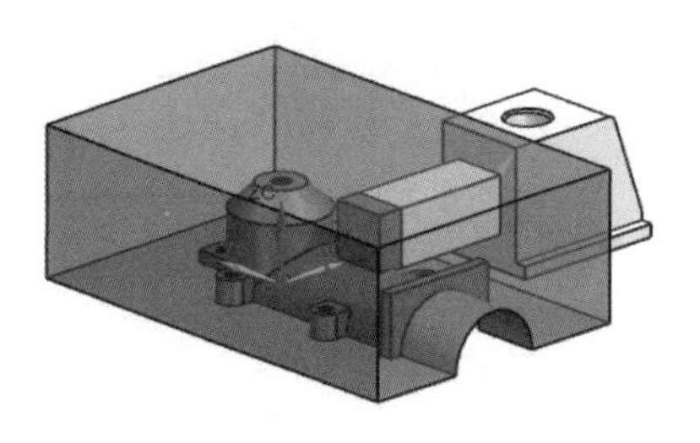

图 11.82　拉伸实体

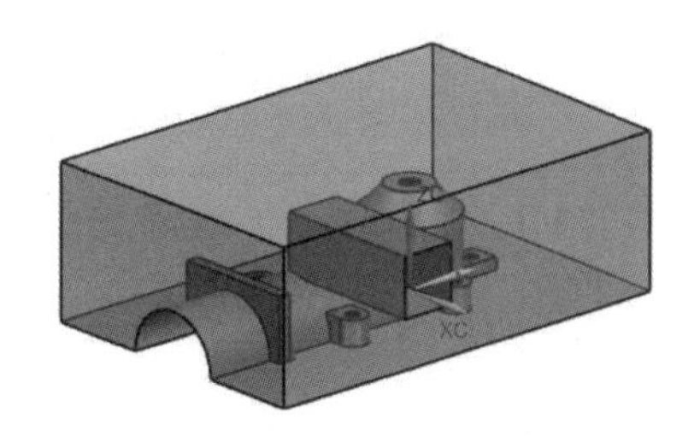

图 11.83　隐藏滑块效果

11.3.4　浇注系统设计

（1）切换到 jxlj_top_000 窗口，只显示图 11.84 所示的部分结构，其余隐藏。

（2）单击【注塑模向导】选项卡中的【主要】面板上的【设计填充】按钮，弹出【重用库】对话框和【设计填充】对话框。在【成员选择】列表中选择 Runner[4]，在【设计填充】对话框中的【参数】选项组中更改 D1 为 8.5、L1 为 80、L 为 100、D 为 8，其他采用默认设置，如图 11.85 所示。

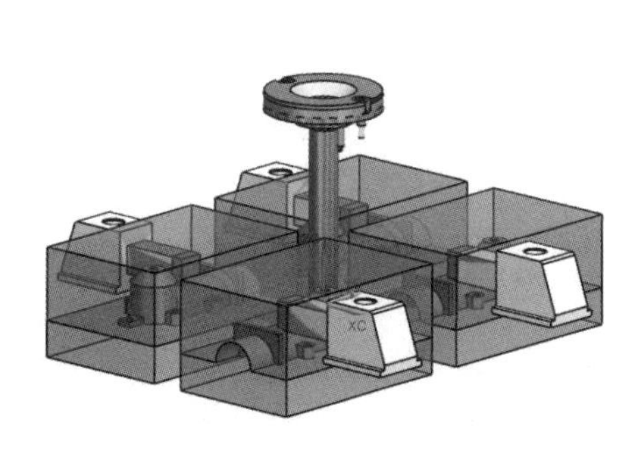

图 11.84　显示部分结构

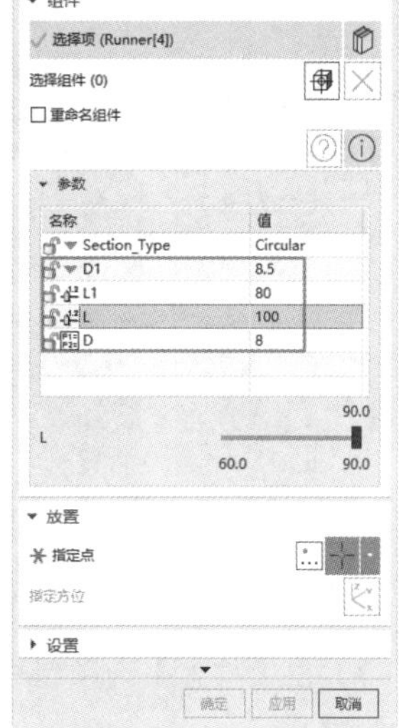

图 11.85　流道设计

（3）单击【点对话框】按钮，弹出【点】对话框，输入坐标点为（0,0,0），单击【确定】按钮，确定坐标原点为流道放置点，如图 11.86 所示。

（4）选取视图中的动态坐标系上的绕 ZC 轴旋转，输入角度为 90°，按 Enter 键，将浇口绕 ZC 轴旋转 180°，如图 11.87 所示。

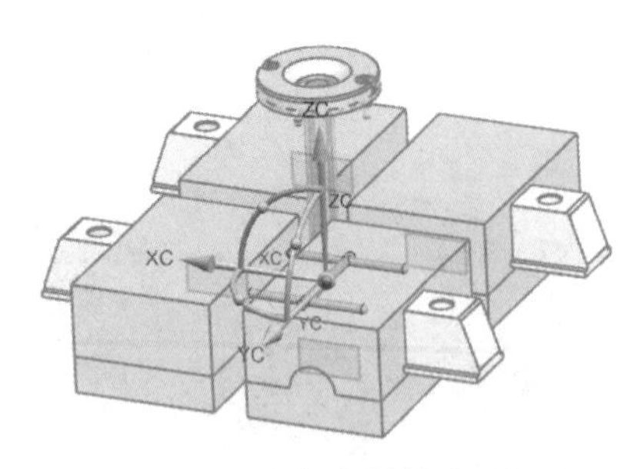

图 11.86 确定流道的放置位置

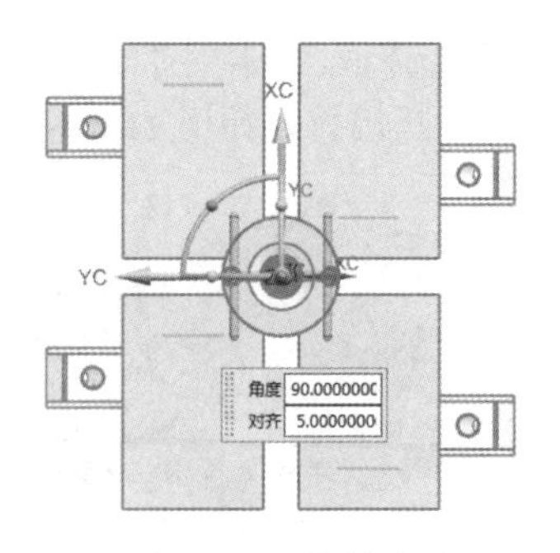

图 11.87 旋转流道

（5）单击【确定】按钮，加入分流道，将定位环和主流道隐藏后如图 11.88 所示。

（6）单击【注塑模向导】选项卡中的【主要】面板上的【设计填充】按钮，弹出【重用库】对话框和【设计填充】对话框。在【成员选择】列表中选择 Gate[Side]成员，在【设计填充】对话框中的【参数】选项组中设置 D 为 4、L 为 7，其他采用默认设置，如图 11.89 所示。

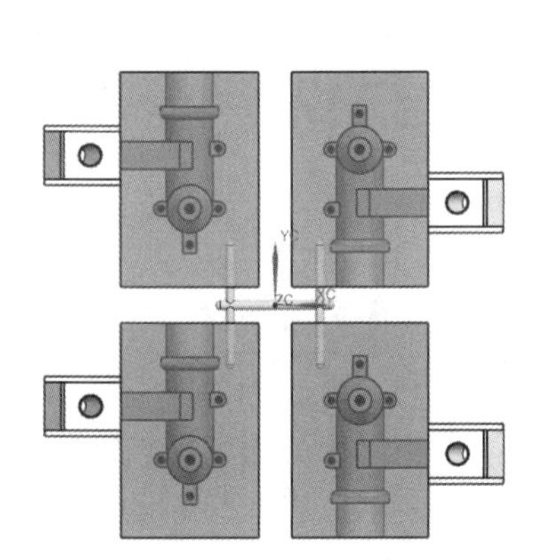
图 11.88 加入分流道效果

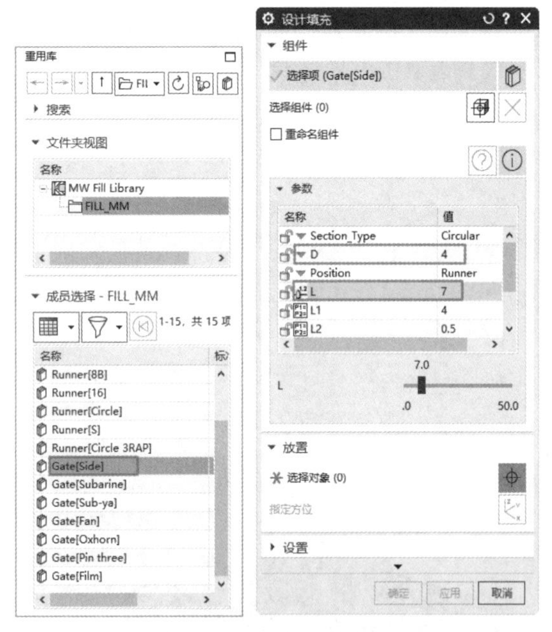

图 11.89 浇口设计

（7）在【放置】选项组中单击【选择对象】图标，捕捉图 11.90 所示流道的圆心作为放置浇口的位置。

（8）选取视图中的动态坐标系上的绕 ZC 轴旋转，输入角度为 180°，按 Enter 键，将浇口绕 ZC 轴旋转 180°，如图 11.91 所示。

（9）单击【确定】按钮，完成一个浇口的创建，如图 11.92 所示，采用相同的方法在另一端创建 L 为 25、D 为 4 的浇口，如图 11.93 所示。同理，创建另一条流道上的浇口，全部浇口如图 11.94 所示。

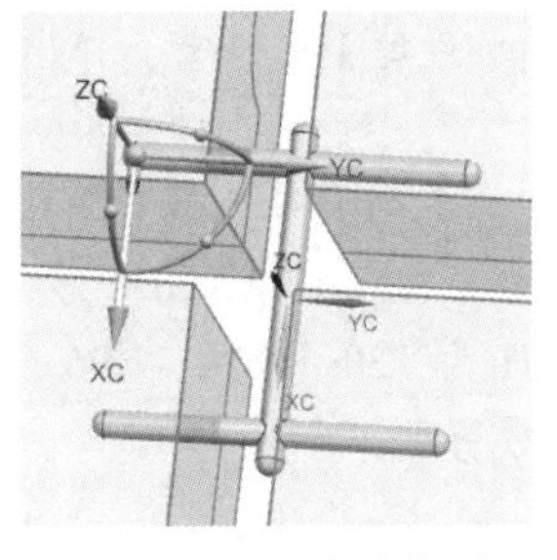

图 11.90　捕捉流道的圆心

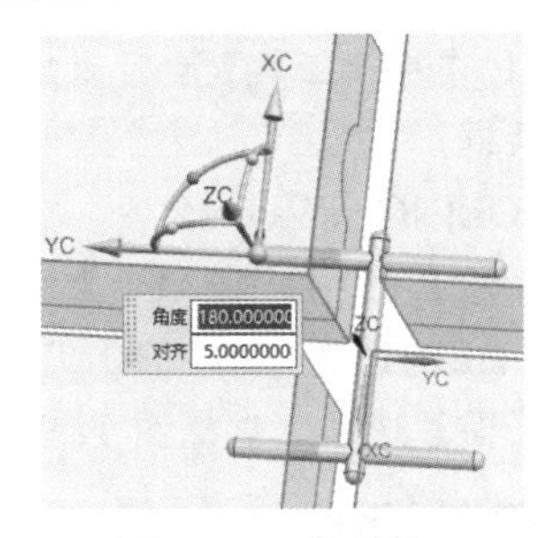

图 11.91　旋转浇口

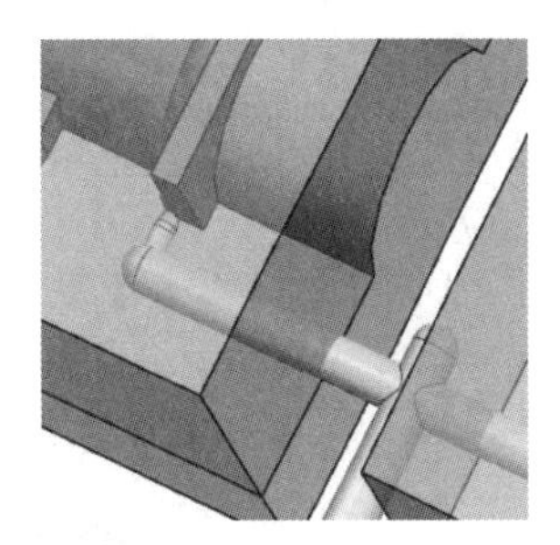
图 11.92　创建浇口 1

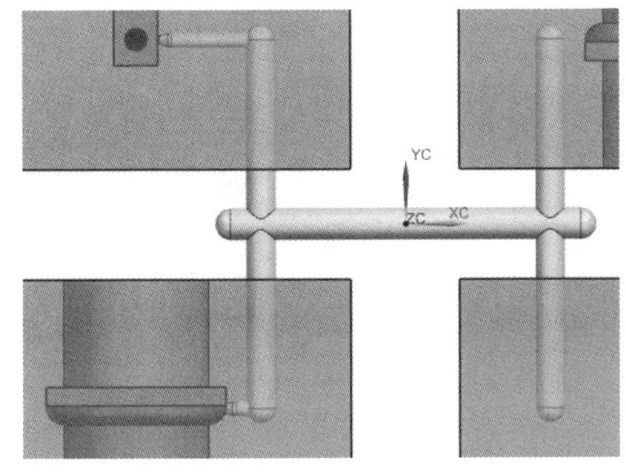

图 11.93　创建浇口 2

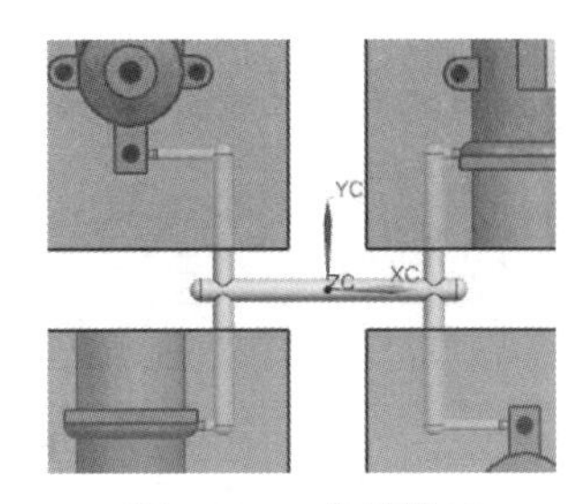

图 11.94　全部浇口

扫一扫，看视频

11.4　冷却系统设计

11.4.1　型腔冷却系统设计

1. 创建型腔冷却水管道 1

（1）根据产品体的特点，考虑把冷却系统开在模架的侧面。为方便操作，隐藏全部部件，只显示型芯、型腔部件，如图 11.95 所示。

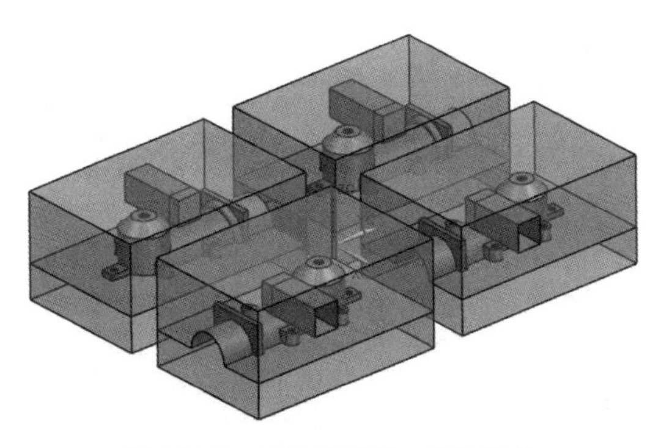
图 11.95　只显示型芯、型腔部件

（2）单击【注塑模向导】选项卡中的【冷却工具】面板上的【冷却标准件库】按钮，弹出【重用库】对话框和【冷却标准件库】对话框。

（3）在【文件夹视图】中选择COOLING→Water选项，在【成员选择】列表中选择COOLING HOLE选项，在【参数】选项组中设置PIPE_THREAD为M10、HOLE_1_TIP_ANGLE为0、HOLE_2_TIP_ANGLE为0、HOLE_1_DEPTH为120、HOLE_2_DEPTH为120，如图11.96所示。

（4）在对话框中单击【选择面或平面】选项，选择图11.97所示的放置面。

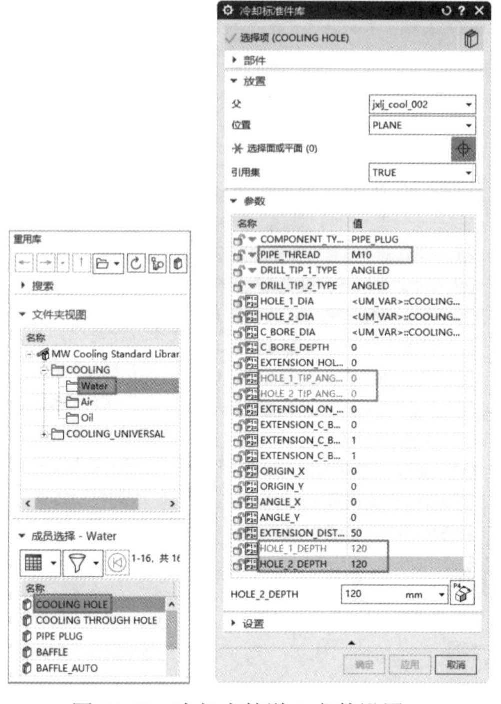

图11.96　冷却水管道1参数设置

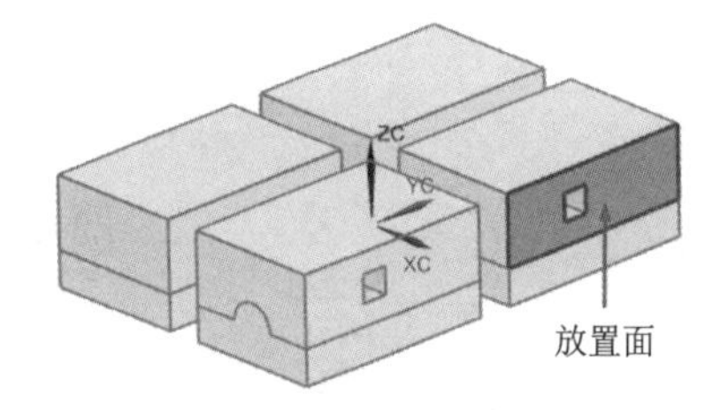

图11.97　选择放置面

（5）单击【确定】按钮，弹出【标准件位置】对话框，单击【点对话框】按钮，弹出【点】对话框，输入坐标为（70,20,0），如图11.98所示。单击【确定】按钮，返回【标准件位置】对话框，设置【X偏置】为0、【Y偏置】为0，如图11.99所示。单击【应用】按钮。

图11.98　【点】对话框

图11.99　【标准件位置】对话框

（6）再单击【点对话框】按钮，弹出【点】对话框，输入坐标为（-280,20,0），单击【确定】按钮，返回到【标准件位置】对话框，设置【X 偏置】为 0、【Y 偏置】为 0，单击【确定】按钮。冷却水管道效果如图 11.100 所示。

（7）单击【注塑模向导】选项卡中的【冷却工具】面板上的【冷却标准件库】按钮，弹出【重用库】对话框和【冷却标准件库】对话框，在【文件夹视图】列表中选择 COOLING→Water 选项，在【成员选择】列表中选择 COOLING HOLE 选项，在【参数】选项组中设置 PIPE_THREAD 为 M10、HOLE_1_TIP_ANGLE 为 0、HOLE_2_TIP_ANGLE 为 0、HOLE_1_DEPTH 为 180、HOLE_2_DEPTH 为 180。

（8）在对话框中单击【选择面或平面】选项，选择图 11.101 所示的平面作为放置面。

（9）单击【确定】按钮，弹出【标准件位置】对话框，单击【点对话框】按钮，弹出【点】对话框，输入坐标为（45,20,0），单击【确定】按钮，返回【标准件位置】对话框，设置【X 偏置】为 0、【Y 偏置】为 0，如图 11.99 所示。单击【应用】按钮。

（10）再单击【点对话框】按钮，弹出【点】对话框，输入坐标为（-195,20,0），单击【确定】按钮，返回【标准件位置】对话框，设置【X 偏置】为 0、【Y 偏置】为 0，单击【确定】按钮，冷却水管道 1 如图 11.102 所示。

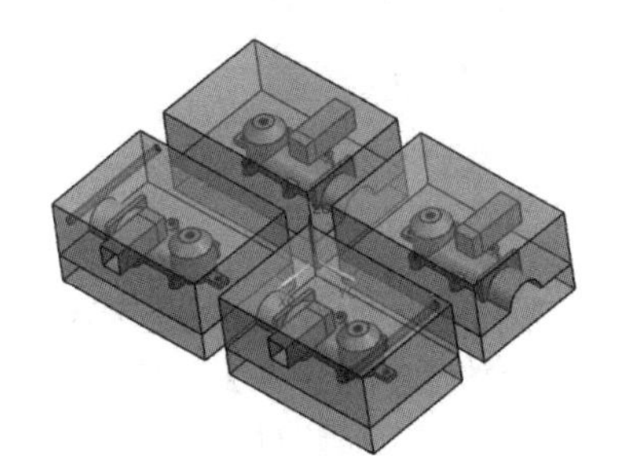

图 11.100　冷却水管道 1 效果

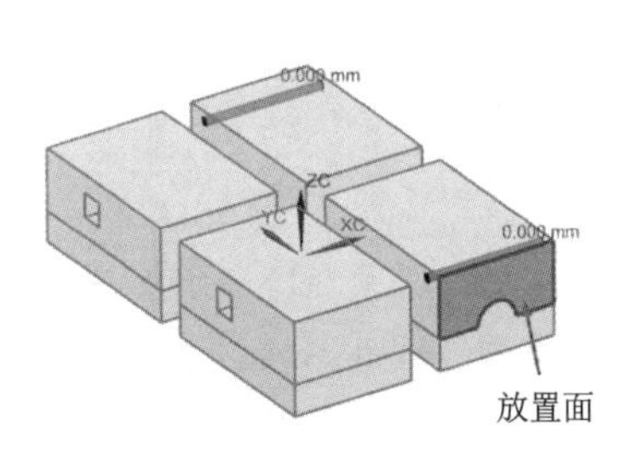

图 11.101　选择放置面（2）

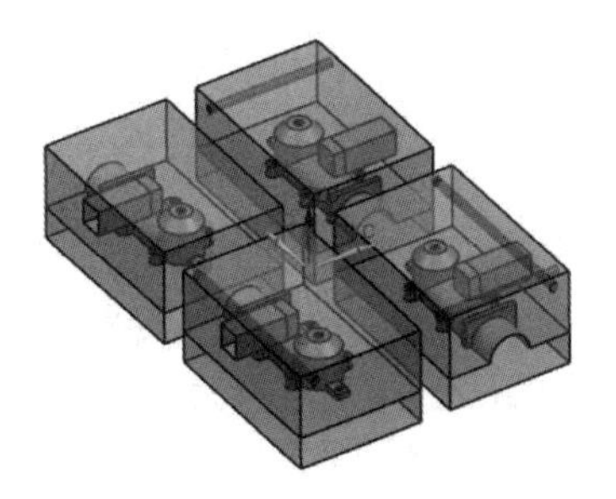

图 11.102　冷却水管道 1

（11）在【装配导航器】中选中 jxlj_cool_hole_085×2，单击【装配】选项卡中的【组件】面板上的【镜像装配】按钮，弹出【镜像装配向导】对话框，如图 11.103 所示。

（12）单击【创建基准平面】按钮，弹出图 11.104 所示的【基准平面】对话框，选择【YC-ZC 平面】类型，输入距离为 0，单击【确定】按钮。

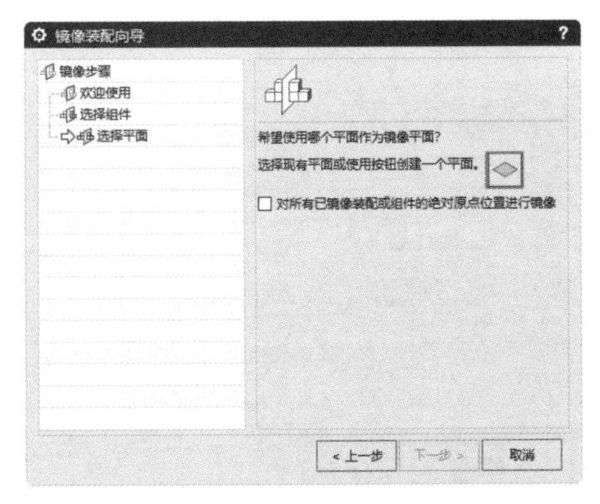

图 11.103　【镜像装配向导】对话框

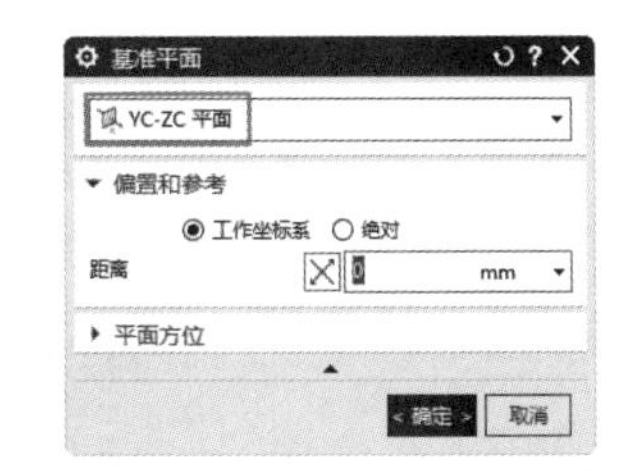

图 11.104　【基准平面】对话框

（13）返回【镜像装配向导】对话框，连续单击【下一步】按钮，直至完成。镜像管道结果如图 11.105 所示。

（14）在【装配导航器】中选中 jxlj_cool_hole_086×2，单击【装配】选项卡中的【组件】面板上的【镜像装配】按钮，弹出【镜像装配向导】对话框。

（15）单击对话框中的【创建基准平面】按钮，弹出【基准平面】对话框，选择【XC-ZC 平面】类型，输入距离为 0，单击【确定】按钮。

（16）返回【镜像装配向导】对话框，连续单击【下一步】按钮，直至完成。镜像管道结果如图 11.106 所示。

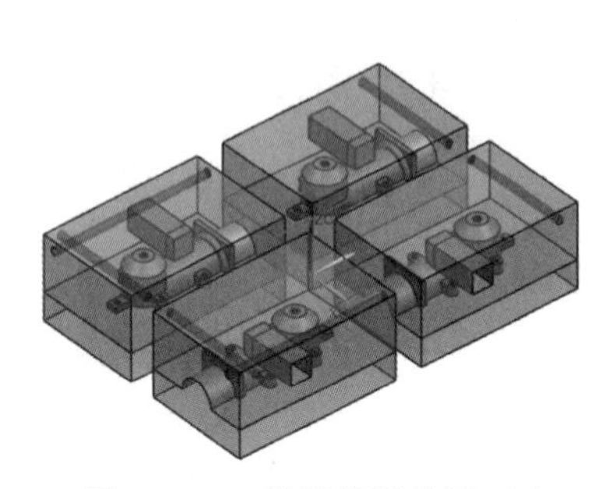

图 11.105　镜像管道结果（1）

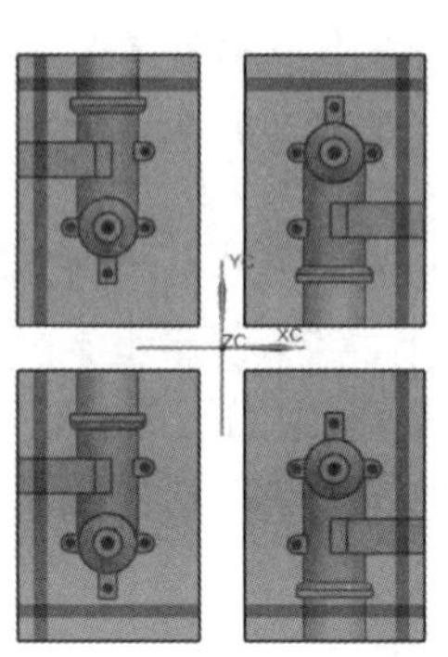

图 11.106　镜像管道结果（2）

2. 创建型腔冷却系统喉塞

（1）为了使型腔的冷却系统定向流动，必须在冷却水管道的端部设置喉塞。为了方便放置喉塞，可以将型芯和型腔隐藏，只显示冷却水管。单击【注塑模向导】选项卡中的【冷却工具】面板上的【冷却标准件库】按钮，弹出【重用库】对话框和【冷却标准件库】对话框，如图 11.107 所示。

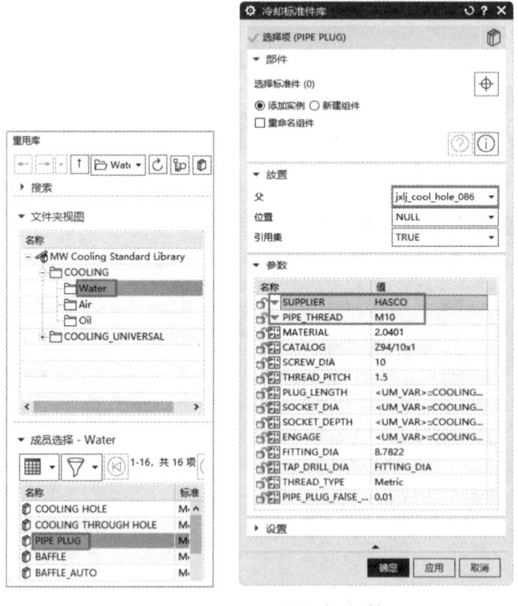

图 11.107　设置喉塞参数

（2）在【文件夹视图】中选择 COOLING→Water 选项，在【成员选择】列表中选择 PIPE PLUG 选项，在【参数】选项组中设置 SUPPLIER 为 HASCO、PIPE_THREAD 为 M10，如图 11.107 所示，单击【确定】按钮，效果如图 11.108 所示。

（3）将 jxlj_cool_hole_085×2 设为工作部件，在 jxlj_cool_hole_085×2 冷却水管上创建相同参数的喉塞，然后将总装配文件设置为工作部件，喉塞效果如图 11.109 所示。

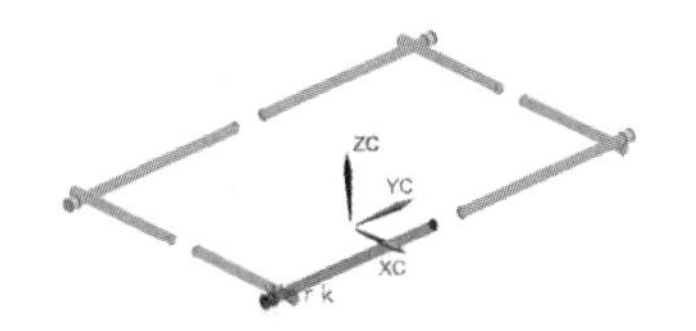

图 11.108　创建喉塞

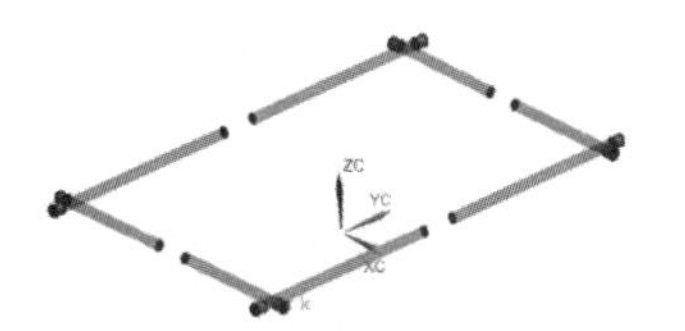

图 11.109　喉塞效果

3. 创建型腔和型芯圆角特征

（1）在【装配导航器】中选中 jxlj_cavity_023，右击，在弹出的快捷菜单中选择【在窗口中打开】命令，打开 jxlj_cavity_023.prt 窗口。

（2）单击【主页】选项卡中的【基本】面板上的【边倒圆】按钮，弹出【边倒圆】对话框，设置半径为 10，选取图 11.110 所示型腔的 4 条棱边进行圆角。单击【确定】按钮，完成型腔的边倒圆特征，如图 11.111 所示。

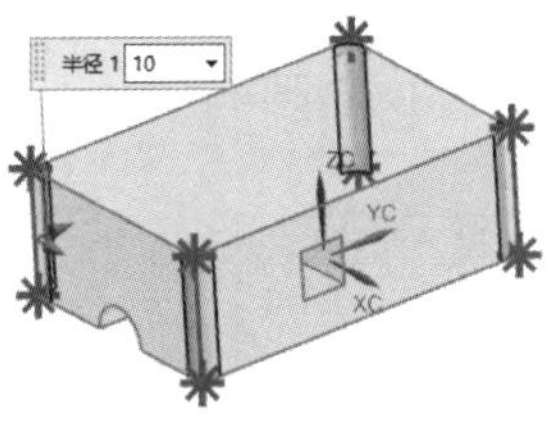

图 11.110　【边倒圆】对话框

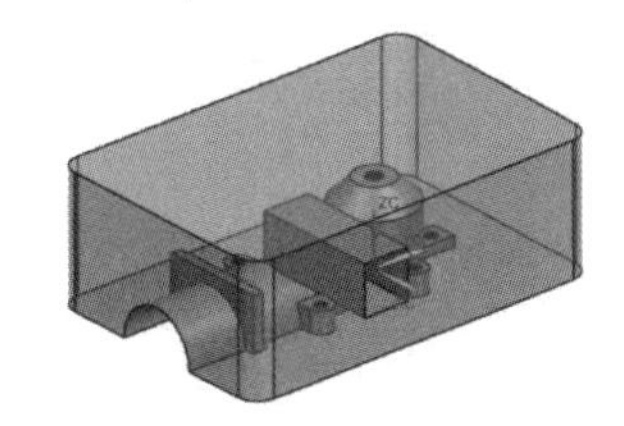

图 11.111　完成型腔的边倒圆特征

（3）同理，创建型芯的边倒圆特征，如图 11.112 所示。

（4）切换到 jxlj_top_000.prt 窗口，显示型芯和型腔，总装图圆角效果如图 11.113 所示。

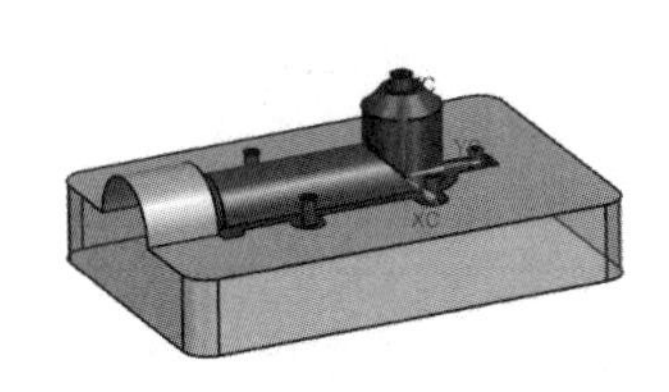

图 11.112　创建型芯的边倒圆特征

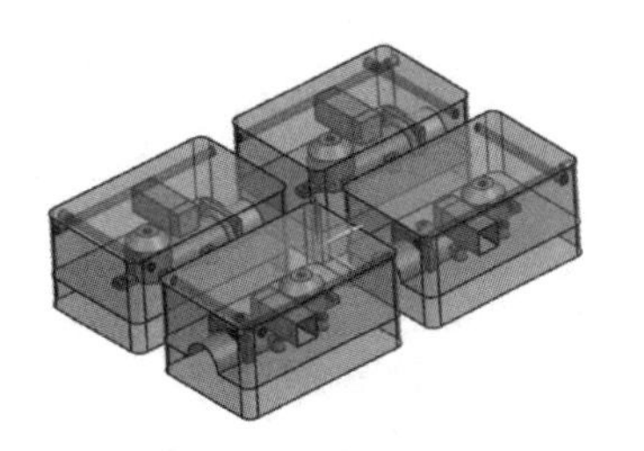

图 11.113　总装图圆角效果

4. 创建A板拉伸特征

（1）隐藏型腔和冷却系统，在【装配导航器】中选中jxlj_a_plate_035，右击，在弹出的快捷菜单中选择【设为工作部件】命令，将A板设置为工作部件，如图11.114所示。

（2）单击【主页】选项卡中的【基本】面板上的【拉伸】按钮，弹出【拉伸】对话框，单击【绘制截面】按钮，弹出【创建草图】对话框，选取图11.115所示的平面作为草绘平面，单击对话框中的【点对话框】按钮，弹出【点】对话框，设置坐标为（0,0,0），单击【确定】按钮，此时坐标系移至草绘平面的中心，如图11.115所示。

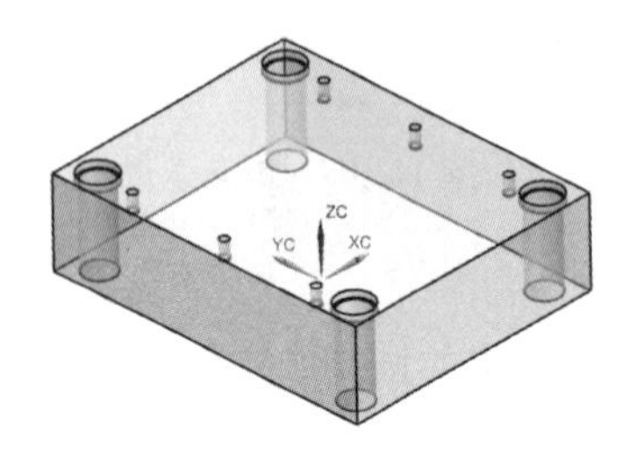

图11.114　将A板设置为工作部件

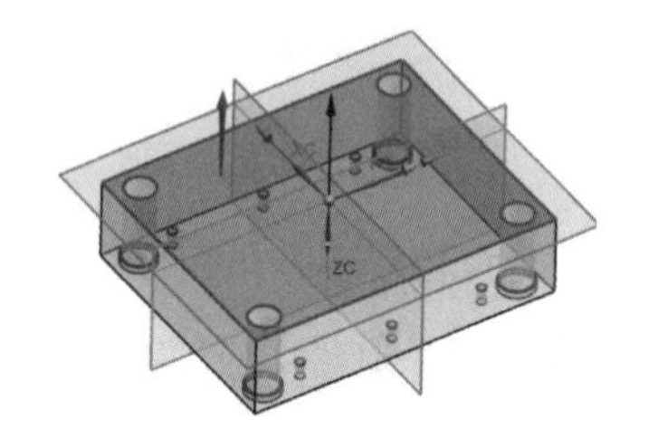

图11.115　草绘平面

（3）单击【确定】按钮，进入草绘界面，绘制图11.116所示的草图。

（4）单击【完成】按钮，返回【拉伸】对话框，单击【反向】按钮，设置拉伸的深度为60，布尔运算设置为减去，减去体为A板，如图11.117所示。单击【确定】按钮，创建拉伸特征，如图11.118所示。

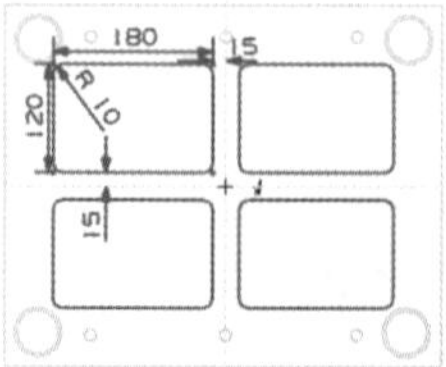

图11.116　绘制草图

图11.117　【拉伸】对话框

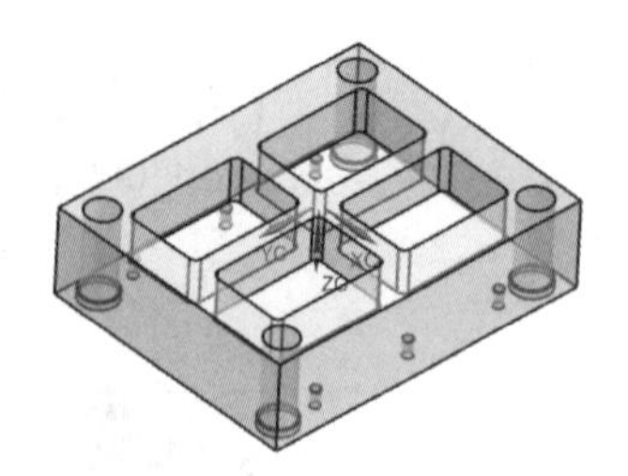

图11.118　创建拉伸特征

5. 创建冷却水管道2

（1）将总装配文件设置为工作部件，显示隐藏的冷却系统，如图11.119所示。

（2）单击【注塑模向导】选项卡中的【冷却工具】面板上的【冷却标准件库】按钮，弹出【重用库】对话框和【冷却标准件库】对话框。

（3）在【文件夹视图】中选择 COOLING→Water 选项，在【成员选择】列表中选择 COOLING HOLE 选项，在【参数】选项组中设置 PIPE_THREAD 为 M10、HOLE_1_TIP_ANGLE 为 118、HOLE_2_TIP_ANGLE 为 118、HOLE_1_DEPTH 为 20、HOLE_2_DEPTH 为 20。

（4）在对话框中单击【选择面或平面】选项，选择图 11.120 所示的平面作为放置面。

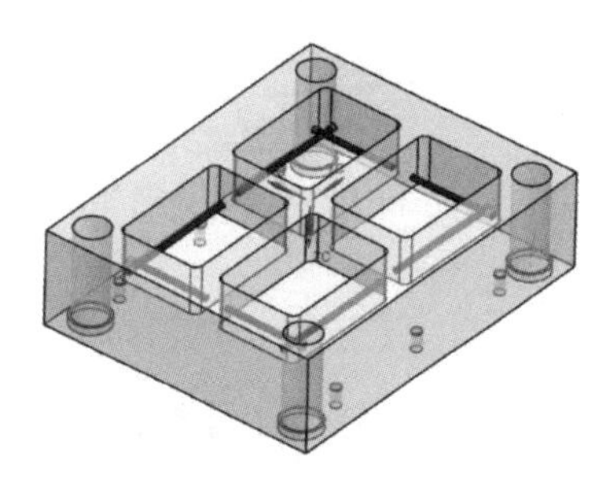

图 11.119 显示冷却系统

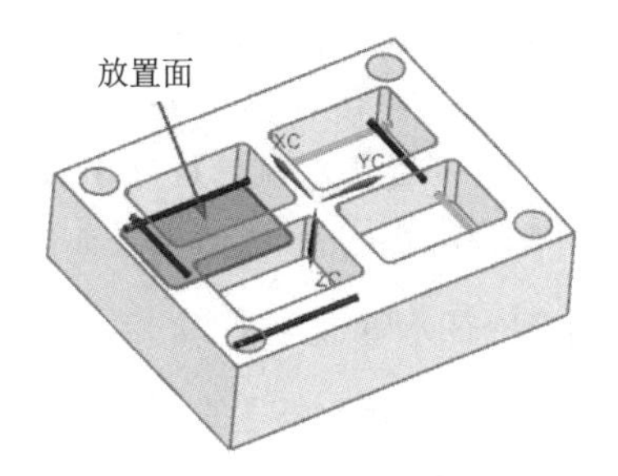

图 11.120 选择放置面（3）

（5）单击【确定】按钮，弹出【标准件位置】对话框，单击【点对话框】按钮，弹出【点】对话框，输入坐标为（35,−70,0），单击【确定】按钮，返回【标准件位置】对话框，设置【X 偏置】为 0、【Y 偏置】为 0，单击【应用】按钮。

（6）再单击【点对话框】按钮，弹出【点】对话框，输入坐标为（115,−70,0），单击【确定】按钮，返回【标准件位置】对话框，设置【X 偏置】为 0、【Y 偏置】为 0，单击【确定】按钮，结果如图 11.121 所示。

（7）在【装配导航器】中选取步骤（6）创建的冷却水管道，右击，在弹出的快捷菜单中选择【编辑工装组件】命令，弹出【冷却标准件库】对话框，单击【翻转方向】按钮，将冷却水管道翻转方向，结果如图 11.122 所示。

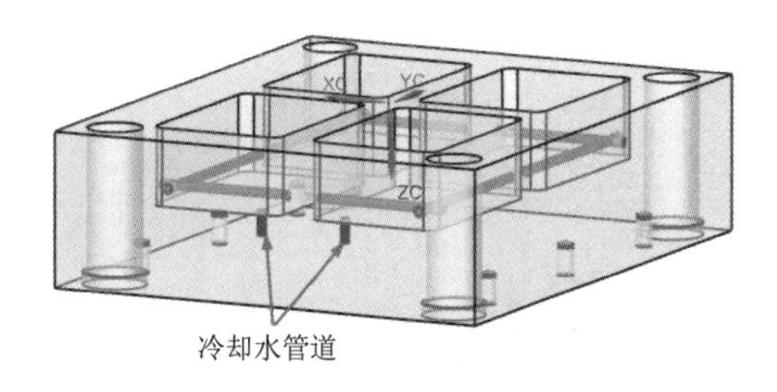

图 11.121 冷却水管道 2 的效果

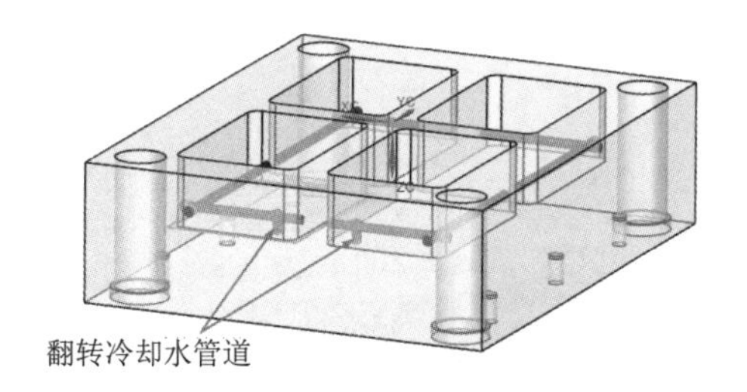

图 11.122 将冷却水管道翻转方向

6. 创建冷却水管道 3

（1）单击【注塑模向导】选项卡中的【冷却工具】面板上的【冷却标准件库】按钮，弹出【重用库】对话框和【冷却组件设计】对话框。

（2）在【文件夹视图】中选择 COOLING→Water 选项，在【成员选择】列表中选择 COOLING HOLE 选项，在【参数】选项组中设置 PIPE_THREAD 为 M10、HOLE_1_TIP_ANGLE 为 118、

HOLE_2_TIP_ANGLE 为 118、HOLE_1_DEPTH 为 30、HOLE_2_DEPTH 为 30。

（3）在对话框中单击【选择面或平面】选项，选择图 11.120 所示的平面作为放置面。

（4）单击【确定】按钮，弹出【标准件位置】对话框，单击【点对话框】按钮，弹出【点】对话框，输入坐标为（35,-70,0），单击【确定】按钮，返回【标准件位置】对话框，设置【X 偏置】为 0、【Y 偏置】为 0，单击【应用】按钮。

（5）再单击【点对话框】按钮，弹出【点】对话框，输入坐标为（115,-70,0），单击【确定】按钮，返回【标准件位置】对话框，设置【X 偏置】为 0、【Y 偏置】为 0，单击【确定】按钮。冷却水管道 3 的效果如图 11.123 所示。

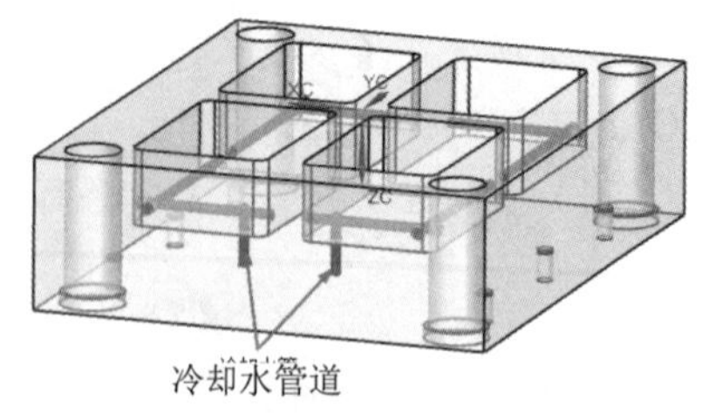

图 11.123　冷却水管道 3 的效果

7．创建冷却水管道 4

（1）单击【注塑模向导】选项卡中的【冷却工具】面板上的【冷却标准件库】按钮，弹出【重用库】对话框和【冷却组件设计】对话框。

（2）在【文件夹视图】列表中选择 COOLING→Water 选项，在【成员选择】列表中选择 COOLING HOLE 选项，在【参数】选项组中设置 PIPE_THREAD 为 M10、HOLE_1_TIP_ANGLE 为 118、HOLE_2_TIP_ANGLE 为 118、HOLE_1_DEPTH 为 80、HOLE_2_DEPTH 为 80。

（3）在对话框中单击【选择面或平面】选项，选择图 11.124 所示的平面作为放置面。

（4）单击【确定】按钮，弹出【标准件位置】对话框，单击【点对话框】按钮，弹出【点】对话框，输入坐标为（40,30,0），单击【确定】按钮，返回【标准件位置】对话框，设置【X 偏置】为 0、【Y 偏置】为 0，单击【应用】按钮。

（5）再单击【点对话框】按钮，弹出【点】对话框，输入坐标为（-40,30,0），单击【确定】按钮，返回【标准件位置】对话框，设置【X 偏置】为 0、【Y 偏置】为 0，单击【确定】按钮。冷却水管道 4 的效果如图 11.125 所示。

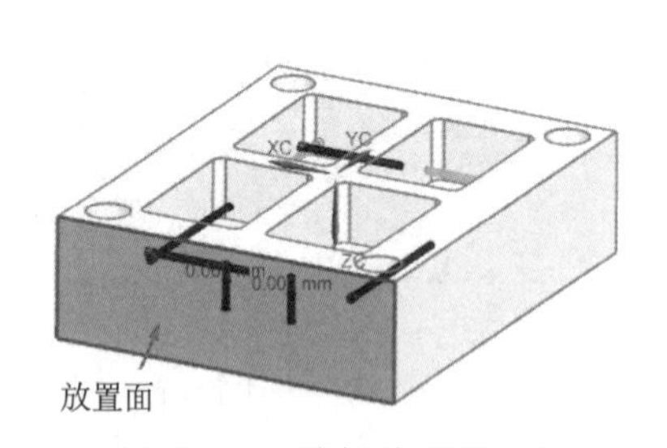

图 11.124　选择放置面（4）

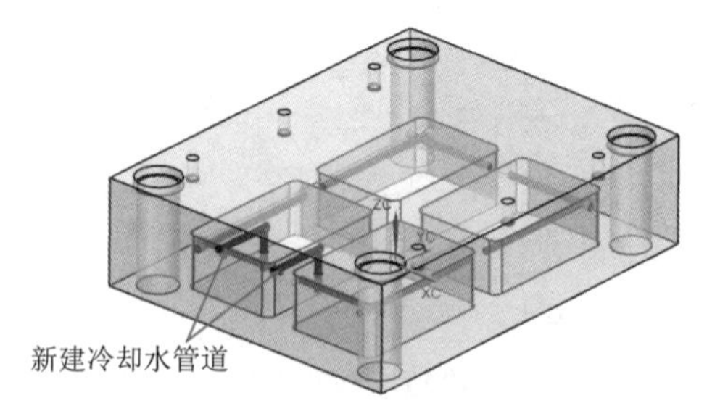

图 11.125　冷却水管道 4 的效果

8．创建冷却水管道 5

（1）单击【注塑模向导】选项卡中的【冷却工具】面板上的【冷却标准件库】按钮，弹出【重用库】对话框和【冷却标准件库】对话框，在【文件夹视图】列表中选择 COOLING→Water 选项，在【成员选择】列表中选择 COOLING HOLE 选项，在【参数】选项组中设置 PIPE_THREAD 为 M10、

HOLE_1_TIP_ANGLE 为 0、HOLE_2_TIP_ANGLE 为 0、HOLE_1_DEPTH 为 30、HOLE_2_DEPTH 为 30。

（2）在对话框中单击【选择面或平面】选项，选择图 11.126 所示的平面作为放置面。

（3）单击【确定】按钮，弹出【标准件位置】对话框，单击【点对话框】按钮，弹出【点】对话框，输入坐标为（45,20.5,0），单击【确定】按钮，返回【标准件位置】对话框，设置【X 偏置】为 0、【Y 偏置】为 0，单击【应用】按钮。

（4）再单击【点对话框】按钮，弹出【点】对话框，输入坐标为（−195,20.5,0），单击【确定】按钮，返回【标准件位置】对话框，设置【X 偏置】为 0、【Y 偏置】为 0，单击【确定】按钮。冷却水管道 5 的效果如图 11.127 所示。

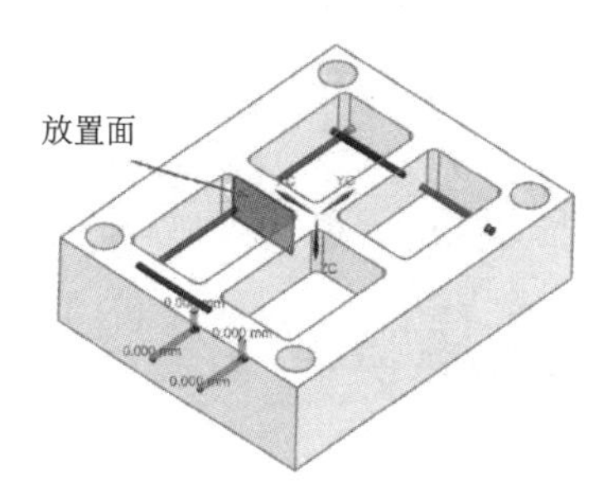

图 11.126　选择放置面（5）

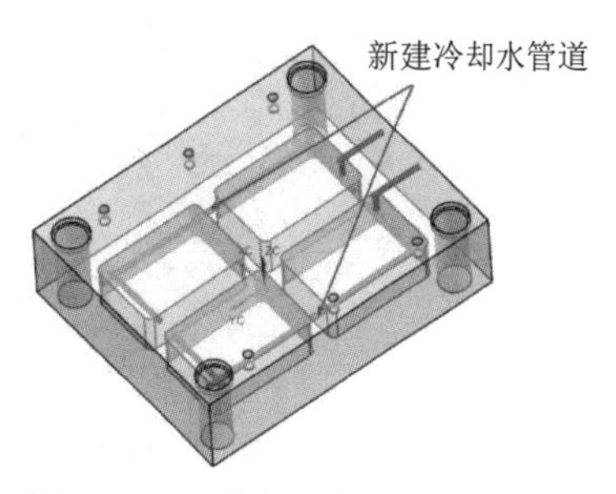

图 11.127　冷却水管道 5 的效果

（5）同理，选择图 11.128 所示的平面作为放置面，创建冷却水管道 6，点坐标分别为（70,20.5,0）和（−280,20.5,0）。冷却水管道 6 的效果如图 11.129 所示。

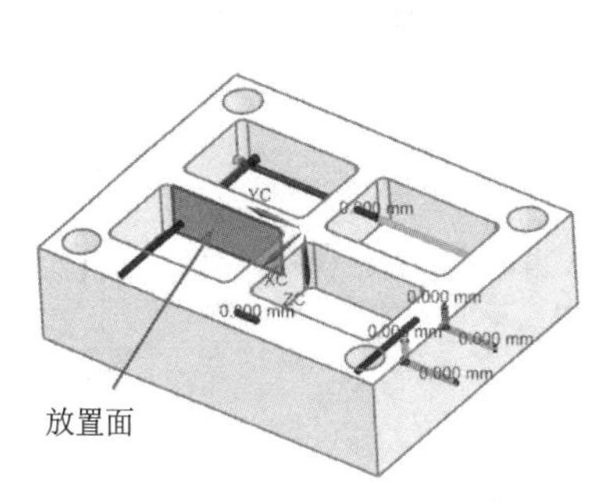

图 11.128　选择放置面（6）

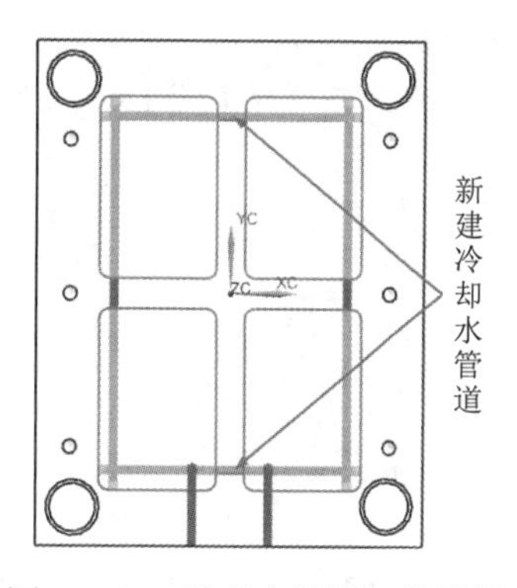

图 11.129　冷却水管道 6 的效果

9．创建防水圈

（1）隐藏 A 板。在【装配导航器】中选中 jxlj_cool_hole_097，右击，在弹出的快捷菜单中选择【设为工作部件】命令。单击【注塑模向导】选项卡中的【冷却工具】面板上的【冷却标准件库】按钮，弹出【重用库】对话框和【冷却标准件库】对话框。

（2）在【文件夹视图】列表中选择 COOLING→Water 选项，在【成员选择】列表中选择 O-RING 选项，在【参数】选项组中设置 SUPPLIER 为 MISUMI、FITTING_DIA 为 10、SECTION_DIA 为 1.5，如图 11.130 所示。

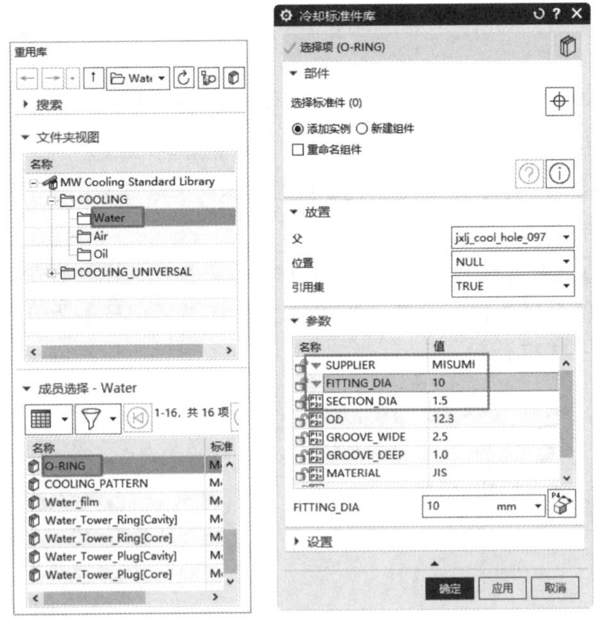

图 11.130 【重用库】和【冷却标准件库】对话框

（3）单击【应用】按钮，再单击【重定位】按钮，弹出【移动组件】对话框，单击【点对话框】按钮，弹出【点】对话框，选取图 11.131 所示的管道端面圆心点为防水圈放置位置。

（4）同理，创建另一端的防水圈，如图 11.132 所示。

（5）采用相同的方法，分别将连接的冷却管道 jxlj_cool_hole_96×2 和 jxlj _cool_hole_094×2 设置为工作部件，注意在【父】下拉列表中选择对应的冷却水管，创建防水圈，防水圈效果如图 11.133 所示。

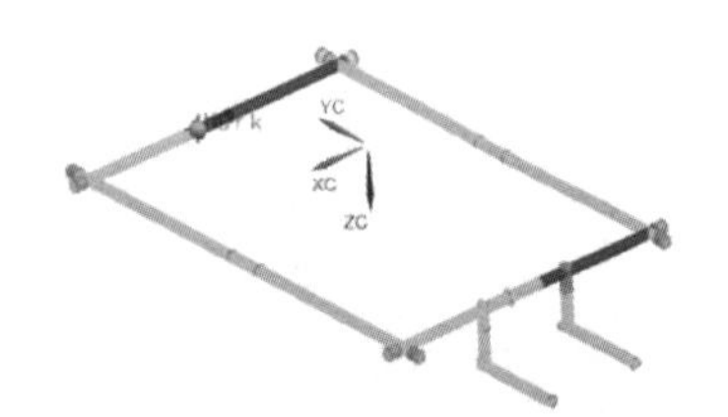
图 11.131 选取防水圈放置位置

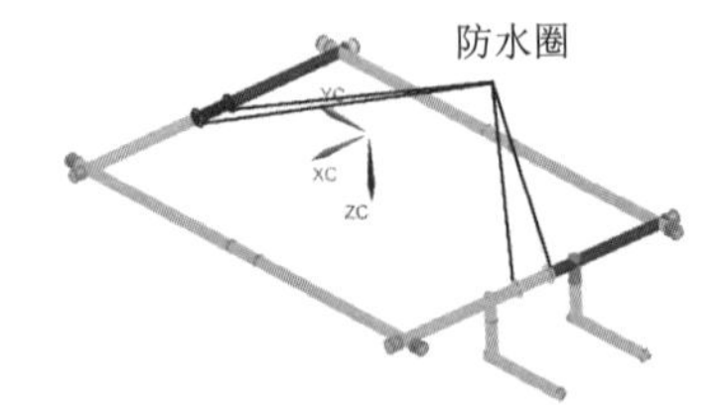

图 11.132 创建另一端的防水圈

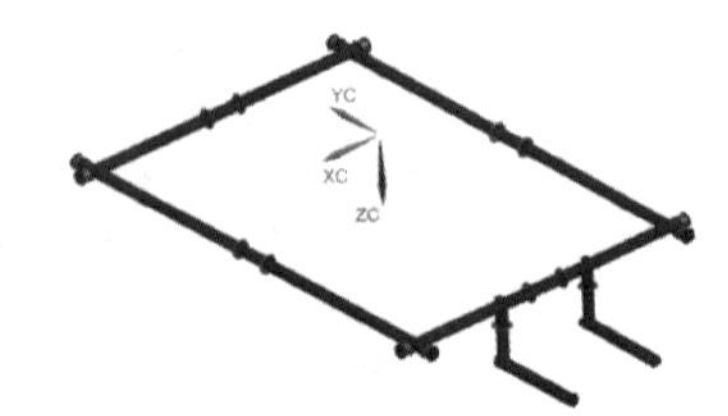
图 11.133 防水圈效果

10．创建水嘴

（1）在【装配导航器】中选中 jxlj_cool_hole_095×2，右击，在弹出的快捷菜单中选择【设为工作部件】命令。单击【注塑模向导】选项卡中的【冷却工具】面板上的【冷却标准件库】按钮，弹出【重用库】对话框和【冷却标准件库】对话框。

（2）在【文件夹视图】列表中选择 COOLING→Water 选项，在【成员选择】列表中选择 CONNECTOR PLUG 选项，在【父】下拉列表中选择 jxlj_cool_hole_095，在【参数】选项组中设置 SUPPLIER 为 DMS、PIPE_THREAD 为 M10，如图 11.134 所示。

（3）单击【应用】按钮，再单击【确定】按钮，创建水嘴，如图 11.135 所示。

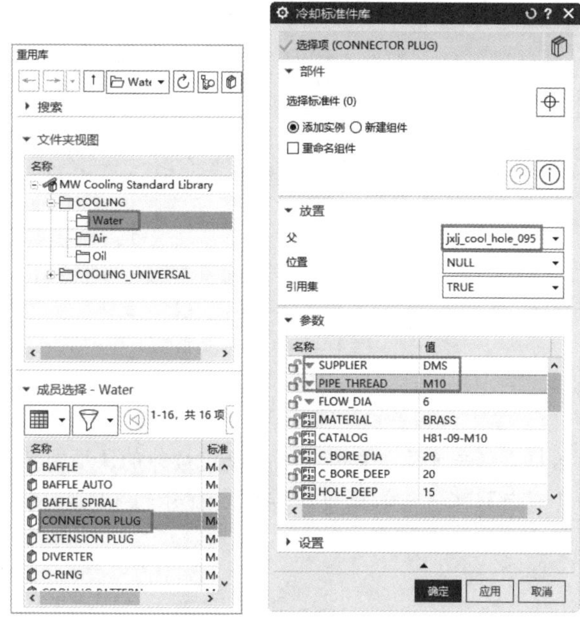

图 11.134　【重用库】对话框和【冷却标准件库】对话框

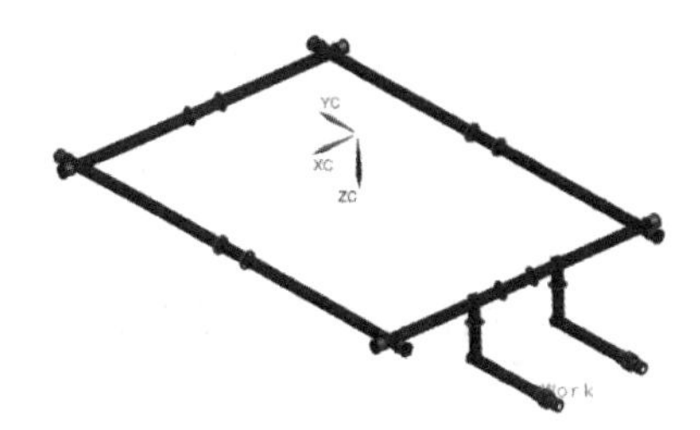

图 11.135　创建水嘴

11.4.2　型芯冷却系统设计

（1）将总装配文件设置为工作部件，选中图 11.135 所示的所有管道部件，单击【装配】选项卡中的【组件】面板上的【镜像装配】按钮，弹出【镜像装配向导】对话框。

（2）单击对话框中的【创建基准平面】按钮，弹出图 11.136 所示的【基准平面】对话框，选择“XC-YC 平面”，在“距离”文本框中输入 17.5，然后单击【确定】按钮。

（3）返回【镜像装配向导】对话框，直至出现【镜像设置】选项卡，选取对话框中【非关联镜像】类型的组件，单击【重用和重定位】按钮，将其变为重用和重定位类型，连续单击【下一步】按钮，直至完成。镜像结果如图 11.137 所示。

图 11.136　【基准平面】对话框

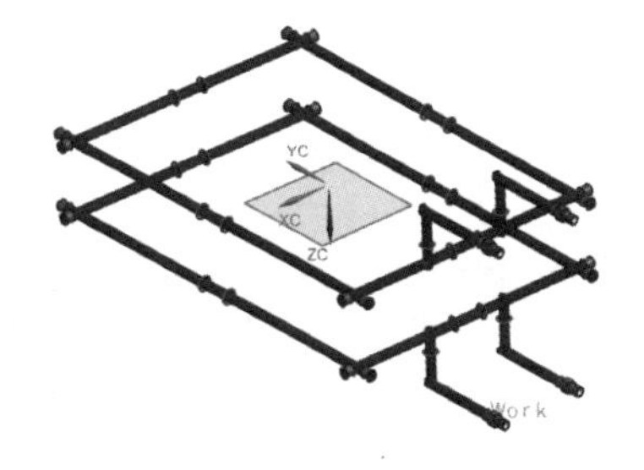

图 11.137　镜像结果

（4）隐藏冷却系统，在【装配导航器】中选中 jxlj_b_plate_052，右击，在弹出的快捷菜单中选择【设为工作部件】命令，将 B 板转换为当前工作部件。

（5）单击【注塑模向导】选项卡中的【主要】面板上的【拉伸】按钮，弹出【拉伸】对话框，单击【绘制截面】按钮，弹出【创建草图】对话框，选取图 11.138 所示的面作为草绘平面，单击对话框中的【点对话框】按钮，弹出【点】对话框，设置坐标为（0，0，0），单击【确定】按钮，使坐标系移至草绘平面的中心。单击【确定】按钮，进入草绘界面，绘制图 11.139 所示的草图。

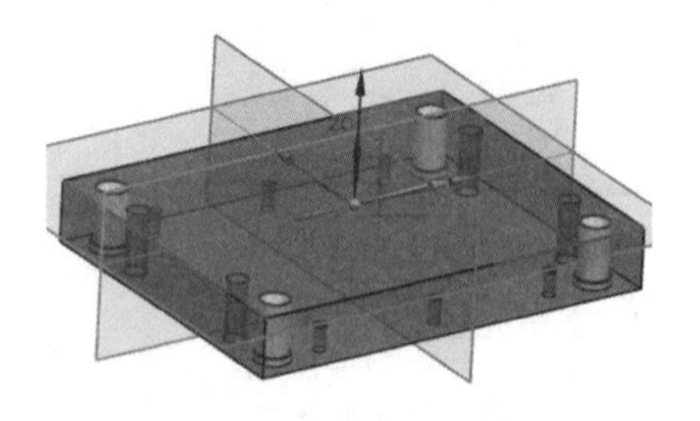

图 11.138　草绘平面

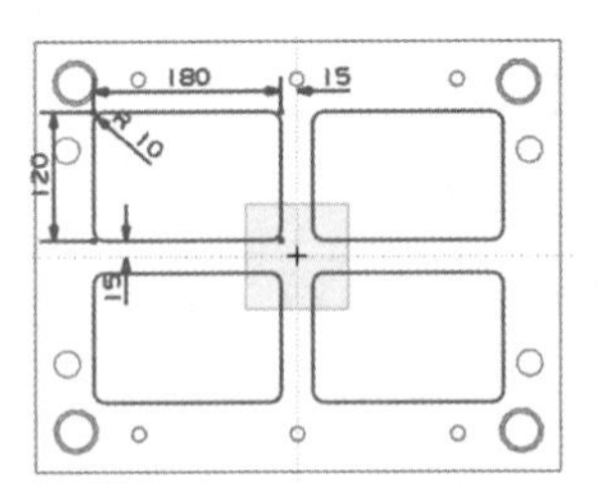

图 11.139　绘制草图

（6）单击【完成】按钮，返回【拉伸】对话框，单击【反向】按钮，设定拉伸的深度为 30，布尔运算设置为减去，如图 11.140 所示。单击【确定】按钮，创建拉伸特征，如图 11.141 所示。

图 11.140　【拉伸】对话框

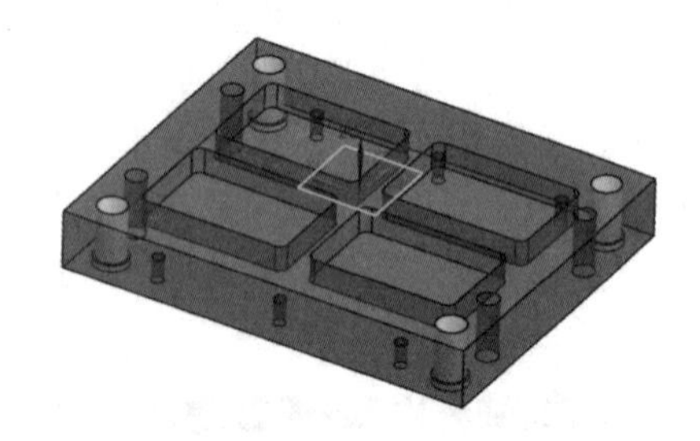

图 11.141　创建拉伸特征

扫一扫，看视频

11.5　开　　腔

（1）将隐藏的零件全部显示。

（2）单击【注塑模向导】选项卡中的【主要】面板上的【腔】按钮，弹出【开腔】对话框，如图 11.142 所示。

（3）选择模具的模板、型芯和型腔作为目标体，然后选择建立的定位环、主流道、浇口、顶杆、滑块和冷却系统作为工具体。

（4）单击【确定】按钮，建立腔体。整体模具效果如图 11.143 所示。

图 11.142　【开腔】对话框

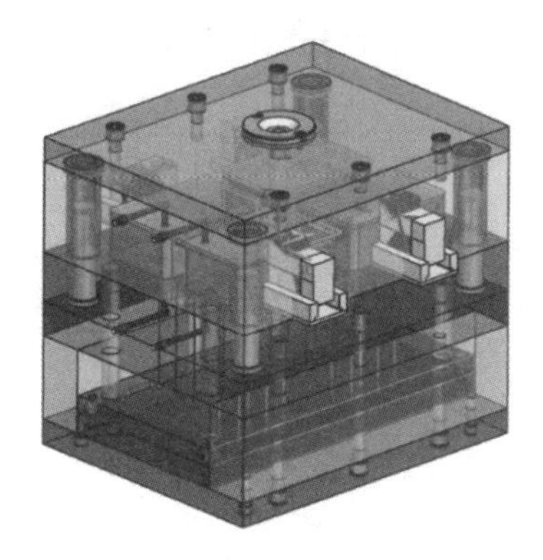
图 11.143　整体模具效果

（5）选择【文件】→【保存】→【全部保存】命令，保存完成的所有数据。

扫一扫，看视频

动手练——电器配件模具设计

本套模具将采用一模四腔的方式进行分模。电器配件的形状比较复杂，分模时需要进行大量的补面，以达到分模的目的。根据形状分析可知，该套模具使用三板模，采用 LKM_PP 模架。产品采用材料 PS，收缩率为 0.6%。电器配件模具如图 11.144 所示。

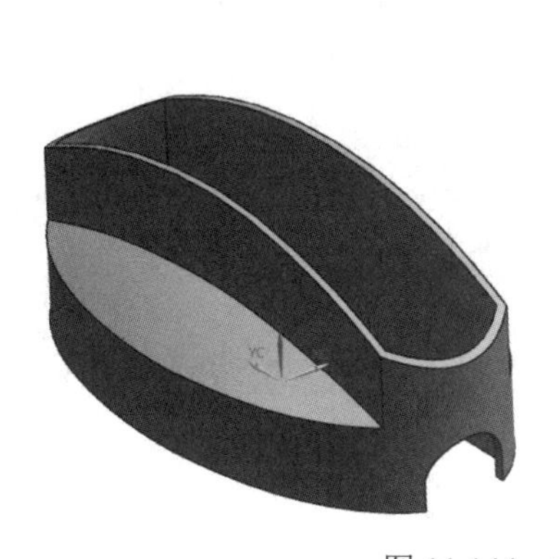

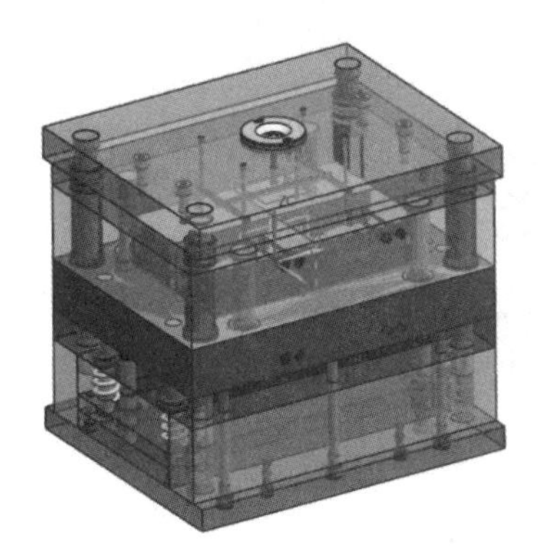

图 11.144　电器配件模具

1. 初始设置

（1）利用【初始化项目】命令加载 dqpj.prt 文件，设置【投影单位】为毫米、【材料】为 PS、【收缩率】为 1.006。

（2）选择【菜单】→【格式】→WCS→【旋转】命令，设置绕 ZC 轴正方向旋转 90°。

（3）利用【模具坐标系】命令把模具坐标系放在坐标系原点上。

（4）利用【工件】命令设置工件尺寸分别为 120、185、110。

（5）利用【型腔布局】命令指定矢量为 XC 轴，【型腔数】设置为 4，【距离 1】设置为 0，【距离 2】设置为 0，选择 XC 方向为布局方向，自动对准后的型腔布局如图 11.145 所示。

2. 分型设计

（1）利用【曲面补片】命令对产品进行曲面补片。

（2）利用【设计分型面】命令创建分型线，如图 11.146 所示。

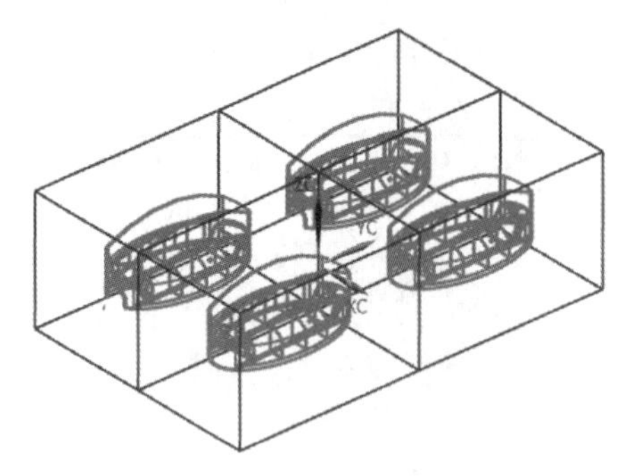

图 11.145　自动对准后的型腔布局

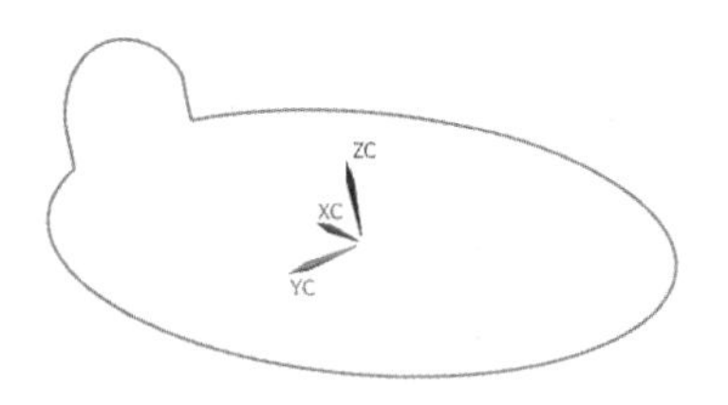

图 11.146　创建分型线

（3）利用【设计分型面】命令创建分型面，如图 11.147 所示。

（4）利用【检查区域】命令分别将未定义的区域定义为型芯区域和型腔区域，使型腔区域（16）与型芯区域（88）的和等于总区域（104）。

（5）利用【定义区域】命令选择【所有面】选项，选中【创建区域】复选框，完成型芯和型腔的抽取。

（6）利用【定义型腔和型芯】命令生成型芯和型腔，如图 11.148 所示。

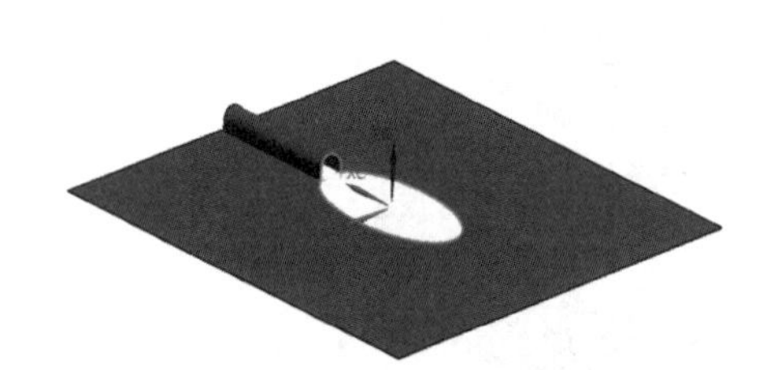

图 11.147　创建分型面

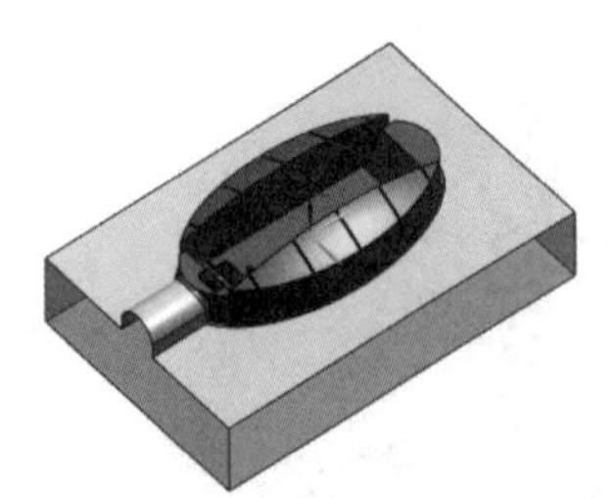

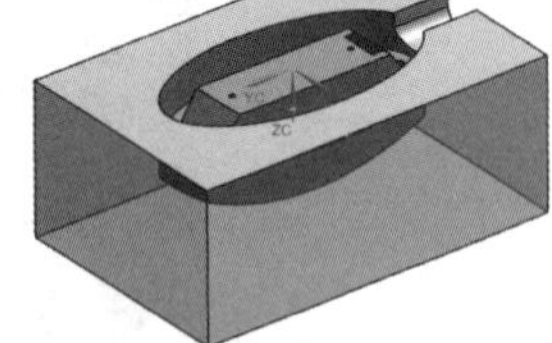

图 11.148　生成型芯和型腔

3. 辅助系统设计

（1）利用【模架库】命令，在【文件夹视图】中选择 LKM_PP，在【成员选择】列表中选择对象为 DA，选择模架的型号为 4055，设置 BP_h 的值为 80、AP_h 的值为 120、shift_ej_screw 的值为 0、shorten_ej 的值为 0，加载模架。

（2）打开型芯文件。利用【草图】命令创建（8,15,0）、（8,35,0）、（8,−15,0）、（8,−32,0）、（−8,−32,0）、（−8,−15,0）、（−8,15,0）、（−8,35,0）8 个坐标点，如图 11.149 所示。

（3）利用【草图】命令绘制（20,42,0）、（−20,42,0）、（20,−42,0）、（−20,−42,0）、（−10,−57,0）、（10,55,0）、（−10,55,0）7 个坐标点，如图 11.150 所示。

（4）利用【草图】命令使用默认的平面绘制 6 个坐标点，坐标分别是（27,5,0）、（25,18,0）、（−27,5,0）、（−25,18,0）、（27,−18,0）、（−27,−18,0），如图 11.151 所示。

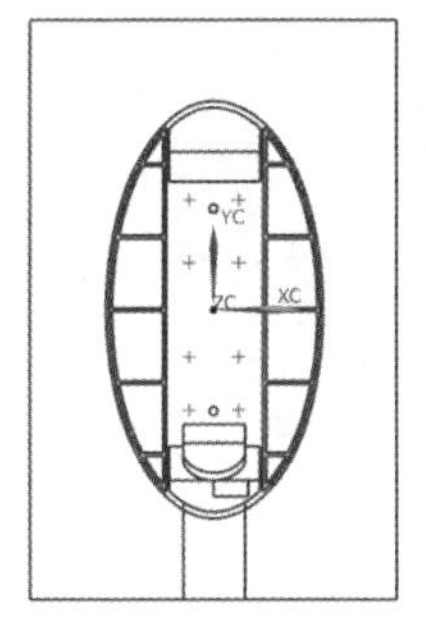

图 11.149 创建 8 个坐标点

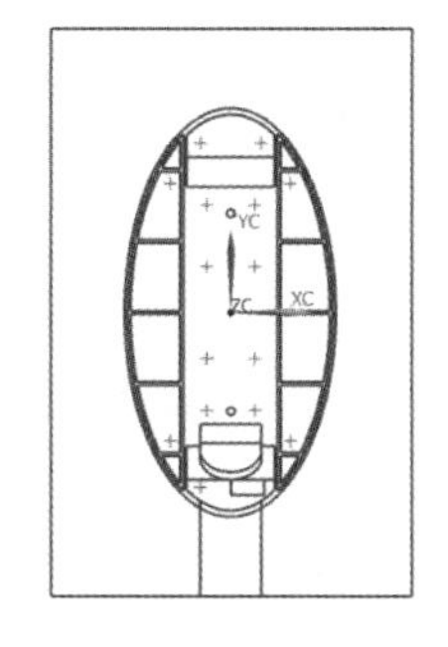
图 11.150 创建 7 个坐标点

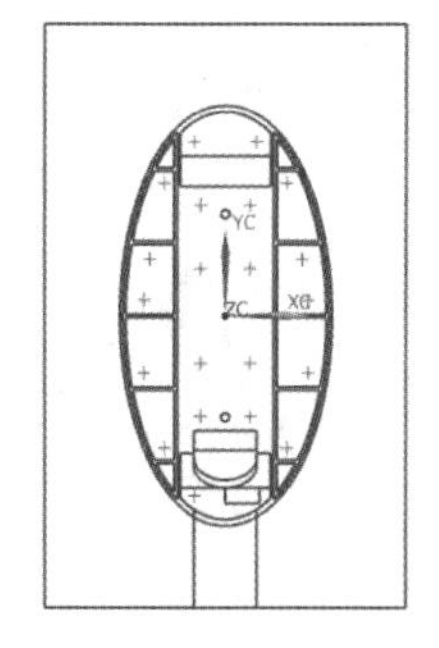
图 11.151 创建 6 个坐标点

（5）在总装配文件中，利用【标准件库】命令选择 FUTABA_MM→Ejector pin 选项，在【成员选择】列表中选择 Ejector pin Straight[EJ,EH,EQ,EA]选项，设置 CATALOG 为 EJ、CATALOA_DIA 为 4.0、CATALOA_LENGTH 为 250，捕捉在步骤（2）中创建的 8 个坐标点在型芯中创建 $\phi4$ 的推杆。

（6）利用【标准件库】命令设置 CATALOG 为 EJ、CATALOA_DIA 为 3.0、CATALOA_LENGTH 为 250、HEAD_TYPE 为 4，捕捉在步骤（3）中创建的 7 个坐标点在型芯中创建 $\phi3$ 的推杆。

（7）利用【标准件库】命令设置 CATALOG 为 EJ、CATALOA_DIA 为 5.0、CATALOA_LENGTH 为 250、HEAD_TYPE 为 4，捕捉在步骤（4）中创建的 6 个坐标点在型芯中创建 $\phi5$ 的推杆。

（8）利用【顶杆后处理】命令对顶杆进行修剪。

（9）显示全部部件，利用【标准件库】命令选择 FUTABA_MM→Locating Ring Interchangeable 选项，然后在【成员选择】列表中选择 Locating Ring 选项，设置 TYPE 为 M_LRB、DIAMETER 为 100、BOTTOM_C_CORE_DIA 为 36，创建定位环部件。

（10）选择 MISUMI→Sprue Bushings 选项，然后在【成员选择】列表中选择 SBS-选项，设置 SR 为 12、P 为 3.5、L 为 60、A 为 1、D 为 10，创建浇口套部件，如图 11.152 所示。移动浇口套，设置出发点为（0,0,0）、终止点为（0,0,205）。

（11）利用【标准件库】命令选择 FUTABA_MM→Springs 选项，然后在【成员选择】列表中选择 Spring(M-FSB)选项，设置 WIRE_TYPE 为 ROUND、DIAMETER 为 45.5、CATALOG_LENGTH 为 80、DISPLAY 为 DETAILED，创建弹簧部件。

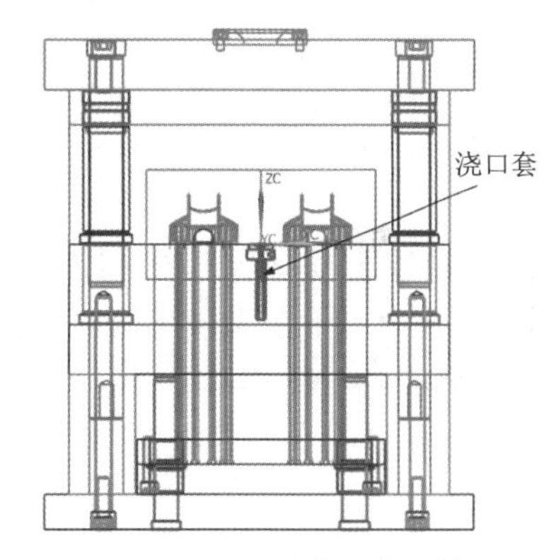

图 11.152 创建浇口套部件

4. 浇注系统设计

（1）只显示型芯部件，利用【设计填充】命令在【成员选择】列表中选择 Gate[Pin three]成员，设置 D 为 1.5，捕捉坐标原点为放置浇口位置，设置 L1 为 45。输入坐标点为（−60,−92.5,120），绕 Y 轴旋转 180°，旋转浇口，如图 11.153 所示。

（2）单击【应用】按钮，完成一个浇口的创建，在对话框中选择【复制实例】选项，然后选择【指定方位】选项或者直接在视图中选取动态坐标系基点，输入复制后的坐标点为（−60,92.5,120）、（60,92.5,120）、（60,92.5,120），每输入一次坐标，都单击【应用】按钮，创建浇口，如图 11.154 所示。

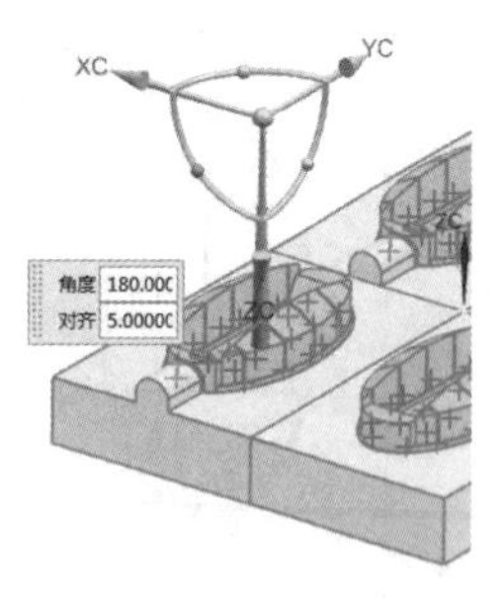

图 11.153　旋转浇口

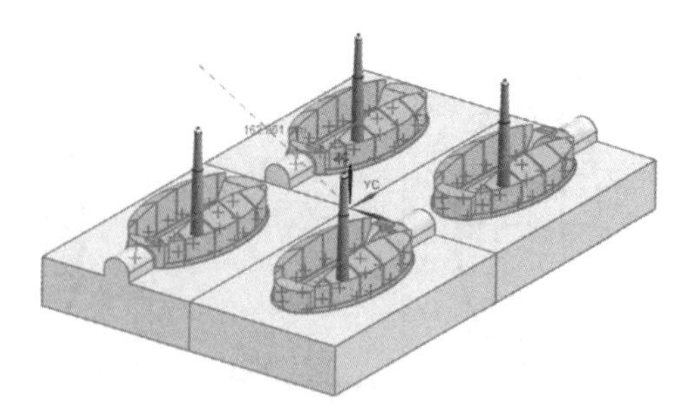

图 11.154　创建浇口

（3）重复【设计填充】命令，在浇口的上端创建图 11.155 所示的浇口，单击【应用】按钮，完成上端第一个浇口的创建。

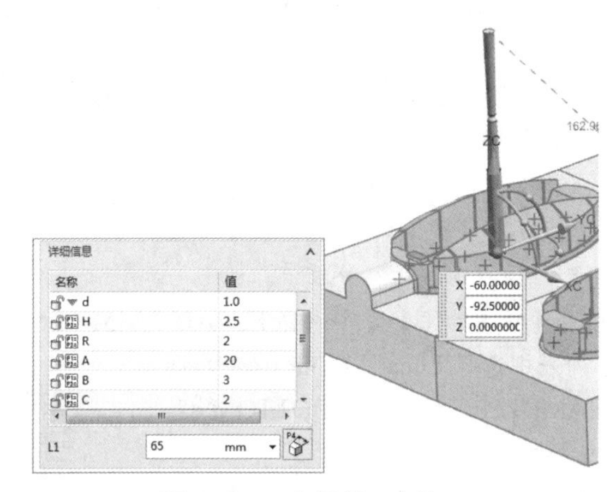

图 11.155　上端第一个浇口

（4）复制浇口到（-60,92.5,0）、（60,-92.5,0）、（60,92.5,0），结果如图 11.156 所示。

（5）接下来在 A 板上创建主流道，使其与分流道相连接。利用【流道】命令选择 XC-YC 平面作为草图绘制面，绘制如图 11.157 所示的草图。设置横截面类型为 Trapezoidal（梯形），其中的参数 D 为 8、H 为 5、C 为 5、R 为 2，创建流道。

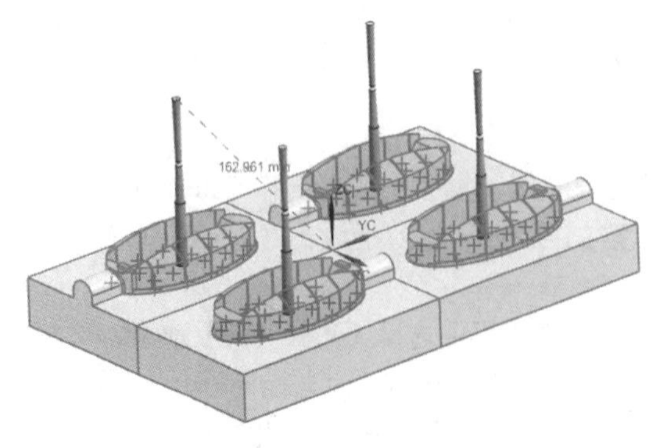

图 11.156　复制浇口

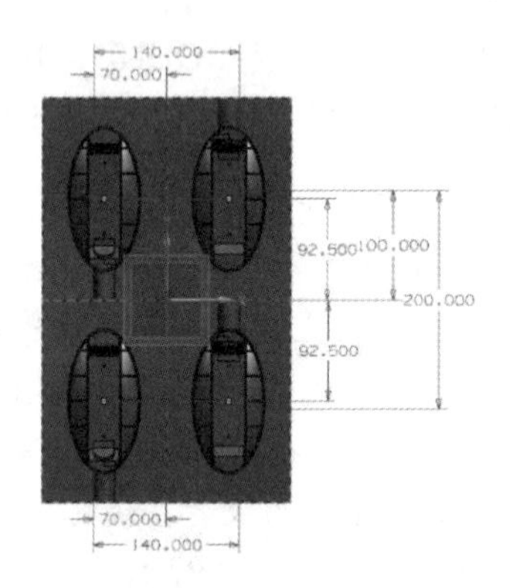

图 11.157　在 XC-YC 平面绘制草图

（6）利用【标准件库】命令选择 FUTABA_MM→Sprue Puller 选项，然后在【成员选择】列表中选择 Sprue Puller[M_RLA]选项，设置 CATALOA_DIA 为 6、CATALOA_LENGTH 为 84.5，在 A 板顶面与定模板之间创建拉料杆部件。

（7）利用【标准件库】命令选择 FUTABA_MM→Screws 选项，然后在【成员选择】列表中选择 SHSB[M-PBB]选项，设置 THREAD 为 12、SHOULDER_LENGTH 为 30、THREAD_PITCH 为 1.75、PLATE_HEIGHT 为 50，在浇口板中创建限位钉部件。

（8）利用【标准件库】命令选择 FUTABA_MM→Screws 选项，然后在【成员选择】列表中选择 SHSB[M-PBB]选项，设置 THREAD 为 12、SHOULDER_LENGTH 为 100、THREAD_PITCH 为 1.75、PLATE_HEIGHT 为 120，在浇口板底面创建限位钉部件。

（9）利用【标准件库】命令选择 FUTABA_MM→Pull Pin 选项，然后在【成员选择】列表中选择 M-PLL 选项，设置 DIAMETER 为 16，创建尼龙扣。

5. 冷却系统设计

（1）显示单一型腔，利用【冷却标准件库】命令选择 COOLING→Water 选项，在【成员选择】列表中选择 COOLING HOLE 选项，设置 PIPE_THREAD 为 M8。在型腔上创建冷却水管道，如图 11.158 所示。

（2）利用【冷却标准件库】命令在【成员选择】列表中选择 PIPE_PLUG 选项，设置 PIPE_THREAD 为 M10、SUPPLIER 为 HASCO，在冷却系统端部创建喉塞，如图 11.159 所示。

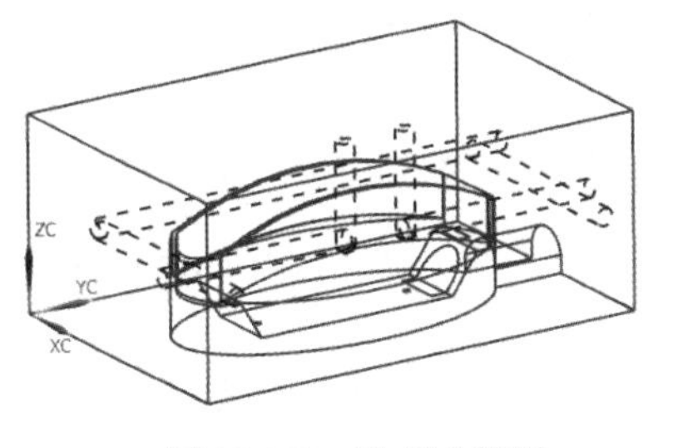

图 11.158 冷却水管道

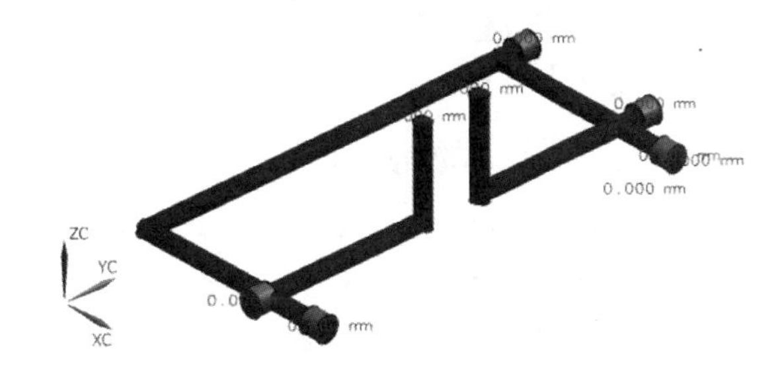

图 11.159 创建喉塞

（3）将型腔转换为工作部件。利用【边倒圆】命令设置半径为 8，对型腔的两条直角边进行倒圆操作。

（4）将 A 板转换为当前工作部件。利用【草图】命令绘制图 11.160 所示的草图。

（5）利用【拉伸】命令设置结束距离为 75，选择布尔为【减去】选项，对 A 板进行拉伸切除。

（6）利用【冷却标准件库】命令选择 COOLING→Water 选项，在【成员选择】列表中选择 COOLING HOLE 选项，设置 PIPE_THREAD 为 M8、HOLE_1_DEPTH 为 20、HOLE_2_DEPTH 为 20，创建定位冷却孔。

（7）利用【冷却标准件库】命令选择 O-RING 选项，设置 FITTING_DIA 为 10.22，创建防水圈。

（8）利用【冷却标准件库】命令选择 COOLING→Water 选项，在【成员选择】列表中选择 COOLING HOLE 选项，设置 PIPE_THREAD 为 M8、C_BORE_DEPTH 为 20、HOLE_1_DEPTH 为 113、HOLE_2_DEPTH 为 113。在 A 板上创建冷却水管道，如图 11.161 所示。

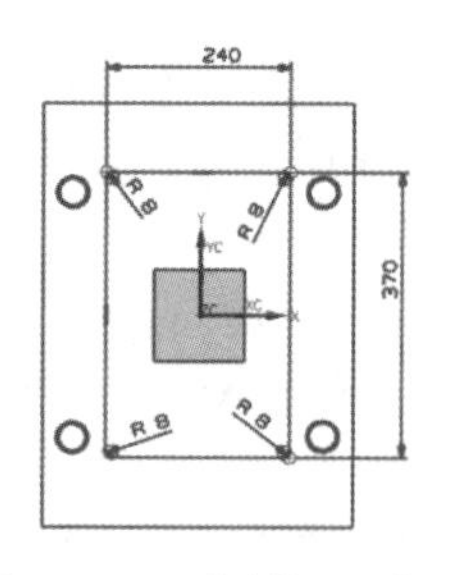

图 11.160　绘制矩形草图

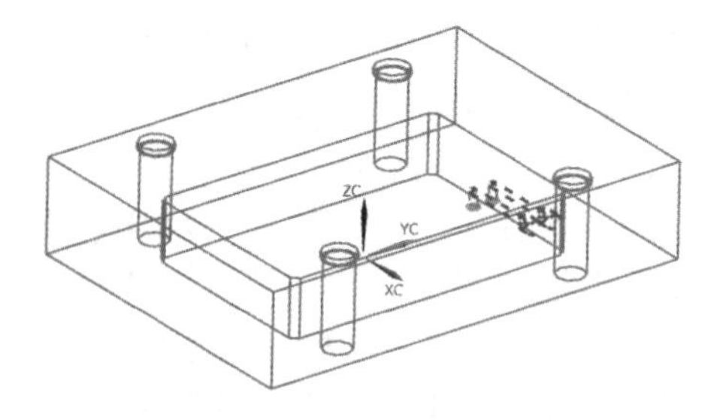

图 11.161　创建冷却水管道

（9）利用【冷却标准件库】命令选择图 11.161 所示的冷却水管道，在【成员选择】列表中选择 CONNECTOR PLUG 选项，设置 SUPPLER 为 HASCO、PIPE_THREAD 为 M10，创建水嘴。

（10）利用【镜像装配】命令，将冷却水管道系统以 XC-ZC 平面为镜像平面进行镜像装配，镜像装配结果的如图 11.162 所示。

（11）利用【镜像装配】命令对图 11.162 所示的冷却系统进行镜像装配，镜像装配的参考平面为【YC-ZC 平面】，镜像装配的结果如图 11.163 所示。

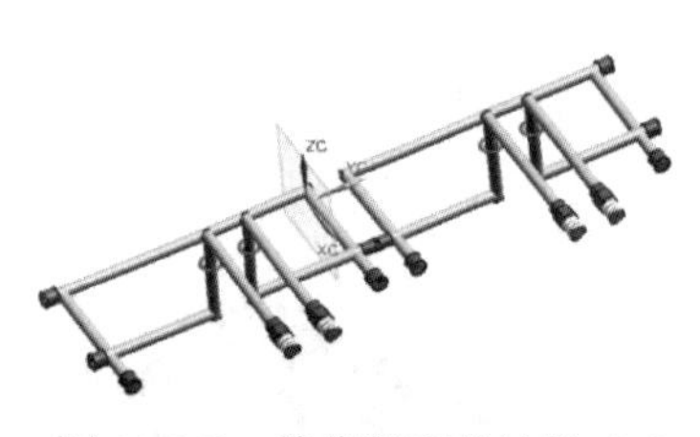

图 11.162　镜像装配的结果（1）

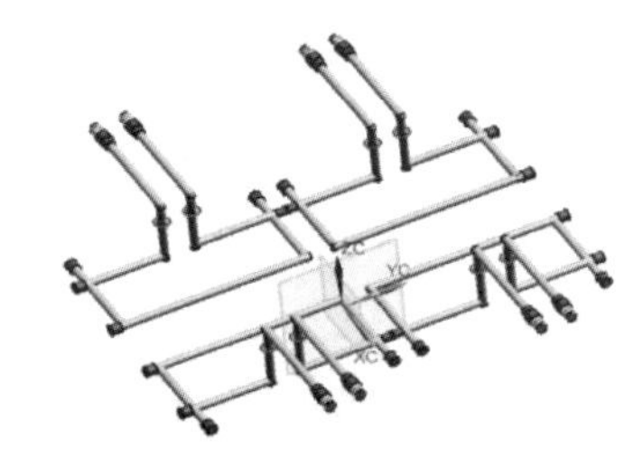

图 11.163　镜像装配的结果（2）

（12）将型芯转换为当前工作部件。利用【冷却标准件库】命令设置 PIPE_THREAD 为 M8，在型芯上创建冷却水管道，如图 11.164 所示。

（13）隐藏型芯。利用【冷却标准件库】命令选择 COOLING→Water 选项，在【成员选择】列表中选择 PIPE_PLUG 选项，设置 PIPE_THREAD 为 M10、SUPPLIER 为 HASCO，在冷却水管道上创建喉塞。

（14）将型腔转换为工作部件。利用【边倒圆】命令设置半径为 8，对型芯的两条直角边进行倒圆操作。

（15）将 B 板转换为工作部件，利用【草图】命令绘制图 11.165 所示的草图。

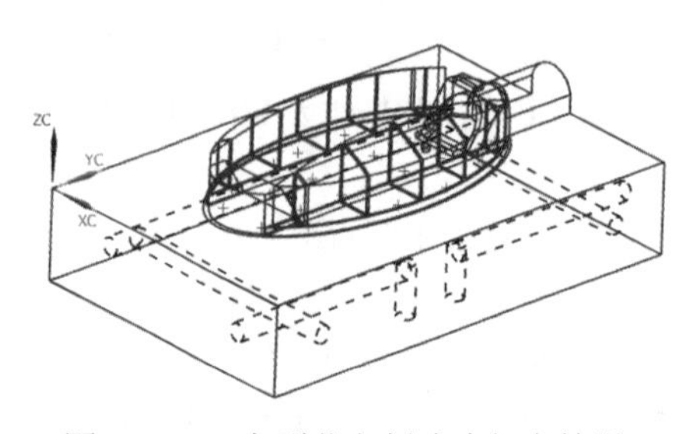

图 11.164　在型芯上创建冷却水管道

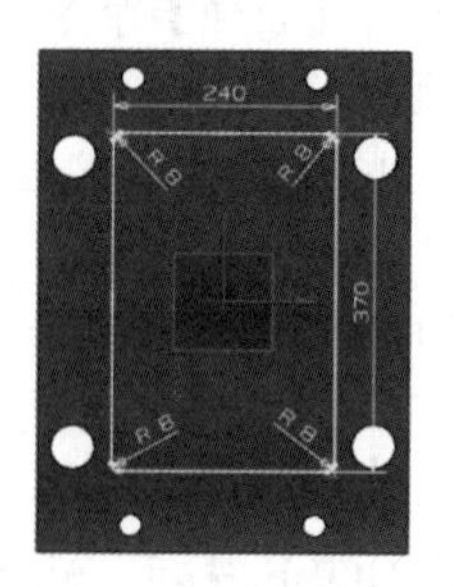

图 11.165　绘制草图

（16）利用【拉伸】命令设置终止距离为-35，选择【减去】选项，对 B 板创建拉伸切除。

（17）利用【冷却标准件库】命令选择 COOLING→Water 选项，在【成员选择】列表中选择 COOLING HOLE 选项，设置 PIPE_THREAD 为 M8、HOLE_1_DEPTH 为 20、HOLE_2_DEPTH 为 20，创建冷却孔。

（18）利用【冷却标准件库】命令选择 O-RING 选项，设置 FITTING_DIA 为 10.22，在冷却孔上创建防水圈。

（19）利用【冷却标准件库】命令选择 COOLING→Water 选项，在【成员选择】列表中选择 COOLING HOLE 选项，设置 PIPE_THREAD 为 M8、C_BORE_DEPTH 为 20、HOLE_1_DEPTH 为 113、HOLE_2_DEPTH 为 113，创建冷却水管道。

（20）利用【冷却标准件库】命令选择 CONNECTOR PLUG 选项，设置 SUPPLER 为 HASCO、PIPE_THREAD 为 M10，在冷却水管道上创建水嘴，冷却系统如图 11.166 所示。

（21）利用【镜像装配】命令选择图 11.166 中的冷却系统为镜像对象，选择【XC-ZC 平面】为镜像平面，镜像结果如图 11.167 所示。

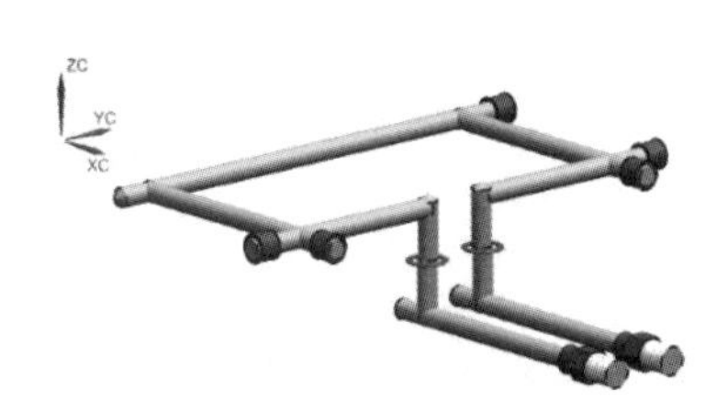

图 11.166　冷却系统

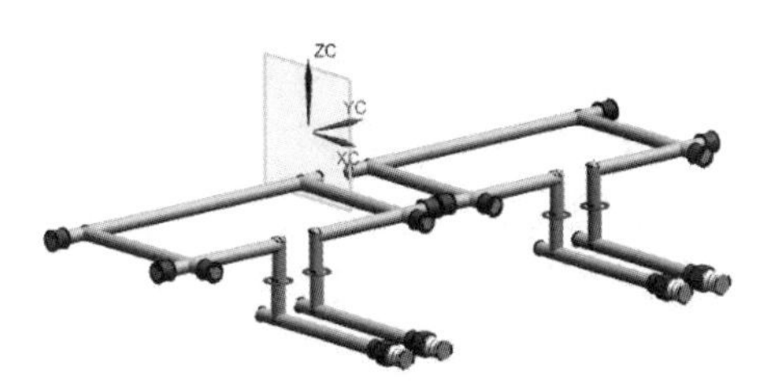

图 11.167　镜像结果

（22）重复【镜像装配】命令对如图 11.167 所示的冷却系统进行镜像装配，镜像装配的参考平面为【YC-ZC 平面】，镜像结果如图 11.168 所示。

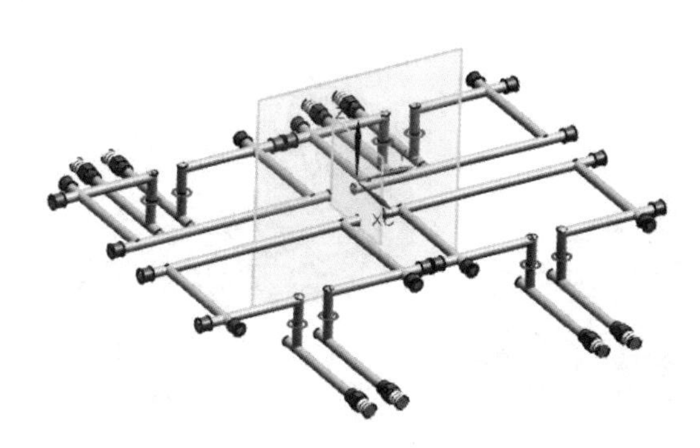

图 11.168　镜像装配结果

（23）显示所有部件，单击【腔】按钮，对模具进行开腔处理。

第 12 章　开瓶器模具设计

内容简介

本例将采用建模模块的功能进行模具设计，设计模具时只设计出主要成型结构。此产品结构小，采用一模两腔，侧向进胶。在模具结构中设计滑块抽芯，滑块还必须能够有效抽出产品。产品采用 ABS 材料，收缩率为 0.006。

内容要点

- 设置参考模型
- 创建滑块主体
- 创建滑块整体
- 创建型腔和型芯
- 创建 A 板和 B 板
- 其他功能创建

案例效果

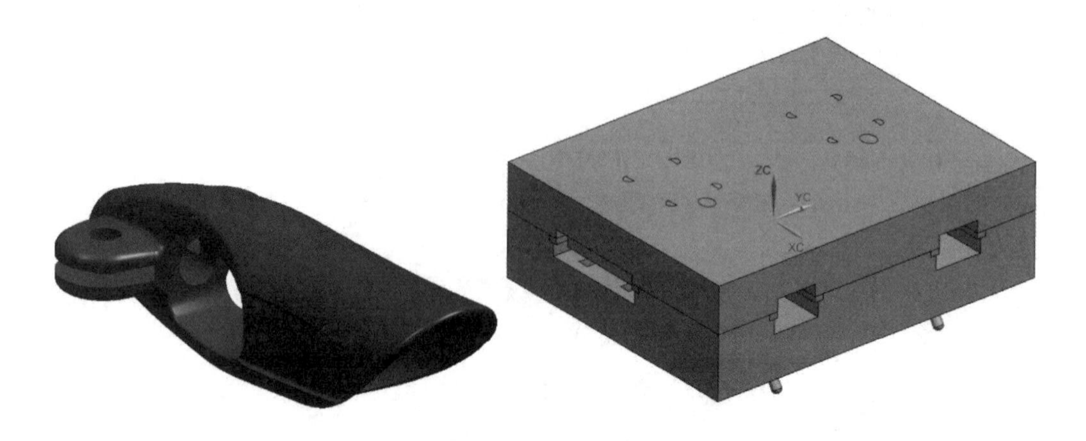

扫一扫，看视频

12.1　设置参考模型

（1）单击【主页】选项卡中的【标准】面板上的【打开】按钮或按 Ctrl+O 组合键，弹出【打开】对话框，如图 12.1 所示，选择开瓶器产品文件，单击【确定】按钮，即可调入开瓶器参考模型，如图 12.2 所示。

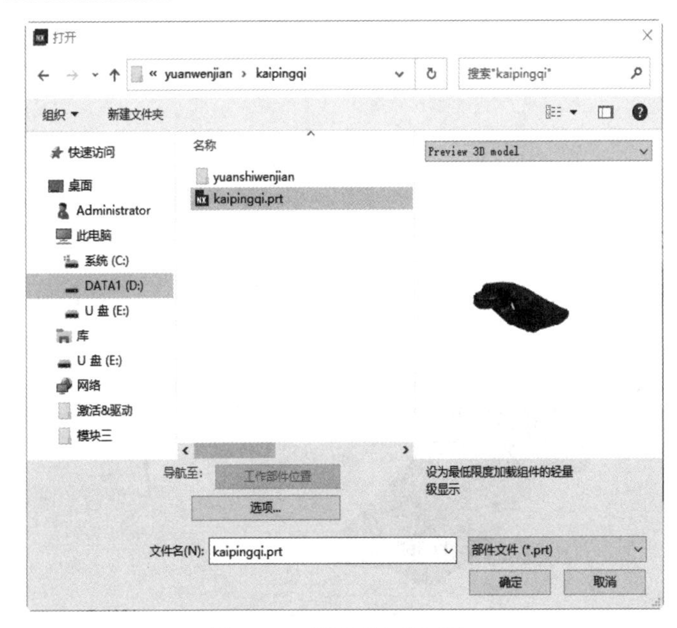

图 12.1　【打开】对话框

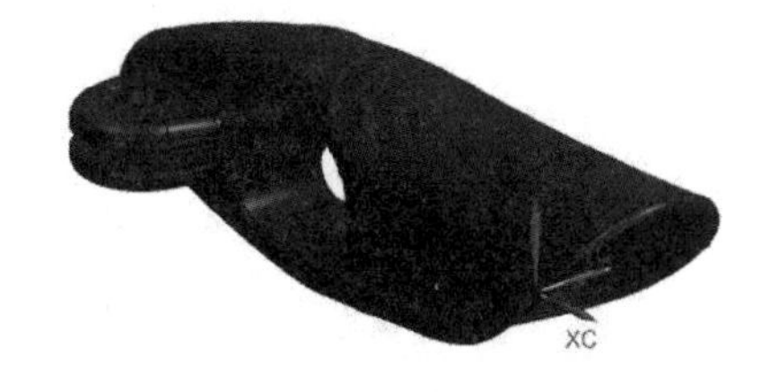

图 12.2　调入开瓶器参考模型

（2）单击【应用模块】选项卡中的【设计】面板上的【建模】按钮，进入建模模块。

（3）选择【菜单】→【插入】→【偏置/缩放】→【缩放体】命令，系统弹出【缩放体】对话框，在绘图区选择产品作为要缩放的体，设置【比例因子】为 1.006，单击【确定】按钮，完成缩放操作，如图 12.3 所示。

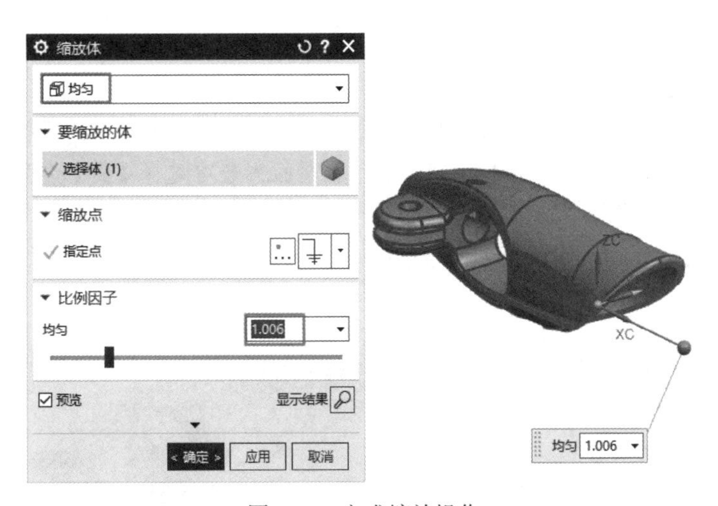

图 12.3　完成缩放操作

（4）选择【菜单】→【编辑】→【移动对象】命令，系统弹出【移动对象】对话框，选择产品作为要移动的对象，设置 Motion 为【距离】,【指定矢量】为-YC，输入距离为 128，单击【移动原先的】单选按钮，如图 12.4 所示。单击【确定】按钮，平移结果如图 12.5 所示。

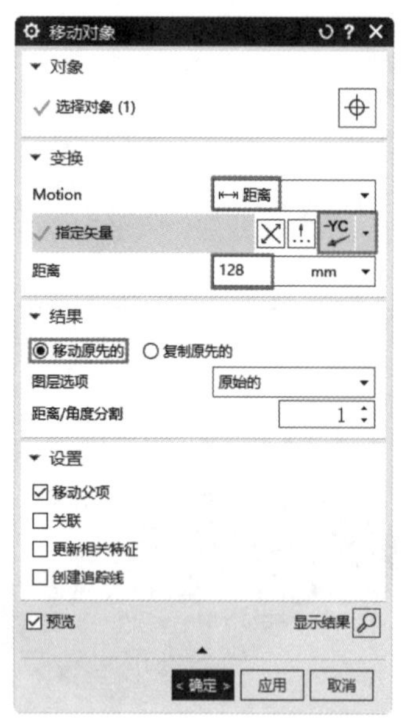

图 12.4 【移动对象】对话框

图 12.5 平移结果

扫一扫，看视频

12.2 创建滑块主体

本节主要介绍滑块主体的创建，这是滑块模具设计的基础。

12.2.1 创建第一个滑块主体

（1）单击【主页】选项卡中的【基本】面板上的【更多】下拉列表中的【抽取几何特征】按钮，系统弹出【抽取几何特征】对话框。在【类型】下拉列表中选择【面】类型，然后选取模型中的圆形部位，抽取曲面，如图 12.6 所示，单击【确定】按钮。

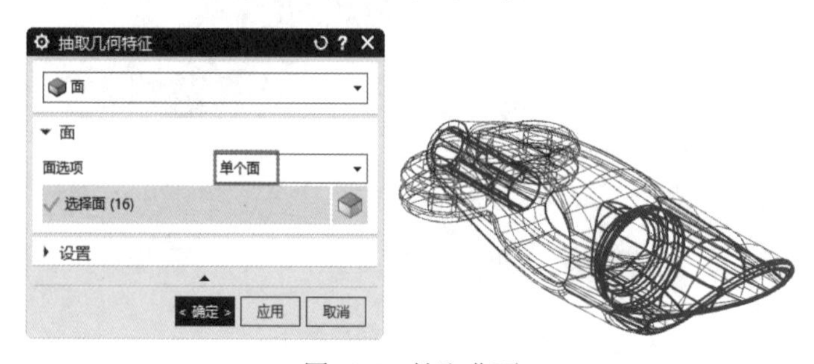

图 12.6 抽取曲面

（2）选择【菜单】→【编辑】→【显示与隐藏】→【隐藏】命令或按 Ctrl+B 组合键，系统弹出图 12.7 所示的【类选择】对话框，然后在绘图区中选择参考模型，单击【确定】按钮，隐藏参考模型，显示抽取出来的曲面，抽取效果如图 12.8 所示。

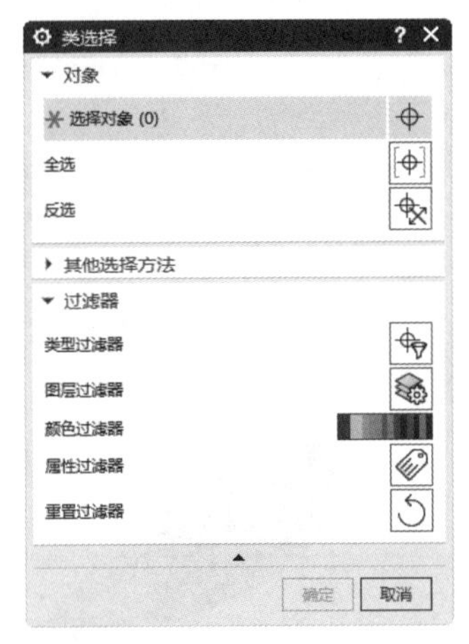

图 12.7 【类选择】对话框

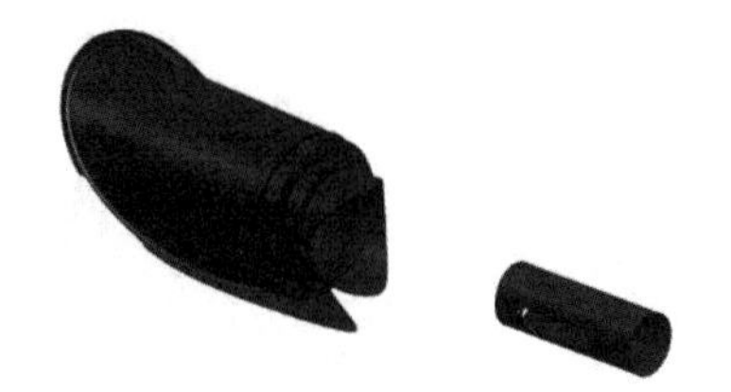

图 12.8　抽取效果

（3）单击【主页】选项卡中的【基本】面板上的【拉伸】按钮，弹出【拉伸】对话框，如图 12.9 所示，在绘图区中抽取出的曲面中选择拉伸截面，在【指定矢量】下拉列表中选择【XC 轴】，输入终止距离为 30，单击【确定】按钮，拉伸结果如图 12.10 所示。

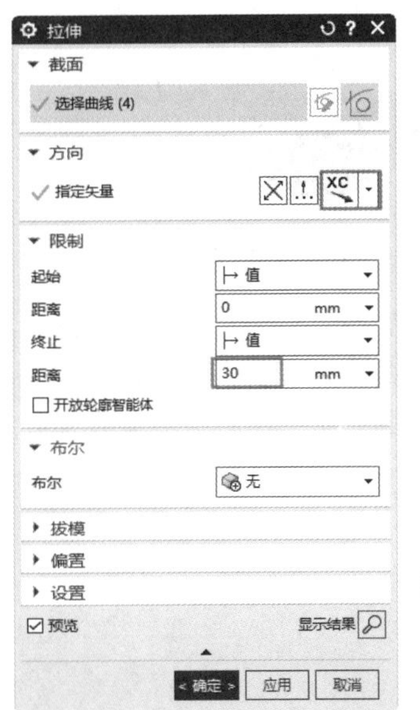

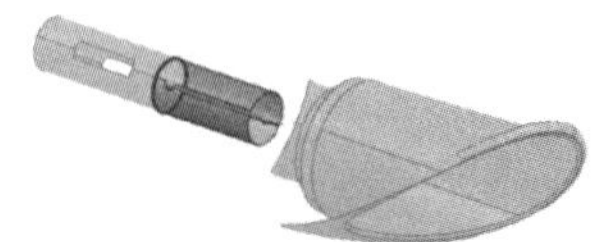

图 12.9　【拉伸】对话框

图 12.10　在 XC 轴拉伸结果

（4）单击【主页】选项卡中的【基本】面板上的【拉伸】按钮，弹出【拉伸】对话框，在绘图区中抽取出的曲面中选择拉伸截面，在【指定矢量】下拉选项中选择【-XC 轴】，输入终止距离为 30，如图 12.11 所示，单击【确定】按钮，拉伸结果如图 12.12 所示。

（5）单击【主页】选项卡中的【构造】面板上的【基准平面】按钮，弹出【基准平面】对话框，选择【YC-ZC 平面】，输入【距离】为-55，如图 12.13 所示，单击【确定】按钮，创建基准平面后的效果如图 12.14 所示。

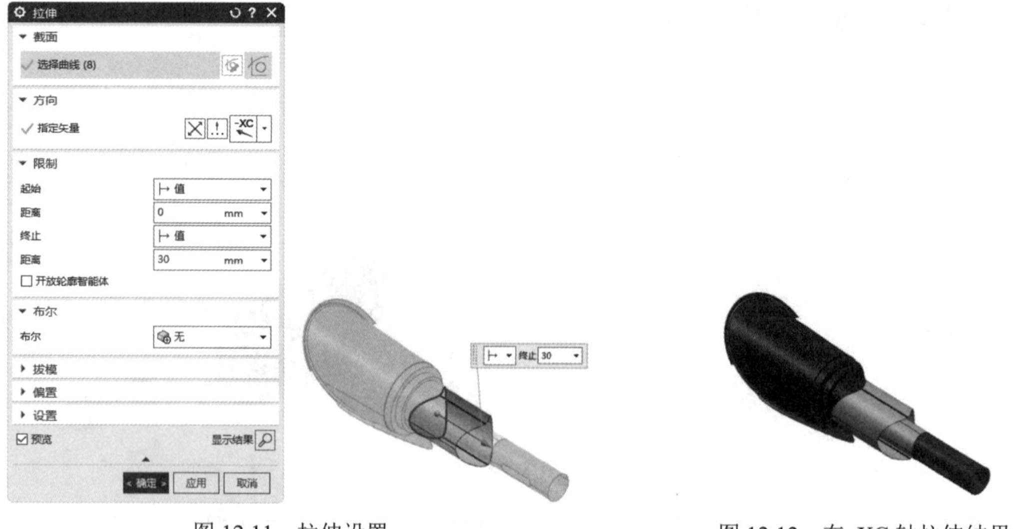

图 12.11　拉伸设置

图 12.12　在-XC 轴拉伸结果

图 12.13　【基准平面】对话框

图 12.14　创建基准平面的效果

（6）单击【曲面】选项卡中的【组合】面板上的【修剪片体】按钮，弹出【修剪片体】对话框，在【投影方向】下拉列表中选择【垂直于面】选项，在绘图区的拉伸曲面上选择目标片体，然后选择基准平面作为修剪边界，如图 12.15 所示。单击【应用】按钮，第一个拉伸曲面的修剪结果如图 12.16 所示。

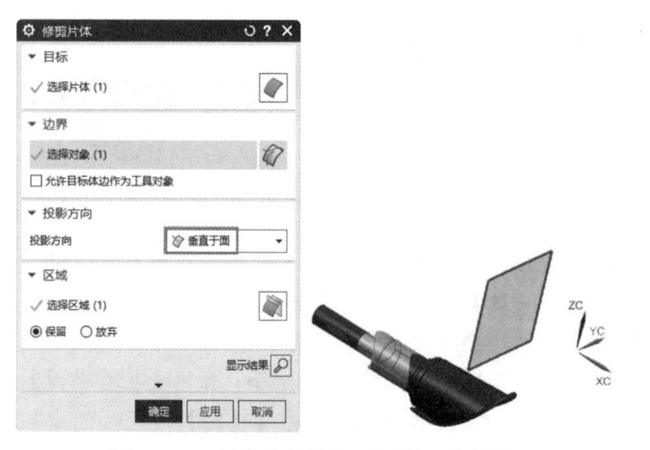

图 12.15　【修剪片体】对话框及其设置

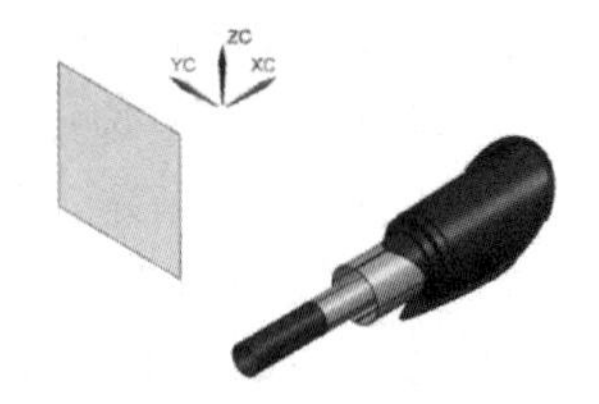

图 12.16　第一个拉伸曲面的修剪结果

（7）选择另一个拉伸面作为目标片体，然后选择基准平面作为修剪边界，单击【确定】按钮，修剪结果如图 12.17 所示。

图 12.17　修剪结果

ⓘ 注意

选择修剪曲面时，选择的区域在默认的情况下是【保留】，也可以在【修剪片体】对话框中的【区域】选项组中选择【放弃】选项放弃已选曲面。

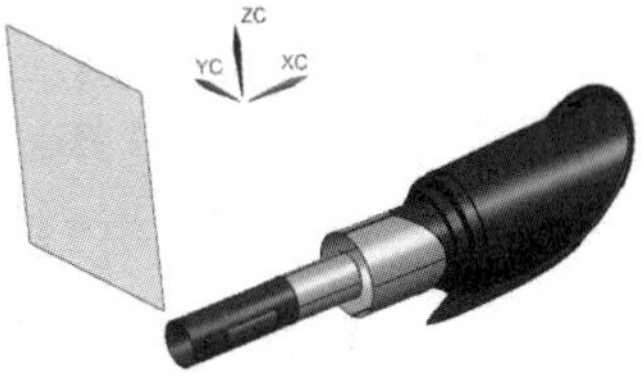

（8）单击【曲面】选项卡中的【基本】面板上的【更多】下拉列表中的【直纹】按钮，系统弹出【直纹】对话框，选择第一个拉伸曲面的边线作为截面 1，选择第二个拉伸曲面的边线作为截面 2，如图 12.18 所示，单击【确定】按钮，创建曲面如图 12.19 所示。

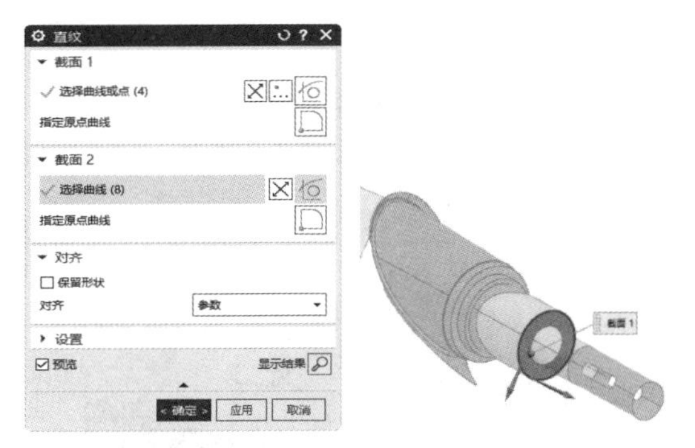

图 12.18　【直纹】对话框

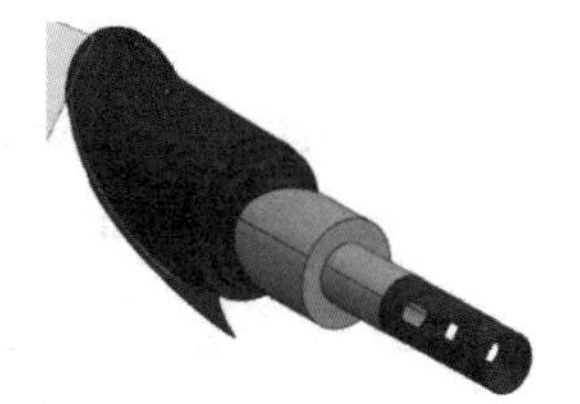

图 12.19　创建曲面

（9）单击【注塑模向导】选项卡中的【分型】面板上的【曲面补片】按钮，弹出【曲面补片】对话框，选择【遍历】类型，取消选中【按面的颜色遍历】复选框，在绘图区选取孔上的任意曲线，单击【接受】按钮和【循环候选项】按钮，得到整个环，如图 12.20 所示，单击【确定】按钮，修补结果如图 12.21 所示。

图 12.20　曲面补片设置

图 12.21　修补结果

（10）按照同样的方法完成曲面另外一侧的曲面补片特征，如图 12.22 所示。

图 12.22　另一侧的曲面补片特征

（11）单击【曲面】选项卡中的【基本】面板上的【更多】下拉列表中的【有界平面】按钮，系统弹出【有界平面】对话框，在绘图区选择曲线，如图 12.23 所示，单击【确定】按钮，结果如图 12.24 所示。

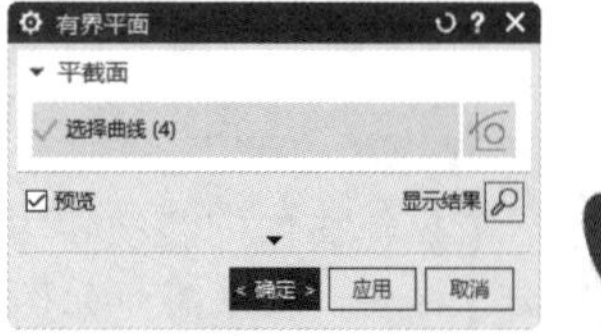

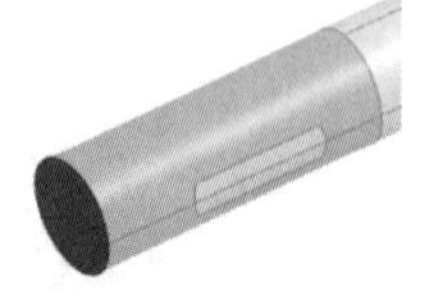

图 12.23　【有界平面】对话框

图 12.24　创建有界平面

（12）单击【主页】选项卡中的【构造】面板上的【基准平面】按钮，弹出【基准平面】对话框，选择【YC-ZC 平面】，输入距离为 55，如图 12.25 所示，单击【确定】按钮，创建基准平面，效果如图 12.26 所示。

图 12.25　选择 YC-ZC 平面

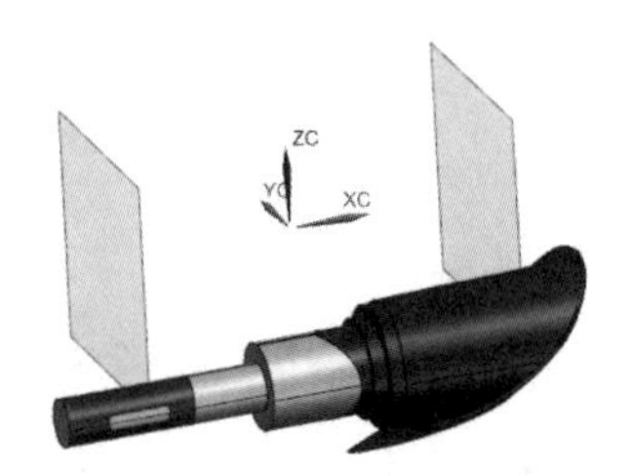

图 12.26　基准平面的效果

（13）单击【主页】选项卡中的【构造】面板上的【草图】按钮，弹出【创建草图】对话框，选择在步骤（12）创建的基准平面作为草图平面，如图 12.27 所示，单击【确定】按钮，进入草绘界面。

（14）单击【主页】选项卡中的【包含】面板上的【更多】下拉列表中的【投影曲线】按钮，弹出【投影曲线】对话框，在绘图区选择曲线进行投影，如图 12.28 所示，单击【确定】按钮，投影生成最小圆。

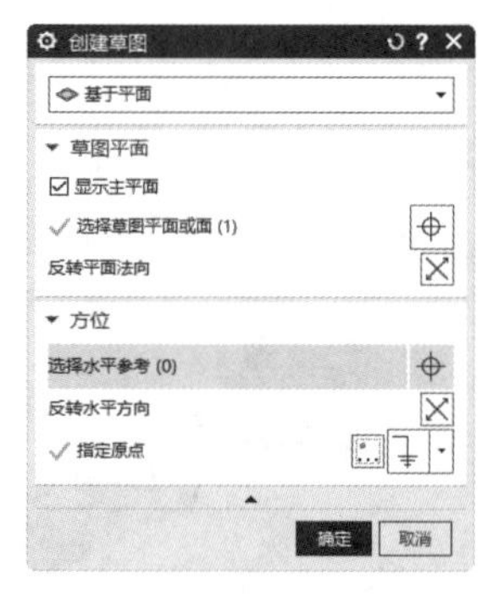

图 12.27　【创建草图】对话框

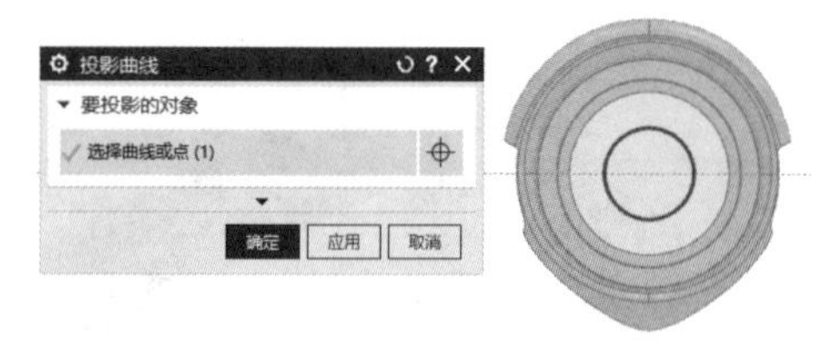

图 12.28　投影生成最小圆

（15）选取在步骤（14）投影创建的圆，右击，在弹出的快捷菜单中选择【转换为参考】选项，如图 12.29 所示，将圆转换为参考。

（16）单击【主页】选项卡中的【曲线】面板上的【圆】按钮○，捕捉步骤（15）创建圆的圆心（若不能捕捉到圆心，可绘制一条辅助线），绘制直径为 43 的圆，如图 12.30 所示。单击【完成】按钮，退出草图。

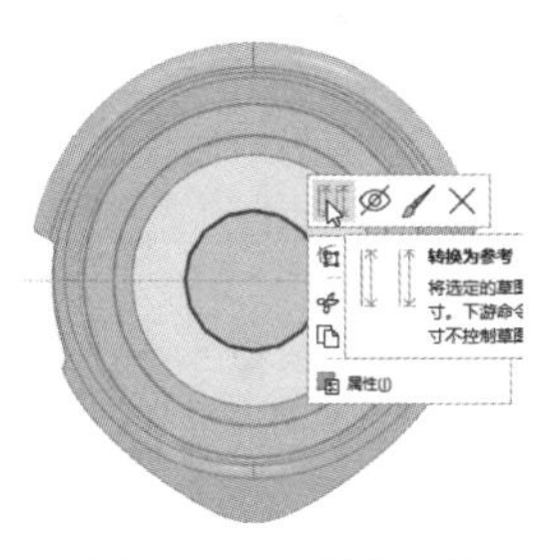

图 12.29 快捷菜单

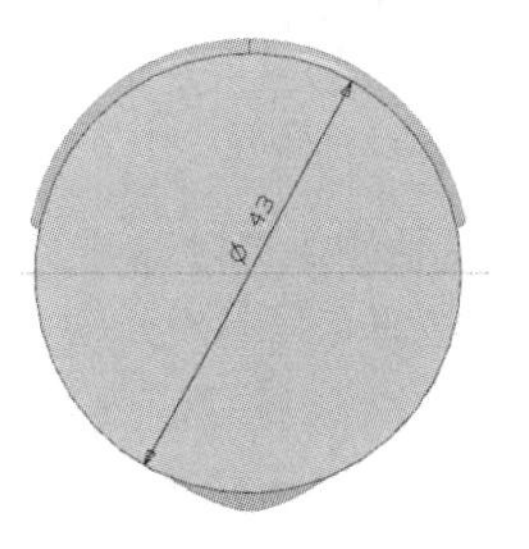

图 12.30 绘制圆草图

（17）单击【曲线】选项卡中的【基本】面板上的【直线】按钮╱，系统弹出【直线】对话框，在绘图区中绘制直线，如图 12.31 所示，单击【确定】按钮。

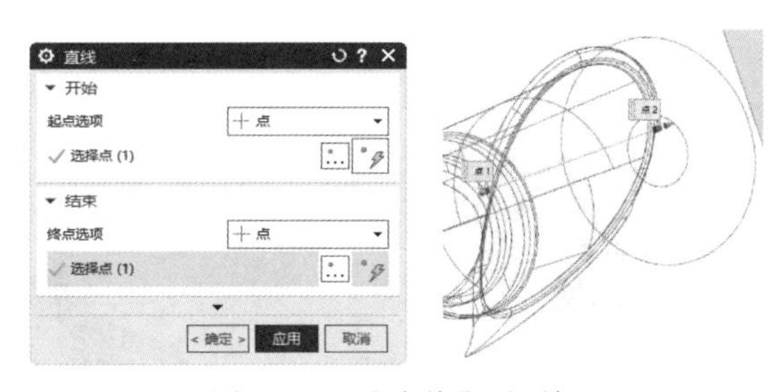

图 12.31 【直线】对话框

（18）单击【曲面】选项卡中的【组合】面板上的【修剪片体】按钮，弹出【修剪片体】对话框，设置投影方向为【沿矢量】，在【指定矢量】下拉列表中选择-XC 轴，选中【放弃】单选按钮，在绘图区选择目标片体和修剪边界，如图 12.32 所示，单击【确定】按钮，修剪结果如图 12.33 所示。

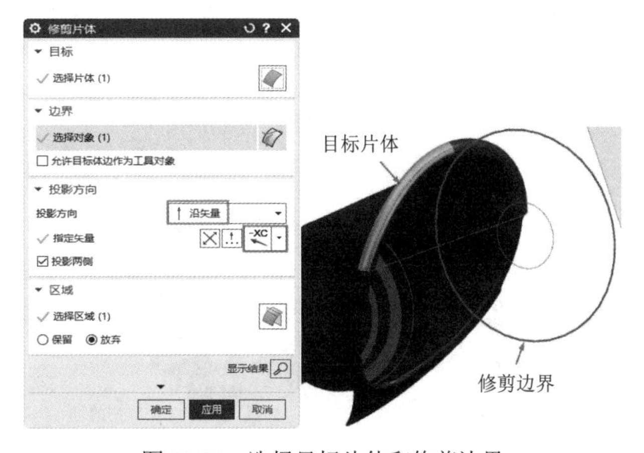

图 12.32 选择目标片体和修剪边界

（19）使用同样的方法完成另外一侧的曲面修剪，修剪结果如图 12.34 所示。

图 12.33 修剪片体

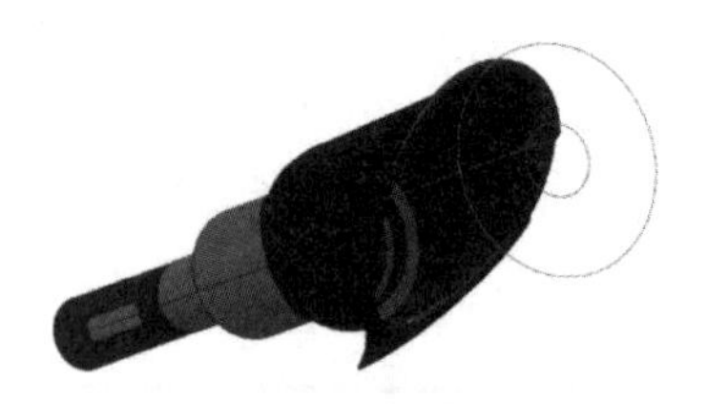

图 12.34 修剪另一侧片体

（20）单击【曲面】选项卡中的【组合】面板上的【修剪片体】按钮，弹出【修剪片体】对话框，在绘图区选择目标片体，并以草绘直线为修剪边界，设置【投影方向】为【沿矢量】，在【指定矢量】下拉列表中选择-ZC 轴，单击【放弃】单选按钮，如图 12.35 所示，最后单击【确定】按钮完成操作，直线与曲面修剪结果如图 12.36 所示。

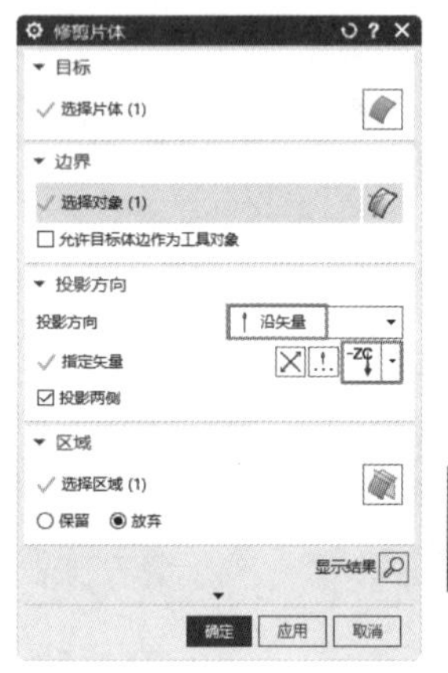

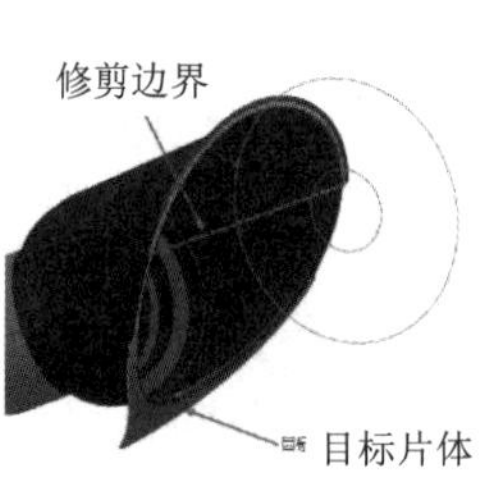

图 12.35 选择目标片体和修剪边界

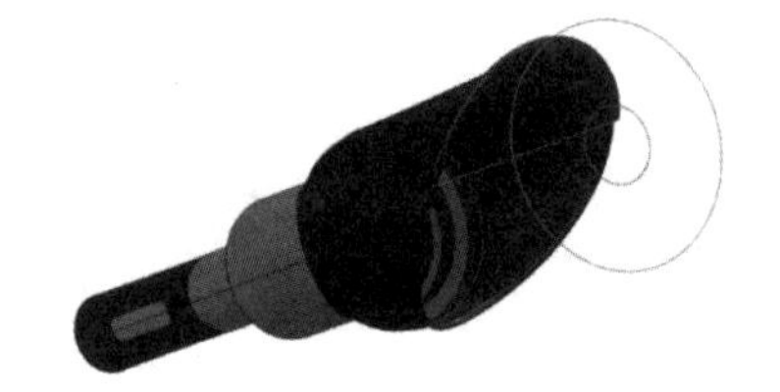

图 12.36 直线与曲面修剪结果

（21）单击【主页】选项卡中的【基本】面板上的【更多】下拉列表中的【分割面】按钮，弹出【分割面】对话框，在绘图区选择要分割的面和曲线，如图 12.37 所示，在【投影方向】下拉列表中选择【垂直于面】，取消选中【隐藏分割对象】复选框，单击【确定】按钮。

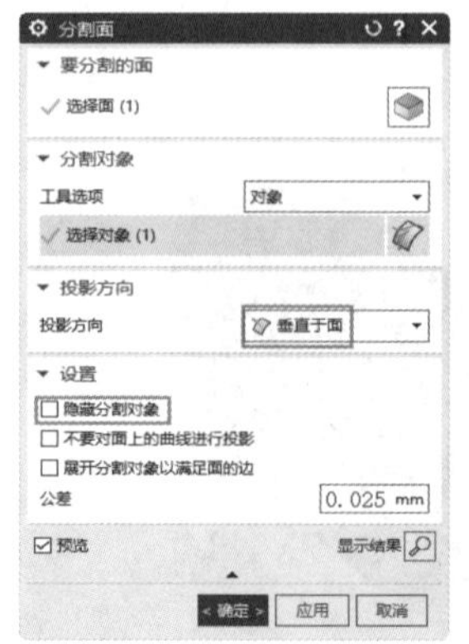

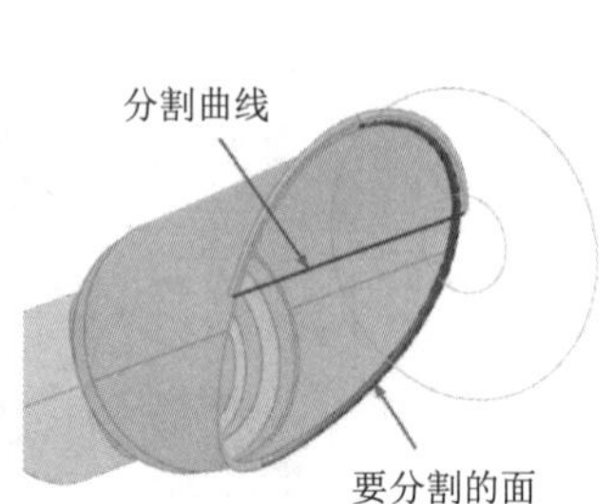

图 12.37 选择要分割的面和曲线

（22）使用同样的方法完成另一侧的曲面分割。

（23）单击【曲面】选项卡中的【组合】面板上的【缝合】按钮，系统弹出【缝合】对话框，在绘图区选取目标片体，然后框选所有片体作为工具片体，如图 12.38 所示，单击【确定】按钮，缝合曲面。

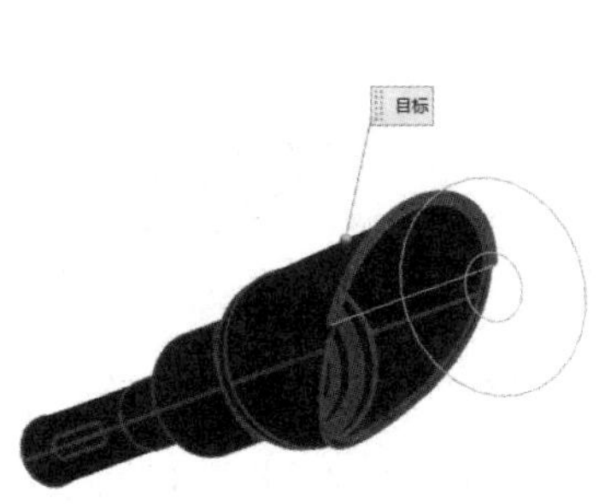

图 12.38 框选所有片体

（24）单击【主页】选项卡中的【基本】面板上的【拉伸】按钮，弹出【拉伸】对话框，在绘图区中选择拉伸曲面，然后在【指定矢量】下拉列表中选择 XC 轴，输入终止距离为 70，如图 12.39 所示，单击【确定】按钮，即可完成拉伸操作，结果如图 12.40 所示。

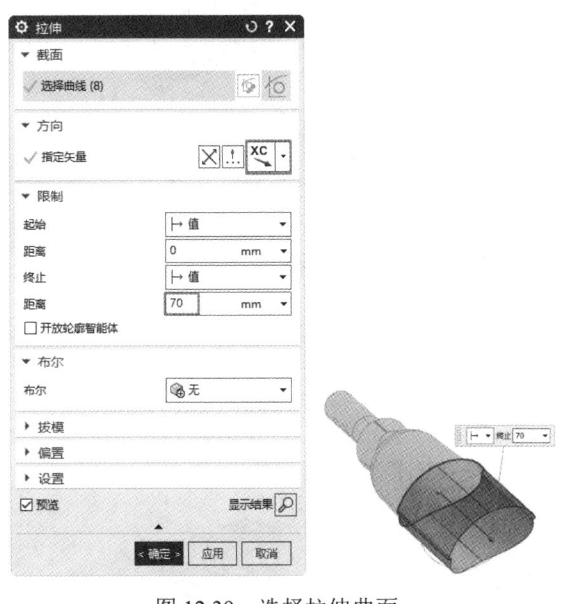

图 12.39 选择拉伸曲面

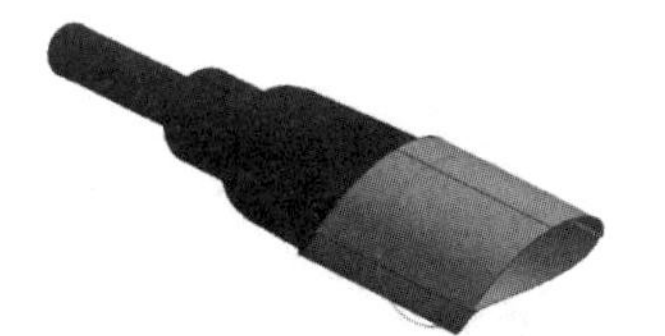

图 12.40 拉伸结果

（25）单击【曲面】选项卡中的【组合】面板上的【修剪片体】按钮，弹出【修剪片体】对话框，在绘图区选择在步骤（14）创建的拉伸曲面作为目标片体，选择基准平面作为修剪边界，如图 12.41 所示，选择 XC 轴作为投影方向，单击【放弃】单选按钮，单击【确定】按钮，修剪结果如图 12.42 所示。

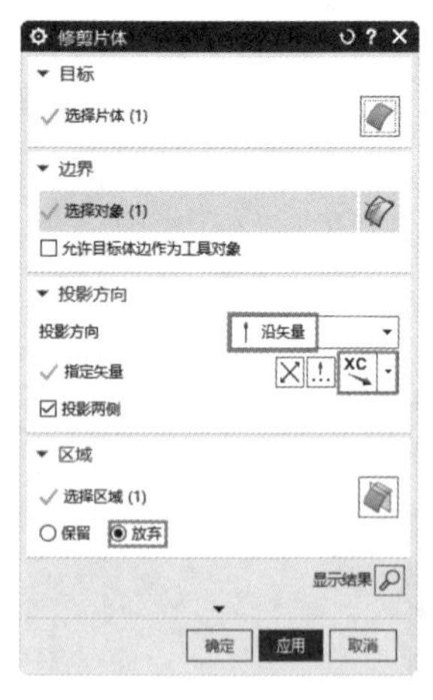

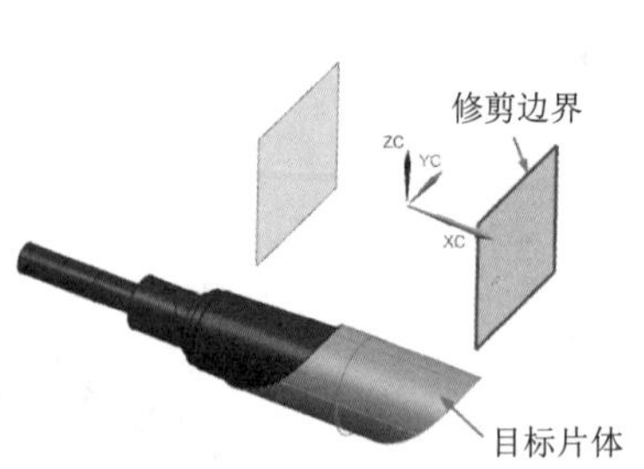

图 12.41　选择目标片体与修剪边界

图 12.42　修剪结果

（26）单击【曲面】选项卡中的【基本】面板上的【更多】下拉列表中的【有界平面】按钮，系统弹出【有界平面】对话框，在绘图区选择圆曲线，如图 12.43 所示，单击【确定】按钮，有界平面创建结果如图 12.44 所示。

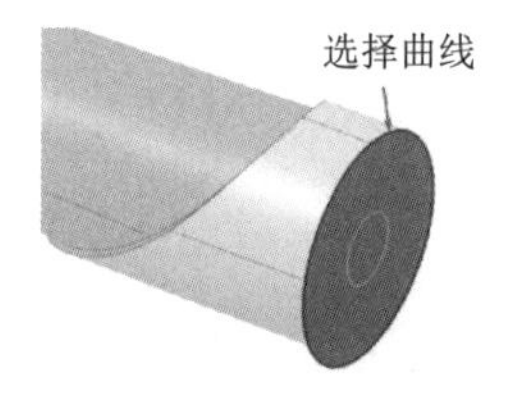

图 12.43　选择曲线

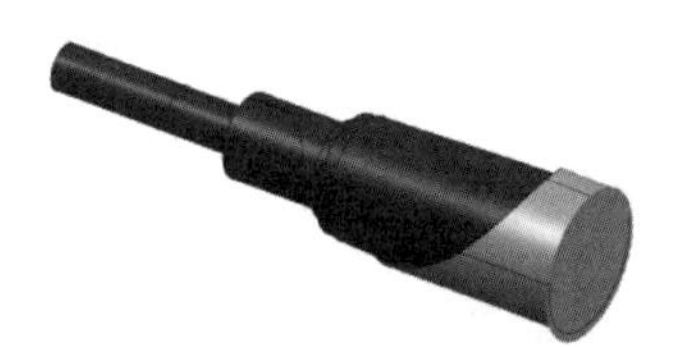

图 12.44　有界平面创建结果

（27）单击【曲面】选项卡中的【组合】面板上的【修剪片体】按钮，弹出【修剪片体】对话框，在绘图区选择在步骤（26）创建的有界平面作为要修剪的面，选择图 12.45 所示的边界对象，然后单击【保留】单选按钮，单击【确定】按钮，修剪结果如图 12.46 所示。

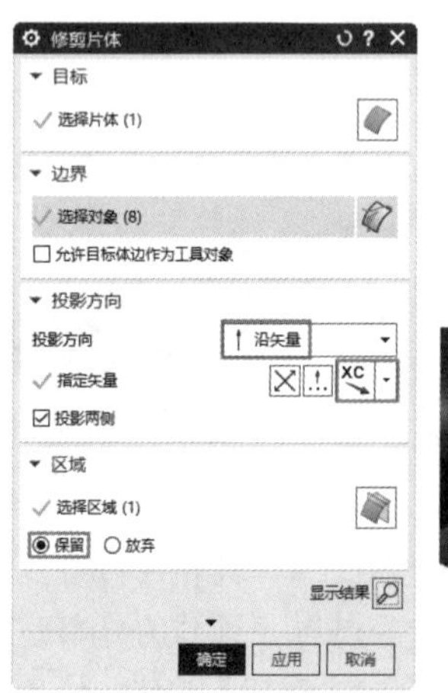

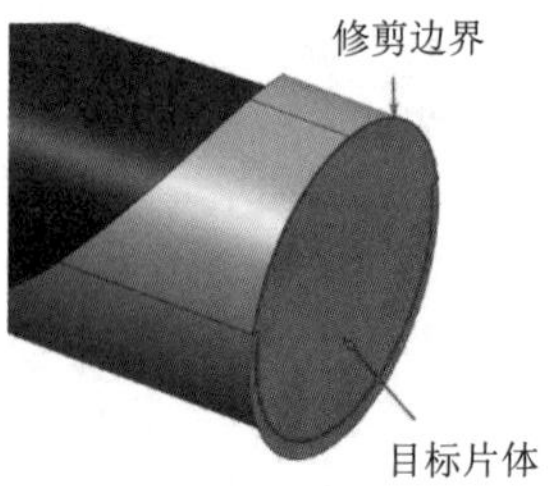

图 12.45　选择边界对象

图 12.46　修剪有界平面

（28）单击【曲面】选项卡中的【组合】面板上的【缝合】按钮，系统弹出【缝合】对话框，将所有的曲面缝合，使其成为实体特征。在绘图区单击选择目标片体和工具片体，如图 12.47 所示，然后单击【确定】按钮，缝合后的实体显示如图 12.48 所示。

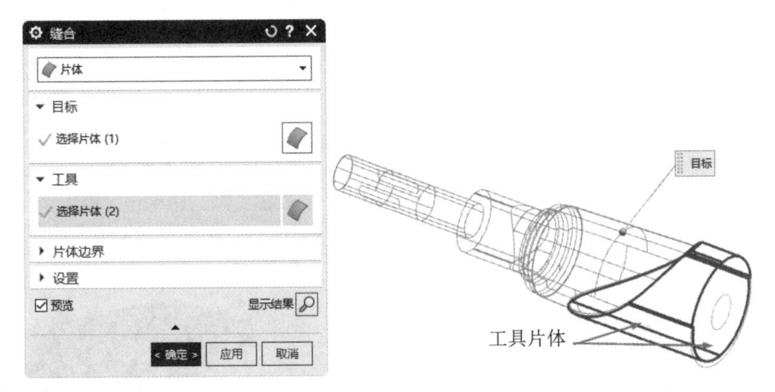

图 12.47　缝合选项设置

（29）选择【菜单】→【编辑】→【显示与隐藏】→【隐藏】命令或按 Ctrl+B 组合键，系统弹出【类选择】对话框，选择缝合后的实体作为要隐藏的实体，单击【确定】按钮完成隐藏，结果如图 12.49 所示。

图 12.48　缝合后的实体显示

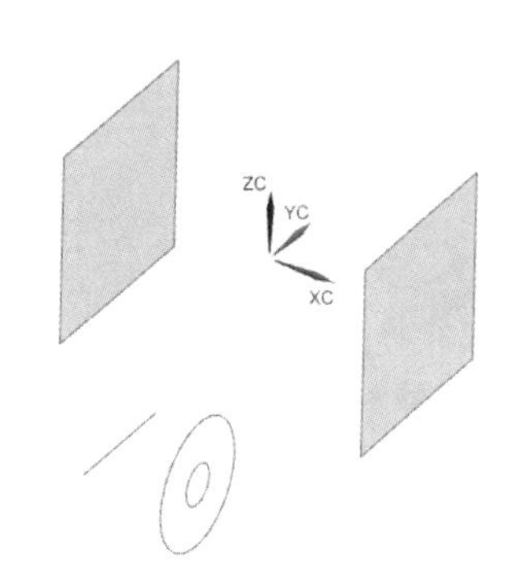

图 12.49　隐藏实体特征

（30）单击【视图】选项卡中的【层】面板上的【移动至图层】按钮，系统弹出【类选择】对话框，在绘图区用鼠标框选所有的曲线和基准平面，单击【确定】按钮，弹出【图层移动】对话框，在【目标图层或类别】文本框中输入 5，如图 12.50 所示，单击【确定】按钮，将选中的图素移动至第五层。

（31）按 Shift+Ctrl+U 组合键显示所有部件，如图 12.51 所示。

（32）选择参考模型和第一滑块主体，并按 Ctrl+B 组合键，隐藏参考模型与第一滑块主体，如图 12.52 所示。

（33）单击【视图】选项卡中的【层】面板上的【移动至图层】按钮，系统弹出【类选择】对话框，选择所有的曲线和曲面，单击【确定】按钮，系统弹出【图层移动】对话框，在【目标图层或类别】文本框中输入 5，单击【确定】按钮，将选中的图素移动至第五层。

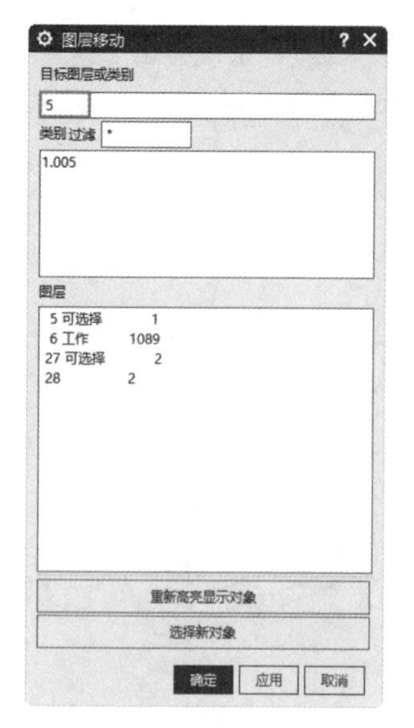

图 12.50 图层移动设置

图 12.51 显示所有部件

（34）按 Ctrl+Shift+B 组合键，反向隐藏曲线和曲面，显示参考模型和第一滑块主体，如图 12.53 所示。

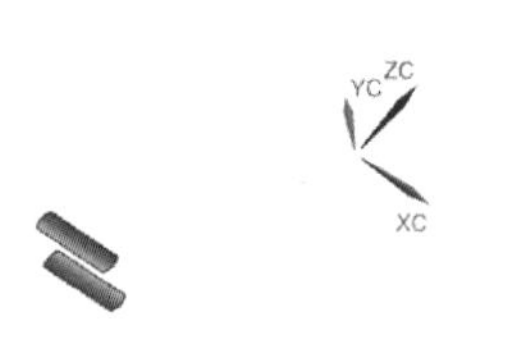

图 12.52 隐藏参考模型与第一滑块主体

图 12.53 反向隐藏曲线和曲面

12.2.2 创建第二个滑块主体

（1）单击【主页】选项卡中的【构造】面板上的【基准平面】按钮，弹出【基准平面】对话框，选择【XC-ZC 平面】，输入【距离】为-183，如图 12.54 所示，单击【确定】按钮，创建基准平面后的效果如图 12.55 所示。

图 12.54 【基准平面】对话框

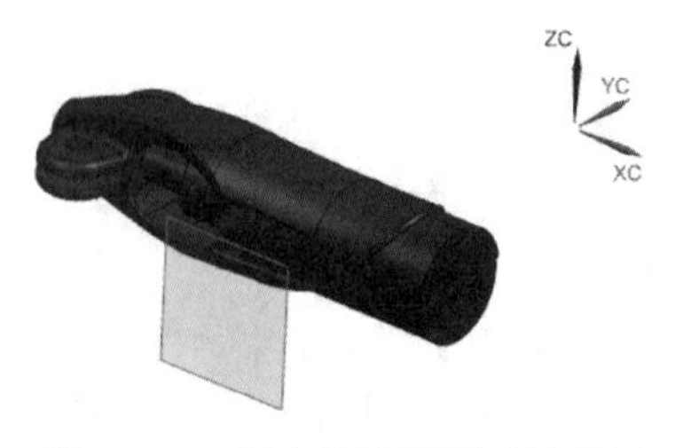

图 12.55 创建基准平面后的效果

（2）单击【主页】选项卡中的【构造】面板上的【草图】按钮，系统弹出【创建草图】对话框，选择在步骤（1）创建的基准平面作为草图平面，单击【确定】按钮进入草绘界面。

（3）单击【主页】选项卡中的【包含】面板上的【更多】下拉列表中的【投影曲线】按钮，弹出【投影曲线】对话框，在绘图区选择图 12.56 所示的投影曲线，单击【确定】按钮。

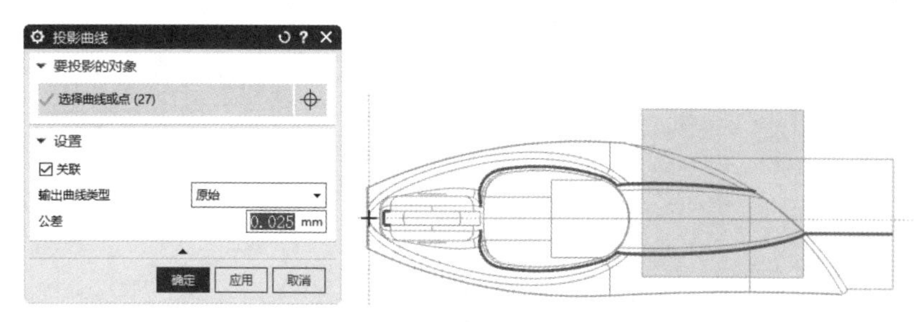

图 12.56　选择投影曲线

（4）单击【主页】选项卡中的【曲线】面板上的【直线】按钮╱，在绘图区绘制直线，并将最右侧的竖直线转换为参考，利用【快速尺寸】命令对直线进行尺寸标注并修改尺寸值；然后利用【修剪】和【延伸】命令修剪多余的线，将部分直线延伸至需要的部位，绘制草图结果如图 12.57 所示，退出草图绘制界面。

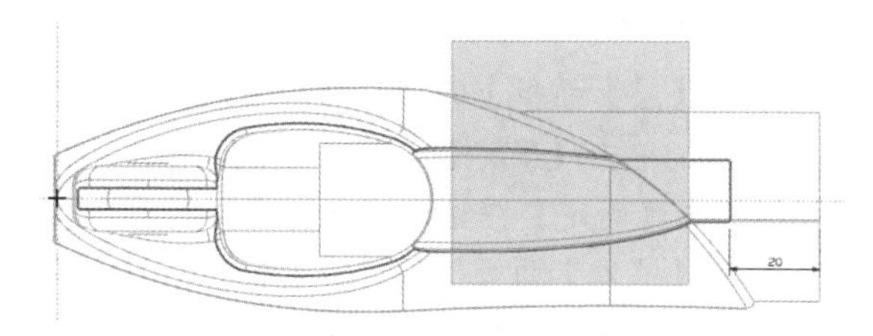

图 12.57　绘制草图结果

（5）单击【主页】选项卡中的【构造】面板上的【基准平面】按钮，弹出【基准平面】对话框，选择【点和方向】类型，在绘图区中选择图 12.58 所示的曲线端点，单击【确定】按钮创建基准平面并退出对话框，基准平面创建结果如图 12.59 所示。

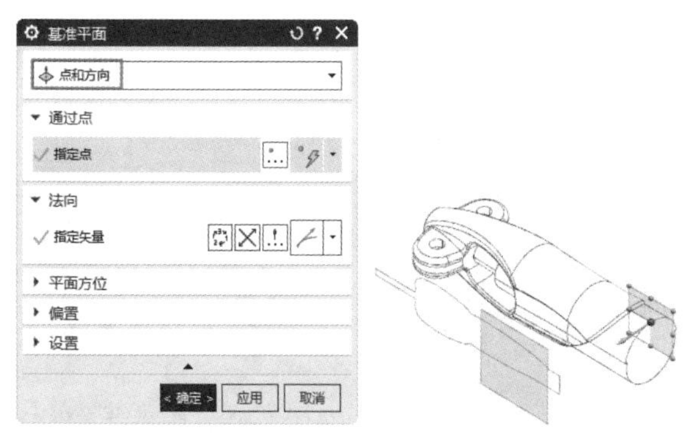

图 12.58　选择曲线端点

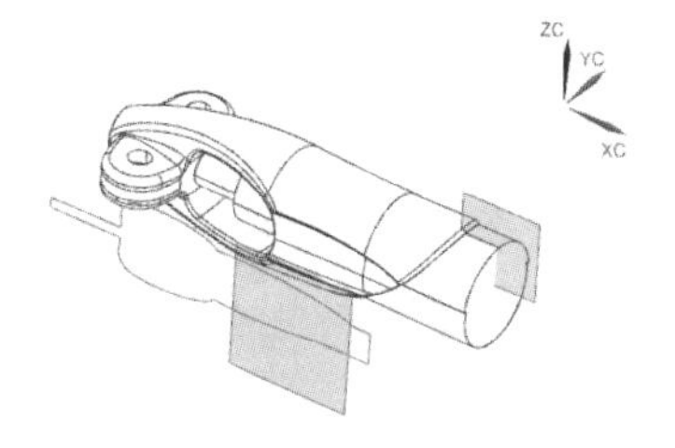

图 12.59　基准平面创建结果

（6）单击【主页】选项卡中的【基本】面板上的【拉伸】按钮，弹出【拉伸】对话框，在绘图区选择草绘曲线作为拉伸曲线，在【指定矢量】下拉列表中选择 YC，在【终止】下拉列表中选择【直至延伸部分】，选择在步骤（5）创建的平面作为延伸到对象，如图 12.60 所示，单击【确定】按钮完成拉伸操作，结果如图 12.61 所示。

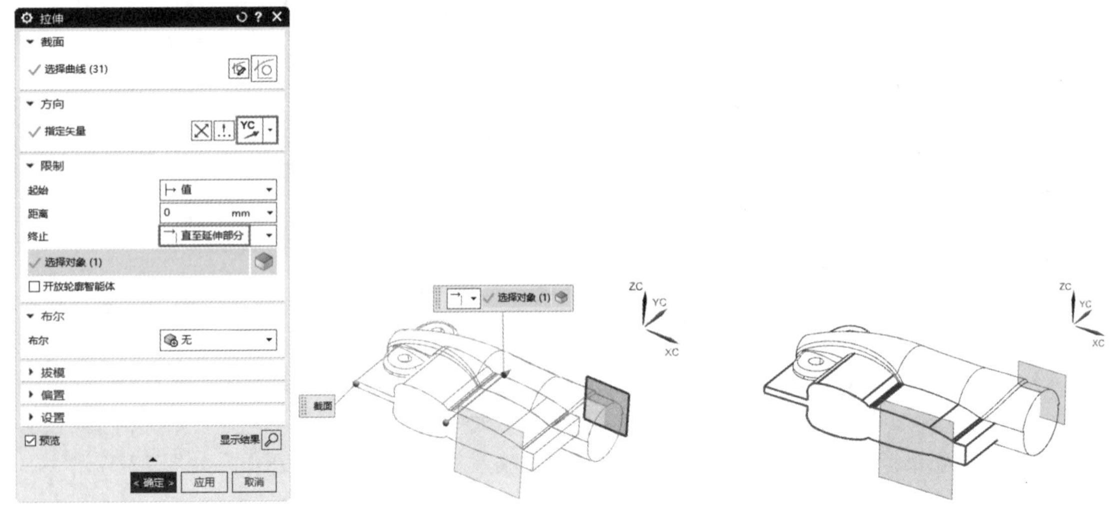

图 12.60　设置对话框与选取图素　　　　图 12.61　拉伸结果

（7）单击【视图】选项卡中的【层】面板上的【移动至图层】按钮，系统弹出【类选择】对话框，选择所有的曲线和基准平面，单击【确定】按钮，系统弹出【图层移动】对话框，在【目标图层或类别】文本框中输入 5，单击【确定】按钮，将选中的图素移动至第五层。

（8）单击【主页】选项卡中的【基本】面板上的【减去】按钮，弹出【减去】对话框，在绘图区选择拉伸体作为目标体，选择参考模型和第一个滑块主体作为工具体，选择【保存工具】复选框，如图 12.62 所示，单击【确定】按钮完成。

（9）在绘图区选择参考模型和第一个滑块主体，按 Ctrl+B 组合键，隐藏参考模型和第一个滑块主体，隐藏结果如图 12.63 所示。

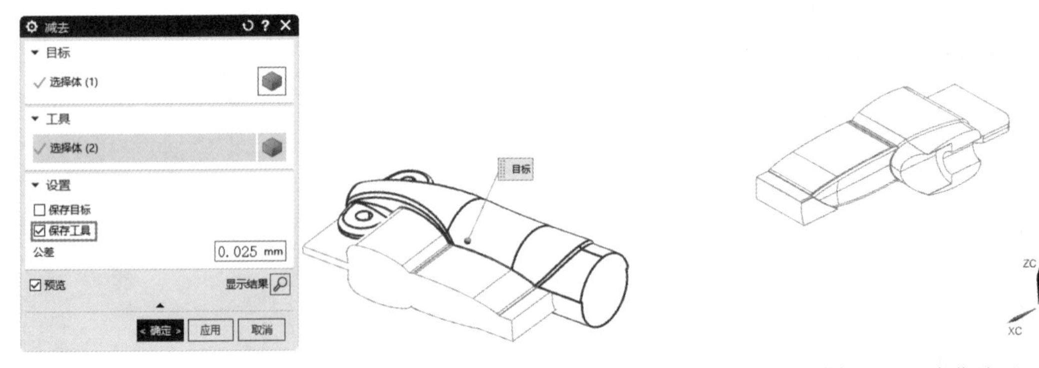

图 12.62　减去设置　　　　图 12.63　隐藏结果

（10）单击【主页】选项卡中的【基本】面板上的【拉伸】按钮，弹出【拉伸】对话框，在绘图区选择曲线，输入【距离】值为 1.5，在【布尔】下拉列表中选择【合并】选项，选择要求和的体，如图 12.64 所示，单击【确定】按钮，拉伸与求和结果如图 12.65 所示。

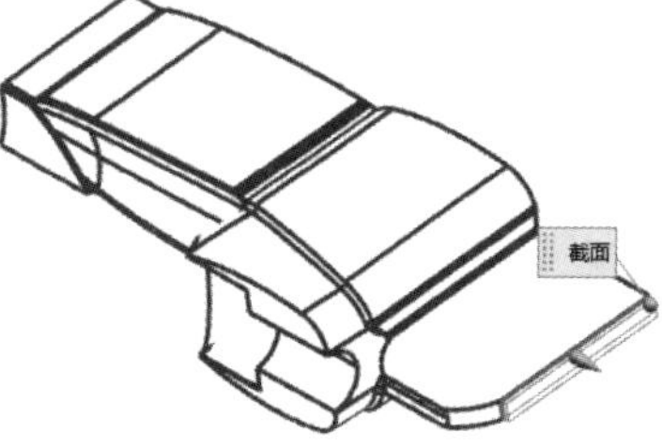

图 12.64　选择曲线与体

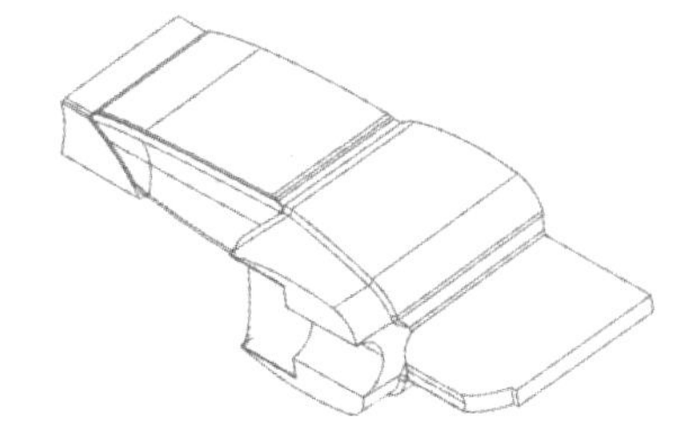

图 12.65　拉伸与求和结果

（11）单击【主页】选项卡中的【基本】面板上的【边倒圆】按钮，弹出【边倒圆】对话框，输入半径为 8，选择图 12.66 所示的边作为要倒圆角的边，单击【确定】按钮，边倒圆结果如图 12.67 所示。

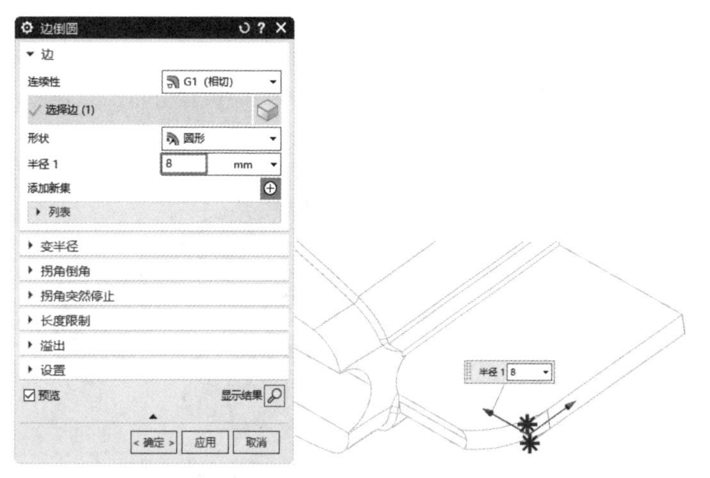

图 12.66　【边倒圆】对话框设置与边的选择

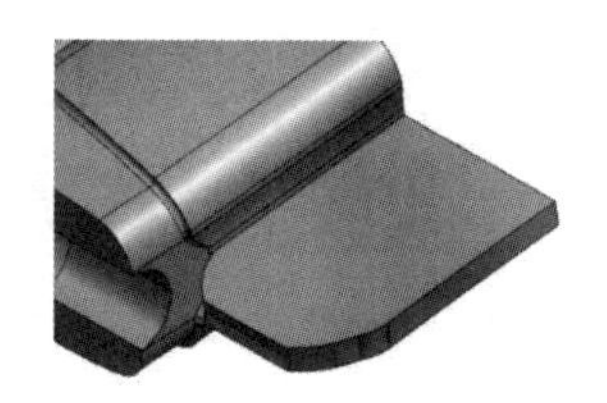

图 12.67　边倒圆结果

12.3　创建滑块整体

扫一扫，看视频

创建好滑块主体后，本节介绍滑块整体的创建。

12.3.1 创建第二个滑块整体

（1）按 Ctrl+Shift+U 组合键显示所有部件。

（2）单击【注塑模向导】选项卡中的【注塑模工具】面板上的【包容体】按钮，弹出【包容体】对话框，取消选中【均匀偏置】复选框，在图形中单击【-YC 偏置】箭头，输入“-Y 偏置”为 35，按 Enter 键确认，如图 12.68 所示；采用相同的方法更改-X 偏置、X 偏置和 Z 偏置为 0，更改 Y 偏置为 0.5、-Z 偏置为 5，最后单击【确定】按钮，结果如图 12.69 所示。

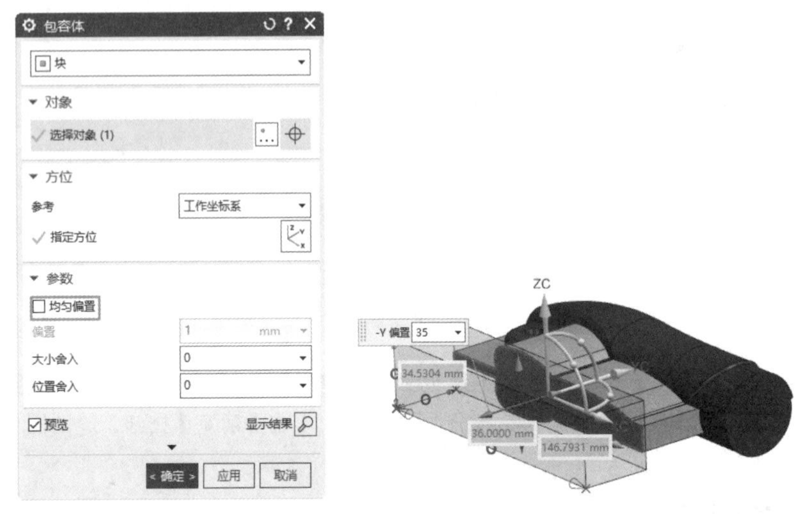

图 12.68　调整偏置

（3）使用同样的方法创建图 12.70 所示的包容体，X 偏置为 5、Z 偏置为-19.886，其他偏置为 0。

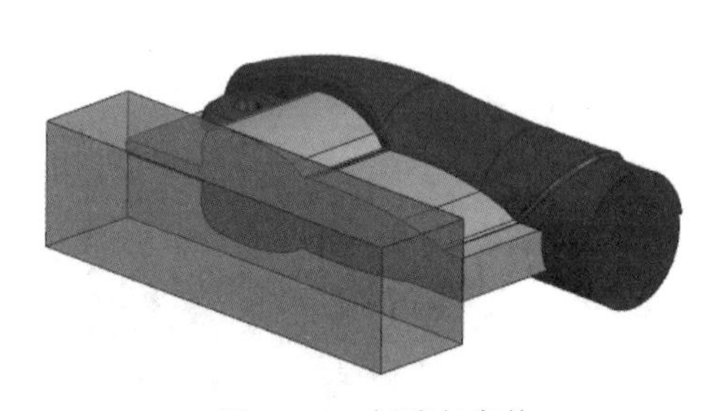

图 12.69　创建包容体

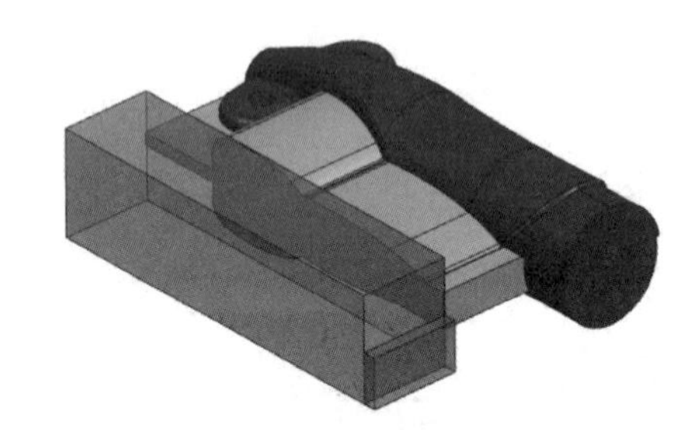

图 12.70　再次创建包容体

（4）选择【菜单】→【编辑】→【变换】命令，弹出【类选择】对话框，在绘图区选择创建的第二块包容体，单击【确定】按钮，弹出图 12.71 所示的【变换】对话框（1），单击【通过一平面镜像】按钮，弹出【平面】对话框，选择【点和方向】类型，选择第一个包容体边的中点，如图 12.72 所示，单击【确定】按钮，弹出图 12.73 所示的【变换】对话框（2），单击【复制】按钮，然后单击【取消】按钮完成镜像创建，镜像结果如图 12.74 所示。

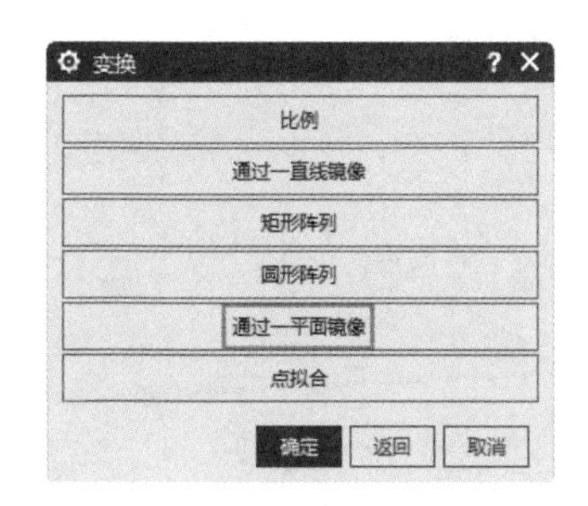

图 12.71 【变换】对话框（1）

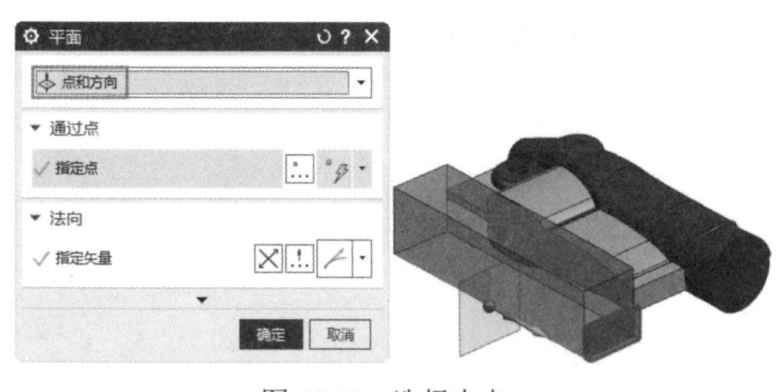

图 12.72 选择中点

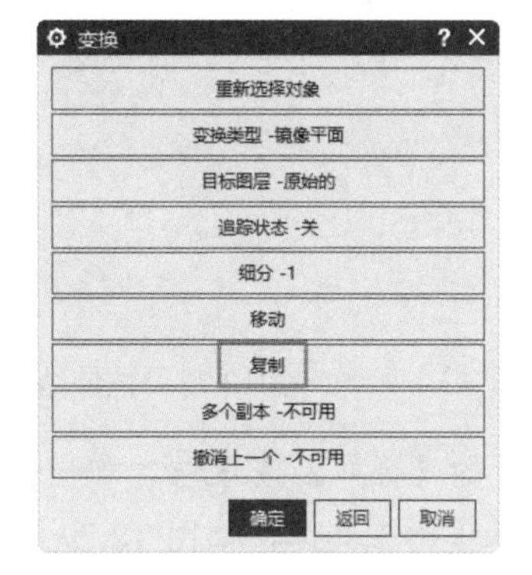

图 12.73 【变换】对话框（2）

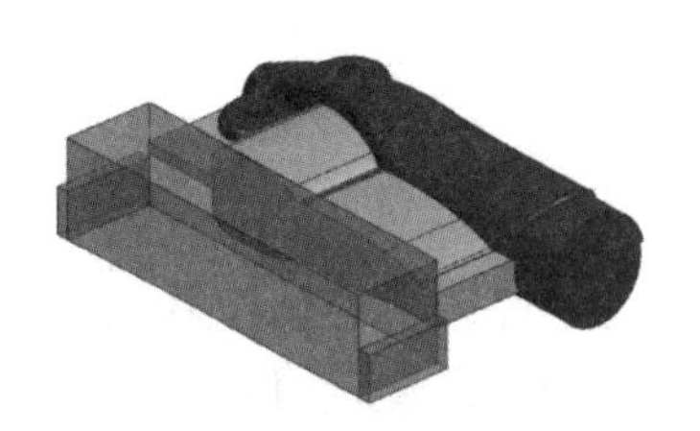

图 12.74 镜像结果

（5）单击【主页】选项卡中的【构造】面板上的【草图】按钮，系统弹出【创建草图】对话框，选择图 12.75 所示的平面作为草绘平面，单击【确定】按钮进入草绘界面，绘制图 12.76 所示的草图，单击【完成】按钮退出草图环境。

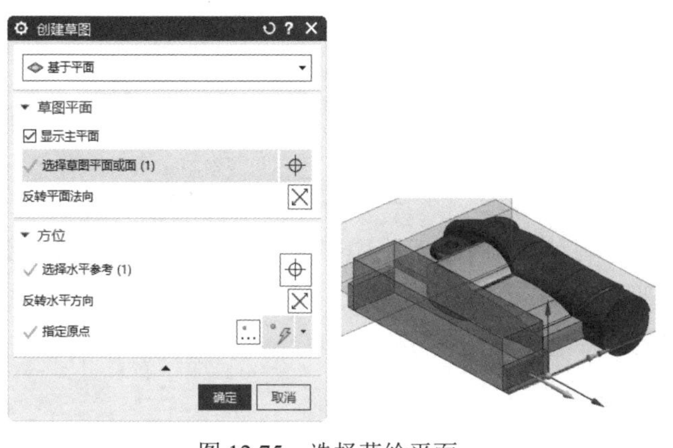

图 12.75 选择草绘平面

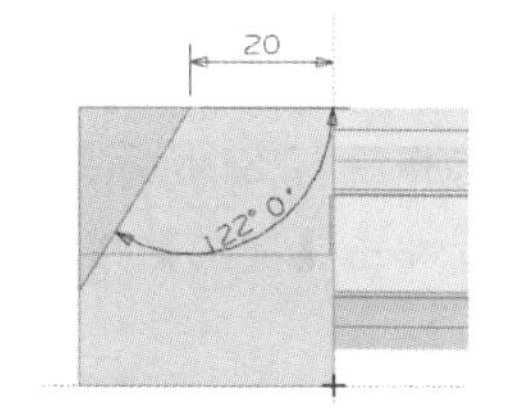

图 12.76 绘制草图

（6）单击【主页】选项卡中的【基本】面板上的【拉伸】按钮，弹出【拉伸】对话框，然后在绘图区选择在步骤（5）创建的草图，在【指定矢量】下拉列表中选择-XC，设置终止方式为【贯通】，在【布尔】下拉列表中选择【减去】，如图 12.77 所示，然后单击【确定】按钮，拉伸结果如图 12.78 所示。

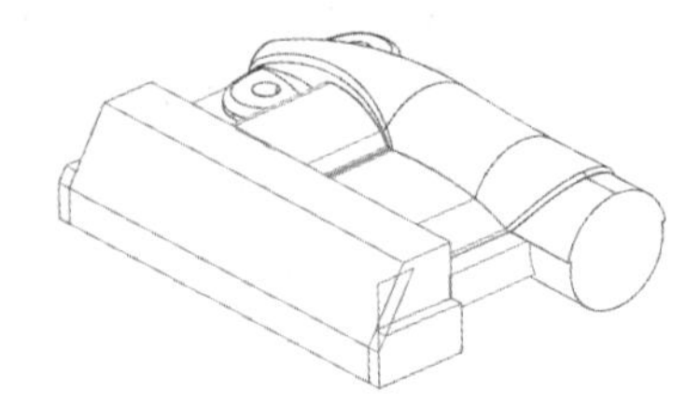

图 12.77　拉伸设置

图 12.78　拉伸结果

（7）隐藏草图。单击【主页】选项卡中的【基本】面板上的【合并】按钮，弹出【合并】对话框，然后在绘图区选择拉伸体作为目标体，选取三个包容体作为工具体，如图 12.79 所示，然后单击【确定】按钮，合并结果如图 12.80 所示。

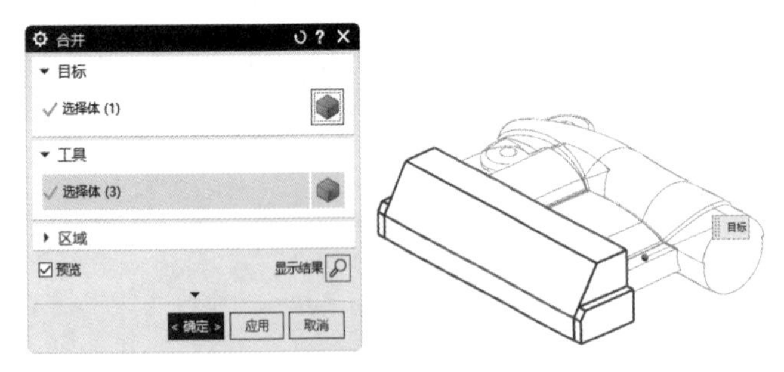

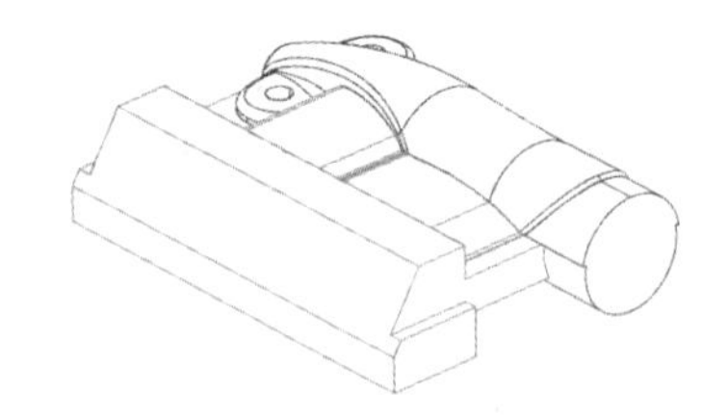

图 12.79　合并操作

图 12.80　合并结果

（8）单击【主页】选项卡中的【构造】面板上的【草图】按钮，系统弹出【创建草图】对话框，选择图 12.81 所示的平面作为草绘平面，单击【确定】按钮进入草绘界面，绘制图 12.82 所示的草图，单击【完成】按钮退出草图环境。

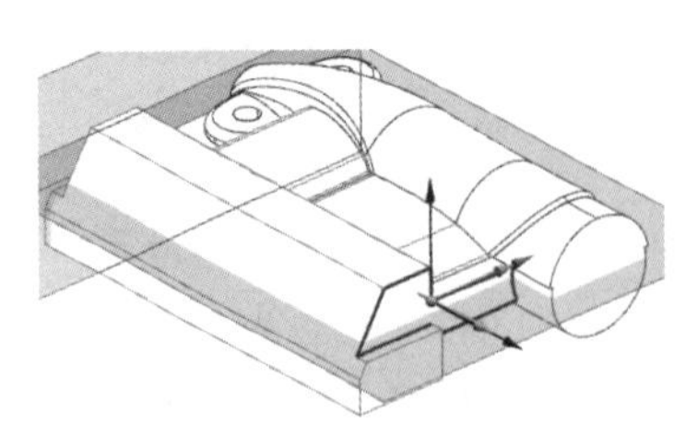

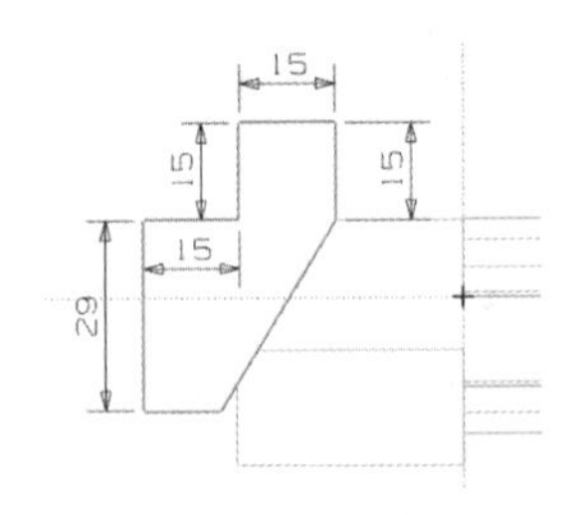

图 12.81　草绘平面选择

图 12.82　绘制草图

（9）单击【主页】选项卡中的【基本】面板上的【拉伸】按钮，弹出【拉伸】对话框，在绘图区选择在步骤（8）创建的草图，输入距离为 144.793，在【布尔】下拉列表中选择【无】，如图 12.83 所示，然后单击【确定】按钮，隐藏草图后的效果如图 12.84 所示。

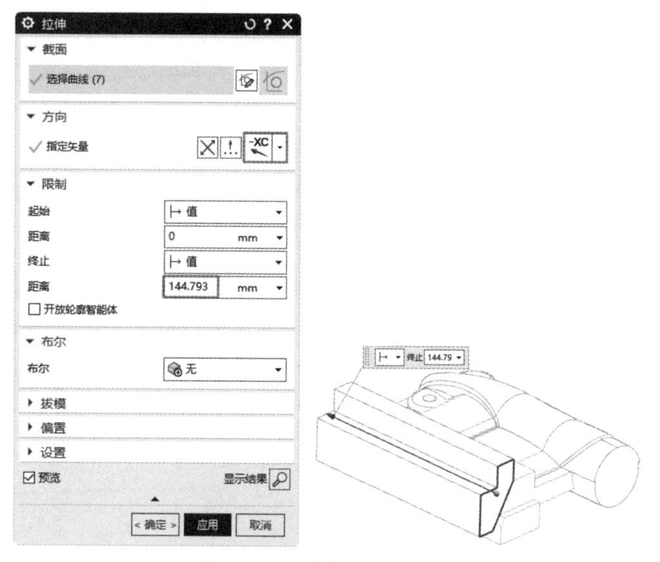

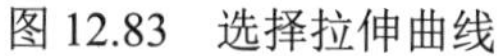
图 12.83　选择拉伸曲线

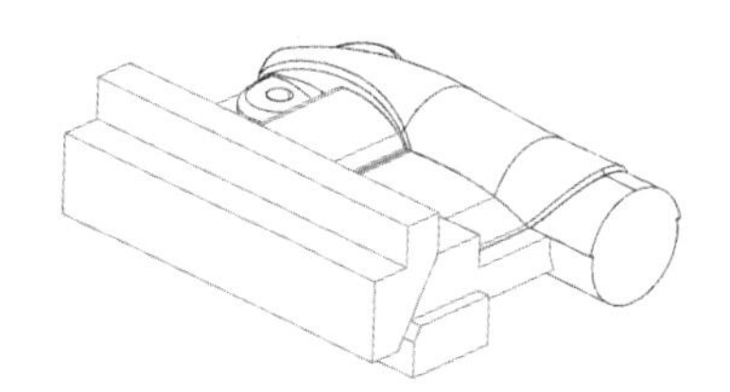
图 12.84　隐藏草图后的效果

（10）单击【主页】选项卡中的【基本】面板上的【边倒圆】按钮，弹出【边倒圆】对话框，输入半径为 5，在绘图区依次选择如图 12.85 所示的边进行倒圆角，单击【确定】按钮，结果如图 12.86 所示。

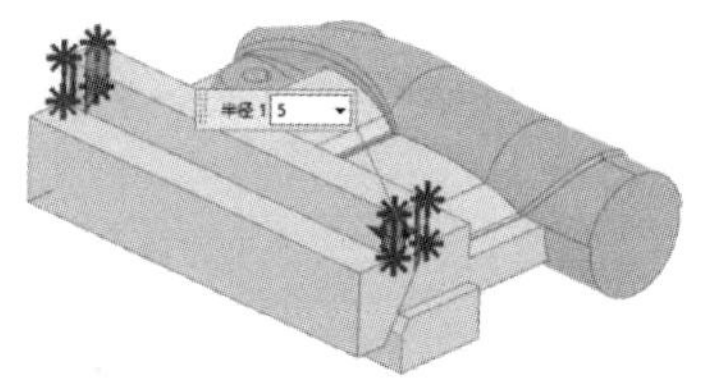

图 12.85　选择倒圆边

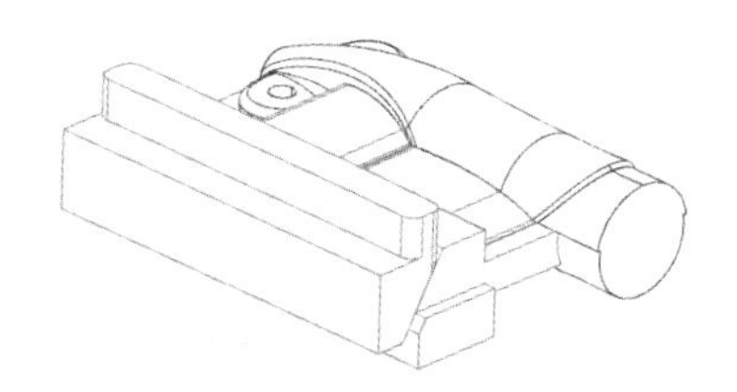
图 12.86　边倒圆结果

（11）创建压块。单击【主页】选项卡中的【构造】面板上的【草图】按钮，系统弹出【创建草图】对话框，选择图 12.87 所示的平面作为草绘平面，单击【确定】按钮进入草绘界面，绘制图 12.88 所示的草图，单击【完成】按钮退出草图环境。

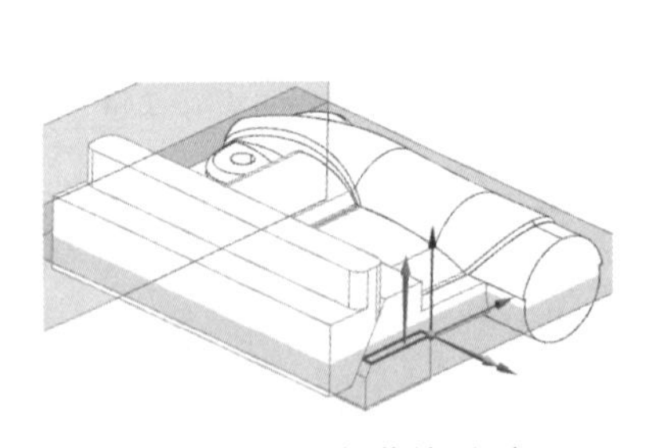

图 12.87　选择草绘平面

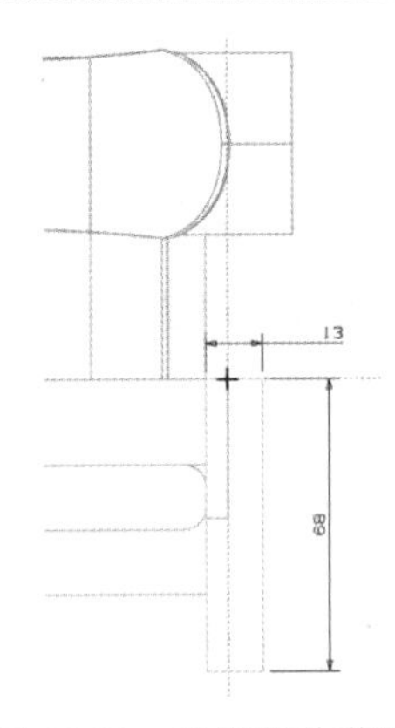

图 12.88　绘制压块草图

（12）单击【主页】选项卡中的【基本】面板上的【拉伸】按钮，弹出【拉伸】对话框，在绘图区选择在步骤（11）创建的草图作为拉伸曲面，在【指定矢量】下拉列表中选择 ZC，输入拉伸距离为 8，如图 12.89 所示，单击【确定】按钮，隐藏草图后的效果如图 12.90 所示。

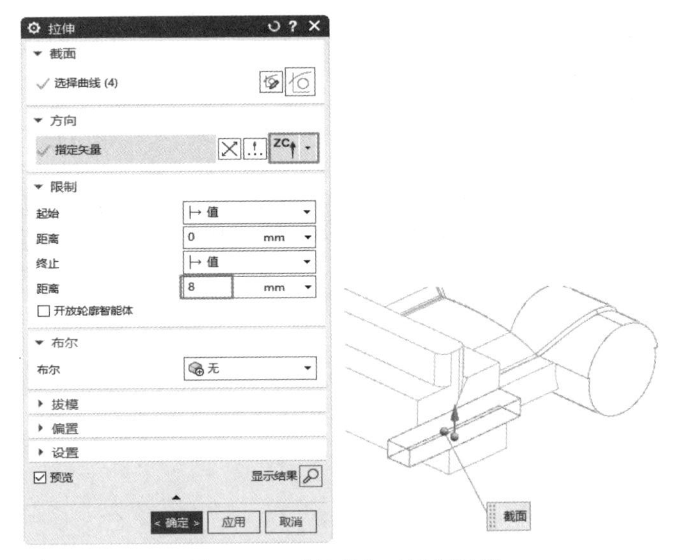

图 12.89　【拉伸】对话框设置

（13）镜像特征，操作方法与步骤（4）中的相同，以步骤（12）创建的拉伸体作为镜像特征，选取直线中点进行镜像，镜像结果如图 12.91 所示。

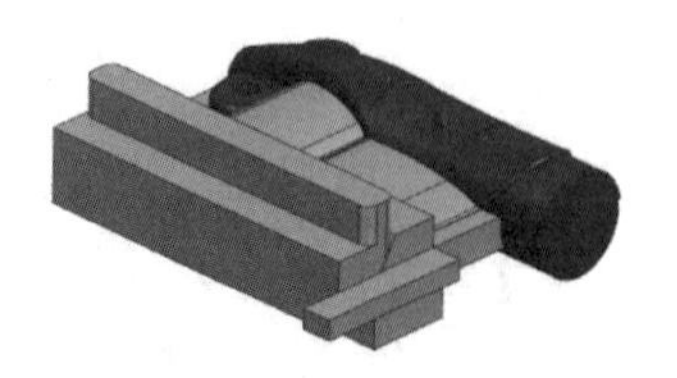

图 12.90　隐藏草图后的效果

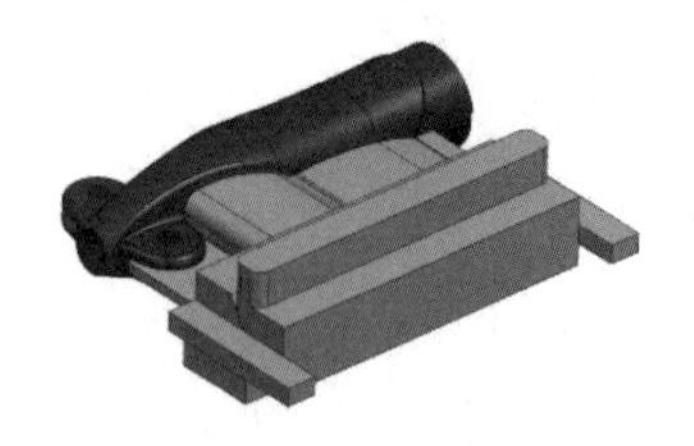

图 12.91　镜像结果

12.3.2　创建第一个滑块整体

（1）单击【注塑模向导】选项卡中的【注塑模工具】面板上的【包容体】按钮，弹出【包容体】对话框，取消选中【均匀偏置】复选框，在图形中选择滑块主体端面，单击【X 偏置】箭头，输入 X 偏置为 35，按 Enter 键确认，采用相同的方法更改-Y 偏置、Y 偏置为 8.95，更改-X 偏置为 0.5、-Z 偏置为 5、Z 偏置为 0，最后单击【确定】按钮，结果如图 12.92 所示。

（2）单击【注塑模向导】选项卡中的【注塑模工具】面板上的【包容体】按钮，系统弹出【创建包容体】对话框，在绘图区中选择步骤（1）创建的包容体侧面，更改-Y 偏置为 5、Z 偏置为-25.12、Y 偏置为 0.5，更改-X 偏置、X 偏置和-Z 偏置为 0，单击【确定】按钮，结果如图 12.93 所示。

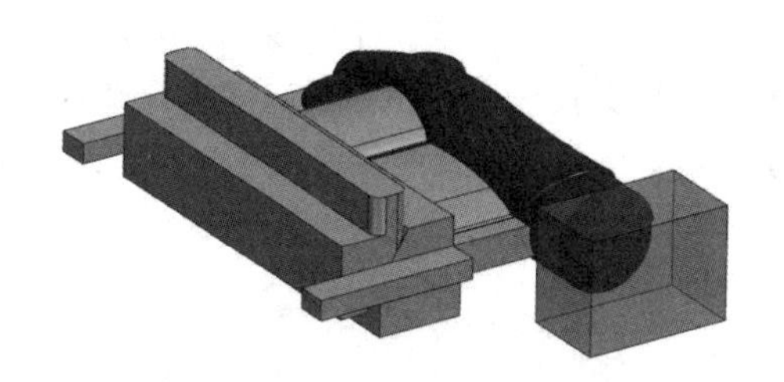

图 12.92　创建包容体（1）

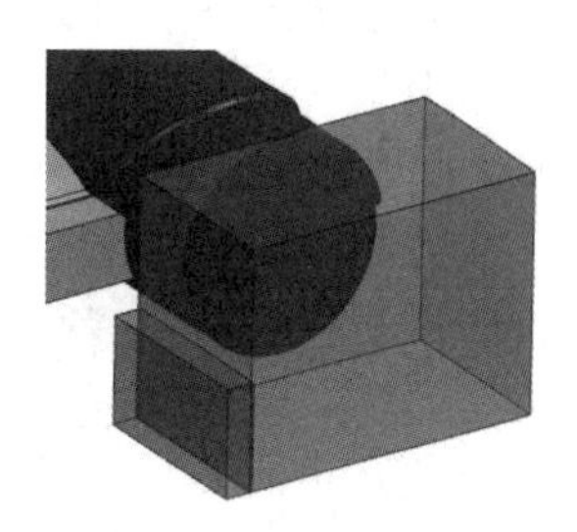

图 12.93　创建包容体（2）

（3）选择【菜单】→【编辑】→【变换】命令，系统弹出【变换】对话框，在绘图区选择在步骤（3）创建的包容体，单击鼠标中键确定，弹出【变换】对话框（1）（图 12.71），单击【通过一平面镜像】按钮，弹出【平面】对话框，选择【点和方向】类型，选择第一个包容体边线的中点，单击【确定】按钮，弹出【变换】对话框（2）（图 12.73），单击【复制】按钮，然后单击【取消】按钮完成镜像创建，镜像结果如图 12.94 所示。

（4）单击【主页】选项卡中的【基本】面板上的【合并】按钮，系统弹出【合并】对话框，在绘图区选择第一个包容体作为目标体，选择第二个包容体和镜像后的包容体作为工具体，单击【确定】按钮，合并结果如图 12.95 所示。

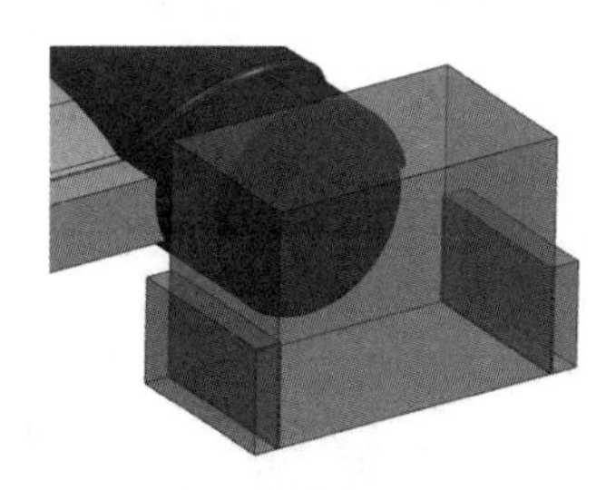

图 12.94　镜像结果（1）

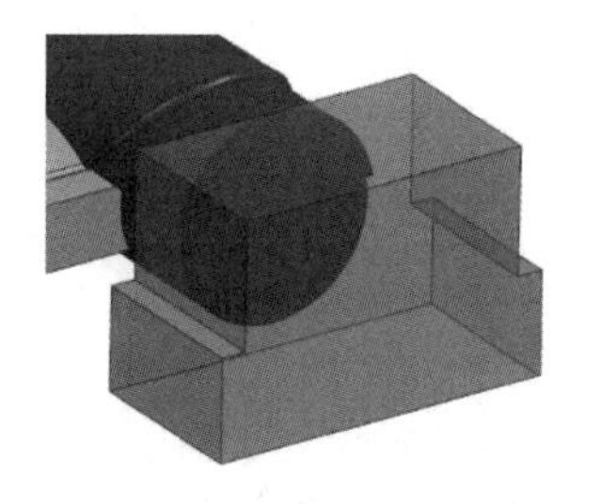

图 12.95　合并结果

（5）单击【主页】选项卡中的【构造】面板上的【草图】按钮，系统弹出【创建草图】对话框，选择图 12.96 所示的平面作为草绘平面，单击【确定】按钮进入草绘界面，绘制图 12.97 所示的草图，单击【完成】按钮，退出草图环境。

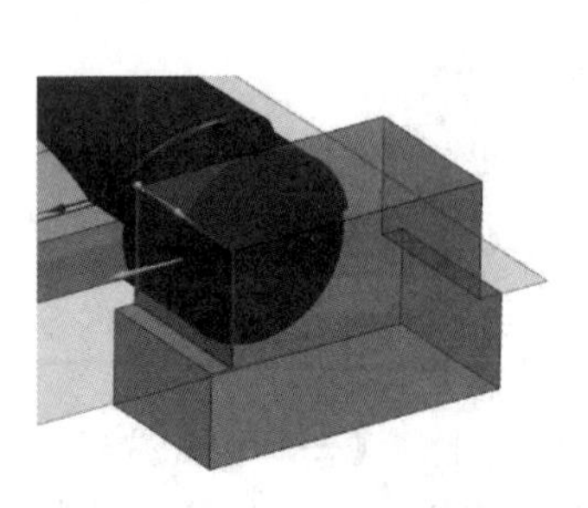

图 12.96　选择草绘平面（1）

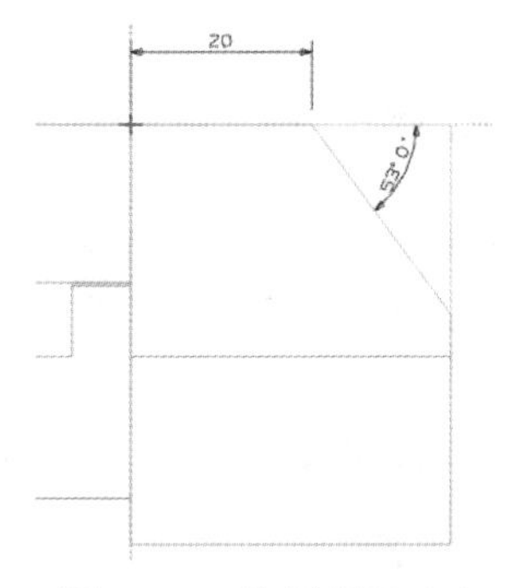

图 12.97　绘制草图（1）

（6）单击【主页】选项卡中的【基本】面板上的【拉伸】按钮，弹出【拉伸】对话框，然后在绘图区选择在步骤（5）创建的草图，在【指定矢量】下拉列表中选择 YC，设置终止方式为【贯通】，在【布尔】下拉列表中选择【减去】，单击【确定】按钮，隐藏草图后的效果如图 12.98 所示。

（7）单击【主页】选项卡中的【构造】面板上的【草图】按钮，系统弹出【创建草图】对话框，选择图 12.99 所示的平面作为草绘平面，单击【确定】按钮进入草绘界面，绘制图 12.100 所示的草图，单击【完成】按钮退出草图环境。

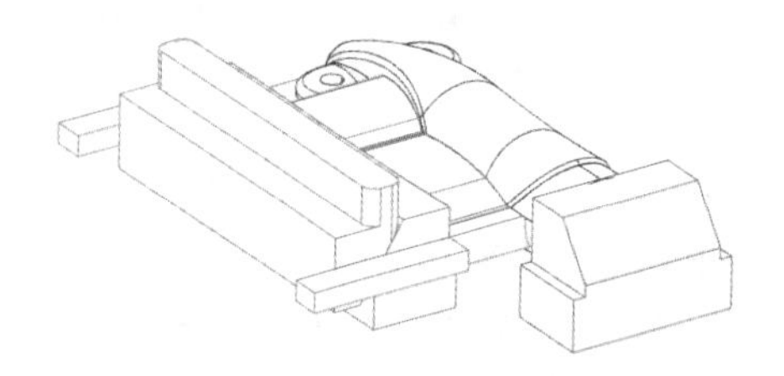

图 12.98　拉伸结果

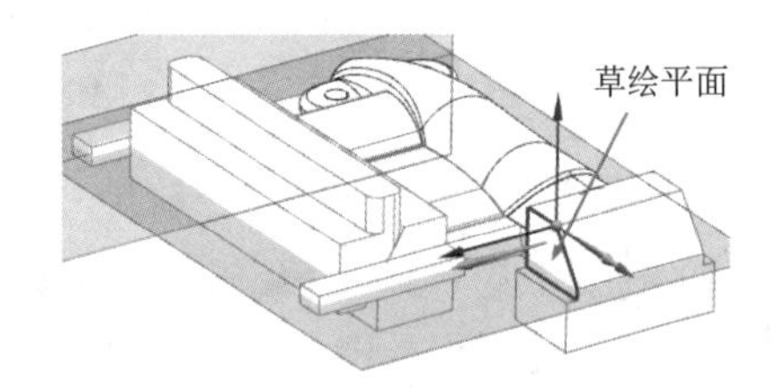

图 12.99　选择草绘平面（2）

（8）单击【主页】选项卡中的【基本】面板上的【拉伸】按钮，弹出【拉伸】对话框，然后在绘图区选择在步骤（7）创建的草图，在【指定矢量】下拉列表中选择 YC，输入终止距离为 60，在【布尔】下拉列表中选择【无】，单击【确定】按钮，隐藏草图后的效果如图 12.101 所示。

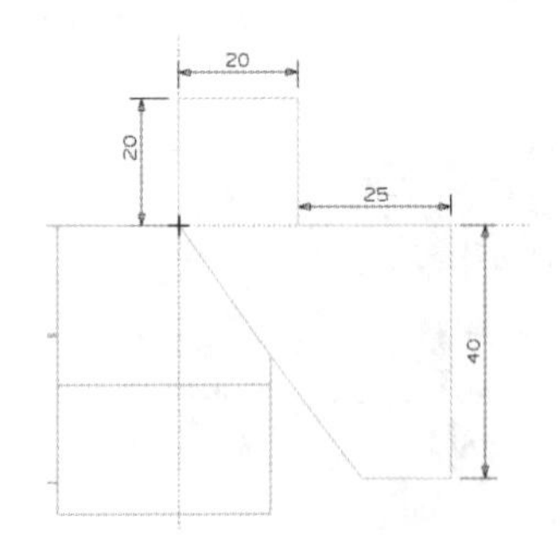

图 12.100　绘制草图（2）

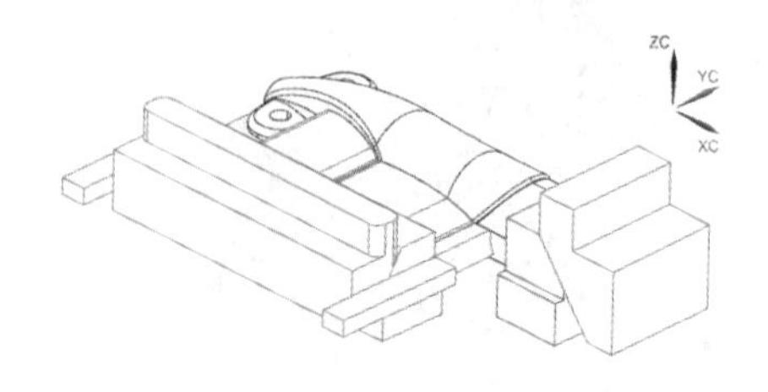

图 12.101　隐藏草图后的效果（1）

（9）单击【主页】选项卡中的【基本】面板上的【边倒圆】按钮，弹出【边倒圆】对话框，输入半径 1 为 5，在绘图区依次选择图 12.102 所示的边，单击【确定】按钮，边倒圆结果如图 12.103 所示。

（10）创建压块。单击【主页】选项卡中的【构造】面板上的【草图】按钮，系统弹出【创建草图】对话框，选择图 12.104 所示的平面作为草绘平面，单击【确定】按钮进入草绘界面，绘制图 12.105 所示的草图，单击【完成】按钮退出草图环境。

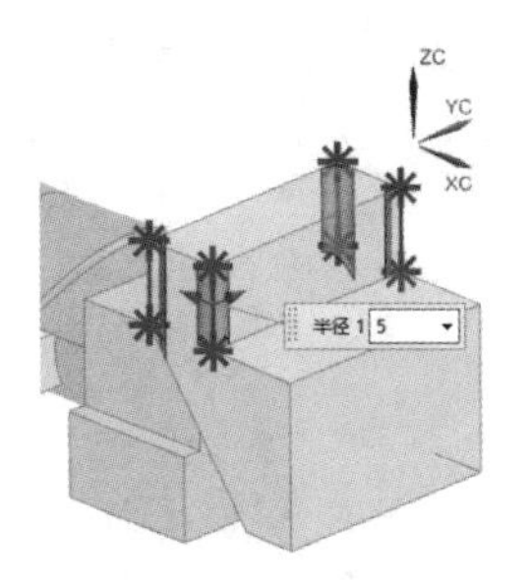

图 12.102 选择倒圆边

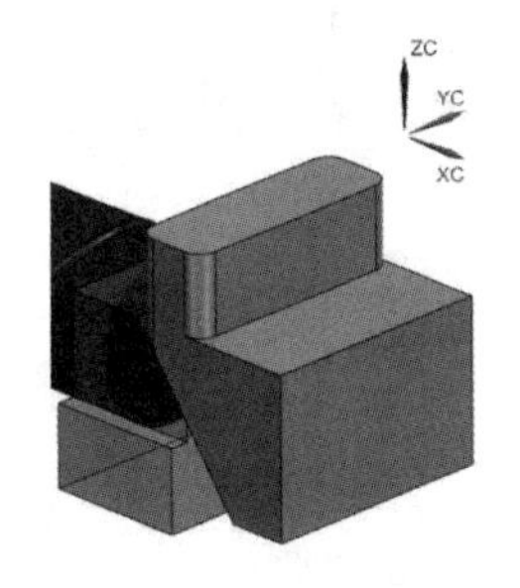

图 12.103 边倒圆结果

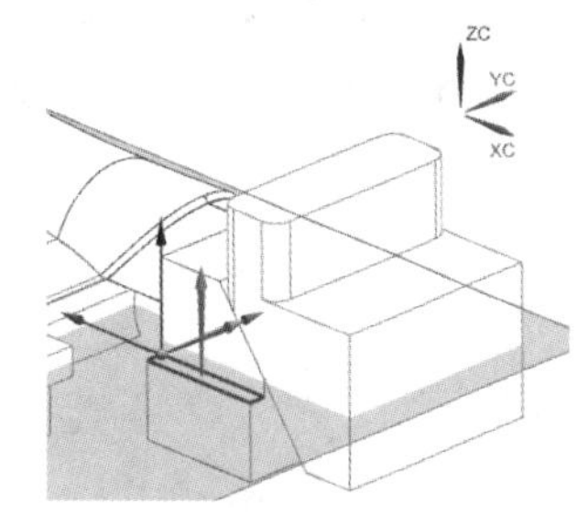

图 12.104 选择草绘平面（3）

（11）单击【主页】选项卡中的【基本】面板上的【拉伸】按钮，弹出【拉伸】对话框，然后在绘图区选择在步骤（10）创建的草图，在【指定矢量】下拉列表中选择 ZC，输入终止距离为 8，在【布尔】下拉列表中选择【无】，单击【确定】按钮，隐藏草图后的效果如图 12.106 所示。

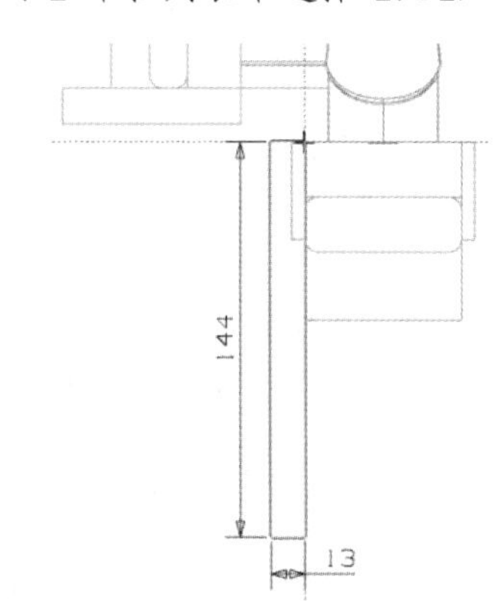

图 12.105 绘制草图（3）

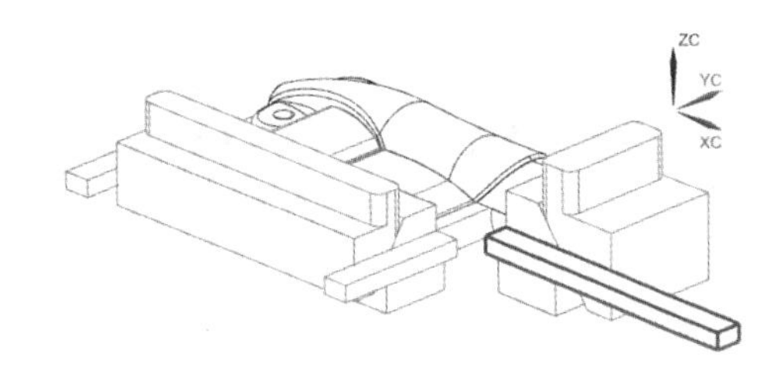

图 12.106 隐藏草图后的效果（2）

（12）选择【菜单】→【编辑】→【变换】命令，系统弹出【变换】对话框，在绘图区选择在步骤（11）创建的拉伸体，单击鼠标中键确定，弹出【变换】对话框（1），单击【通过一平面镜像】按钮，弹出【平面】对话框，选择【点和方向】类型，选择包容体边线的中点，如图 12.107 所示，单击【确定】按钮，弹出【变换】对话框（2），单击【复制】按钮，然后单击【取消】按钮完成镜像创建，镜像结果如图 12.108 所示。

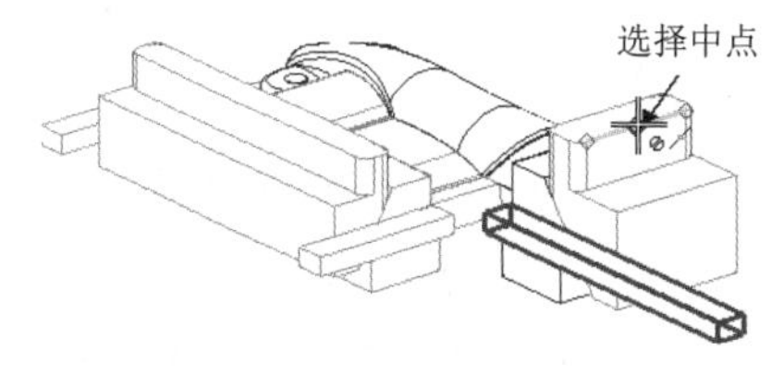

图 12.107 选择中点

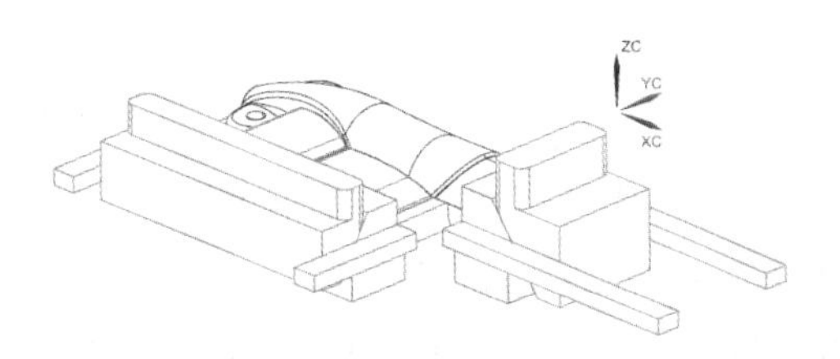

图 12.108 镜像结果（2）

（13）镜像第二个滑块整体结构。选择【菜单】→【编辑】→【变换】命令，系统弹出【变换】对话框，然后在绘图区选择创建的第二个滑块整体，单击鼠标中键确定，弹出【变换】对话框（1），单击【通过一平面镜像】按钮，弹出【平面】对话框，选择【点和方向】类型，选择图12.109所示边线中点，单击【确定】按钮，弹出【变换】对话框（2），单击【复制】按钮，然后单击【取消】按钮完成镜像创建，第二个滑块整体镜像结果如图12.110所示。

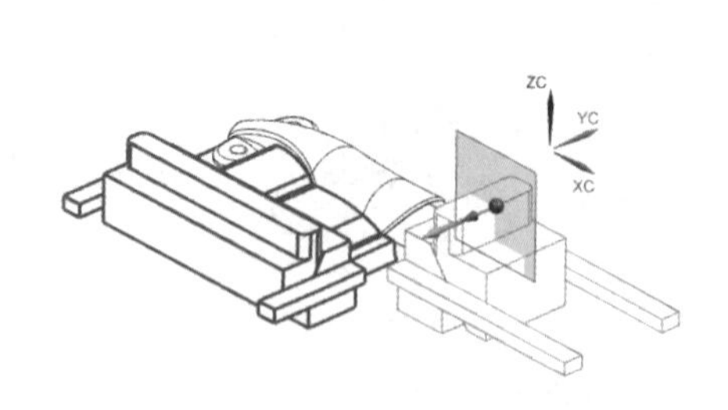

图12.109　选择边线中点

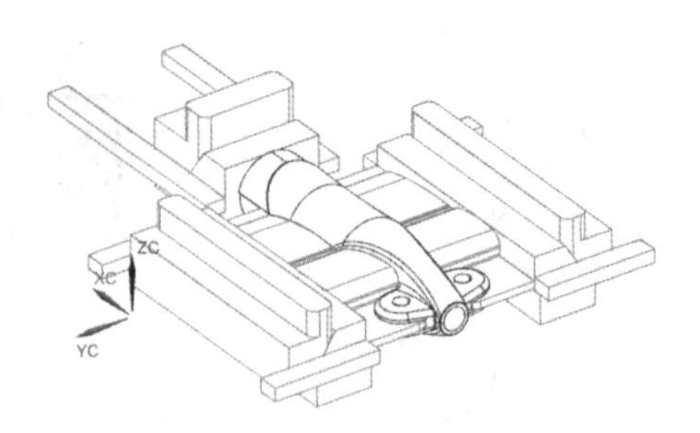

图12.110　第二个滑块整体镜像结果

扫一扫，看视频

12.4　创建型腔和型芯

（1）在【视图】选项卡中的【层】面板上的【工作层】中输入10，图层10即为当前默认的工作图层。

（2）单击【主页】选项卡中的【构造】面板上的【草图】按钮，系统弹出【创建草图】对话框，选择XY平面作为草绘平面，单击【确定】按钮进入草绘界面，绘制图12.111所示的草图，单击【完成】按钮退出草图环境。

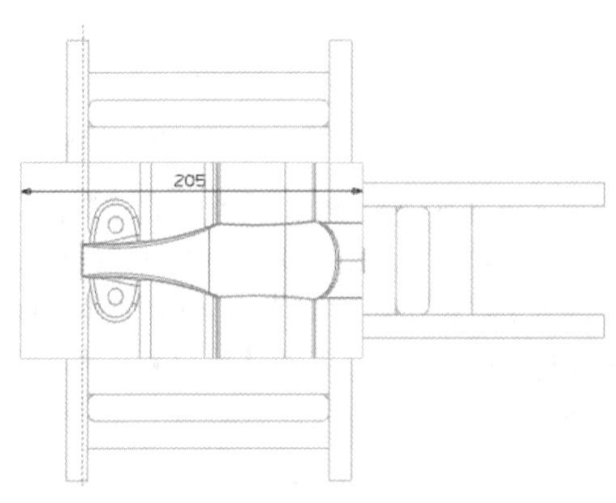

图12.111　绘制XY平面草图

（3）单击【主页】选项卡中的【基本】面板上的【拉伸】按钮，弹出【拉伸】对话框，然后在绘图区选择在步骤（2）创建的草图，在【指定矢量】下拉列表中选择ZC，输入起始距离为-37，输入终止距离为48，单击【反向】按钮，调整拉伸方向，在【布尔】下拉列表中选择【无】，单击【确定】按钮，如图12.112所示，隐藏草图后的效果如图12.113所示。

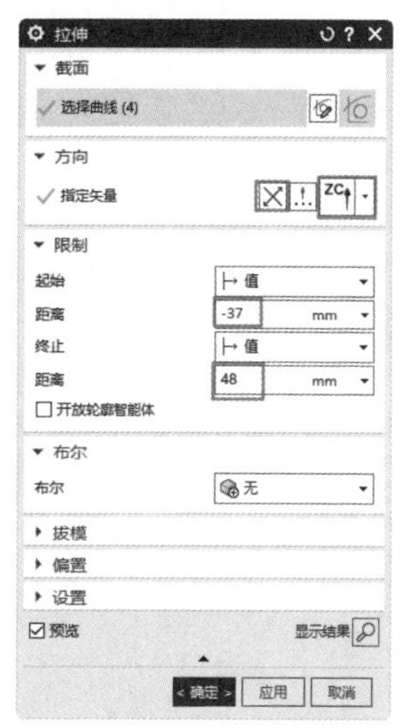

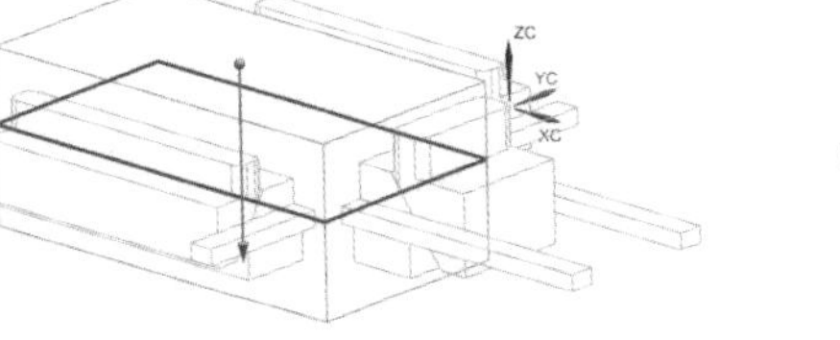
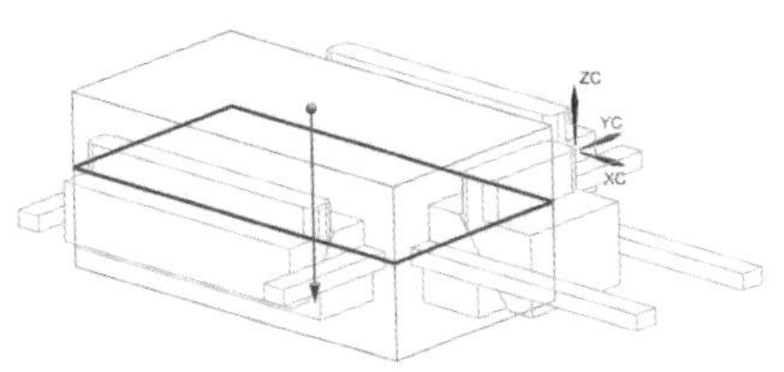

图 12.112　截面选择与限制值设置

图 12.113　隐藏草图后的效果（1）

（4）按 Ctrl+Shift+B 组合键反向隐藏全部，如图 12.114 所示，单击【视图】选项卡中的【层】面板上的【移动至图层】按钮，系统弹出【类选择】对话框，框选绘图区中的所有图素，单击【确定】按钮，弹出【图层移动】对话框，然后在【目标图层或类别】文本框中输入 7，按 Enter 键确定，移动图层。

图 12.114　反向隐藏全部

（5）按 Ctrl+Shift+B 组合键反向隐藏全部。

（6）单击【主页】选项卡中的【基本】面板上的【减去】按钮，弹出【减去】对话框，在绘图区选择拉伸体作为目标体，选择第一个滑块主体作为工具体，选中【保存工具】复选框，如图 12.115 所示，单击【确定】按钮完成操作。

（7）单击【视图】选项卡中的【层】面板上的【图层设置】按钮，弹出【图层设置】对话框，在图层列表框中取消图层 6 的选择，使图层 6 不可见，再选中图层 5，使其可见，单击【关闭】按钮显示图层特征，显示图层隐藏特征结果如图 12.116 所示。

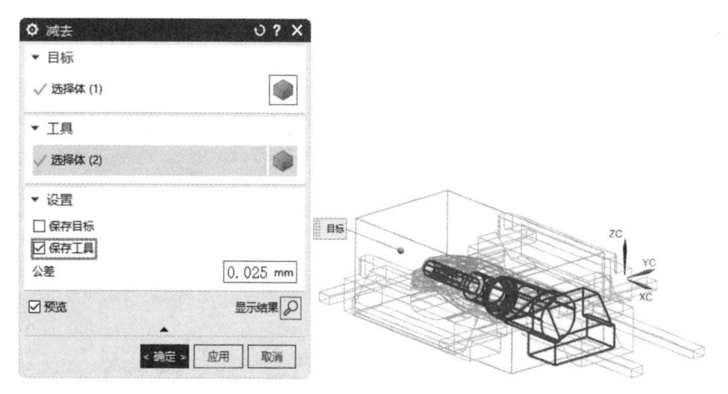

图 12.115　选择目标体和工具体

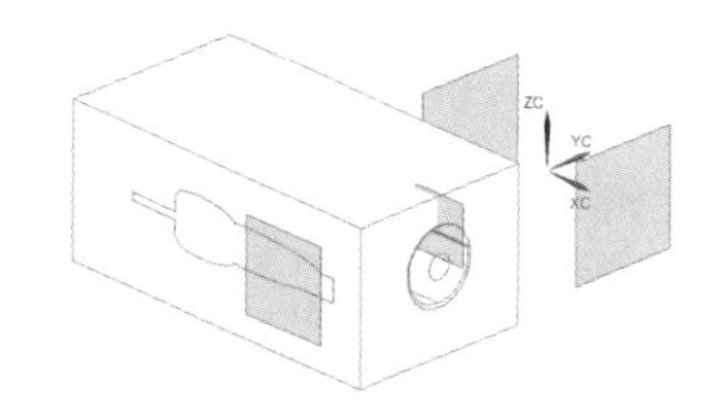

图 12.116　显示图层隐藏特征结果

（8）单击【主页】选项卡中的【基本】面板上的【拉伸】按钮，弹出【拉伸】对话框，在绘图区选择图 12.117 所示的截面，在【指定矢量】下拉列表中选择 YC，设置终止方式为“贯通”，在【布尔】下拉列表中选择【减去】，单击【确定】按钮，隐藏草图后的效果如图 12.118 所示。

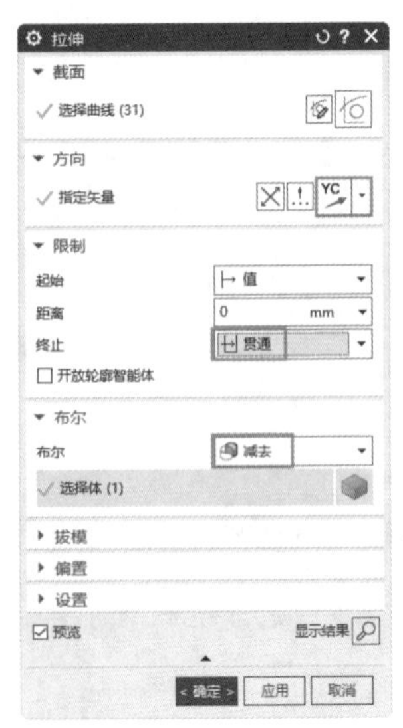

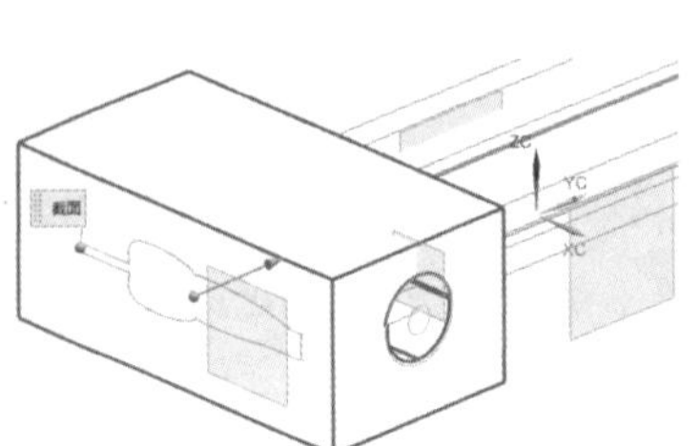

图 12.117　设置拉伸选项

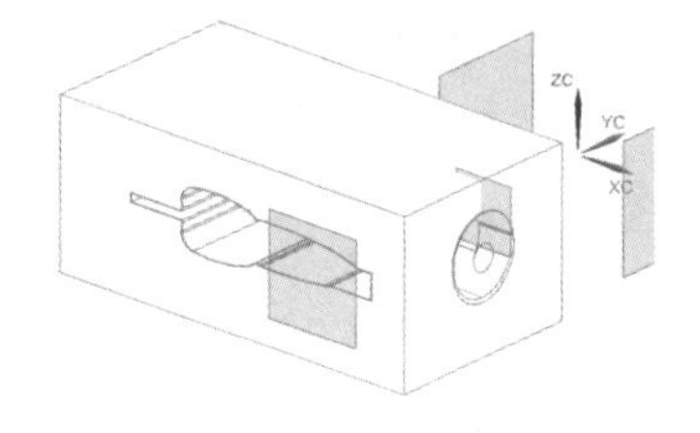

图 12.118　拉伸结果

（9）选择实体特征，按 Ctrl+B 组合键隐藏实体特征，接着按 Ctrl+Shift+B 组合键反隐藏实体以外图素，如图 12.119 所示。

（10）单击【主页】选项卡中的【构造】面板上的【草图】按钮，系统弹出【创建草图】对话框，选择图 12.120 所示的平面作为草绘平面，单击【确定】按钮进入草绘界面，绘制图 12.121 所示的草图，单击【完成】按钮退出草图环境。

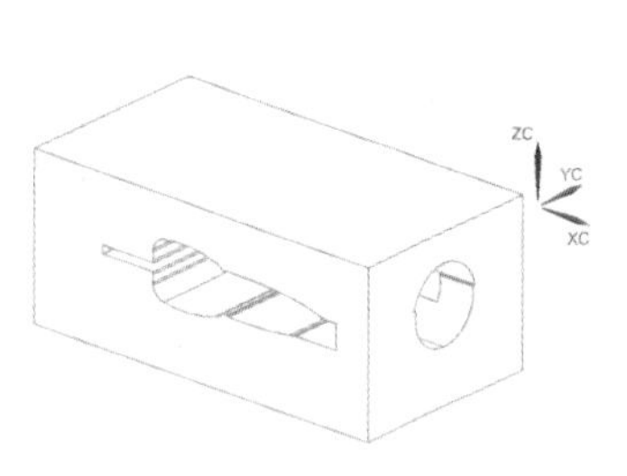

图 12.119　反隐藏实体以外图素

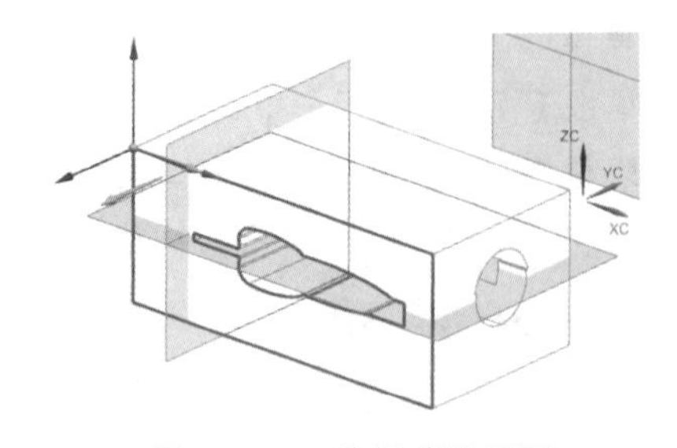

图 12.120　选择草绘平面

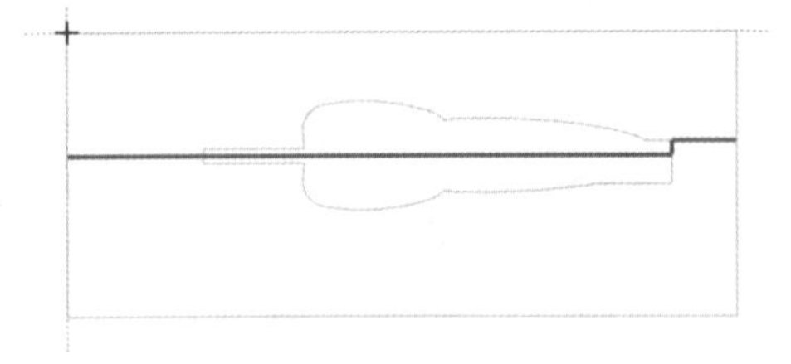

图 12.121　绘制草图

（11）单击【主页】选项卡中的【基本】面板上的【拉伸】按钮，弹出【拉伸】对话框，在绘图区选择在步骤（10）绘制的草图，在【指定矢量】下拉列表中选择 YC，输入终止距离为 111，在【布尔】下拉列表中选择【无】，选择如图 12.122 所示曲线，单击【确定】按钮，隐藏草图后的效果如图 12.123 所示。

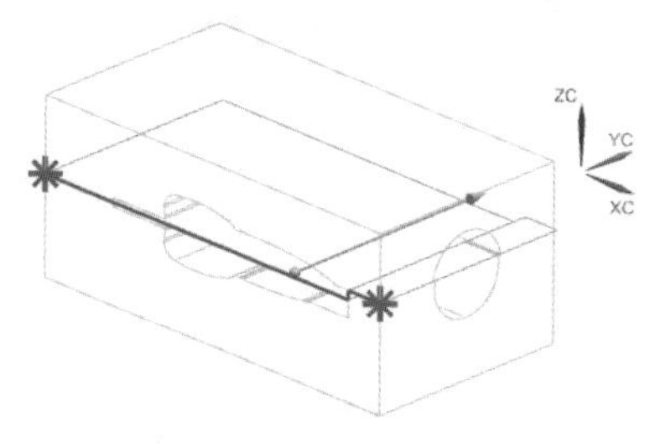

图 12.122　选择曲线

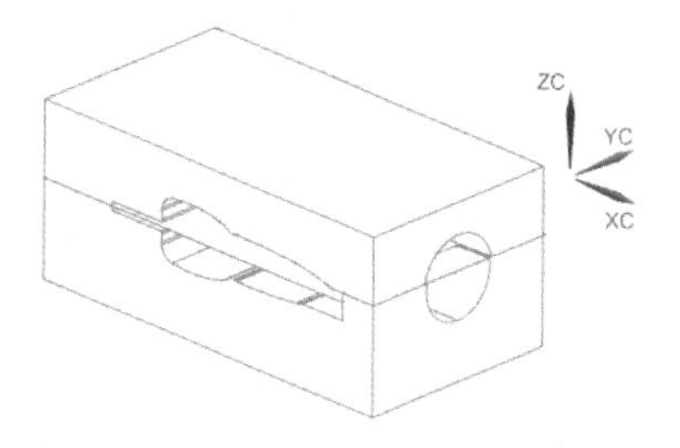

图 12.123　隐藏草图后的效果（2）

（12）拆分实体特征。单击【主页】选项卡中的【基本】面板上的【更多】下拉列表中的【拆分体】按钮，系统弹出【拆分体】对话框，在绘图区选择主体作为目标体，选择在步骤（11）创建的拉伸面作为拆分面，如图 12.124 所示，单击【确定】按钮完成拆分操作，隐藏拉伸面，拆分结果如图 12.125 所示。

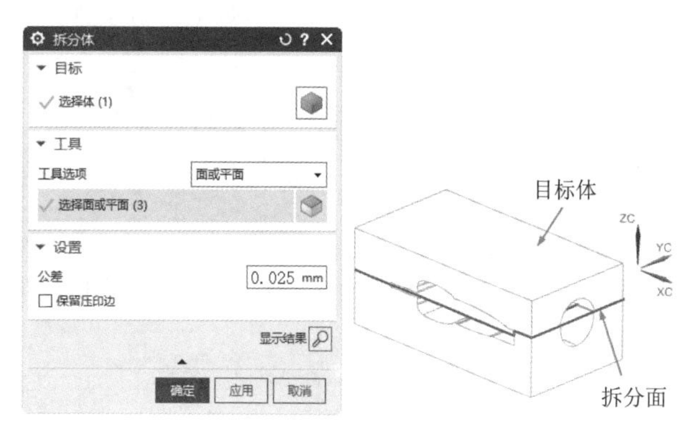

图 12.124　设置拆分体特征

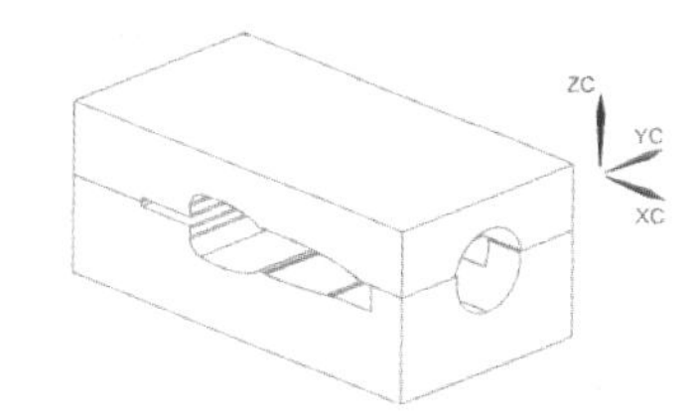

图 12.125　拆分结果

注意

将矩形拉伸体一分为二的目的是为了创建型腔和型芯，而矩形拉伸体上半部分为型腔，下半部分为型芯。

（13）单击【视图】选项卡中的【层】面板上的【图层设置】按钮，弹出【图层设置】对话框，在图层列表框中取消图层 5 的选择，使图层 5 不可见，再选中图层 6，使其可见，单击【关闭】按钮显示图层特征，如图 12.126 所示。

（14）选择【菜单】→【编辑】→【变换】命令，弹出【类选择】对话框，在绘图区选取所有特征，单击鼠标中键确定，弹出【变换】对话框（1），单击【通过一平面镜像】按钮，弹出【平面】对话框，选择【XC-ZC 平面】类型，单击【确定】按钮，弹出【变换】对话框（2），单击【复制】按钮，然后单击【取消】按钮完成镜像创建，镜像结果如图 12.127 所示。

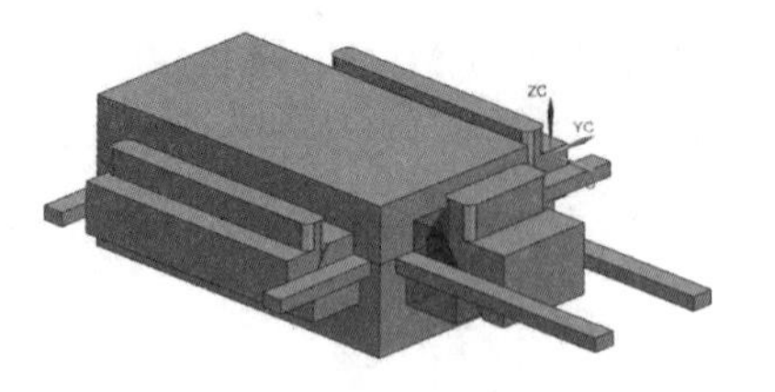

图 12.126 显示图层特征

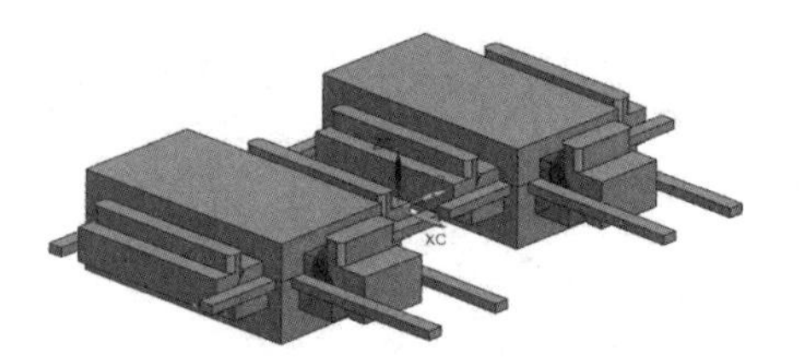

图 12.127 镜像结果

扫一扫，看视频

12.5 创建 A 板和 B 板

（1）在【视图】选项卡中的【层】面板上的【工作层】中输入新的层 20，按 Enter 键确认，图层 20 即默认为当前工作图层。

（2）单击【主页】选项卡中的【构造】面板上的【基准平面】按钮，弹出【基准平面】对话框，选择【XC-YC 平面】，输入【距离】为 12.428，单击【确定】按钮创建基准平面。

（3）单击【主页】选项卡中的【构造】面板上的【草图】按钮，系统弹出【创建草图】对话框，选择在步骤（2）创建的基准平面作为草绘平面，单击【确定】按钮进入草绘界面，绘制如图 12.128 所示的草图，单击【完成】按钮退出草图环境。

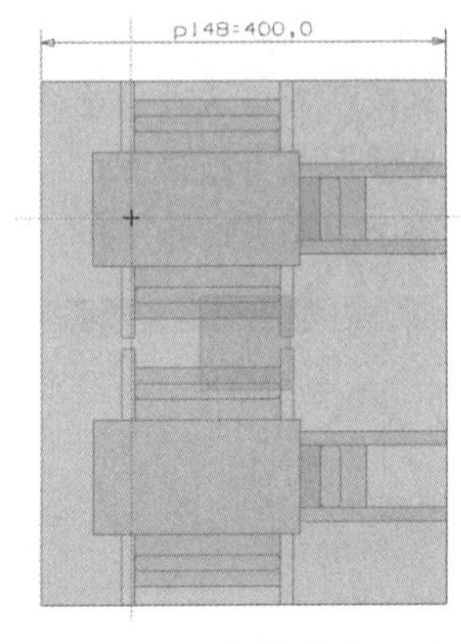

图 12.128 创建基准平面

（4）单击【主页】选项卡中的【基本】面板上的【拉伸】按钮，弹出【拉伸】对话框，然后在绘图区选择在步骤（3）创建的草图，在【指定矢量】下拉列表中选择 ZC，输入起始距离为-90，输入终止距离为 65，在【布尔】下拉列表中选择【无】，如图 12.129 所示，单击【确定】按钮，隐藏草图后的效果如图 12.130 所示。

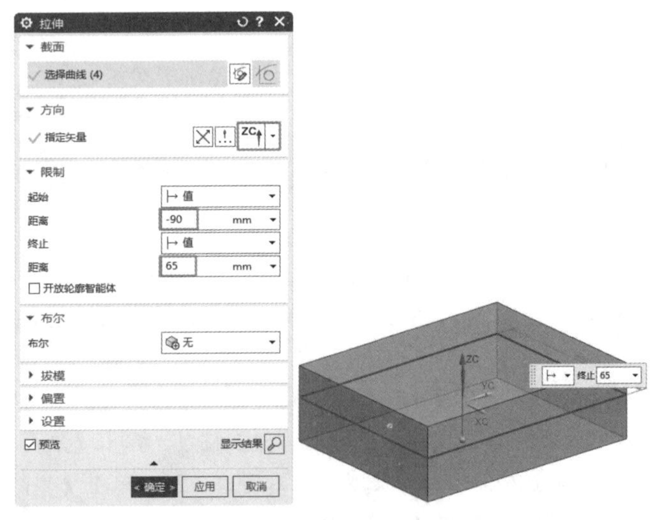

图 12.129 设置【拉伸】对话框

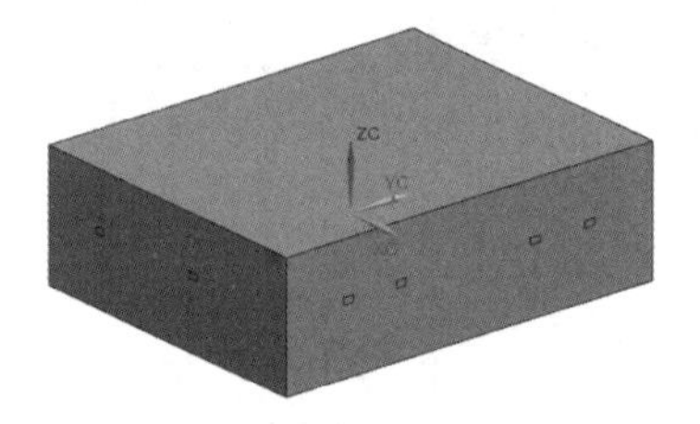

图 12.130 隐藏草图后的效果

（5）拆分实体特征。单击【主页】选项卡中的【基本】面板上的【更多】下拉列表中的【拆分体】按钮，系统弹出【拆分体】对话框，在绘图区选择在步骤（4）创建的拉伸体作为目标体，选择在步骤（2）创建的基准平面作为拆分面，单击【确定】按钮完成拆分操作，拆分结果如图 12.131 所示。

（6）单击【视图】选项卡中的【层】面板上的【图层设置】按钮，弹出【图层设置】对话框，在【图层】列表框中取消选中 6，使图层 6 不可见，单击【关闭】按钮隐藏图层特征，按 Ctrl+B 组合键，弹出【类选择】对话框，在视图中选择 A 板，单击【确定】按钮隐藏 A 板，如图 12.132 所示。

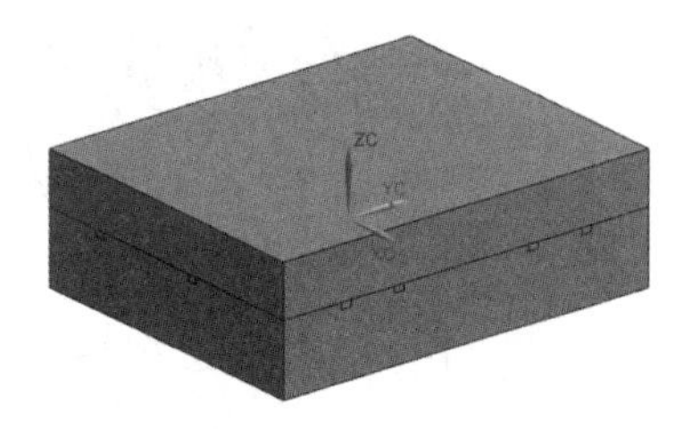

图 12.131　拆分结果

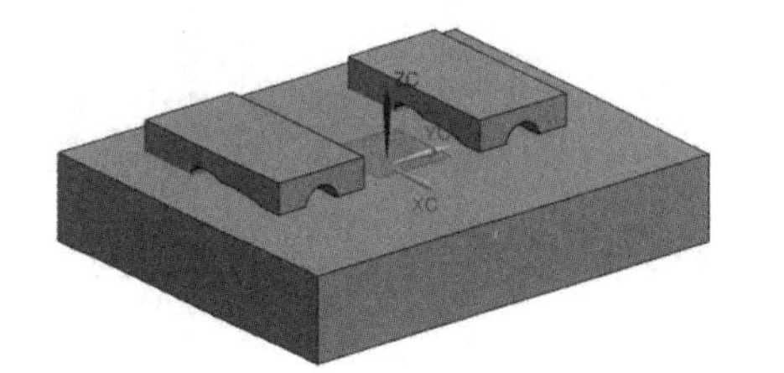

图 12.132　隐藏 A 板

（7）单击【主页】选项卡中的【构造】面板上的【草图】按钮，系统弹出【创建草图】对话框，选择图 12.133 所示的平面作为草绘平面，单击【确定】按钮进入草绘界面，绘制图 12.134 所示的草图，单击【完成】按钮退出草图环境。

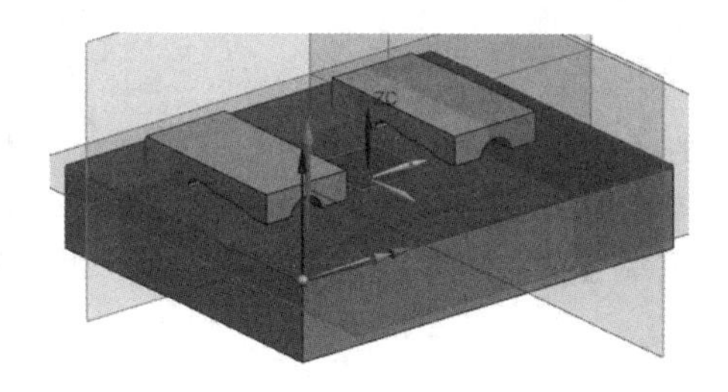

图 12.133　选择草绘界面

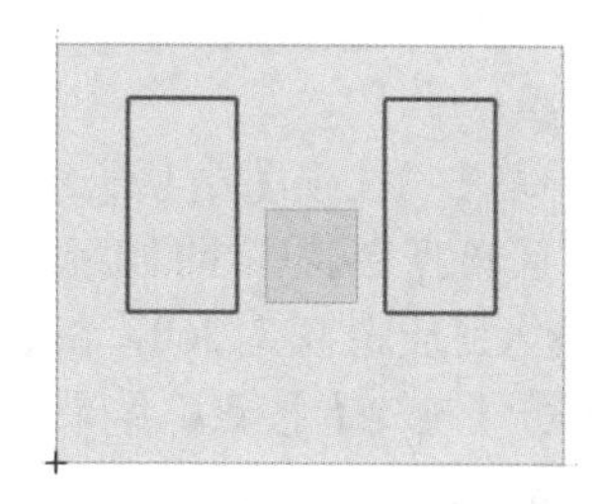

图 12.134　绘制草图（1）

（8）单击【主页】选项卡中的【基本】面板上的【拉伸】按钮，弹出【拉伸】对话框，如图 12.135 所示，然后在绘图区选择在步骤（7）创建的草图，在【指定矢量】下拉列表中选择 ZC，输入起始距离为 0，输入终止距离为-52.428，在【布尔】下拉列表中选择【减去】，在视图中选择 B 板，单击【确定】按钮。

（9）单击【视图】选项卡中的【层】面板上的【图层设置】按钮，弹出【图层设置】对话框，在【图层】列表框中取消选中 10，使图层 10 不可见，再选中图层 6，使图层 6 可见，单击【关闭】按钮显示图层特征，如图 12.136 所示。

（10）单击【主页】选项卡中的【构造】面板上的【基准平面】按钮，弹出【基准平面】对话框，选择【XC-ZC 平面】，输入【距离】为 0，单击【确定】按钮创建基准平面。

（11）单击【主页】选项卡中的【构造】面板上的【草图】按钮，系统弹出【创建草图】对话框，选择在步骤（10）创建的基准平面作为草绘平面，单击【确定】按钮进入草绘界面，绘制图 12.137 所示的草图，单击【完成】按钮退出草图环境。

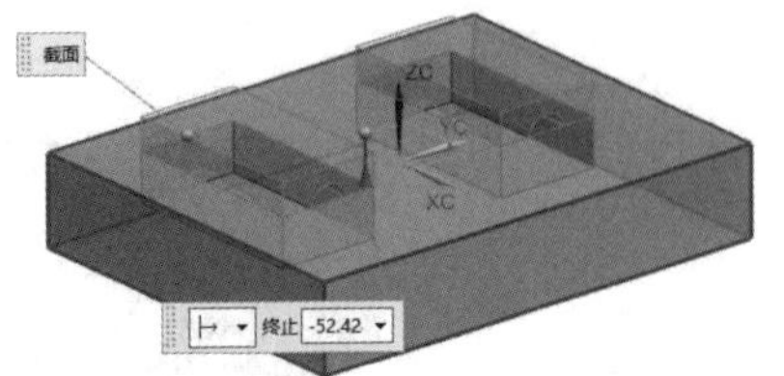

图 12.135　选择拉伸截面与求差体

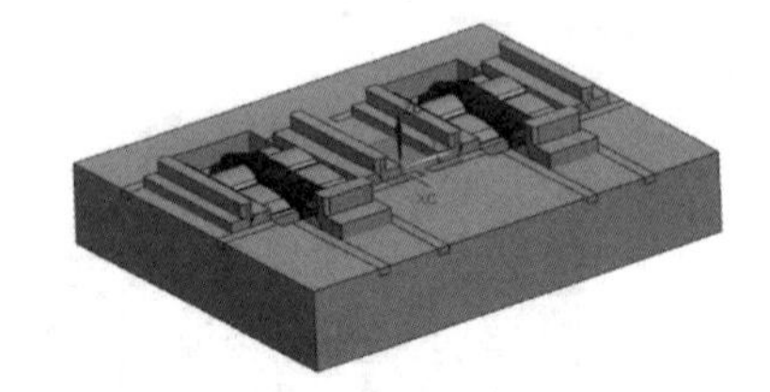

图 12.136　显示图层特征

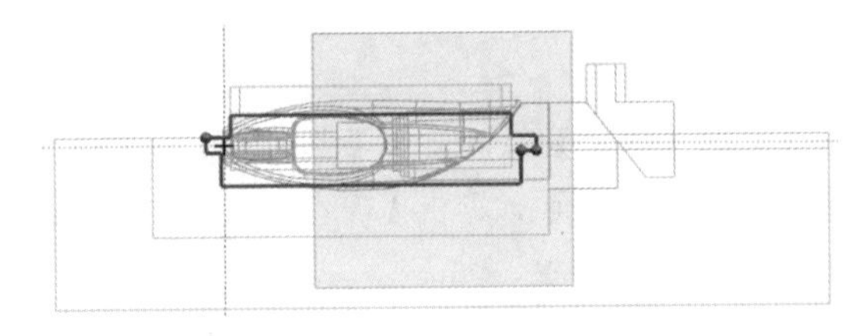

图 12.137　绘制草图（2）

（12）单击【主页】选项卡中的【基本】面板上的【拉伸】按钮，弹出【拉伸】对话框，然后在绘图区选择在步骤（11）创建的草图，在【指定矢量】下拉列表中选择-YC，输入起始距离为 5.5，输入终止距离为 260，在【布尔】下拉列表中选择【减去】，在视图中选择 B 板，如图 12.138 所示，单击【确定】按钮，结果如图 12.139 所示。

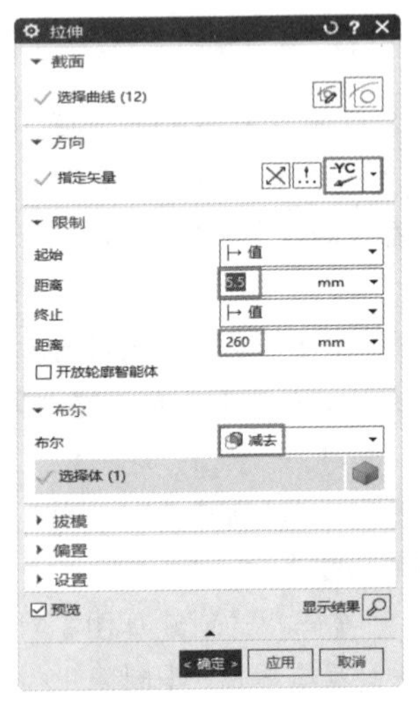

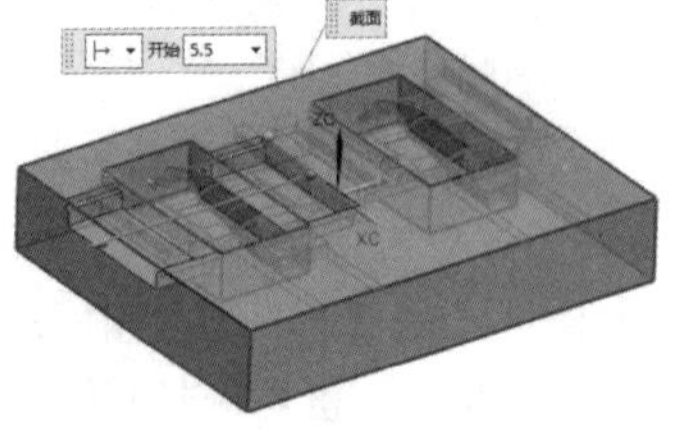

图 12.138　拉伸参数设置

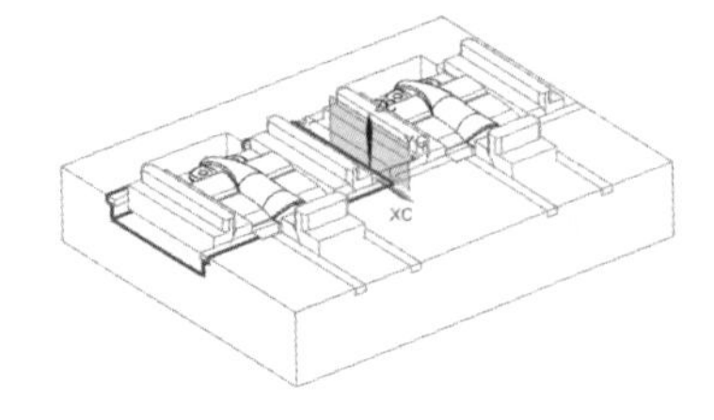

图 12.139　减去结果

（13）使用同样的方法完成另外一侧的拉伸求差，隐藏草图和基准平面的结果如图 12.140 所示。

（14）单击【主页】选项卡中的【构造】面板上的【基准平面】按钮，弹出【基准平面】对话框，选择【YC-ZC 平面】，输入【距离】为 0，单击【确定】按钮创建基准平面。

（15）单击【主页】选项卡中的【构造】面板上的【草图】按钮，系统弹出【创建草图】对话框，选择在步骤（14）创建的基准平面作为草绘平面，单击【确定】按钮进入草绘界面，绘制图 12.141 所示的草图，单击【完成】按钮退出草图环境。

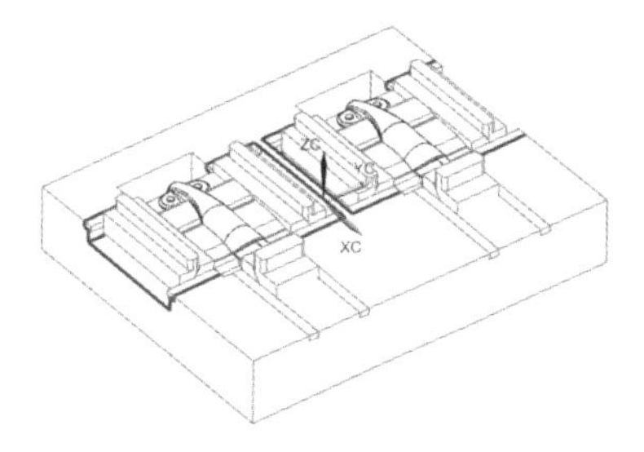

图 12.140 创建另一侧拉伸体

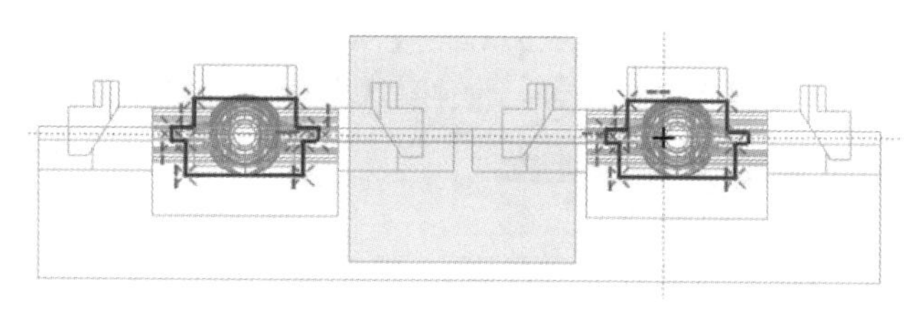

图 12.141 绘制草图（3）

（16）单击【主页】选项卡中的【基本】面板上的【拉伸】按钮，弹出【拉伸】对话框，然后在绘图区选择在步骤（15）创建的草图，在【指定矢量】下拉列表中选择 XC，输入起始距离为 0，输入终止距离为 220，在【布尔】下拉列表中选择【减去】，在视图中选择 B 板，如图 12.142 所示，单击【确定】按钮隐藏基准平面和草图，拉伸结果如图 12.143 所示。

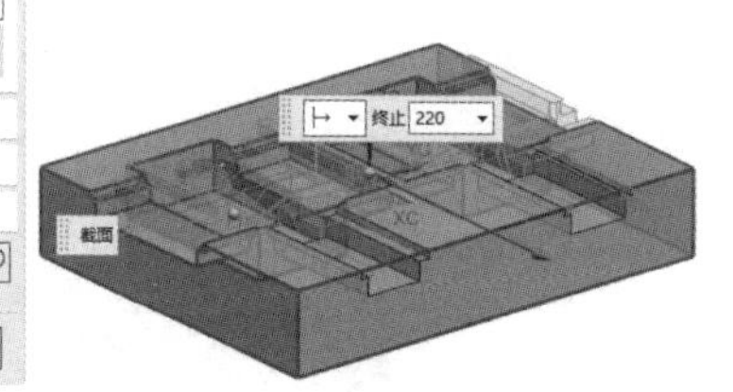

图 12.142 选择拉伸截面并设置参数

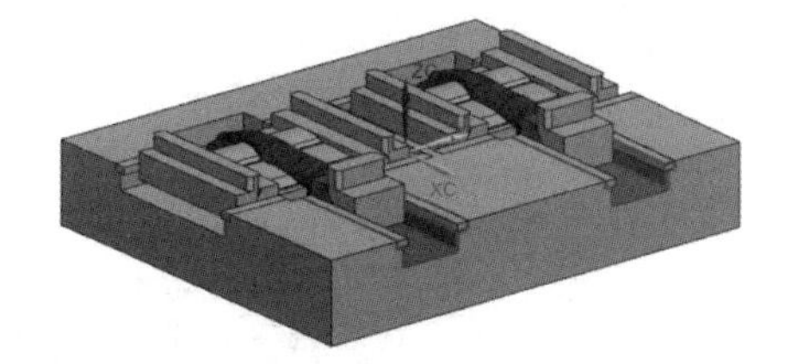

图 12.143 拉伸结果

（17）按 Ctrl+B 组合键，弹出【类选择】对话框，选择图 12.144 所示的特征与草图，单击【确定】按钮，将其隐藏；按 Ctrl+Shift+B 组合键，反向隐藏和显示特征与草图，如图 12.145 所示。

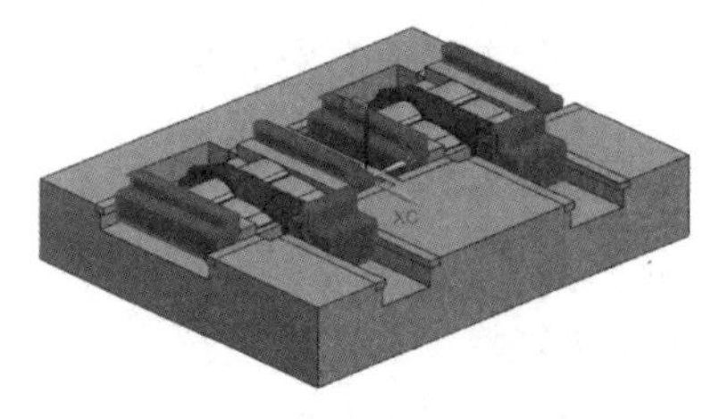

图 12.144　选择特征与草图

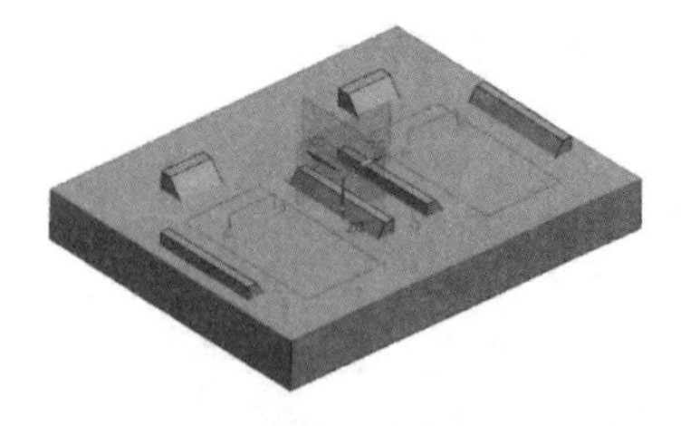

图 12.145　反向隐藏和显示特征与草图

（18）单击【主页】选项卡中的【基本】面板上的【拉伸】按钮，弹出【拉伸】对话框，然后在绘图区选择图 12.146 所示的草图截面，在【指定矢量】下拉列表中选择 ZC，输入起始距离为 0，输入终止距离为 32.572，在【布尔】下拉列表中选择【减去】，在视图中选择 A 板，如图 12.146 所示，单击【确定】按钮，拉伸结果如图 12.147 所示。

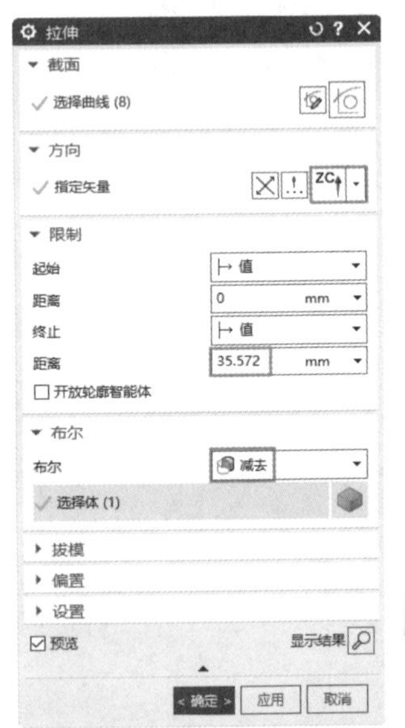

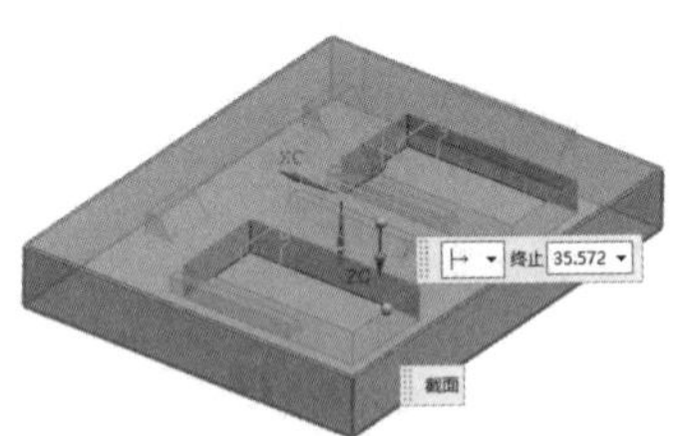

图 12.146　拉伸设置

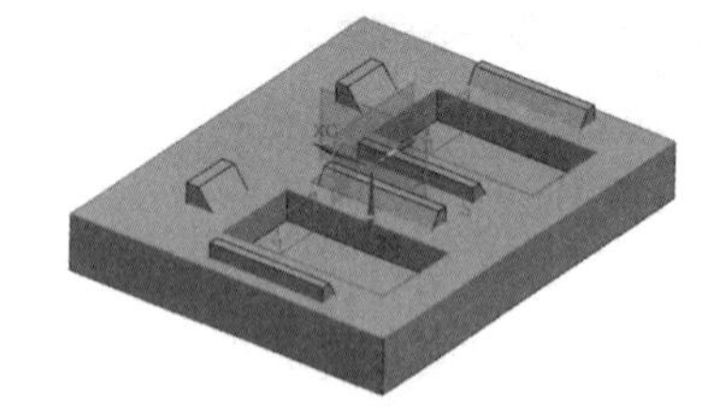

图 12.147　拉伸结果（1）

（19）单击【主页】选项卡中的【基本】面板上的【拉伸】按钮，弹出【拉伸】对话框，然后在绘图区选择图 12.148 所示的草图截面，在【指定矢量】下拉列表中选择 XC，输入起始距离为 0，输入终止距离为 250，在【布尔】下拉列表中选择【减去】，在视图中选择 A 板，单击【确定】按钮，拉伸结果如图 12.149 所示。

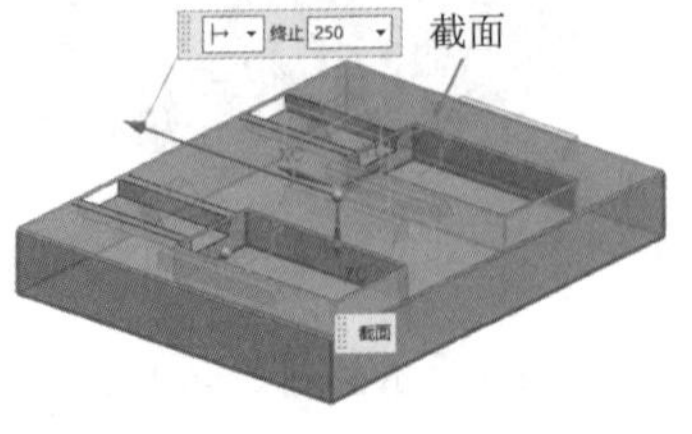

图 12.148　设置拉伸参数

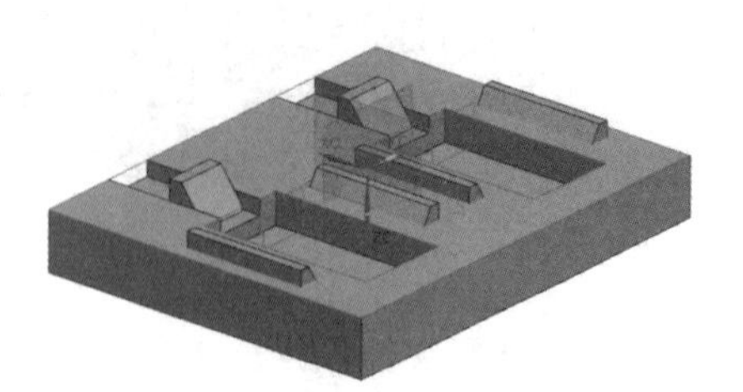

图 12.149　拉伸结果（2）

（20）单击【主页】选项卡中的【基本】面板上的【拉伸】按钮，弹出【拉伸】对话框，然后在绘图区选择图 12.150 所示的草图截面，在【指定矢量】下拉列表中选择-YC，输入起始距离为 5.5，输入终止距离为 260，在【布尔】下拉列表中选择【减去】，在视图中选择 A 板，单击【确定】按钮，拉伸结果如图 12.151 所示。

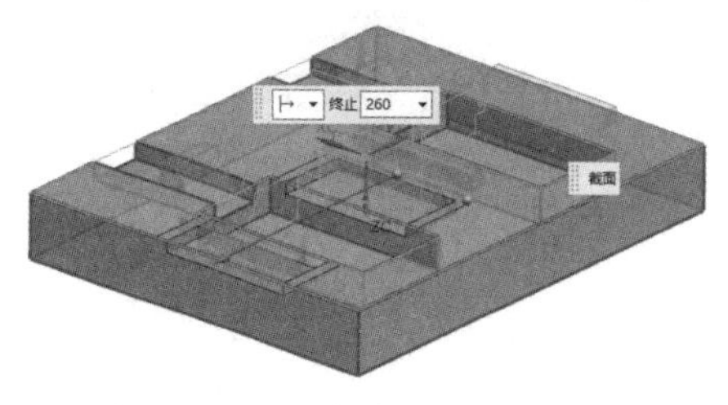

图 12.150　拉伸截面和求差体选择

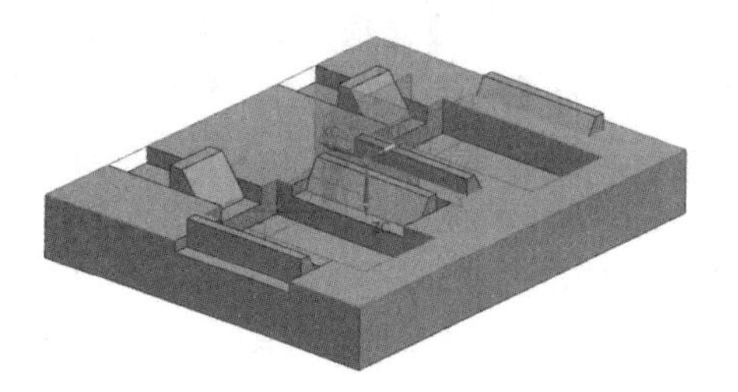

图 12.151　拉伸结果（3）

（21）用相同的方法在另一侧创建凹槽，如图 12.152 所示。

（22）单击【主页】选项卡中的【基本】面板上的【减去】按钮，系统弹出【减去】对话框，然后在绘图区选择目标体和工具体，如图 12.153 所示，选择【保持工具】单选按钮，单击【确定】按钮完成操作。

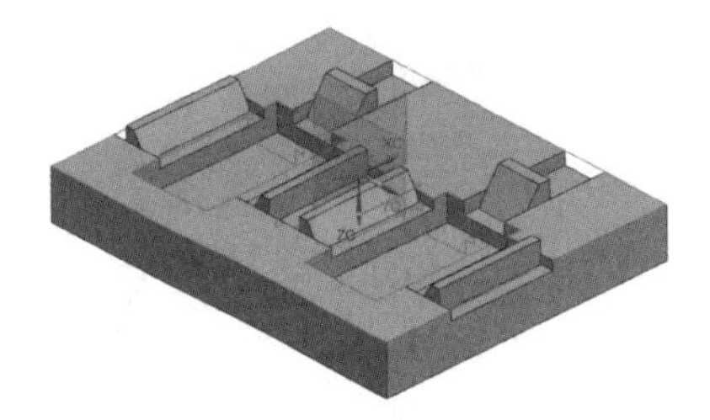

图 12.152　在另一侧创建凹槽

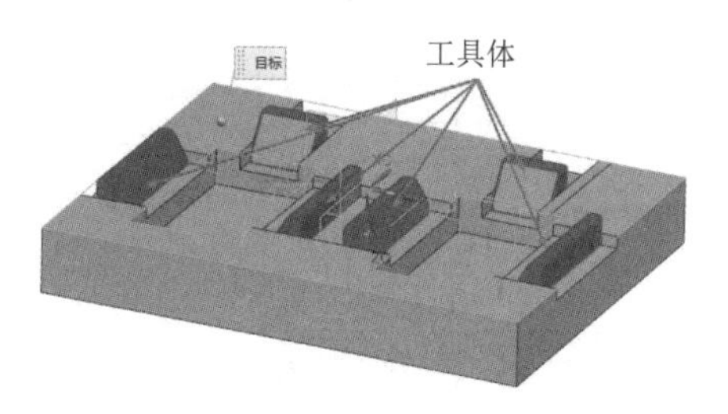

图 12.153　选择目标体和工具体

12.6　其他功能创建

（1）通过【部件导航器】显示图 12.154 所示的滑块部件。

（2）在【视图】选项卡中的【层】面板上的【工作层】中输入 6，图层 6 即默认为当前工作图层。

（3）单击【主页】选项卡中的【构造】面板上的【基准平面】按钮，弹出【基准平面】对话框，选择【点和方向】类型，选择如图 12.155 所示的点，单击【确定】按钮创建基准平面。

图 12.154　显示滑块部件（1）

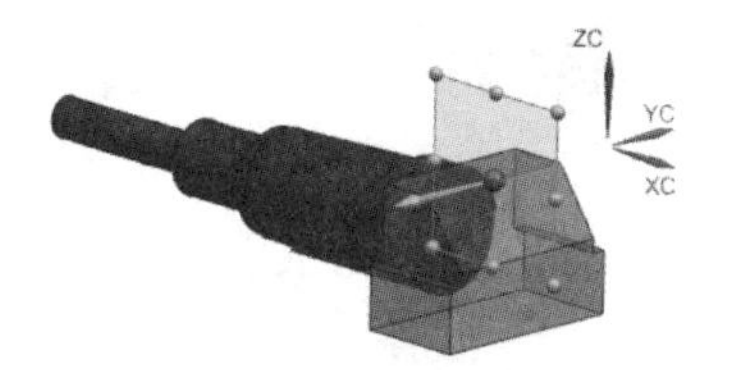

图 12.155　选择中点

（4）单击【主页】选项卡中的【构造】面板上的【草图】按钮，系统弹出【创建草图】对话框，选择在步骤（3）创建的基准平面作为草绘平面，单击【确定】按钮进入草绘界面，绘制图12.156所示的草图，单击【完成】按钮，退出草图环境。

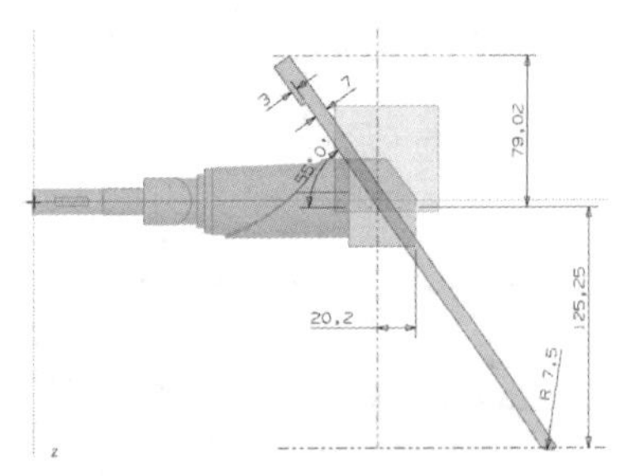

图12.156　绘制草图（1）

（5）单击【主页】选项卡中的【基本】面板上的【旋转】按钮，弹出【旋转】对话框，选择在步骤（4）创建的草图作为截面，在【指定矢量】下拉列表中选择【两点】选项，选择草图中最长直线的两个端点，输入起始角度为0°、终止角度为360°，如图12.157所示，单击【确定】按钮，将草图和基准平面隐藏后的旋转结果如图12.158所示。

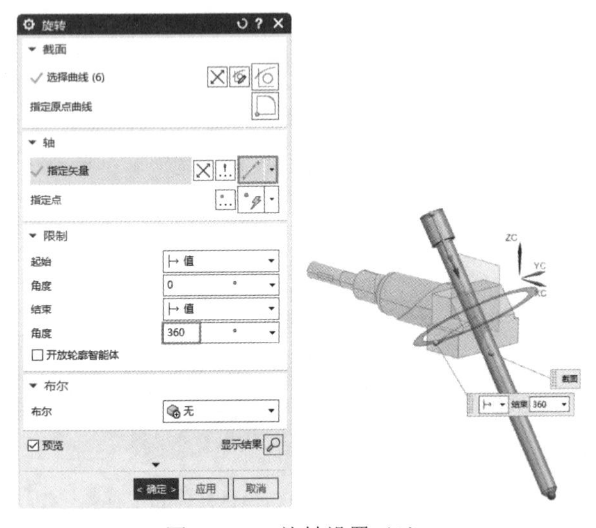

图12.157　旋转设置（1）

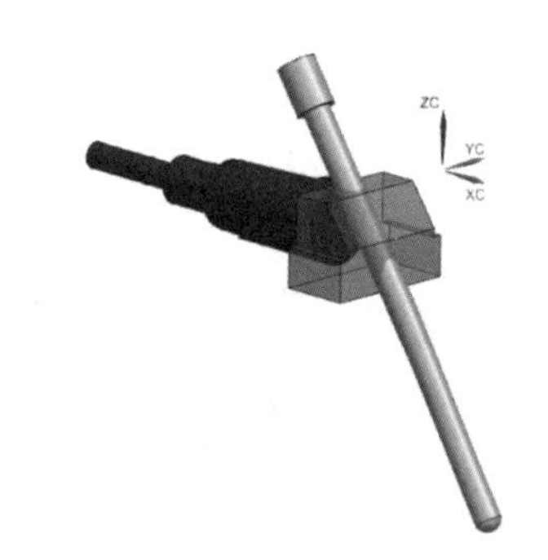

图12.158　旋转结果（1）

（6）选择【菜单】→【编辑】→【变换】命令，系统弹出【类选择】对话框，选择在步骤（5）创建的斜导柱，单击鼠标中键确定，弹出【变换】对话框（1），单击【通过一平面镜像】按钮，弹出【平面】对话框，选择【XC-ZC平面】类型，单击【确定】按钮，弹出【变换】对话框（2），单击【复制】按钮，然后单击【取消】按钮完成镜像创建，镜像结果如图12.159所示。

（7）通过部件导航器显示滑块部件，如图12.160所示，并隐藏其余部件。

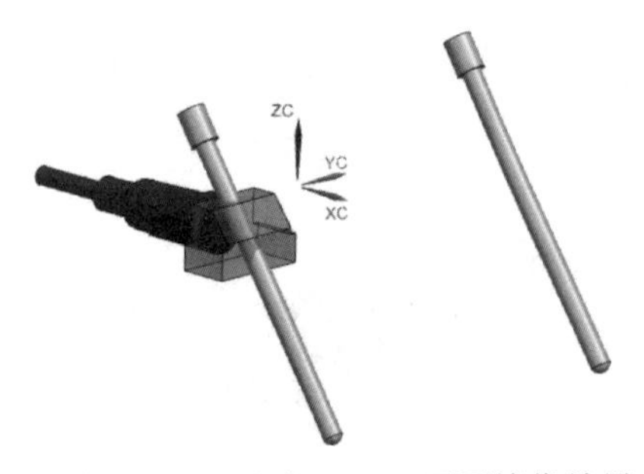

图12.159　通过XC-ZC平面镜像结果

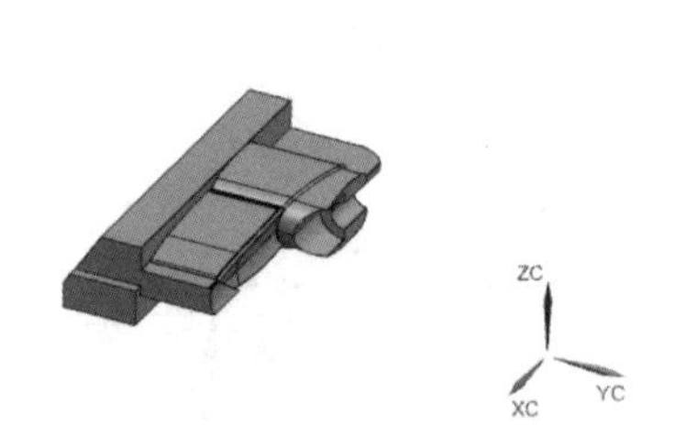

图12.160　显示滑块部件（2）

（8）单击【主页】选项卡中的【构造】面板上的【基准平面】按钮，弹出【基准平面】对话框，选择【YC-ZC 平面】类型，输入距离为 2.4，单击【确定】按钮，创建基准平面。

（9）单击【主页】选项卡中的【构造】面板上的【草图】按钮，系统弹出【创建草图】对话框，选择步骤（8）创建的基准平面作为草绘平面，单击【确定】按钮进入草绘界面，绘制如图 12.161 所示的草图，单击【完成】按钮退出草图环境。

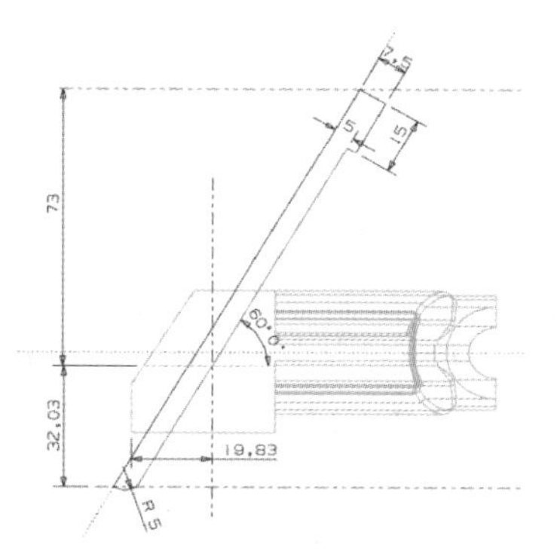

图 12.161　绘制草图（2）

（10）单击【主页】选项卡中的【基本】面板上的【旋转】按钮，弹出【旋转】对话框，选择步骤（9）创建的草图作为截面，在【指定矢量】下拉列表中选择【两点】选项，选择草图中最长直线的两个端点，输入起始角度为 0°、终止角度为 360°，如图 12.162 所示，单击【确定】按钮，隐藏草图和基准平面后的旋转结果如图 12.163 所示。

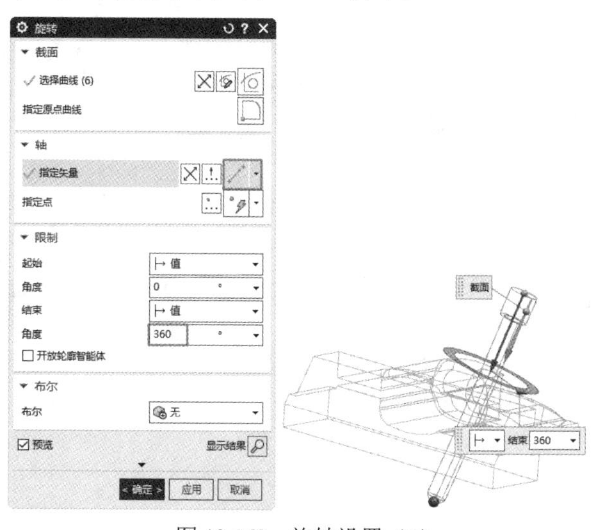

图 12.162　旋转设置（2）

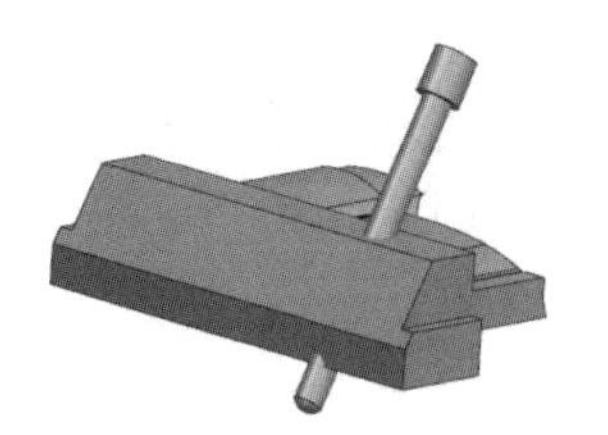
图 12.163　旋转结果（2）

（11）选择【菜单】→【编辑】→【变换】命令，系统弹出【类选择】对话框，选择在步骤（10）创建的斜导柱，单击鼠标中键确定，弹出【变换】对话框（1），单击【通过一平面镜像】按钮，弹出【平面】对话框，选择【点和方向】类型，在绘图区选择图 12.164 所示的镜像中点，单击【确定】按钮，弹出【变换】对话框（2），单击【复制】按钮，然后单击【取消】按钮完成镜像创建，镜像结果如图 12.165 所示。

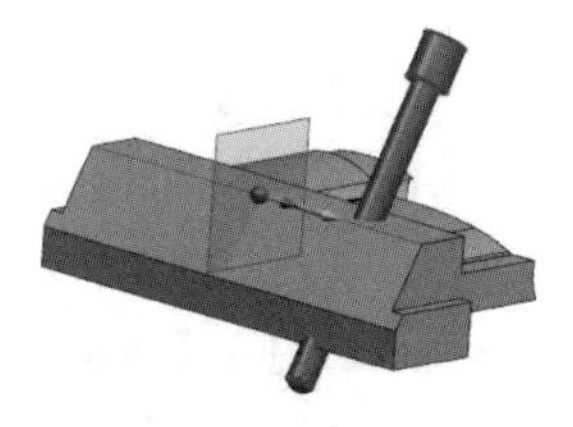
图 12.164　选择镜像中点

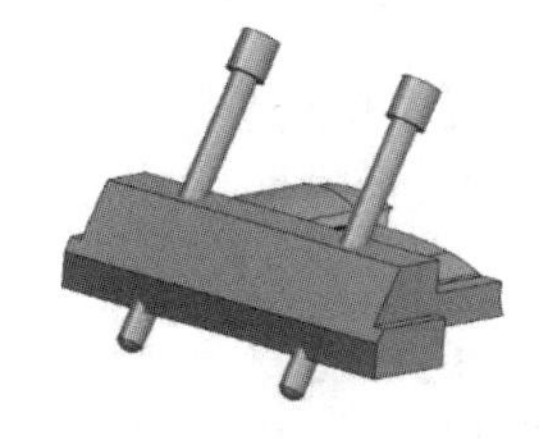
图 12.165　镜像斜导柱（1）

（12）选择【菜单】→【编辑】→【变换】命令，弹出【类选择】对话框，选择在步骤（11）创建的两个斜导柱，单击鼠标中键确定，弹出【变换】对话框（1），单击【通过一平面镜像】按钮，弹出【平面】对话框，选择【XC-ZC平面】类型，输入距离为-128，单击【确定】按钮，弹出【变换】对话框（2），单击【复制】按钮，然后单击【取消】按钮完成镜像创建，镜像结果如图12.166所示。

（13）选择【菜单】→【编辑】→【变换】命令，弹出【类选择】对话框，然后在绘图区用鼠标选择4个斜导柱，单击鼠标中键确定，弹出【变换】对话框（1），单击【通过一平面镜像】按钮，弹出【平面】对话框，选择【XC-ZC平面】类型，输入距离为0，单击【确定】按钮，弹出【变换】对话框（2），单击【复制】按钮，然后单击【取消】按钮完成镜像创建，镜像结果如图12.167所示。

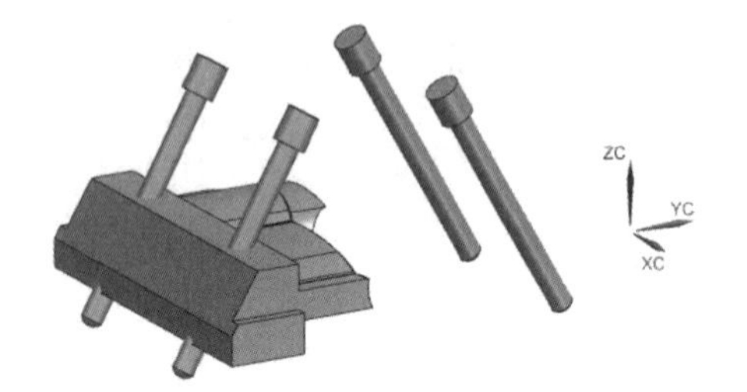

图12.166 镜像斜导柱（2）

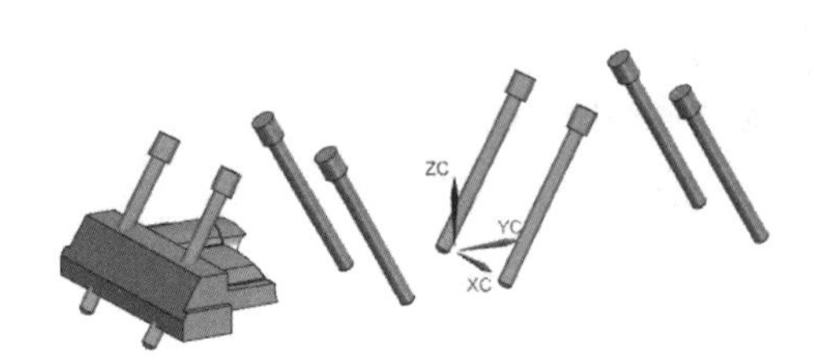

图12.167 镜像斜导柱（3）

（14）通过部件导航器显示图12.168所示部件，并隐藏其余部件。

（15）单击【主页】选项卡中的【基本】面板上的【减去】按钮，弹出【减去】对话框，按照图12.169所示设置和选择目标体以及工具体（所有斜导柱），单击【确定】按钮即可完成。

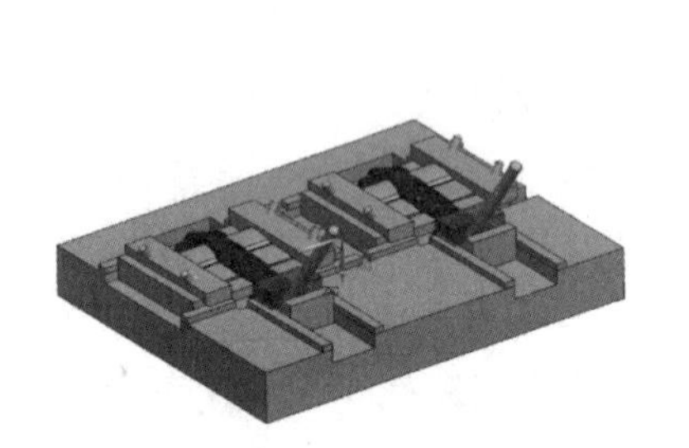

图12.168 显示部件（1）

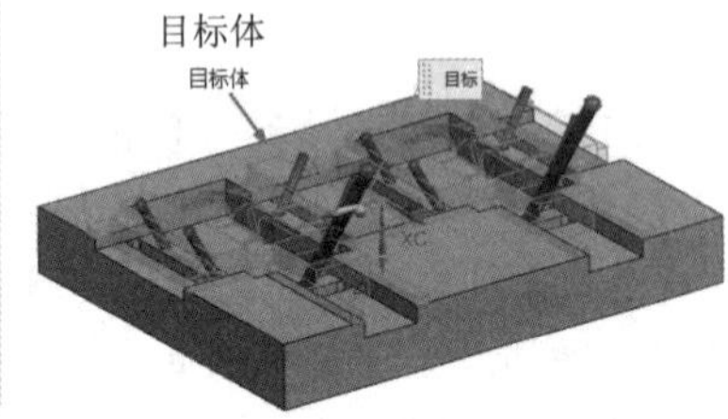

图12.169 设置减去选项

（16）单击【主页】选项卡中的【基本】面板上的【减去】按钮，弹出【减去】对话框，将每个滑块与其相对应的斜导柱进行求减，其中滑块均作为目标体，斜导柱作为工具体，单击【确定】按钮。

（17）单击【主页】选项卡中的【基本】面板上的【更多】下拉列表中的【修剪体】按钮，系统弹出【修剪体】对话框，选择所有导柱作为目标体，选择工具平面，如图12.170所示，单击【确定】按钮，修剪结果如图 12.171 所示。

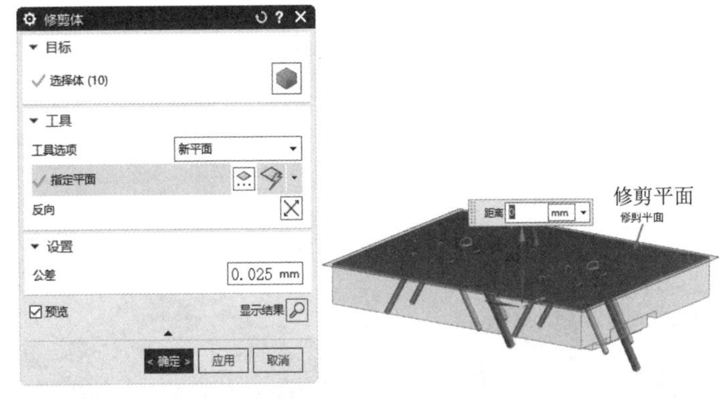

图 12.170 修剪体设置

图 12.171 修剪结果

（18）通过部件导航器显示图 12.172 所示部件，并隐藏其余部件。

（19）单击【主页】选项卡中的【构造】面板上的【草图】按钮，系统弹出【创建草图】对话框，选择与 XY 平面平行的主平面作为草绘平面，单击【确定】按钮进入草绘界面，绘制图 12.173 所示的草图，单击【完成】按钮退出草图环境。

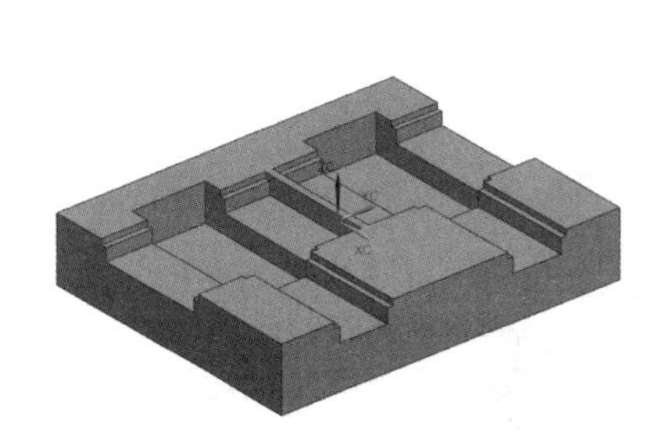

图 12.172 显示部件（2）

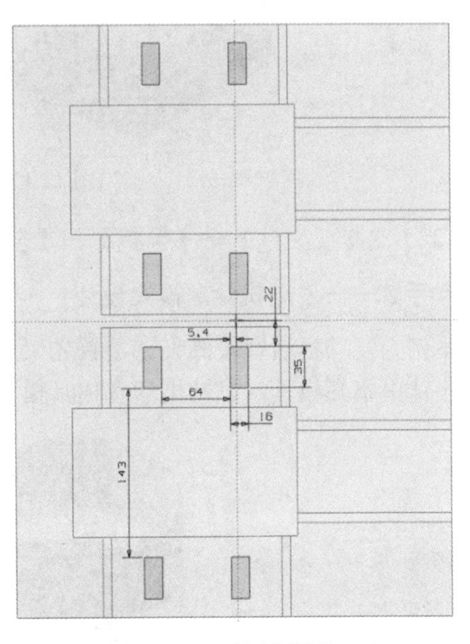

图 12.173 绘制草图（3）

（20）单击【主页】选项卡中的【基本】面板上的【拉伸】按钮，弹出【拉伸】对话框，然后在绘图区选择在步骤（19）创建的草图，在【指定矢量】下拉列表中选择-ZC，设置终止方式为【贯通】，在【布尔】下拉列表中选择【减去】，如图 12.174 所示，单击【确定】按钮，隐藏草图后拉伸结果如图 12.175 所示。

（21）通过部件导航器显示所有部件，完成开瓶器模具设计，结果如图 12.176 所示。

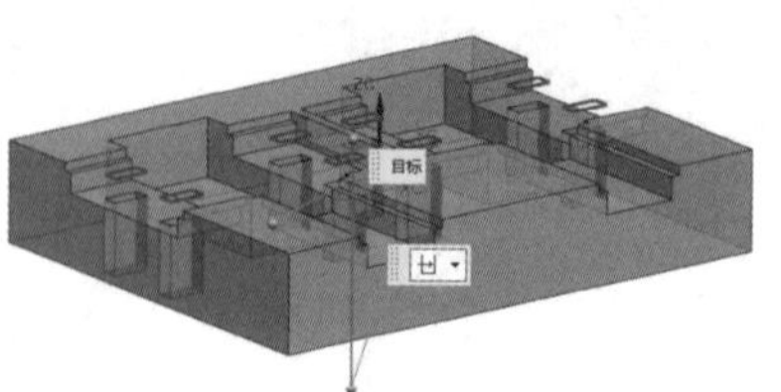

图 12.174　设置【拉伸】选项

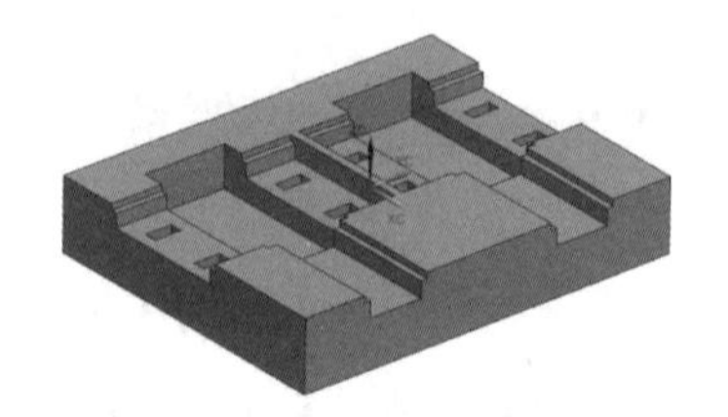

图 12.175　拉伸结果

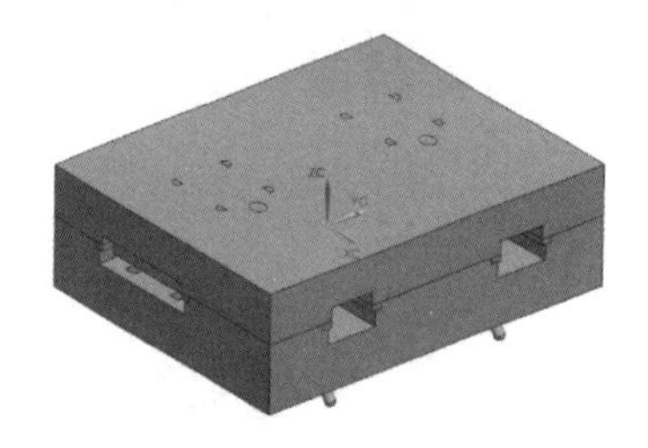

图 12.176　开瓶器模具设计结果

扫一扫，看视频

（22）选择【文件】→【保存】→【全部保存】命令，保存完成的所有数据。

动手练——发动机活塞模具设计

本例为发动机活塞模具设计，首先采用建模模块的功能分型出型芯、型腔和滑块，然后调入模架，设计出整套模具，发动机活塞模具模型如图 12.177 所示。

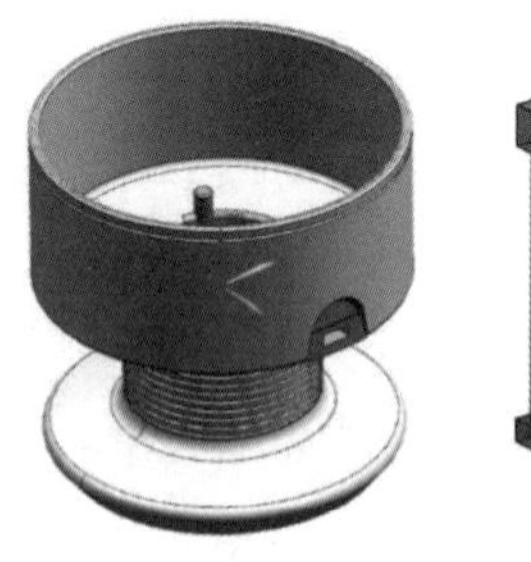
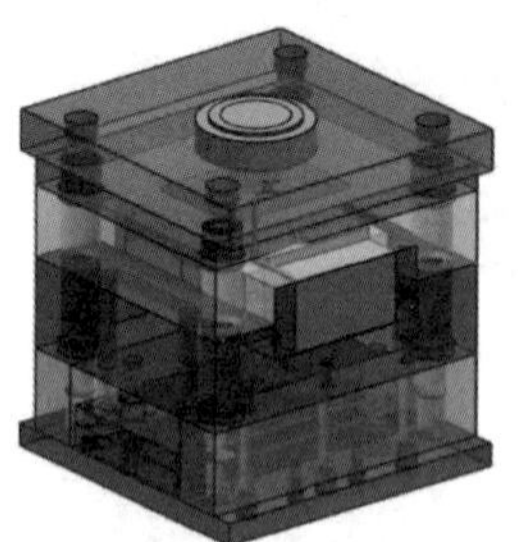

图 12.177　发动机活塞模具模型

1．参考模型设置

（1）利用【打开】命令打开 fdjhs.prt 文件。

（2）利用【缩放体】命令设置缩放比例为 1.006，完成对模型的缩放。

（3）利用【移动对象】命令将模型绕 X 轴旋转 180°，然后将模型从坐标原点移动到（0,42,0）点。

2．创建动定模镶件

（1）利用【图层设置】命令将图层 2 设置为当前工作图层。

（2）利用【抽取几何体】命令选择图 12.178 所示的内孔面作为抽取面。利用【图层设置】命令隐藏图层 1，隐藏模型。

（3）利用【基准平面】命令创建 YC-ZC 平面。利用【草图】命令绘制图 12.179 所示的草图。利用【旋转】命令将草图绕 Z 轴进行旋转操作。

图 12.178 选择内孔面（1）

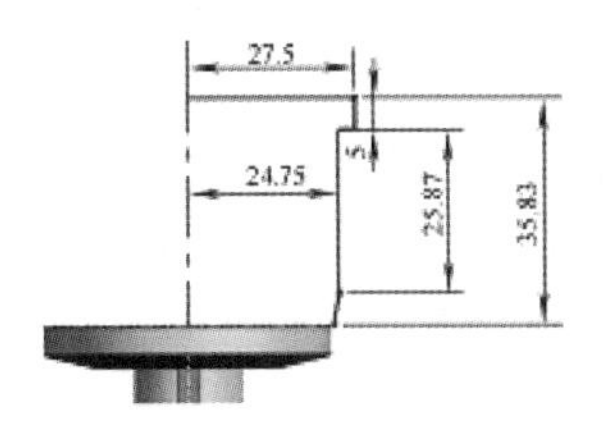

图 12.179 绘制草图（1）

（4）利用【有界平面】命令选择图 12.180 所示的边界，创建平面。然后利用【缝合】命令，将曲面缝合。

（5）利用【草图】命令绘制图 12.181 所示的草图。利用【拉伸】命令将草图沿−ZC 轴进行拉伸减去处理。

（6）利用【图层设置】命令将图层 3 设置为当前工作图层，使图层 2 上的图形不可见，使图层 1 上的图形可见。

（7）利用【抽取几何体】命令选择图 12.182 所示的内孔面作为抽取面，然后隐藏参考模型。

图 12.180 选择边界（1）

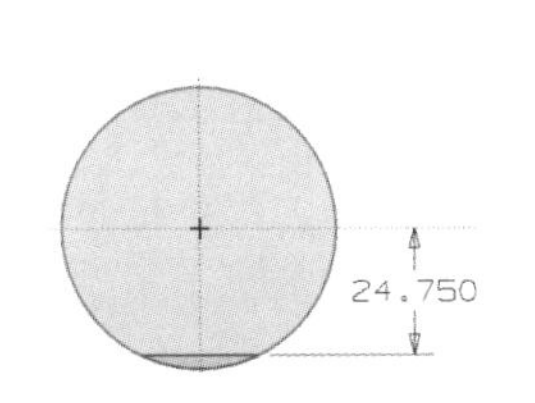

图 12.181 绘制草图（2）

图 12.182 选择内孔面（2）

（8）利用【有界平面】命令选择图 12.183 所示的边界，创建平面。

（9）利用【基准平面】命令创建 YC-ZC 平面。利用【草图】命令绘制图 12.184 所示的草图。利用【旋转】命令选取草图创建旋转曲面。

（10）利用【修剪片体】命令修剪多余的片体，修剪的效果如图 12.185 所示。利用【缝合】命令将曲面缝合。

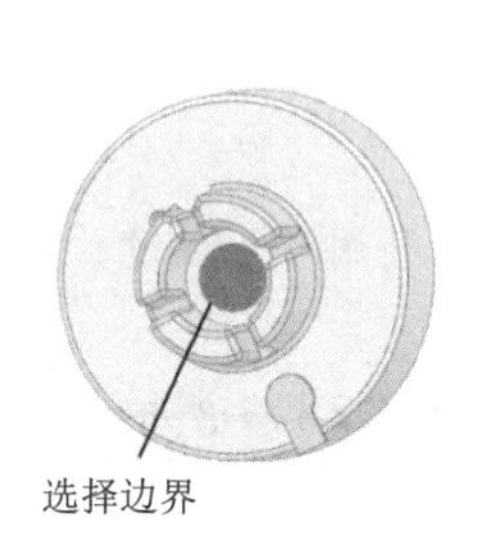

图 12.183　选择边界（2）

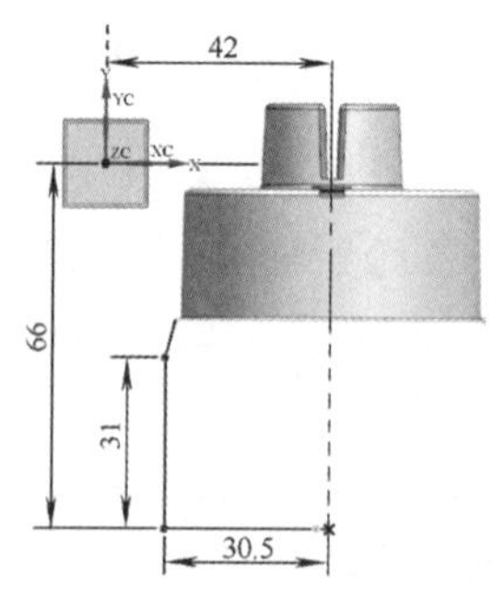

图 12.184　绘制草图（3）

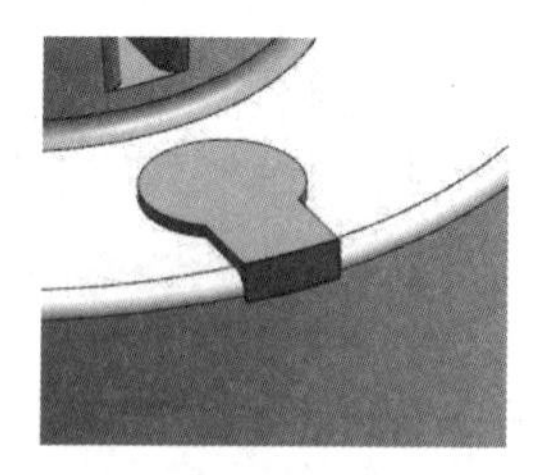

图 12.185　修剪的效果

（11）利用【草图】命令绘制图 12.186 所示的草图。利用【拉伸】命令设置拉伸为 27.5，将草图进行拉伸切除。

（12）利用【图层设置】命令将图层 4 设置为当前工作图层。将图层 2 和图层 3 设置为不可见，将图层 1 设置为可见。利用【显示】命令显示参考模型。

（13）利用【抽取几何特征】命令选择 4 个小内孔面作为抽取面。隐藏参考模型，隐藏效果如图 12.187 所示。

（14）利用【有界平面】命令选择图 12.188 示的边界，创建有界平面。

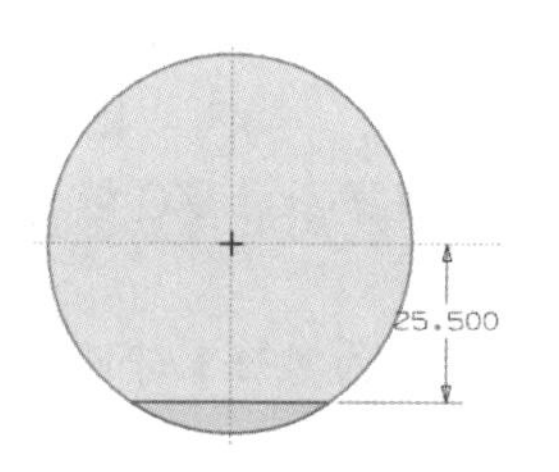

图 12.186　绘制草图（4）

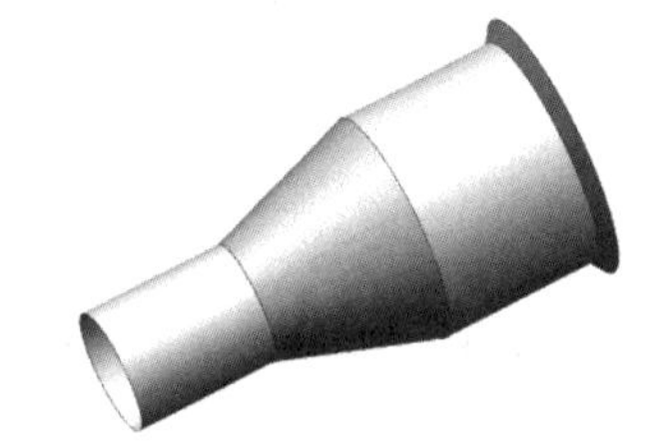

图 12.187　隐藏效果

图 12.188　选择边界（3）

（15）利用【基准平面】命令创建 YC-ZC 平面。利用【草图】命令绘制图 12.189 所示的草图。利用【旋转】命令选取草图创建旋转曲面。

（16）利用【图层设置】命令使图层 3 可见，显示最初创建的镶件。利用【减去】命令依次选择图 12.190 所示的目标体和工具体，完成求差。

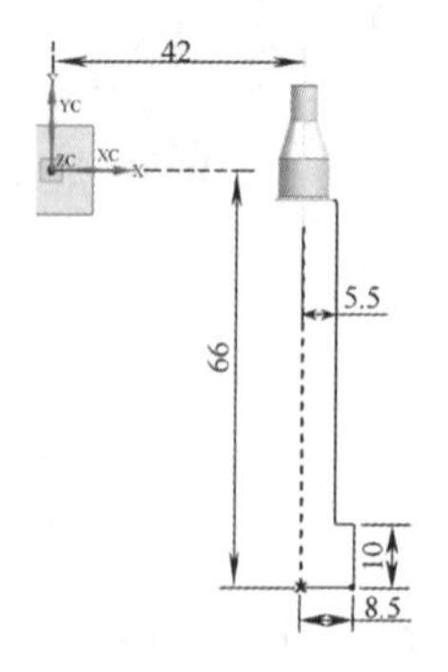

图 12.189　绘制草图（5）

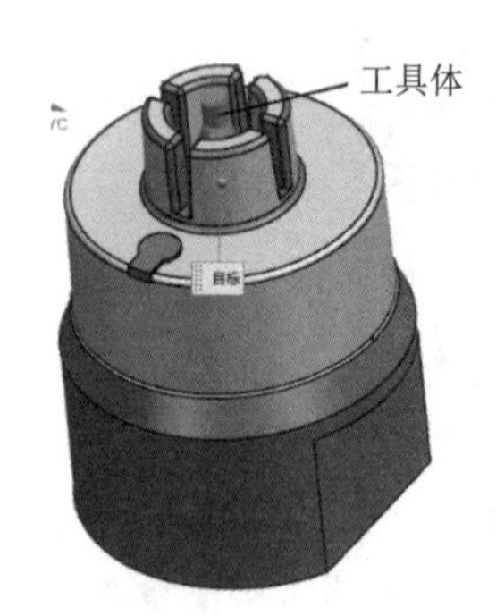

图 12.190　选择目标体和工具体

（17）利用【图层设置】命令使图层1～图层3可见，显示定模镶件和参考模型。利用【变换】命令框选模型，选择XC-ZC平面作为镜像平面。

3. 创建抽芯机构

（1）利用【图层设置】命令将图层5设置为当前工作图层。使图层1～图层4不可见，隐藏所有的部件。

（2）利用【草图】按钮选择XC-YC基准平面作为草绘平面，绘制图12.191所示的草图。利用【拉伸】命令设置“终止”为【对称值】、【距离】为77，完成拉伸操作。

（3）利用【草图】命令选择YC-ZC坐标系平面作为草绘平面，绘制图12.192所示的草图。利用【拉伸】命令选择XC轴为拉伸方向，设置【终止】为【贯通】、布尔为【减去】，完成凹槽创建。

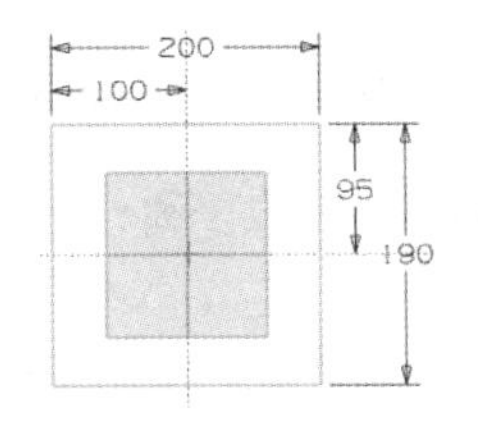

图12.191　绘制草图（6）

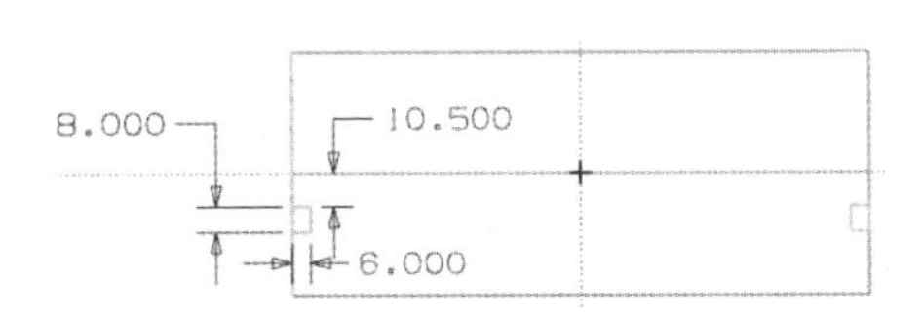

图12.192　绘制草图（7）

（4）利用【草图】命令绘制图12.193所示的草图并标注尺寸。利用【拉伸】命令设置【终止】为【对称值】、【距离】为70、布尔为【减去】，创建拉伸切除。

（5）利用【草图】命令选择XC-ZC平面作为草图绘制面，绘制图12.194所示的锁紧楔草图。利用【拉伸】命令，设置【终止】为【对称值】、【距离】为135、【布尔】为【无】，创建锁紧楔。

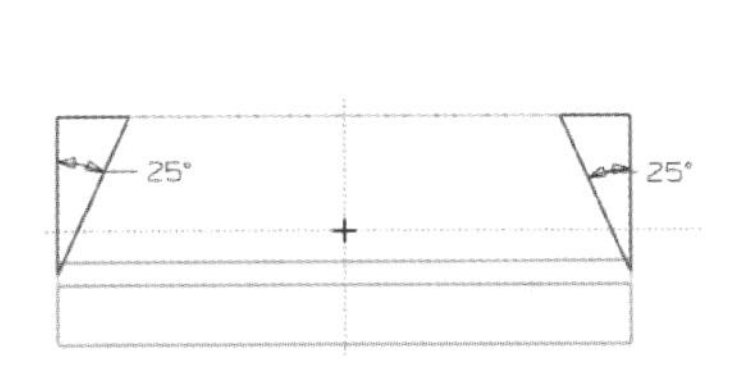

图12.193　绘制草图并标注尺寸

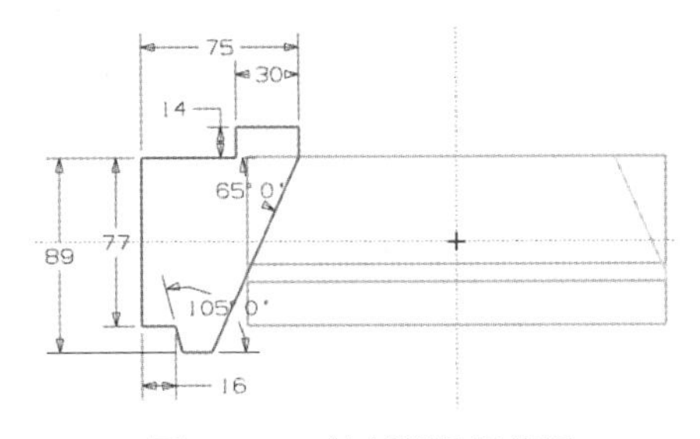

图12.194　绘制锁紧楔草图

（6）利用【变换】命令选择锁紧楔作为镜像对象，选择YC-ZC平面作为镜像平面，得到另一侧锁紧楔。

（7）利用【图层设置】命令使图层1～图层4可见，显示所有部件。然后隐藏两个锁紧楔。利用【减去】命令选择【保存工具】复选框，依次选择图12.195所示的目标体和所有的动定模镶件作为工具体，完成求差操作。

（8）利用【图层设置】命令使图层2～图层4不可见，隐藏动定模部件。利用【修剪体】命令将主体与参考模型进行修剪。

（9）利用【草图】命令绘制图12.196所示的草图。利用【拉伸】命令设置【终止】为【对称值】、【距离】为77、【布尔】为【无】，创建拉伸曲面。

（10）利用【拆分体】命令选择主体为拆分体，选择拉伸曲面为拆分面。

（11）利用【基准平面】命令将 XC-ZC 平面偏移 42。利用【草图】命令选择在步骤（10）创建的基准平面作为草绘平面，绘制如图 12.197 所示的草图。利用【旋转】命令选取草图创建斜导柱。

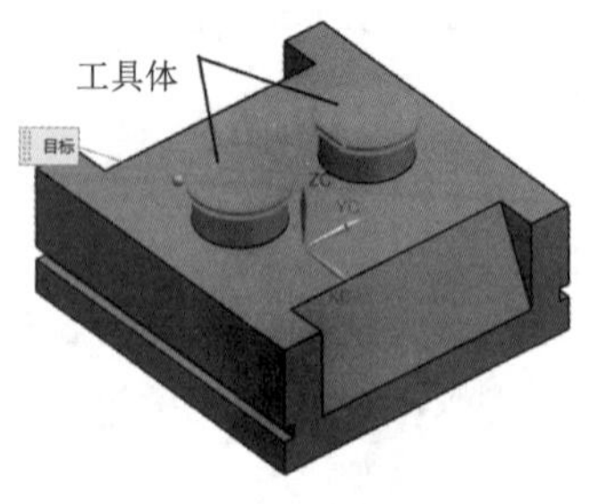

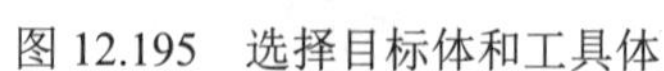
图 12.195 选择目标体和工具体

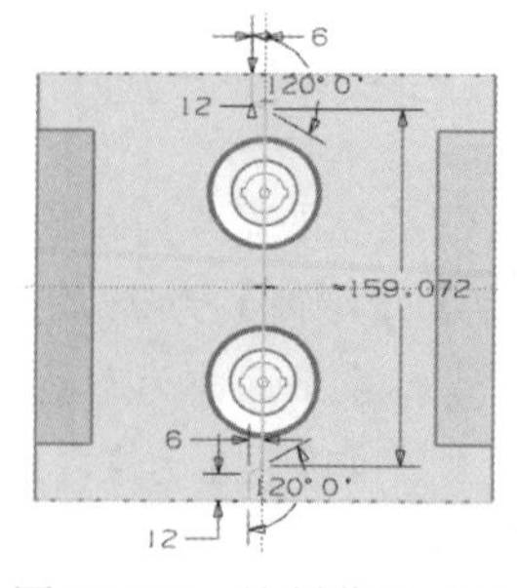

图 12.196 绘制草图（8）

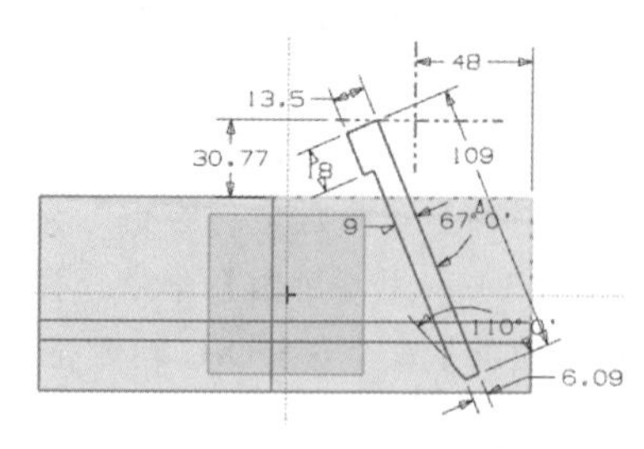

图 12.197 绘制草图（9）

（12）利用【变换】命令选择上面创建的斜导柱，选择 XC-ZC 平面作为镜像平面，镜像斜导柱；然后以【YC-ZC 平面】作为镜像面，对两根斜导柱进行镜像操作。

（13）利用【修剪体】命令选择 4 根导柱作为目标体，在导柱的边线象限点处创建平面作为工具进行修剪。

（14）利用【草图】命令绘制图 12.198 所示的草图。利用【旋转】命令选取草图创建导柱孔。

（15）选择在步骤（14）创建的导柱孔，利用“镜像特征”命令选择【XC-ZC 平面】作为镜像平面，完成导柱孔的镜像操作。

（16）绘制图 12.199 所示草图，利用【旋转】命令创建导柱孔。然后利用【镜像特征】命令对生成的导柱孔进行镜像。

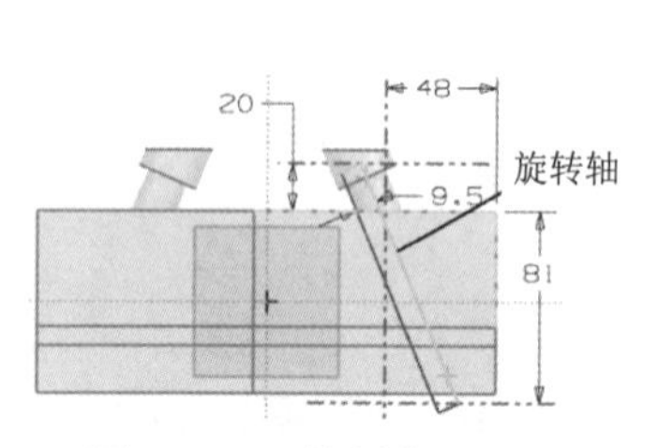

图 12.198 绘制草图（10）

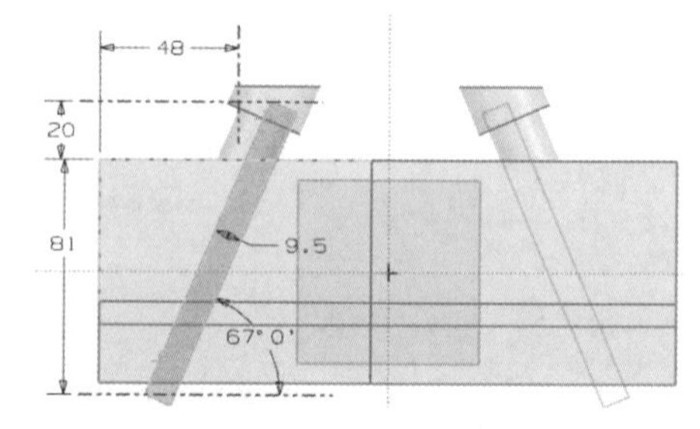

图 12.199 绘制草图（11）

4．辅助系统设计

（1）利用【模架库】命令选择 LKM_TP 模架，在【成员选择】列表中选择 FC。设置 index 为 3035、EG_Guide 为 1:ON、BP_h 为 100、AP_h 为 80、Mold_type 为 350:I，加载模架。

（2）打开 B 板。利用【草图】命令选择 YC-ZC 平面作为草绘平面，绘制图 12.200 所示的草图。利用【拉伸】命令设置【终止】为【贯通】、【布尔】为【减去】，创建凹槽。

（3）只显示 B 板，利用【图层设置】命令隐藏图层 2，显示动模镶件和锁紧楔。然后将 B 板转换为当前工作部件。

（4）利用【减去】命令选择 B 板作为目标体，选择动模镶件和锁紧楔作为工具体进行求差操作。然后将 B 板与动模镶件和另外一个锁紧楔进行求差操作。

（5）打开 A 板文件，利用【草图】命令绘制图 12.201 所示的矩形草图。利用【拉伸】命令，设置拉伸距离为 38.5、【布尔】为【减去】，完成拉伸切除。

（6）将总装配组件转换为当前工作部件，然后只显示 A 板，隐藏其余部件。利用【图层设置】命令显示图层 2，显示定模镶件，然后显示斜导柱和锁紧楔。

（7）将 A 板转换为当前工作部件。利用【减去】命令选择 A 板作为目标体，选取动模镶件、斜导柱和锁紧楔作为工具体进行求差操作。

（8）利用【图层设置】命令将图层 6 设置为当前工作图层。利用“基准平面”命令创建距离 XC-YC 平面为 80 的平面。利用“草图”命令绘制图 12.202 所示的草图。利用【拉伸】命令设置拉伸距离为-16.002。

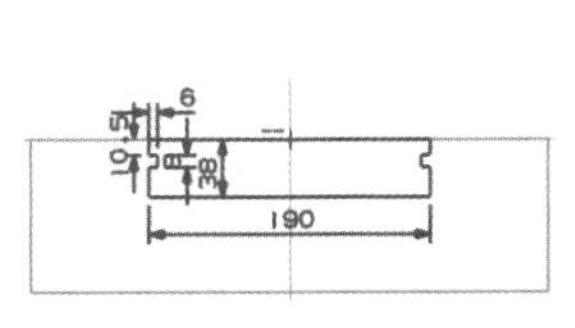

图 12.200　绘制草图（12）

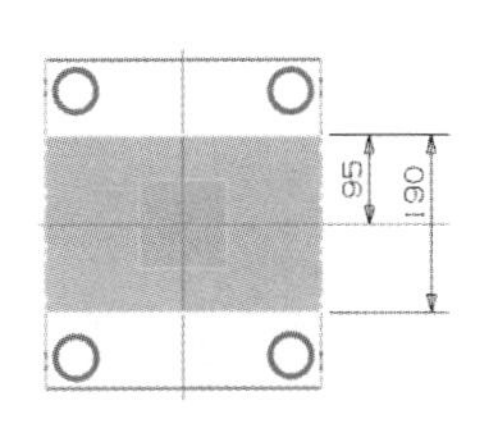

图 12.201　绘制矩形草图

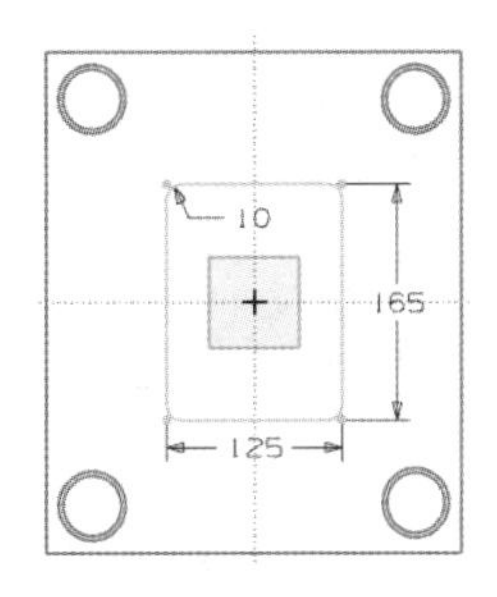

图 12.202　绘制草图（13）

（9）利用“草图”命令绘制图 12.203 所示的草图。利用【旋转】命令选择 YC 轴作为旋转轴，创建主流道。

（10）利用【草图】命令选择 YC-ZC 平面作为草图绘制面，绘制图 12.204 所示的草图。利用【旋转】命令选取草图作为截面，创建分流道。

（11）利用【移动对象】命令指定出发点为坐标原点，指定（0，36，0）为终止点，复制分流道。利用【变换】命令选择【XC-ZC 平面】为镜像平面，镜像分流道。利用【合并】命令选择主流道作为目标体，选择 4 个分流道作为工具体，完成主流道和分流道的合并。

（12）利用【草图】命令选择 YC-ZC 平面作为草绘平面，绘制图 12.205 所示的草图。利用【旋转】命令选取草图作为截面，创建浇口套。

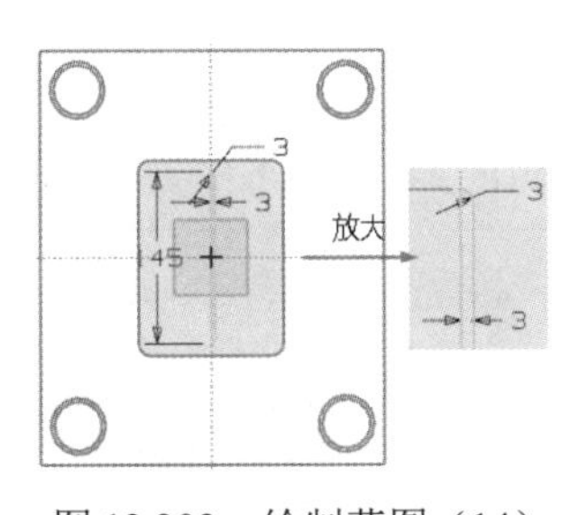

图 12.203　绘制草图（14）

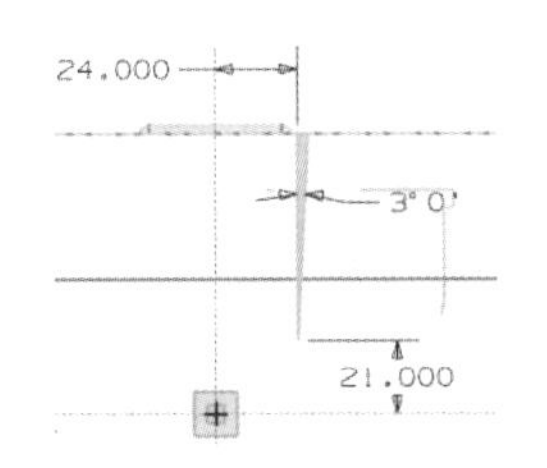

图 12.204　绘制草图（15）

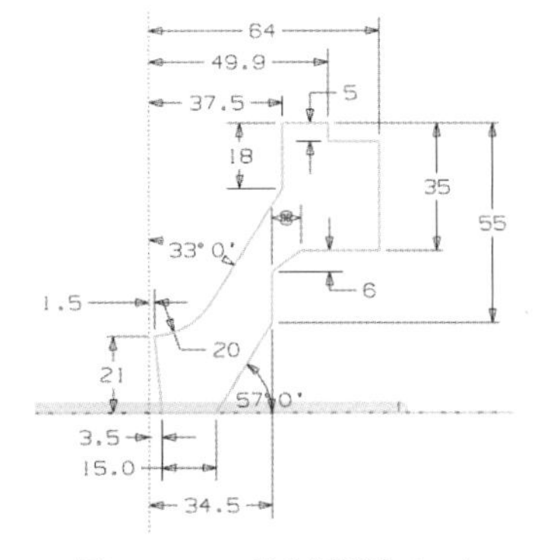

图 12.205　绘制草图（16）

（13）将A板转换为当前工作部件。利用【减去】命令选择A板作为目标体，选择流道板作为工具体。

（14）将总装配组件转换为当前工作部件，然后隐藏A板。利用【减去】命令选择浇口套作为目标体，选择流道作为工具体。重复【减去】命令，选择流道板作为目标体，选择流道作为工具体。

（15）显示浇口板，将浇口板转换为当前工作部件。利用【减去】命令选择浇口板作为目标体，选择流道作为工具体。

（16）将总装配组件转换为当前工作部件，显示洗口套的草图轮廓截面。利用【草图】命令选择YC-ZC平面，绘制图12.206所示的草图。利用【旋转】命令创建洗口套。

（17）将浇口板转换为当前工作部件。利用【减去】命令取消选中的【保存工具】复选框，选择浇口板作为目标体，选择在步骤（16）创建的旋转体作为工具体。

（18）将总装配组件转换为当前工作部件，显示右侧滑块结构。利用【孔】命令设置【孔径】为6、【孔深】为180、【顶锥角】为118，绘制图12.207所示的草图，创建孔。

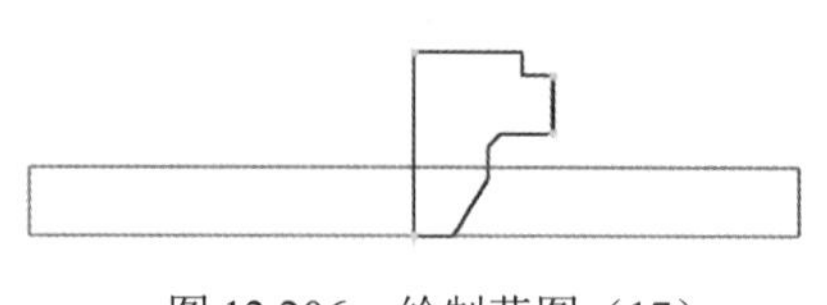

图12.206　绘制草图（17）

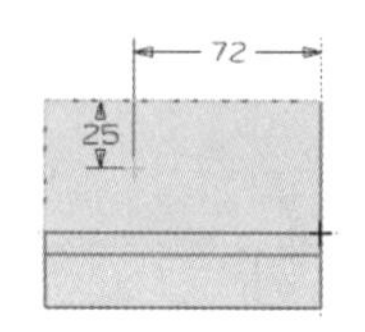

图12.207　绘制草图（18）

（19）重复上述操作，在图12.208所示的位置创建相同参数的孔。

（20）按照相同的方法创建其他的冷却孔，冷却孔位置如图12.209所示，【设置孔类型】为沉头、【沉头直径】为10、【沉头深度】为20、【孔径】为6、【孔深】为70、【顶锥角】为118。

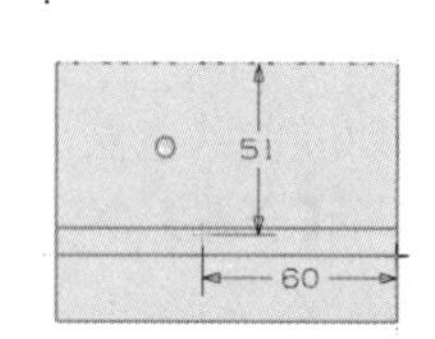

图12.208　绘制草图（19）

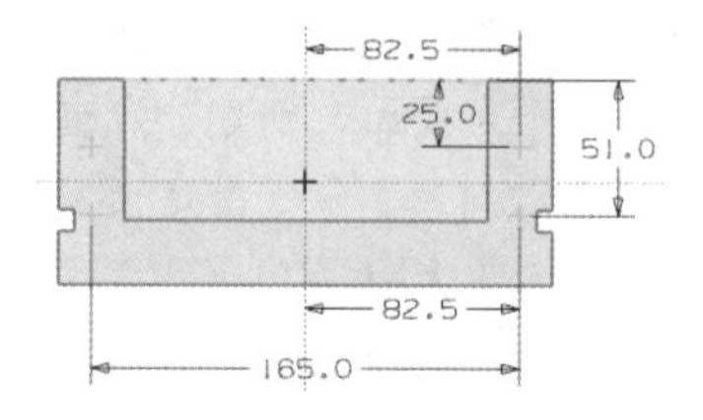

图12.209　冷却孔的位置